U0196677

题马炳坚工程师古建之藝技術
建築是藝術但必通過工藝技術与瓦和建築材
料選擇以及对色彩的審美觀念而構成為建
築藝術马炳坚工程师对祖国古建工程技術研
究有素修養湛深历年将其積累知識結合
实踐写成专著是从事祖国古建維修保护工作
者必讀之書

单士元

单士元先生为本书题辞

华民族优秀建筑文化传统，编辑出版一些理论与实践相结合的专业书籍，显得非常重要而又非常有意义的事情。马炳坚同志的『中国古建筑木作技术』一书就是其中之一。

从此书的出版以来所受到读者的欢迎和发挥的作用中不难看出作者在古建筑实践中的坚实基础和所费心力。我曾多次阅读过此书受益良多。希望它的修订再版，能为我国古建筑文物的保护维修与中华民族优秀建筑文化传统的弘扬发挥更大的作用。特写了以上几句冗言请教读者高明并在此祝贺此书的再版。

罗哲文

新千年新世纪辛巳新春

公元二〇〇一年三月

中國古代建筑不仅有着悠久的历史文化传统而且有着丰富的理论与实践的经验。古代的能工巧匠哲先贤以他们的聪明智慧血汗辛勤为我们留下了许多辉煌的杰作不朽的华章。长城、故宫、天坛、颐和园、布达拉宫、秦始皇陵兵马俑等等数不完的音符与乐章。它们不仅是中华民族的瑰宝而且已经列入了世界文化遗产的名录成为全人类共同的财富。

遗产要保护、传统要继承与弘扬。关键要有理论的指导与可供技术操作的经验。在这方面梁思成、刘敦桢先生等等先辈们曾经为之建立了不朽的功绩。然而由于各方面的原因一些专业人才行将断代，特殊技艺濒于失传，理论与实践、学术与技术相脱离的情况相当严重。为了更好保护珍贵的建筑文化遗产、弘扬中

罗哲文先生为本书再版题辞

祝炳坚兄著书再版

独成体系自根深
古建园林中而新
木作孜工谁问底
书香自有后来人

郑孝燮

书名：中国古建筑木作营造技术

㝎實齋

郑孝燮先生为本书再版题辞

郑老题诗注：“中而新”是我国著名建筑学家梁思成先生提出的关于建筑创作的主张

作者简介

马炳坚，1947年生，河北安新人，高级工程师，注册建筑师。从事中国古建筑施工、设计、研究、教学、办刊等五十余年，业绩显著，著作颇丰。1967年步入传统建筑行业，曾经历天安门城楼重建，中山公园前区复建，北海公园、景山公园大修等工程。1983年与同仁发起创办《古建园林技术》杂志并在其中担任重要工作，为继承、弘扬中华传统建筑文化做出了突出贡献。他所设计的古建园林工程遍布国内外，深受各界人士好评。其代表著作《中国古建筑木作营造技术》被海内外学者誉为“近代对中国古建筑最有分量的书”，“是从事祖国古建筑维修保护工作者必读之书”，并多次获奖。主要著作还有《北京四合院建筑》等。

曾任北京市古代建筑设计研究所（有限公司）所长、中国勘察设计协会传统建筑分会会长等，现为《古建园林技术》杂志主编、北京历史文化名城保护专家委员会专家、北京首开房地集团古建筑专家委员会顾问等。

古建筑木作工程举例

天安门城楼室内木构架局部

天坛祈年殿室内木构架及藻井

中山公园松柏交翠亭
木构架及斗拱

北海画舫斋
抱厦木构架

故宫养心殿
藻井

颐和园玉兰堂
室内木装修

北京东城区某宅
室内板壁

北京东城区某宅
室内碧纱厨

北京北海静心斋
沁泉廊和枕峦亭

北京天坛
双环万寿亭

北海亩鉴室垂花门
及迭落式爬山廊

作者设计和主持设计的古建园林工程举例

北京地坛公园集芳囿方泽亭(1985 年设计)

北京日坛公园画舫及圆亭(1984 年设计)

美国华盛顿中国城牌楼(1985 年设计)

扎伊尔金沙萨恩塞莱总统庄园水榭(1984 年设计)

莫斯科北京饭店室
内入口门头

莫斯科北京饭店
中餐厅大堂

京都信苑饭
店中餐厅

中共中央党校省部
级学员楼中式屋顶

中共中央党校汇
名园水榭及曲桥

中共中央党校汇名园
“上下天光”景区

中共中央党校湖
区桥亭及水景

中共中央党校
正蒙斋景区

北京天寿陵园

北京万佛华侨陵园

万佛华侨陵园正殿及配殿

万佛华侨陵园正殿

天津大悲院大雄宝殿

大雄宝殿檐下大木斗拱彩绘

天津大悲院大雄宝殿室内梁架藻井

山东龙口南山寺山门

山东龙口南山寺钟楼

南山寺大雄宝殿室内

湖南张家界天门山寺观音阁

湖南张家界天门山寺大雄宝殿

三进四合院效果图

中式别墅区局部效果图

武汉归元寺圆通阁透视效果图

马来西亚柔佛峇株吧辖市德教祖师殿效果图

马来西亚柔佛峇株吧辖市德教双峰塔效果图

太原迎泽公园北门入口牌楼

中国古建筑木作营造技术

(第二版)

马炳坚　著

本书获1992年全国优秀建筑科技图书一等奖
1997年北京市科学技术进步奖(科技专著)二等奖

科学出版社

北　京

内 容 简 介

本书是作者在多年从事古建筑研究、设计、施工的技术积累和总结的基础上，用现代科学的表达方法总结我国古代传统木作营造技术的一部专著。主要内容包括：传统木构建筑的种类、构造、权衡尺度、设计方法、传统工艺技术和营造施工技术、明清木构建筑的主要区别、仿木构建筑的设计与施工等等。在内容的编排上，本书由浅入深，循序渐进，首先介绍古建筑的名称、部位、通则，进而介绍各种木构建筑的构造方式、构架功能，直至制作安装的具体技术问题，各部分内容都附有详细的插图和权衡尺寸表，用起来十分方便。本书对古建筑文物保护、修缮、仿古建筑设计有直接指导作用，对建筑史、建筑技术史的研究，古建筑教学、技术人才培训亦有直接指导和重要参考作用。

本书适于古建、园林设计施工单位、文物保护研究单位的广大技术干部、技术工人、研究人员、大专院校建筑系师生、舞台美术工作者阅读和参考。

图书在版编目（CIP）数据

中国古建筑木作营造技术／马炳坚著. —2版. —北京：科学出版社，2003

ISBN 978-7-03-011487-7

Ⅰ. ①中… Ⅱ. ①马… Ⅲ. 古建筑-木结构-工程施工-研究-中国 Ⅳ. TU-87

中国版本图书馆 CIP 数据核字（2003）第036209号

责任编辑：周 炜 姚平录 谈 鲲／责任校对：包志虹

责任印制：师艳茹／封面设计：郭 建 高海英 马炳坚

科学出版社 出版

北京东黄城根北街16号

邮政编码：100717

http://www.sciencep.com

中国科学院印刷厂 印刷

科学出版社发行 各地新华书店经销

*

1991年 8月第 一 版 开本：889×1194 1/16

2003年10月第 二 版 印张：23 1/4 插页:12

2023年 8月第二十四次印刷 字数：567 000

定价：235.00元

（如有印装质量问题，我社负责调换）

第二版序

木构架建筑体系是中国古代建筑的主体，在世界建筑史上，是一支历史悠久、体系独特、分布地域广阔、遗产十分丰富，并且延绵不断，一直持续发展，完整地经历了古代全过程的重要建筑体系。这一体系，从前期的土木相结合，到后期的砖木相结合，一直延承着以木构架为主体结构，以木作技术为主要工种的构筑传统。值得注意的是，传统建筑的工艺技术，不仅是历史积淀的古老技术，也是仍在应用的鲜活技术。这是因为：清王朝的终结，只是结束了皇家系统的宫殿、坛庙、苑囿、陵寝的建筑史，并没有结束木构架建筑的活动史。在中国近代时期，在半殖民地半封建社会条件和“二元结构”的经济制约下，广大的农村、集镇和大多数的中小城市，从民居、祠堂到店铺、客栈等一整套乡土建筑，仍然延续着古老的旧建筑体系。各地留存至今的民居，大多数都是鸦片战争后建造的，有的甚至是1949年以后建造的。木构架建筑技术在许多民间建筑中一直沿用到近代，以至于现代。而像北京四合院那样在明清时期已从京畿的地域性转化为官式的正统性，上升为规范程式的建筑，它在近代的继续建造，就不仅仅是乡土建筑的延承，更是意味着北方官式建筑活动的延续。这些建造于近现代时期的乡土建筑、官式建筑，可以说是中国古老建筑体系的活化石，它直观地展现出传统建筑技术超长期的生命力。

中国木构架建筑比起西方古代的石构、砖构、天然混凝土构的建筑来，整体耐久性要差得多。这就使得木构架建筑的维修、翻建、重建的频率很高。遗存至今的古建筑，特别是大数量的明清建筑，构成了庞大的维修工作量。这些建筑具有极重要的历史价值、文物价值、艺术价值，在发展旅游业的背景下，作为旅游资源还具有极重要的经济价值。无论是从古旧建筑修缮，还是历史文物保护的角度，都离不开传统的工艺技术。历史建筑、文物建筑存在多久，古建维护、古建修缮工作就得伴随多久，古建工艺技术就会相应地延用多久。如果说，随着传统乡土建筑被现代新乡土建筑所取代而终究会摆脱传统工艺技术的话，那么，基于古建筑修缮、重建所不可或缺的传统工艺技术却是永无止境的。从这个意义上说，古建技术有它独特的持续性、延传性，有它持久的鲜活性、实用性。它形成了一个行业，也形成了一门学科。

然而，长期以来这个行业、这门学科却遇到一个老大难的问题，就是本书作者马炳坚先生在“第二版前言”中所指出的，历来的学者文人“不以刀凿为攻，难通绳墨之诀”，而能工巧匠又缺乏文化知识，不能图解笔录，这就使得古建技术教育长期停留于师徒口传心授的方式；古建技术方面的研究和著述，在建筑史学中也处于滞后的状态。这种情况到20世纪80年代出现了变化：北京市房修二公司属下的古建技术研究室成立了；以研究、继承和发扬古建筑与园林传统工艺技术为主旨的学术性刊物——《古建园林技术》出刊了；为培养古建工艺技术人才而开设的大专班创办了。到20世纪90年代初，《中国古建筑木作营造技术》（马炳坚著）、《中国古建筑瓦石营法》（刘大可编著）等一批研究传统建筑技术的重要著作也问世了。

马炳坚先生的这本《中国古建筑木作营造技术》，一出版就引起广泛关注。作为中国木构架建筑体系核心技术的木作营造法，终于有了一部具有系统性、科学性的专著。马炳坚先生师承北京木作匠师王德宸先生，承继着哲匠深厚的传统积淀；他有丰富的古建工程的设计经验、施工经验、科研经验和教学经验，由他著述的木作营造法，可以说是取得了传统匠技与科学方法的融合。对于纷繁庞杂的明清官式木作，作者通过 8 章的篇幅，分别从基本概念、基本构造、榫卯节点、大木制作、翼角构造、斗拱构成、木装修、木作修缮 8 个方面展开论述，建立了清晰、有机的整体框架。既全面综述木作技术的基本点，又对木作的若干重点、难点作了细致详尽的讲解；既讲构件的做法、形制、尺寸，也讲构造的功能作用、受力特点和技术措施；既列有各类构件详尽的权衡尺寸表，又配有大量构架轴测图、分件轴测图、节点轴测图和细部大样图。这些使得读者能够明晰地、准确地、形象地读懂传统木作中的一些颇带奥秘性的复杂做法。

读这本书，我们仿佛在聆听作者讲演古建木作的解剖学，层层的解剖把木作工艺中关键的细枝末节，把构造隐蔽部分重要的节点榫卯都揭示出来，这使本书达到了难能可贵的深广度和细密度。讲桃尖梁，作者不是讲一种，而是区分为桃尖梁、桃尖顺梁、桃尖双步梁、桃尖三步梁等四种。讲枋类构件，作者不仅仅列举通常提到的大额枋、小额枋、单额枋、平板枋、金枋、脊枋、承椽枋、穿插枋，还列出了箍头枋、跨空枋、棋枋、间枋、关门枋、花台枋等，并将通常列为枋类的“随梁枋”称为“随梁”，从枋类移到梁类，以吻合其受力特点。在讲到榫卯结合技术时，作者不仅讲述榫卯的类别、做法，还进一步分析各种榫卯的功能和受力特点，细致地讲解抄手带的用法、大进小出榫的作用、榫头带袖肩的好处等等，并且多次强调构件的十字搭接，应遵循山面“盖口”压檐面“等口”的原则。诸如此类的细腻分析，书中比比皆是。正是这些大到基本通则、基本构造，小到榫卯袖肩、榫卯受力的周密讲述，大大丰富了我们对于古建筑硬传统的深入认识。而透过这些表层的硬传统，有助于我们探求隐藏在它背后的深层软传统。可以说，这本书不仅对于古建筑的保护维修工作、仿古建筑的设计施工工作具有硬科学的重要意义，而且对于中国建筑的史学研究，对于新建筑创作的借鉴历史文脉，也具有软科学的启迪意义。

这次修订再版，作者马炳坚先生对全书作了全面的校订，对部分章节做了充实、添补，为方便初学者阅读，还增补了名词解释。这些都使本书锦上添花。马炳坚先生盛意让我写再版序，我深感荣幸，只好勉为其难地草成此文。衷心祝愿马先生继续取得新的研究成果，祝愿古建筑硬科学园地繁花似锦。

侯幼彬

2001 年 2 月 12 日

第一版序

《中国古建筑木作营造技术》一书，是北京市古代建筑设计研究所工程师马炳坚同志多年从事古建筑研究、设计、施工的技术积累和总结，是作者在继承前人成果的基础上，根据自己的工作实践和体会，用现代科学的表述方法总结清代传统木作技术的一部成功之作。

本书内容全面、系统。它包含了木构架、斗拱、装修在内的古建筑木作的主要内容；涉及木构建筑的构造、做法、施工及单体建筑设计的各个方面。在内容的编排上，由浅入深，循序渐进，首先介绍古建筑的名称、部位、通则，进而介绍各种木构建筑的构造方式、构件功能，直至制作安装的具体技术问题。各部分内容都附有详细的插图和权衡尺寸表，用起来十分方便。在以现代数理知识解释古代口诀，使费解词汇和口诀变为容易理解而且更加精确的公式或定义方面，较以往的表述方法更为科学、先进。

由于本书的许多论点和技术经验是来源于作者亲身实践的第一手材料，因而它的论点精辟、准确，解决技术问题的措施可靠、具体，而且有独到之处。如书中在讲趴梁时，把趴梁的支座与梁上的负荷作了较全面的分析，并从力学角度阐述这种传统榫卯做法的优越性，即趴梁端头要做成阶梯形榫卯，而且梁头必须压过桁条中线以外的半个机面(金盘)，以减轻桁条的偏心受压。这种科学的分析，不仅在建筑技术史中很少涉及，而且较已发表的此类著述中单讲尺度，甚少讲功能与做法，致使读者只能知其然而不知其所以然，要透彻得多。因此，我赞美本书在阐述构造的同时，不仅交待构件形制、尺度及相互间的关系，而且分析构件功能、受力特点和技术措施。讲清这些要领，不仅使人知其然，更能知其所以然，非常便于学习者理解和掌握。这是本书的突出特点之一，也是它的独到之处。

本书还对木构件的榫卯结合技术作了分类阐述，列举了各种榫卯的做法和功能，将隐蔽部分的奥秘作了分件轴测图解和文字说明，这些图解和说明，不仅清楚地表达出木构件画线、制作、安装的技术要领，而且通过揭示古人在结构关键部位采取的这些具体技术措施，使今人能充分看到古人对待结构关键部位的认真负责精神和高度智慧。如本书在讲箍头榫（宋代称为螳螂头）时，不仅讲其形制、功能，附以详图，而且分析这种榫卯对木结构稳定方面起的重要作用，使读者了解古人在檐枋、额枋等处使用箍头榫、燕尾榫及其他榫卯的用心，从而充分理解并自觉地在工作中掌握和运用这些技术。

本书对一些学术问题也有审慎的分析和见解。如，近来有些书认为明清斗拱只起装饰作用，失去结构功能。但本书在讲斗拱时，不是只从形象的变化去论述斗拱的功能，而是通过斗拱在构架中的受力情况具体分析斗拱的作用，指出斗拱具有缩短梁、桁跨度以减轻弯矩，以及斗拱整体的弹簧垫作用使它具有减震作用等力学功能。这些论点不仅有助于认识中国古代木结构的科学性，而且对今后修缮、设计与质量要求也有稗益。

本书的内容极为丰富，仅亭子一项就列举了 20 种构造方式，垂花门、牌楼都列举了多种形式，各种装修、版门、隔门、窗、牖、花罩、博古架等都有详细的图说。它既可解决木作的工艺技术问题，又对单体建筑设计有直接参考作用，有很强的实用性。它的出版，填补了我国古代建筑技术史中的工艺技术方面的某些空白。

本书即将付梓，我以先睹为快的心情写了个人的几点心得体会。祝贺本书早日问世。

于倬云

1989年4月

第二版前言

当科学出版社的同志约我将《中国古建筑木作营造技术》一书修订再版的时候，才发现这本书出版已经快10年了。

10年在历史上是短短的一瞬，但在人的一生中则很长。10年是值得回顾的年头，也是值得总结的年头。

10年前，我怀着为弘扬祖国优秀传统建筑文化做点实际工作的愿望，系统整理从事古建筑施工、设计、研究20余年的经验体会，写成了《中国古建筑木作营造技术》一书，先是作为古建专业教材在大学里讲授，继而由科学出版社作为重点书正式出版。

正如我和我的同事在《古建园林技术》杂志发刊词中描述的那样，当时的形势是：一方面，我们国家刚刚踏上繁荣昌盛的征程不久，百废待兴，古建园林保护维修工作受到多方面的重视，一些热心于古建园林事业的志士仁人积极奔走呼号，纷纷献计献策，学术界开始了积极的学术活动；另一方面，古建筑传统技术的继承又处于十分薄弱的状态，大批老工匠陆续退休，古建修建队伍技术水平下降，传统技术濒于失传，将古建筑传统技术继承下去的工作亟待解决。

学术与技术脱节始终是我国建筑史学研究方面的老大难问题。早在60多年前，我国古建筑研究的先驱者梁思成先生就曾慨叹道，现在的建筑师“毫不曾执斧刃以施威，尤未曾动刀凿以用事，梢习长短宽狭高低薄厚而已”。由于历来的学者文人“不以刀凿为攻”，“难通绳墨之诀”，因而对具体的建筑技术不甚了解；而掌握着工艺技术的工匠又因缺乏文化知识，不能对这门知识进行图解笔录，造成千百年来古建筑传统工艺技术只能在工匠师徒间口传心授，始终不能见于经传。这种状况一直延续到20世纪七八十年代。在粉碎“四人帮”之后召开的第一次中国建筑学会建筑历史学术委员会年会上，单士元先生尖锐地指出：“总结过去的研究情况，对于历史搜集和实物调查致力较多，在理论包括政治经济方面的探讨较少，至于对建筑上的科学内容和工艺研究，则如凤毛麟角。”“我们今天研究祖国建筑历史与理论，不将工艺技术包括在内，则理论似趋于空，历史亦缺少其发展过程。”“理论与历史是重要的，工艺技术也是重要的。”“一定的建筑艺术形式，也是通过一定的工艺技术才能表现出来。因而只研究建筑艺术特点，而不研究相应的工艺技术，研究成果将是不全面的，而对建筑艺术特点的认识，也不能达到深入程度。”

当时，已经在古建筑传统技术方面有所积累的我，看到了我国古建筑研究方面存在的这些问题。在单老等老一辈古建筑专家和当时有关领导的支持鼓励下，经过对自身条件的反复分析和认真思考，决心同我的朋友们一起，承担起对古建筑传统技术进行研究总结的使命，去填补这块建筑史学研究领域的空白。数年之后，当我将厚厚的书稿呈送给单士元先生、于倬云先生等古建界的前辈时，他们非常兴奋，欣然命笔，写下了书前那充满鼓励和期待的题词和序言。

10年来，《中国古建筑木作营造技术》在我国的古建筑修建事业和民族建筑事业中发挥了应有的作用。

它成了古建园林修建者的朋友。这本以古建筑传统技术为主要内容的书，受到了工作在古建筑修建行业的广大工程技术人员、技术工人的热诚欢迎，凡从事此行业工作者几乎人手一册，港台地区也不例外。这本书的出版，使传统技术仅凭工匠师徒口传心授的时代成了历史。

它成了古建园林设计者的朋友。这本书的第一、第二章以及后面诸章的有关内容，不仅解决了施工的技术问题，还解决了权衡、比例、尺度、通则、制度、造型、构造、艺术、方法等设计工作所遇到的具体问题。因此，它又是古建园林设计工作者的工具书和重要参考资料。

它成了古建筑文物工作者的朋友。自从这本书出版以后，古建筑文物部门培训行业的工长、项目经理、高级技术人员，都把该书作为主要教材。10 年来，仅北京市就举办了类似的培训班十余次，培训各类技术人员千余人次。

它成了大专院校建筑、园林专业师生们的朋友。据不完全统计，现在全国已有 20 余所大专院校的建筑系(专业)将它作为古建、园林方面的专业课教材、教学参考书和研究生参考书。他们不仅用它作课本，还用它指导课余实践，作课题和设计。我本人也因此成了这些大专院校师生们的朋友。

它还成了一切爱好祖国传统建筑文化人们的朋友。10 年来，文物古建筑使用单位的管理人员、房地产开发商、工艺美术工作者、舞台美术工作者、文化艺术工作者、古建筑业余爱好者……都热情地购买此书，并时常有人登门造访，令我深感欣慰又觉得应接不暇。

正因为如此，自本书出版以后，销售情况十分良好，10 年当中始终不衰。它不仅在国内畅销，还远销至海外许多国家和地区，台湾还出版了繁体字本，被海内外学者誉为“是近代对中国古建筑最有分量的书”，并因此而获得政府主管部门颁发的两项大奖。

10 年来，我国的建筑史学研究工作也发生了根本性的变化。《中国古建筑木作营造技术》、《中国古建筑瓦石营法》等古建专业技术书籍的出版，《古建园林技术》杂志的创办以及近年来古建筑文物的修复、仿古建筑及具有民族风格的现代建筑等涉及传统建筑内容的建筑实践活动的开展，使一些人头脑中轻视实践、轻视技术的思想有所改变，一些从事理论工作的同志开始关注实践问题，有些人还参与了传统建筑的规划设计等实践活动。大学建筑专业以及研究生的课题也开始向实践方面扭转。这些都为我国建筑史学研究深入健康全面的发展奠定了基础。

在实践方面，10 年来，古建筑文物保护维修工作、仿古建筑和具有民族风格的现代建筑的建设工作也有了长足的发展。不仅保护文物建筑已成为人们的共识，在文物保护区内建设一些高质量的仿古建筑以保护文物古建筑的环境，继承延续中华传统建筑文化的文脉，创造具有中国民族风格和地域特色的现代建筑，也正在逐渐成为人们的共识。

由于实践的需要，近 10 年来，有关传统建筑园林方面的书籍得以大量出版，尤其是有一批能指导实践的、能解决实际问题的“干货”，如有关斗拱、彩画、唐代风格建筑研究方面的专业技术著作已经或即将付梓，这对我国建筑界无疑是个好消息。我本人向第 20 届世界建筑师大会献礼的专题著作《北京四合院建筑》则是将历史、理论、艺术、技术、设计、修建等各方面内容综合起来，全面阐述一个专题的研究方法的探索和尝试。

总之，10 年来，我国建筑史学的研究工作和传统建筑文脉延续的实践活动都有不同程度的发展。在这股弘扬中华传统建筑文化的热流中，能够起一点推波助澜的作用，我从内心感到了一丝安慰。

1999 年 12 月，我曾在《古建园林技术》杂志上发表了一篇题为：《努力搞好古建筑硬科学研究》的文章，把中国古建筑学中的历史、理论、美学、艺术、哲学、经济以及风水理论等称为古建筑学中的软科学；把建筑构造做法、结构特点、工艺技术乃至技术规范、操作规程、工料管理等与古建筑修建工作有直接关系的内容称为古建筑学中的硬科学。尽管这种划分是否确切尚待推敲，但我在文章中指出了一个迫切的问题，那就是对传统建筑技术方面的研究工作必须抓紧。

尽管近年来我国在古建筑硬科学的研究方面取得了长足的进步，但研究工作的发展是不平衡的。这主要表现在20年来的研究工作主要围绕着官式建筑，而地方建筑、少数民族地区建筑及与之相配套的构造做法、结构特点则很少有人研究。如以苏杭地区为代表的南式建筑、以云贵川为代表的少数民族建筑、以山陕甘地区为代表的西部地区建筑以及西藏、新疆地区的建筑，都与北方官式建筑有很大差别，它们的建筑构造、结构特点、工艺技术、材料做法都与官式建筑不同，这些民族特色、地方特色的内容，都是一种文化、一种传统，是不能抹杀和同化的。它们与官式建筑的关系，有如京剧和地方戏剧，虽属同源同宗，但又各有特色，彼此不能相互取代。只有在研究官式建筑的同时，也认真研究民族建筑、地方建筑，将它的传统技术、传统工艺、构造做法加以整理继承，撰文绘图，著作成书，流传后世，才能使我国优秀的民族建筑文化得到全面的继承。在这方面，我们的建筑史学工作者负有义不容辞的历史责任。

继承的目的在于发展和应用。这种发展和应用，从事文物古建筑的保护维修是一方面，在文物古建筑的周围搞一些仿古建筑是一方面，更重要的，则是在创造具有民族风格和地域特色的现代建筑方面发挥应有的作用。

已经过去的20世纪，是人类社会取得巨大进步的世纪，科学技术日新月异，社会生产力空前发展，文明程度不断提高，人民生活状况有了很大改善。但是，20世纪也是人类蒙受巨大灾难的世纪，连绵不断的战争，特别是两次世界大战造成了巨大破坏，大规模的开发建设对自然环境与人文环境产生了重大负面影响。尤其近几十年来，全球一体化进程加快，一方面使世界先进科学技术迅速传播，促进了生产力的发展；另一方面，又使西方模式，尤其是美国模式对各国产生了巨大影响，各国家、各地区具有民族风格和地域特色的城市风貌正在消失，代之而来的是几乎千篇一律的现代城市。外来因素是造成传统文化受到冲击的重要原因，而内部原因则是造成这种危机的根本原因。政治上的极左路线，对历史文化的全盘否定，使本来就十分脆弱的建筑史学研究工作屡遭打击，三起三落，几十年来进步甚微，以至造成中国建筑缺乏理论，中国建筑史学在高等院校教育中不占地位，建国几十年培养出来的建筑师学的都是洋建筑，极少有人对本民族的建筑感兴趣，建筑界的民族虚无主义思想相当严重。具有民族传统的建筑实践活动也遭受同样的厄运，50年代的批判大屋顶，六七十年代的“破四旧”，使具有民族风格的建筑创作活动一蹶不振，几乎销声匿迹。理论和实践方面的全面失误，造成了现在相当多的建筑师对历史文化、建筑遗产知之甚少而又不屑一顾，甚至一概采取排斥态度，这就使近二三十年建造的中国建筑几乎完全失掉本民族建筑的特点而成为外国建筑的翻版，造成无数颇有地方特色、民族特色的城市变得千篇一律，使延续了几千年的中国优秀建筑文化传统在我们这一代人手中几乎被割断。这是多么令人悲哀的现实!

建筑是文化的载体。一个民族的文化传统体现在各个领域、各个方面，建筑则是非常重要的方面。建筑对城市面貌的影响，对人们文化观念的潜移默化的作用，是其他方面不能相比也不可代替的。随着改革开放和中外文化交流的发展，人们，尤其是青年一代在穿着打扮、生活习惯、思维方式甚至价值观念方面，在相当程度上已经西化了，如果我们的建筑再来个全盘西化，那么，我们的民族文化还如何存身？失去了本民族的文化传统，我们民族凝聚力又将何在？这难道不是一个十分尖锐的问题吗？

全球一体化带来的负面影响，不仅对中国是巨大的威胁，对世界各国都是一个巨大的威胁。共性是存在于个性之中的，越是有民族特色的东西就越有生命力和存在价值。失掉了民族文化、地域文化，就意味着失掉了一个丰富多彩、千变万化的世界，而代之以一个千篇一律、枯燥无味、令人窒息的空间。

无论是从民族主义、爱国主义的角度，还是从保护人类文化遗产的角度，我们都不能丢掉民族文化传统。作为一个建筑工作者，则应努力创造具有民族特色的现代建筑，走出一条民族建筑发展的正确道路。这就需要我们去学习传统、了解传统，而不是排斥传统、割断传统。

此次《中国古建筑木作营造技术》的修订再版也可算作是对继承传统、弘扬传统而做的一点工作。本书出版十年来，已连续印刷四次，在应用过程中，陆续发现了一些缺点和毛病，正好借此机会加以校正。此次修订，在内容方面主要做了以下调整补充：①对全书做了全面校订，修改了过去在撰写、编排、审校过程中未发现的错漏；②第五章有关角梁冲出部分，增加了对角梁“冲三”的另一种理解和做法；关于翼角根数的确定，补充了实际当中存在的翼角根数有偶数的情况，对前人关于翼角椽根数只能是奇数的片面提法做了分析；③斗拱部分增补了明代溜金斗拱的做法实例，并结合实际中存在的例子，对斗拱的特殊做法作了补充；④木装修部分，更换了有关门尺的插图，对原“门诀尺寸”进行了校对修改；增补了有关雕刻工具的内容和有关藻井的实例。为弥补原书明代建筑技术内容的欠缺，此次特意增加了第八章：“明清木构建筑的主要区别”，从大木、榫卯、斗拱等方面阐明了明代建筑的特点。考虑到近年来钢筋混凝土代替木结构趋势的发展，此次还补写了第九章：“钢筋混凝土仿木构建筑的设计与施工”。为方便初学者阅读，此次校订还增补了名词解释作为附录置于全书最后。除去内容调整补充之外，此次再版还特请古建界前辈、中国营造学社社员、著名古建筑专家罗哲文教授题了辞，请著名规划专家，德高望重的郑孝燮教授题了辞，请著名古建筑专家、博士生导师侯幼彬教授写了再版序言。增加了彩页内容。本人的这篇再版前言，除对十年来的工作做了回顾外，作为引玉之砖，还不揣浅陋，对我国建筑史学研究及我国民族建筑事业的发展问题提出了个人的一些看法。

回顾10年历程，我深切怀念已经故去的古建界老前辈、热情支持鼓励我撰写此书的单士元先生，深切怀念我的恩师——虽名不见经传，但技艺高超、品德高尚、倾其所知将技术传授给弟子的王德宸先生，并以此书的修订再版作为对他们恩德的报答。

10年来，《中国古建筑木作营造技术》一书得到古建界朋友们的热情支持和肯定，受到广大设计人员、文物工作者、艺术工作者、工程技术人员、大专院校师生、专业技术工人以及广大古建爱好者的关心和喜爱。在此，我向一贯支持我的前辈、专家、同行、朋友们表示衷心的感谢！我愿与国内外同道一起，在中国传统建筑的理论与实践两个领域多做实事、多出成果，为弘扬中华传统建筑文化，推进祖国的民族建筑事业健康发展而努力奋斗！

马炳坚

2001年1月24日

农历辛巳年正月初一

于营宸斋

第一版前言

中国的古建筑是世界上独具风格的一门建筑科学，是世界建筑艺术宝库中的一颗璀璨的明珠。在发掘、继承祖国传统建筑文化方面，古建筑界的前辈们做了大量的工作，建立了不可磨灭的功绩。

本世纪初，一些外国学者对我国建筑文化的研究已加以注意，日本人伊东、关野，英国人叶慈，德国人艾克、鲍希曼，瑞典人希仑等人，纷纷搜集中国古建筑资料，著书立说。国内反而寂然无声，有人甚至说，中国人没有能力研究中国的建筑，要研究中国的历史文化要到外国去。在这种情势下，以朱启钤先生为代表的一些爱国的志士仁人发起了保护古建筑，由中国人自己研究中国古建筑的组织，成立了著名的“中国营造学社”。以梁思成、刘敦桢两教授为代表的诸前辈，以清工部《工程做法则例》为课本，以在清宫营造过的老工匠为老师，以北京故宫为标本，从清代建筑入手，由近及远，将宋《营造法式》与清工部《工程做法则例》互相比较，并用实物加以印证，将晦涩难解的中国古代建筑巨著弄懂弄通，加以整理，用近代建筑表现方法图解注释，为研究中国古建筑打下了坚实基础。与此同时，他们足迹遍及 16 省 200 余县，查访建筑文物、传统民居、城镇等 2000 余单位，对祖国大地上的古建筑遗存做了大量的调查、研究、鉴别、测绘工作，使中国建筑的光辉成就得到总结和阐发，拂去了中国古代建筑这一瑰宝上的尘埃，使之重放异彩于世界文化之林。中华人民共和国建立后，有关部门及研究单位在一段时间内从不同角度继续进行古建筑的研究工作。尽管因种种原因，这些研究工作屡遭挫折，不过仍然取得了可观的成绩。

但是，从全面发掘、继承我国建筑文化遗产的角度要求，以往的研究工作还有欠缺。单士元先生在中国建筑学会建筑历史学术委员会 1979 年度年会的发言中指出：“总结过去的研究情况，对于历史搜集和实物调查致力较多，在理论包括政治经济方面的探讨较少，至于对建筑上的科学内容和工艺研究，则如凤毛麟角。”“我国古代建筑学，是一门综合性的科学。”“我们今天研究祖国建筑历史与理论，不将工艺技术包括在内，则理论似趋于空，历史亦缺少其发展过程，这样，也就不能反映祖国建筑科学的整体性。”“历史与理论是重要的，工艺技术也是重要的。”“一定的建筑艺术形式，也是通过一定的工艺技术才能表现出来。因而只研究建筑艺术特点，而不研究相应的工艺技术，研究成果将是不全面的；而对建筑艺术特点的认识，也不能达到深入程度。”“今后我们在研究方面，在积累素材的同时，要做理论上的探讨，与现代建筑科学家以及具有古建筑丰富经验的老师傅进行合作，将祖国建筑科学内容阐发出来，还要注意古代的工艺技术。”

1980 年，为解决因老工匠陆续退休，古建筑队伍技术水平下降，传统技术频于失传的危机，我所在的北京古代建筑工程公司（北京市第二房屋修建工程公司）决定建立“古建筑技术研究室”（不久改名为“古建研究设计室”，即今“北京市古代建筑设计研究所”的前身）。当时的总工程师庞树义先生高瞻远瞩，以发掘、整理、总结古建筑传统技术为主旨，在公司主要领导支持下，抽调专职人员，开展古建筑技术研究工作。我即为其中之一员，专司木作技术的研究。开始从一个个具体题目入手，进行专题研究，后来积累的材料多了，便开始了系统性研究。1985年，北京市房地产管理局职工大学创办了全国第一个中国古建筑工程专业班，培养既能设计又能施工的古建筑技术人材。我与其他几位同仁一起，被聘作该校的兼职教师，负责编写专业课教材并承担教学工作。于是在数年研究成果的基础上，重行补充调整，撰写出《古建筑木结构营造修缮技术》，并附以大量墨线图，由校方打印成册，在学校讲授，深受师生欢迎。外省市有关单位得知后，纷纷向学校索购，数月之内，存书几罄。同行朋友鼓动我正式出版，以满足社会之需求，我亦有此意。将这个打算请示学术界几位老专家后，得到他们一致的支持。于是，我又在原教材的基础上修改文字、补充插图，重新定名为《中国古建筑木作营造技术》，由罗哲文、于倬云、臧尔忠先生等古建筑界权威人士推荐给科学出版社正式出版。

这本书是以研究和介绍清式建筑木作技术为主要内容，着重解决清式（及明式）建筑的设计和施工的技术问题。在我国现存的古建筑实物中，明、清建筑占着绝大多数。我国文物古迹的保护维修对象，大量的是明、清时期的建筑。近年来新建的一些仿古建筑，大多也是仿明、清的建筑风格。明、清两代的建筑，作为我国古代建筑史上最后一个阶段的建筑成果，在建筑形式、构造技术、建筑材料的应用及工艺技术方面，有很多共同之处。清雍正十二年颁行的工部《工程做法则例》，就是这个时期在建筑的造型、设计、构造、用材、工艺等方面的总结。从建筑史的眼光看，明、清建筑是沿着我国古代建筑技术传统的道路继续发展的结果，这个时期的建筑在技术和艺术上取得的成就，在某种程度上反映了我国古代建筑在技术和艺术上所取得的成就。因此，了解和掌握明、清建筑的构造及其技术，既是当前进行文物保护、发展民族建筑的需要，也是通晓明、清以前古建筑技术的重要门径。

本书共分八章，内容按知识积累的程序编排，由浅入深，由介绍基本概念，到解决具体技术问题，逐步深入。第一章是基本概念，包括介绍清代建筑通行的尺度规则、部位构件名称和权衡制度。第二章介绍古建筑常见的构造方式和构造技术，这两章既作为初学古建筑木构技术的入门知识，又是解决单体建筑设计问题需要掌握的基本内容。第三章讲清代建筑的榫卯结合技术。在一般性地介绍了各种形式的木构建筑构造以后，又具体地介绍了节点的榫卯构造及其特点，可使读者对木构造的特点加深了解，并为了解后面的大木构件制作技术奠定了基础。第四章大木制作与安装，全面介绍了各类木构件预制加工和安装技术，着重解决木构架的施工技术问题，同时，对设计人员了解细部节点构造也有直接作用。第五章翼角，是专门介绍古建筑最有特色的部位——翼角的构造和施工技术的。翼角部位历来是古建筑施工的难点，是人们认为神秘的地方。这部分本属大木制作安装的内容，将其单独作为一章，有利于读者对这一难点的了解和掌握。第六章斗拱，也属大木构造范畴，但在历来的传统技术中，都单独辟有斗拱作。在古建木构架中，斗拱也是一个相对独立的构造部分，有它的特殊构造特点和规律性。这章除详尽地介绍了斗拱的构造及其规律外，还对其制作技术作了详细介绍。第七章装修，基本包括了古建筑内、外木装修的全部内容，并详细地介绍了装修的构造特点、规律和施工技术，对古建木装修的设计施工有直接参考作用。最后一章修缮，着重贯彻了我国文物保护法的精神，同时重点介绍了木作修缮中的一些具体技术措施，可供修缮工程参考。

这本书是在继承前人经验和技术成果的基础上写成的，字里行间凝聚着一代代古建筑技术人员的辛劳、智慧和汗水。这里特别要提及我的恩师——北京著名的木作老匠师王德宸先生。我步入古建筑行业之门，即拜先生为师。先生不仅技艺超群，品德尤为高尚。他在技术上从无半点保守，倾其所知，毫无保留地把他的技术、经验传给弟子。在恩师的教导影响之下，我不仅掌握了宝贵的技术知识，更懂得了应当如何将个人所掌握的技术奉献给国家和人民。但由于本人的经历、知识结构和各方面水平所限，书中必然存在很多缺点和不足，借此，正好求教于方家，若能蒙古建筑界的专家、前辈和同行们赐教斧正，则吾愿既足，此引玉之砖亦不枉抛矣！

马炳坚

1989 年 2 月于北京

目　　录

第一章　明、清古建筑的形式、种类、通则及权衡

我国古代建筑文化遗产极为丰富，以木结构为主体的建筑体系自形成以来，经历了漫长的历史阶段。在几千年的历史发展中，中国古建筑经过了不断形成、发展、成熟、演变的过程。各个不同历史时期的建筑在平面布局、立面形式、构造方式、建筑风格诸方面都形成了不同的风格特点。

明、清两代作为我国古代建筑发展的最后一个阶段，在建筑的形式、构造方式、建筑材料、工艺技术以及法式则例的遵循方面"因袭相承，变易较微"，形成了较为统一的风格，有很多共同或相似之处。清雍正年间颁行的工部《工程做法则例》就是这个时期的建筑在造型、设计、构造、用材、工艺及施工技术等方面的总结。这部《则例》共 74 卷，其中前 27 卷是 27 种木构建筑的标准设计，这些标准设计既反映了清代前期和中期建筑的标准、特色和技术成就，也是明代以来建筑理论和实践的概括和总结。由于明代《永乐大典》被毁，明代没有留下官式建筑的典籍文献，但从现存的实物考察，明、清两代的建筑尽管许多具体的部位、构件在尺度、做法上各有差异，但总的风格上还是统一的。明代早期和中期的一些建筑物柱头仍有卷杀、升起，柱梁节点处较大量地使用斗拱，梁架之间依旧采用襻间的做法，斗拱的构造、构件之间的比例关系、榫卯节点做法仍保留着宋代建筑的某些特点等等，都是历史演变过程中必然存在的现象，不能因此就把明代建筑与唐、宋建筑归为一个历史阶段。

我国现存的古建筑实物中，明、清建筑占着相当大的数量，它们是我国文物古建筑的重要保护、维修对象。近年来新建的一些仿古建筑，大多也是仿明、清式的建筑风格。因此，了解和掌握明、清建筑的构造及其营造技术，有很大的实用价值。明、清时期的建筑活动是我国古代建筑史上最后一个阶段，它是沿着我国古代建筑技术传统的道路继续发展的结果，因此，学习和了解明清建筑的技术成就，是通晓我国古建筑技术的重要门径。

本章首先简要介绍常见明、清古建筑的建筑形式和种类，给初次接触古建筑的读者以概括的印象。至于通则和权衡方面，因明代无典可据，只能介绍清代建筑的通则和权衡。在模数制、定型化相当成熟的明、清阶段，掌握建筑的通则和权衡，对了解建筑各部的尺度和比例关系，进行建筑设计是十分重要的。

第一节　明、清古建筑的主要建筑形式

明、清古建筑的建筑形式是多种多样的，仅亭子一类，就有几十种之多。但归结起来不外乎我们常见到的：硬山、悬山、歇山、庑殿、攒尖五种基本形式。在这几种最基本的建筑形式中，庑殿又有单檐庑殿、重檐庑殿；歇山有单檐歇山、重檐歇山、三滴水楼阁式歇山、大屋脊歇山、卷棚歇山等；硬山、悬山，常见者既有一层，也有二层楼房；攒尖建筑则有三角、四角、五角、六角、八角、圆形、单檐、重檐、多层檐等多种形式。除五种最基本的建筑形式以外，还有扇形、套方、双环、卍字、曲尺、卷书等特殊形式的建筑，再加上由两种或两种以上建筑形式组合起来形成的复合式建筑（如北京团城的承光殿，故宫角楼、北海妙

象亭、故宫万春亭等），使古建筑呈现出极为纷繁复杂的建筑形式。

古建筑有大式与小式之分。大式建筑主要指宫殿、府邸、衙署、皇家园林这些为皇族、官僚阶层以及他们的封建统治服务的建筑。小式建筑则是以民居为主的，为广大士民阶层和劳动群众服务的建筑。大式与小式的划分，从根本上说是封建社会等级制度的产物。

大式建筑与小式建筑的区别表现在建筑规模、群体组合方式、单体建筑体量、平面繁简、建筑形式的难易以及用材大小、做工粗细、用砖、用瓦、用石、脊饰、彩画、油漆等各方面，并非仅以有无斗拱作为区分的标准。清工部《工程做法则例》中列举的大式建筑中，有许多就是不带斗拱的。

尽管古建筑形式纷繁复杂，但各个部位都有较为固定的比例关系，这些比例关系是古建筑设计与施工共同遵循的法则。千百年来，古代的建筑大师们遵循这些法则进行建筑实践，建造了无数形式多样、风格统一的建筑，使中国古建筑在世界建筑中独树一帜，形成了极其鲜明的民族风格和艺术特色。我们要从事古建保护维修事业，创造具有中国民族风格的现代建筑，努力掌握这些基本法则是十分重要的。

第二节　清代建筑的通则

通则（又称通例），是确定建筑物各部位尺度、比例所遵循的共同法则。这些法则规定了古建筑各部位之间的大的比例关系和尺度关系，它是使各种不同形式的建筑保持统一风格的很关键、很重要的原则。

清式建筑的通则主要涉及以下各方面：面宽与进深、柱高与柱径、面宽与柱高、收分与侧脚、上出与下出、步架与举架、台明高度、歇山收山、庑殿推山、建筑物各部构件的权衡比例关系等。

一、面宽与进深

中国古建筑的平面以长方形为最普遍，一座长方形建筑，在平面上都有两种尺度，即它的宽与深。其中长边为宽，短边为深，如一栋三间北房，它的东西方向为宽，南北方向为深。单体建筑又是由最基本的单元——“间”组成的。每四棵柱子围成一间，一间的宽为“面宽”，又称“面阔”，深为“进深”。若干个单间面宽之和组成一栋建筑的总面宽，称为“通面宽”；若干个单间的进深则组成一座单体建筑的通进深（图 1-1）。

（一）面宽的确定

古建筑面宽（这里主要指明间面宽）的确定要考虑到许多方面的因素，既要考虑实际需要（即所谓适用的原则），又要考虑实际可能（如木材的长短、径寸等因素），并要受封建等级制度的限制。在古代，明间面宽的确定还受到某些思想观念的束缚，在考虑面宽时，必须使门口尺寸符合门尺上“官”、“禄”、“财”、“义”等吉字的尺寸。次间面宽酌减，一般为明间的 8/10 或按实际需要确定。

带斗拱的大式建筑，其明、次各间面宽的确定，通常有两种方法，一是按斗拱攒数定面宽，如清工部《工程做法则例》卷一规定：“凡面阔、进深以斗科攒数而定，每攒以斗口数十一份定宽，如斗口二寸五分，以科中分算，得斗科每攒宽二尺七寸五分。如面阔用平身斗科六攒，加两边柱头科各半攒，得面阔一丈九尺二寸五分。次间收分一攒，得面阔一丈六尺五

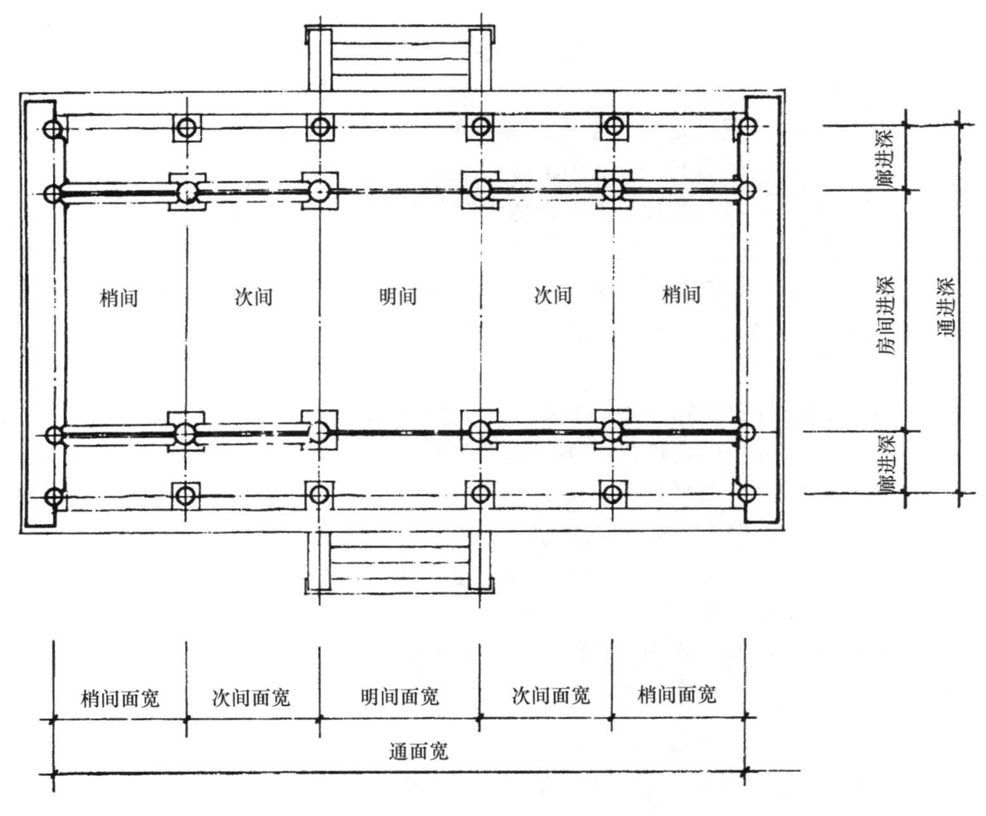

图 1-1　面宽与进深

寸。梢间同，或再收一攒，临期酌定。”*这是最常用的确定面阔的方法。也有另外一种情况，即已事先确定面阔，或者已事先确定了一幢建筑的总面阔和开间数，反过来求斗拱斗口的大小。这种情况在做仿古建筑设计时经常遇到。遇到这种情况时，通常要掌握这样几个原则：①必须保证明间斗拱为偶数（即空当坐中）；②次梢间可递减一攒或为明间宽的 8/10；③斗拱攒当大小应以 11 斗口为率，如果攒当略大于或略小于 11 斗口时，可以将横拱的长度适当加长或缩短（使拱子长度与《则例》规定的 6.2 斗口、7.2 斗口、9.2 斗口略有出入），以进行调整；④斗口大小可按清式规定的等级，取其中一级（如二寸半、三寸），也可按实际情况确定斗口的大小（如 5 厘米、6 厘米、7 厘米等）。

（二）进深的确定

建筑物进深的确定也受许多因素的制约，首先应考虑建筑物的功能需要，其次要考虑建筑材料的长短。清式《则例》列举的小式木构建筑，梁架长（即进深）均不超过五檩四步。遇有七檩房则通过增加前后廊的办法来解决进深问题。

带斗拱的大式建筑的进深，在充分考虑功能要求的前提下，通常按斗拱攒数定，大式庑殿、歇山，山面显二至三间不等，每间置平身科斗拱若干攒。如已事先确定了进深尺寸，则可按反算法确定出每间斗拱的攒数。

---

* 清代营造尺 1 尺=32 厘米，1 寸=3.2 厘米。

二、柱高与柱径

古建筑柱子的高度与直径是有一定比例关系的，柱高与面宽也有一定比例。小式建筑，如七檩或六檩小式，明间面宽与柱高的比例为 10∶8，即通常所谓面宽一丈，柱高八尺。柱高与柱径的比例为 11∶1。如清工部《工程做法则例》规定：“凡檐柱以面阔十分之八定高，以十分之七（应为百分之七——著者）定径寸。如面阔一丈一尺，得柱高八尺八寸，径七寸七分。”五檩、四檩小式建筑，面阔与柱高之比为 10∶7。根据这些规定，就可以进行推算，已知面宽可以求出柱高，知柱高可以求出柱径；相反，已知柱高或柱径，也可以推算出面阔。

大式带斗拱建筑的柱高，按斗拱口份数定，《工程做法则例》规定：“凡檐柱以斗口七十份定高”，“如斗口二寸五分，得檐柱连平板枋、斗科通高一丈七尺五寸。内除平板枋、斗科之高，即得檐柱净高尺寸。如平板枋高五寸，斗科高二尺八寸，得檐柱净高一丈四尺二寸。”从这段规定可以看出，所谓大式带斗拱建筑的柱高，是包括平板枋、斗拱在内的整个高度，即从柱根到桃檐桁底皮的高度。其中“斗拱高”是指坐斗底皮至挑檐桁底皮的高度。七十斗口减掉平板枋和斗拱高度，所余尺寸不足 60 斗口（56～58 斗口）（梁思成先生《清式营造则例》规定带斗拱建筑檐柱高一律为 60 斗口，与此略有差别）。檐柱径为 6 斗口，约为柱高的 1/10。

三、收分、侧脚

中国古建筑柱子上下两端直径是不相等的，除去瓜柱一类短柱外，任何柱子都不是上下等径的圆柱体，而是根部（柱脚、柱根）略粗，顶部（柱头）略细。这种根部粗、顶部细的做法，称为“收溜”，又称“收分”。木柱做出收分，既稳定又轻巧，给人以舒适的感觉。小式建筑收分的大小一般为柱高的 1/100，如柱高 3 米，收分为 3 厘米，假定柱根直径为 27 厘米，那么，柱头收分后直径为 24 厘米。大式建筑柱子的收分，《营造算例》规定为 7/1000。

为了加强建筑的整体稳定性，古建筑最外一圈柱子的下脚通常要向外侧移出一定尺寸，使外檐柱子的上端略向内侧倾斜，这种做法称为“侧脚”，工人师傅称为“掰升”。清代建筑柱子的侧脚尺寸与收分尺寸基本相同，如柱高 3 米，收分 3 厘米，侧脚亦为 3 厘米，即所谓“溜多少，升多少。”由于外檐柱的柱脚中线按原设计尺寸向外侧移出柱高的 1/100（或 7/1000），并将移出后的位置作为柱子下脚中轴线，而柱头仍保持原位不动，这样，在平面上就出现了柱根、柱头两个平面位置（图 1-2）的情况。清式古建筑仅仅外圈柱子才有侧脚，里面的金柱、中柱等都没有侧脚。

需要强调说明的是：柱子收分是在原有柱径的基础上向里收尺寸，如檐柱径为 D，收分以后柱头直径为 D–D/10 = 9/10D。这里作为权衡单位的柱径 D，是指柱根部分的直径，而不是柱头的直径。柱子侧脚则是在原设计尺寸的基础上将柱根向外侧移出，如廊步架原设计尺寸为 5D，柱脚掰升以后，檐、金柱柱根中—中距离变为 5D+D/10（图 1-2）。

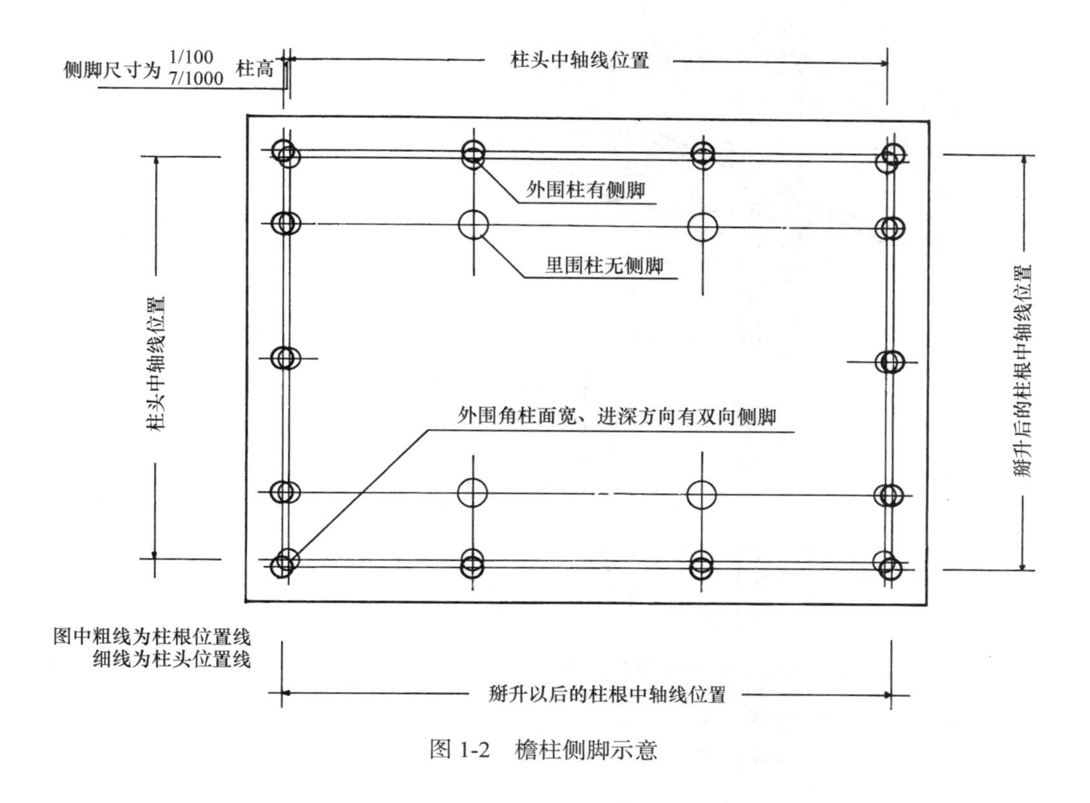

图 1-2　檐柱侧脚示意

四、上出、下出（出水、回水）

中国古建筑出檐深远，其出檐大小也有尺寸规定。清式则例规定；小式房座，以檐檩中至飞檐椽外皮（如无飞檐至老檐椽头外皮）的水平距离为出檐尺寸，称为“上檐出”，简称“上出”，由于屋檐向下流水，故上檐出又形象地被称为“出水”。无斗拱大式或小式建筑上檐出尺寸定为檐柱高的3/10。如檐柱高3米，则上出应为0.9米。将上檐出尺寸分为三等份，其中檐椽出头占2份，飞椽出头占一份（图1-3）。

带斗拱的大式建筑，其上檐出是由两部分尺寸组成的，一部分为挑檐桁中至飞檐椽头外皮，这段水平距离通常规定为21斗口，其中2/3为檐椽平出尺寸，1/3为飞椽平出尺寸。另一部分为斗拱挑出尺寸，即正心桁中至挑檐桁中的水平距离。这段尺寸的大小取决于斗拱挑出的尺寸的多少。如三踩斗拱挑出3斗口，五踩斗拱挑出6斗口，七踩斗拱挑出9斗口。因此，带斗拱的大式建筑出檐大小取决于斗拱出踩的多少（图1-3）。

中国古建筑都是建在台基之上的，台基露出地面部分称为台明。小式房座台明高为柱高的1/5或柱径的2倍。台明由檐柱中向外延展出的部分为台明出沿，对应屋顶的上出檐，又称为“下出”。下出尺寸，小式做法定为上出檐的4/5或檐柱径的2.4倍，大式做法的台明高为台明上皮至桃尖梁下皮高的1/4。大式台明出沿为上出檐的3/4。

古建筑的上出大于下出，二者之间有一段尺度差，这段差叫“回水”，回水的作用在于保证屋檐流下的水不会浇在台明上，从而起到保护柱根、墙身免受雨水侵蚀的作用。

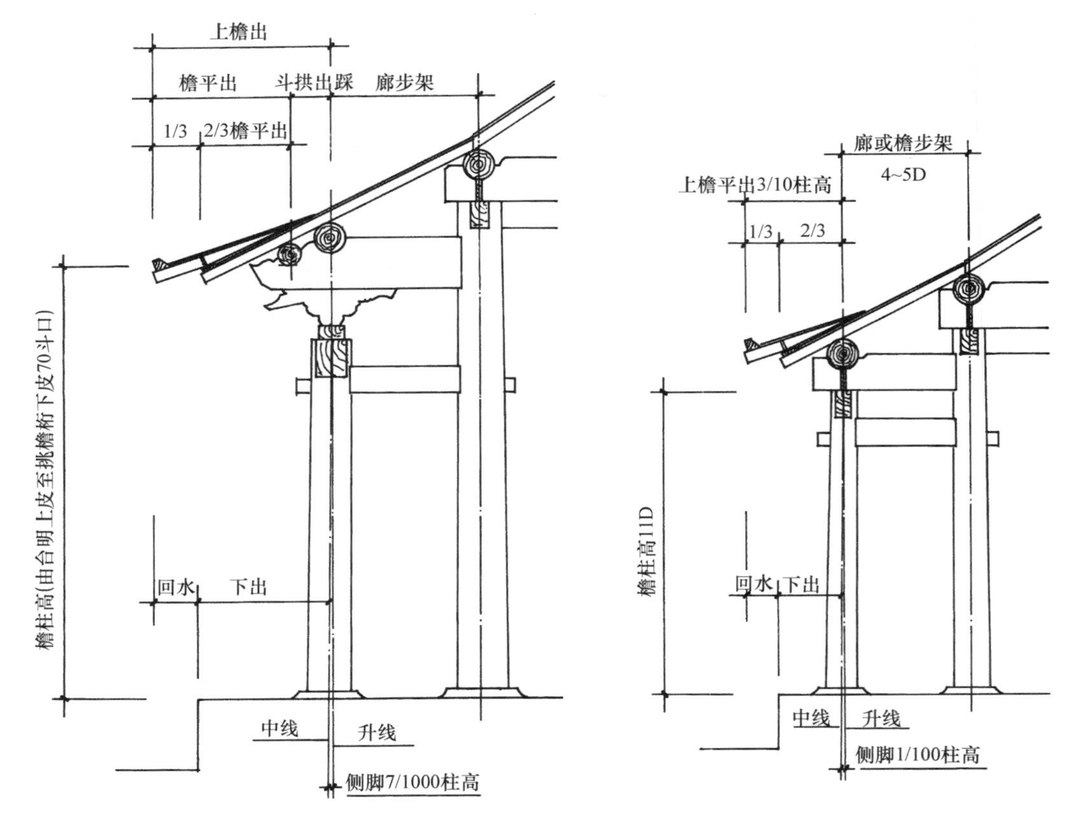

图 1-3 上出 下出 回水

五、步架、举架

步架：清式古建筑木构架中，相邻两檩中—中的水平距离称为步架（图 1-4）。步架依位置不同可分为廊步（或檐步）、金步、脊步等。如果是双脊檩卷棚建筑，最上面居中一步则称为“顶步”。在同一幢清式建筑中，除廊步（或檐步）和顶步在尺度上有所变化外，其余各步架尺寸基本是相同的。小式廊步架一般为 4D～5D，金、脊各步一般为 4D，顶步架尺寸一般都小于金步架尺寸，以四檩卷硼为例，确定顶步架尺寸的方法一般是：将四架梁两端檐檩中—中尺寸均分五等份，顶步架占一份，檐步架各占二份。顶步架尺寸最小不应小于 2D，最大不应大于 3D，在这个范围内可以调整。带斗拱大式建筑的步架尺度一般为檩径的 4～5 倍，具体尺寸要视房座进深大小、梁架长短、需要分多少步架来确定。有些书中讲大式建筑的步架一律为 22 斗口，这是不对的。带斗拱的大式建筑，除廊步以外，其他步架（即檩子间距）的大小与山面斗拱的攒数没有直接对应关系。

举架：所谓举架，指木构架相邻两檩中—中的垂直距离（举高）除以对应步架长度所得的系数。清代建筑常用举架有五举、六五举、七五举、九举等等，表示举高与步架之比为 0.5、0.65、0.75、0.9 等等。清式做法的檐步（或廊步），一般定为五举，称为“五举拿头”。小式房屋或园林亭榭，檐步也有采用四五举或五五举的，要视具体情况灵活处理。小式房脊步一般不超过八五举。大式建筑脊步一般不超过十举，古建屋面举架的变化决定着屋面曲线的优劣，所以在运用举架时应十分讲究，要注意屋面曲线的效果，使其自然和缓。千百年来，古建筑匠师们在举架运用上已积累了一套成功经验，形成了较为固定的程式。如小式

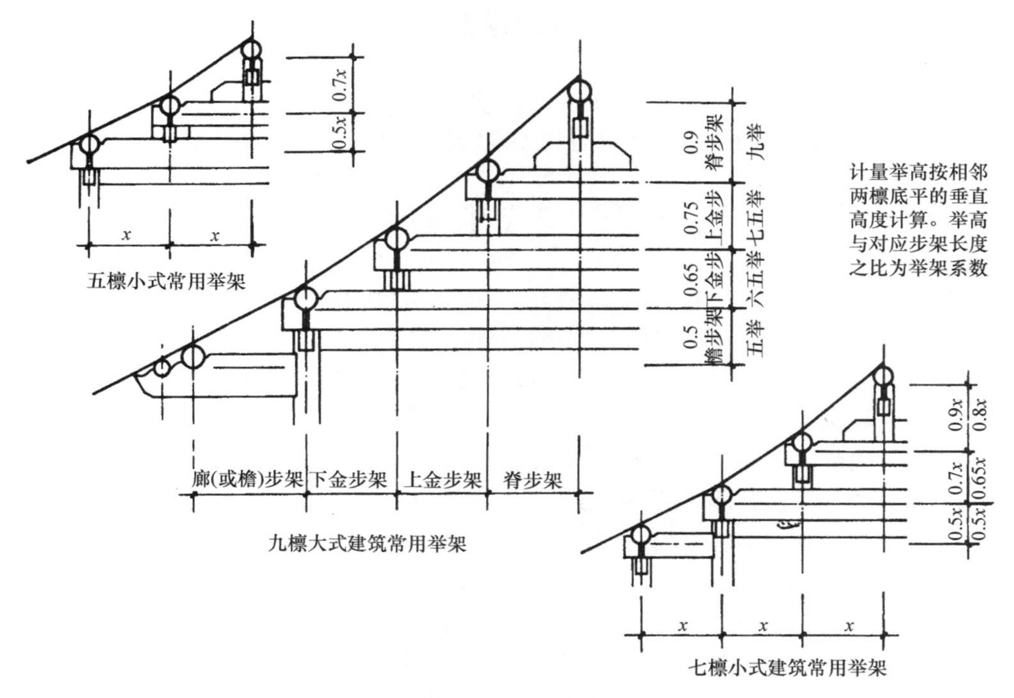

图 1-4 步架与举架

五檩房，一般为檐步五举、脊步七举；七檩房，各步分别为五举、六五举、八五举等等。大式建筑各步可依次为五举、六五举、七五举、九举等。

计量举高也有较为固定的方法，在桁檩直径相同的情况下，一般是按相邻两檩的底面（称为平水）之间的垂直距离来计算的。由檩底计举高，便于木构架的计算、制作和安装。但切记不能由垫板底皮来计量举高。因为檐、金脊各垫板的高度一般不相等。由垫板底皮计量举高不能准确反映相邻两檩的实际距离，因而不能反映真正的举架。

六、歇山收山法则

清式确定歇山建筑山面山花板位置的法则称为“收山法”。收山法通常按以下规定：由山面正心桁中向内侧收一桁径定做山花板外皮位置。如小式建筑，则由山面檐檩中向内侧收进一檩径，定做山花板外皮位置（图 1-5）。

关于歇山的收山，不同地区、不同时代的建筑各不相同。上面所述仅为清官式歇山建筑的收山法则。

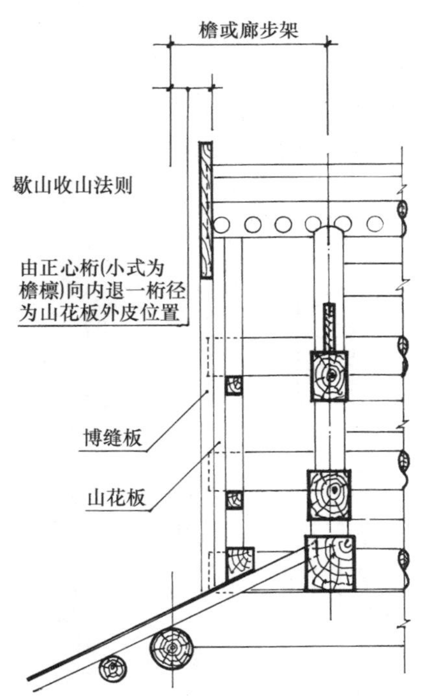

图 1-5 歇山收山法则

七、庑殿推山法则

所谓推山，就是将四坡顶庑殿建筑的两山屋面向外侧推出，使正脊加长，两山屋面变陡。推山以后，屋面相交形成的四条脊变成曲线（推山法具体内容详见第二章第三节）。

第三节　清代建筑的权衡

古建筑各部位及构件之间的比例关系构成了古建筑设计和施工的固定法则。千百年来，古代的建筑大师们严格遵循这些法则进行建筑实践，建造了无数形态各异、风格统一的建筑，使中国建筑在世界建筑中独树一帜，形成了极鲜明的民族风格和艺术特色。

建筑上的模数制和定型化，是中国古建筑的一个最显著的特点。

清代建筑的模数，通常采用“斗口”和“檐柱径”两种。带斗拱的宫殿式建筑，是以“斗口”为基本模数的。斗口，即平身科斗拱坐斗在面宽方向的刻口。以这个刻口尺寸为 1，其余各构件的尺寸都是它的倍数。如一栋建筑，斗口尺寸为 8 厘米（2.5 寸），如檐柱径为 6 斗口，高为 58 斗口，从中可以知道，该檐柱的实际尺寸是：柱径 6×8=48 厘米，柱高 58×8= 464 厘米。又如明间面阔为 77 斗口，则可求得明间面阔实际尺寸为 77×8=616 厘米。

为控制建筑物的体量和规模，清代官方将大式建筑用材标准划分为十一个等级。即：6 寸，5.5 寸，5 寸，……，1.5 寸，1 寸（以半寸为一个级差），称为十一等材，这十一个等级直接反映在建筑物上，就是斗口的十一种尺寸（图 1-6）。用材等级的大小决定着建筑物体量和各部尺寸的大小。如：假定建筑物明间面阔为 77 斗口，柱高 58 斗口，柱径 6 斗口。当斗口为五等材（清营造尺 4 寸，合 12.8 厘米）时，该建筑物明间面阔应为 9.856 米，檐柱高应为 7.424 米，檐柱径应为 0.768 米。而当斗口为九等材（营造尺 2 寸合 64 厘米）时，明间面阔为 4.92 米，檐柱高为 3.712 米，檐柱径为 0.384 米。可见，用材等级的大小决定着建筑物各构件尺寸的大小及建筑整体尺度的大小。

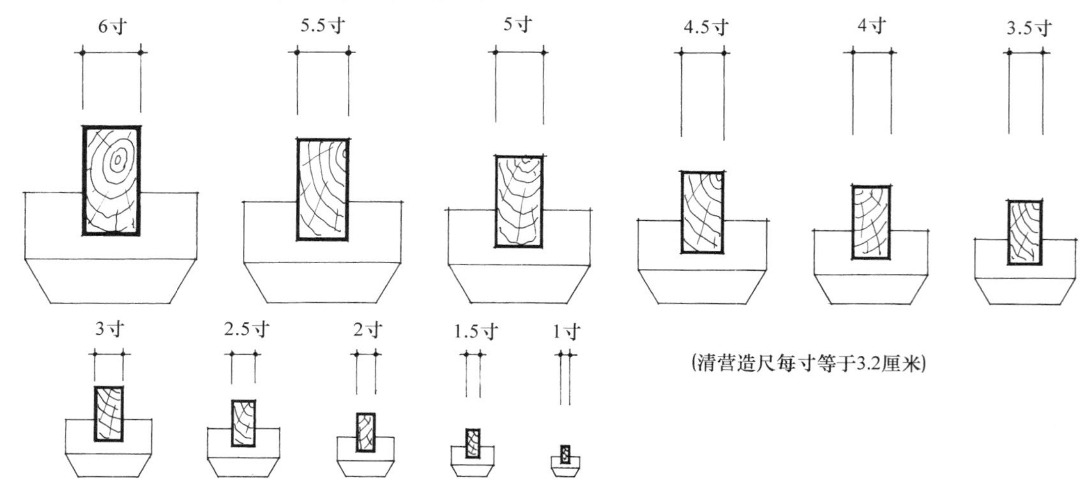

图 1-6　清式建筑斗口的十一个等级

小式无斗拱建筑，是以檐柱径为基本模数的，通常用“D”来表示，建筑物各部构件尺寸均是 D 的倍数。如某小式建筑明间檐柱径 D 为 7 寸（22.4 厘米），柱高 11D，面阔 13.5D，则可求得柱高为七尺七寸（246.4 厘米），面阔一丈三尺五寸（302.4 厘米）。又如檐椽直径为

1/3D，则可求得檐椽尺寸为 2.3 寸（7.46 厘米）。

小式建筑模数是由设计人员确定的，通常是在确定了开间尺寸或柱高尺寸以后，才确定檐柱径“D”的具体尺寸。如果定一幢建筑明间面阔为 3.6 米，则可根据面阔、柱高与柱径之间的比例关系，求出柱径尺寸为 0.26 米，柱高为 2.88 米。

大、小式建筑各部构件尺寸，详见构件权衡尺寸表（表 1-1，表 1-2，表 1-3）。

（斗拱权衡尺寸表见第六章表 6-3）。

表 1-1　清式带斗拱大式建筑木构件权衡表　（单位：斗口）

类别	构件名称	长	宽	高	厚	径	备　注
柱类	檐　柱			70(至挑檐桁下皮)		6	包含斗拱高在内
	金　柱			檐柱加廊步五举		6.6	
	重檐金柱			按实计		7.2	
	中　柱			按实计		7	
	山　柱			按实计		7	
	童　柱			按实计		5.2 或 6	
梁类	桃尖梁	廊步架加斗拱出踩加 6 斗口		正心桁中至要头下皮	6		
	桃尖假梁头	平身科斗拱全长加 3 斗口		正心桁中至要头下皮	6		
	桃尖顺梁	梢间面宽加斗拱出踩加 6 斗口		正心桁中至要头下皮	6		
	随　梁			4 斗口+1/100 长	3.5 斗口+1/100 长		
	趴　梁			6.5	5.2		
	踩步金			7 斗口+1/100 长或同五、七架梁高	6		断面与对应正身梁相等
	踩步金枋(踩步随梁枋)			4	3.5		
	递角梁	对应正身梁加斜		同对应正身梁高	同对应正身梁厚		建筑转折处之斜梁
	递角随梁			4 斗口+1/100 长	3.5 斗口+1/100 长		递角梁下之辅助梁
	抹角梁			6.5 斗口+1/100 长	5.2 斗口+1/100 长		
	七架梁	六步架加 2 檩径		8.4 或 1.25 倍厚	7 斗口		六架梁同此宽厚
	五架梁	四步架加 2 檩径		7 斗口或七架梁高的 5/6	5.6 斗口或 4/5 七架梁厚		四架梁同此宽厚
	三架梁	二步架加 2 檩径		5/6 五架梁高	4/5 五架梁厚		月梁同此宽厚
	三步梁	三步架加 1 檩径		同七架梁	同七架梁		
	双步梁	二步架加 1 檩径		同五架梁	同五架梁		

续表

类别	构件名称	长	宽	高	厚	径	备注
梁类	单步梁	一步架加1檩径		同三架梁	同三架梁		
梁类	顶梁（月梁）	顶步架加2檩径		同三架梁	同三架梁		
梁类	太平梁	二步架加檩金盘一份		同三架梁	同三架梁		
梁类	踏脚木			4.5	3.6		用于歇山
梁类	穿			2.3	1.8		用于歇山
梁类	天花梁			6斗口+2/100长	4/5高		
梁类	承重梁			6斗口+2寸	4.8斗口+2寸		用于楼房
梁类	帽儿梁					4+2/100长	天花骨干构件
梁类	贴梁		2		1.5		天花边框
枋类	大额枋	按面宽		6	4.8		
枋类	小额枋	按面宽		4	3.2		
枋类	重檐上大额枋	按面宽		6.6	5.4		
枋类	单额枋	按面宽		6	4.8		
枋类	平板枋	按面宽	3.5	2			
枋类	金、脊枋	按面宽		3.6	3		
枋类	燕尾枋	按出梢		同垫板	1		
枋类	承椽枋	按面宽		5～6	4～4.8		
枋类	天花枋	按面宽		6	4.8		
枋类	穿插枋			4	3.2		《清式营造则例》称随梁
枋类	跨空枋			4	3.2		
枋类	棋枋			4.8	4		
枋类	间枋	同面宽		5.2	4.2		用于楼房
桁檩	挑檐桁					3	
桁檩	正心桁	按面宽				4～4.5	
桁檩	金桁	按面宽				4～4.5	
桁檩	脊桁	按面宽				4～4.5	
桁檩	扶脊木	按面宽				4	
瓜柱	柁墩	2檩径	按上层梁厚收2寸		按实际		
瓜柱	金瓜柱		厚加一寸	按实际	按上一层梁收二寸		
瓜柱	脊瓜柱		同三架梁	按举架	三架梁厚收二寸		
瓜柱	交金墩		4.5斗口		按上层柁厚收二寸		
瓜柱	雷公柱		同三梁架厚		三架梁厚收二寸		庑殿用
瓜柱	角背	一步架		1/2～1/3脊瓜柱高	1/3高		

续表

类别	构件名称	长	宽	高	厚	径	备注
垫板角梁	由额垫板	按面宽		2	1		
	金、脊垫板	按面宽	4		1		金脊垫板也可随梁高酌减
	燕尾枋		4		1		
	老角梁			4.5	3		
	仔角梁			4.5	3		
	由戗			4～4.5	3		
	凹角老角梁			3	3		
	凹角梁盖			3	3		
椽飞 连檐 望板 瓦口 衬头木	方椽、飞椽		1.5		1.5		
	圆椽					1.5	
	大连檐		1.8	1.5			里口木同此
	小连檐		1		1.5 望板厚		
	顺望板				0.5		
	横望板				0.3		
	瓦口				同望板		
	衬头木			3	1.5		
歇山 悬山 楼房各部	踏脚木			4.5	3.6		
	穿			2.3	1.8		
	草架柱			2.3	1.8		
	燕尾枋			4	1		
	山花板				1		
	博缝板		8		1.2		
	挂落板				1		
	滴珠板				1		
	沿边木			同楞木或加一寸	同楞木		
	楼板				2 寸		
	楞木	按面宽		1/2 承重高	2/3 自身高		

表 1-2　小式（或无斗拱大式）建筑木构件权衡表　　（单位：柱径 D）

类别	构件名称	长	宽	高	厚（或进深）	径	备　注
柱类	檐柱（小檐柱）			11D 或 8/10 明间面宽		D	
	金柱（老檐柱）			檐柱高加廊步五举		D+1 寸	
	中　柱			按实计		D+2 寸	
	山　柱			按实计		D+2 寸	
	重檐金柱			按实计		D+2 寸	
梁类	抱 头 梁	廊步架加柱径一份		1.4D	1.1D 或 D+1 寸		
	五 架 梁	四步架加 2D		1.5D	1.2D 或金柱径+1 寸		
	三 架 梁	二步架加 2D		1.25D	0.95D 或 4/5 五架梁厚		
	递 角 梁	正身梁加斜		1.5D	1.2D		
	随　梁			D	0.8D		
	双 步 梁	二步架加 D		1.5D	1.2D		
	单 步 梁	一步架加 D		1.25D	4/5 双步梁厚		
	六 架 梁			1.5D	1.2D		
	四 架 梁			5/6 六架梁高或 1.4D	4/5 六架梁厚或 1.1D		
	月梁（顶梁）	顶步架加 2D		5/6 四架梁高	4/5 四架梁厚		
	长 趴 梁			1.5D	1.2D		
	短 趴 梁			1.2D	D		
	抹 角 梁			1.2D～1.4D	D～1.2D		
	承 重 梁			D+2 寸	D		
	踩 步 梁			1.5D	1.2D		用于歇山
	踩 步 金			1.5D	1.2D		用于歇山
	太 平 梁			1.2D	D		
枋类	穿 插 枋	廊步架+2D		D	0.8D		
	檐　枋	随面宽		D	0.8D		
	金　枋	随面宽		D 或 0.8D	0.8D 或 0.65D		
	上金、脊枋	随面宽		0.8D	0.65D		
	燕 尾 枋	随檩出梢		同垫板	0.25D		

续表

类别	构件名称	长	宽	高	厚（或进深）	径	备　注
檩类	檐、金、脊檩					D 或 0.9D	
	扶 脊 木					0.8D	
垫板类 柱瓜类	檐垫板老檐垫板			0.8D	0.25D		
	金、脊垫板			0.65D	0.25D		
	柁　墩	2D	0.8 上架梁厚	按实计			
	金 瓜 柱		D	按实计	上架梁厚的 0.8		
	脊 瓜 柱		D～0.8D	按举架	0.8 三架梁厚		
	角　背	一步架		1/2～1/3 脊瓜柱高	1/3 自身高		
角梁类	老 角 梁			D	2/3D		
	仔 角 梁			D	2/3D		
	由　戗			D	2/3D		
	凹角老角梁			2/3D	2/3D		
	凹角梁盖			2/3D	2/3D		
椽望 连檐 瓦口 衬头木	圆　椽					1/3D	
	方、飞 椽		1/3D		1/3D		
	花 架 椽		1/3D		1/3D		
	罗 锅 椽		1/3D		1/3D		
	大 连 檐		0.4D 或 1.2 椽径		1/3D		
	小 连 檐		1/3D		1.5 望板厚		
	横 望 板				1/15D 或 1/5 椽径		
	顺 望 板				1/9D 或 1/3 椽径		
	瓦　口				同横望板		
	衬 头 木				1/3D		
歇山 悬山 楼房各部	踏 脚 木			D	0.8D		
	草 架 柱		0.5D		0.5D		
	穿		0.5D		0.5D		
	山 花 板				1/3D～1/4D		
	博 缝 板		2D～2.3D 或 6～7 椽径		1/3D～1/4D 或 0.8～1 椽径		
	挂 落 板				0.8 椽径		
	沿 边 木			1.5 倍厚	0.5D+1 寸		
	楼　板				1.5～2 寸		
	楞　木			1.5 倍厚	0.5D+1 寸		

表 1-3　清式瓦、石各件权衡尺寸表

构件名称	高	宽	厚	备　注
台基明高（台明）	1/5 柱高或 2D	2.4D		
挑山山出		2.4D 或 4/5 上出		指台明山出尺寸
硬山山出		1.8 倍山柱径		指台明山出尺寸
山　墙			2.2D～2.4D	指墙身部分
裙　肩	$3\frac{2}{3}$D		上身加花碱尺寸	又名下碱
墀　头		1.8D 减金边宽 加咬中尺寸		
槛　墙			1.5D	
陡　板	1.5D			指台明陡板
阶　条		1.2D～1.6D	0.5D	
角　柱	裙肩高减押砖板厚	同墀头下碱宽	0.5D	
押砖板		同墀头下碱宽	0.5D	
挑檐石	0.75D	同墀头上身宽	长=廊深+2.4D	
腰线石	0.5D	0.75D		
垂　带		1.4D 或同阶条	0.5D	厚指斜厚尺寸
陡板土衬		0.2D		
砚窝石		10 寸左右	4～5 寸	
踏　跺		10 寸左右	4～5 寸	
柱顶石		2D 见方	D	鼓镜 1/5D

以上诸表主要参照梁思成、赵正之所拟权衡尺寸表开列。此次拟表，对其中较明显的错处做了校订，不全的地方做了补充。

第二章 常见古建筑的构造方式及构造技术

中国古建筑的建筑造型是多种多样的，这种建筑形式的多样化，要求必须有多种构造方式与之相适应。就是说，一定的构造形式，才能造成一定的建筑形象。我们研究古建筑，首先应当了解这些不同形式建筑的不同构造，了解每种构造都是由哪些构件组成的，它们在整体结构中起着什么作用。这些构件又是怎样有机地组合起来，构成相应的建筑形式的。只有了解了这些内容，才能指导我们能动地认识古建筑。因此，了解古建木结构的构造知识，对于古建筑设计、施工及修缮，都是十分重要的。

第一节 硬山建筑的基本构造

一、硬山建筑的特征和主要形式

屋面仅有前后两坡，左右两侧山墙与屋面相交，并将檩木梁架全部封砌在山墙内的建筑叫硬山建筑。硬山建筑是古建筑中最普通的形式，无论住宅、园林、寺庙中都有大量的硬山建筑。

硬山建筑以小式为最普遍，清《工程做法则例》列举了七檩小式、六檩小式、五檩小式几种小式硬山建筑的例子，这几种也是硬山建筑常见的形式（图 2-1）。七檩前后廊式建筑是小式民居中体量最大，地位最显赫的建筑，常用它来作主房，有时也用做过厅。六檩前出廊式建筑可用做带廊子的厢房、配房，也可用做前廊后无廊式的正房或后罩房。五檩无廊式建筑多用于无廊厢房、后罩房、倒座房等。

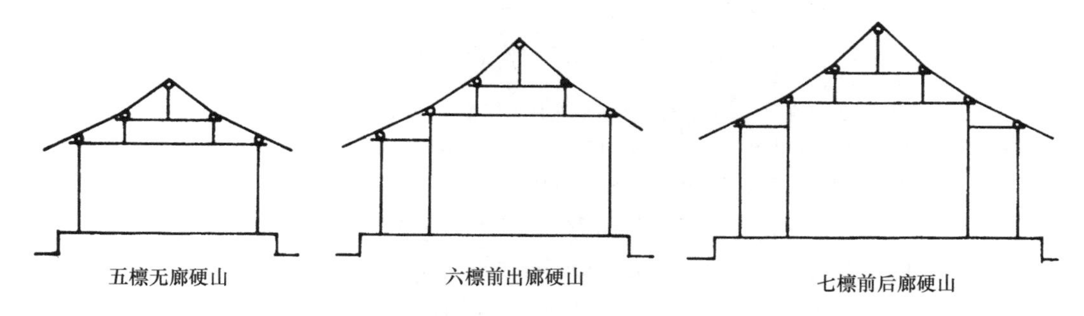

图 2-1 常见硬山建筑的檩架分配

硬山建筑，也有不少大式的实例，如宫殿、寺庙中的附属用房或配房多取硬山形式。大式硬山建筑有带斗拱和无斗拱两种做法，带斗拱硬山实例较少，一般只施一斗三升或一斗二升交麻叶不出踩斗拱。无斗拱大式硬山实例较多，它与小式硬山的区别主要在建筑尺度（如面宽、柱高、进深均大于一般的小式建筑）、屋面做法（如屋面多施青筒瓦，置脊饰吻兽或使用琉璃瓦）、建筑装饰（如梁枋多施油漆彩画，不似小式建筑装饰简单素雅）等诸方面。

二、硬山建筑木构架的基本组合方式和各部构件功能

现以七檩前后廊式建筑为例，将硬山建筑各部位、构件的名称、功能及构架组合方式介绍如下：

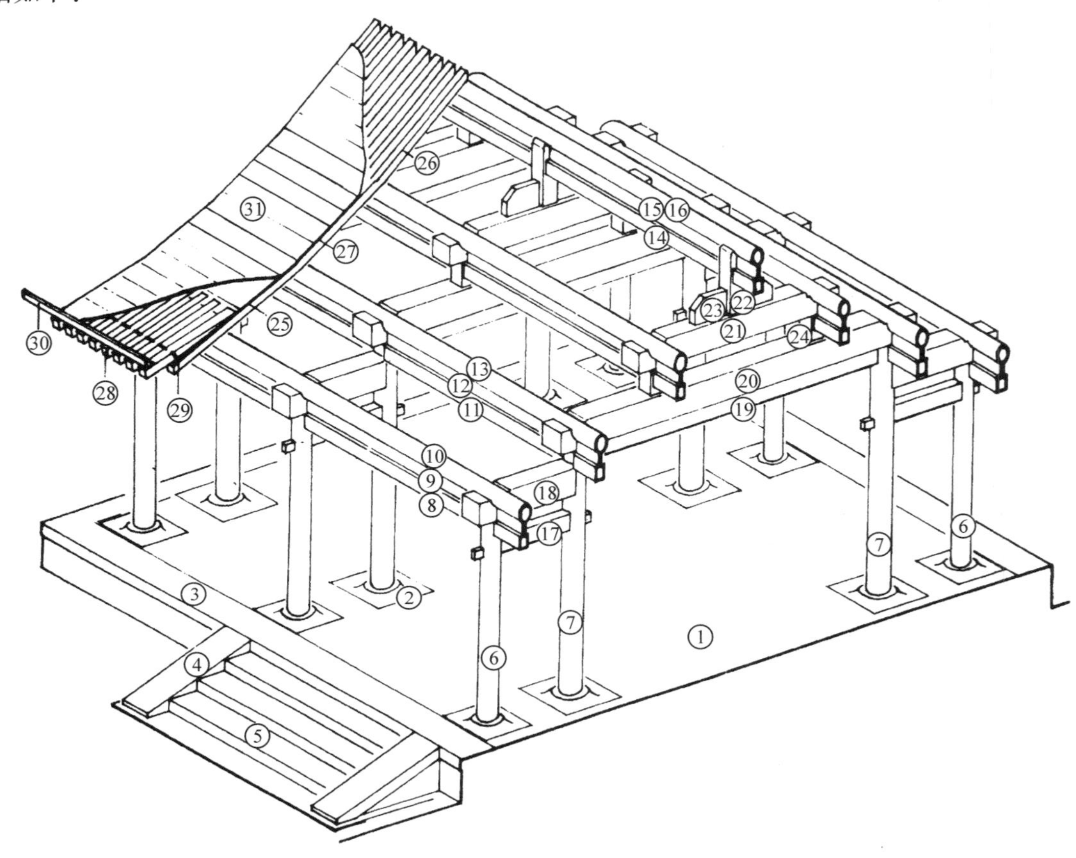

图 2-2　硬山建筑木构架部位名称

1. 台明　2. 柱顶石　3. 阶条　4. 垂带　5. 踏跺　6. 檐柱　7. 金柱　8. 檐枋　9. 檐垫板　10. 檐檩　11. 金枋　12. 金垫板　13. 金檩　14. 脊枋　15. 脊垫板　16. 脊檩　17. 穿插枋　18. 抱头梁　19. 随梁枋　20. 五架梁　21. 三架梁　22. 脊瓜柱　23. 脊角背　24. 金瓜柱　25. 檐椽　26. 脑椽　27. 花架椽　28. 飞椽　29. 小连檐　30. 大连檐　31. 望板

图 2-2 为七檩小式硬山建筑梁架构造图。中国古建筑在立面上由三部分组成，下部为台基，中部为构架，上部为屋顶，即所谓“三段式”。其中构架部分是建筑物的骨架和主体。七檩前后廊式硬山建筑在进深方向列有四排柱子，前后两排檐柱（俗名小檐柱），檐柱内侧两排金柱（俗称老檐柱）。前檐柱与金柱之间为廊子，装修一般安装在金柱之间，称为“金里安装修”。在檐柱和金柱之间，有穿插枋和抱头梁相联系。穿插枋在檐、金柱之间主要起联系拉结作用，抱头梁也有联系檐金柱的作用，但它的主要作用是承接檐檩。在檐柱之间，上端面宽方向有檐枋，它是联系檐柱柱头的构件。抱头梁上面安装檐檩，檐檩和檐枋之间安装垫板。这种檩、垫板、枋子三件叠在一起的做法称作“檩三件”。在金柱的柱头位置，沿面宽方向安

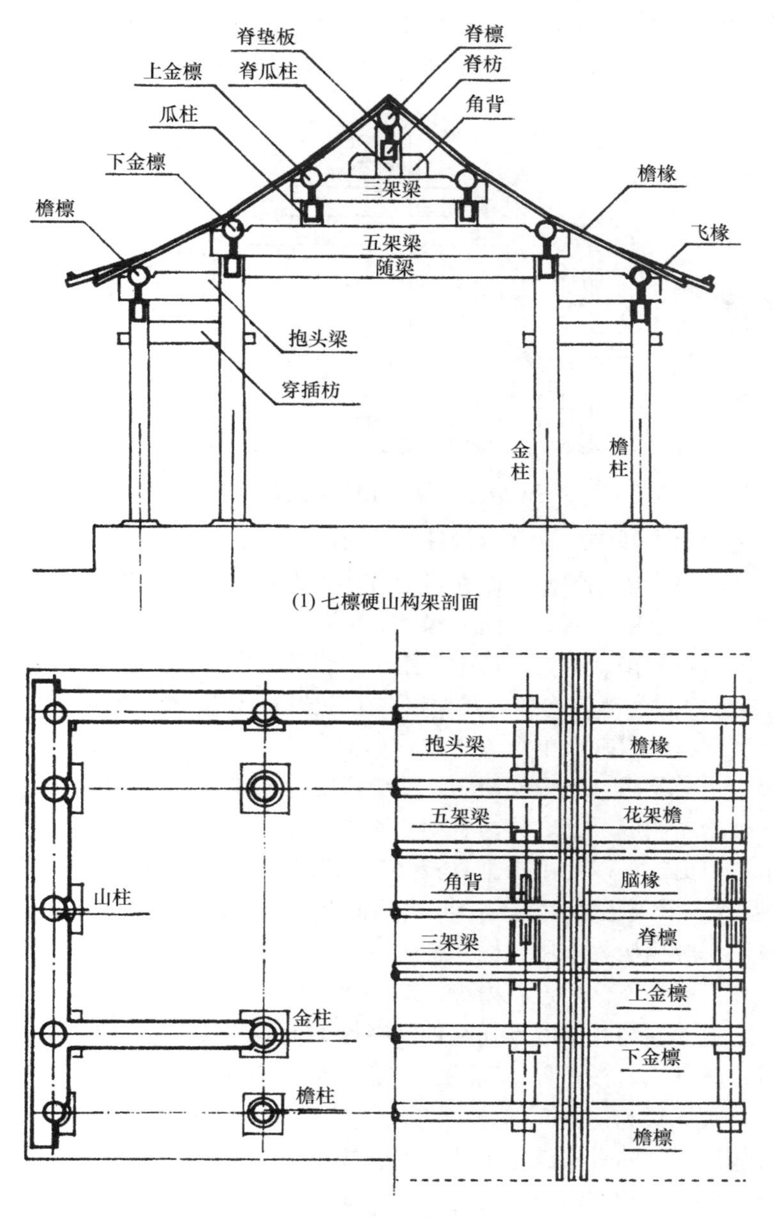

(1) 七檩硬山构架剖面

(2) 七檩硬山平面及构架平面

图 2-3　七檩硬山平面、剖面及构架平面

装金枋（又称老檐枋），进深方向安装随梁。随梁的主要作用是联系拉结前后金柱。随梁和金枋在金柱柱头间形成的围合结构，其功用类似圈梁，对稳定下架（即柱头以下）结构起着十分重要的作用。金柱之上为五架梁。所谓五架梁，是指这根梁上面承有五根檩，五架梁又俗称大柁，它是最主要的梁架。五架梁上承三架梁。三架梁由瓜柱或柁墩支承。瓜柱或柁墩的高低，即两梁之间净距离的大小，一般说来，如果这段距离大于等于瓜柱直径（或侧面宽度），则应使用瓜柱，如小于瓜柱直径（或侧面宽度）则应使用柁墩。三架梁上面居中安装脊瓜柱。由于脊瓜柱通常较高，稳定性差，需辅以角背，以增加脊瓜柱的稳定性（以上可参

见图 2-3 七檩硬山平面、剖面及梁架平面图）。在硬山建筑中，贴着山墙的梁架称为排山梁架。排山梁架常使用山柱，山柱由地面直通屋脊并支顶脊檩，将梁架从中分为两段，使五架梁变成为两根双步梁，三架梁变成为两根单步梁（见图 2-4 排山梁架）。

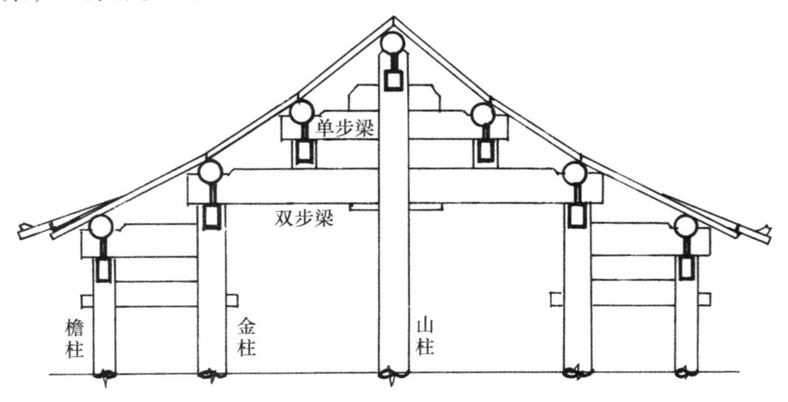

图 2-4　七檩硬山的排山梁架

木构架上面是屋面木基层，这部分构件主要有椽子、望板、连檐、瓦口等。椽子是屋面木基层的主要构件。小式建筑的椽子截面多为方形，大式建筑和园林建筑用圆椽者较多。由于古建筑屋面每步架的举度不同，屋面上椽子分为若干段，每相邻两檩为一段，椽子依位置不同分别称为檐椽、花架椽、脑椽，其中，用于檐步架并向外挑出者为檐椽，用于脊步架的为脑椽，檐椽、脑椽之间各部分均称为花架椽。在各段椽子中，檐椽最长，它的长度为檐（或廊）步架加上挑出部分，再乘五举系数 1.12。在檐椽之上，还有一层椽子，附在檐头向外挑出，后尾呈楔形，叫做飞椽。飞椽的使用，使檐椽之外又挑出一段飞檐，飞檐部分略略向上翘起，使挑出深远的屋檐成反宇之势，有利于室内采光。同时，由于飞椽举度较缓，还可将屋面流下的雨水抛出更远，以免雨水垂直溅落在柱根墙身上。古人曾以“上反宇以盖载，激日景（影）而纳光”，及“上尊而宇卑，吐水疾而溜远”来阐述它的优越性。有些较简易的建筑，屋檐处只用一层檐椽，不用飞椽，称为“老檐出”做法，也比较常见。檐椽和飞椽头部都有横木相联系，称为连檐。连系檐椽椽头的横木称为小连檐，联系飞椽头的横木称为大连檐。在大连檐之上，安装瓦口以承托瓦件。在椽子上面铺钉望板。望板也是木基层的主要部分。小式房屋一般都铺钉横望板，简陋的民房有时还常以席箔代替望板铺钉在椽子之上。屋面木基层之上是灰泥背和瓦屋面部分。

一座硬山式建筑，它的骨架就是由柱、梁、枋、垫板、檩木以及椽子、望板等基本构件组合起来的。硬山建筑的构架组合形式是古建筑最基本的构架组合形式。其他，如悬山、歇山、庑殿等，它们正身部分构架的组成与硬山式构架都基本相同。因此，了解硬山建筑的构架，是掌握其他形式建筑构架的基础。

第二节　悬山建筑的基本构造

一、悬山建筑的特征和主要形式

屋面有前后两坡，而且两山屋面悬出于山墙或山面屋架之外的建筑，称为悬山（亦称挑山）式建筑。悬山建筑梢间的檩木不是包砌在山墙之内，而是挑出于山墙之外，挑出的部分称为“出梢”，这是它区别于硬山建筑的主要之点。

以建筑外形及屋面做法分，悬山建筑可分为大屋脊悬山和卷棚悬山两种。大屋脊悬山前后屋面相交处有一条正脊，将屋面截然分为两坡。常见者有五檩悬山、七檩悬山以及五檩中柱式、七檩中柱式悬山（后两种多用作门庑）（图 2-5，大屋脊悬山的几种形式）。卷棚悬山脊部置双檩，屋面无正脊，前后两坡屋面在脊部形成过陇脊。常见者有四檩卷棚、六檩卷棚、八檩卷棚等。还有一种将两种悬山结合起来，勾连搭接，称为一殿一卷，这种形式常用于垂花门（图 2-6，卷棚悬山的几种形式）。

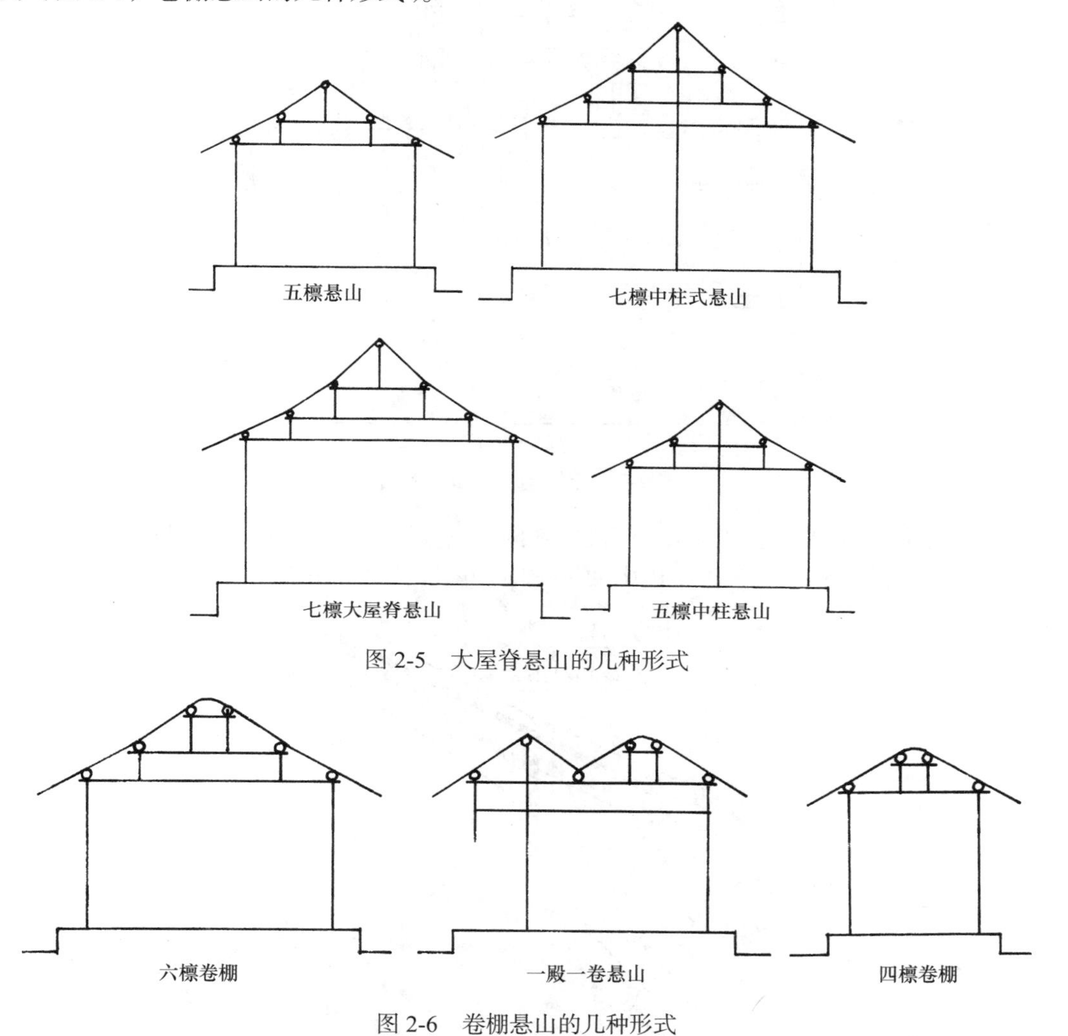

图 2-5　大屋脊悬山的几种形式

图 2-6　卷棚悬山的几种形式

二、悬山式建筑的木构架特点及各部功能

从建筑物的柱网分布以及正身梁架的构造看，悬山建筑与硬山建筑并无多少区别，所不同的只是梢间檩木的变化。硬山房梢间檩木完全包砌在山墙内，悬山建筑梢间檩木则挑出于山墙之外。

悬山檩木悬挑出梢，使屋面向两侧延伸，在山面形成出沿，这个出沿有防止雨水侵袭墙身的作用，这是悬山建筑优于硬山的地方。但檩木出梢也带来了山面木构架暴露在外面的缺点，这对于建筑外形的美观和木构架端头的防腐蚀都是不利的。为解决这个矛盾，古人在挑出的檩木端头外面用一块厚木板挡起来，使暴露的檩木得到掩盖和保护，这块木板叫“博缝板”。博缝板的尺度是与檩子或椽子尺度成比例的。清式则例规定，博缝板厚 0.7～1 椽径，宽 6～7 椽径（或二檩径），长随椽长，按步架分块，随屋面举折安装，成弯曲的形状（见图 2-7）。

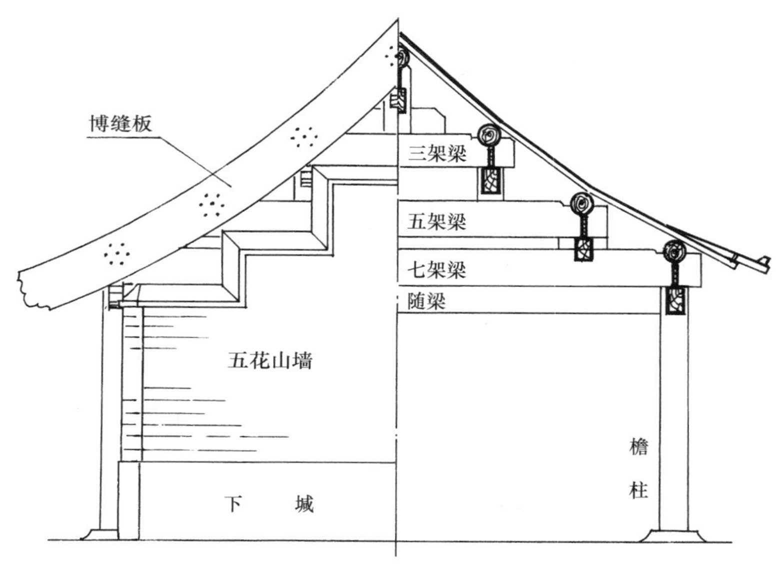

图 2-7　悬山建筑山面及剖面

悬山梢檩向外挑出尺寸的多少，清代《则例》有两种规定，一种是由梢间山面柱中向外挑出四椽四当（图 2-8）；另一种是由山面柱中向外挑出尺寸等于上檐出尺寸。挑出的梢檩部

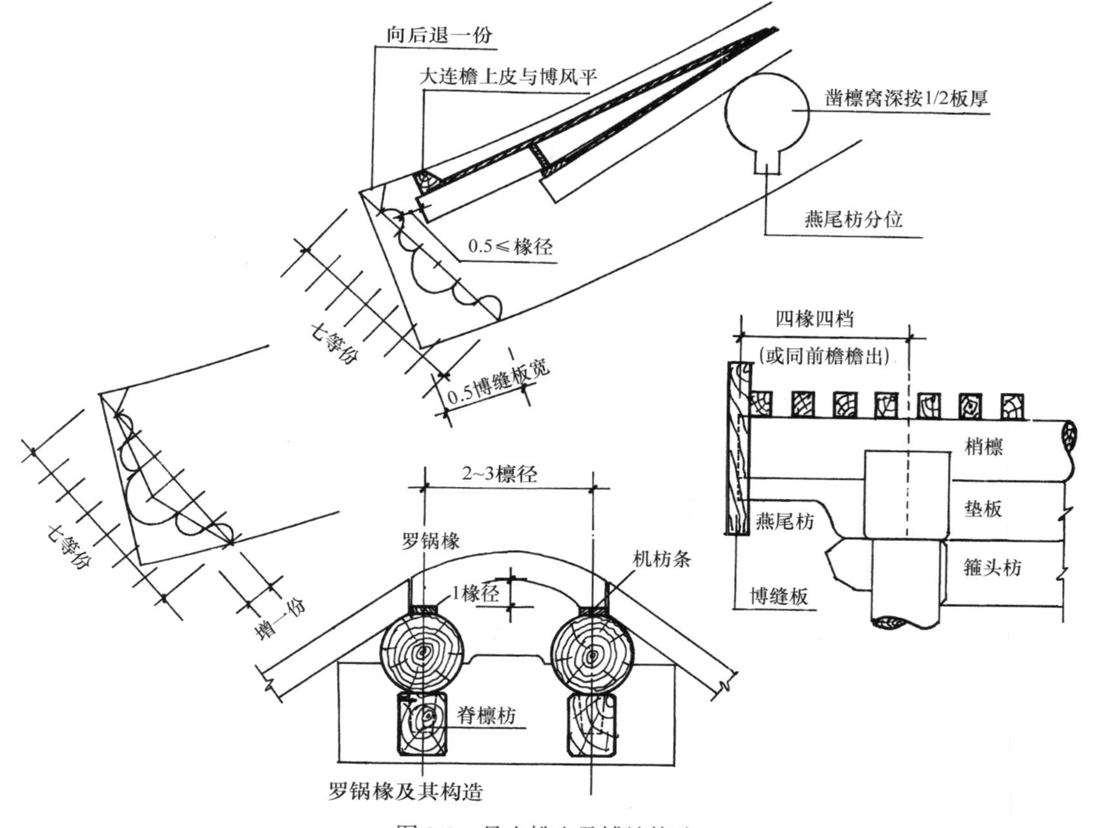

图 2-8　悬山挑山及博缝构造

分下面施燕尾枋，燕尾枋高、厚均同垫板，它安装在山面梁架的外侧，虽与内侧的垫板在构造上不发生任何关系，但应看作是垫板向出梢部分的延伸和收头。燕尾枋下面的枋子头做成箍头枋，既有拉结柱子的结构作用，又有装饰功能（图 2-8）。与悬山建筑山面构架有关系的山墙，也有不同的做法，常见有三种：一种是墙面一直封砌到顶，仅把檩子挑出部分和燕尾枋露在外面；另一种是五花山做法，采取这种做法时，山墙只砌至每层梁架下皮，随梁架的举折层次砌成阶梯状，将梁架暴露在外面。五花山做法是悬山建筑所独有的，它的优点是，有意识地将山面木构架暴露在外面，有利于构件的透风防腐。另外，墙面砌成阶梯形，又有改变墙面平板单调的外形，丰富立面效果的作用。还有一种做法，山墙只砌至大柁下面，主梁以上木构全部外露，梁架的象眼空当用象眼板封堵。

第三节　庑殿建筑的基本构造

庑殿建筑是中国古建筑中的最高型制。在等级森严的封建社会，这种建筑形式常用于宫殿、坛庙一类皇家建筑，是中轴线上主要建筑最常采取的形式。如故宫午门、太和殿、乾清宫，太庙大戟门、享殿及其后殿，景山寿皇殿、寿皇门，明长陵棱恩殿等都是庑殿式建筑。在封建社会，庑殿建筑实际上已经成为皇权、神权等国家最高统治权力的象征，成为皇家建筑中独有的一种建筑形式。除皇家建筑之外，其他官府、衙属、商埠、民宅等等，是绝不允许采用庑殿这种建筑形式的。庑殿建筑的这种特殊政治地位决定了它用材硕大、体量雄伟、装饰华贵富丽，具有较高的文物价值和艺术价值。

一、庑殿建筑的基本构造

庑殿建筑屋面有四大坡，前后坡屋面相交形成一条正脊，两山屋面与前后屋面相交形成四条垂脊，故庑殿又称四阿殿、五脊殿。庑殿的内部构架主要由两部分组成：正身部分和山面及转角部分。正身部分构架是构成和支承前后坡屋面的主要骨架，这部分梁架的构造与硬山、悬山式建筑的正身构架基本相同，都是抬梁式结构，由柱子支承梁架，梁上面搭置桁条，桁条之上铺钉椽子望板形成屋面木基层。山面及转角部分是构成庑殿这种建筑形式的主要部分。庑殿建筑为四坡顶屋面，前后两坡屋面的桁檩是沿面宽方向排列的，它搭置在进深方向的梁架上。山面的桁檩是沿进深方向排列的，它们与梁架平行，不具备搭置在梁架上的条件。为解决山面桁檩的搭置问题，古人采用在桁檩下面设置顺梁的办法。顺梁，即顺面宽方向之梁，它平行于面宽方向，与正身部分的梁架成正角。在山面放置顺梁，就解决了山面桁檩无处搭置的矛盾。顺梁的设置，常见的有两种主要形式，一为“顺梁法”，二为“趴梁法”。顺梁法所用之梁，在标高、断面、形状及做法等方面均与对应的正身梁架相同，如正身部分在进深方向使用桃尖梁，那么，山面也对应使用桃尖梁，称为“桃尖顺梁”。采用顺梁法是要具备一定条件的，即在梁下面必须有柱子承接，梁头做成桃尖梁头形式，通过柱头科斗拱落在山面檐柱头上。如果下面没有柱子承接，就不能采用顺梁法，只能改用趴梁法。所谓“趴梁”，是搭置在桁檩之上的梁，它与顺梁的位置正好一反一正。顺梁是置于桁檩下面，在梁背端头做桁碗承接桁檩；趴梁是扣在桁檩上面，凭桁檩承接梁的外一端，内一端搭置在正身梁架上。趴梁上面再承接其他桁檩。在庑殿木构架中，顺梁与趴梁常常是结合起来使用的。在庑殿山面有檐柱承接的情况下，山面的最下一层梁架一般用顺梁，顺梁之上承接山面桁檩（带斗拱做法则为“挑檐桁”和“正心桁”）和下金桁，下金桁上面置趴梁，趴梁上面承中金桁（或上金桁）……顺梁、趴梁并山面桁檩层层叠落，形成庑殿山面的基本构架（图 2-9）。如果山面没有檐柱承接，则由最下一层起就须使用趴梁，趴梁扣搭在山面檐桁或正心桁之上，其上承下金桁，下金桁上面承第二层趴梁，梁上承中金桁或上金桁……。庑殿建筑山面与檐面的桁檩在转角处扣搭相交，成为搭交桁檩。桁檩下面的檩枋、垫板共同交在一根承接搭交檩的短柱——交金瓜柱（或交金墩）上。在各层搭交桁檩之间，有角梁和由戗相连接，形成屋面垂脊的骨干构架。以上即庑殿建筑的基本构架。

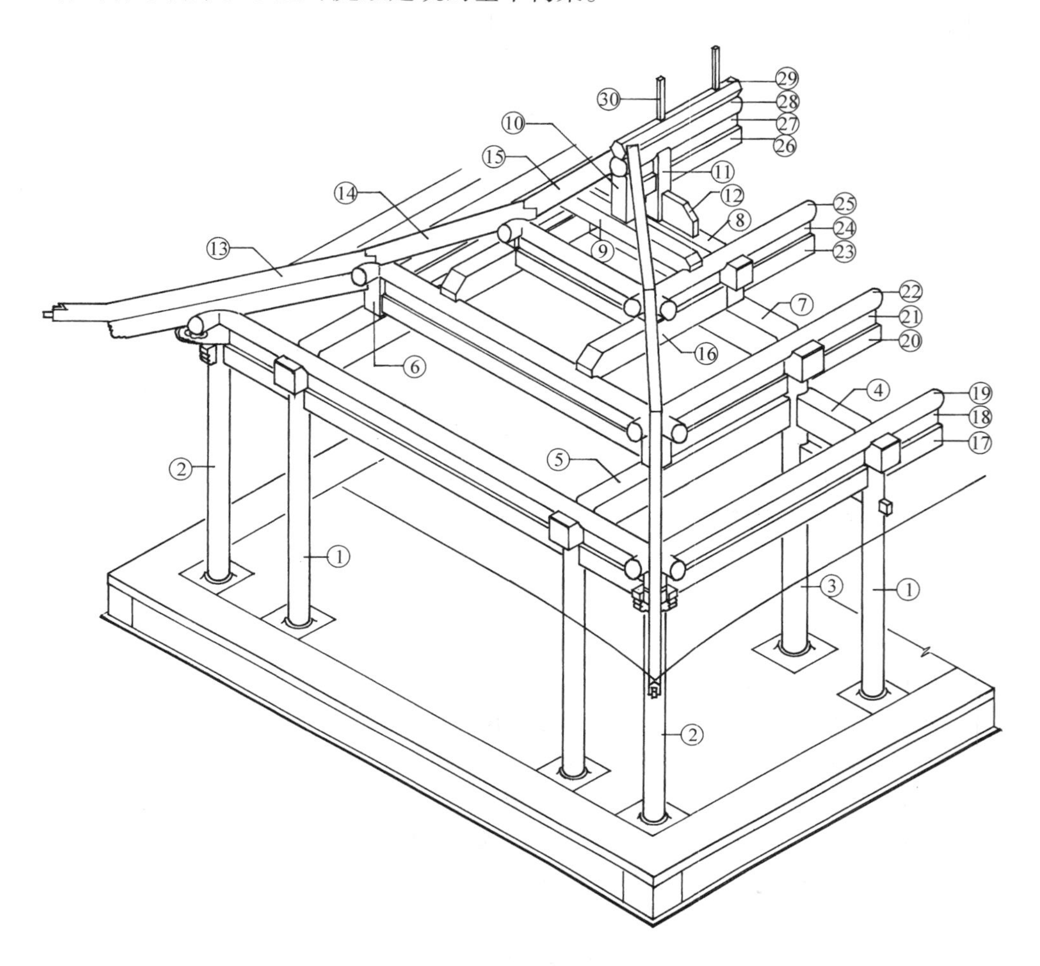

图 2-9　庑殿基本构架示意图

1. 檐柱　2. 角檐柱　3. 金柱　4. 抱头梁　5. 顺梁　6. 交金瓜柱　7. 五架梁　8. 三架梁
9. 太平梁　10. 雷公柱　11. 脊瓜柱　12. 角背　13. 角梁　14. 由戗　15. 脊由戗　16. 趴梁
17. 檐枋　18. 檐垫板　19. 檐檩　20. 下金枋　21. 下金垫板　22. 下金檩　23. 上金枋
24. 上金垫板　25. 上金檩　26. 脊枋　27. 脊垫板　28. 脊檩　29. 扶脊木　30. 脊桩

二、庑殿推山法

承上所述，如果庑殿山面与檐面各对应步架尺寸相等（即坡度相同）的话，那么屋面相交后形成的垂脊在平面上的投影就应是一条与两面檐口各成 45° 角的直线。但在实际当中，这种例子却是非常少见的，绝大多数庑殿建筑都做了推山处理。

所谓推山，顾名思义，就是将两山屋面向外推出，推山使正脊加长，两山屋面变陡。推山以后，屋面相交形成的垂脊不再是一条直线，变成一条向外侧弯曲的曲线（折线）（图 2-10）。

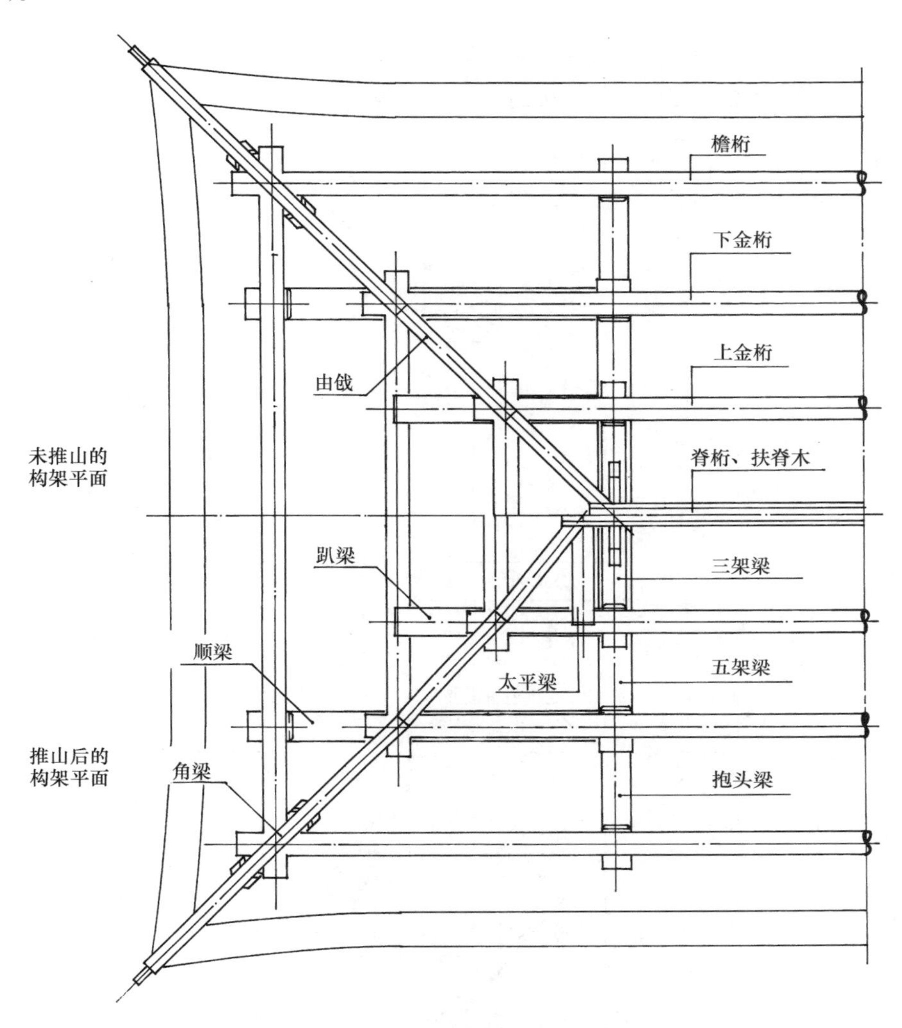

图 2-10　庑殿推山与不推山的梁架平面比较

关于庑殿推山的方法，在《营造算例》中分两种情况做了举例说明。《算例》列举的第一个例子是檐、金、脊各步步架相同情况下的推山方法，原文是这样叙述的："（庑殿推山）除檐步方角不推外，自金步至脊步，每步递减一成。如七檩每山三步，各五尺；除第一步方角不推外，第二步按一成推，计五寸；再按一成推，计四寸五分，净计四尺〇五分。"

文中所说"檐步方角不推"是指山面檐步架不推，这是庑殿推山的一条重要原则，目的在于使山、檐两面第一步的步架、举架相等，从而保证角梁的"方角"位置和两侧檐口交圈。不论在什么情况下，第一步都不推。"第二步按一成推"是指所推尺寸为该步架尺寸的 1/10，即五寸，推山后，第二步的步架变成了四尺五寸；第三步"再按一成推，计四寸五分，净计四尺〇五分"。从上述文字中的数据知道，第三步的"再按一成推"，并非原有步架的一成，而是第二步推出以后所得"四尺五寸"的一成。所以，第三步推得的结果是用四尺五寸减去一成四寸五分，得四尺五分。按照这种推法，假如还有第四步，那么，应当是四尺零五分减去四寸五厘，得三尺六寸四分五厘，依此类推。根据上述规律，我们可以作这样的总结：在庑殿山面各步架都相等的情况下，假定步架为 x，推山以后的各步架分别为 x_1，x_2，x_3，…，x_n，那么，

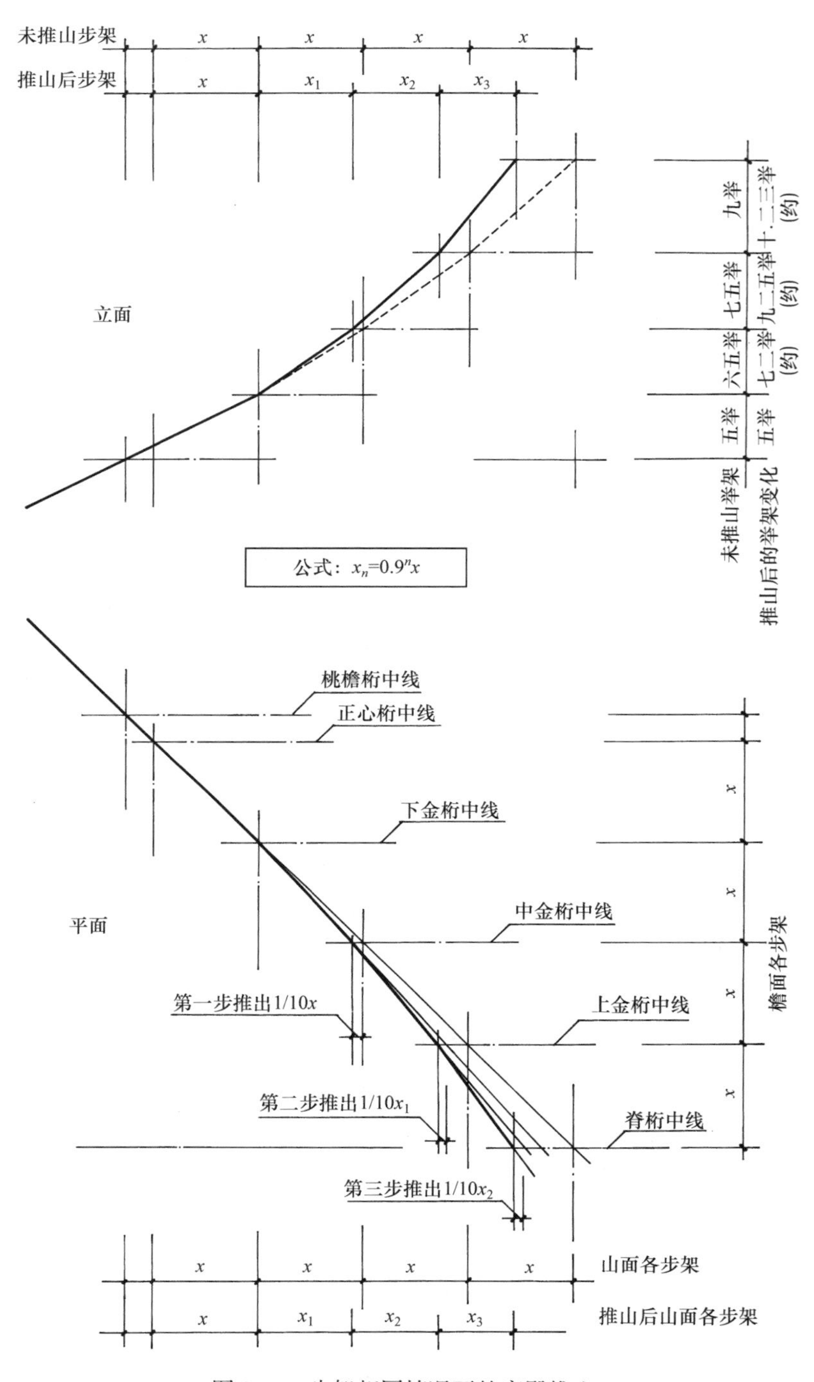

图 2-11　步架相同情况下的庑殿推山

$$x_1 = x - 0.1x = 0.9x$$
$$x_2 = x_1 - 0.1x_1 = 0.81x = 0.9^2x$$
$$x_3 = x_2 - 0.1x_2 = 0.729x = 0.9^3x$$
……
$$x_n = 0.9^nx$$ （以上参见图2-11）

这里需要顺便提及，在梁思成先生所著之《清式营造则例》中介绍的庑殿推山法与此不同，该书116页图版拾肆是这样表述的："檐步方角不推，下金步推出1/10步架，上金步……再推出1/10步架，脊步推法与上金步同。"这段文字看来似乎与《算例》所述无异，但图中却将下金、上金、脊各步推出的尺寸统统注成1/10x（如x为五尺，则各步都推出五寸）。《则例》本意并非单独介绍一种推山法，而是为《算例》的叙述做注解，但这里所介绍的，并非《算例》的本意。根据这种解释，则：

$$x_1 = x - 0.1x = 0.9x$$
$$x_2 = x - 0.2x = 0.8x$$
$$x_3 = x - 0.3x = 0.7x$$
……
$$x_n = x - n0.1x$$

这个公式与《算例》的公式显然不一样。照《算例》介绍的方法推山，不论推多少次，x_n都是一个正数，而按《则例》所讲的方法推山，推到第10次时，x_n就要等于0，如果推至10次以上，x_n就出现了负数（$x_n=0$时，椽子与地面垂直，x_n为负数时，椽子向外侧倾倒），这显然是不可能的。尽管在实际当中并没有推10次或10次以上的情况，但在理论上，这种方法是经不起推敲的。

《算例》还列举了檐、金、脊各步不等的情况下的推山方法（若金、脊各步相等，仅檐步架不等时，应视为各步架相等，按第一种方法推山。只有金、脊各步不相等时才能按第二种方法推山——著者注），原文是这样的："如九檩，每山四步，第一步六尺，第二步五尺，第三步四尺，第四步三尺；除第一步方角不推外，第二步按一成推，计五寸，净四尺五寸，连第三步第四步亦各随推五寸；再第三步，除随第二步推五寸，余三尺五寸外，再按一成推，计三寸五分，净计步架三尺一寸五分；第四步，又随推三寸五分，余二尺一寸五分，再按一成推，计二寸一分五厘，净计步架一尺九寸三分五厘。"这里讲得很清楚，在山面各步架尺寸不等的情况下，第一步方角不动，由第二步开始推山。第二步推出自身的1/10，计五寸，以上第三、第四步，都要首先减去这段尺寸，然后再推第三步；第三步由原来的四尺减为三尺五寸后再推1/10，计三寸五分，就变成了三尺一寸五分，它已推出的三寸五分，还要在第四步中减掉，这样，第四步经两次减尺寸（五寸、三寸五分），由原来的三尺减少为二尺一寸五分，在此基础上再推1/10，计二寸一分五厘，净剩一尺九寸三分五厘，这便是第四步推山以后的实际尺寸。在步架不等的情况下进行推山，要掌握这样的要诀，即：由第二步开始，逐步进行，每推一步时，都要同时从这步以上的各步架中减掉已推出的尺寸，然后以减剩下的尺寸为基数再行推山。这样，所得出的垂脊投影才是一条向外侧弯曲的曲线（见图2-12）。

庑殿推山的结果，使正脊向两侧延伸加长，脊桁挑出于脊瓜柱之外，须在下面加施太平梁，梁上栽雷公柱支顶挑出的桁条头。这是推山后对山面构架提出的要求。庑殿推山使山面各步架减小，而举高并未改变，这样就增大了椽子的举架（斜率），使两山屋面更加陡峻雄奇，增加了建筑物外形的美。所以，推山不仅是一种构架处理的方法，而且是一种造型艺术处理手段。

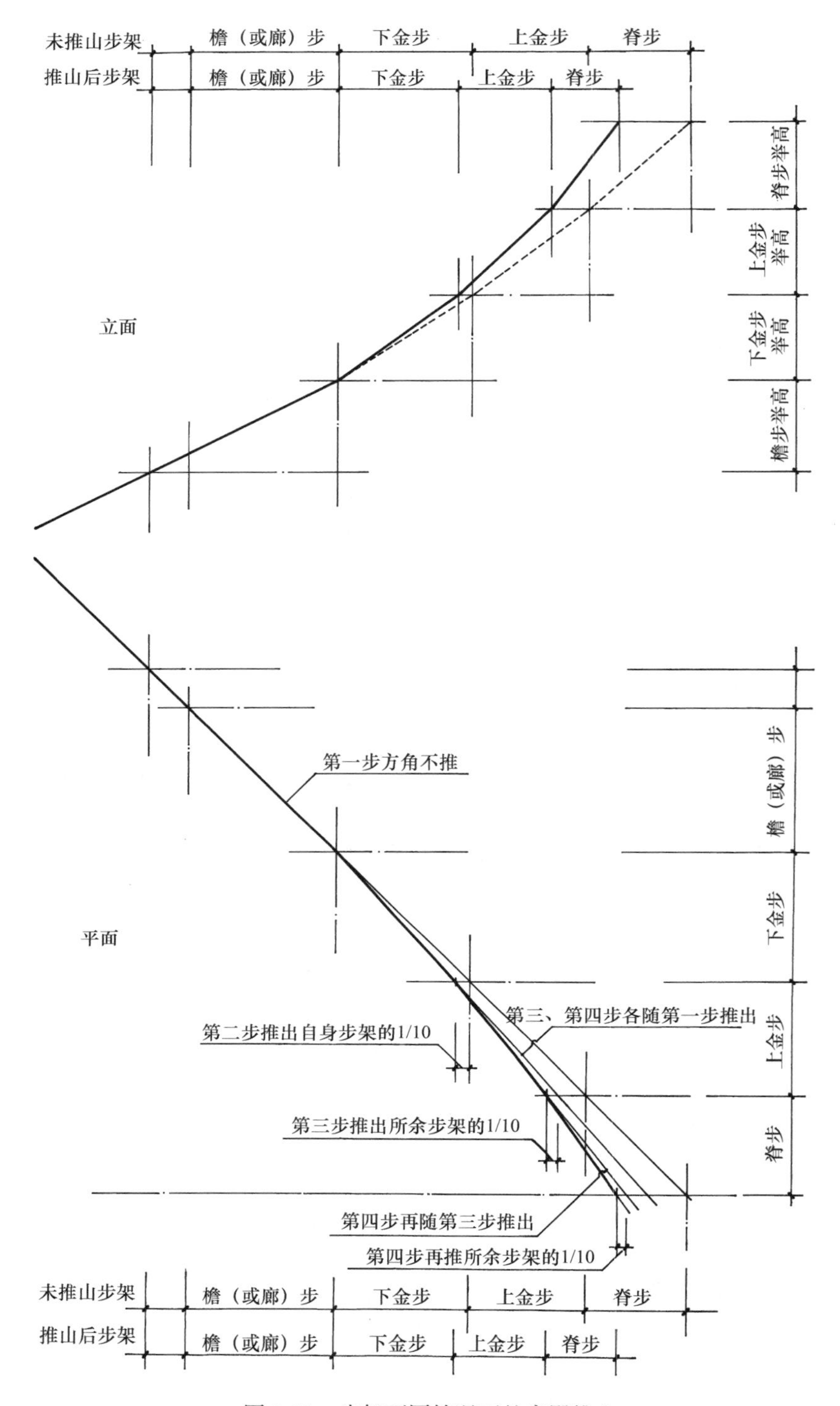

图 2-12　步架不同情况下的庑殿推山

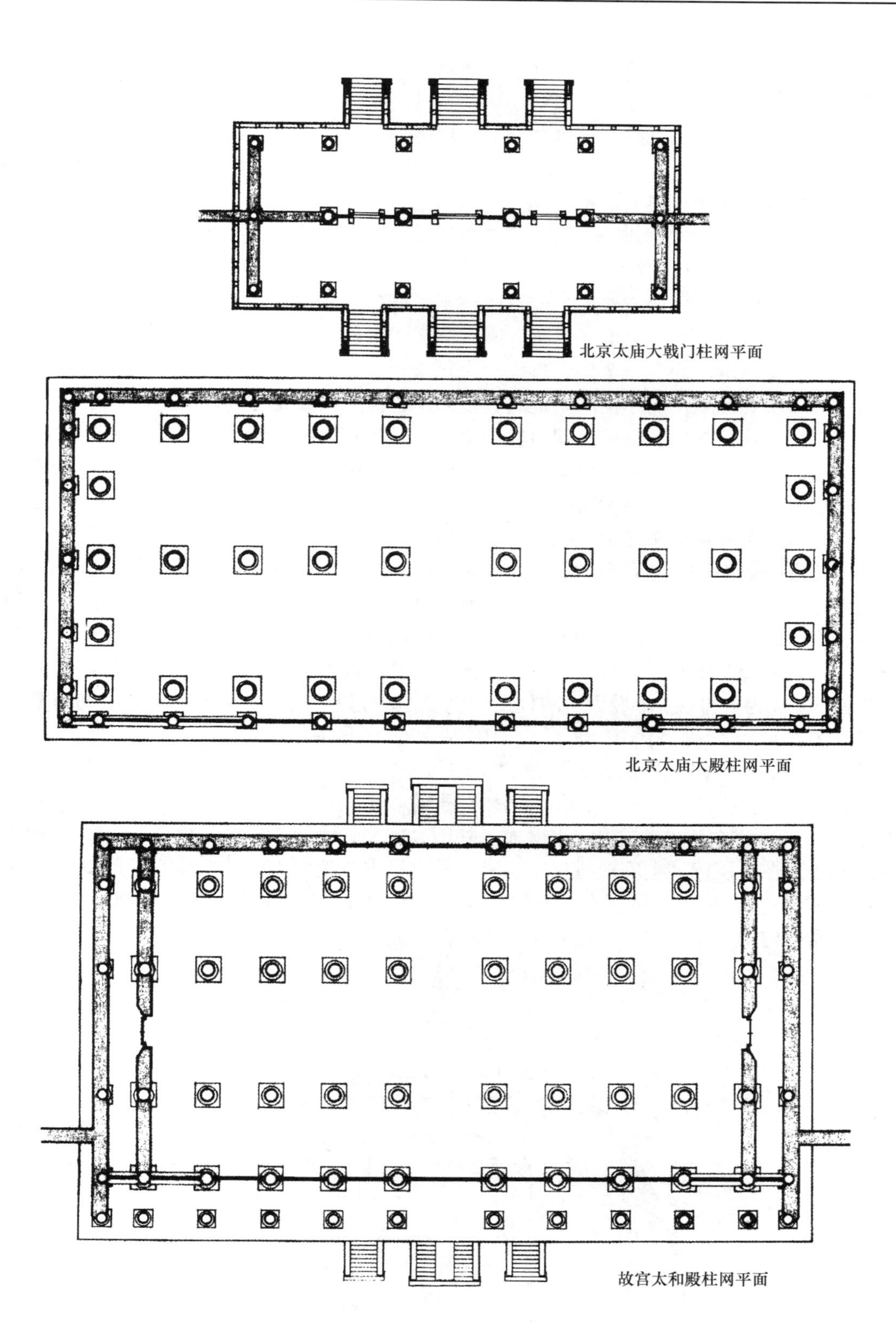

图 2-13　庑殿建筑柱网平面比较

三、庑殿建筑常见的柱网排列方式及与构架的关系

庑殿建筑在形式上有单檐、重檐之分，在功能上有门庑、宫殿以及祭祀性建筑等区别。功能不同，对平面柱网及木构架的要求也不同。因此，尽管庑殿建筑外部造型大致相同，内部构架及其柱网排列却有很大差别。

单檐庑殿最常见的柱网排列形式有三排柱无廊中柱式（参见图 2-13），这种柱网排列常用来做门庑，如北京天坛的祈年门、太庙戟门、景山寿皇门都属这一类。它的特点是在中柱一缝安装槛框门扉，其构造方式是，前后檐柱支承桃尖梁，桃尖梁上叠放三步梁、双步梁、单步梁等，分别承檐、金、上金各桁条。梁后尾交于中柱，两山面在梢间前后檐下金步位置施第一层顺趴梁，承山面的下金桁，再置上层趴梁桁条，组成山面的基本构架。

做一般非主要殿堂用的单檐庑殿建筑，多采用进深方向四排柱的柱网排列，近似于前后廊式柱网排列方式。檐柱、金柱之间由桃尖梁、穿插枋相联系，金柱之上支承五架梁或七架梁。由于山面有正身檐柱，故山面第一层梁架多施桃尖顺梁。但如果顺梁与室内天花或其他构件相矛盾时，也可将第一层梁架改为趴梁。做这种处理时，需在山面柱头之上安装桃尖假梁头，以取得从室外看柱头之上有桃尖梁的效果。

重檐庑殿一般都作为主要殿堂，建筑体量很大，不仅面宽可多达九间，进深方向也要有五、六间之多，柱网排列比较繁密。常见者有六排柱前后廊式（如景山寿皇殿、明长陵棱恩殿）、六排柱周围廊式（如故宫太和殿）。太庙享殿的柱网排列较为特殊，它是周围廊式的柱网排列，但前后及两山都无外廊，在进深方向，若从山面看，为七排柱，室内则全部减掉了里围金柱，变成为五排柱，可看做是减柱造的例子，减柱以后可以扩大室内空间的利用率（以上均参见图 2-13）。

重檐庑殿的构架组成方法，凡周围廊式柱网的重檐庑殿（如故宫太和殿），都是在檐柱与外围金柱间施桃尖梁、穿插枋，作为两排柱子的联系构件，并在外围金柱间施用承椽枋，将檐椽搭置在承椽枋上，构成第一重屋面。外围金柱又作为第二层檐的檐柱，支承上层檐。其构造方法是在上层檐柱上安放桃尖梁，桃尖梁上根据步架要求安装双步梁、单步梁，梁后尾插在里围金柱上。里围金柱上支承五架梁或七架梁，组成进深方向的基本构架（见图 2-14）。上层檐山面的构架，则主要凭层层趴梁支承叠落，构成山面屋架。

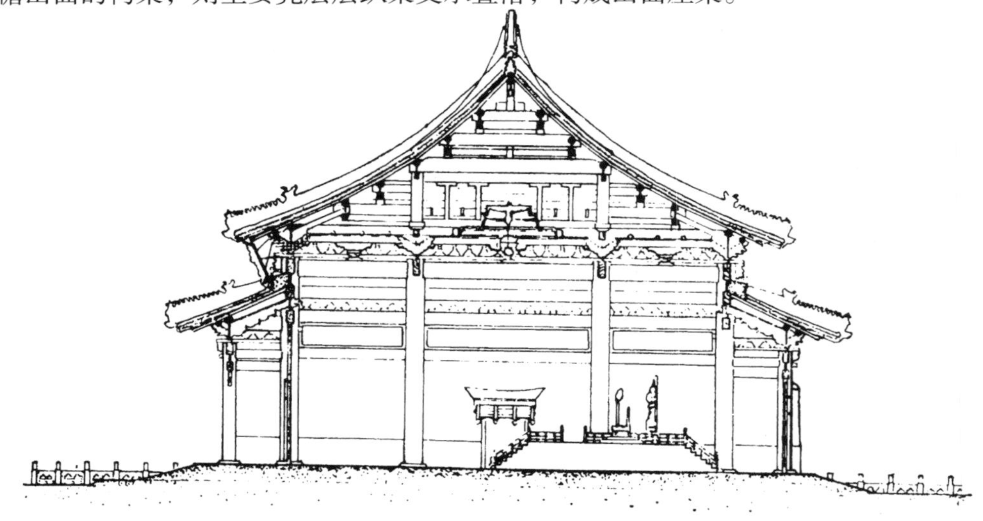

图 2-14　故宫太和殿剖面（本图引自《中国古代建筑史》）

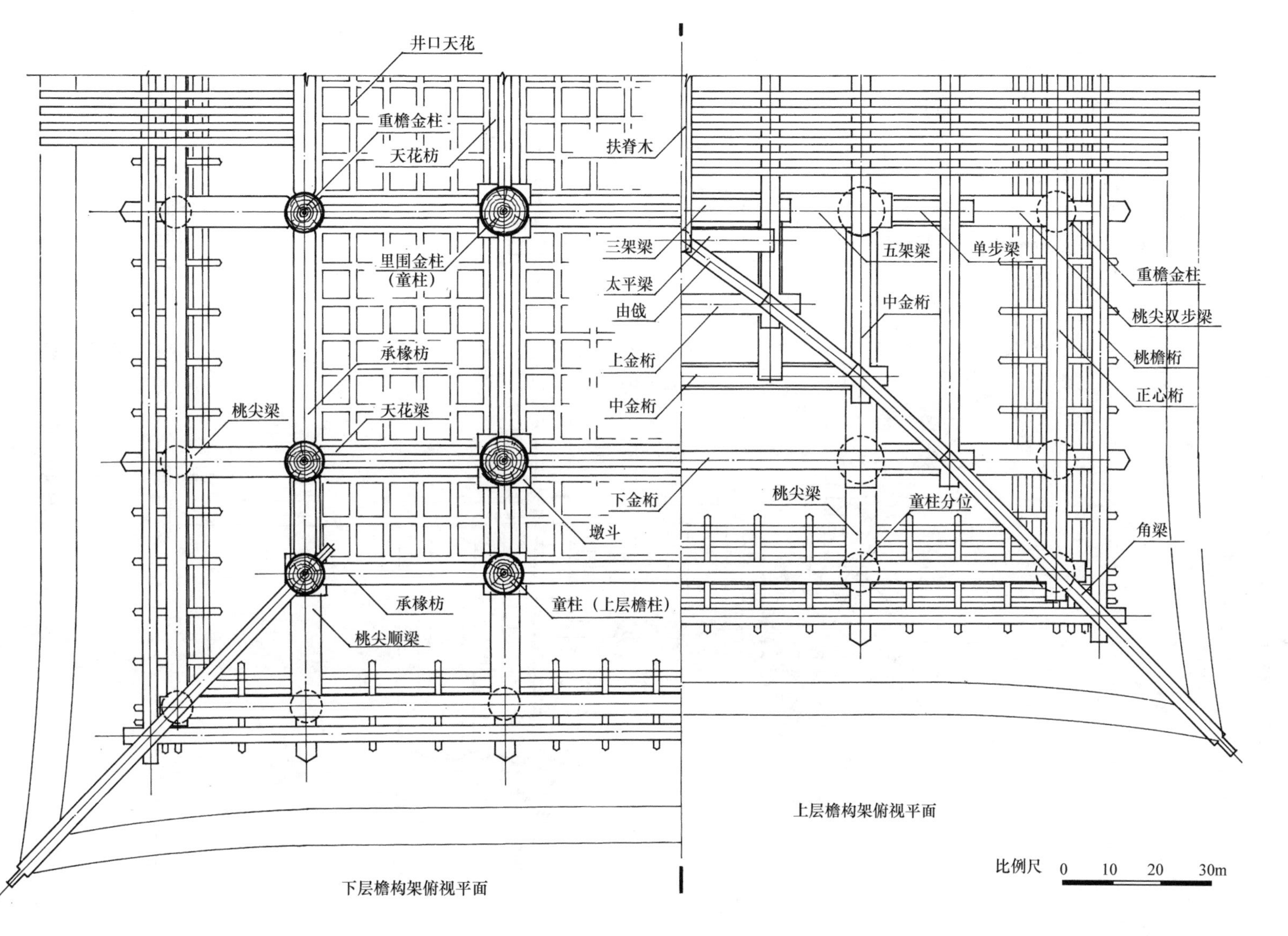

图2-15　景山寿皇殿东山面梁架平面

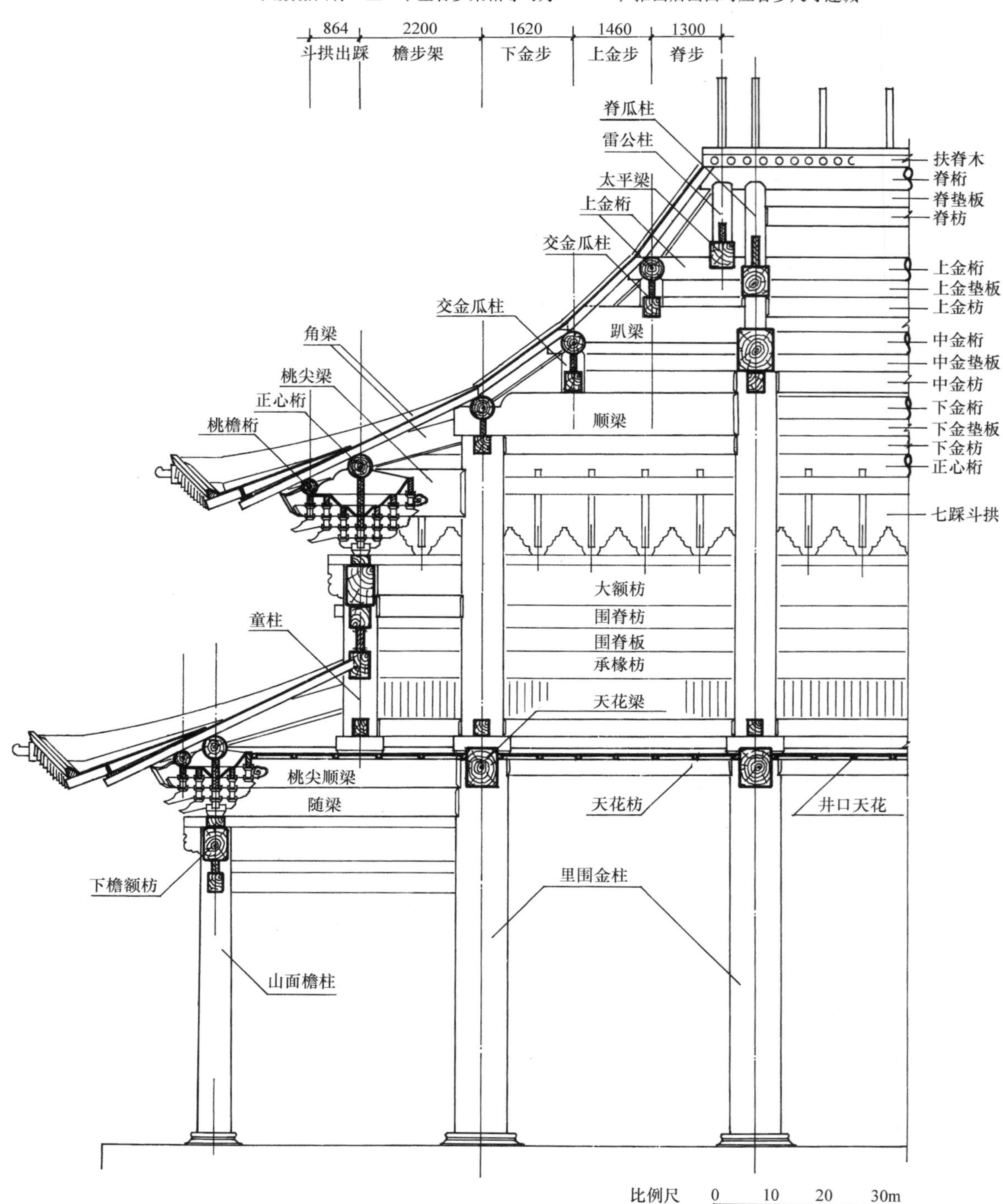

图 2-16　景山寿皇殿西山面梁架剖视

前后廊式柱网排列的重檐庑殿，正身部分构架与上述周围廊柱网相同，山面构架则不同。由于山面设有直达上层檐的外围金柱，需在下层梢间外围金柱位置施桃尖顺梁，在桃尖顺梁上，自山面正心桁向内退一廊步架处立童柱直通上层檐，作为山面上层的檐柱。为增大顺梁的承载能力，还常在顺梁下面设随梁（见图 2-15，图 2-16），景山寿皇殿即上述这种构造。它与太和殿的区别主要是山面无廊间（太和殿面阔九间，另加两山廊间，有十一间之称），这种柱网和构造方式在重檐庑殿中是比较多见的。明长陵棱恩殿也是这种柱网和构架组成方式（图 2-15，图 2-16 景山寿皇殿山面木构造图）。

庑殿建筑木构技术主要在山面构架的处理以及推山的基本方法，了解了这些基本技术，对各类庑殿建筑的构造就可以有能动的认识。

第四节　歇山建筑的基本构造

在形式多样的古建筑中，歇山建筑是其中最基本、最常见的一种建筑形式。

歇山建筑屋面峻拔陡峭，四角轻盈翘起，玲珑精巧，气势非凡，它既有庑殿建筑雄浑的气势，又有攒尖建筑俏丽的风格。无论帝王宫阙、王公府邸、城垣敌楼、坛壝寺庙、古典园林乃至商埠铺面等各类建筑，都大量采用歇山这种建筑形式，就连古今最有名的复合式建筑，诸如黄鹤楼、滕王阁、故宫角楼等，也都是以歇山为主要形式组合而成的，足见歇山建筑在中国古建筑中的重要地位。

从外部形象看，歇山建筑是庑殿（或四角攒尖）建筑与悬山建筑的有机结合，仿佛一座悬山屋顶歇栖在一座庑殿屋顶上。因之，它兼有悬山和庑殿建筑的某些特征。如果以建筑物的下金檩为界将屋面分为上下两段，那么，上段具有悬山式建筑的形象和特征，如屋面分为前后两坡，梢间檩子向山面挑出，檩木外端安装博缝板等；下段则有庑殿建筑的形象和特征，如屋面有四坡，山面两坡与檐面两坡相交形成四条脊等，这些，构成了歇山式建筑屋顶的基本特征。无论单檐歇山、重檐歇山、三滴水（即三重檐）歇山、大屋脊歇山、卷棚歇山，都具有这些基本特征。

歇山式建筑都具有一定的形象特征，而构成这种外形的内部构架也有许多特殊的处理方法，因而形成了多种构造形式。这些不同的构造与建筑物自身的柱网分布有直接关系，也与建筑的功能要求及檩架分配有一定关系。

一、歇山建筑山面的基本构造和规律

（一）踩步金的作用

硬山、悬山、庑殿、歇山这几种不同形式的建筑，其正身部分梁架构造都大致相同，不同之处在于山面构架的组成。歇山建筑屋顶四面出檐，其中，前后檐檐椽的后尾搭置在前后檐的下金檩上，两山面檐椽的后尾则搭置在山面的一个既非梁又非檩的特殊构件上。这个只有歇山建筑才有的特殊构件叫做“踩步金”（踩步金是清式歇山建筑常采用的一个特殊构件，它在宋式建筑中已有雏型，称为“系头栿”。明代歇山建筑中，踩步金多以桁檩的形式出现，称“踩步檩”，踩步金的做法及名称变化将在下文专门阐述），踩步金是一个正身似梁，两端似檩的构件，位于山面下金檩的平面位置。踩步金外一侧剔凿椽窝以搭置山面檐椽，梁身上安装瓜柱或柁墩承接上面的梁架，它的长度，相当于和它相对应的正身部位梁架的长（端头

另外加的尺寸另计），如一座七檩歇山，踩步金长度与正身部位的五架梁相当。九檩歇山的踩步金，长度则与七架梁相当。出于构造上的要求，踩步金底皮的标高比正身部分对应梁架的底皮要高一平水（一平水即垫板的高度），就是说，踩步金的底皮与前后檐下金檩的底皮平，这是由于踩步金的端头要与下金檩挑出部分作榫扣搭相交的特殊构造决定的。综上所述，歇山建筑的踩步金是一个兼有梁架和檩条双重作用的特殊构件，它处于山面金檩的位置，既支承着它上面的梁架檩木，又承接山面檐椽的后尾，两端还与前后檐的下金檩交圈，檩子的搭交处与角梁后尾结合在一起［见图 2-17（1）］，它的功能特殊，地位重要，是歇山建筑山面最主要的构件之一。

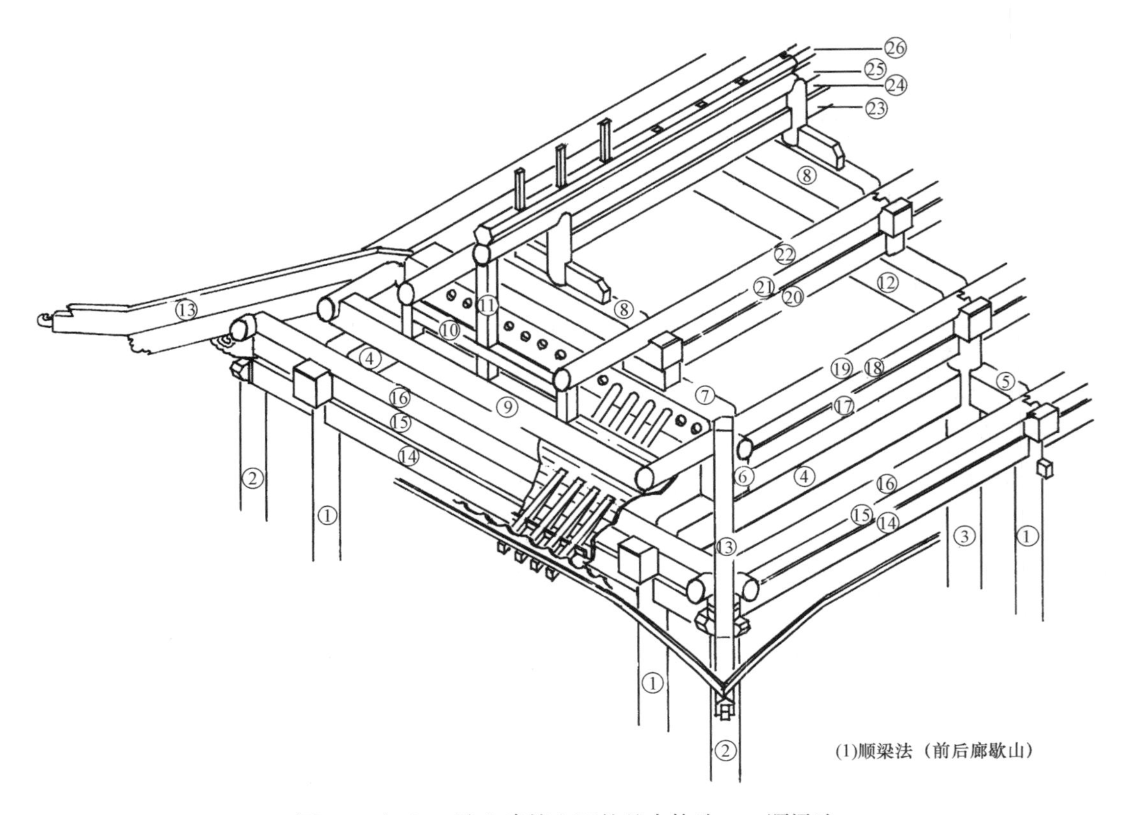

图 2-17（1）　歇山建筑山面的基本构造——顺梁法

1. 檐柱　2. 角檐柱　3. 金柱　4. 顺梁　5. 抱头梁　6. 交金墩　7. 踩步金　8. 三架梁　9. 踏脚木　10. 穿　11. 草架柱　12. 五架梁　13. 角梁　14. 檐枋　15. 檐垫板　16. 檐檩　17. 下金枋　18. 下金垫板　19. 下金檩　20. 上金枋　21. 上金垫板　22. 上金檩　23. 脊枋　24. 脊垫板　25. 脊檩　26. 扶脊木

（二）顺梁和趴梁

踩步金尽管重要，但只有与其他构件组合在一起才能发挥作用。从图 2-17 看，踩步金下面并没有柱子支顶，处在悬空位置，为了解决踩步金的落脚问题，要在它的下面设梁架，图 2-17（1）中，踩步金下面施用了顺梁。

歇山建筑所用的顺梁，与前面所述之庑殿建筑的顺梁相同，它的形态和作用均与梁相同，因其安置的方向与一般梁架相反——不是垂直于面宽方向，而是平行于面宽方向——而得名。它的外一端作梁头，落在山面檐柱的柱头上，梁头上承接山面檐檩，内一端作榫交在金柱上。梁的上面沿踩步金轴线安装瓜柱或童柱（称为交金瓜柱或交金童柱），支承踩步金。

顺梁是歇山建筑山面常见的重要构件［图 2-17（1）］。

如果将这根承接踩步金的构件位置提高，则又变为另一种构造方式——趴梁法。由上已知，顺梁是用在山面檐檩之下的，它的底面直接落在山面檐柱的柱头上，趴梁则不同，它的外端头不是落在柱头上，而是扣在山面檐檩上［图 2-17（2）］，梁底与山面檐檩的立面中线相平（有时也可能略高或略低于檐檩中线，需视具体情况酌定），梁头与檩木结合处作碗子和阶梯形榫，另一端作燕尾榫与金柱柱头结合。作这种构造处理时，趴梁恰好处于金檩枋位置，变成了起双重作用的构件——它既是承接踩步金的梁架，又是梢间的金檩枋（又称老檐枋），故名称也改为"金枋带趴梁"。由于它具有双重作用，这根构件的断面要略大于一般的金枋，以便适应承载踩步金及其以上构架以及屋面荷重的需要。采用金枋带趴梁来承接踩步金及其以上的构架，是歇山建筑中经常采用的构造方式。

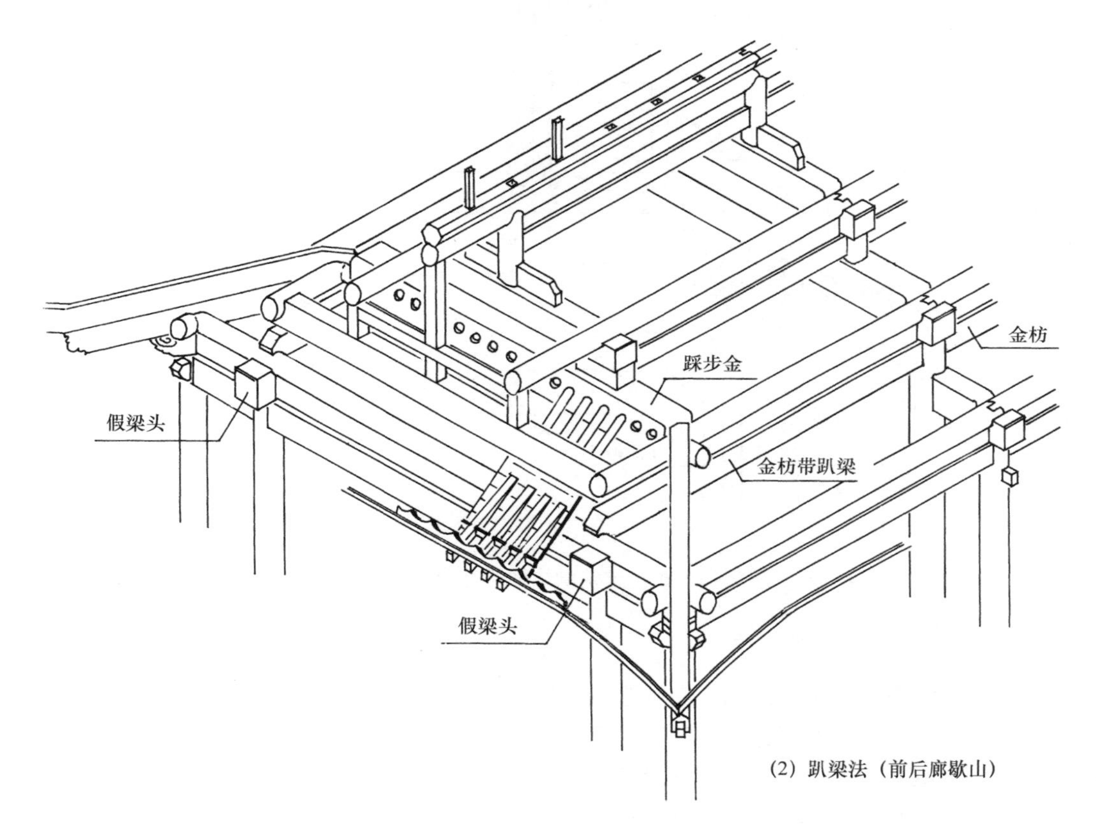

图 2-17（2）　歇山建筑山面的基本构造——趴梁法

（三）歇山的收山

歇山梢间屋面上部为悬山做法，檩木由踩步金向山面挑出，究竟应挑出多少？歇山的山花板、博缝板应安装在什么位置？清式《则例》规定：歇山建筑由山面檐檩（带斗拱的建筑按正心桁）的檩中向内一檩径定为山花板外皮位置，这就是歇山收山的法则（图 2-18），凡清式歇山建筑，无论大式小式，一概遵从这个法则。按此法则将山花板外皮位置确定以后，即可确定博缚板、草架柱、踏脚木、横穿等构件的位置，也就可以定出梢檩挑出的长度了。歇山收山的法则，保证了清式各种歇山建筑风格的一致性，这个法则对歇山建筑是十分重要的。

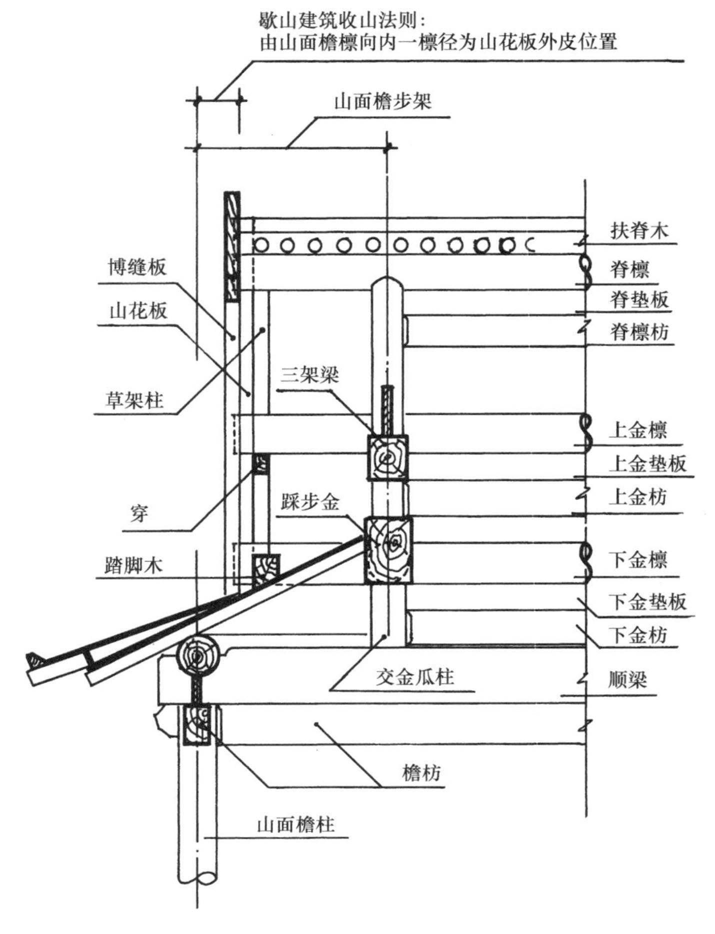

图 2-18　歇山建筑的山面构造及收山法则

（四）草架柱、踏脚木、穿

歇山建筑梢间檩子向山面挑出，出梢部分需要有构件支顶，这个构件就是草架柱。它是断面呈方形的小柱，既支撑梢檩，又可作为钉附山花板的龙骨。草架柱与“穿”一同使用。“穿”又名“横穿”，讹名“穿梁”，是与草架柱断面相同的构件，其作用是横向联系草架柱以使之稳定。草架柱与穿纵横结合为一个整体，是固定山花板，稳定及支撑梢檩的构件，缺之不可。

草架柱的下端落脚在一根枋木上，这根枋木称为“踏脚木”。踏脚木平放在山面檐椽上，它的底面随檐椽的举度砍斫成斜面，使构件断面呈直角梯形 ⏢。踏脚木与檐椽用钉子或铁件固定，它的两端同前后檐金檩交在一起。如果檐步步架较大，踏脚木还可能从金檩下皮通过，直达角梁侧面。因此，确定踏脚木长度时一定要考虑檐步架大小，通过放实样找出它的立面位置及与金檩的关系，然后再确定其长度。

（五）山花板、博缝板

山花板是封堵山花的木板，具有分隔室内外空间的作用，它由若干块厚木板拼成。山花板外皮的平面位置距山面檐檩中恰好为一檩径，山花板内壁贴附在草架柱和横穿上，在山花板外皮安装博缝板。博缝板的功用主要在遮挡外露的梢檩，保护檩头免受雨雪侵蚀，并且起装饰作用。这些构件也是歇山建筑不可缺少的重要构件。

一座歇山建筑的山面构架就是由以上这些主要构件组成的。它们的有机组合，形成了歇山建筑山面构架的基本构造形式，造成了歇山建筑雄峻优美的建筑外形。

二、柱网变化与歇山建筑山面构造的关系

歇山建筑的山面构造既有一般规律，又有很多变化，这些变化与平面上柱网分布的变化有直接关系。

歇山建筑的柱网分布大致有以下几种不同情况，即：周围廊式柱网、前后廊式柱网、无廊式柱网、前廊后无廊式柱网，以及单开间无廊等数种（图 2-19）。

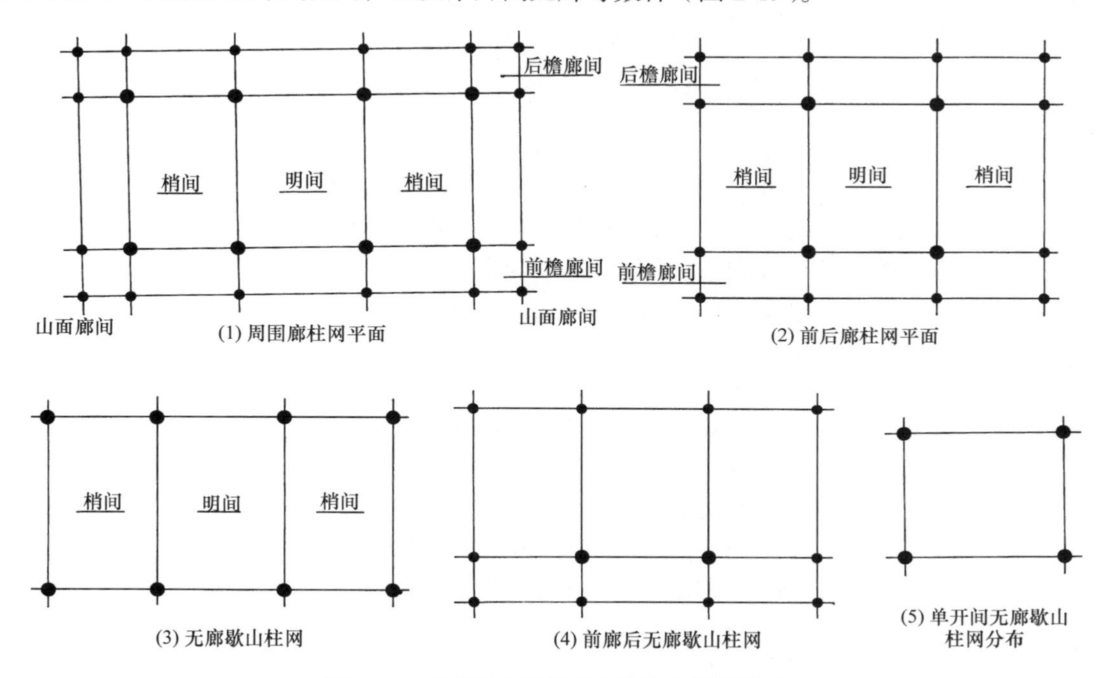

图 2-19　引起歇山构架变化的几种柱网形式

（一）周围廊歇山的山面构架处理

所谓周围廊歇山，即前后左右都有廊子的歇山建筑，这种歇山建筑在宫殿、寺庙、园林当中十分常见，图 2-19（1）为一幢三开间七檩周围廊歇山式建筑的平面，我们就以这幢建筑为例来分析柱网对木构架带来的影响。

周围廊歇山的柱网分布是这样的：外围一圈檐柱，里围一圈金柱，梢间的两棵金柱正好处在踩步金所在的平面位置，这样，它就成了支承踩步金的柱子。由于梢间金柱的存在，使踩步金的安置具备了与对应的正身梁架相同的条件。从图 2-20（1）可以看出，明间金柱柱头直接支承五架梁，梢间金柱柱头也同样可以直接支承五架梁，梢间的五架梁与明间正身五架梁在标高、尺度、权衡做法上几乎完全相同，仅有的一点不同之处就是梢间五架梁的外侧要承接山面檐椽的后尾，需剔凿椽窝。在这种条件下，踩步金变成了一根与正身梁几乎完全相同的梁架。这时，这根梁架不再叫踩步金，而改名为“踩步梁”或“踩步柁”（因其是梁，外侧又承接山面檐椽而得名）。在踩步梁的下面，由于有了金柱支承，就不再需要顺梁或趴梁来作它的承接构件。这种做法，在歇山木结构中叫做“踩步梁做法”。根据以上分析可以

看出：采用踩步梁做法应具备两个基本条件：一是在梢间踩步金的平面位置必须有前后金柱直接支承踩步梁；二是踩步梁底的标高必须与正身梁的标高相同。踩步梁的头部直接做出梁头承接出梢的金檩，不再将头部做成搭交檩头形状，在它的外侧面点椽花，按椽花线和举架大小在熊背外侧剔凿椽碗以便安装山面檐椽。踩步梁上面安装瓜柱承接它以上的梁架檩木，做法与正身梁架完全相同。

周围廊歇山如果不采用踩步梁做法，也可以改用踩步金，这就需要将梢间金柱的柱头增高，并在柱头上直接做出搭交檩碗。柱头增加的尺寸与金垫板高相同（即增高一平水），使柱头檩碗的底皮正好与垫板上皮平，即与金檩底皮平。将金柱头增高以后，踩步梁的标高提高一平水，变成了踩步金，它的头部要做成搭交檩头形状与出梢的金檩扣搭相交，正身部分仍做成梁的形状。由于标高的变化，外侧面的椽碗位置也相应下移，以保证檐步举架不变［图 2-20（2）］。

（二）前后廊歇山的山面构架处理

前后廊歇山是指两山面无廊，前后有廊的歇山建筑，它的柱网分布为：外围一圈檐柱，里围仅正身部分有金柱，两梢间无金柱［图 2-19（2）］，这种柱网的歇山建筑，踩步金下面没有柱子，只能采用放置顺梁或趴梁的方法来解决踩步金及其以上构架的落脚问题（见图 2-17）。

关于前后廊歇山的构架处理，已在“歇山建筑山面的基本构造和规律”中，作为歇山建筑的一般构造规律进行了介绍，故不再赘述，这里仅就在什么情况下施用顺梁和趴梁的问题补充一点内容。

前后廊歇山建筑，如果四面不安装修（如园林建筑中的敞厅）一般应在踩步金下施用顺梁，因为顺梁断面较大，梁身承载力强。但如果在金柱位置装修，那么，顺梁所占据的位置就会与装修的横陂发生矛盾。如前所述，顺梁的标高与前后檐抱头梁的标高相同，这个位置，正好是装修的中槛及横陂所占的位置。一些体量较大的歇山建筑，如带斗拱的大式歇山，在遇到这种情况时，往往采取改变梢间装修平面位置的办法来解决装修与顺梁的矛盾，办法是，将梢间的装修向外移，使它让开顺梁所占的空间，使这一间的装修贴顺梁的外皮安装。这样，梢间的木装修就比其他各间向外突出出来。这种处理方法在实际中较为常见，虽不尽善尽美，但主要保证了大木构架承重的要求［图 2-21（1）］。

体量较小的歇山式建筑遇到这种情况时，可以采取改顺梁为趴梁的方法，用金枋带趴梁取代顺梁。由于金枋带趴梁占据着金枋位置，就避免了与槛框装修的矛盾，不会再出现装修移位问题。但这样处理也有缺点，由于金枋带趴梁受权衡尺度限制，断面不能过大，在承受荷载方面远不及顺梁，所以，采取金枋带趴梁这种做法时，必须注意两点：一是该歇山式建筑的体量，特别是进深不能过大，使金枋带趴梁足以承担其上屋面的重量；二是金枋带趴梁的构件断面一定要比通常的金枋加大一些，至于加到多大为宜，须通过结构计算，同时，还要照顾到金枋自身的权衡尺寸要求。金枋带趴梁下面的装修槛框也可以起辅助作用，帮助它承受一部分荷载［图 2-21（2）］。采取金枋带趴梁做法时，虽然山面檐柱柱头上不安放梁架，但在它的外侧要做假梁头，以保持外檐柱头部分构件的交圈一致。

（三）无廊歇山的山面构架处理

无廊歇山，即前后檐及两山面都不带廊子的歇山建筑，它的柱网分布仅有一圈檐柱，无金柱［图 2-19（3）］。遇到这种柱网的歇山建筑，只能采用趴梁法来承接踩步金等山面构件。由于无廊歇山的装修只能安装在檐柱一缝，所以，施用趴梁时不必考虑双重功能，可以根据屋面荷载的要求以及权衡尺度来确定其断面大小。由于平面无金柱，无廊歇山趴梁的放置也与前后廊歇山不同，梁的外一端搭置在山面檐檩上，内一端搭置在正身梁架的熊背上，端头可作为正身梁架的柁墩来处理，也可以在内侧端头作燕尾榫，在对应的柁墩或瓜柱上剔凿燕尾口子，凭榫卯结合在一起，采用何种做法，要看具体条件和构造的要求而定（图 2-22）。

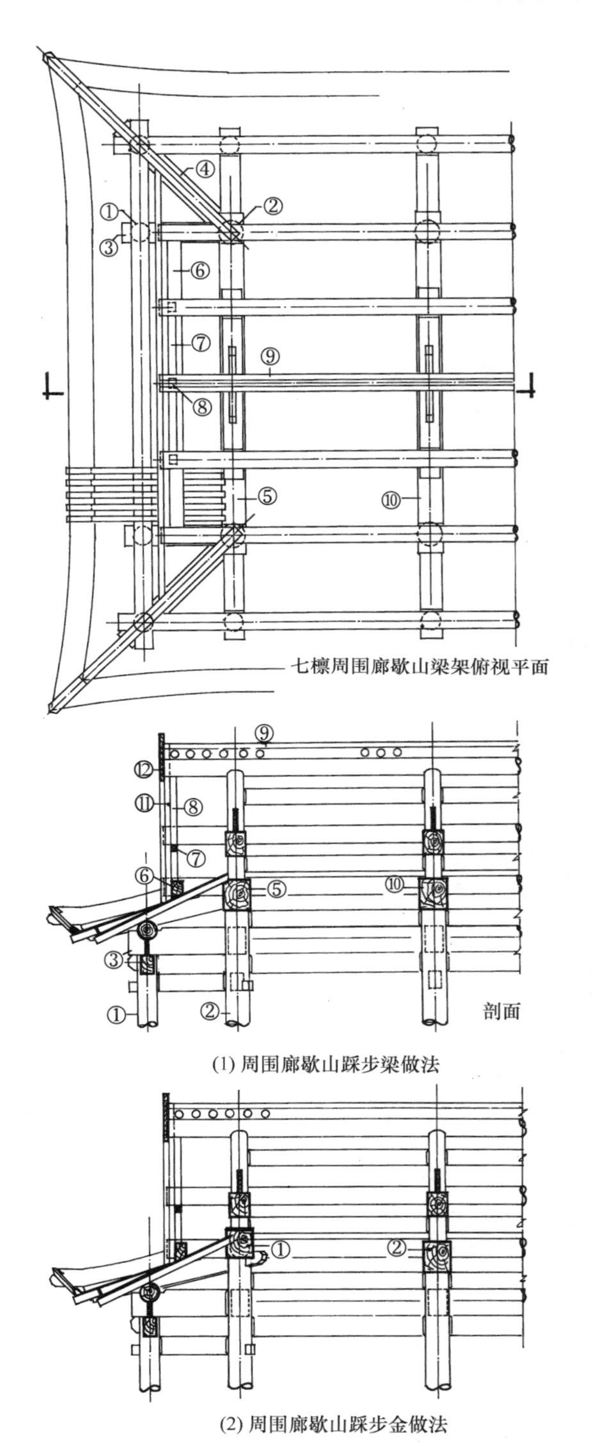

图 2-20 周围廊歇山的山面构造

（1）：1. 檐柱

2. 金柱

3. 抱头梁

4. 斜抱头梁

5. 踩步梁

6. 踏脚木

7. 穿

8. 草架柱

9. 扶脊木

10. 五架梁

11. 山花板

12. 博缝板

（2）：1. 踩步金

2. 五架梁

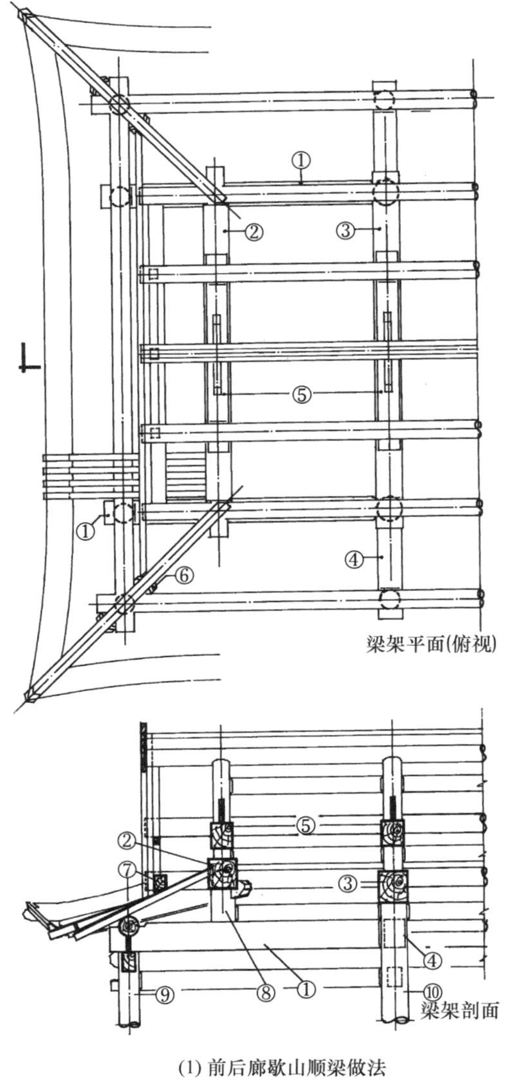

(1) 前后廊歇山顺梁做法

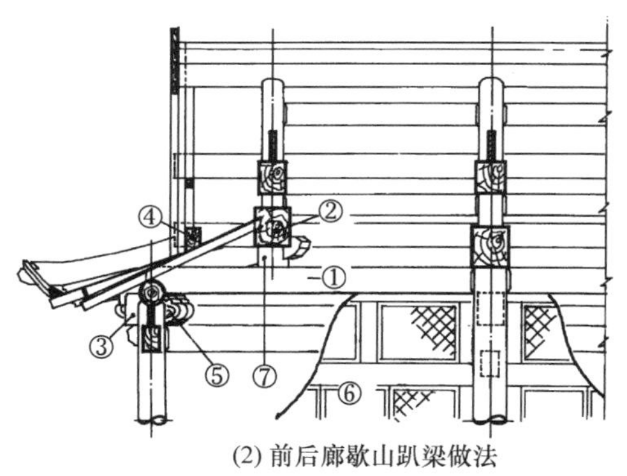

(2) 前后廊歇山趴梁做法

图 2-21　前后廊歇山的山面构造

（1）：1. 顺梁

2. 踩步金

3. 五架梁

4. 抱头梁

5. 三架梁

6. 角云

7. 踏脚木

8. 交金瓜柱

9. 山面檐柱

10. 金柱

（2）：1. 趴梁

2. 踩步金

3. 假梁头

4. 踏脚木

5. 角云

6. 装修

7. 交金墩

（四）前廊后无廊歇山的山面构架处理

前廊后无廊（或后廊前无廊）歇山，在布局灵活的园林建筑中也很常见，我们可以将它看作前后廊歇山和无廊歇山的有机结合。这种建筑的柱网分布是，前檐一排檐柱，檐柱内侧一排金柱，后檐仅有檐柱，无金柱。山面与金柱对应位置各有一根山面檐柱。

遇到这种歇山建筑，它的山面构架通常采用趴梁法，将前檐金枋的内一端做燕尾榫交于金柱头，外一端做出趴梁榫趴置于山面檐檩上，山面檐柱柱头提高至檩下皮，在柱头上直接做出檩碗以承接檩条，在柱头外侧做出假梁头。后檐趴梁的处理与无廊歇山的处理方法完全相同，趴梁的内一端可直接搭置在梁背上作为正身梁架的柁墩，外一端作趴梁榫趴置于山面檐檩上。这里应注意，尽管前后都使用趴梁，但前檐所用的是金枋带趴梁，后檐用的是一般趴梁，所以，在考虑前后趴梁的权衡尺寸时，应当既照顾到尺度上的一致性，又要满足构件承受荷载的要求（图 2-23）。

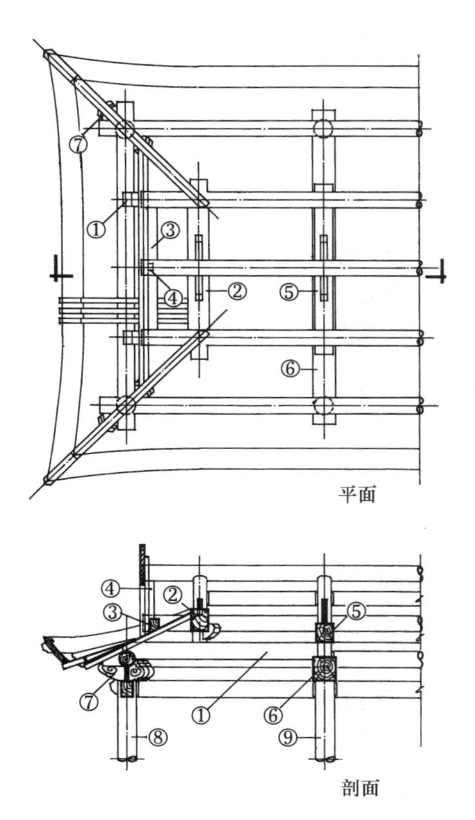

图 2-22　无廊歇山的山面构架

1. 趴梁　2. 踩步金　3. 踏脚木　4. 草架柱　5. 三架梁　6. 五架梁　7. 角云　8. 角檐柱　9. 檐柱

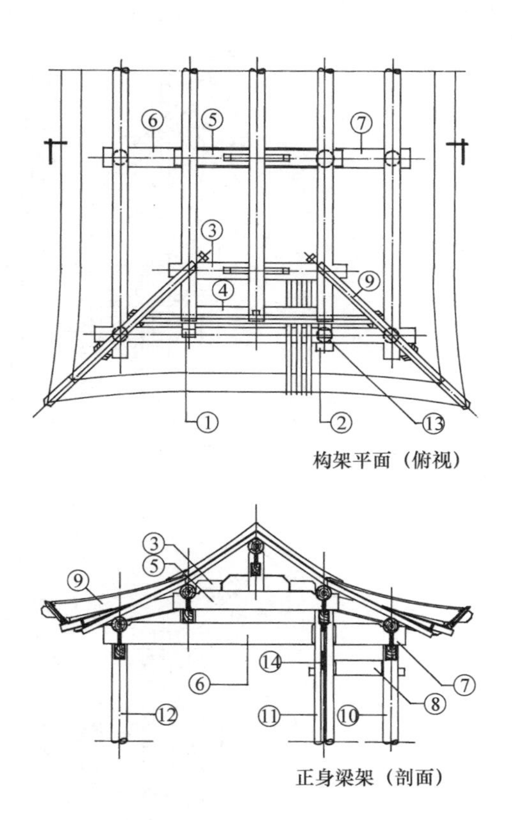

图 2-23　前廊后无廊歇山构架

1. 趴梁　2. 假梁头　3. 踩步金　4. 踏脚木　5. 三架梁　6. 插梁　7. 抱头梁　8. 穿插枋　9. 角梁　10. 前檐柱　11. 金柱　12. 后檐柱　13. 山面檐柱　14. 装修

（五）单开间无廊歇山建筑的山面构架处理

所谓单开间无廊歇山，即仅一开间的无廊歇山，平面有正方形和长方形两种，这种建筑常见于园林中的小型亭榭和寺庙里的钟楼方楼。

这种歇山建筑在柱网分布上尽管与无廊歇山极其相似，但由于在面宽方向仅一个开间，正身部分没有梁架，它的山面构架与多开间的歇山又有不同。不同之处主要是，支承踩步金的趴梁改变了方向，由通常的平行于面宽方向变为垂直于面宽方向。趴梁位于距山面檐檩一步架的平面位置，前后两端搭置于前后檐檩上，作为承接踩步金的构件，其上安装柁墩或直接叠放踩步金等构件［图 2-24（1）］。

这种单开间无廊歇山的踩步金下面除使用趴梁之外，还可以使用抹角梁。抹角梁是趴梁的一种，因为它的搭置角度分别与建筑物的面宽、进深各成 45° 角而得名。采用抹角梁时，须注意放置的位置，要使抹角梁的老中（即抹角梁自身长度的中线和自身厚度中线的交点）与踩步金的中轴线重合，以保证踩步金与抹角梁结合的稳定和牢固［图 2-24（2）］。

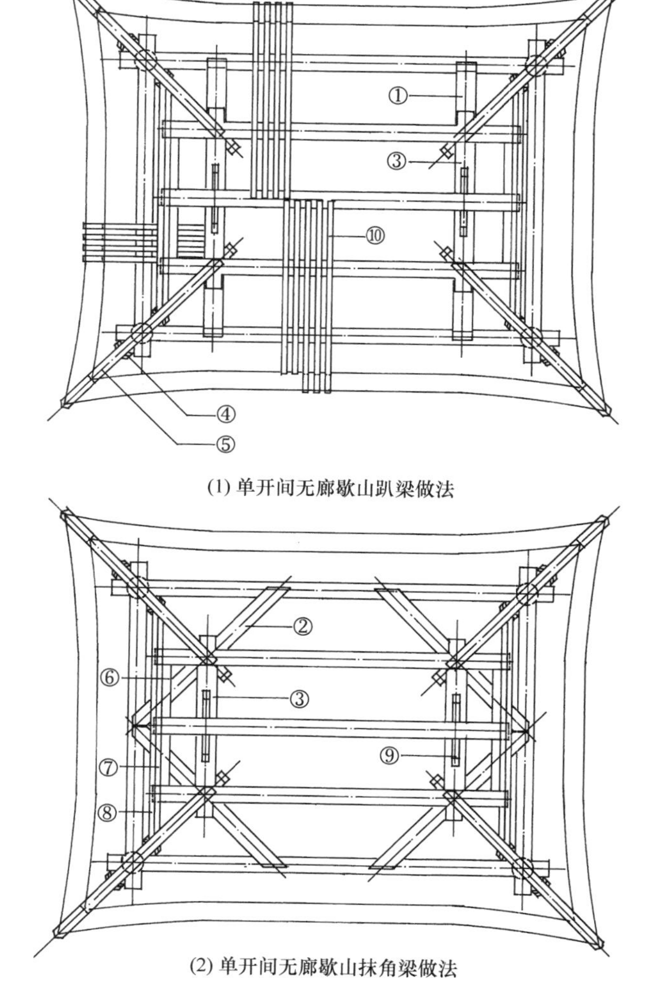

(1) 单开间无廊歇山趴梁做法

(2) 单开间无廊歇山抹角梁做法

图 2-24　单开间无廊歇山的基本构造

1. 趴梁　2. 抹角梁　3. 踩步金　4. 角云　5. 角梁　6. 踏脚木　7. 山花板　8. 博缝板　9. 角背　10. 椽子

这里还需顺便提到，上述各类歇山建筑的角梁做法，如无特殊情况，一般都应按扣金做法处理。在碰到踩步梁做法时，角梁后尾要做榫，在梁头外一侧相应位置刻口，凭榫卯结合。当踩步梁改踩步金时，老角梁后尾与金柱柱头结合需作箍头榫，并做出檩碗，仔角梁后尾可直接刻出斜檩碗压在搭交檩上。

三、卷棚歇山的山面构造

在外形上，歇山建筑分为大屋脊歇山和卷棚歇山两种。大屋脊歇山屋面前后两坡交界处有正脊，在构架处理上，常在脊檩上置扶脊木、脊桩等构件，以便安装脊筒子。卷棚歇山屋面前后坡交界处不做正脊，这种屋面前后两坡的瓦陇连成一体卷过屋面，故称卷棚。在木构架上，有单檩卷棚和双檩卷棚两种，单檩卷棚的木构部分脊部为单脊檩，脊檩上不安扶脊木，脑椽直接钉在脊檩上。双脊檩卷棚的脊部装有并列两根脊檩，檩间钉罗锅椽子，双檩卷棚歇山的山面构架与前面谈到的几种构架形式基本相似，不同的是脊檩为两根，草架柱也成偶数，其余，如趴梁、顺梁、踩步金（或踩步梁）等件的构造方式，均按下架柱网的变化而定。

这里需要单独提一下的是四檩卷棚歇山，即我们通常所说的“小红山”的构架变化情况。四檩卷棚歇山是歇山建筑中构造最简单的一种，在进深方向仅有四根檩，其基本构架为四架梁、月梁、檐檩和脊檩。它的两根脊檩相当于一般歇山建筑的下金檩，山面与脊檩相交的月梁，相当于一般歇山中的踩步金。由于该月梁端头要做搭交檩与脊檩出梢部分扣搭相交，它的下皮要提高到与脊檩下皮相平的高度，并将两端头做成搭支檩形状，正身部分可做成梁形，也可做成檩形，外一侧的檐椽后尾搭置在它的侧面或上面。在月梁带踩步金的下面，沿进深方向施用趴梁，趴梁的两端趴置在前后檐檩上。两山的脊檩向外挑出，同一般歇山做法。由于挑出的脊檩的端头距屋面很近（通常只有 200～400 毫米），所以草架柱、穿以及踏脚木、山花板等件均可略去，仅在檩头外面装一块博缝板即可（图 2-25），应该强调，四檩卷棚歇山山面的草架柱、踏脚木诸件被略去，仅仅因为山面放不开这些构件，如遇体量较大的四檩卷棚时，还应根据需要适当考虑安装踏脚木、草架柱等件。在四檩卷棚歇山博缝板外面的瓦面围脊做好以后，博缝板的大部分被封砌在博脊里面，外面仅露出极小一部分，

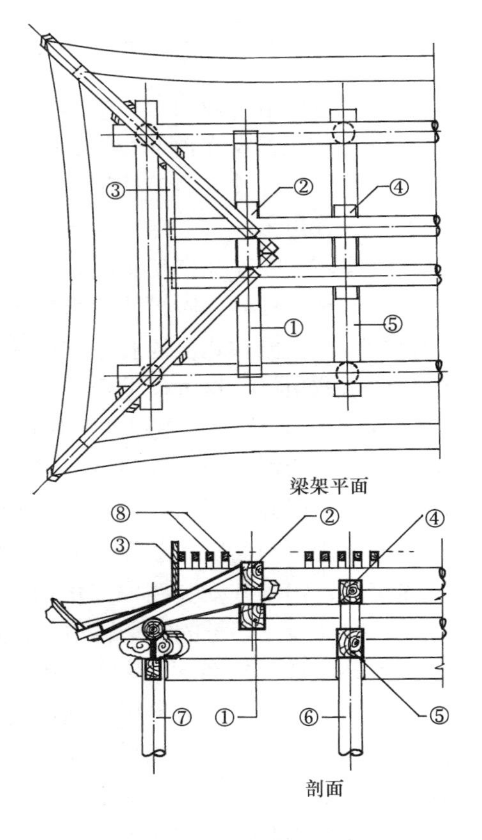

图 2-25　卷棚歇山的基本构造

1. 趴梁　2. 踩步金　3. 博缝板　4. 月梁
5. 四架梁　6. 檐柱　7. 角檐柱　8. 罗锅椽

这一小块博缝油饰为红色，这就是“小红山”的由来。

歇山建筑体量大小差异悬殊，小至四檩卷棚，大至像天安门、正阳门、鼓楼这样大型的宫殿城垣建筑，它们的建筑功能、柱网构成纷繁复杂、变化无穷，绝非上面提到的几种。但就歇山建筑山面构造的类型而言，则大致有以上几种情况，研究歇山建筑山面构造的变化，对能动地认识歇山建筑，掌握其内部构造的组合规律，是非常必要的。

第五节　各种攒尖建筑的基本构造

建筑物的屋面在顶部交汇为一点，形成尖顶，这种建筑叫攒尖建筑。攒尖建筑在古建中大量存在。古典园林中各种不同形式的亭子，如三角、四角、五角、六角、八角、圆亭等都属攒尖建筑。在宫殿、坛庙中也有大量的攒尖建筑，如北京故宫的中和殿、交泰殿，北京国子监的辟雍，北海小西天的观音殿，都是四角攒尖宫殿式建筑。而天坛祈年殿、皇穹宇则是典型的圆形攒尖坛庙建筑。在全国其他地方的坛庙园林中，也有大量攒尖建筑。

现按不同类型分别将攒尖建筑的基本构造做一扼要介绍。

一、四角攒尖建筑

（一）单檐四角亭（以无斗拱小式为例）

单檐四角亭构造比较简单，平面呈正方形，一般有四棵柱。屋面有四坡，四坡屋面相交形成四条屋脊，四条脊在顶部交汇成一点，形成攒尖，攒尖处安装宝顶。其基本构造是：由下自上，四棵柱，柱头安装四根箍头枋，使下架（柱头以下构架）形成框架式围合结构。每个柱头上各放置角云一件。角云又称花梁头，它的作用是承接檐檩。处于转角处的角云，上部做出十字檩碗。在箍头檐枋上面，相邻两个角云之间安装垫板。角云和垫板之上是搭交檐檩。搭交檐檩相交处做卡腰榫。四根檩子卡在一起，形成上架（柱头以上构架）的第一层框架式围合结构。在檐檩之上还有一圈搭交金檩。为解决搭交金檩的放置问题，须首先在檐檩之上施趴梁或抹角梁。这种借助于趴梁或抹角梁来承接檐檩以上木构件的方法，通常称之为“趴梁法”和“抹角梁法”。趴梁法的构造方法是：沿金檩平面中轴线，在进深方向施长趴梁，梁两端塔置在前后檐檩上，在面宽方向，施短趴梁，梁两端搭置在长趴梁上。这样，就在檐檩上面架起了一层井字形承接构架。其上再依次安装金枋、金檩等构件。抹角梁法的构造方法是：在檐檩之上与面宽、进深各成 45° 角的位置装抹角梁，抹角梁的中轴线要通过搭交金檩轴线的交点，四角共安装四根抹角梁，在檐檩以上构成方形承接构架，在这层构架上再安装金枋、金檩等。在亭子的四个转角，分别沿 45°方向安装角梁，形成转角部位的骨干构架，角梁以上安装由戗（续角梁）。四根由戗共同交在雷公柱上。雷公柱是攒尖建筑顶部的骨干构件。雷公柱下如果安装太平梁，则可使雷公柱落脚于太平梁上。如不施太平梁，则由四根由戗支撑悬空的雷公柱。究竟采用哪种做法，要看屋面及宝顶的重量大小而定。小式做法宝顶较轻，一般不须装太平梁，遇宝顶体积重量很大，仅凭由戗不足以支撑时，就需在上金檩之上安置“太平梁”以保“太平”（以上均见图 2-26）。

四角亭屋面木基层做法与庑殿、歇山式建筑基本相同，在檩子上面钉置椽子望板。正身部位钉正身檐椽、飞椽，转角部位钉翼角、翘飞椽。望板上面依次抹护板灰、做灰泥背、铺底盖瓦、调脊、安宝顶等。

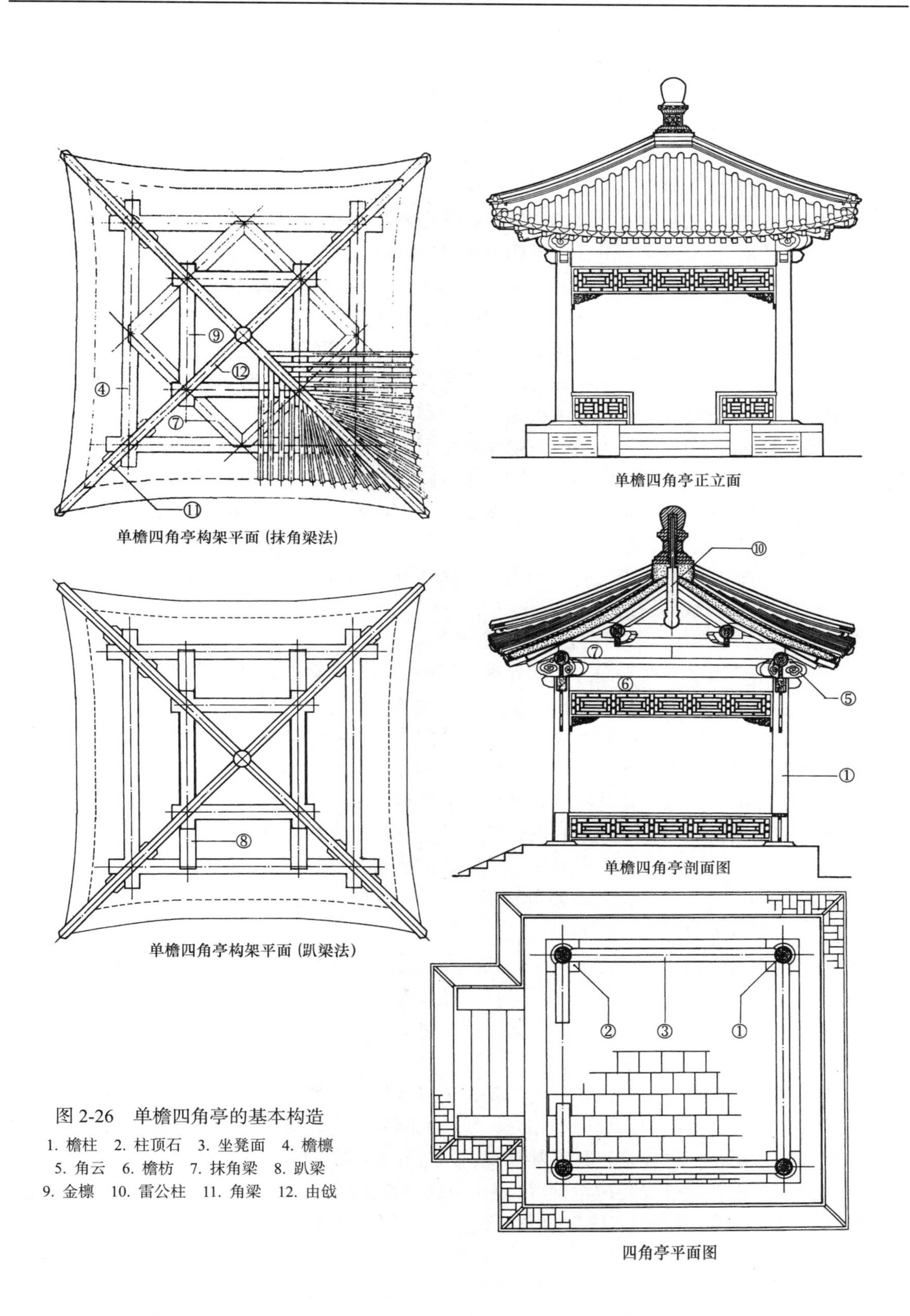

单檐四角亭构架平面（抹角梁法）

单檐四角亭正立面

单檐四角亭剖面图

单檐四角亭构架平面（趴梁法）

四角亭平面图

图 2-26　单檐四角亭的基本构造

1. 檐柱　2. 柱顶石　3. 坐凳面　4. 檐檩　5. 角云　6. 檐枋　7. 抹角梁　8. 趴梁　9. 金檩　10. 雷公柱　11. 角梁　12. 由戗

（二）重檐四角亭

重檐四角亭有一圈柱子和两圈柱子两种不同的平面柱网分布形式。柱网分布的不同，对亭子整体构架有很大影响。为叙述方便，现分两种不同情况分别进行介绍。

1. 两圈柱重檐四角亭（双围柱重檐四角亭）

两圈柱子的重檐四角亭，平面共有 16 棵柱子，外围一圈檐柱，里围一圈金柱。金柱向上延伸直达上层檐，又作为上层檐的檐柱。如果把外围的檐柱和其他构件去掉，剩下来的就是一个单檐四角亭。所以，双围柱重檐四角亭可以看做是一个单檐四角亭周围加上一圈廊檐所组成的。重檐四角亭上层檐部分的构架与单檐四角亭做法没有什么区别，通常都是采用“趴梁法”或“抹角梁法”组成上层构架。下层檐在檐柱柱头部分安装枋子，形成下层檐的围合框架。檐柱和金柱之间施抱头梁、穿插枋，角檐柱与金柱之间安斜抱头梁、斜穿插枋。这样，就使内外构架形成一个整体。抱头梁之间安垫板，垫板上安檐檩，转角处安装搭交檐檩，形成下层檐第二圈围合结构。下层檐的檐椽，外一端钉置在檐檩上，内一端钉在承椽枋上，承椽枋是安装在金柱之间的枋子，枋的高度位置按下层檐举架定，承椽枋外一侧剔凿椽碗以承接檐椽。在承椽枋与上层檐枋之间安装围脊板，围脊板的作用在于遮挡下层檐的围脊，围脊板的高度根据围脊的高度来确定（以上见图 2-27，双围柱重檐四角亭的构造）。

双围柱重檐四角亭的金柱直通上檐支撑上层屋面，构造比较合理。但这种构造也有缺点，由于平面上柱子多，影响室内空间的利用。双围柱重檐四角亭比较多见，如著名的颐和园知春亭、北海公园慧日亭都是这种构造。

2. 一圈柱重檐四角亭（单围柱重檐四角亭）

单围柱重檐四角亭，在平面上只有外檐一圈檐柱，没有金柱，这种柱网形式，在提高室内空间利用率方面，较之双围柱重檐四角亭有很大的优越性。但是，由于这种亭子没有金柱来支撑上层檐，需要解决上层构架及屋面的承载问题，这就使亭子的构造产生了变化。解决单围柱重檐四角亭上层檐的支承问题，通常有两种做法，井字梁法和抹角梁法。

（1）井字梁法。通过装置井字梁，并在其上立童柱来解决上层檐支承问题的方法，称为井字梁法。井字梁法的构造方式是：在正身檐柱柱头位置先装置井字随梁，随梁断面同檐枋或略大于檐枋。在井字随梁上再置井字梁。安装这两层井字梁时，要注意梁架节点刻口的方向：如果将下面一层井字随梁的节点处刻等口（在梁的上面刻口），那么，上面一层井字梁的这个位置就要刻盖口（在梁底面刻口）。

井字梁作为承接上层檐的骨干构架，其上安墩斗，墩斗上立童柱，童柱上依次安装承椽枋、围脊板及檐枋等件。童柱即为上层檐柱，柱头安角云，角云之间装垫板，垫板之上安装搭交檐檩，檐檩以上再安装趴梁或抹角梁，其上安装金枋、金檩、角梁、由戗、雷公柱等件，方法同单檐四角亭（图 2-28）。

单围柱重檐四角亭井字梁构造的优点是，下层构架稳定性强。但总体设计构思却失之灵巧。两个方向的井字梁在节点处刻半相交，使梁的断面损失一半，不得已还要多附一层井字随梁，在用材上也是一种浪费，且不甚美观，这些是井字梁构造的主要缺点。

（2）抹角梁法。通过安装抹角梁解决上层檐支承问题的方法，称为抹角梁法。此处所谓“抹角梁法”与单檐四角亭的“抹角梁法”不同，它是利用杠杆原理，以抹角梁为支点，以下层角梁为挑杆来悬挑整个上层构架。具体构造方式是：平面十二棵柱，柱头上端分别安装檐枋、箍头檐枋、角云、假梁头、檐垫板、檐檩、搭交檐檩等件（为增强下层构架的稳定性，下层檐最好使用通檩）。在下层檐的四角安装抹角梁。下层檐角梁的后尾搭置在抹角梁上，角梁后尾做透榫，插入四棵悬空柱（上层檐柱）。悬空柱下端做垂柱头雕饰。四棵柱之间依次安

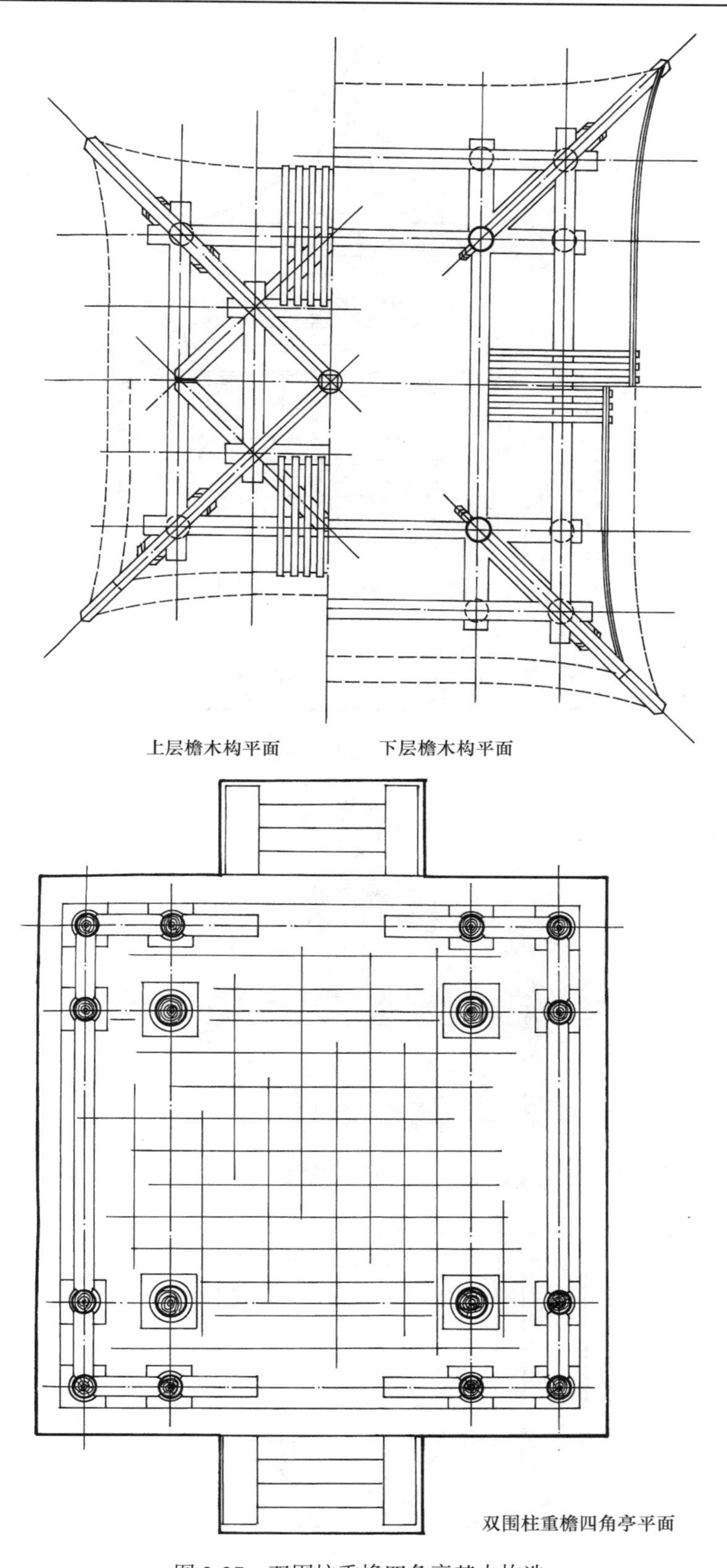

图 2-27　双围柱重檐四角亭基本构造

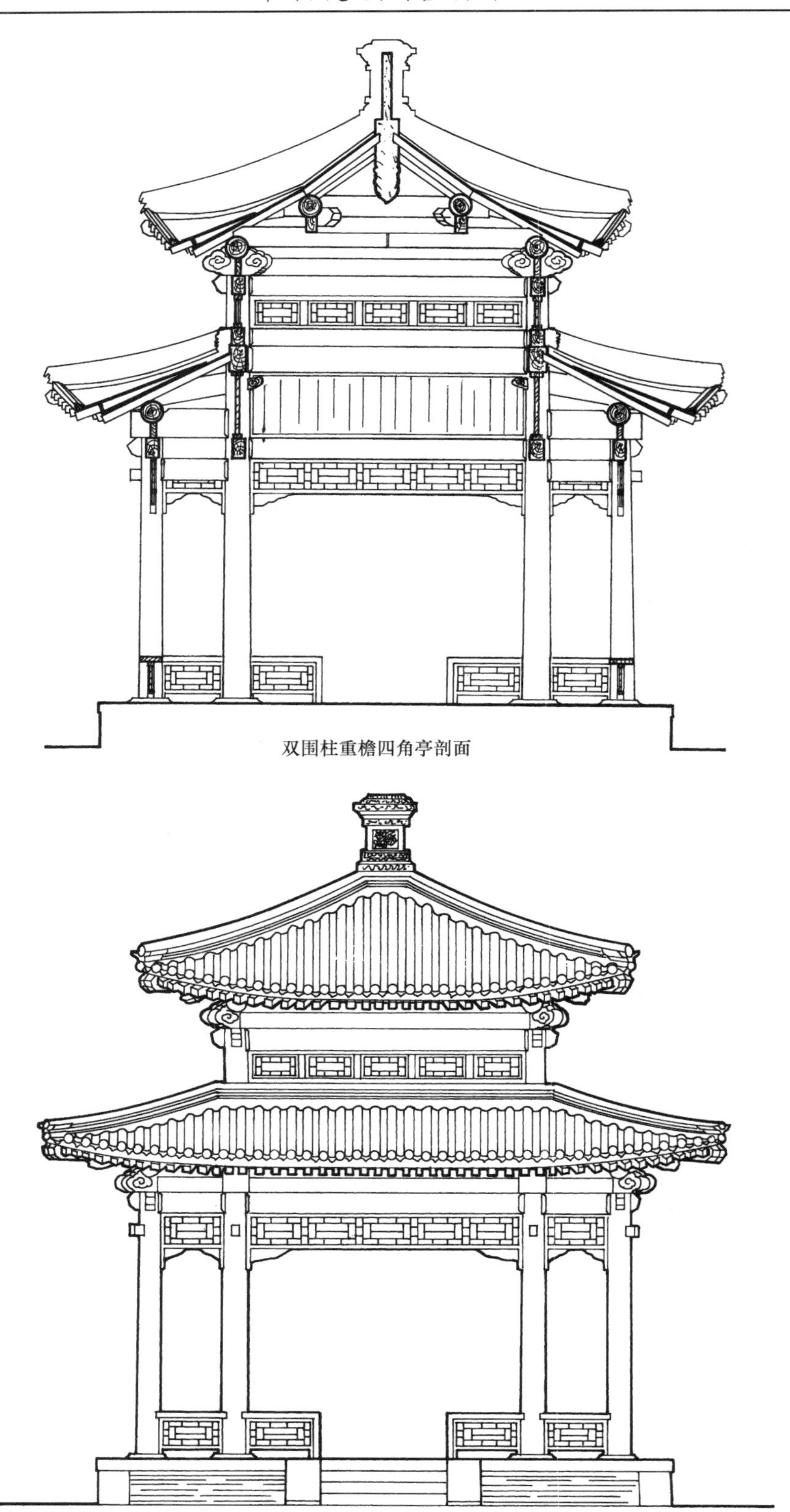

双围柱重檐四角亭剖面

正立面

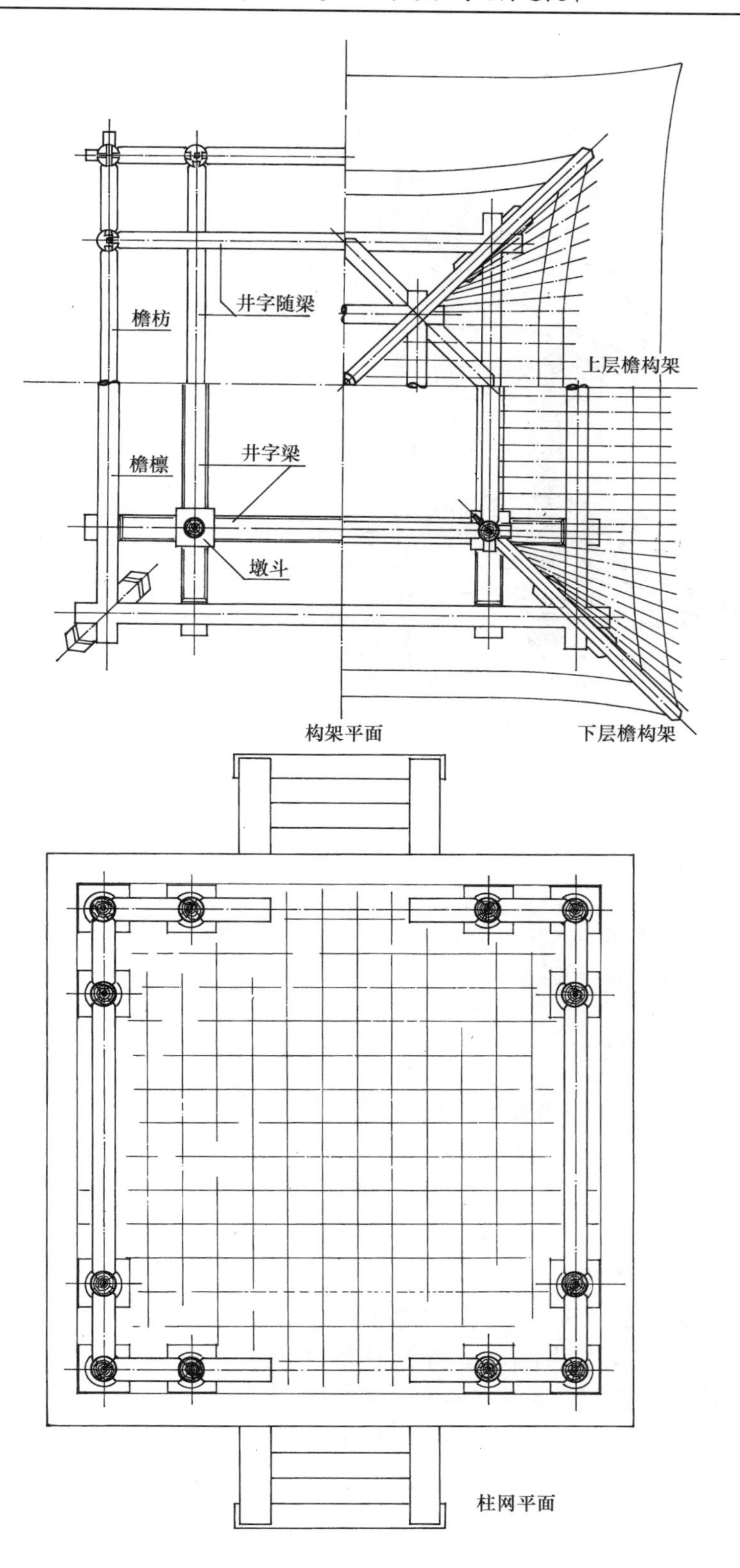

构架平面

柱网平面

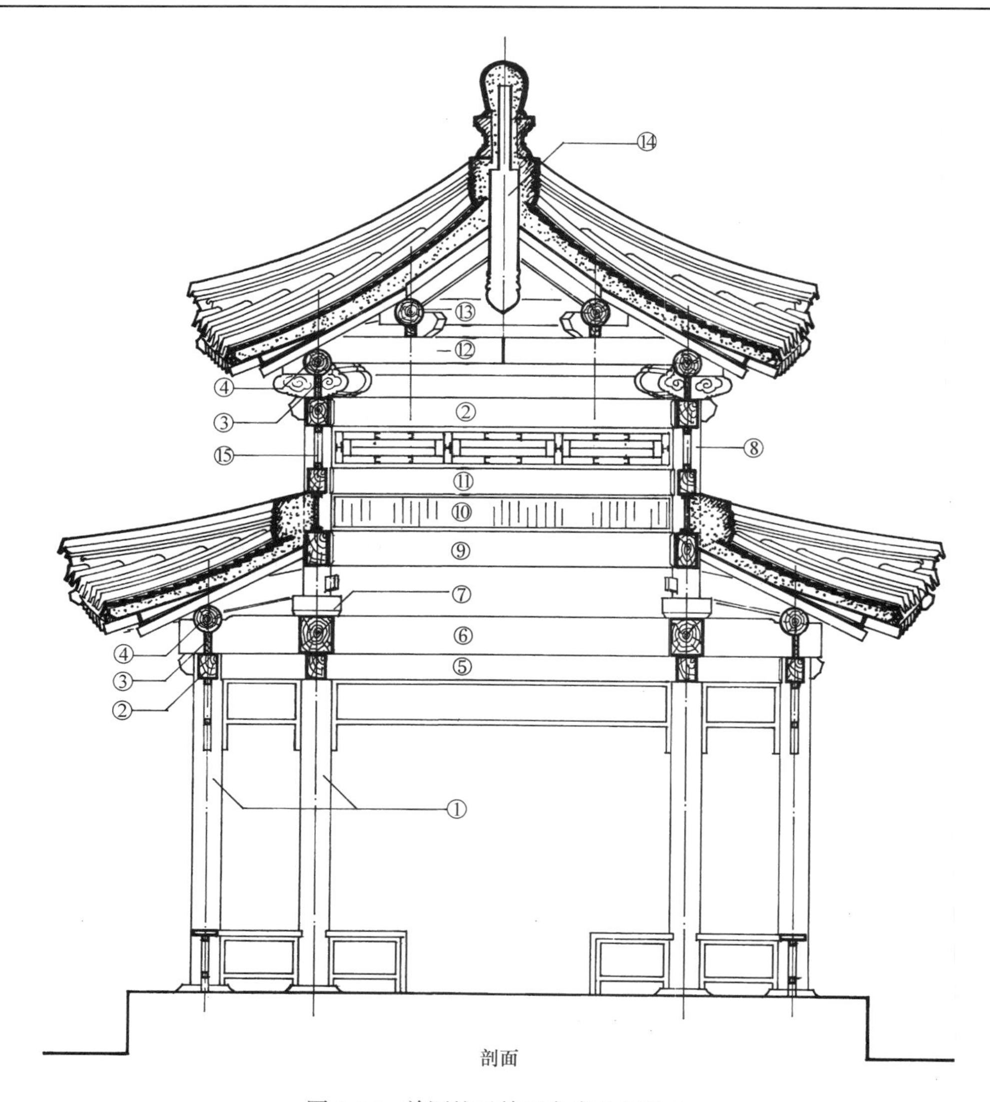

图 2-28　单围柱重檐四角亭井字梁法

1. 檐柱　2. 檐枋　3. 檐垫板　4. 檐檩　5. 井字随梁　6. 井字梁　7. 墩斗　8. 童柱　9. 承椽枋　10. 围脊板　11. 围脊枋　12. 抹角梁　13. 金檩　14. 雷公柱　15. 围脊楣子

装花台枋、承椽枋、围脊板、围脊枋、围脊楣子、上层檐枋诸件。上层檐枋以上构造与单檐四角亭相同（以上见图 2-29）。

采用抹角梁法来解决单围柱重檐四角亭的构造问题，构思巧妙，结构也较合理。但采用这种构造方式时有几点应特别注意：①下层抹角梁平面位置的确定：应使抹角梁在下层檐斜步架 2/3 左右的位置，角梁后尾挑杆伸出不宜过长，同时要保证将抹角梁两端搭置在檐柱支点位置上，考虑到构件的抗弯强度及挠度，抹角梁不宜过长；②上层所有重量都要凭下层角梁的四个榫来悬挑，榫子的受剪面肯定是不够的，因此，一方面要在木结构允许的条件下尽量加大角梁后尾榫子的断面尺寸，另一方面，还要辅以铁件（如安装钢榫套来增大榫的抗剪能力）；③做这种构造设计，须经过认真的结构计算（参见图 2-29）。

二、六角攒尖建筑

（一）单檐六角亭（以无斗拱小式为例）

单檐六角亭平面有六棵柱，成正六边形。屋面有六坡，相交成六条脊，六条脊在顶部交汇为一点，攒尖处安装宝顶。单檐六角亭的基本构造是：由下自上依次为：六棵柱，柱头安装搭交箍头枋，使柱头以下形成框架式围合结构，柱头以上安装角云、垫板、搭交檐檩。在檐檩上面，按金檩轴线位置确定趴梁的平面位置，通常是沿面宽方向的金檩轴线安置长趴梁，梁两端搭置在檐檩上；在进深方向安置短趴梁，梁两端搭置在长趴梁上。短趴梁的轴线，在平面上应通过搭交金檩轴线的交点，以保证搭交金檩的节点落在趴梁上。长短趴梁在檐檩上面形成了承接上层构架的井字形梁架。趴梁以上再依次安装金枋、金檩。角梁沿各角安装，

剖面

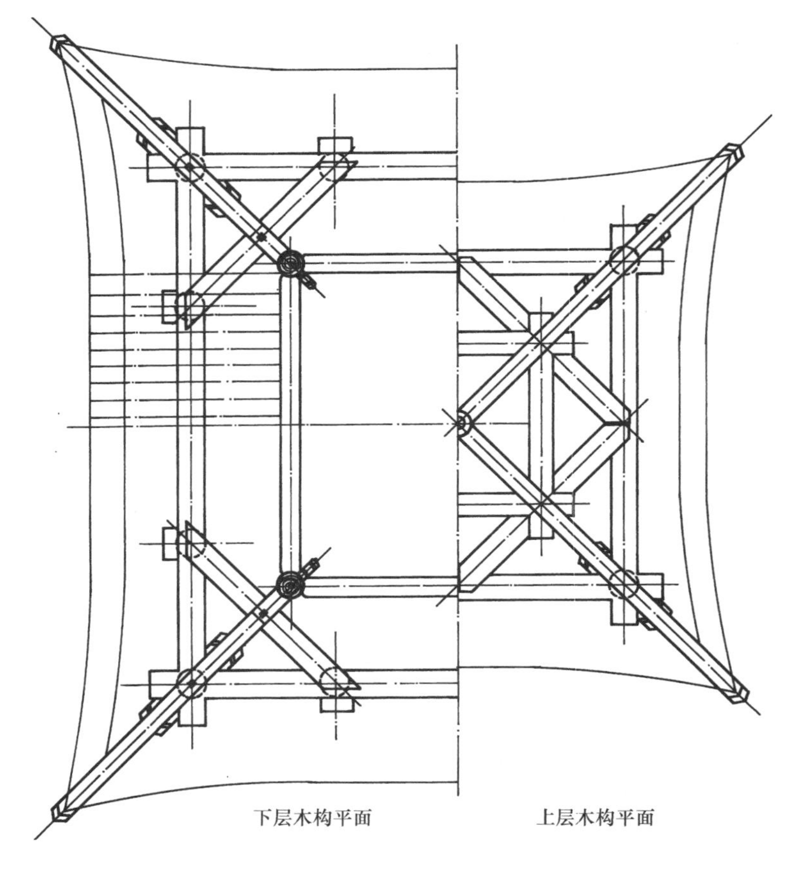

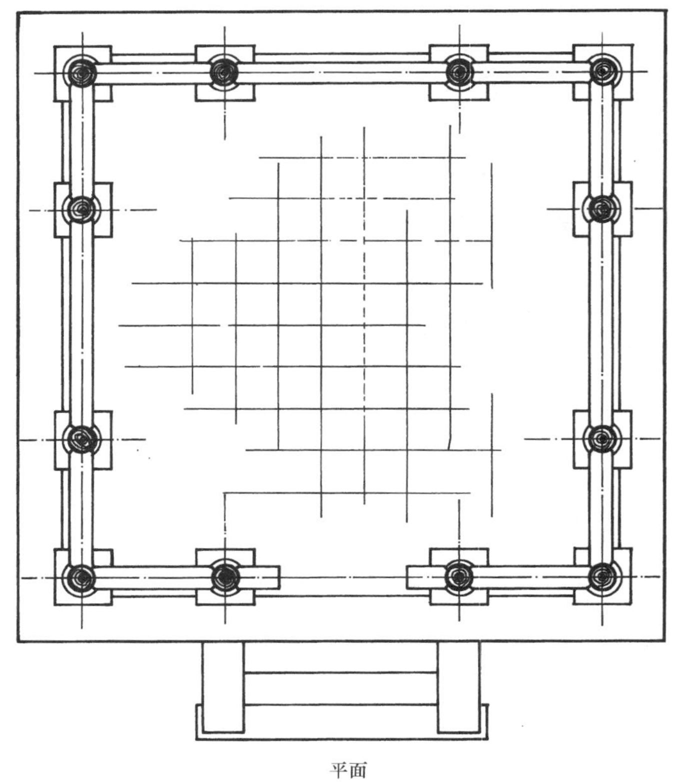

图 2-29　单围柱重檐四角亭抹角梁法

角梁以上安装由戗，6 根由戗共同支撑雷公柱。雷公柱一般为悬空做法，较大形的六角攒尖建筑可在金檩上安装太平梁，雷公柱立于太平梁上（见图 2-30）。

六角攒尖建筑的长短趴梁的放置方向，在实际中也有互相易位的例子，即将长趴梁方向改置短趴梁，短趴梁方向改装长趴梁。长短趴梁位置交换，虽然对承接上层木构架作用一样，但这样放置趴梁，会使趴梁榫卯、搭交檩榫卯和角梁这三种构件的节点集中在一起，互相影响，互相削弱，这对亭子的整体结构及局部榫卯的结构都很不利，所以，在设计和施工中应尽量避免采用这种做法。

（二）重檐六角亭

重檐六角亭也有一圈柱子和两圈柱子两种不同的柱网分布形式，从而形成两种不同的构造形式。

1. 两圈柱（双围柱）重檐六角亭

两圈柱子的重檐六角亭，平面分布 12 棵柱，外围一圈檐柱，里围一圈金柱。金柱向上延伸直通上层檐，作为上层檐的檐柱。这种由重檐金柱直接支承上层檐的做法，是最普通最常见的一种构造方法。相当于在单檐六角亭外面再加出一层廊檐。它所采用的仍是双围柱重檐四角亭的构造模式。

双围柱重檐六角亭上层檐的构造与单檐六角亭相似，也是采取施用长、短趴梁的方法组成上层构架。其下层檐构架与重檐四角亭的下檐构造有类似之处，在檐柱柱头位置安装搭交箍头檐枋，形成下层檐下架的围合结构。在檐柱和金柱之间施抱头梁、穿插枋，通过这件构件把两圈柱子联系成为一个整体，抱头梁之间安垫板，垫板上面安装搭交檐檩，形成下层檐上架部分的围合框架。搭交檩与金柱间安装插金角梁，角梁后尾做榫交于金柱，前端挑出于搭交檐檩之外。下层正身檐椽外端钉置于檐檩之上，内一端搭置于承椽枋之上。承椽枋以上装围脊板、围脊枋、围脊楣子和上层檐枋诸件。这种双围柱重檐六角亭尽管构造很合理，但由于金柱落地，影响室内空间利用率，作为公共园林建筑，这是美中不足的（图 2-31）。

2. 一圈柱（单围柱）的重檐六角亭

单围柱重檐六角亭，平面分布六棵柱。仅外围一圈檐柱，里围无金柱。它的基本构造是：在柱头安装箍头檐枋（大式为额枋），柱头置角云，角云之间装垫板（带斗拱大式做法，这部分构件为平板枋和斗拱）。垫板以上安搭交檐檩（带斗拱大式做法为搭交挑檐桁、正心桁）。在檐檩上安装抹角梁。下层檐角梁外端扣搭在搭交檐檩上，内一端搭置在抹角梁上，并挑出于抹角梁之外，角梁后尾做透榫，穿入悬空柱下端的卯眼，悬挑上层檐柱。这种利用杠杆原理，以抹角梁为支点，角梁为挑杆悬挑上层全部构件的方法，即前面所谈到的抹角梁法。上层悬空柱间由若干道横枋相联系。这些枋子由下至上分别为：花台枋（带斗拱大式做法，溜金斗拱后尾落在此枋上，无斗拱小式做法可在此枋与承椽枋之间安置荷叶墩一类装饰构件作为隔架构件）、承椽枋、围脊板、围脊枋、围脊楣子、上层檐枋（大式做法为上檐额枋）等构件。上层檐枋以上在柱头部位安装角云，角云之间装垫板，垫板以上安搭交檐檩（如为带斗拱大式做法，这部分应为平板枋、斗拱、挑檐桁、正心桁诸件）。在檐檩以上，安装趴梁。方法同单檐六角亭，趴梁上再装金枋、金檩、角梁、由戗、雷公柱等件（图 2-32）。

单围柱重檐六角亭，上层檐柱不落地，室内空间利用率高，构造巧妙合理。实物有北京中山公园松柏交翠亭、天津宁园重檐六角亭等。

单檐六角亭正立面图

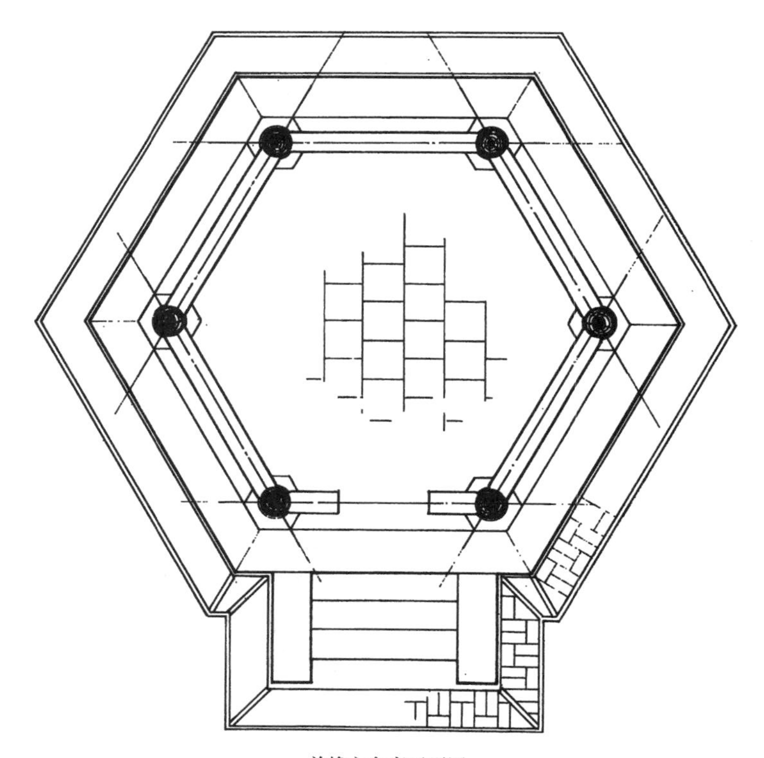

单檐六角亭平面图

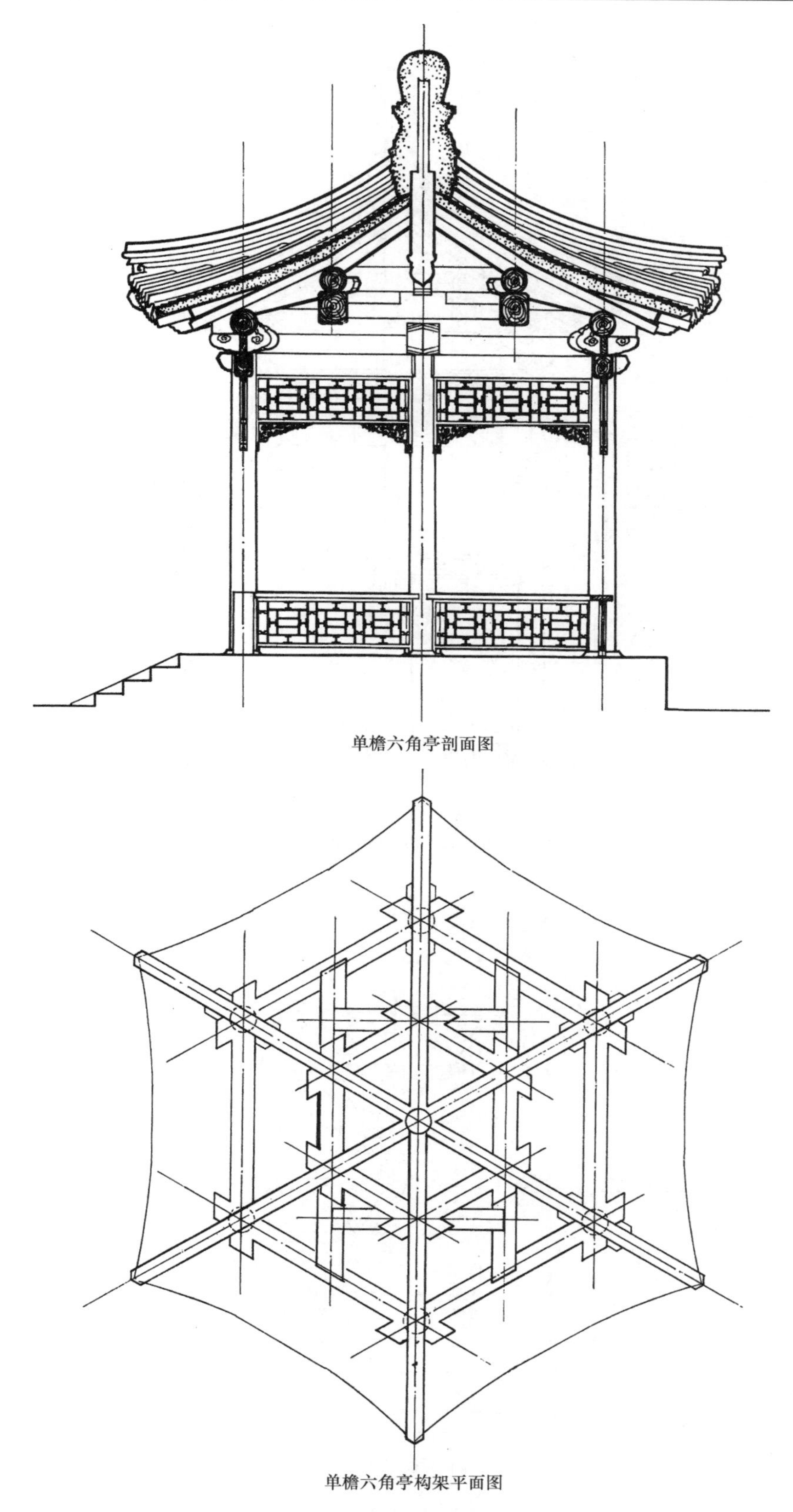

单檐六角亭剖面图

单檐六角亭构架平面图

图 2-30　单檐六角亭基本构造

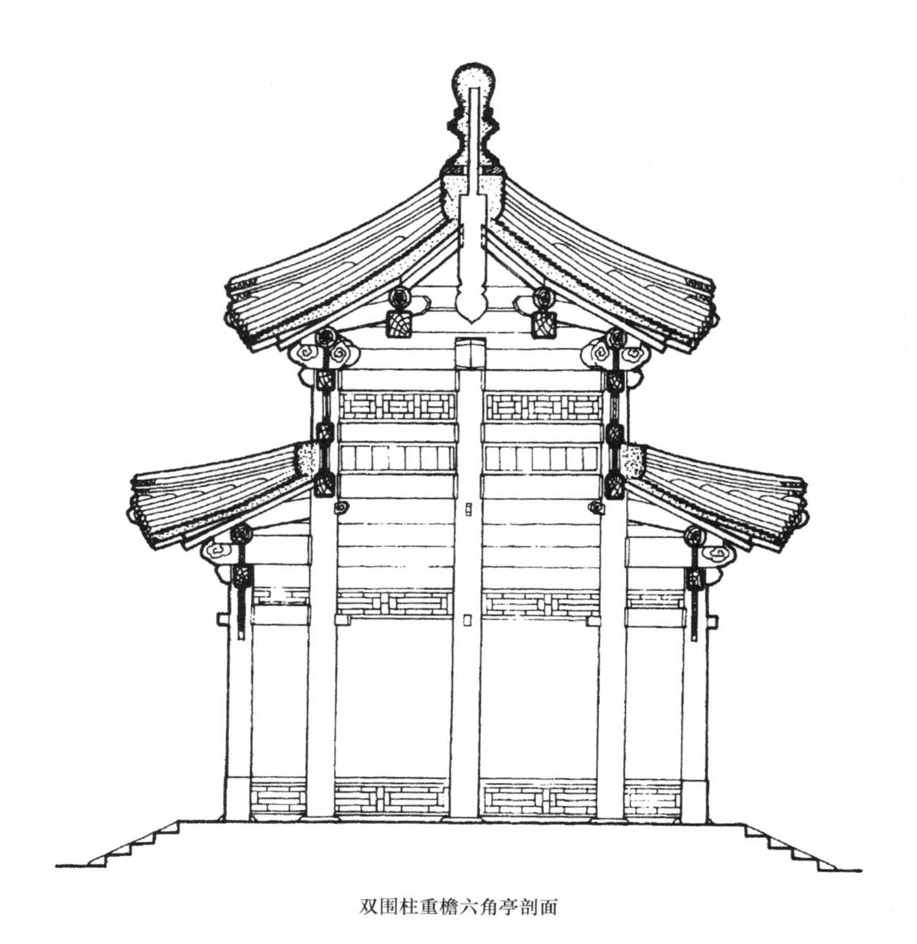

双围柱重檐六角亭剖面

下层檐木构平面　　上层檐木构平面

正立面

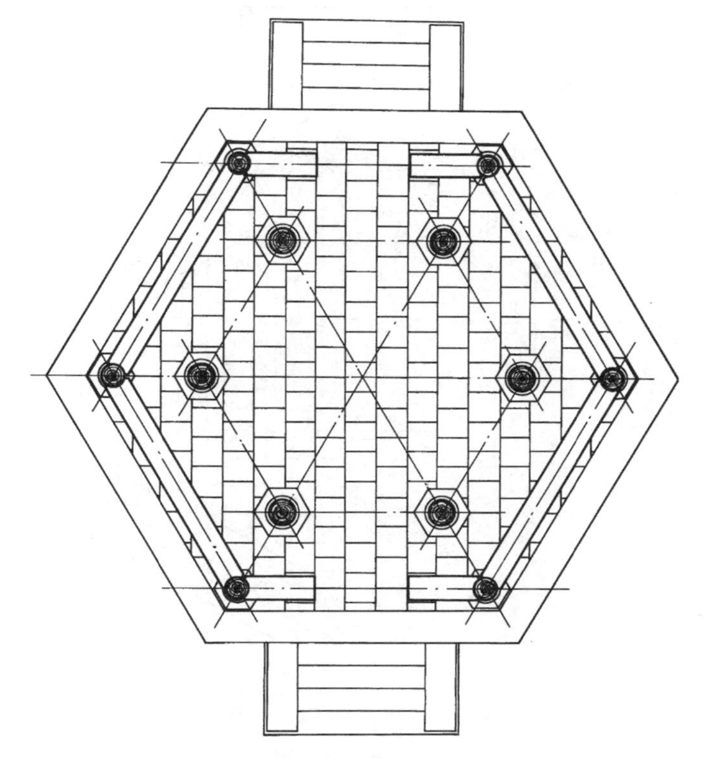

双围柱重檐六角亭平面

图 2-31　双围柱重檐六角亭基本构造

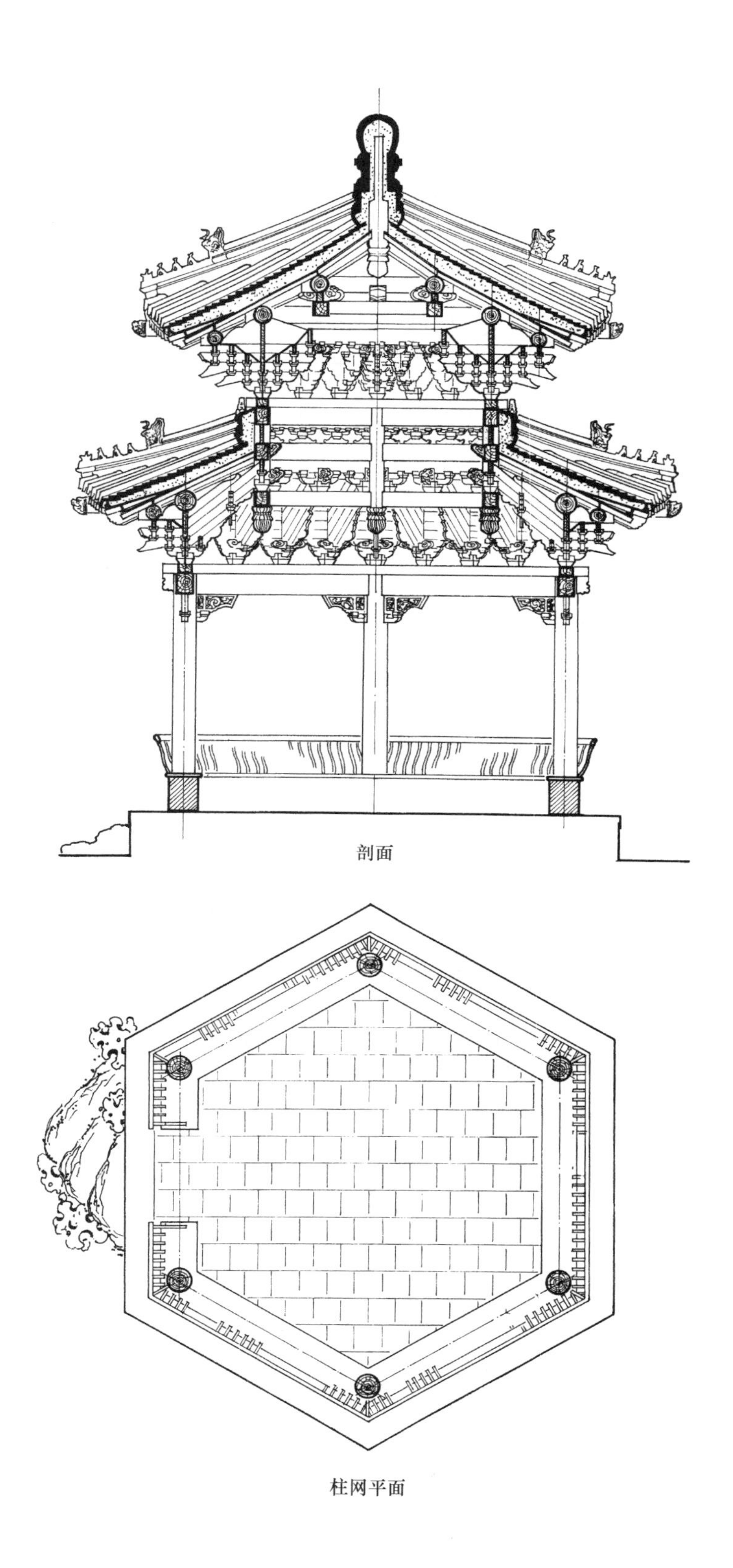

剖面

柱网平面

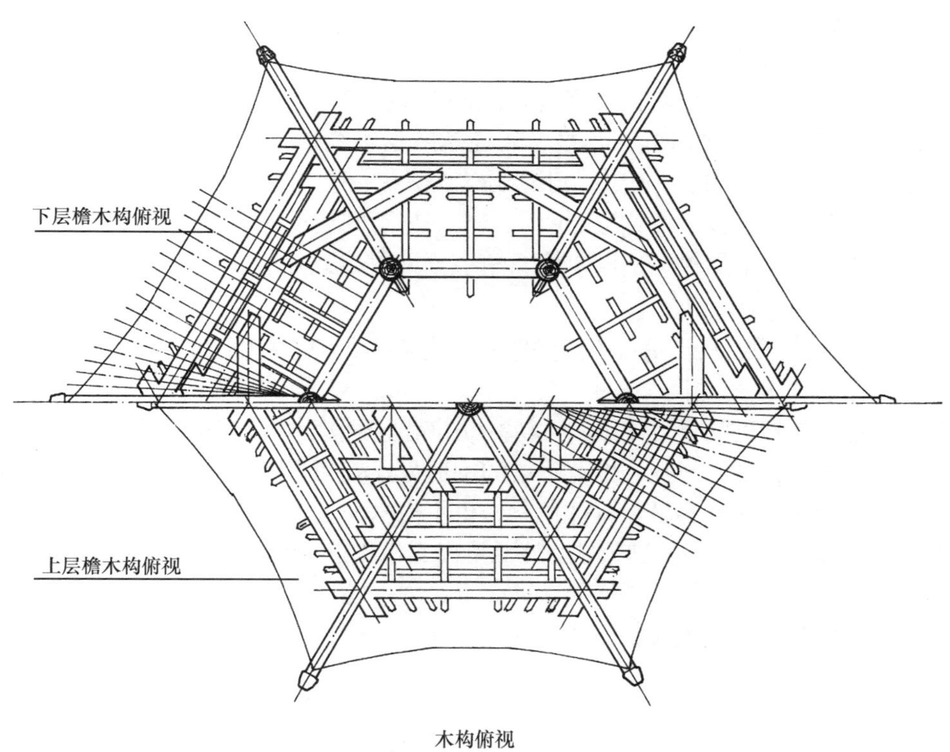

木构俯视

图 2-32　单围柱重檐六角亭
（北京中山公园松柏交翠亭）

三、八角攒尖建筑

（一）单檐八角亭（以无斗拱小式为例）

单檐八角亭的构造与六角亭相似，平面有八棵柱，柱头安装箍头檐枋，柱头上置角云，角云之间安垫板，垫板以上安装搭交檐檩。檐檩上面的长趴梁，沿进深方向安放，这一点与前面介绍的单檐六角亭长趴梁放置位置不同，短趴梁则沿面宽方向安放，长短趴梁轴线的平面位置与金檩轴线的平面位置重合，这样可以保证金枋、金檩完全叠落在趴梁上。井字趴梁的内角，有时还加四根小抹角梁，以承接另外四根金檩。八角亭转角处安装角梁，角梁后尾装由戗支撑雷公柱（图 2-33）。

（二）重檐八角亭（以无斗拱小式为例）

重檐八角亭亦有两围柱和单围柱两种不同做法。

1. 两围柱重檐八角亭

平面有两围柱，外围一圈檐柱，里围一圈金柱，金柱通达上层檐，又作为上檐的檐柱。这种亭子的构造与双围柱六角重檐亭完全相同，即：外檐柱柱头间安装箍头枋，檐、金柱之间，水平方向置穿插枋抱头梁，抱头梁之间安垫板，其上安装搭交檐檩。下层角梁前端扣在搭交檐檩之上，后尾作榫插入金柱。下层檐椽后尾交于承椽枋，承椽枋以下可装棋枋板、棋枋，承椽枋之上装围脊板和上层檐檐枋。如有围脊楣子者，在承椽枋之上应有围脊板、围脊枋、围脊楣子、上层檐枋。上层檐的构造与单檐八角亭相同，不复赘述（图 2-34）。这种构造形式的亭子实例有雍和宫碑亭、景山寿皇殿碑亭等。

2. 单围柱重檐八角亭

重檐八角亭采用单围柱做法，实例很多，其基本构架是在下层檐檩子上安置井字趴梁，趴梁安置的角度及方法略同单檐八角亭，要注意趴梁轴线须与上层檐檐檩轴线在平面上重合，以保证童柱（即上层檐柱）居中立于趴梁之上。井字扒梁内角安置小抹角梁。在柱位上安置墩斗，墩斗上面立童柱。在童柱之间由下至上分别安装承椽枋、围脊板、围脊枋、围脊楣子、上层檐枋诸件。上层檐构造同单檐八角亭（见图 2-35）。

四、五角攒尖建筑（以无斗拱小式为例）

五角攒尖建筑最常见的是五角亭。且以单檐五角亭居多。单檐五角亭的基本构造与四角、六角、八角亭几乎没有多大区别，惟有趴梁的构造方式较为特殊。五角亭这种特殊角度的攒尖建筑，既不像四角亭那样容易设置抹角梁，也不似六角、八角亭那样容易设置井字趴梁。它所采用的趴梁形式，是一种特殊形式。该趴梁由五根构造、形状完全相同的梁组合在一起，平面呈正五边形，每根梁的外一端搭置在檐檩上，内一端搭置在相邻的梁身上，每根梁平面的中轴线与金檩轴线重合。趴梁上面依次安装金枋、金檩，转角处安装角梁，角梁以上安由戗以支撑雷公柱（图 2-36）。

单檐八角亭剖面图

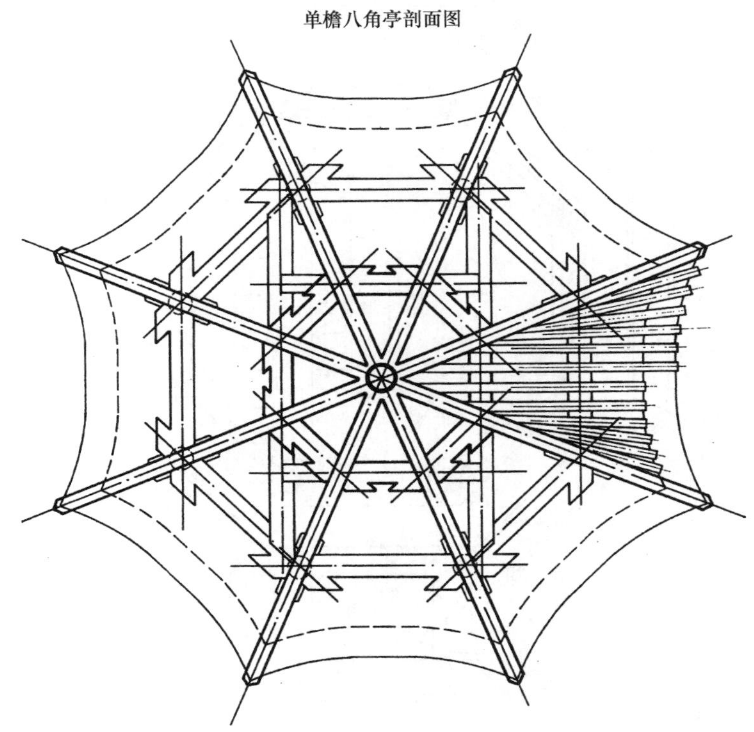

单檐八角亭构架平面图

单檐八角亭正立面图

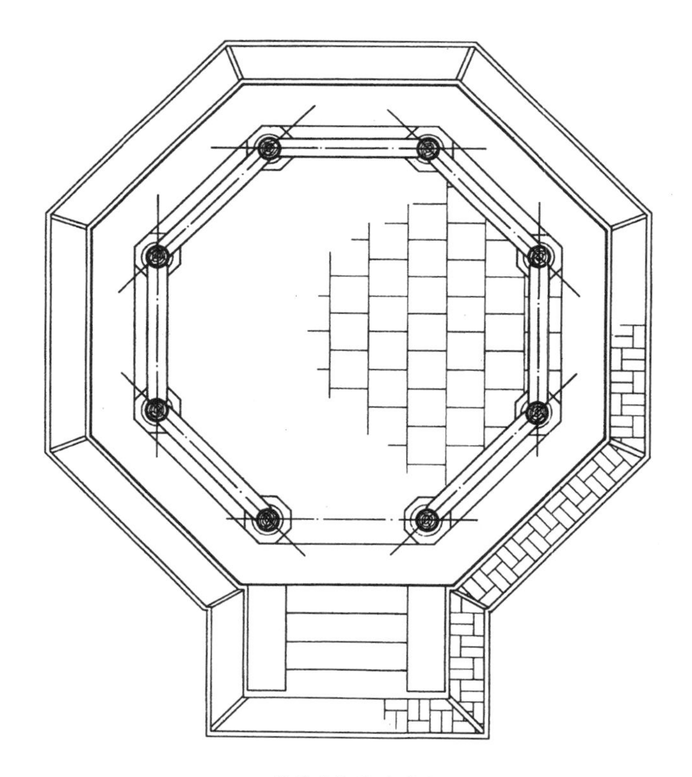

单檐八角亭平面图

图 2-33　单檐八角亭基本构架

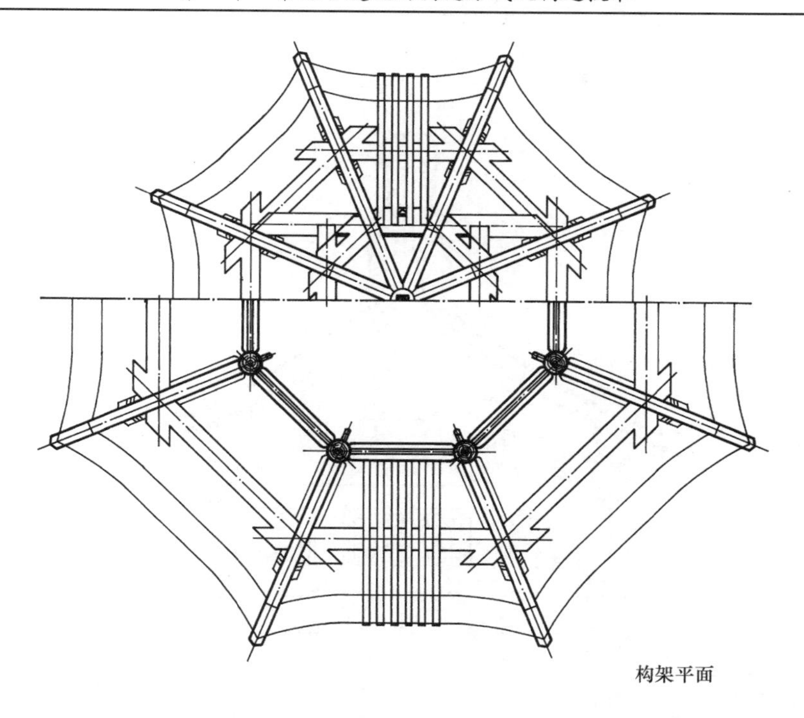

构架平面

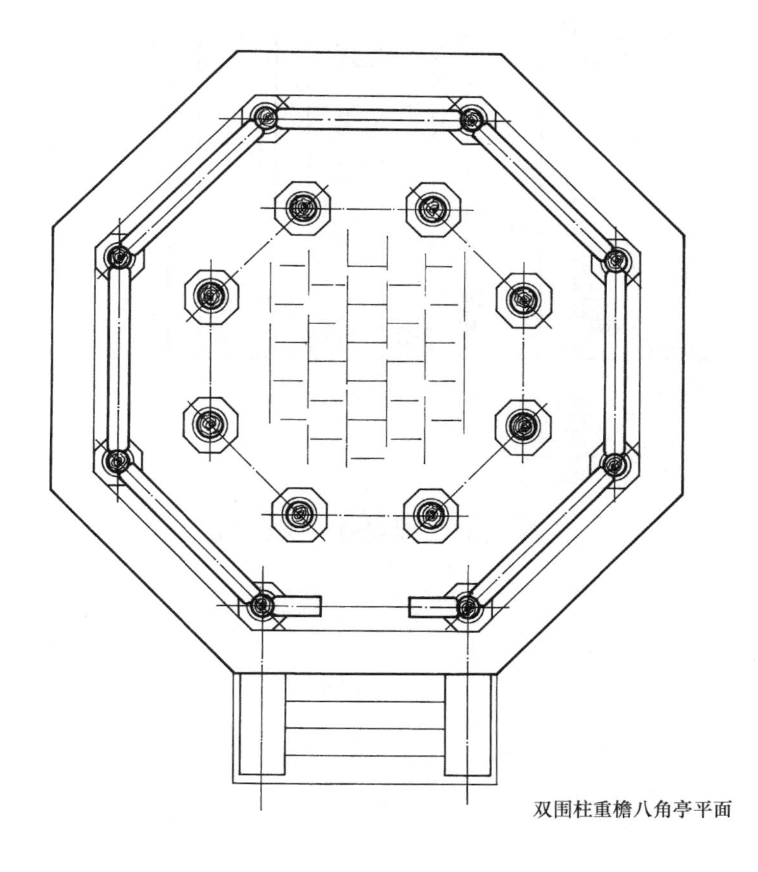

双围柱重檐八角亭平面

剖面

图 2-34　双围柱重檐八角亭构造

正立面

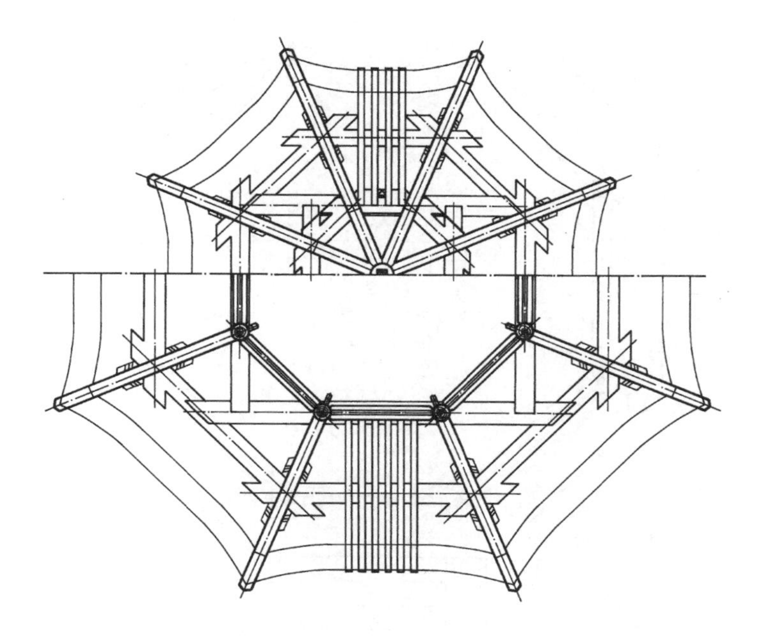

木构俯视

剖面图

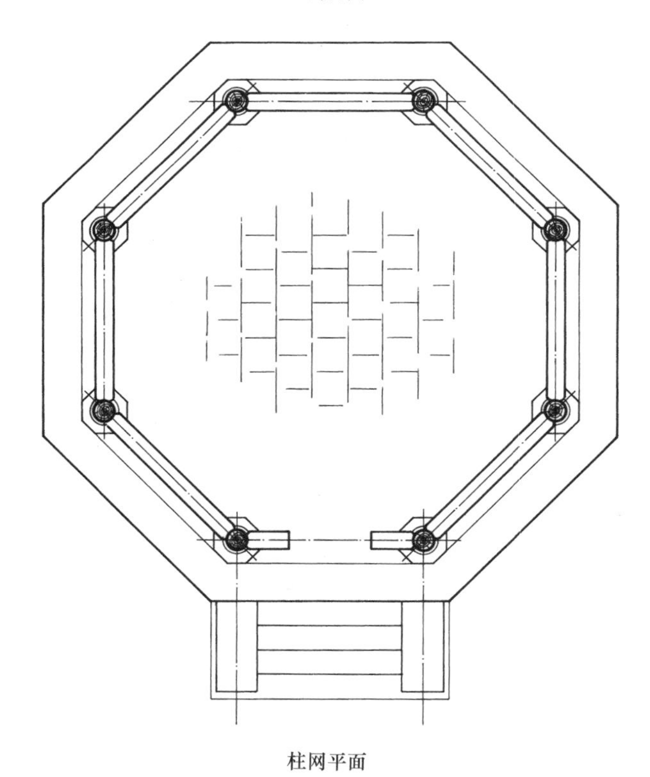

柱网平面

图 2-35　单围柱重檐八角亭基本构造

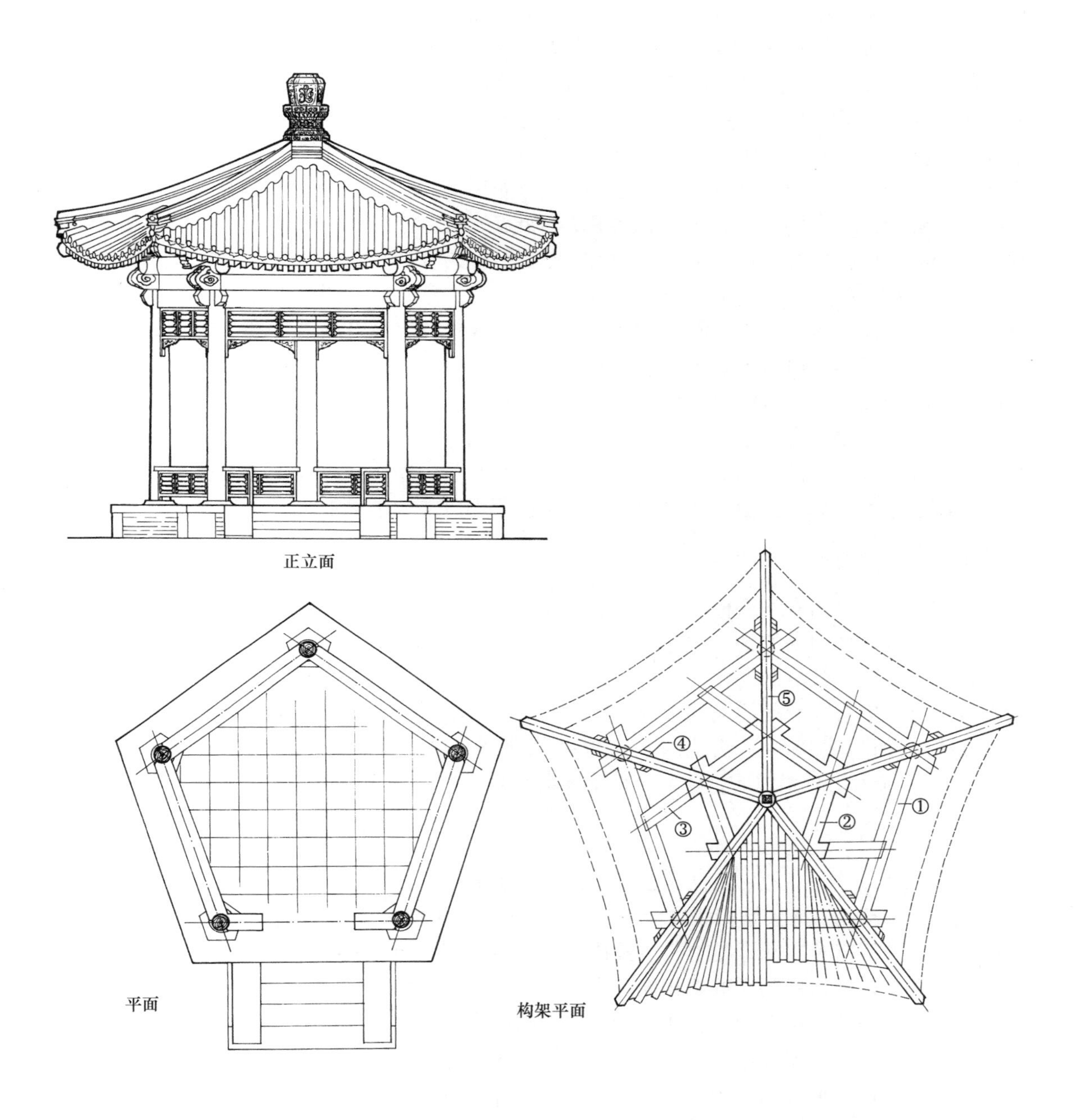

图 2-36　五角亭基本构造

1. 檐檩　2. 金檩　3. 趴梁　4. 角云　5. 角梁

五、圆形攒尖建筑

（一）六柱圆亭

体量较小的圆形攒尖建筑，平面常用六棵柱，称为六柱圆亭。它的基本构造是，由下自上，依次为：柱，柱头部位安装弧形檐枋。这种弧形檐枋不同于多角亭上的箍头枋，它的端头不做箍头榫，而是做燕尾榫与柱子相交。在柱头之上，装花梁头，花梁头的作用在于承接檐檩及安装垫板。檐檩之间由燕尾榫相连接。檐檩之上装趴梁，长短趴梁的位置与前边所述六角亭趴梁安放的位置正好相反。长趴梁沿进深方向安装，搭置在柱头位置的檐檩上，短趴梁沿面宽方向安装。按这个方位安置长短趴梁，有两个原因：①圆亭没有角梁，檐檩相接处不做搭交榫，趴梁头扣在柱头位置上，不会出现六角亭那样三种节点互相矛盾，互相削弱的情况；②圆形建筑的檩、枋、垫板等构件均为弧形，弧形构件水平放置时，外侧重，在不加任何外力的情况下，构件自身已有一定的扭矩，如果将长趴梁压在檩子中段，使檐檩以上所有的荷载都加在弧形檩子上，必然增大扭矩，节点处就会被破坏，这是万万不可以的。只有使趴梁的端头压在柱头位置的檩子上，才能保证结构的合理和安全。这是在考虑圆形建筑构造时要特别注意的地方。确定长短趴梁的位置时还应注意，要保证每段金檩的节点都压在趴梁的轴线上。在趴梁之上，两段金檩交接处，还要放置檩碗，以承接金檩。檩碗形如檐柱上的花梁头，但可不做出麻叶云头状。在各檩碗间安装弧形金枋，其上安放金檩。檩碗与趴梁之间应有暗销固定。在金檩之上，每两段檩子对接处使用由戗 1 根，6 根由戗支撑雷公柱。圆亭雷公柱的作用与其他多角亭相同，但由于由戗以下无角梁续接，仅凭 6 根由戗来支撑雷公柱之上的宝顶和瓦件是不够的，因此，凡圆亭，在雷公柱之下通常要加一根太平梁。太平梁两端搭置在上金檩上，做法同趴梁，使雷公柱下脚落在太平梁上（图 2-37）。

（二）八柱圆亭

八柱圆亭是平面有八棵柱子的圆形攒尖建筑。由于平面柱子数目较多，可用作体量稍大一点的亭子。八柱圆亭的基本构造与六柱圆亭相似，故不再重述。关于八柱圆亭长短趴梁的放置部位，仍要求长趴梁要压在柱头位置，短趴梁中轴线应以通过金檩交接点为宜。长趴梁的轴线通过柱中心，会使两侧的金檩节点落在长趴梁轴线之外，为解决这个矛盾，可在长趴梁外侧另加两根小趴梁，使其内端搭置在长趴梁外侧，外一端扣在柱头位置的檐檩上（图 2-38）。加上小趴梁以后，各段金檩的所有节点都可以落在趴梁上了。

（三）重檐圆亭

圆亭若为重檐，一般应有两圈柱子，外围一圈檐柱，里围一圈重檐金柱。相对应的檐、金柱之间由穿插枋、抱头梁相联系。外檐柱间由下向上依次装檐枋、垫板、檐檩（均为弧形）。下层檐椽内一端搭置在承椽枋上，承椽枋以上依次装围脊枋（或围脊板）、上层檐枋等构件。上层檐构造与单檐八柱圆亭构造相同。

重檐圆亭一般体量都较大，此种较大体量的圆形建筑，它每一圈的柱子数量都不应少于 8 根。这是由于圆亭体量愈大，每间构件愈长，构件的扭矩也就愈大，如果平面柱子过少，就会反而增大每间弧形构件的弧度和长度，对构件自身的稳定性及承载力都有影响。因此，除体量较小的圆亭外，一般都采取八柱形式（图 2-39）。

圆形攒尖建筑与多角形攒尖建筑在构造方面有许多不同的特点，归纳起来大致有以下几点：

（1）圆亭的枋、垫板、檩子为弧形，它们的中轴线或内外缘都是圆周的一部分；

（2）圆亭木构架一般没有角梁，屋面上也没有屋脊（个别除外），但由金步向上应设置由戗，以便安装板椽及支撑雷公柱；

（3）圆亭的檐步可安装单根椽子（包括飞椽），但自金步以上因椽子排列过密只能连做成板椽或连瓣椽；

（4）圆亭屋面是一个弧形面，因此，不能使用横望板，必须使用顺望板，连檐、瓦口也为弧形构件；

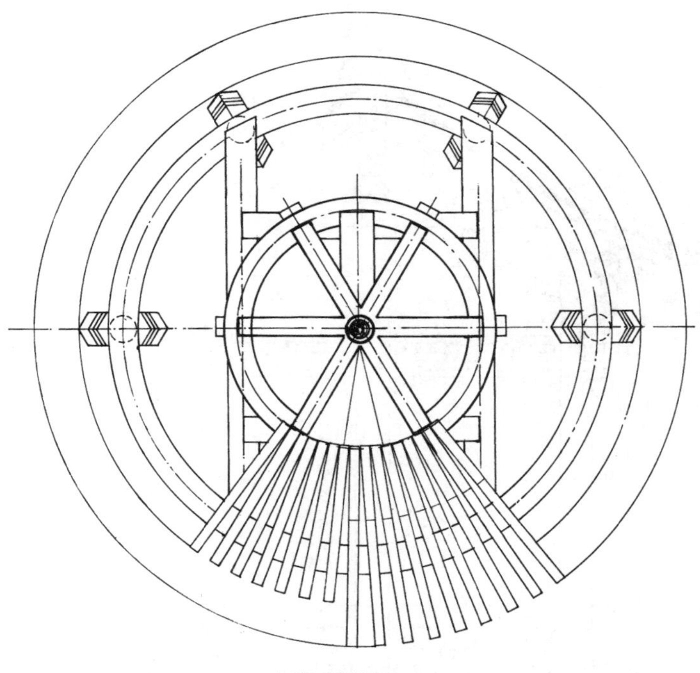

六柱圆亭构架平面

六柱圆亭立面

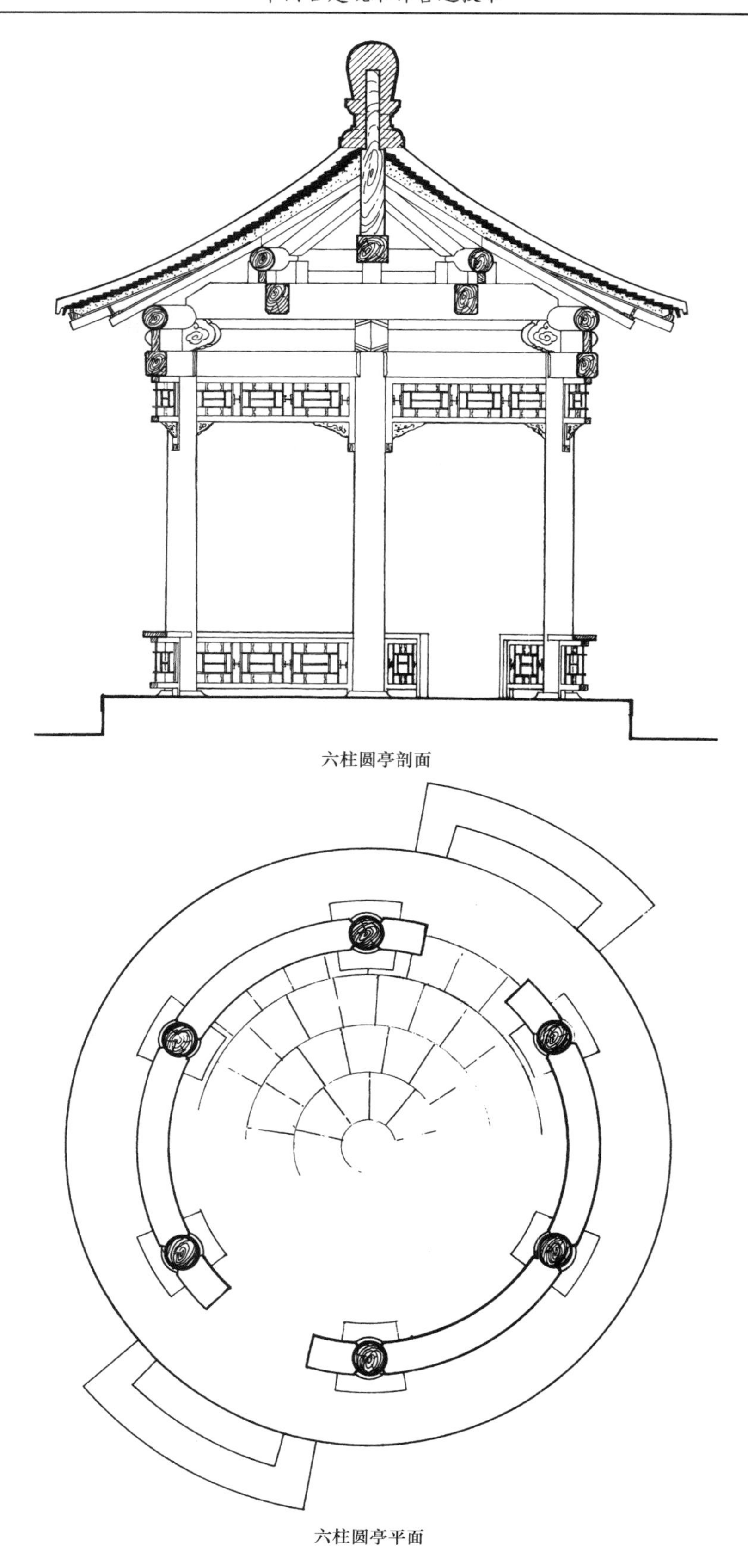

图 2-37　六柱圆亭基本构造

立面

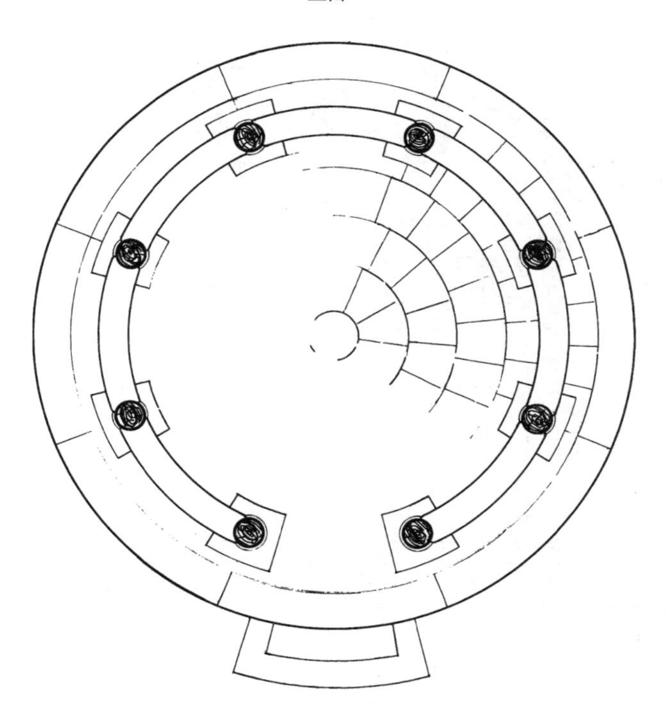

平面

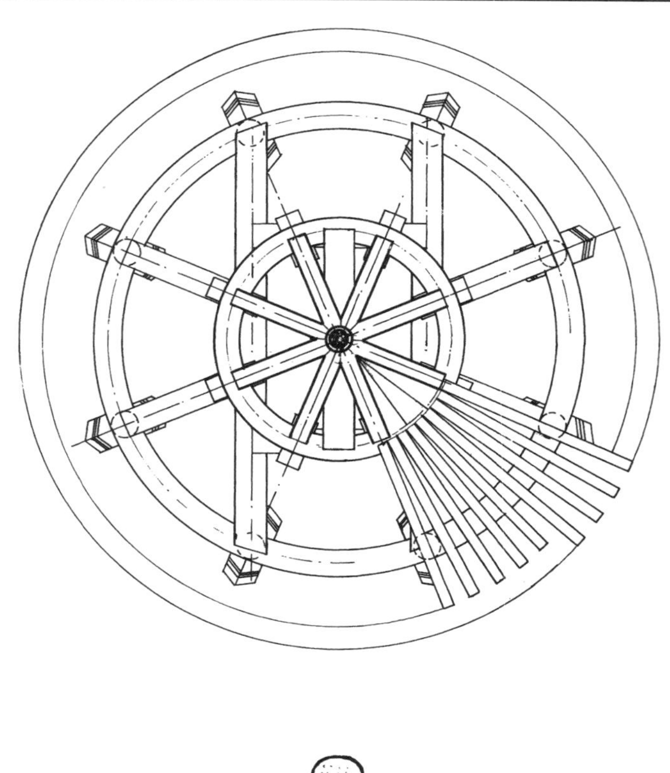

剖面

图 2-38　八柱圆亭基本构造

正立面

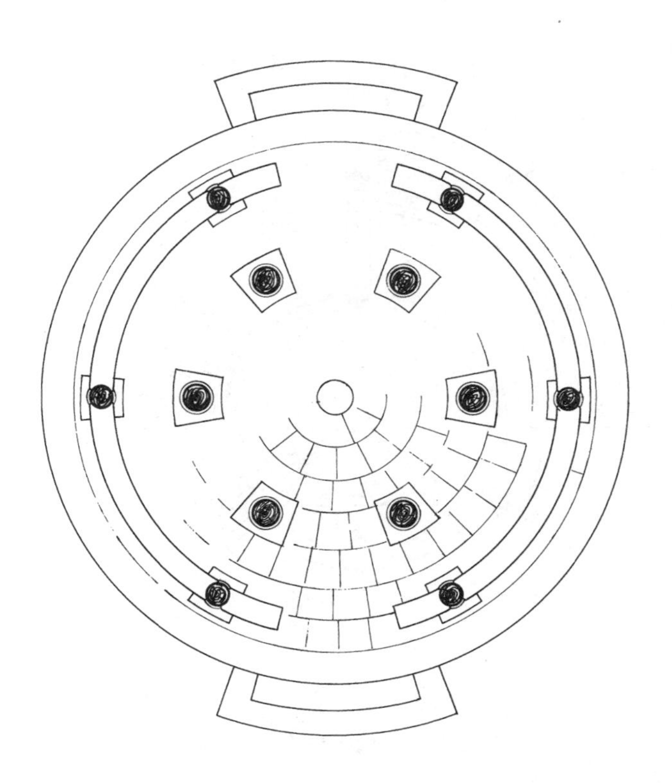

平面

剖面

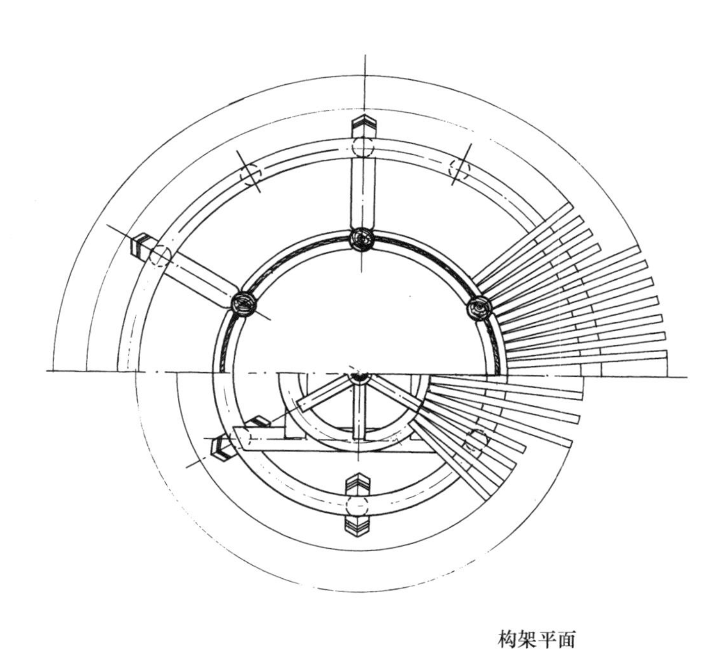

构架平面

图 2-39　重檐圆亭的基本构造

（5）特殊构造决定了圆亭柱子不能过少，一般为6根，个别情况下用5根，体量稍大一点的则需用8根。在这一点上，它远不及多角亭的柱网分布灵活。

攒尖建筑类型很多，上面所举的四、五、六、八角和圆形只是其中最基本的几种，了解了这几种攒尖建筑的构造，对于其他（诸如双环、套方、天圆地方及其他复合式攒尖建筑）类型的构造，也就较易于了解了。

六、复合式攒尖建筑——组合亭

组合亭指平面由两个或两个以上单体几何图形组合形成的亭，它的柱网平面通常比单体几何形状的亭要复杂，建筑立面也较一般亭子丰富得多，其木构造随亭子形式的变化而变化。常见的组合亭有双环亭、方胜亭、双五角亭、双六角亭、十字亭、天圆地方亭、天圆地方十字亭等。

（一）方胜亭

方胜亭又称套方亭，是两个正方亭沿对角线方向组合在一起形成的组合亭。它的一般组合方式是在正方亭相邻两边上各取中点，以连接这两点的斜线作为套方亭的公用边（图2-40）。它的构造，基本遵循正四方亭的构造模式，但也有其特殊之点。从木构平面图看，套方亭的公用边正好是它们共用的抹角梁所在的位置，这根公用的抹角梁在套方亭木构架中有很重要的作用，它是两座四角亭屋面交汇的位置，在这根公用抹角梁中点安装瓜柱，两座四角亭的两根由戗和两根凹角梁都交在这根瓜柱上，成为套方亭构造的关键部位。这个公用边在屋面上要做成天沟形式以利排水。屋面木基层以上依次苫背、宽瓦、调脊、安装宝顶脊饰，构成丰富优美的组合屋面（图2-40）。

（二）双六角亭

双六角亭又称六角套亭，由两个正六角亭组成，它是以六角亭的一个边为公用边组合而成的。

双六角亭的构架组合，可采用一般六角攒尖亭的构造模式，即沿亭的面宽方向安置长趴梁，沿进深方向置短趴梁，以承接金檩及其以上构架。两亭公用边部分依次安装枋、垫板、檩子，与其他各面的构造一致。公用檩以上屋面做天沟以利排水［图2-41（1）］。

除此以外，双六角亭还可采用网架式趴梁。这种网架式趴梁是按步架定位，平行于檩子放置的。每组趴梁共六根，每根梁的外一端按趴梁方式搭置在檐檩上面，内一端搭置在相邻一根梁的梁身上，形成一种类似网架的构造形式。这种趴梁在五角亭中也常采用，它较一般的长短趴梁更富艺术性和韵律感，是一种较为优秀的构造模式［图2-41（2）］。

建于北京颐和园的荟亭，则采取了另外一种构造形式，这座亭在檐檩之上没有采用趴梁，而是用了抹角梁。抹角梁的轴线与檐檩轴线中点相交。在抹角梁之上，又放了一圈类似金檩的构件，平行于檐檩，搭置在抹角梁上。亭的角梁压在搭交檐檩和金檩上，前端向外挑出，后尾向上延伸，交于攒尖部分的雷公柱上。在金檩和雷公柱之间，又加了一圈类似上金檩的构件，交在角梁上皮。屋面木基层使用通椽，檐头加施飞椽，使檐口略呈反宇之势。荟亭的构造形式突破了北京地区官式做法木构架的程式，采用了江南地区的一些构造手法，构件断面较小，显得灵活轻巧。但上下两圈类似金檩的构件节点处都采用了合角榫，比起搭交榫，其结构功能要差得多。由于屋面使用通椽没有什么举折变化，显得平板呆滞，是其不足之处［图2-41（3）］。

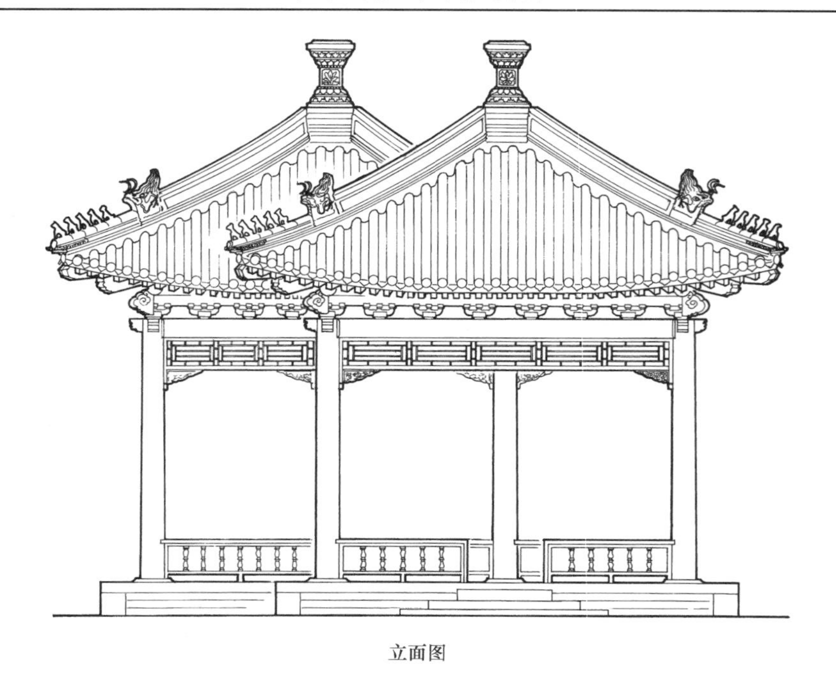
立面图

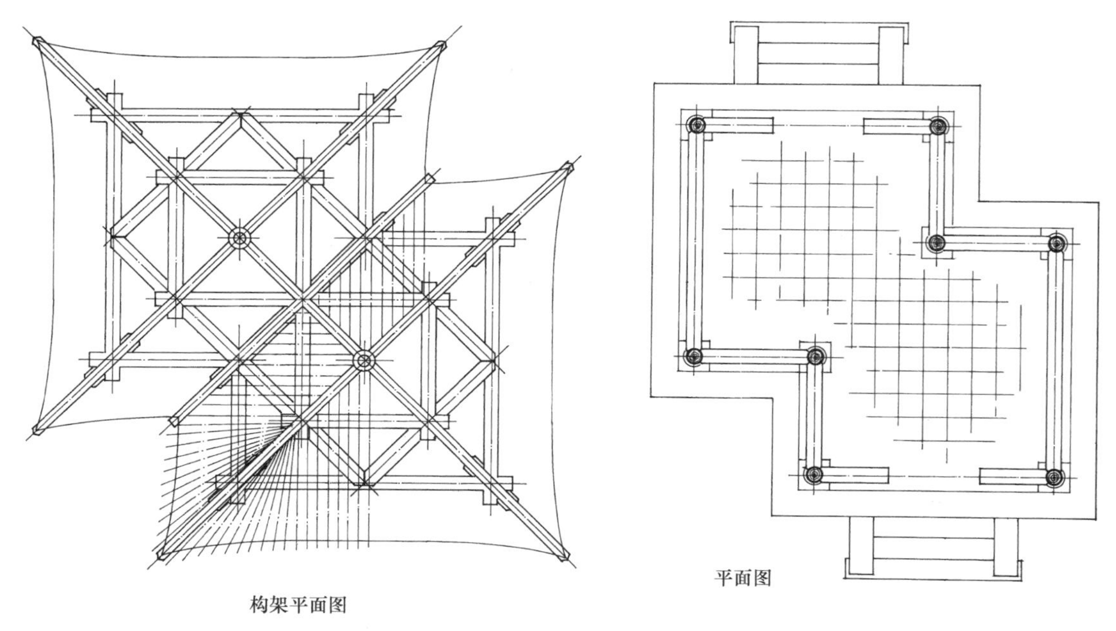
构架平面图　　平面图

图 2-40　方胜亭

（三）双环亭

双环亭是将两个圆亭结合在一起形成的组合亭，一般由两个八柱圆亭组成，也可由两个六柱圆亭组成。

组成双环亭的单体圆亭，既可以是单檐圆亭，也可以是重檐圆亭。由两个单檐圆亭组成双环亭时，两圆的交点应该正好是圆亭相邻两根柱子的中心点，造成两个单体圆亭共用两柱的平面形式［图 2-42（2）］。如果由两个重檐圆亭组成双环亭时，一般要保证上层檐形成两亭共用两柱的形式，这样，下层檐两个圆的交点就不可能在柱子位置，而形成为两组弧形构件的交叉［图 2-42（1）］。位于北京天坛公园西北隅的双环万寿亭，是双环亭的典型例子。它是由

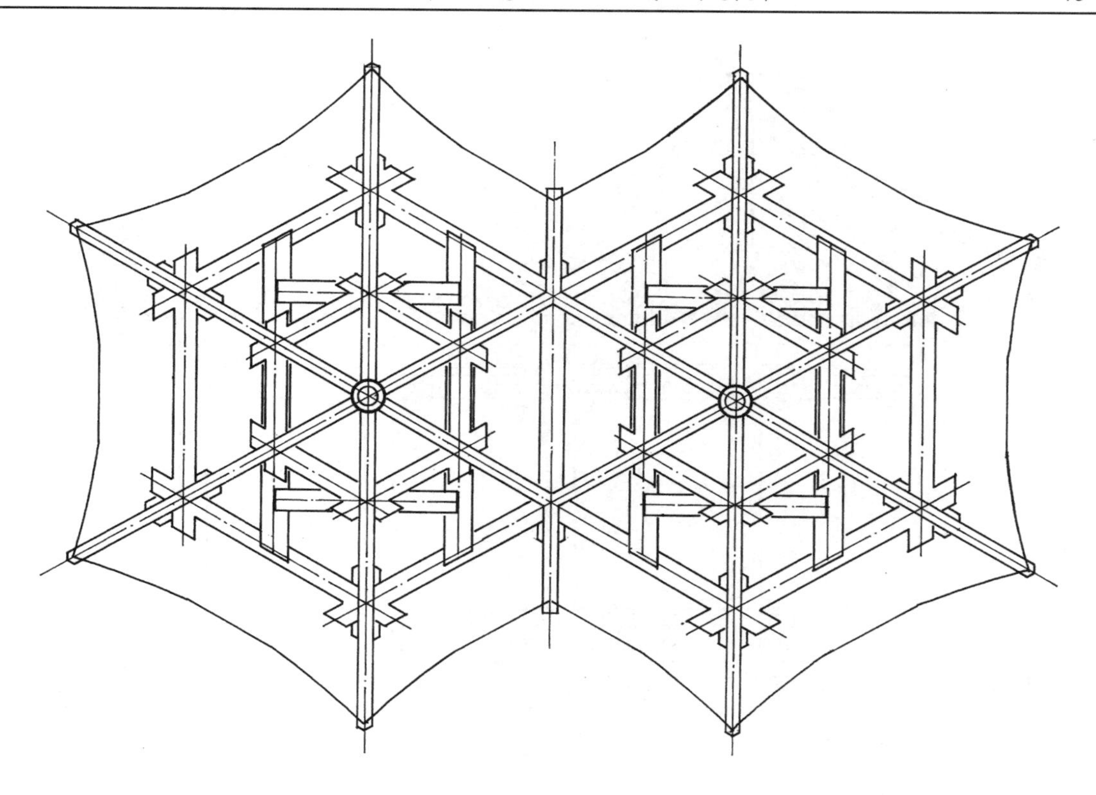

(1) 双六角亭井字趴梁构架

(2) 双六角亭网架式趴梁构架

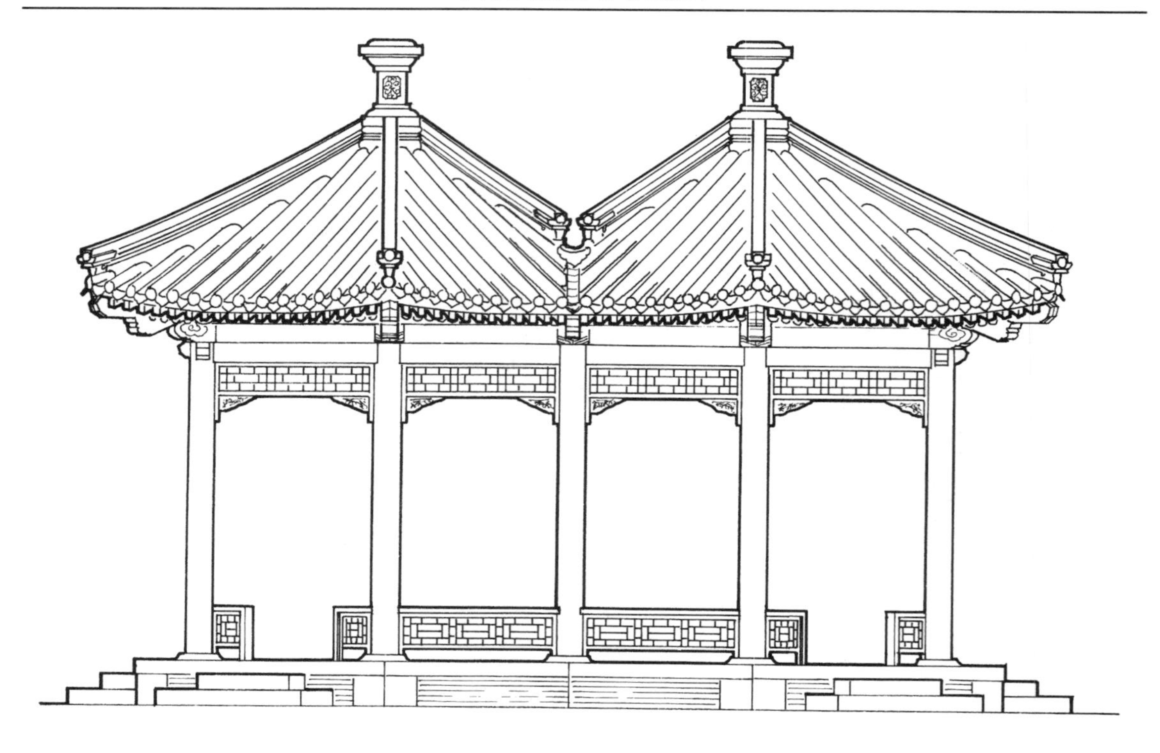

荟亭立面图

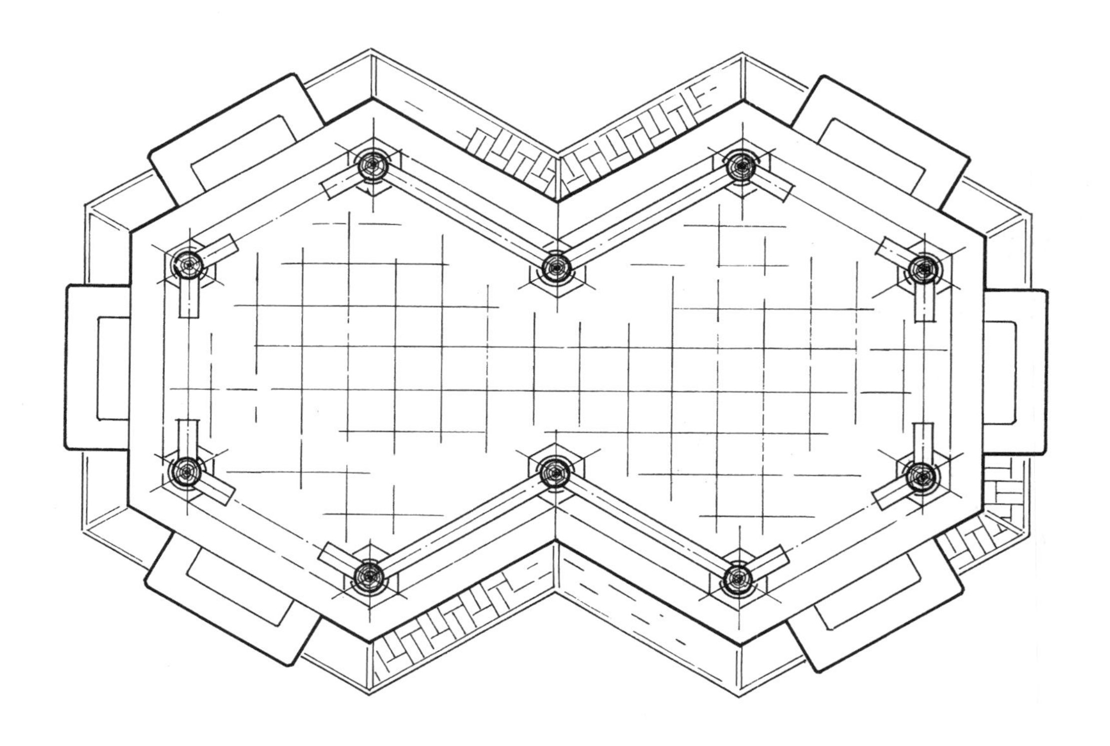

荟亭平面图

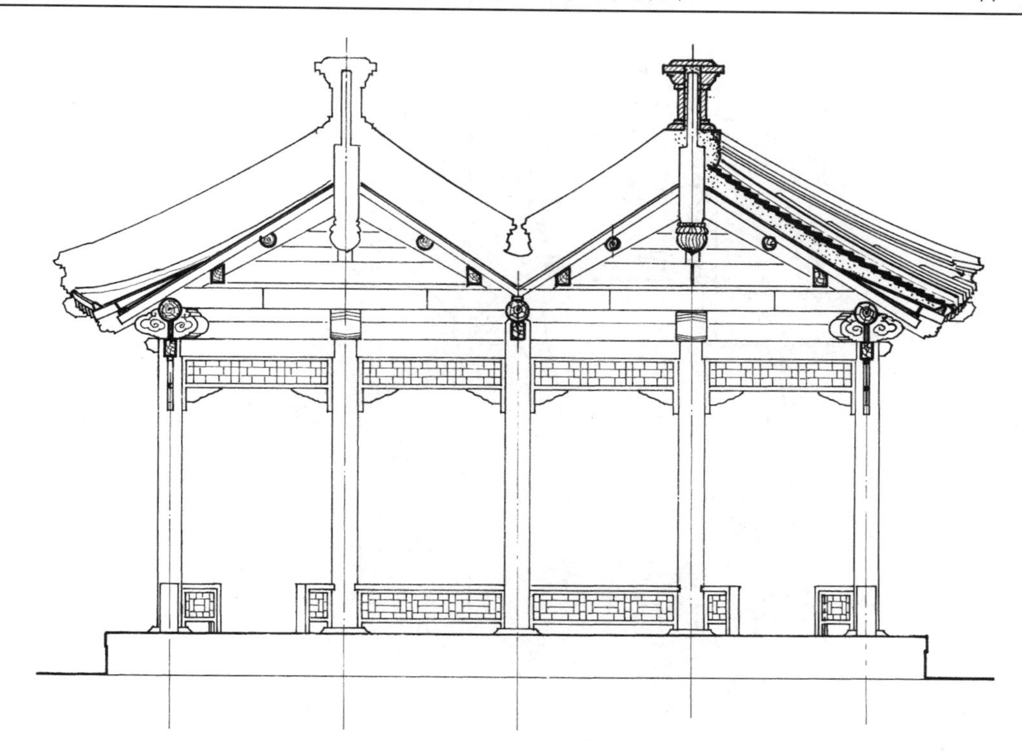

荟亭剖面图

(3) 颐和园荟亭　　荟亭构架平面俯视图

图 2-41　双六角亭

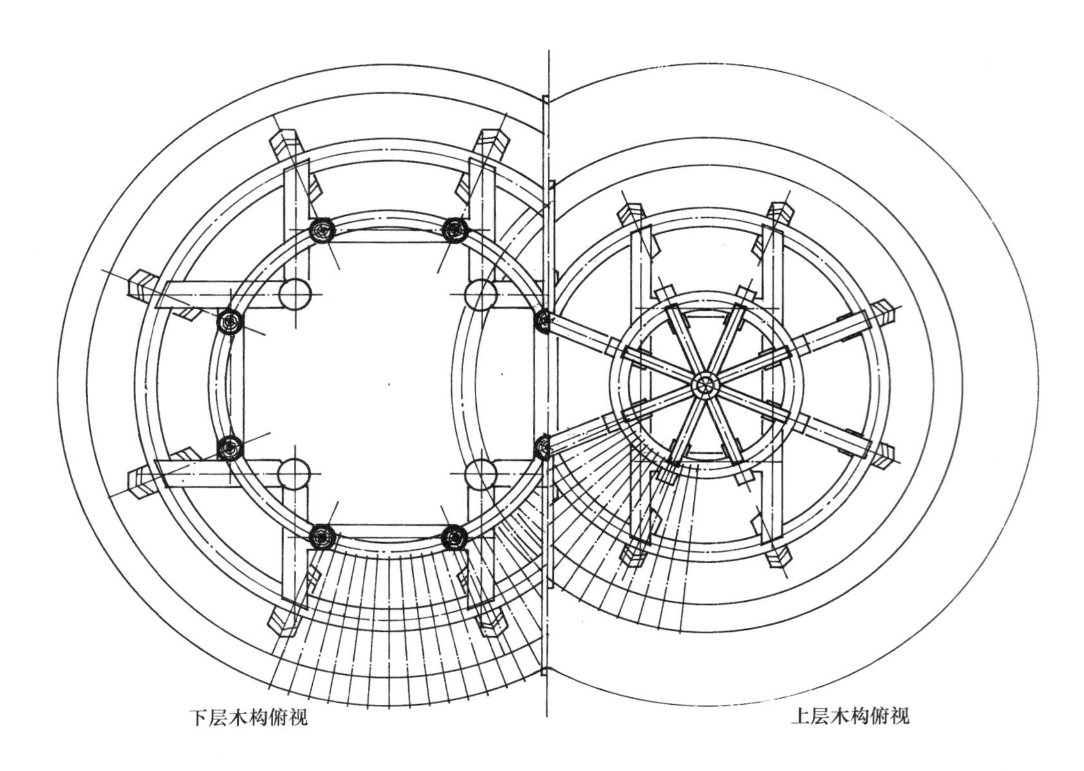

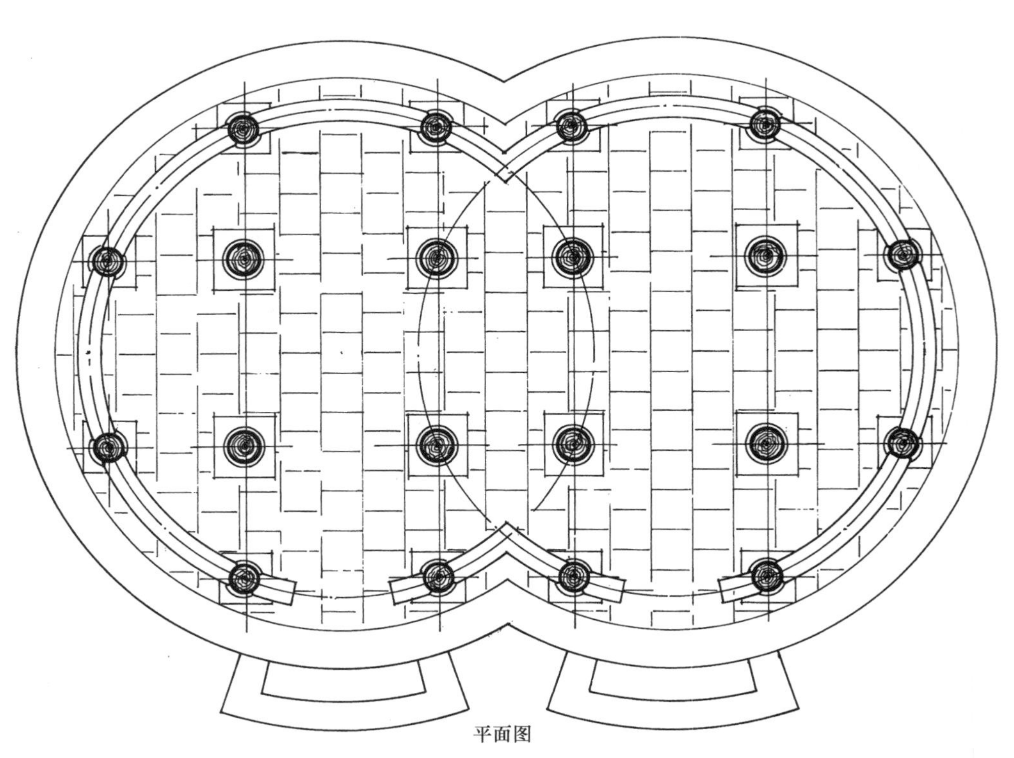

平面图

(1) 八柱重檐双环亭

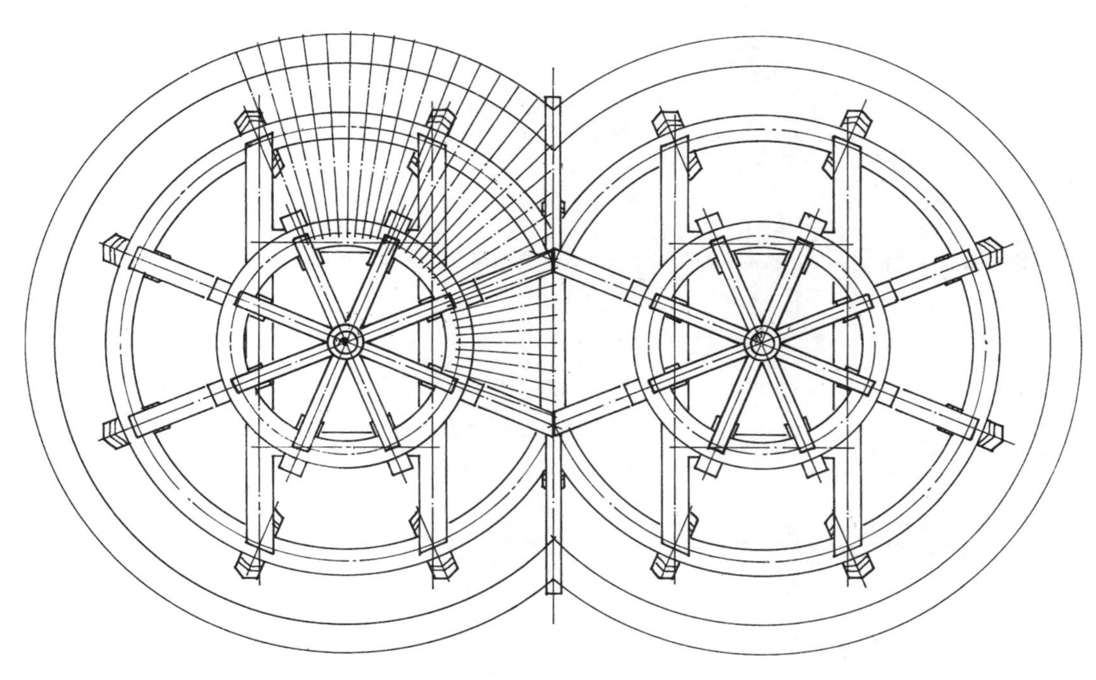

木构架平面图

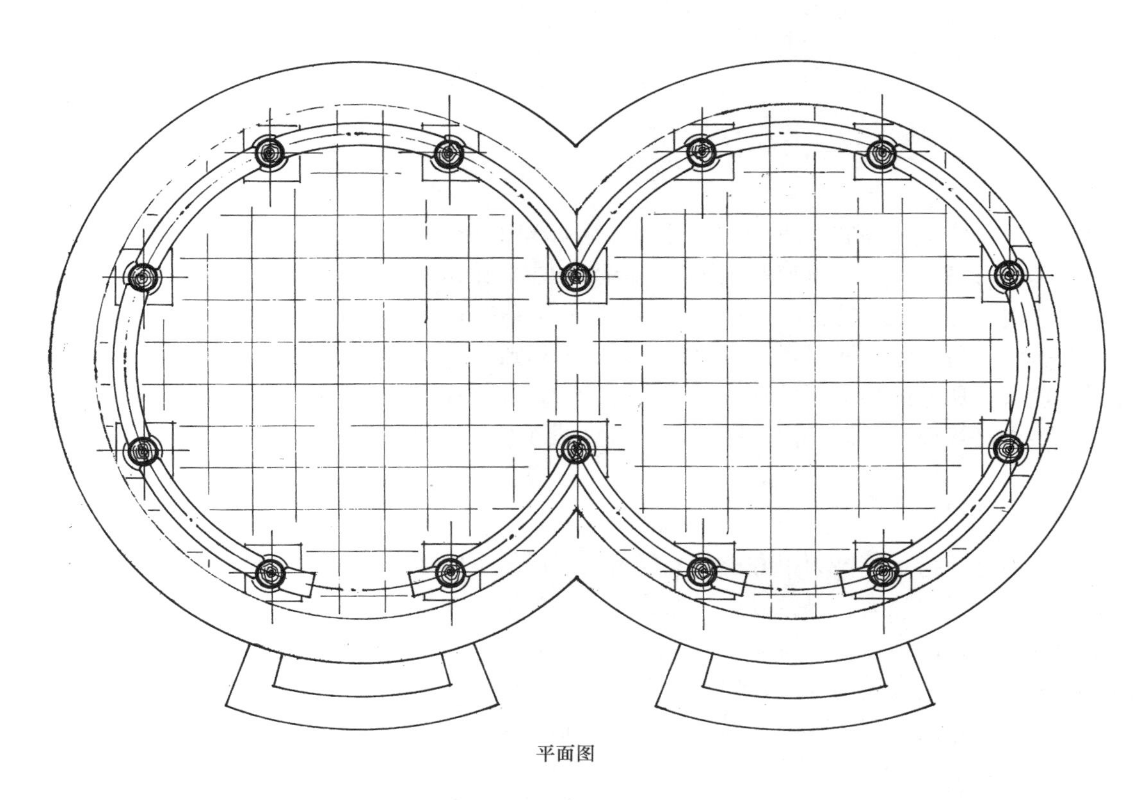

平面图

(2) 八柱单檐双环亭

(3) 北京天坛双环万寿亭立面图

图 2-42　双环亭

两个重檐八柱圆亭组成的双环亭，原建于西苑（现中南海），是乾隆皇帝为其母祝寿时所建，1976 年移建于天坛公园。这座亭的下层木构架的主趴梁采用 L 形梁，L 梁的外端置于檐柱头位置，内端作榫交在金柱上。主趴梁之间由短趴梁连接，支承上层檐的童柱全部立在趴梁上面。上层檐采用一般八柱圆亭常采用的长短趴梁形式。这座亭下层檐施三踩斗拱，上层檐施五踩斗拱，为典型的皇家园林建筑做法。图 2-42（1）所示重檐双环亭的构架平面为一座小式无斗拱重檐双环亭，但其构造模式与天坛双环万寿亭几乎完全相同，可供参考。

（四）天圆地方亭

天圆地方亭指下层檐为正方形，上层檐为圆形的重檐亭。在古代，人们认为天为圆形，地为方形，常以圆喻天，以方喻地。如北京天坛为祭天之所，主要建筑圜丘坛、祈年殿、皇穹宇皆为圆形；而地坛的主要建筑方泽坛等则为方形。天圆地方亭也反映出人们对自然的这种认识和崇拜。上层檐为圆形，喻天，下层檐为方形，喻地，天在上，地在下，故而创造出了天圆地方这种组合亭的建筑形式。在故宫、北海等皇家园林中都有这种形式的亭。北海五龙亭之首的龙泽亭，就是一座天圆地方亭，故宫御花园中的万春亭、千秋亭也采用这种形式。

天圆地方亭下层檐为一开间或三开间的正方形亭，在下层檐檩（或柱）上安井字梁，作为承接上层檐的骨干构架。在井字梁内角安装抹角梁，抹角梁的轴线位置由上层圆形构架平面柱位定。在正对下层角梁的位置，要各安装童柱一根，以承角梁后尾，然后，每面再加安童柱各2根，形成十二柱圆亭的平面形式。支承童柱的井字梁及抹角梁形成八边形内壁，为与上层圆形平面相合，也往往把这部分砍㓱斫贴形成圆形。支承上层檐的童柱之间，自下而上依次安装承椽枋、围脊枋（或围脊板）、围脊楣子、檐枋（或额枋），柱头以上部分按一般圆亭做法，置趴梁、抹角梁、金檩、由戗、雷公柱等。

天圆地方亭的特殊部位是应该注意的。由于这种亭子下层为方形、上层为圆形，当下层的平屋面以一定角度（或五举，或五五举）与上层圆形的侧面相交时，其交线不仅从平面看是一条弧线，而且从正立面看也是一条弧线，这条孤线中间低，两端高，如果是椽子与承椽枋相交，则中间部分的椽子先与承椽枋相交，交点在枋子侧面的下部，两侧椽子继续向上延伸，交于枋子侧面的上部。这种平面与弧面以一定角度相交所必然出现的现象同样反映在瓦面上，使瓦面、围脊也形成中间稍低，两端渐高的孤形。为避免这种现象，有时将瓦面上的围脊处理成直线脊，使围脊与下层檐口相平行。北京故宫御花园的千秋亭、万春亭即采用了这种方法，避免了脊饰与檐口不相协调的现象（图2-43、图2-46）。

（五）十字亭

十字亭是由一座单体四方亭或八方亭四面加抱厦所形成的组合亭，较典型的实例有：承德避暑山庄的水流云在亭，北京北海公园妙相亭等。

水流云在亭主体为一座重檐四角亭，该亭下层檐面宽三开间，抱厦与主体亭的组合采用勾连搭的方式。这种方式是以下层檐明间檐柱为公用柱，向外接出单开间四檩卷棚歇山式抱厦，抱厦与主体方亭明间共用一檩，其上为主亭与抱厦的天沟。抱厦沿进深方向安置趴梁，趴梁位于从山面檐檩向内一步架的平面位置，其上置踩步金，双脊檩交于踩步金。抱厦的外转角安装角梁，与亭子相交处安装凹角梁。主体方亭上层檐的构造是，沿亭子下层的通面宽（或通进深）均分为六步架，以亭子平面中线为界每面三步架。过下金檩纵横轴线的四个交点，沿45°方向设抹角梁，抹角梁的端头搭置在下层檐檩上面，这四根抹角梁为承接上层檐的主要梁架。在抹角梁上面立童柱，作为上层檐的檐柱。在童柱间自下而上依次安装承椽枋、围脊板、围脊枋、围脊楣子、檐枋等构件。柱头以上有角云、檐檩、垫板、抹角梁、金檩、角梁、由戗、雷公柱等构件，按一般四角亭构件组合规律和方式进行组合（图2-44）。

以八角亭为主体组成的十字亭，其主体常采用重檐八角亭形式，在亭的四面接歇山或庑殿式抱厦。但组合方式与上述四角十字亭不同。以八角亭为主体构成十字亭时，不能简单地在八角亭的四个面接出四个抱厦，否则抱厦与亭的下层檐相交形成的凹角部位构造难以处理。为此，需要根据构造的要求，调整八角亭檐柱的位置。图2-45所示平面为调整后的十字亭柱网平面。从这个平面可以看到，檐柱与金柱中心的连线（亦即凹角梁的中轴线）正好是抱厦侧面与八角亭檐面所形成的夹角的角平分线。檐柱移到这样一个位置，既解决了凹角梁无法安置的矛盾，又创造了抱厦檐口与八角亭的檐口互相交圈的条件，解决了构造上的诸种矛盾。

抱厦与八角亭结合也采取勾连搭的组合方式。每座抱厦与八角亭下层檐共用两根檐柱，在公用檐柱的外侧再立两柱，构成抱厦的矩形空间。抱厦后檐与八角亭共用一檩，沿抱厦进深方向置趴梁承接脊檩。抱厦屋面形式可根据进深大小采用四檩卷棚歇山式或三檩庑殿式。但无论哪种形式，抱厦体量都不宜过大，以免喧宾夺主（图2-45）。

（六）天圆地方十字亭

如果在天圆地方亭下层檐各面分别接出一座抱厦，即形成天圆地方十字亭。北京故宫御花园千秋亭和万春亭就是这种组合亭（图2-46）。

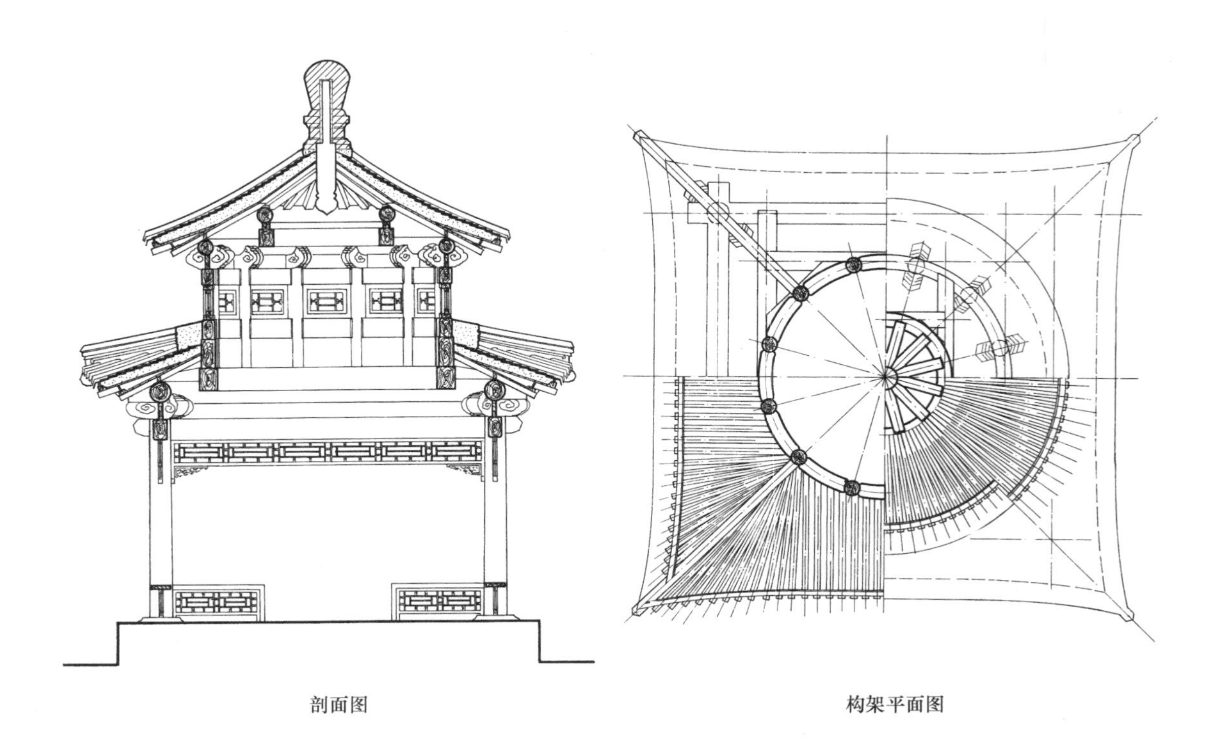

剖面图　　构架平面图

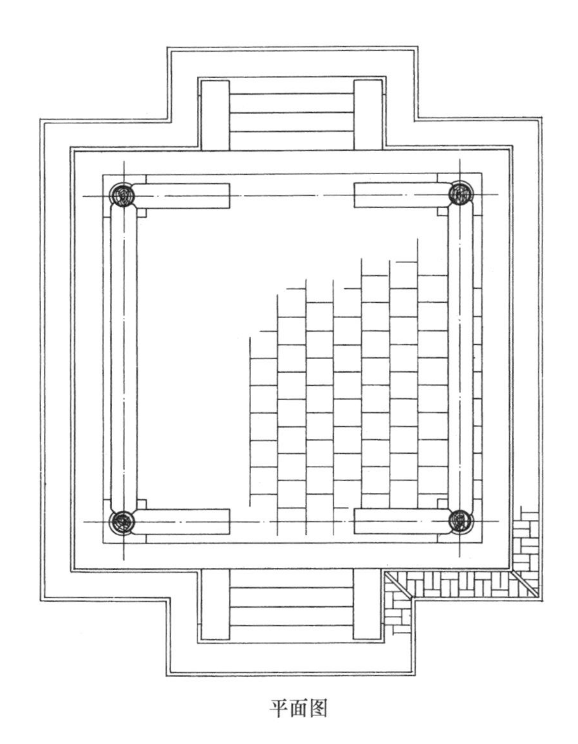

平面图

图 2-43　天圆地方亭

立面图

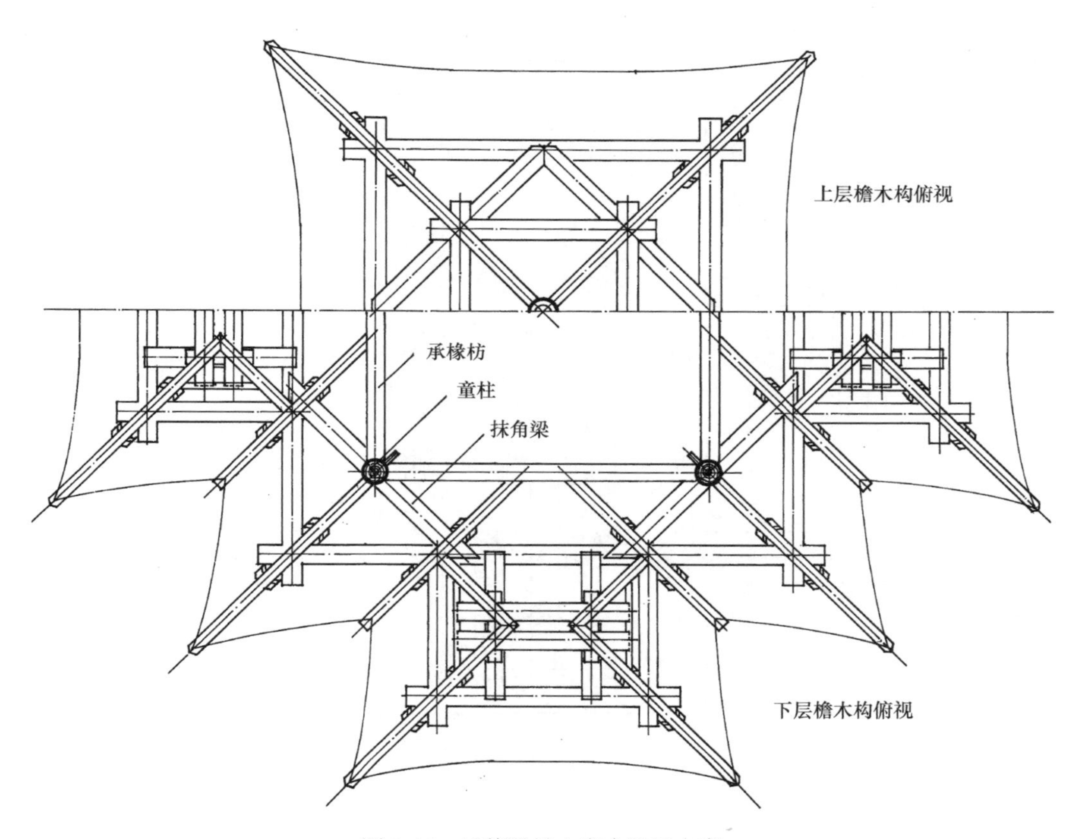

图 2-44　承德避暑山庄水流云在亭

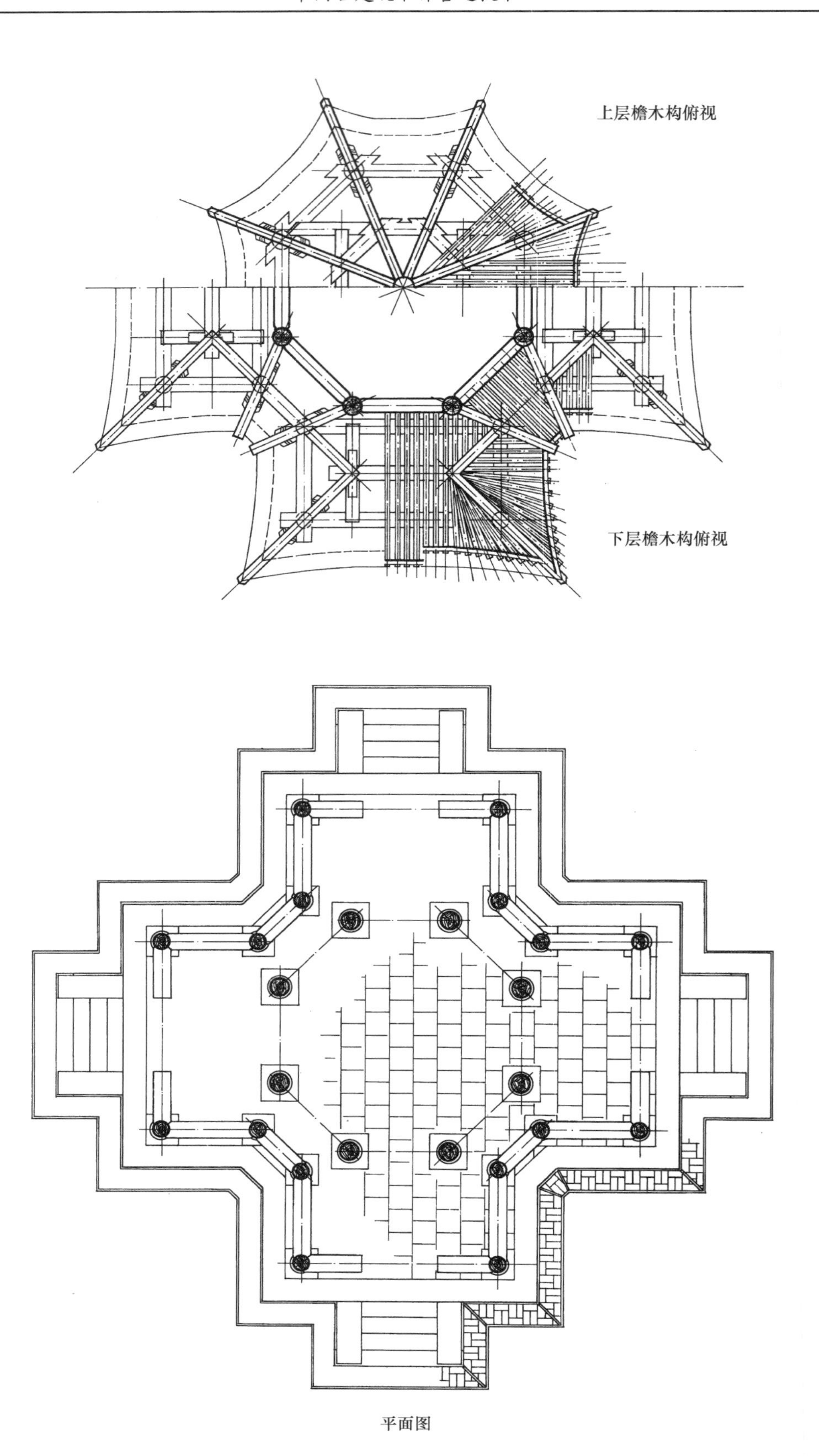

平面图

立面图

剖面图

图 2-45　八角十字亭

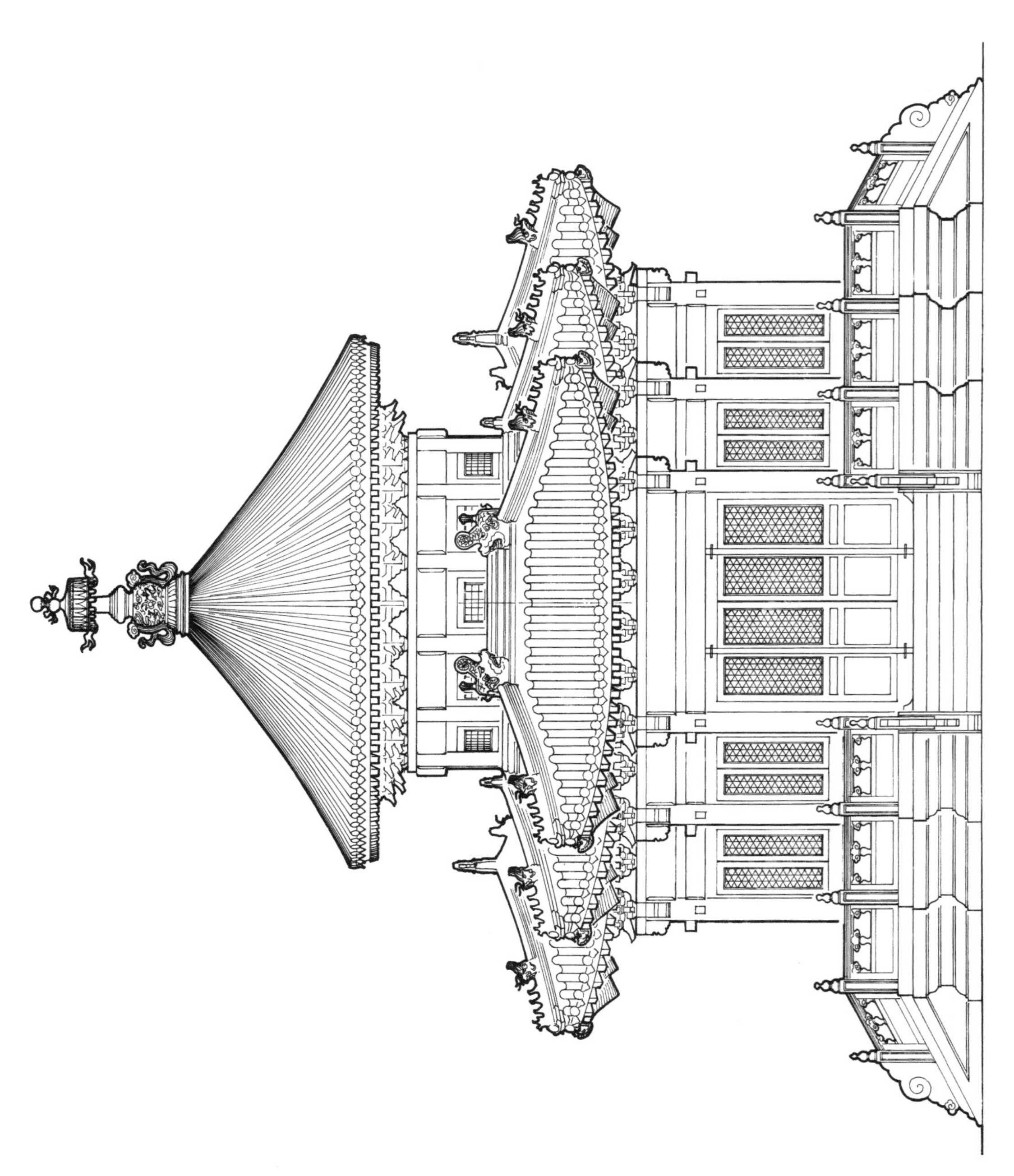

(1) 故宫御花园万春亭正立面

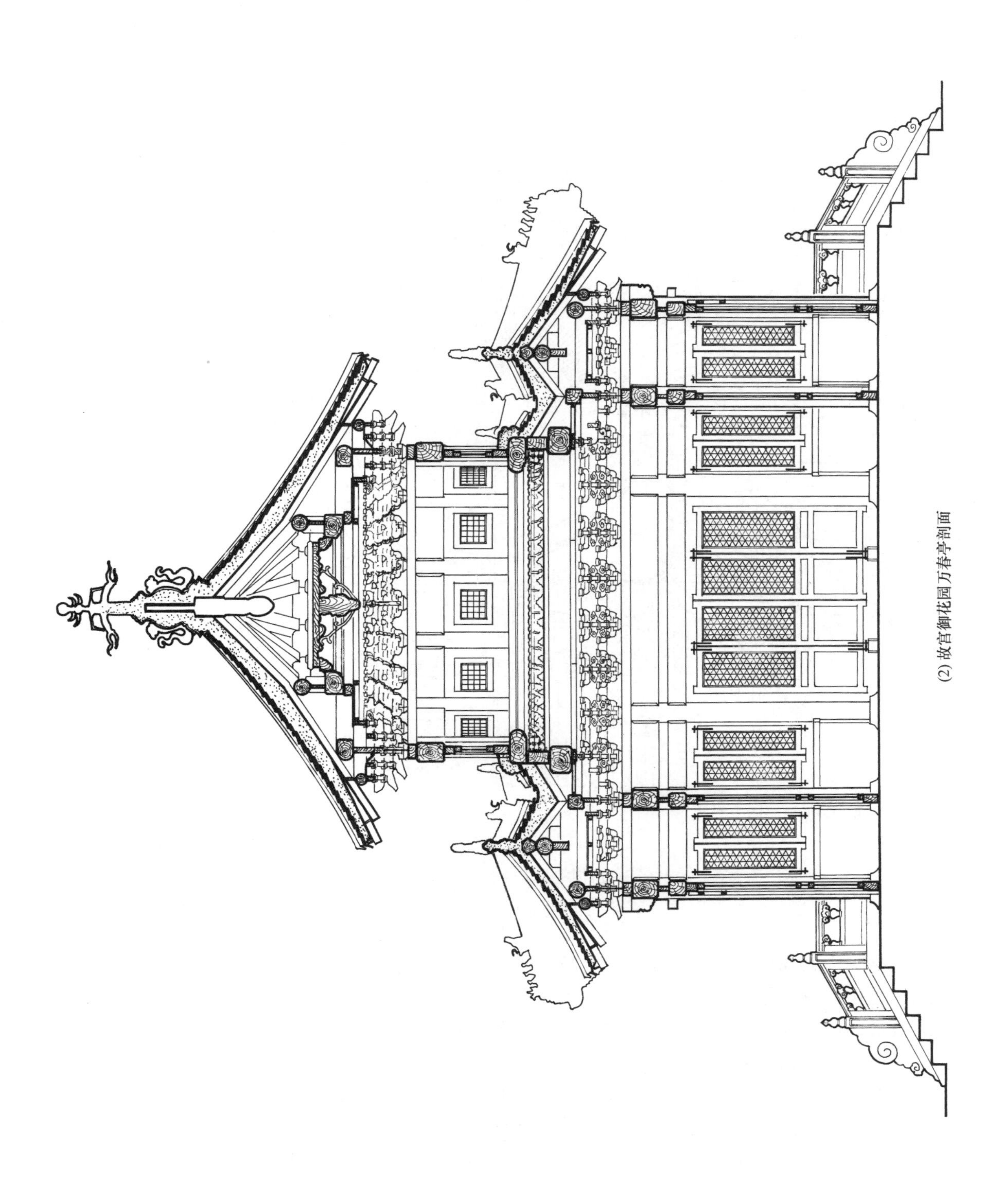

(2) 故宫御花园万春亭剖面

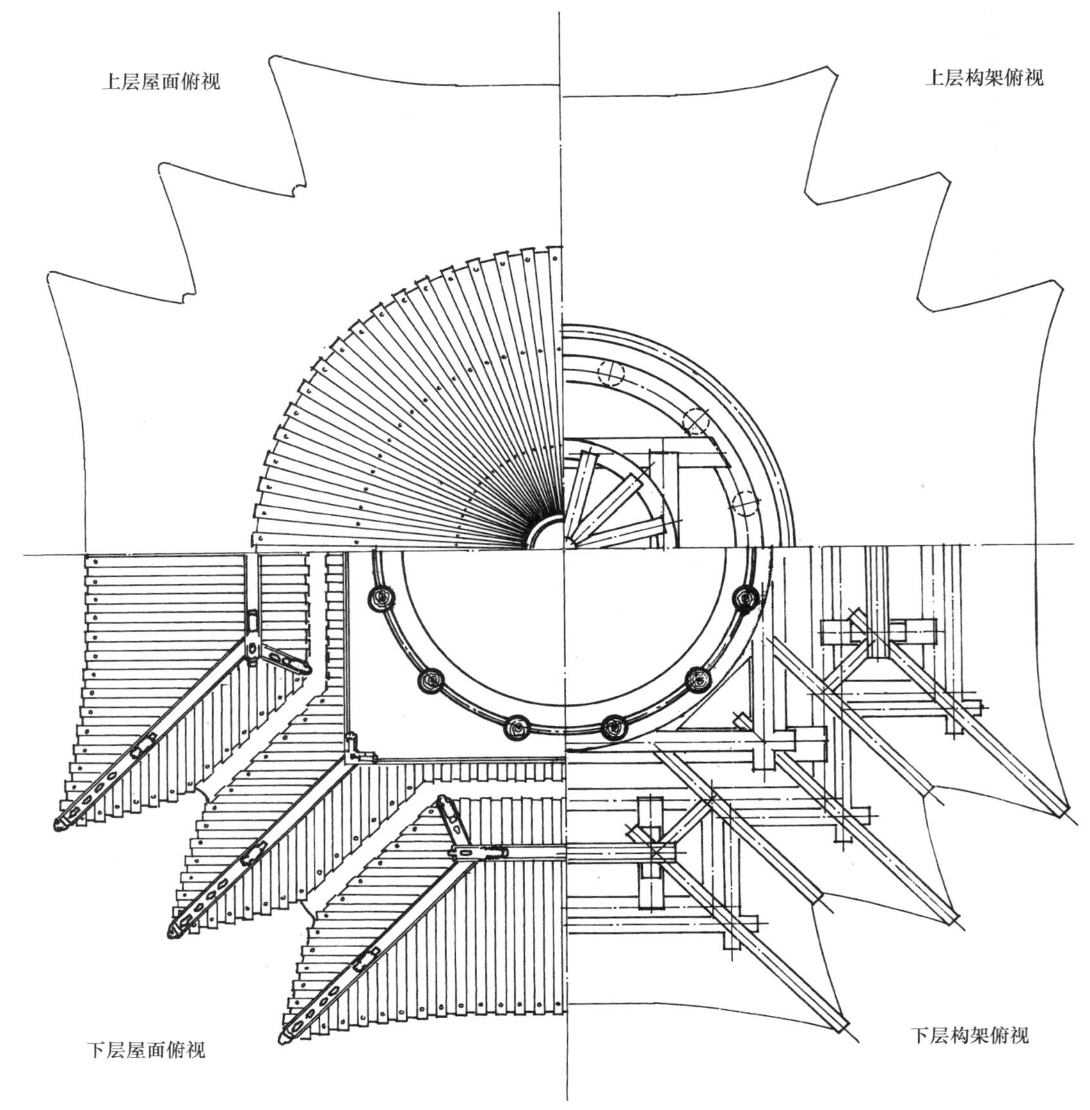

(3) 故宫御花园万春亭构架及屋面俯视

图 2-46　故宫御花园万春亭图

这是一座大式带斗拱的天圆地方十字亭，主体为一座天圆地方亭，下层檐每面三开间，中间一间接抱厦，这种组合方式与承德避暑山庄水流云在亭的组合方式完全相同。抱厦为三檩庑殿式，檐下施五踩斗拱。抱厦与下层方亭的檐口平行交错，四组十二个翼角向外凌空翘起，飞檐参差，如鸟之比翼；上层檐则是优美、稳重的圆形攒尖屋面，似穹窿、如伞盖。上下两层屋面的形式及檐口线既对比又和谐，使亭的立面更加丰富，造型格外优美（图 2-46）。

组合亭种类很多，除现实当中存在的实例外，还可以创造出多种其他形式，绝不止前面列举的几种，只要组合方式得当，构造合理，造型优美且又实用，就不失为成功之作。

表 2-1　亭子构件权衡尺寸表

（单位：大式｜斗口；小式｜檐柱径D）

类别	构件名称	长	宽	高	厚	径	备　注
柱类	檐　柱			70 10D～13D		5～6 1/10～1/13 柱高	大式柱高指由台明上皮至挑檐桁下皮尺寸
	重檐金柱			按实计		6.2～7.2 1.2D	
	垂　柱			按实计		4～5 0.8D～D	
	童　柱			按实计		4～5 0.8D～D	
	雷 公 柱	按实计				5～7 D～1.5D	
梁类	五 架 梁	四步架加梁头 2 份		6～7 1.5D	4.8～5.6 1.1D		多见于歇山式凉亭
	三 架 梁	二步架加梁头 2 份		5～6 1.2D～1.3D	4～4.5 0.9D		多见于歇山式凉亭
	随　梁	按进深		3.6～4 D	3～3.2 0.6D～0.8D		多见于歇山式凉亭
	桃 尖 梁	廊步加斜加斗拱出踩加 6 斗口		正心桁中至要头下皮	5～6		多见于大式重檐方亭
	斜桃尖梁	正桃尖梁加斜		正心桁中至要头下皮	5～6		多见于重檐六方、八方亭
	抱 头 梁	廊步架加檩径 1 份		1.4D	1.1D		
	斜抱头梁	正抱头梁加斜		1.4D	1.1D		
	长 趴 梁	按实计		6～6.5 1.3D～1.5D	4.8～5.2 1.05D～1.2D		
	短 趴 梁	按实计		4.8～5.2 1.05D～1.2D	3.8～4.2 0.9D～1D		
	抹 角 梁	按实计		6～6.5 1.3D～1.5D	4.8～5.2 1.05D～1.2D		
	抹角随梁	按实计		4.8～5.2	3.8～4.2		多见于重檐大式碑亭
	多角形趴梁	按实计		6 1.4D	5 D		
	井 字 梁	按进深加梁头 2 份		6～7 1.5D	4.8～5.6 1.1D		用于重檐方亭之一种

续表

类别	构件名称	长	宽	高	厚	径	备注
梁类	井字随梁	按进深		4～5	3～4.2		
				D～1.2D	0.8D～D		
	太平梁			4.8～5.2	3.8～4.2		
				1.05D～1.2D	0.9D～D		
枋类	额枋			5～6	4～4.8		
	小额枋			3.5～4	3～3.2		
	檐枋			D	0.8D		
	金、脊枋			2～4	1.25～3		
				0.4D～D	0.3D～0.8D		
	穿插枋	廊步架加2柱径		3.5～4	3～3.2		
				0.8D～D	0.65D～0.8D		
桁檩类	挑檐桁					3	
	正心桁					4～4.5	
	檐、金桁（檩）					3.5～4.5	
						0.9D～D	
垫板、角梁	檐、金垫板		4		1		
			0.8D		0.25D		
	由额垫板		2		1		
	老、仔角梁			4～4.5	3		
				1D	2/3D		
	凹角梁			3	3		
				2/3D	2/3D		
椽望、连檐	檐椽、花架椽					1.5	
						1/3D	
	飞椽			1.5	1.5		
				1/3D	1/3D		
	大连檐		1.8		0.5		
			2/5D		1/3D		
	小连檐		1.5		0.5		
			1/3D		1/10D		
	横望板				0.3		
					1/15D		
	顺望板				0.5		多用于圆亭
					1/9D		
	墩斗	2倍童柱径	2倍童柱径	同童柱径			

第六节　其他杂式建筑的基本构造

杂式建筑，包括范围很广，诸如垂花门、牌楼、游廊、钟鼓方楼、仓房、戏台等均可称为杂式建筑。本节只就其中最常见的几种作一介绍。

一、垂　花　门

垂花门作为一种具有独特功能的建筑，在中国古建筑中占有重要位置，我国传统的住宅、府邸、园林、寺观以及宫殿建筑群中都有它的地位。

在府邸、宅院中，垂花门常作为二门，开在宅院的内墙垣上，在二三进院落的中型四合院中，它位于倒座与正房之间，两侧与看面墙相连接，将院子分隔为内宅和外宅。在前面有厅房的较大型四合院中，垂花门也可位于过厅与正房之间。在传统住宅建筑中，它是联系分隔内外宅的特殊的建筑。

垂花门作为内宅的宅门，有很重要的地位，它是房宅主人社会地位、经济地位的标志，有很强的装饰性，在垂莲柱、角背等构件上，通常都做精美的雕刻，在正面的帘笼枋下，还常装有雕镂精美的花罩，枋檩之间安装花板、折柱、荷叶墩等构件，加上色彩绚丽的彩绘，显得富贵华丽，有极强的装饰效果。

在园林建筑中，垂花门除作为园中之园的入口外，还常常用于垣墙之间作为随墙门，设于游廊通道口时又以廊罩形式出现，有划分景区、隔景、障景等作用。

垂花门种类很多，最常见的有独立柱担梁式、一殿一卷式、单卷棚式以及廊罩垂花门数种。

（一）独立柱担梁式垂花门

这是垂花门中构造最简洁的一种，它只有一排柱，梁与柱十字相交，挑出于柱的前后两侧，称为担梁，梁头两端各承一根檐檩，梁头下端各悬一根垂莲柱。从侧立面看，整座垂花门恰似一个挑夫挑着一付担子，所以，人们又形象地称它为“二郎担山”式垂花门。

独立柱担梁式垂花门多见于园林之中，作为墙垣上的花门，在古典皇家园林及大型私家园林中不乏其例。它的构造特点是两面完全对称，柱子深埋。柱子与梁的构造方式有两种，一种是柱子直通脊部支承脊檩，为安装担梁，沿进深方向的柱中刻通口，在担梁中部做腰子榫与柱子成十字形交在一起。另一种，是柱子支顶担梁，柱头不通达脊部。两种构造各有利弊，第一种应用广泛，较为常见。在垂花门两柱间装槛框，安门扉。门开启时可联络景区，关闭时则可分隔空间（图 2-47）。

（二）一殿一卷式垂花门

一殿一卷式垂花门是垂花门中最普遍、最常见的形式，它既应用于宅院、寺观，也常见于园林建筑之中。这种垂花门是由一个大屋脊悬山和一个卷棚悬山屋面组合而成的，从垂花门的正面看为大屋脊悬山式，从背立面看则为卷棚悬山。一殿一卷垂花门平面有 4 棵落地柱，前排为前檐柱，后排为后檐柱。后檐柱支顶麻叶抱头梁的后端，前檐柱柱头刻通口，将梁的对应部位刻腰子榫，落在口子内，梁头挑出，挑出长度为一步架外加麻叶梁头尺寸。在麻叶门的抱头梁之下，有麻叶穿插枋，它是联系前后檐柱的辅助构件。麻叶穿插枋前端穿出于前檐柱之外，并向外挑出，挑出长度同麻叶抱头梁，有悬挑垂莲柱的作用。在麻叶抱头梁与麻

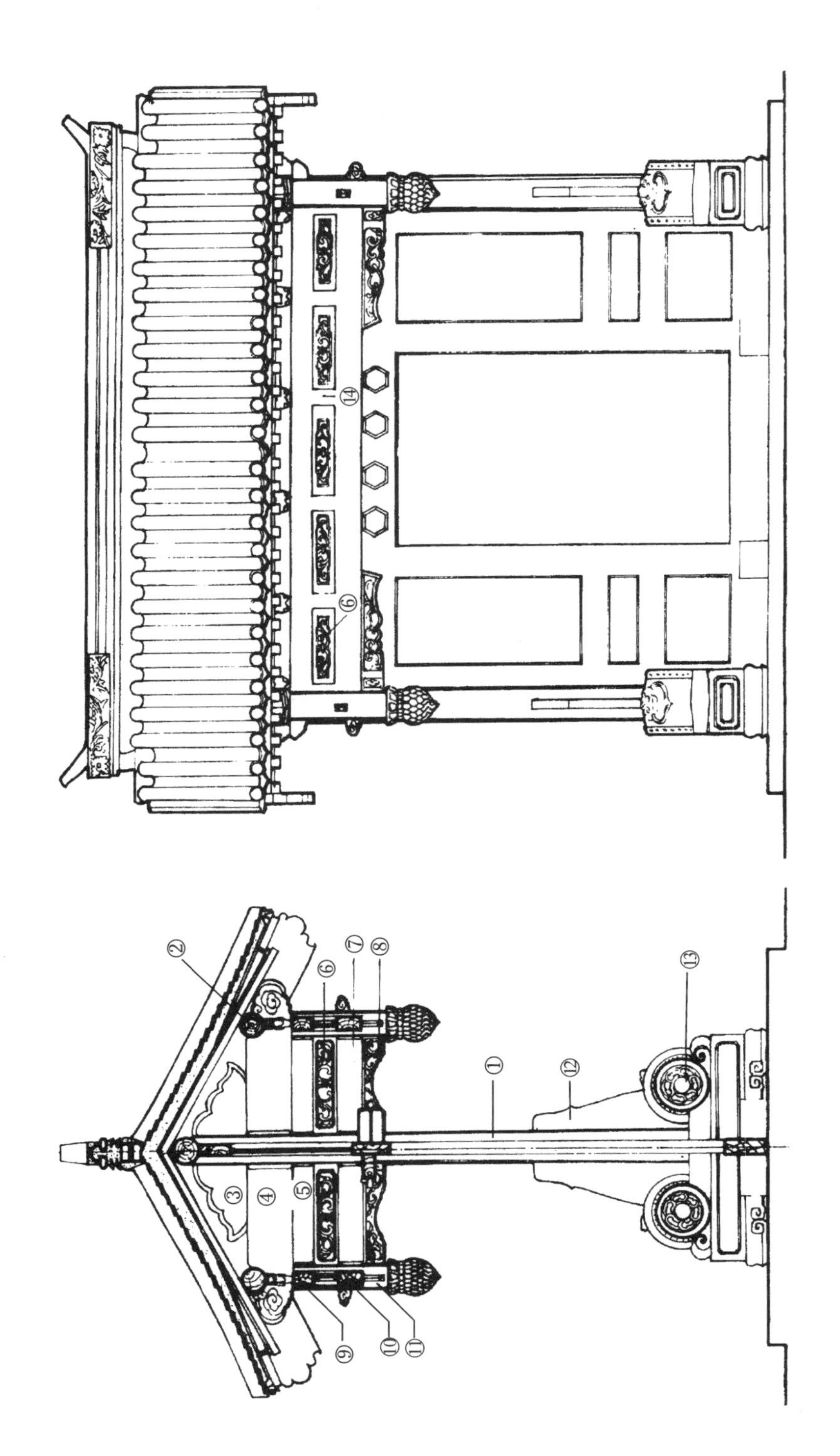

图 2-47　独立柱担梁式垂花门基本构造

1. 柱　2. 檩　3. 角背　4. 麻叶抱头梁　5. 随梁　6. 花板　7. 麻叶穿插枋　8. 骑马雀替
9. 檐枋　10. 帘笼枋　11. 垂莲柱　12. 壶瓶牙子　13. 抱鼓石　14. 折柱

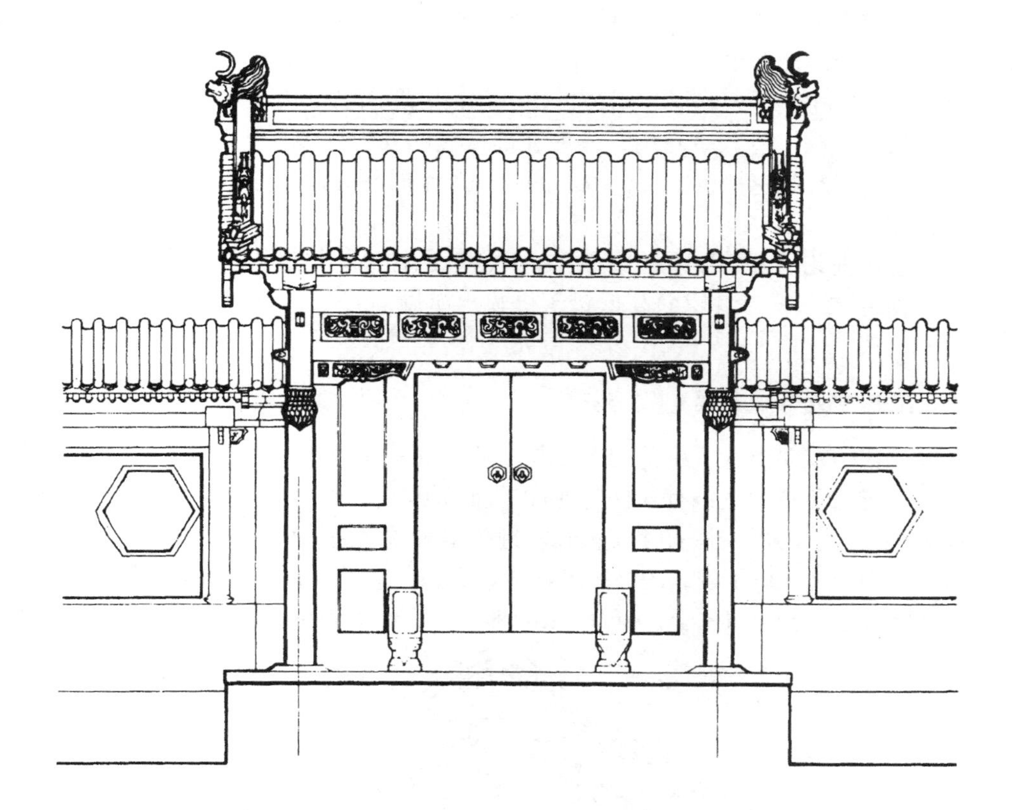

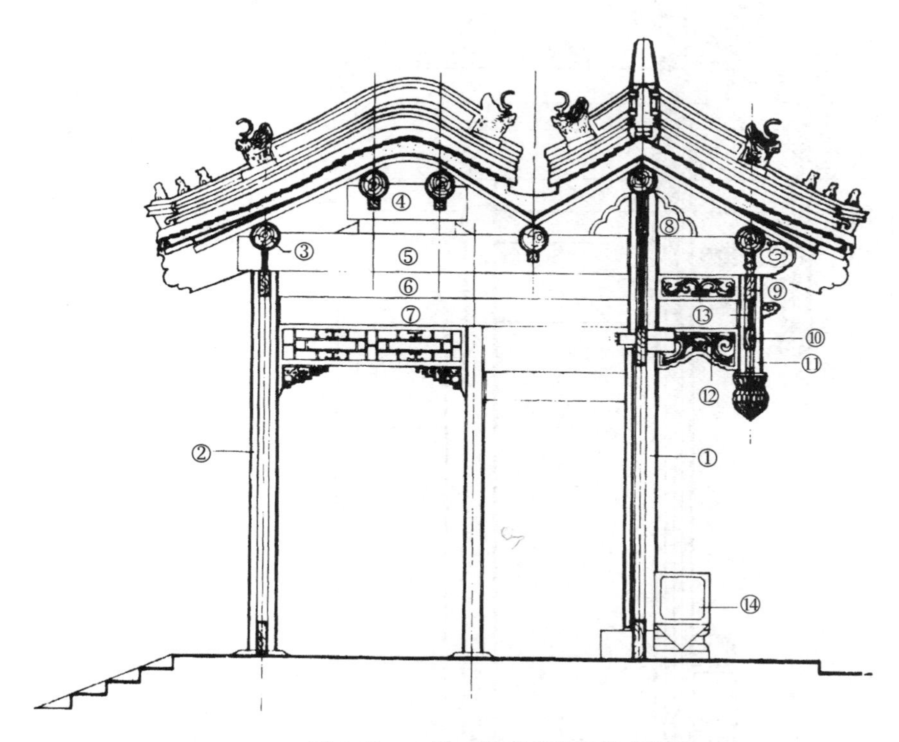

图 2-48　一殿一卷式垂花门基本构造

1. 前檐柱　2. 后檐柱　3. 檩　4. 月梁　5. 麻叶抱头梁　6. 垫板　7. 麻叶穿插枋　8. 角背　9. 檐枋　10. 帘笼枋　11. 垂帘柱　12. 骑马雀替　13. 花板　14.抱鼓石

叶穿插枋之间的空隙处，分别装象眼板和透雕花板。麻叶抱头梁之上有 6 根桁檩，分别为前檐檩、后檐檩、天沟檩、单双脊檩。在面宽方向，前檐檩之下为随檩枋、荷叶墩。垂莲柱间由帘笼枋、罩面枋相联系，二枋之间为折柱、花板。罩面枋下为花罩或雀替。后檐檐檩之下为垫板、檐枋。一殿一卷式垂花门，一般在前檐柱间安槛框装攒边门（又名棋盘门），在后檐柱间安屏门。屏门起遮挡视线，分隔空间作用，平时不开启，遇有婚、丧、嫁、娶等大事时才打开。

一殿一卷式垂花门常与抄手游廊相连接，游廊的柱高、体量均小于垂花门，屋面延伸至垂花门梢檩博缝之下，二者屋面高低错落更显出游廊之轻巧，也突出了垂花门的显赫地位（图 2-48）。

（三）五檩（或六檩）单卷棚垂花门

单卷棚垂花门在功能、适用范围方面与一殿一卷垂花门相同，仅建筑外形与内部构架不同。单卷棚垂花门在平面上也有 4 棵落地柱，前后檐柱支顶一组五檩或六檩梁架，构成一座独立式卷棚屋面。它的后檐柱直接支顶麻叶抱头梁后端，前檐柱柱头刻通口，麻叶抱头梁相应部位做腰子榫，落在口子内，柱头伸出梁背之上，直接支顶麻叶抱头梁上的三架（或四架）梁。这种直接通达于金檩的柱子，叫做“钻金柱”，三架（或四架）梁的内一端落在麻叶梁梁

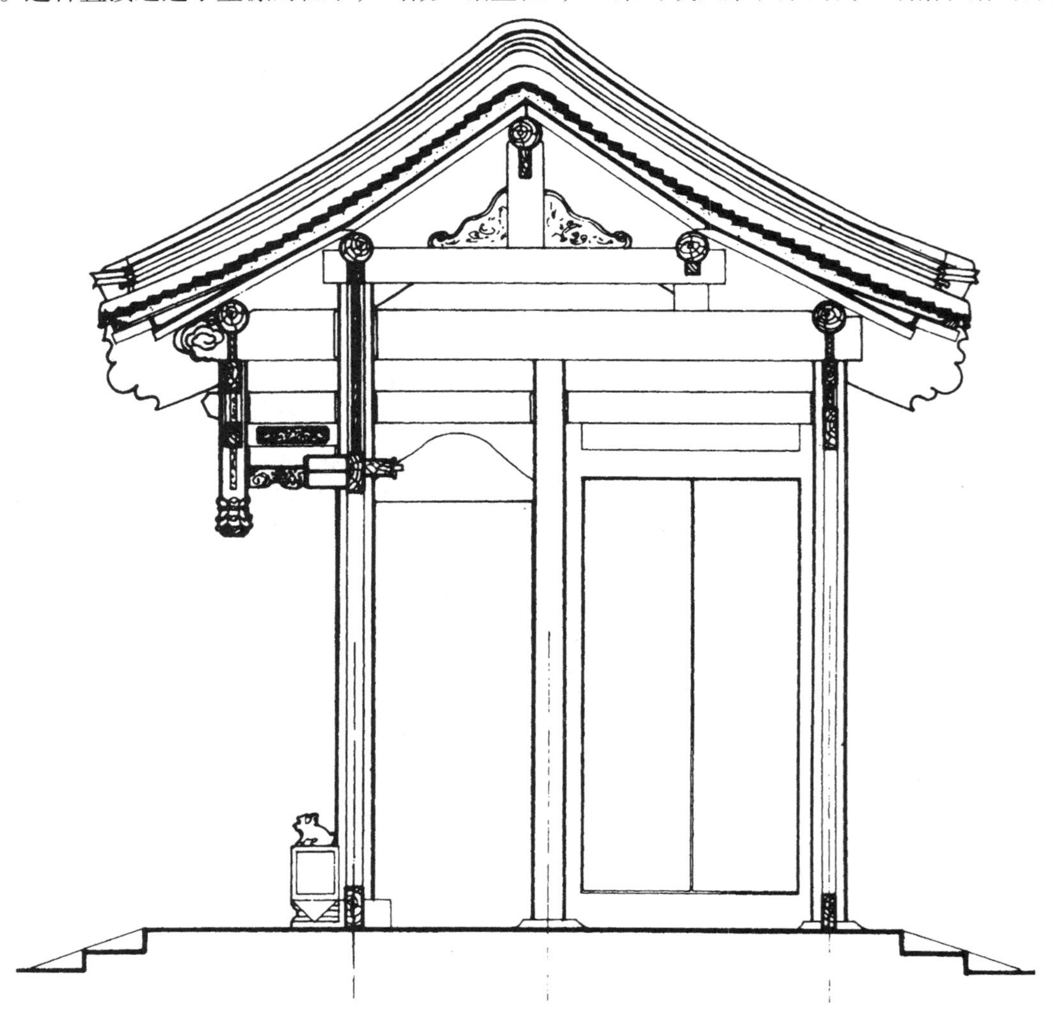

图 2-49　五檩单卷棚垂花门（剖面）

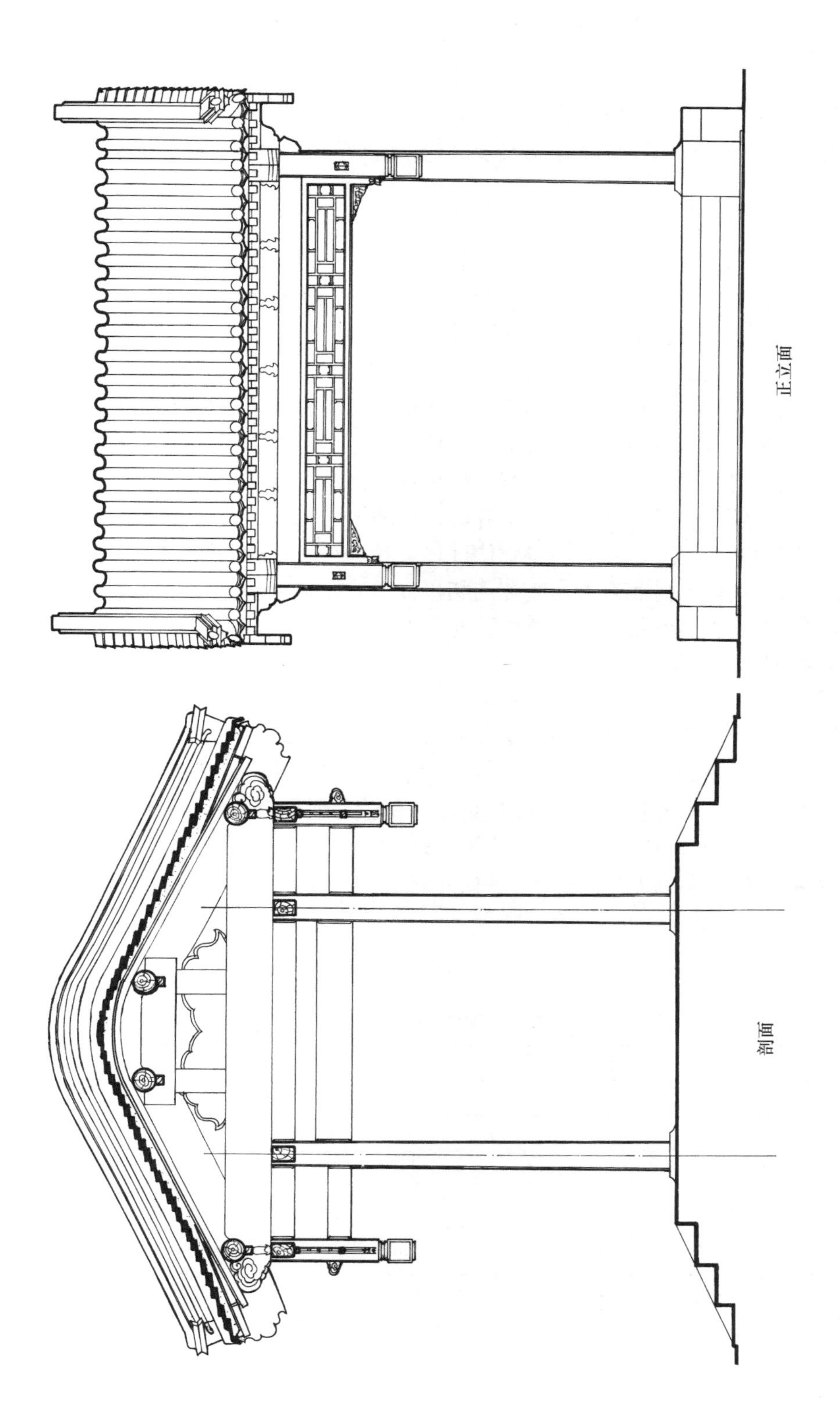

图2-50　四檩廊罩式垂花门

背的瓜柱（或柁墩）上。三架梁之上为脊瓜柱、角背等构件，如为四架梁，其上还应有顶梁（月梁），顶梁上面承双脊檩，单卷棚垂花门麻叶抱头梁以下构造与一殿一卷垂花门相同，在麻叶抱头梁之下，有麻叶穿插枋贯穿于前后檐柱，起拉结联系前后檐柱的作用，前端穿出于前檐柱之外悬挑垂莲柱。垂花门的前檐和后檐面宽方向构件均与一殿一卷垂花门相同。前檐柱间安装攒边门供开启和出入；后檐柱间安装屏门以遮挡视线，划分空间（图 2-49）。

（四）四檩廊罩式垂花门

这种垂花门多见于园林之中，常与游廊串联在一起，作为横穿游廊的通道口。其面宽按一般垂花门或根据实际需要而定，前后柱间距离与游廊进深相同。这种垂花门采取四檩卷棚的形式，它的基本构架是：由下自上，平面四棵柱，进深方向，在柱间安麻叶穿插枋，分别向前后两个方向挑出，挑出长度按实际情况酌定（一般为 45～70 厘米）。柱头上支顶麻叶抱头梁，梁两端分别向外挑出，挑出长度同麻叶穿插枋。麻叶抱头梁下面可安装随梁，也可不加随梁。在麻叶抱头梁两端置檐檩，下面安装垂柱，垂柱头多为方形，上面雕刻四季花草等图案。麻叶抱头梁上置月梁，由瓜柱、角背等件承托，月梁上装双脊檩。在面宽方向，垂柱间安装檐枋，枋下装倒挂楣子。檐枋上安荷叶墩，托随檩枋，其上安装檐檩。垂花门的脊檩之下一般只安装随檩枋，不安垫板，与游廊构件相一致。在面宽方向柱头间还应有跨空枋起联系拉结作用。由于两侧的游廊直接与垂花门相接，因而在确定廊罩式垂花门柱高时，要保证游廊的双脊檩能够交在麻叶抱头梁的侧面，并且保证游廊的屋面要能伸入垂花门梢檩博缝板以下（图 2-50 廊罩式垂花门）。

垂花门种类很多，除以上介绍的四种最常见的形式以外，还有不少特殊形式，各地区也有不少地方手法，很值得借鉴。清工部《工程做法则例》卷二十一所载的，是一座三开间独立柱担梁式垂花门，檐下置一斗三升斗拱。现存北京西黄寺垂花门，建于乾隆年间，基本是按清式《则例》的标准设计建造的，有很重要的参考价值。垂花门有带斗拱和无斗拱之区别，考虑到有关人员在设计施工中应用方便，现参照清工部《工程做法则例》、梁思成《营造算例》，并根据有关实测资料，拟"垂花门构件权衡表"（无斗拱做法）于后，以供参考（参见表 2-2）。

表 2-2　垂花门部位、构件权衡表（无斗拱做法）

（定一殿一卷垂花门柱径为 d）

面　宽	14～15d			一般面宽为 3～3.3m		
柱　高	13～14d			柱高指由台明上皮至麻叶抱头梁底皮高度		
进　深	16～17d			在一殿一卷垂花门中，指垂柱中—后檐柱中尺寸		
	7～8d			在独立柱垂花门中指前后垂柱中—中尺寸		
构件名称	长	宽	高	厚	径	备　注
独立柱（中柱）					d～1.3d（见方）	用于独立柱垂花门
前 檐 柱			按后檐柱高加举		d（见方）	用于一殿一卷或单卷棚垂花门
后 檐 柱					d（见方）	用于一殿一卷或单卷棚垂花门
钻 金 柱			按后檐柱高加举		d（见方）	用于单卷棚垂花门
担　梁（麻叶抱头梁）	通进深加梁自身高 2 份		1.4d	1.1d		用于独立柱垂花门

续表

构件名称	长	宽	高	厚	径	备　注
麻叶抱头梁	通进深加前后出头		1.4d	1.1d		
随　梁	随进深		0.75d	0.5d		用于麻叶抱头梁之下
麻叶穿插枋	进深加两端出头		0.8d	0.5d		
连笼枋（檐枋）			0.75d	0.4d		
罩面枋			0.75d	0.4d		用于绦环板下，梁思成《算例》称帘笼枋
折　柱		0.3d	0.75d 或酌定	0.3d		
绦环板（花板）			0.75d 或酌定	0.1d		
雀　替	1/4 净面宽		0.75d 或酌定	0.3d		
骑马雀替	净垂步长外加榫			0.3d		
垂莲柱	总长 4.5～5d 或 1/3 柱高： 3～3.25/d（柱上身长） 1.5～1.75/d（柱头长）				柱上身 0.7d 柱头 1.1d	
檐、脊檩、天沟檩	面宽加出梢				0.9d	
脊枋、天沟枋	按面宽		0.4d	0.3d		
燕尾枋	按出梢		按平水	0.25d		
垫板	按面阔		0.8 或 0.64d	0.25d		
前檐随檩枋	按面阔		0.3 檩径	0.25 檩径		
随檩枋下荷叶墩		0.8 檩径	0.7 檩径	0.3 檩径		
月　梁	顶步架加出头（2 檩径）		0.8 麻叶抱头梁高	0.8 麻叶抱头梁厚		
角　背	檐步架		梁背上皮至脊檩底平	0.4d		用于一殿一卷或独立式垂花门
椽、飞椽			0.35d	0.3d		
博缝板		6～7 椽径		0.8～1 椽径		
滚墩石（抱鼓石）	5/6 进深	1.6～1.8/d	1/3 门口净高			用于独立柱垂花门
门枕石	2 倍宽加下槛厚	自身高加二寸	0.7 下槛高			
下　槛	按面阔		0.8～1d	0.3d		
中　槛	按面阔		0.7d	0.3d		
上　槛	按面阔		0.5d	0.3d		
抱　框			0.7d	0.3d		
门　簪	1/7 门口宽				0.56d	门簪长指簪头长，榫长不含
壶瓶牙子		1/3 自身高	4～5d	0.25d		

二、游　　廊

游廊是古建筑群中不可缺少的组成部分，无论在住宅、寺庙、园林建筑中都占有重要地位。尤其在园林建筑中，游廊更是主要的建筑内容之一。

普通游廊的构造本来是极其简单的，但游廊的平面和空间组合方式多种多样，又使其局部构造变得很复杂。这样，就有专门研究它的必要了。

游廊在平面上，有各种不同角度的转折，如 90°转折、120°、135°或任意角度的转折；两段游廊又有丁字形交叉、十字形交叉。在立面上，则有随地形变化而出现的各种不同形式的爬坡、转折。游廊作为联系各主要建筑物的辅助建筑，常串联于亭、堂、轩、榭之间，盘亘于峰峦沟壑之上，随山就势，迂回曲折。这种建筑空间上的变化，给设计、施工带来许多问题。

现分不同情况对各种游廊的构造技术简介如下：

（一）一般游廊的构造

一般游廊多为四檩卷棚。其基本构造由下而上为：梅花方柱，柱头之上在进深方向支顶四架梁。梁头安装檐檩，檩与枋之间装垫板，四架梁之上安装瓜柱或柁墩支承顶梁（月梁），顶梁上承双脊檩，脊檩之下附脊檩枋。屋面木基层钉檐椽、飞椽，顶步架钉罗锅椽（图 2-51）。游廊常常数间、十数间乃至数十间连成一体，为增强游廊的稳定性，每隔三四间将柱子深埋地下，做法是将柱顶石中心打凿透眼，柱子下脚做出长榫（榫长约为柱高的 1／3～1／4，榫直径约为柱径的一半）。这种榫叫做套顶榫。榫下脚落于基础之上，周围用水泥白灰灌浆。套顶榫做法多用于间数较多的长廊，间数少或多拐角、多丁字接头的游廊可不采用。

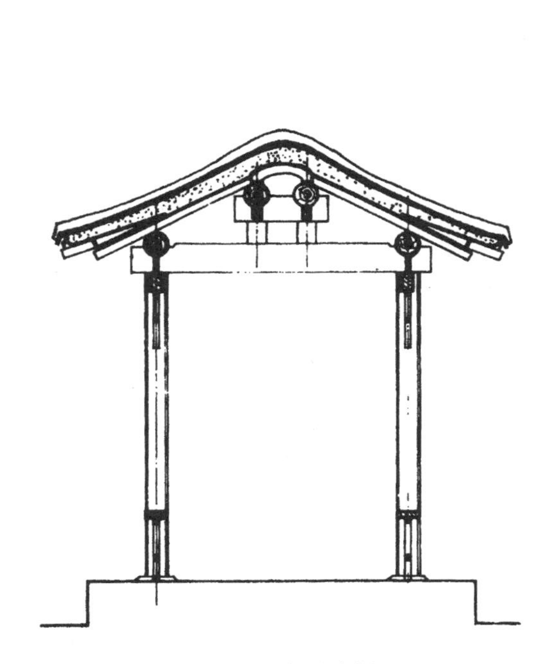

图 2-51　一般游廊剖面

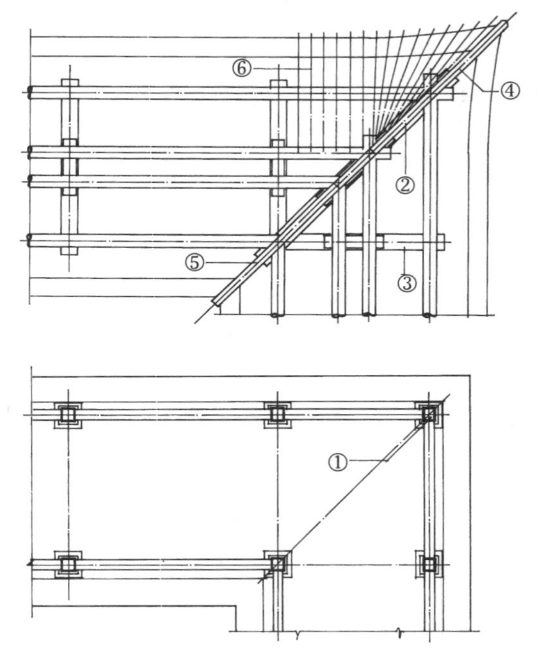

图 2-52　90° 转角游廊平面及木构平面

1. 角柱　2. 递角梁　3. 四架插梁　4. 角梁　5. 凹角梁　6. 椽分位线

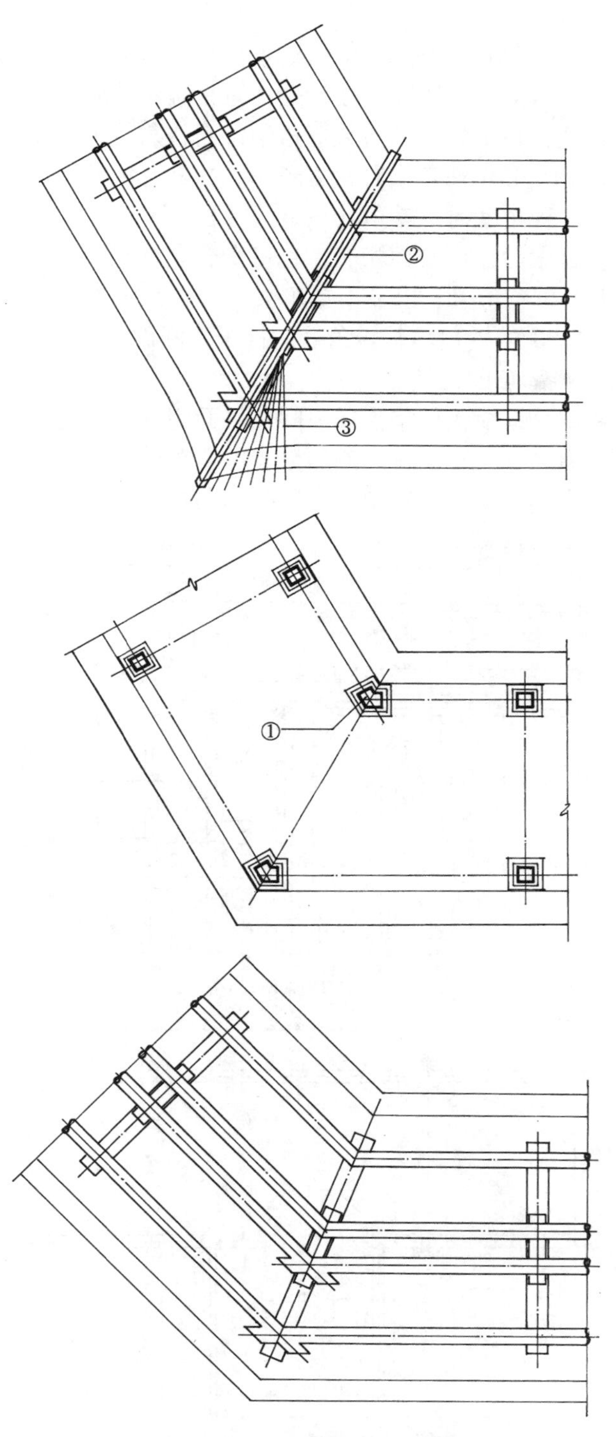

图 2-53　120°及 135°转角游廊平面及木构平面
1. 异形角柱　2. 递角梁　3. 翼角椽分位线

（二）转角、丁字、十字廊的构架处理

1. 游廊转角处的构架

（1）90°转角。90°转角游廊，转角处单独成为一间，平面四棵柱，45°角方向施递角梁一根，两侧各施插梁一根，插梁一端搭置在柱头上，另一端做榫插在递角梁上，各梁上分别装置顶梁，安装檐檩、脊檩，廊子的外转角装置角梁，内转角装置凹角梁（图 2-52）。

（2）120°或 135°转角。120°转角又名六方转角，135°转角又名八方转角，这是游廊常见的特殊转角。平面成这两种角度时，转角处只有两棵柱，不单独成一间。斜角方向施递角梁一根，上置顶梁，两侧檩木可作搭交榫相交，也可做合角榫相交。120°转角处可置角梁，钉翼角翘飞椽，135°转角处可置角梁，也可不置角梁，直接钉椽子。大于 135°角的转角均不置角梁（图 2-53）。凡大于 90°的转角，其转角处的柱子，断面都应随转折角度做成异形柱。

2. 游廊成丁字形衔接部分的构架

游廊成丁字形衔接部分，衔接处单独成一间，平面四棵柱，通常在丁字游廊主干道方向安置架梁，次道方向的檐檩，与主干道一侧的檐檩做合角榫相交。次道一侧的脊檩向前延伸与主道脊檩做插榫成丁字形相交。里转角部分安装凹角梁，两侧钉蜈蚣椽子（图 2-54）。

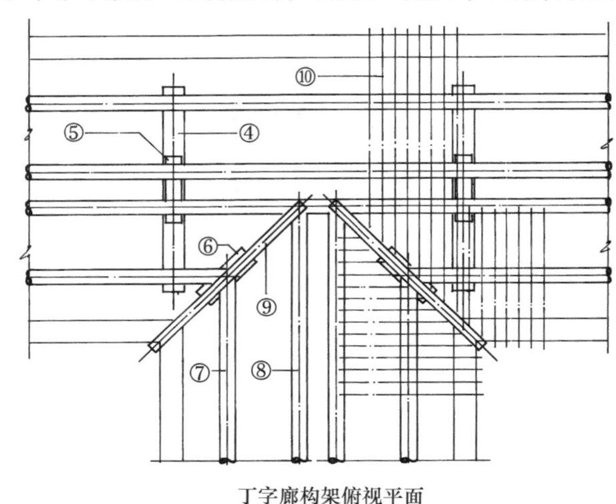

丁字廊构架俯视平面

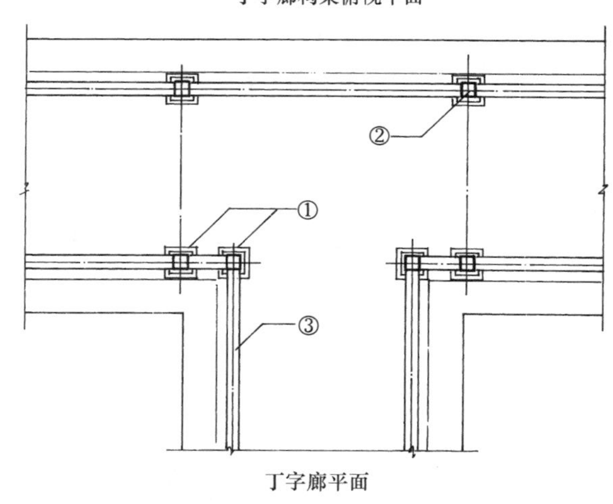

丁字廊平面

图 2-54　丁字廊及其基本构架

1. 柱顶石　2. 梅花方柱　3. 坐凳　4. 四架梁　5. 顶梁　6. 梁头　7. 檐檩　8. 脊檩　9. 凹角梁　10. 椽分位线

3. 游廊成十字形衔接部分的构架

游廊十字形衔接，相当于两个丁字廊对接在一起。可沿任意方向置梁架，接点处单独成为一间，檩木交接方式与丁字廊完全相同（图 2-55）。

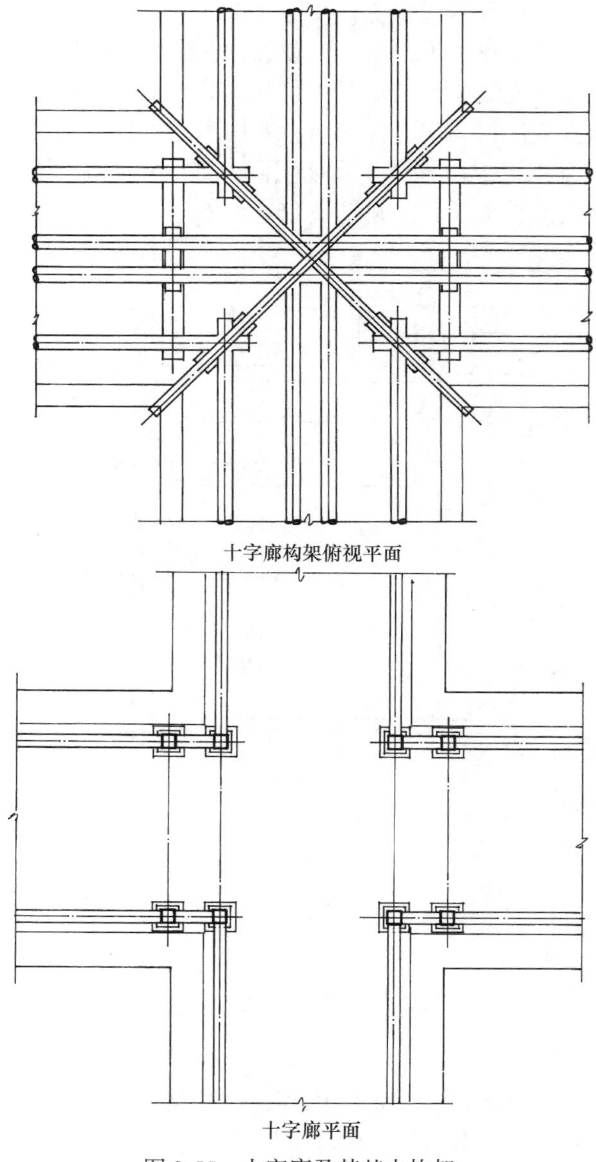

图 2-55　十字廊及其基本构架

（三）爬山廊的构架处理

1. 叠落式爬山廊

叠落式爬山廊是爬山廊中最常见的一种，它的外形特点，是若干间游廊像楼梯踏步一样，形成等差级数或等比级数的阶梯形排列，使游廊步步升高。

叠落式爬山廊，在构造方面有许多不同于一般游廊的特点，这主要是：

（1）木构架由水平连续式变为阶梯连续式。一般游廊相邻两间的檩木共同搭置在一缝梁架上，若干间连接为一个整体。叠落廊则是以间为单位，按标高变化水平错开，使相邻两间的檩木构件产生一定的水平高差。低跨间靠近高跨一端的檐檩、垫板，枋子端头做榫插在高跨一间的柱子上。进深方向，在高跨柱间安装插梁以代顶梁，低跨的脊檩搭置在插梁上，脊檩外皮与插梁外皮平，在外侧钉象眼板遮档檩头和插梁，板上可做油饰彩绘。高跨间靠低跨一端的檩木，则搭置在四架梁、顶梁上并向外挑出，形成悬山式结构，外端挂博缝板，檩子挑出部分下面附燕尾枋，檐枋外端做箍头枋（图 2-56）。

（2）廊内地面及台明的变化。为便于游人登临，在游廊的构架变为以间为单位的阶梯连续式后，廊内地面仍需保持连续爬坡的形式。每一间的地面都按两端高差做成斜坡，各间斜坡地面联成一体。地面两侧的台明仍应保持与上架檩木相平行的关系，以求建筑立面的协调一致，各间台明连接起来也形成阶梯状（台明实际变成为遮挡地面的矮墙），在台明上面安装坐凳楣子，檐枋下面装倒挂楣子（参见图 2-56）。

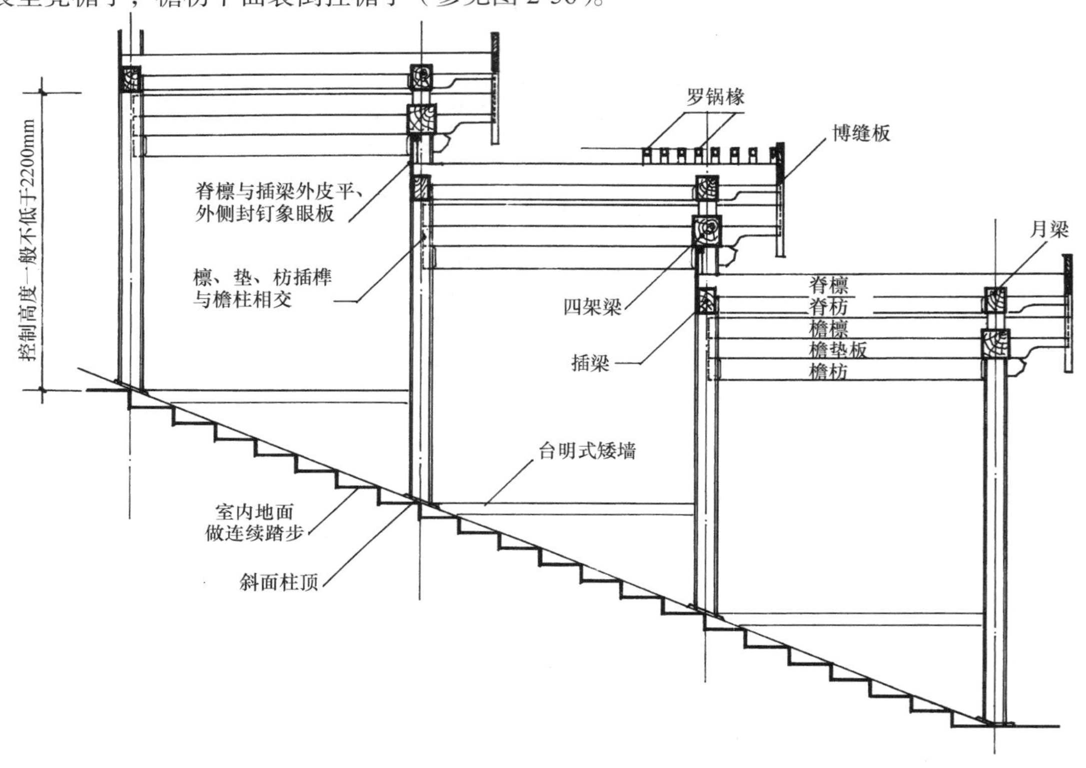

图 2-56　叠落式爬山廊构架剖面

2. 斜坡爬山廊

斜坡爬山廊是一种沿斜坡地面建造的爬山廊，这种爬山廊每一间的檩、垫、枋等木构件与斜坡地面是平行的，它是爬山廊的又一种基本形式。这种按一定坡度构成的梁架以及装修、台明等，也有许多与其他游廊不同的特点，主要有以下几方面：

（1）木构架断面形状和组合方式的改变。首先是柱根角度的变化，斜坡爬山廊的柱子与地面成一定的夹角，柱根需按地面斜度做成斜角，柱头也按同样角度做成斜角。置于柱头上面的四架梁、月梁等件，断面形状也由矩形变为菱形（见图 2-57）。檩、垫、枋、板诸件与柱梁的结合角度也随之改变。斜坡爬山廊柱子根部要做套顶榫，以增加构架的稳定性。

（2）台明、柱顶的变形处理。斜坡爬山廊的构架部分按地面爬坡的斜度改变组合角度后，台明、柱顶也随之变化，阶条石、埋头、陡板都要做同样处理，柱顶石的上面也要按台明的斜度做成斜面柱顶。

（3）木装修的变形处理。游廊的木装修，包括坐凳楣子、栏杆、倒挂楣子及花牙子等。安装在斜坡爬山廊上的木装修要随木构架组合角度的变化改变自身形态。楣子的边抹棂条都要按爬坡的角度改变组合角度，以保证横棂条与横构件枋、檩等平行，竖棂条与竖构件柱子平行，制作这种变形的装修要放实样。安装在不同位置的花牙子，也要随夹角变化作变形处理（参见图 2-57）。

（4）屋面宽瓦。在宽瓦时，要保证底瓦、筒瓦的口面与斜坡屋面垂直，不能与水平面垂直，筒瓦两肋的睁眼大小要一致，不受斜坡屋面的影响。

3.斜坡爬山廊的转角处理。

斜坡爬山廊不仅在立面上逐渐改变高度，在平面上也有各种转折变化，这种转折，也给设计施工带来许多问题。

在平面上，爬山廊的转折变化有 90°角、120°角、135°角以及大于 135°角的任意角。在立面上，有平廊转折接斜廊、斜廊转折接平廊、斜廊转折接相同坡度的斜廊，以及斜廊转折接不同坡度的斜廊等各种情况（图 2-58）。

（1）平面成 90°角的转折。爬山廊在平面上成 90°角转折时，通常要将转角处一间做成水平廊，作为转折的过渡部分。无论是水平廊转折接爬山廊、爬山廊转折接水平廊，还是爬山廊转折接爬山廊，都需要有这个水平过渡部分。现以爬山廊 90°转折接爬山廊为例，看看转角处的几个构造特点：

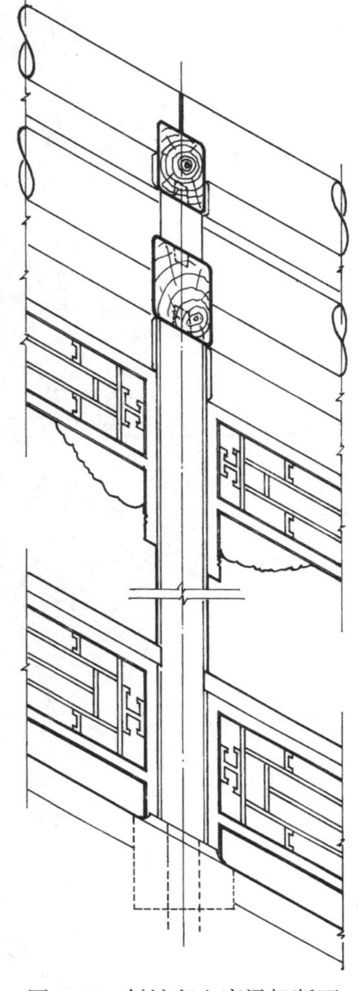

图 2-57　斜坡爬山廊梁架断面

A. 转角处梁、柱的折角变化。图 2-59 为爬山廊 90°角转折接爬山廊的外转角处的柱子和梁架剖面示意图。从图中，我们可以看到这样几个特殊之点：廊子折角处的柱子，其柱头和柱脚既非直角也非斜角，而是以柱中线为界，一半为斜角，一半为直角的异形柱脚。搭置在柱头上的四架梁、月梁，断面也随柱头的形状做成折角，使梁的断面成为以中线为界，半边矩形半边菱形的折角断面。这是节点处构件交接所需要的。节点处柱梁两侧的檩、垫板、枋子诸件，是与柱、梁按不同角度结合在一起的。两侧的构件不论来自什么角度，都必须交到这一架梁的中轴线上，才能使节点处互相交圈，这正是所谓“大木不离中”的原则。这条原则是普遍适用的。除梁等构件以外，柱脚下面的柱顶石，也需做成折角形状以保证台明交圈。

B. 内转角的特殊构造及其技术处理。在 90°转角连续爬山廊的内转角部分，由于转角两侧构件的空间高度变化，使本来很简单的构造变得很复杂。这种变化主要反映在凹角梁，以及内转角两侧的檐椽、飞椽等构件的空间关系上。爬山廊内转角角柱两侧的枋子、垫板、檩子不是按 90°水平转角结合在一起，而是呈一种“斜坡向上→接 90°转角→接斜坡向上”这样一种空间组合方式。两侧檩、枋各件在各个点的标高都不相同，尽管各构件或构件延长线的搭接点都交于柱子中轴线的同一点，但挑出的凹角梁及其两侧的蜈蚣椽的出头部分，就交不到一个共同点上了，这样就出现了内转角檐口不交圈的现象。根据研究和推导，可以总结出这样的规律：当游廊为水平转角时，内转角两侧檐口高差为 0，两段檐口线相交于一点。当转角廊变为爬山廊时，内转角两侧檐口线在交汇处出现高差，檐口线不能交于一点，高差的大小与廊子坡度的大小成正比，即：坡度越陡，两檐口高差越大。同时，高差的大小还与廊子转角的大小有关，在坡度不变的情况下，廊子转折的角度越大，内转角檐口线的高差就越大，反之则越小。当转折角度为 0 时，高差也等于 0。

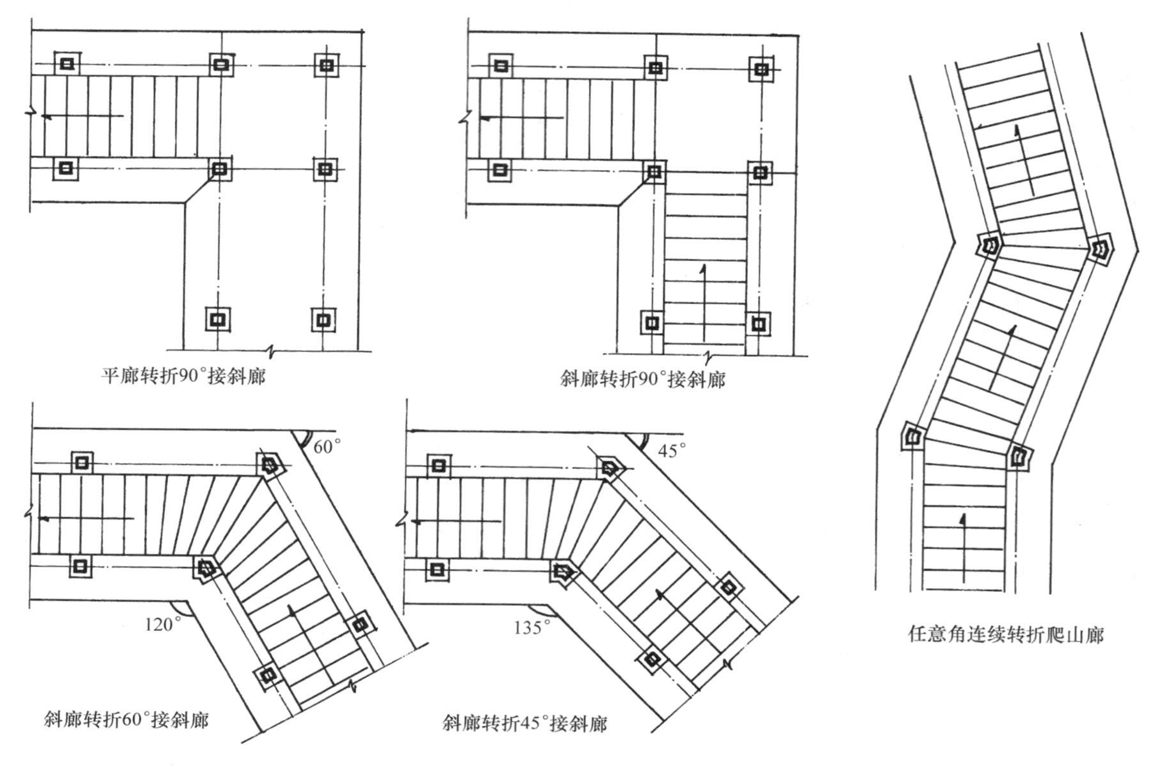

图 2-58　转角爬山廊平面转折示意图

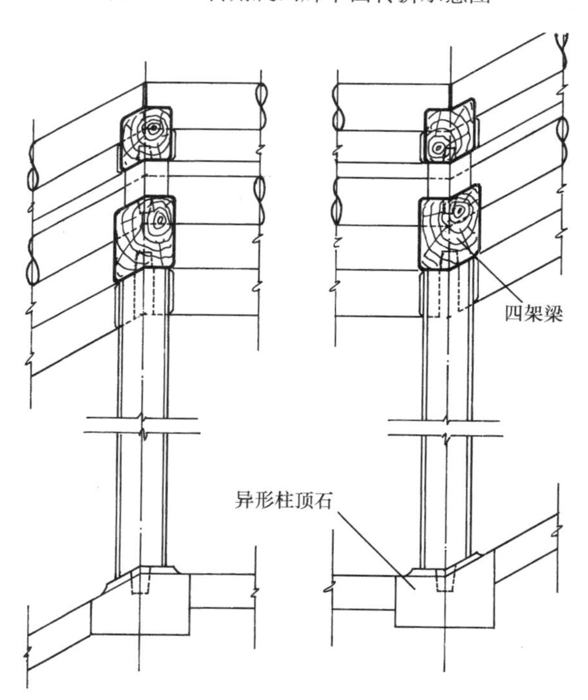

图 2-59　爬山廊立面折角处的梁、柱、柱顶石

解决爬山廊内转角檐口交圈问题，可以采取如下措施：①改变凹角梁的形状，沿廊子爬坡的方向旋转老角梁底面，使底面的倾斜角与爬坡的夹角相等，使角梁前端的断面变为菱形（后部断面仍为矩形），仔角梁也做同样处理，这样可使角梁上皮与两侧连檐的倾斜角度一致，

同时，还缩小了与两侧檐口线的高差；②适当增加角梁高度，以保证角梁和高跨一侧的檐口交圈，所增高度需通过放实样或计算来确定；③加衬头木增高低跨一侧檐口高度。衬头木的长度以与低跨一间的檐檩之长相等为宜；衬头木高可以在装好角梁后，通过测量蜈蚣椽与檐檩之间高差大小来确定。由于仔角梁头增大了断面，邻近角梁的飞椽头部也需略做翘起，以保证飞椽与仔角梁交圈（图 2-60、图 2-61）。

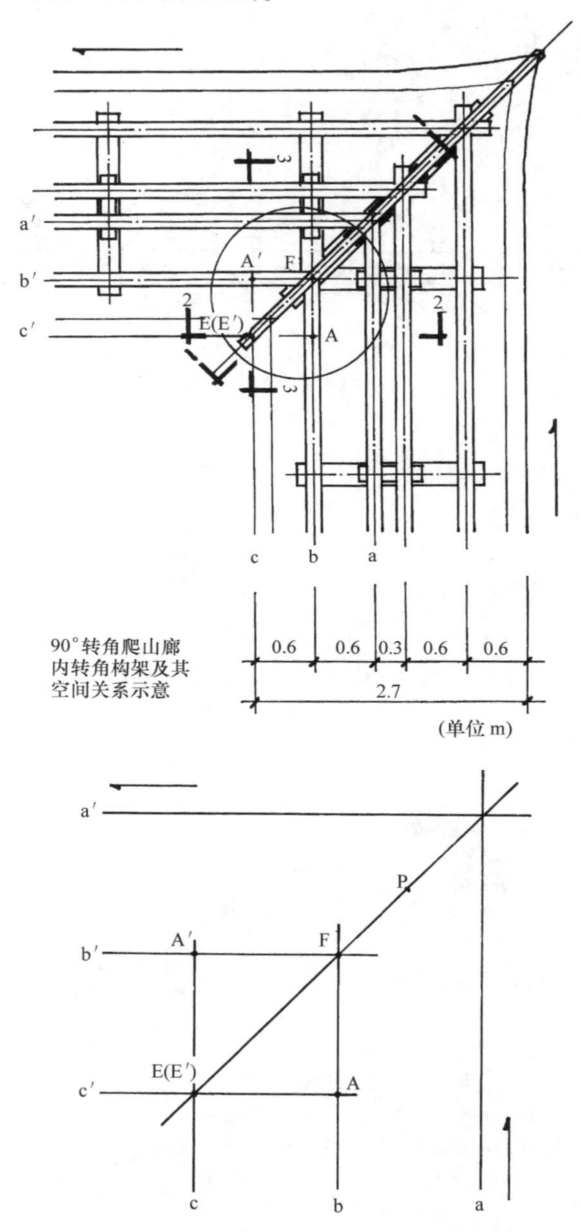

图 2-60 90°爬山廊内转角构架空间关系

C. 转角处的台明处理。连续转折爬山廊里转角的台明，同檐口部分一样，也会出现两侧台明外沿存在高差不能交圈的问题。在通常情况下，这部分台明以内角平分线为界线，将上下两段台明分为两部分（分界的起点为内角柱的中心点），两部分形成垂直高差，低跨的台明撞在高跨的台明上（图 2-62）。

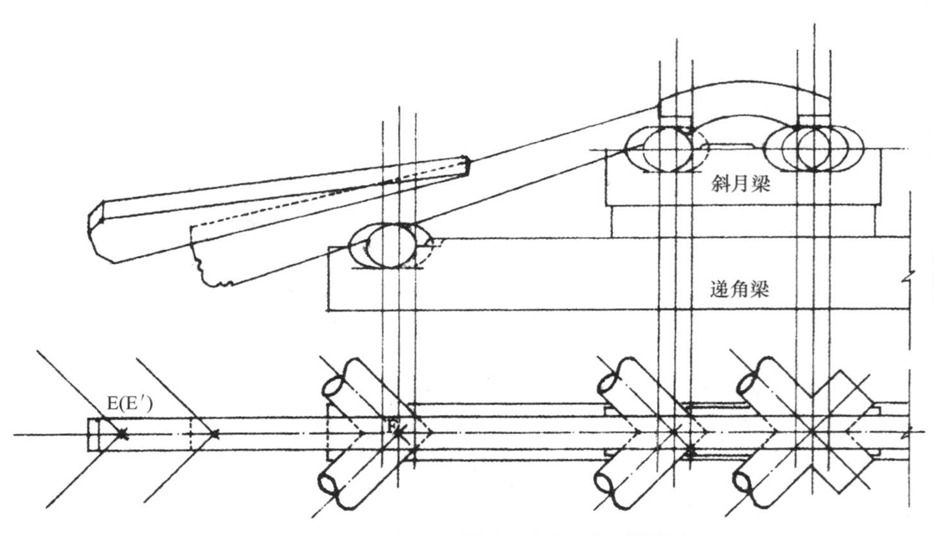

1—1 剖面(90°转角爬山廊凹角梁放线图)

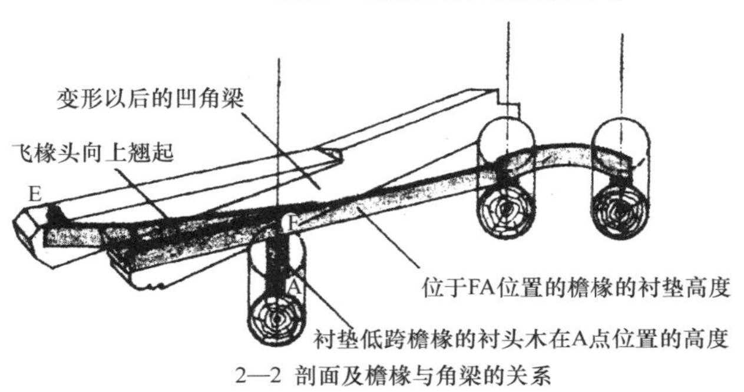

2—2 剖面及檐椽与角梁的关系

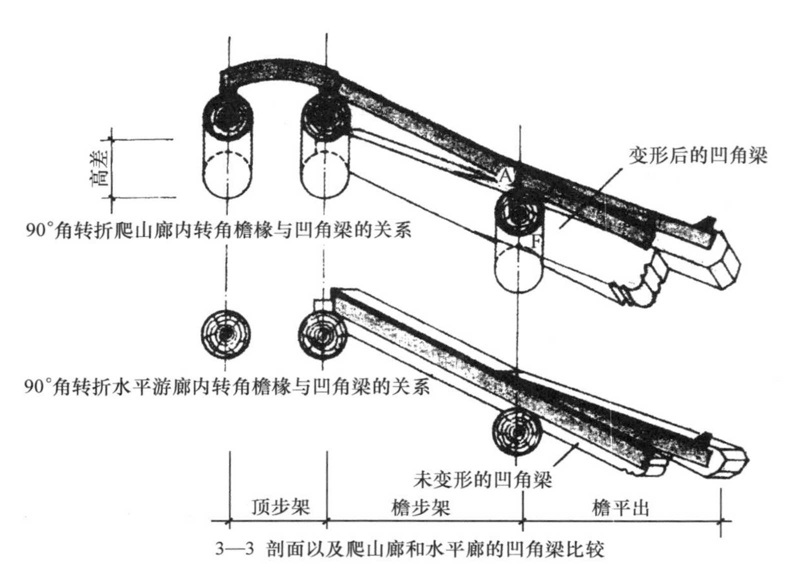

3—3 剖面以及爬山廊和水平廊的凹角梁比较

图 2-61　转角爬山廊凹角梁构造

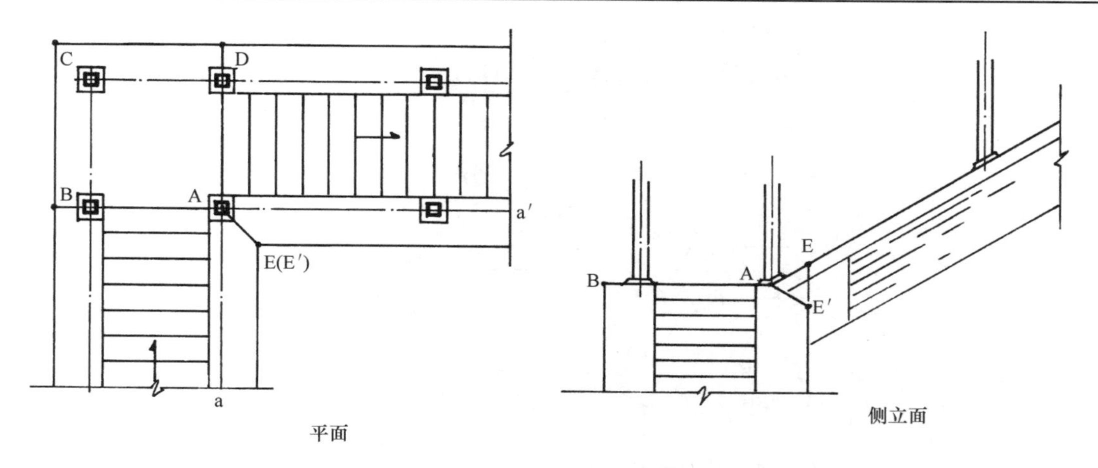

图 2-62　90°转折爬山廊内转角台明做法示意

（2）平面成 120°、135°角的转折。120°、135°角（包括大于 120°的任意角在内）的爬山廊与 90°角爬山廊在平面上的主要区别是转角处没有单独的水平过渡部分，上下两段爬山廊直接连接在一起，因而又出现了许多与上述情况不同的特点。

A. 台明、地面的变化。图 2-58 中列举了 120°、135°以及大于 120°的任意角转折爬山廊平面。从图中可以看到，爬山廊的转折部分，其内外两侧开间的大小是不相等的。我们知道，不论爬山廊怎样爬坡、转折，它的每一缝梁架都是与水平面平行的。换言之，就是说，支顶每缝梁架的两棵柱子，柱根（或柱头）的标高是相同的。在这种情况下，由于内外侧开间不同，两侧台明与地面的夹角就不会相同，两侧台明不平行，廊内地面就会出现扭曲现象。扭曲面的大小与爬坡角度及转折角度的大小成正比。

B. 木构架的变化和技术处理措施。木构架的变化和台明及地面的变化是相对应的。台明地面出现扭曲后，上架檩、枋诸件也以同样的角度随之发生扭曲。椽子、飞头等也都会发生同样变化。除此而外，转角处的柱子断面及梁头形状也要随廊子的转折角度而变化（图 2-63）。如果相邻两间爬山廊的坡度不同，则梁底、柱头、柱脚及台明都要做出折角。这种转折爬山廊转角部分一般不装角梁，不做冲出和翘起的翼角，上檐口做成折角。椽子通常做平行排列，为保证内外侧椽档大小一致，有时也可在外转角处加几根散射排列的椽子（图 2-64）。各间木装修制作也要分别放样，对位安装。

遇有大坡度爬山廊时（一般坡度在 30°以上即可视为大坡度），还需增加套顶柱的数量，以防廊身整体沿坡度向下倾斜。廊子爬坡角度增大后，坐凳楣子失去了供游人乘坐休息的功能，可改为扶手栏杆，以供游人登临时攀扶。

爬山廊种类很多，变化灵活，需要掌握内在变化规律，才能在设计施工中应用自如。

三、牌　　楼

牌楼是古建筑的一个特殊类别。在古代，都市街衢的起点与中段，主要街道的交汇处，以及寺观、园囿、离宫、陵墓的前面，著名桥梁的两侧，都有牌楼矗立其间，作为建筑群体的标志。牌楼这种特殊建筑，兼有宫殿、坛庙建筑之辉煌，王宫府邸建筑之华丽，古典园林建筑之精巧，是装饰性很强的建筑。

牌楼亦名牌坊，其种类很多，按建筑材料划分，可分为木质、石质、琉璃、木石混合、木砖混合等数种；按建筑造形分，则可分为柱不出头和柱出头两大类。

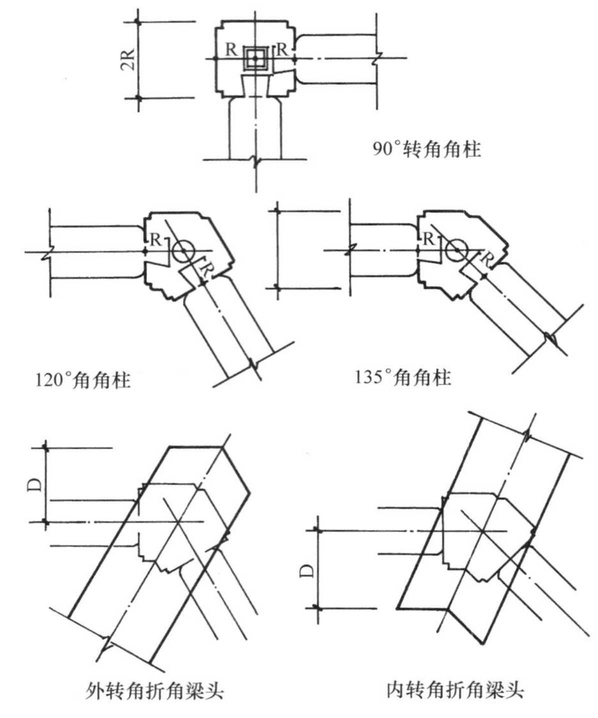

图 2-63　异形角柱及折角梁头做法示意

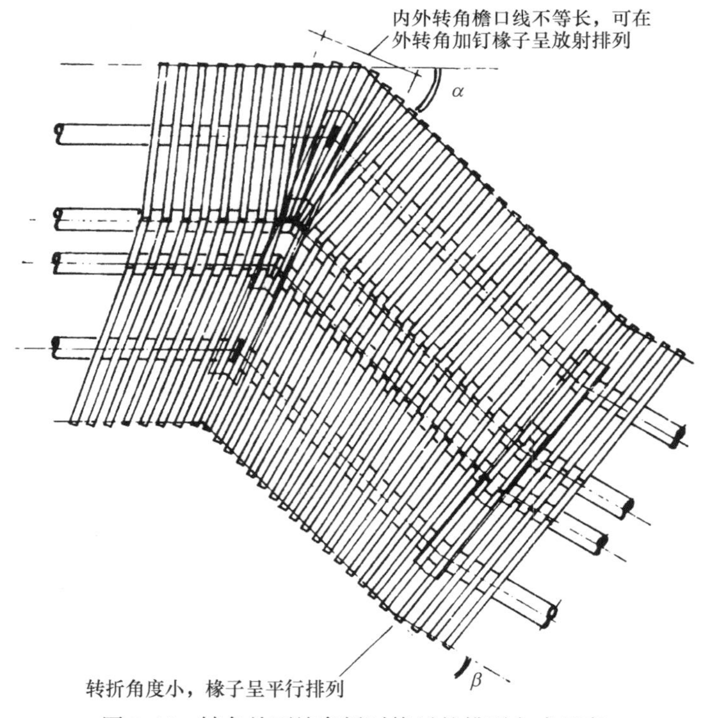

图 2-64　转角处不施角梁时椽子的排列方式示意

据有关专家考证，牌楼的产生是与古代民居的出现以及街衢坊巷的形成相联系的。在古代，随着民居院落的出现，产生了院门。人们在院墙或篱墙合拢处立两根木柱，木柱上端安装横木，叫做“衡门”。这种原始的“衡门”就是柱不出头式牌楼的前身。后来，人们在门头加板、架椽防雨防腐，进而再安装斗拱檐楼，即成为牌楼式大门（实例中单开间二柱一楼屏门式牌楼即是）。柱出头式牌楼也是由宅门发展而来的。《史记》有“正门阀阅一丈二尺，二柱相去一丈，柱端安瓦筒，墨染，号乌头染”的记述。这种柱子伸出并染成乌头的门，即后来载入宋《营造法式》的乌头门，逐渐演变为棂星门和柱出头式牌楼。

作为牌楼雏形的宅门（衡门和乌头门），最初只起分隔院落及供宅人出入的作用。后来，又从宅门中分离出来，建于街巷入口，成了古时划分民居区域的坊巷标志。牌楼的规制和作用，是随时代的发展而不断变化的，最初，它作为宅门出现时规制既小，构造也很简陋；发展为里坊门之后，规制根据需要增大，构造也较其前身复杂，建筑材料亦由木制一种而发展成为木、石或砖木混合等多种。一些重要街坊门或带纪念性的牌坊在木、瓦、石、彩画工艺上更加讲究，牌楼的间数，也依据需要由单间增至三间、五间等等。随着时间的推移，有的牌坊几乎完全丧失了它作为宅门、坊门的原始作用，成为一种纯装饰性或纯标志性建筑。

现择典型例子，分别对不同类型木牌楼的构造及技术要点作简要介绍。

（一）柱出头式木牌楼

柱出头式木牌楼，有二柱一间一楼，二柱冲天带跨楼，四柱三间三楼、六柱五间五楼等数种。其中有代表性者为四柱三间三楼和二柱冲天带跨楼两种。

1. 四柱三间三楼柱出头牌楼

平面呈一字形，四根柱，中间两根中柱，两侧两根边柱。每棵柱根部均由夹杆石围护，夹杆石明高约为1.8倍自身宽（见方），夹杆石宽（见方）为柱径2倍。柱出头式牌楼，自夹杆石上皮至次间小额枋下皮为夹杆石明高一份至一份半，具体尺寸根据实际需要酌定。小额枋以上为折柱花板，再上为次间大额枋。大额枋之上为平板枋，上面安装斗拱檐楼。次间大额枋上皮与明间小额枋下皮平。明间小额枋下的雀替，系与次间大额枋由一木做成，沿面宽方向穿过中柱延伸至明间，作为明间与次间的联系拉扯构件，起着至关重要的作用。明间小额枋上面为折柱花板，再上为明间大额枋，大额枋以上为平板枋，其上安装斗拱檐楼。柱出头牌楼檐楼有悬山顶和庑殿顶两种。上复筒板瓦，调正脊、垂脊，安吻兽。柱子出头之长，应以云冠下皮与正脊吻兽上皮相平为准（云冠自身高通常为柱径的2～3倍）。

柱出头牌楼所施斗拱的斗口，一般为一寸五分（或一寸六分），最大不得超过二寸。明楼与次楼斗拱出踩相同或次楼减一踩。明、次楼面宽的比例通常为1：0.8或按斗拱攒数定。各间斗拱数量，一般要求明楼斗拱用偶数攒（空当居中），次楼不限（图2-65）。

2. 二柱带跨楼柱出头牌楼

这种牌楼平面呈一字形，两棵落地柱，明间自下向上依次为夹杆石、明柱、小额枋、折柱花板、大额板、斗拱、檐楼。小额枋两端做悬挑榫，挑出于明柱两侧，做法略同垂花门中的麻叶穿插枋。小额枋的挑出部分，做为跨楼的大额枋，其下面的折柱花板及小额枋，与明间雀替由一木做成，从明柱穿过与小额枋挑出的部分共同悬挑跨楼。为增加挑杆的悬挑能力，明间雀替要适当加长，达到明间净面阔的1/3。跨楼外一端，安装悬空边柱，柱子上复云冠，下做垂莲柱头。在跨楼小额枋下面，安装骑马雀替。由于受悬挑杆件断面限制，夹楼面阔不宜过大，通常置两攒平身斗拱。跨楼斗拱出踩，可与明楼相同，也可减一踩。跨楼边柱柱径应小于中柱柱径，一般为中柱径的2/3。

二柱冲天带跨楼牌楼，因有跨楼而使立面重加丰富，造型更加优美。跨楼作为正楼的陪衬点缀，在尺度上不能喧宾夺主，在造型上应轻巧精致，使整体主次分明（图2-66）。

（二）柱不出头式木牌楼

柱不出头式木牌楼，有二柱一间一楼、二柱一间三楼、四柱三间三楼、四柱三间七楼、

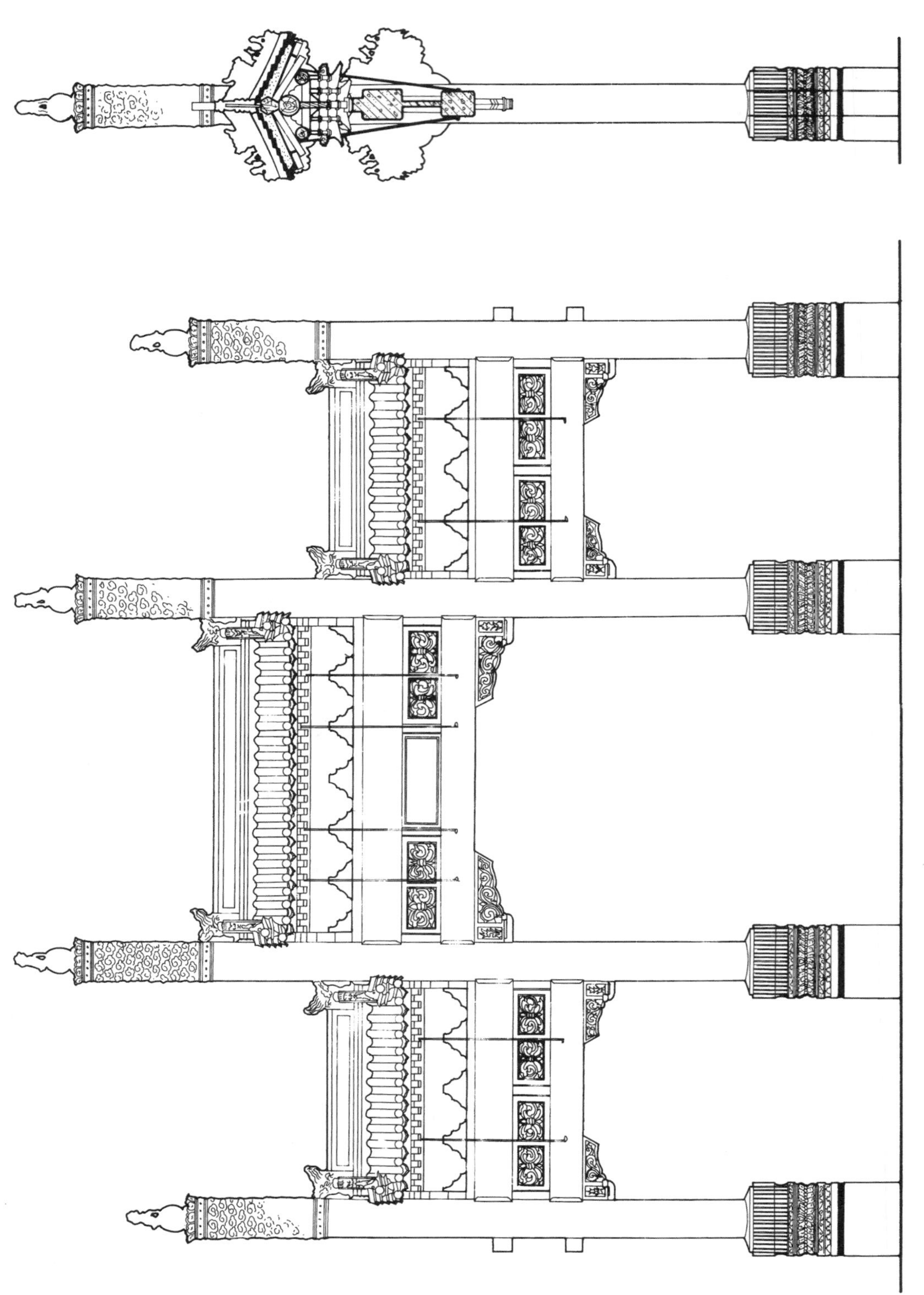

图2-65　四柱三间三楼柱出头牌楼

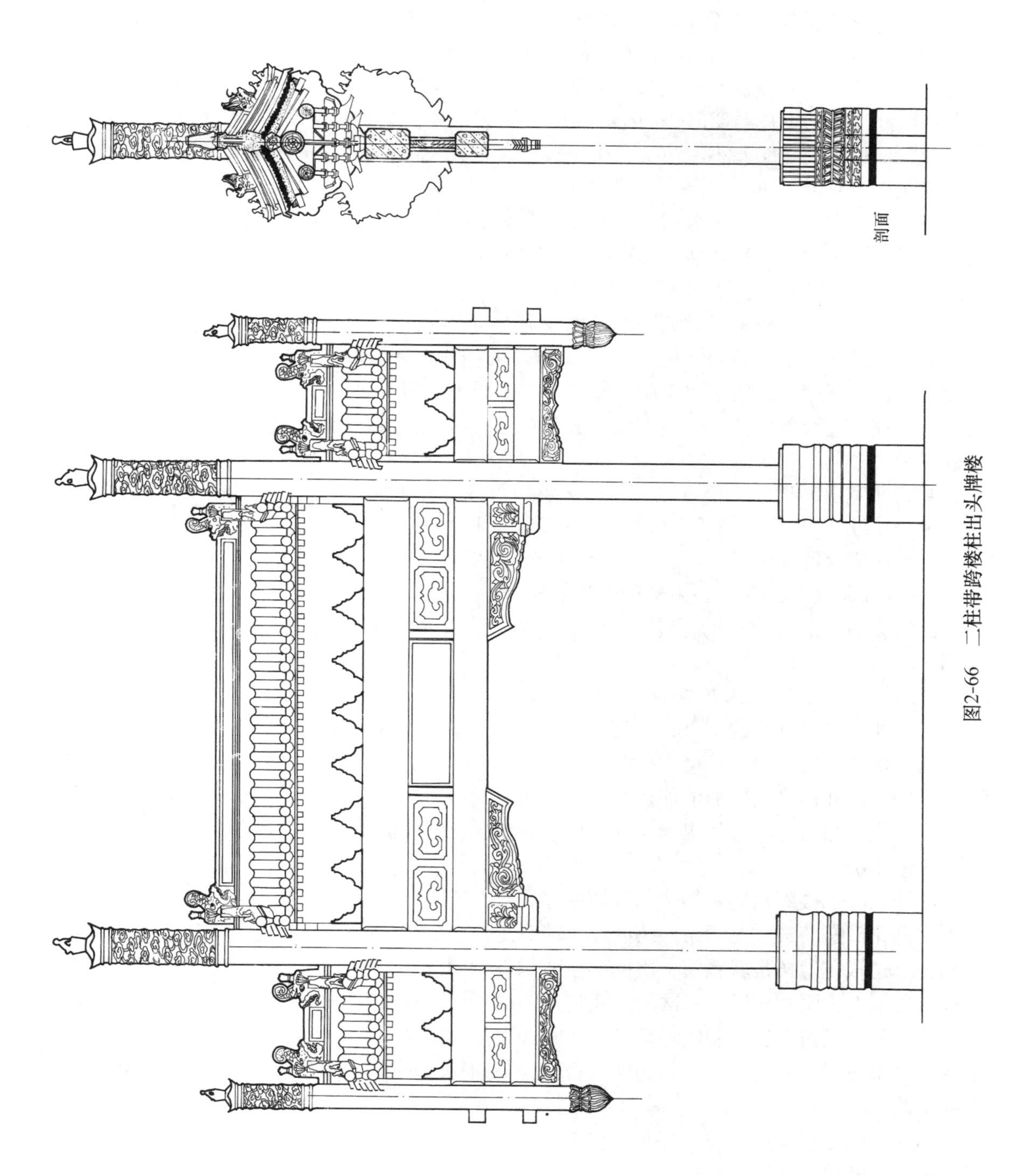

图2-66　二柱带跨楼柱出头牌楼

四柱三间九楼等多种形式。其中四柱三间三楼、四柱三间七楼两种最有代表性。

1. 四柱三间三楼柱不出头牌楼

四柱三间三楼柱不出头牌楼，平面成一字形，四棵柱。斗拱斗口通常为 1.5 寸（4.8 厘米）。明楼斗拱一般取偶数，空当居中，次楼不限。明、次间面宽比例约为 10∶8 或按斗拱攒数定。

四柱三间柱三楼柱不出头牌楼，次间构件由下向上，依次为：夹杆石、边柱、雀替、小额枋、折柱花板、大额枋、平板枋、斗拱、檐楼。明间构件与次间相同，明次间构件间的关系是：次间大额枋上皮与明间小额枋下皮平。明间小额枋下面的雀替，与次间大额枋是由一木做成，穿过中柱与明间小额枋叠交在一起，成为明次间的水平联系构件。明间小额枋之上为折柱花板、匾额，再上一层为明间大额枋。

牌楼斗拱多采用七踩、九踩或十一踩。明间正楼多采用庑殿顶，次楼外侧采用庑殿顶，内一侧采用悬山顶。这种牌楼屋顶也有采用歇山或悬山式的，但较为少见（图 2-67）。

2. 四柱三间七楼柱不出头牌楼

这是柱不出头牌楼中最常见，造型也最优美的一种，很有代表性。这种牌楼平面呈一字形，四柱，檐楼斗拱斗口通常为 1.5～1.6 寸，明楼斗拱取偶数，空当居中，次楼减一攒。7 座檐楼的排列顺序为：明楼居于明间正中，次楼居于次间正中，明、次楼均由高拱柱、单额枋支承，高拱柱及单额枋空当内安装匾额及花板。明、次楼之间为横跨明、次间的夹楼，次楼外侧为边楼。

明间面宽由明楼、夹楼宽度定。通常明楼置平身科斗拱四攒（计五当），夹楼置平身科斗拱三攒（计四当）。次楼置平身科斗拱三攒（计四当），边楼置平身科斗拱一攒（计二当），其中，夹楼横跨明次两楼，各占 2 攒当。这样，明间、次间面阔计算即为：

明间面阔 = 明楼五攒当+夹楼四攒当+高拱柱宽 1 份、坠山花博缝板厚 2 份+1 斗口；

次间面阔 = 次楼四攒当+夹楼两攒当+边楼两攒当+高拱柱宽 1 份、坠山花博缝板厚 2 份+1 斗口。

（注：1 斗口为贴坠山花板斗拱所加的厚度）

按照如上公式推算的结果，明间仅比次间宽一攒当（11 斗口），主次不太分明。如欲突出明间明楼，可适当调整各楼斗拱攒当尺寸。通常的做法是保持边、夹楼攒当尺寸不变，略减次楼攒当尺寸，将减掉的值加在明楼，使明楼攒当适当加大。或次、边、夹楼的攒当尺寸都不变，仅适当增大明楼的攒当尺寸。调整的结果，使明、次间比例大致为 1∶0.88 左右即可（见图 2-68）。

四柱三间七楼牌楼的木构架与前面所述牌楼有所不同。这种牌楼，四根柱等高，两根明柱上支顶龙门枋一根，龙门枋横跨明间，端头延伸至次间达高拱柱外皮，与次间大额枋内一端相叠。这根龙门枋是联系明、次间的主要构件，明楼、夹楼座落其上。龙门枋之下为折柱花板，再下面为明间小额枋。次间大额枋与明间折柱花板等高，次间折柱花板与明间小额枋等高，次间小额枋上皮与明间小额枋下皮平，次间小额枋内一侧做透榫穿过中柱并做成雀替形状，叠于明间小额枋之下，作为明间雀替，下面托以拱子、云墩等构件。次间小额枋之下同样安装云墩雀替。

四柱三间七楼牌楼，由夹杆石上皮至次间小额枋下皮的高度，约为夹杆石明高的 1～1.2 份。明间小额枋比次间小额枋提高额枋自身高一份。明间面阔（柱子中—中尺寸）与净高之比，约为 10∶8 或 10∶8.5。由明间小额枋下皮至明楼正脊上皮和小额枋下皮至地面的高度比，约为 6∶5 或 7∶6。

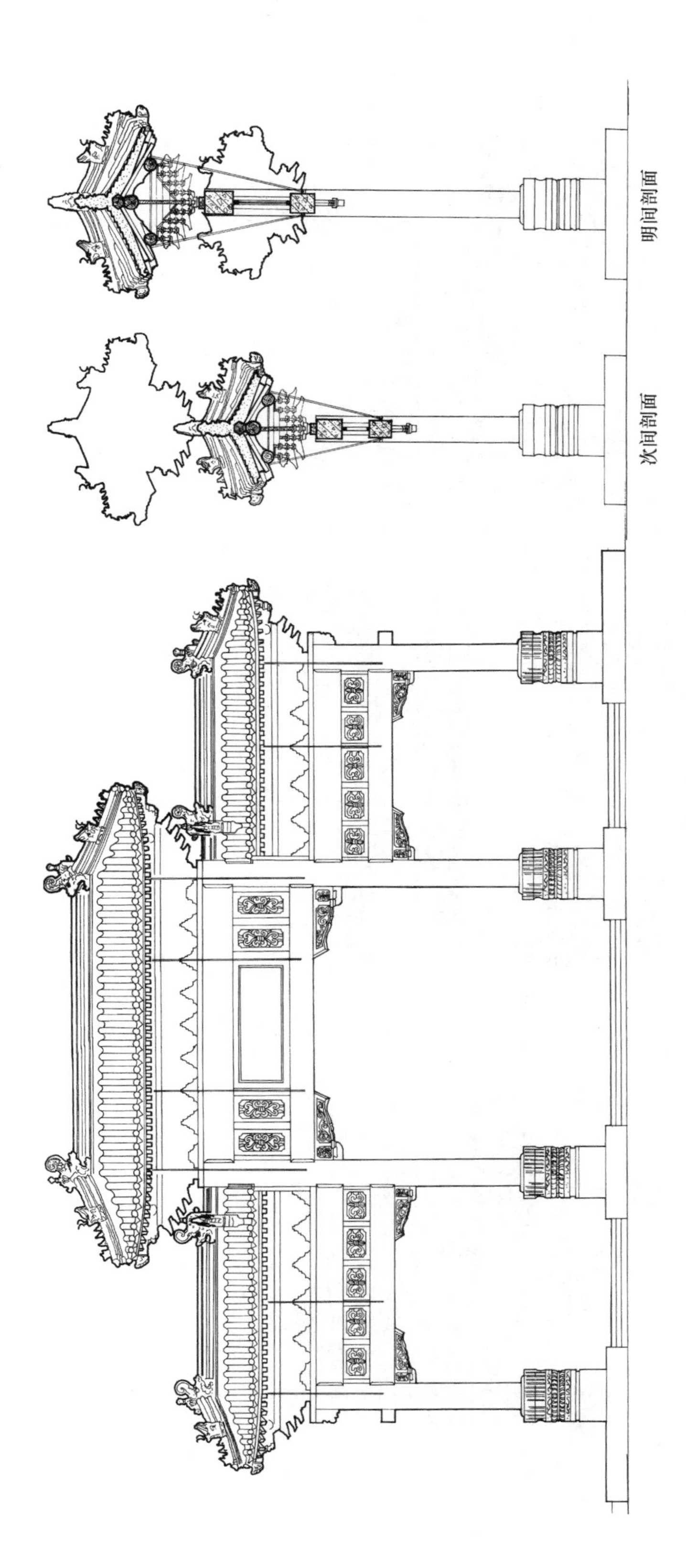

图2-67　四柱三间三楼柱不出头牌楼

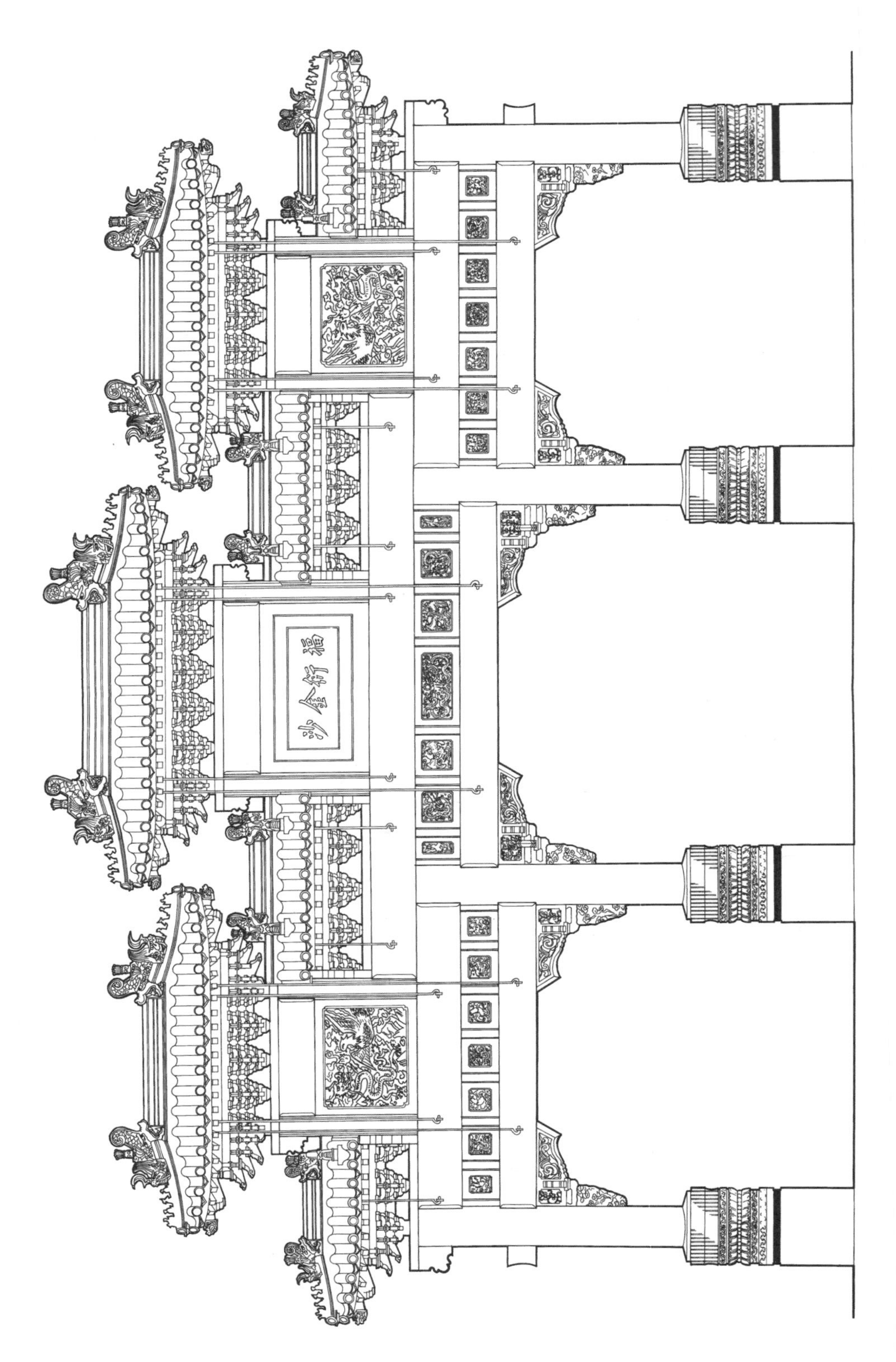

图2-68　四柱三间七楼柱不出头牌楼

（三）木牌楼的主要构造特点和关键部位的技术处理

尽管木牌楼形式多种多样，构造也不尽相同，但有许多共同的构造特点。木牌楼的绝大多数平面都是呈一字形的，无依无傍，但能数百年不倾不圮，关键是因为对它采取了一定的技术措施。这些构造特点和技术措施归纳起来，大致有以下几个方面：

1. 柱子、基础深埋

柱子和基础深埋，是木牌楼稳定矗立的重要因素。据刘敦桢先生《牌楼算例》“木牌楼”一节载：柱子由地坪“往下加夹杆埋头，系按（夹杆）明高八扣，又加套顶一份，又加管脚榫一份，按管脚顶厚折半。”按《算例》这个规定，以实测的雍和宫牌楼为例，柱子埋入地下部分的长度应当是 1950 毫米 × 0.8+480 毫米+240 毫米=2280 毫米。这个长度接近于柱子地坪以上部分的一半（0.44）。在柱顶石以下，有砖砌磉墩若干层，其下有灰土垫层若干步、再下面素土夯实，加打地丁（柏木桩）。牌楼座落于这样稳固的基础上，兼有柱子及夹杆石一并埋置相当深度，使牌楼的整体具备了很好的竖向稳定性（图 2-69）。

2. 夹杆石的应用

夹杆石是牌楼特有的构件，它在牌楼整体稳定方面起着很重要的作用，应用夹杆石有以下几点好处：①用石头围护柱子，可使木柱埋入地下部分避免直接与土壤接触，延长木柱的寿命；②夹杆石与柱根部分形成一个整体，共同座落在柱顶石上，增大了柱脚与柱顶石的接触面，有利于增强柱子的稳定性；③夹杆石高出地坪以上，还可以保护地面以上柱根免受雨水侵蚀，同时加大了外露部分的断面，增强了它抵抗水平外力的能力。

3. 灯笼榫的特殊构造和作用

灯笼榫是木牌楼的特有的构造部位。所谓灯笼榫，就是在牌楼柱子（或高拱柱）顶端做出一根长榫高高地伸出柱头之外，这个榫与柱子乃一木做成，断面呈正方形，其宽厚等于或略大于斗拱的坐斗。它占据角科坐斗位置，下端代替坐斗，向上一直延伸至正心桁下皮，并在顶端做出桁碗。中部与斗拱构件相交叉的部分，刻制十字形卯口，使正心拱、正心枋、翘、昂、耍头、撑头木等件由口内穿过，通过这根长榫将角科斗拱与柱子有机地结合在一起。“灯笼榫”又俗称“通天斗”，即坐斗延伸“通天”的意思。运用灯笼榫，可以克服牌楼上下架构件之间缺乏联系，互相脱节的弱点，增强构造的整体性（图 2-70）。

牌楼高拱柱，除上端做灯笼榫以联络斗拱之外，下脚还需做出长榫，其榫之长，需穿透大额枋（或龙门枋），带出花板间的折柱，并插入小额枋内，插入深度为小额枋自身的 1/3—1/2。

灯笼榫的采用，不仅限于角科，平身科部位也可以采用。遇牌楼檐楼开间较大，仅凭角科灯笼榫不足以固定联络上下架构件时，还可在平身科斗拱位置设置灯笼榫，其做法同角科，上端达于正心桁下皮，下端穿透大额枋，带出折柱，插入小额枋内。悬山顶的柱出头牌柱，檐楼无角科斗拱，灯笼榫只能用在平身科斗拱部位（参见图 6-10）。

4. 戗杆支撑

凡木牌楼，皆有戗杆支撑。《牌楼算例》规定“戗木俱在中、边柱头安，或一二斜、或一四加斜，必须度其地势，每戗木一根，用戗风斗一件”。戗木的作用在于增强牌楼的稳定性，使之避免倾覆，它是纯木结构牌楼不可缺少的构件。尽管不很美观，但却不可不备。在近代，有些古典牌楼经重修后，将骨干构架改为钢筋混凝土构件，已无需使用戗杆，其余未经改造的纯木构牌楼，都有戗杆支撑。

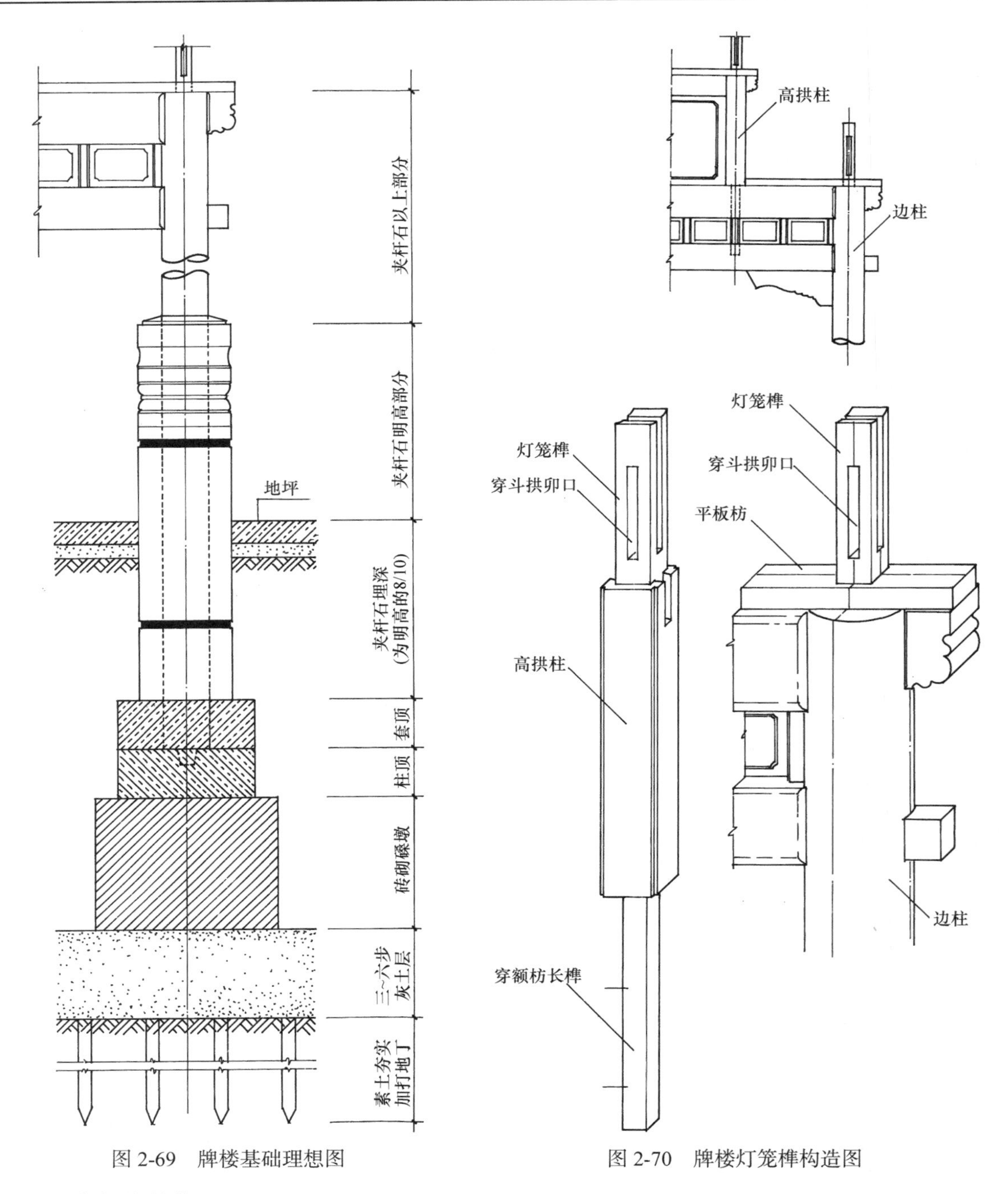

图 2-69 牌楼基础理想图

图 2-70 牌楼灯笼榫构造图

5. 大挺钩的使用

牌楼下架有戗杆支撑，上架的明、次、边、夹诸楼有挺钩支撑，正、次楼挺钩每面四根，每座用 8 根，边夹楼每面 2 根。挺钩直径约一寸，用圆钢制作，每根挺钩配屈戌一对，上端支顶于挑檐桁，下端支撑在每间的大、小额枋（或龙门枋）上，使檐楼与牌楼主要骨架之间形成三角形支撑。它在辅助灯笼榫、稳定檐楼方面是不可缺少的构件，曾被冠以“霸王杆”的美名，说明了它的重要作用。但对牌楼外形美观有所影响。

6. 各间之间构件勾连搭接，增强整体性

前面所举例中谈及四柱七楼牌楼明间龙门枋向两次间延伸，与次间大额枋内一端叠交在一起；次间小额枋内一侧做长榫并带出明间雀替，穿过明柱与明间小额枋相叠交。这些措施，都在于使各间构件加强联系，从而增强牌楼结构的整体性。

7. 玲珑剔透，减轻风荷

古建木牌楼，斗拱之间不装垫拱板，在各间柱、枋之间，凡不起承载作用的部分均施以透雕镂空花板，整座建筑玲珑剔透，这不仅是建筑装饰所要求的，也是结构所要求的。镂空面积大，对牌楼抗风荷能力无疑会大大增强。我国传统木牌楼庄重华丽，硕大而又轻巧，高耸而不感沉重，达到了结构和建筑外形的高度统一与完善。

（四）牌楼的权衡制度

关于牌楼权衡制度方面的资料，目前只有刘敦桢先生的《牌楼算例》内容比较丰富。近年来，我们相继对雍和宫、北海、颐和园等处的木牌楼进行了考察、测绘，积累了一些有关技术资料，现根据刘敦桢先生《牌楼算例》所载内容及我们所掌握的有关资料，将牌楼各构件间比例关系和权衡尺度列表如下，以供参考（参见表 2-3）。

表 2-3　木牌楼构件权衡表　（单位：斗口）

构件名称	长	宽	高	厚	径	备　注
柱					10	适用于各种牌楼
跨楼垂柱					7	
小额枋			9	7		
大额枋			11	9		
龙门枋			12	9.5		
折　柱		2.5	同大（或小）额枋	0.6 小额枋厚		
小花板			同折柱高	1/3 折柱厚		
明楼（正楼）		1/2 明间面阔，若为小数加若干凑整尺寸（以营造尺为单位）				《牌楼算例》定四柱七楼牌楼明间面阔为 17 尺
次　楼		1/2 次间面宽，若为小数减若干，凑整尺寸（以营造尺为单位）				《牌楼算例》定四柱七楼牌楼次间面阔为 15 尺
边　楼		次间面宽减次楼一份，高拱柱见方一份，所余折半即是				
夹　楼		明间面阔减明楼面阔一份，高拱柱一份，所余折半，加边楼一份即是				夹楼中应与明柱中线相对
高拱柱			次楼面阔八扣，加单额枋高一份、平板枋高一份、灯笼榫高一份，再加大额枋高一份，花板高一份、小额枋高 0.5 份，即是	6 斗口（见方）		

续表

构件名称	长	宽	高	厚	径	备　注
单额枋			8	6		
挑檐桁					3	
正心桁（脊桁）					4.5	
角　梁			4.5	3		
椽子、飞椽					1.5	
坠山花板	斗拱拽架加两侧平出檐加椽径一份		自平板枋上皮至扶脊木上皮	1.5 椽径		
飞头出檐	明楼六寸边夹楼 5 寸、次楼或随明楼或随边夹楼					斗拱斗口为 1.6 寸时按此出檐，飞檐加老檐平出之和不得超过斗拱出踩
雀　替	净面阔的 1/4	同小额枋		3/10 柱径		
戗　木					2/3 柱径或酌减	
挺　钩					按长度的 3/100	径一般不超过 1.5 寸
平板枋		3	2			
灯笼榫				3 斗口见方或酌增		

注：清式木牌楼斗拱斗口，通常为 1.5～1.6 寸。

第三章　清式木构建筑的榫卯结合技术

一座大型的宫殿式木构建筑，要由成千上万个单件组合而成；一座小式的构造简单的古建筑，也要有数以百计的木构件。这样多的木构件，除椽子、望板这类屋面木基层构件外，其余几乎全部是凭榫卯结合在一起的。木结构的形式和榫结合的方法，是中国古代建筑的一个主要结构特点。

榫卯的功能，在于使千百件独立、松散的构件紧密结合成为一个符合设计要求和使用要求的，具有承受各种荷载能力的完整的结构体。榫卯在我国建筑及装修家具等方面运用极为广泛，而且有着非常悠久的历史。从出土文物考证，早在春秋战国时代，我们的祖先在木结构榫卯的应用方面，已经达到了非常成熟的地步，到了唐宋时期，榫卯在建筑中的应用更加纯熟和讲究。宋李诫所著的《营造法式》一书，对榫卯技术作了一定的记载。应该说这个时期是木构榫卯技术发展的巅峰阶段(图 3-1 宋式榫卯举例)。明清建筑的榫卯，较之唐宋时期，在构造上大大地简化了，但仍然保留了它固有的功能。从现存实物考察，明清时期的建筑历经几百年，因各种外力作用和自身荷载而被破坏者甚少。百年之后功能依旧，充分显示了木构榫卯的可靠性。

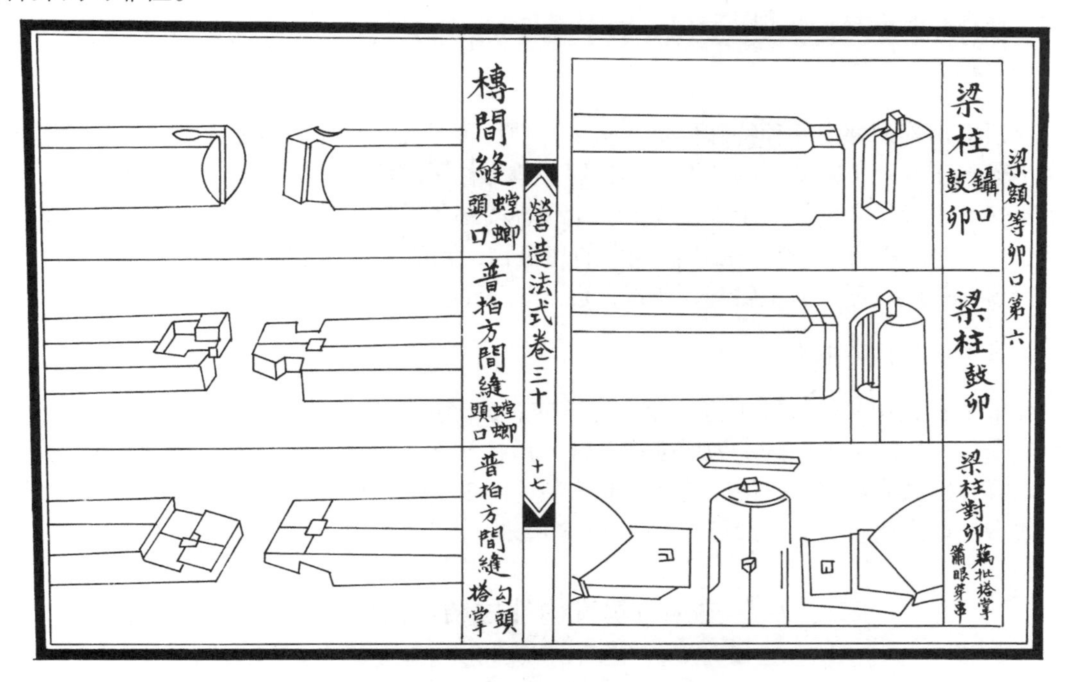

图 3-1　宋式榫卯举例

木构榫卯种类很多，形状各异，这些种类和形状的形成，不仅与榫卯的功能有直接关系，而且与木构件所处位置、构件之间的组合角度、结合方式，以及木构件的安装顺序和安装方法等，均有直接关系。

第一节　木构榫卯的种类及其构造

现根据榫卯的功能，将其划分为六类，分别对各类榫卯做一大略的介绍：

一、固定垂直构件的榫卯

古建大木中的垂直构件主要是柱子。柱子可分为落地柱和悬空柱两类。落地柱即柱脚直接落到柱顶石上的柱子，如檐柱、金柱、中柱、山柱都属此类。悬空柱即指落脚在梁架上或被其他构件悬空挑起、捧起的柱子，如童柱、瓜柱、雷公柱等，都是悬空柱。这些垂直构件，不管处在什么部位，都需用榫卯来固定它的位置，于是就产生了用于柱上的各种榫卯。

（一）管脚榫

顾名思义，管脚榫即固定柱脚的榫，用于各种落地柱的根部，童柱与梁架或墩斗相交处也用管脚榫。它的作用是防止柱脚位移。在清《工程做法则例》中，规定“每柱径一尺，外加上下榫各长三寸”，将管脚榫的长度定为柱径的 3/10。在实际施工中，常根据柱径大小适当调整管脚榫的长短径寸，一般控制在柱径的 3/10～2/10 之间。管脚榫截面或方或圆，榫的端部适当收溜（即头部略小），榫的外端要倒楞，以便安装（图 3-2）。较大规模的建筑，由于柱径粗大，且有槛墙围护，稳定性好，并为制作安装方便，常常不作管脚榫，柱根部做成平面，柱顶石亦不凿海眼［图 3-2（1）］。

（二）套顶榫

套顶榫是管脚榫的一种特殊形式，它是一种长短、径寸都远远超过管脚榫，并穿透柱顶石直接落脚于磉墩（基础）的长榫，其长短一般为柱子露明部分的 1/3～1/5，榫径约为柱径的 1/2～4/5 不等，需酌情而定（图 3-2）。套顶榫多用于长廊的柱子（一般每隔二三根用一根套顶柱），也常用于地势高、受风荷较大的建筑物，它的作用在于加强建筑物的稳定性。但由于套顶榫深埋地下，易于腐朽，所以，埋入地下部分应做防腐处理。

（三）瓜柱柱脚半榫

与梁架垂直相交的瓜柱（包括金、脊瓜柱、交金瓜柱等），柱脚亦用管脚榫。但这种管脚榫常采用一般的半榫做法。为增强稳定性，瓜柱又常与角背结合起来使用。这时，瓜柱根部的榫就必须做成双榫，以便同角背一起安装（图 3-3）。瓜柱柱脚半榫的长度，可根据瓜柱本身大小作适当调整，但一般可控制在 6～8 厘米。

二、水平构件与垂直构件拉结相交使用的榫卯

在古建大木中，水平构件与垂直构件相交的节点很多，最常见的有柱与梁、柱与枋、山柱与排山梁架、抱头梁、桃尖梁、穿插枋及单、双步梁与金柱、中往相交部位等。由于构件相交的部位与方式不同，榫卯的形状亦有很大区别。

（一）馒头榫

馒头榫是柱头与梁头垂直相交时所使用的榫子，与之相对应的是梁头底面的海眼。馒头

榫用于各种直接与梁相交的柱头顶部，其长短径寸与管脚榫相同。它的作用在于柱与梁垂直结合时避免水平移位［图 3-2（2）、（3）］。梁底海眼要根据馒头榫的长短径寸凿作，海眼的四周要铲出八字楞，以便安装（图 3-4）。

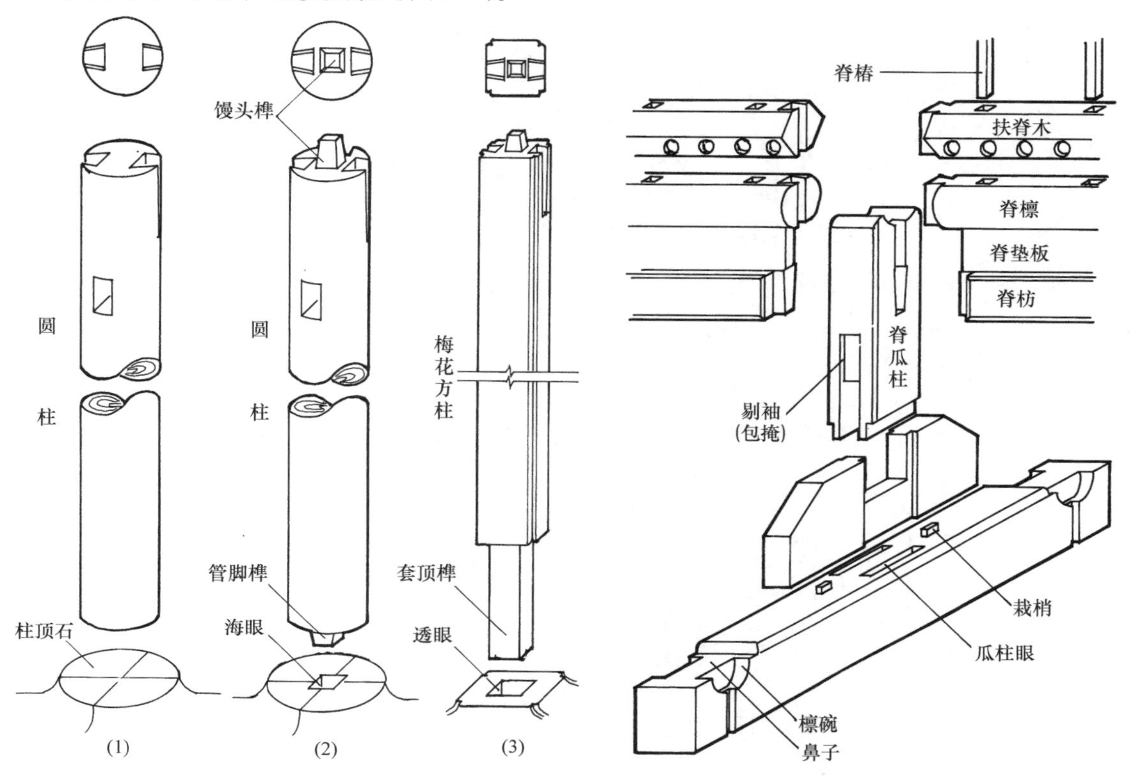

图 3-2　管脚榫、馒头榫、套顶榫　　图 3-3　脊瓜柱、角背、扶脊木节点榫卯

（二）燕尾榫

这种榫多用于拉接联系构件，如檐枋、额枋、随梁枋、金枋、脊枋等水平构件与柱头相交的部位、燕尾榫又称大头榫、银锭榫，它的形状是端部宽，根部窄，与之相应的卯口则里面大，外面小，安上之后，构件不会出现拔榫现象，是一种很好的结构榫卯。在大木构件中，凡是需要拉结，并且可以用上起下落的方法进行安装的部位，都应使用燕尾榫，以增强大木构架的稳固性。

燕尾榫的长度，《工程做法则例》规定为柱径的 1/4，在实际施工中，也有大于 1/4 柱径的，但最长不超过柱径的 3/10。而且，榫子的长短（即卯口的深浅）与同一柱头上卯口的多少有直接关系。如果一个柱头上仅有两个卯口，则口可稍深，以增强榫的结构功能；如有三个卯口，则口应稍浅，否则就会因剔凿部分过多而破坏柱头的整体性。

燕尾榫根部窄、端部宽，呈大头状，这种做法称为“乍”。乍的大小，如榫长 10 厘米，每面乍 1 厘米（两面共乍 2 厘米）为度，不宜过大。燕尾榫上面大、下面小，称为“溜”。放乍，是为使榫卯有拉结力；收溜，则是为了在下落式安装时，愈落愈紧，以增强节点的稳定性。“溜”的收分不宜过大，如燕尾榫上面宽为 10 厘米，下边每侧面收 1 厘米即可。在制作时一定要保证榫卯松紧适度，既要便于安装，又要使结构严紧（图 3-4，图 3-5）。

用于额枋、檐枋上的燕尾榫，又有带袖肩和不带袖肩两种做法，做袖肩，是为解决燕尾榫根部断面小、抗剪力性能差而采取的一种补救措施。做袖肩可以适当增大榫子根部的受剪面，增强榫卯的结构功能。袖肩长为柱径的1/8，宽与榫的大头相等［图3-5（1）］。

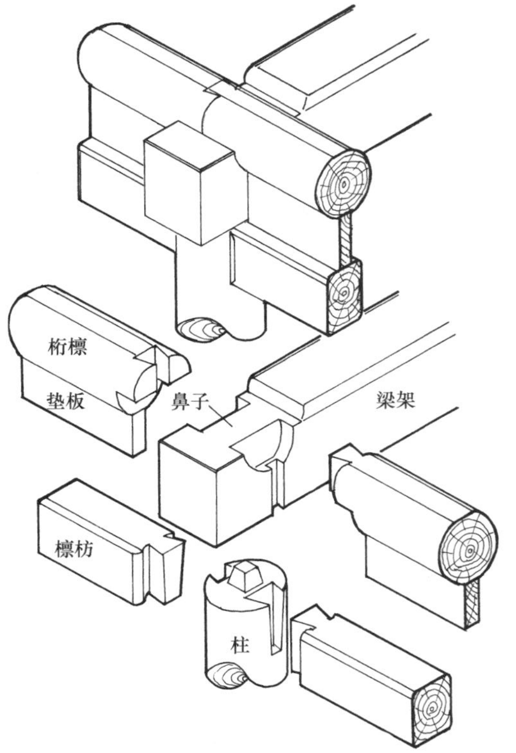

图3-4　柱、梁、枋、垫板节点榫卯

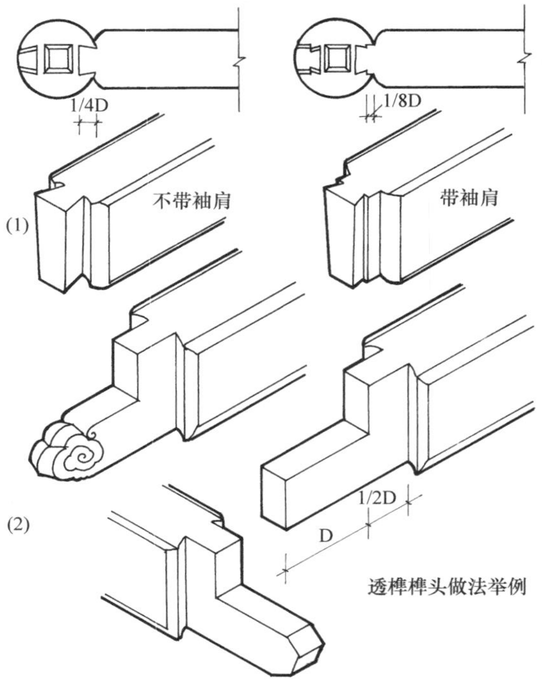

图3-5　燕尾榫与透榫举例

（三）箍头榫

箍头榫是枋与柱在尽端或转角部相结合时采取的一种特殊结构榫卯。“箍头”二字，顾名思义，是“箍住柱头”的意思。它的做法，是将枋子由柱中位置向外加出一柱径长，将枋与柱头相交的部位做出榫和套碗。柱皮以外部分做成箍头，箍头常为霸王拳或三岔头形状。一般带斗拱的宫殿式大木采用霸王拳做法（图3-6），而无斗拱的园林建筑或处于次要地位的配房则常做成三岔头形式（图3-7）。箍头的高低、薄厚均为枋子正身尺寸的8/10。箍头枋的应用，有一面和两面两种情况。一面使用箍头枋时，只需在柱头上沿面宽方向开单面卯口（图3-7），如面宽和进深方向都使用箍头枋时，则要在柱头上开十字卯口，两箍头枋在卯口内十字相交。相交时，要注意使山面一根在上，檐面一根在下，叫做山面压檐面（图3-6）。

使用箍头枋，对于边柱或角柱既有很强的拉结力，又有箍锁保护柱头的作用。而且，箍头本身还是很好的装饰构件。所以，箍头枋在大木榫卯中，不论从哪个角度看，都是运用榫卯结构技术非常成功和优秀的一例。

（四）透榫

透榫用于大木构件，常做成大进小出的形状（图3-8），所以又称大进小出榫。所谓大进小出，是指榫的穿入部分，高按梁或枋本身高，而穿出部分，则按穿入部分减半。这样做，既美观又可以减小榫对柱子的破坏。透榫穿出部分的净长，清《工程做法则例》规定为由柱外皮向外出半柱径或构件自身高的1/2。榫的厚度一般等于或略小于柱径的1/4，或等于枋

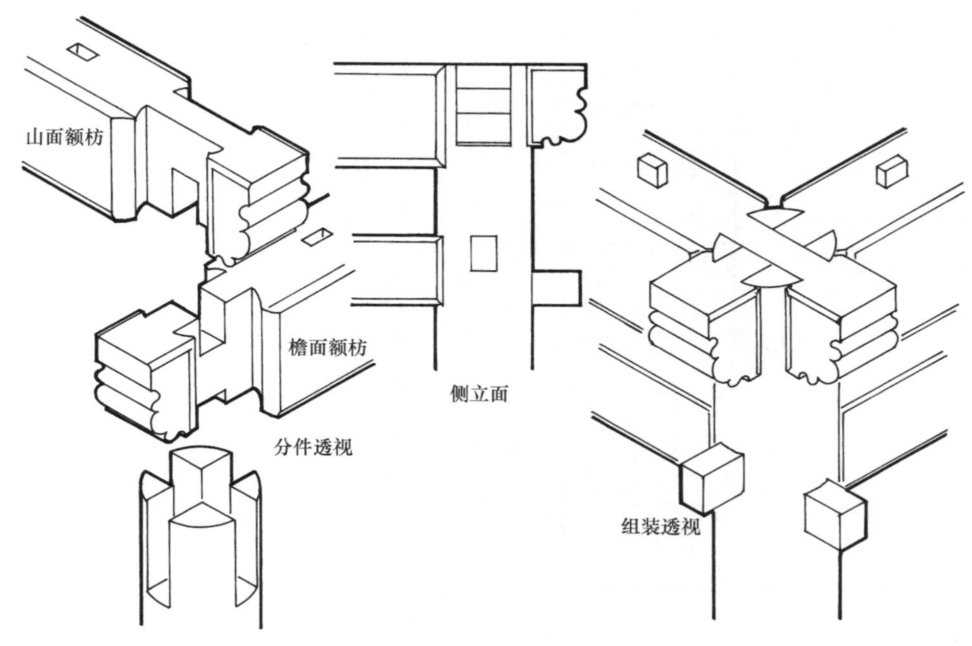

图 3-6　箍头榫与柱头卯口

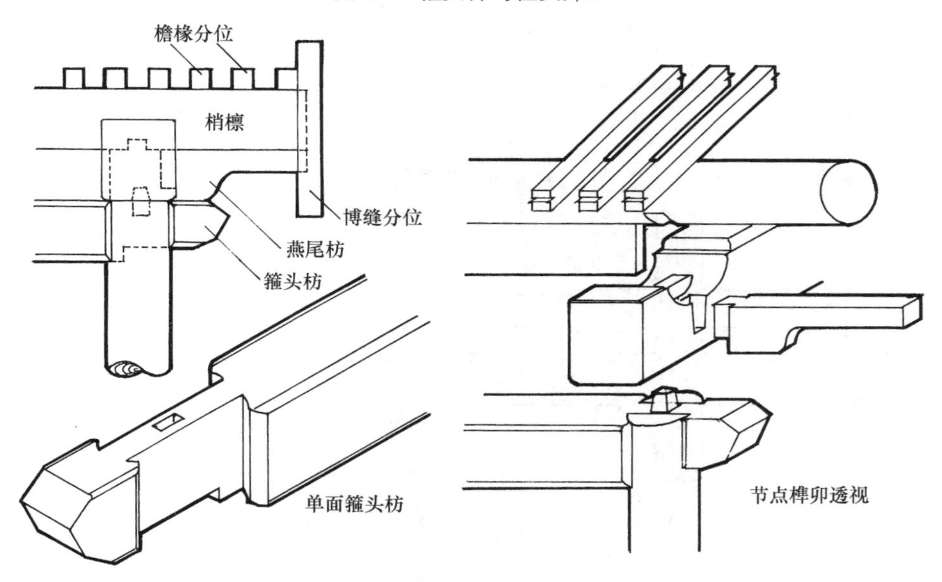

图 3-7　悬山梢檩、小式箍头枋榫卯

(或梁)厚的 1/3。透榫穿出部分，一般做成方头，也有时做成三岔头或麻叶头状(参见图 3-5)，这要按建筑物的性质、用途而定。一般宫殿式建筑多用方头，以示庄严；而游廊或垂花门及园林建筑上则多加雕饰，以示精美。

透榫适用于需要拉结、但又无法用上起下落的方法进行安装的部位，如穿插枋两端、抱头梁与金柱相交部位等处。

(五)半榫

半榫的使用部位与透榫大致相同。但除特殊的需要以外，使用半榫是在无法使用透榫的情况下，不得已而为之。最典型的要属排山梁架后尾与山柱相交处。在古建大木中，常使用山柱或中柱这样的构件。这两种柱子，均位于建筑物进深中线上，将梁架分为前后两段。由

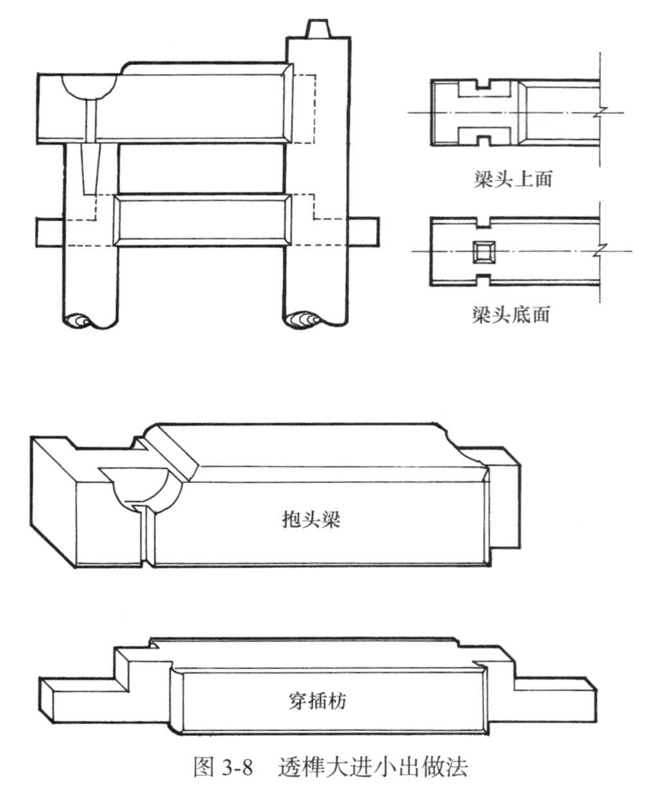

图 3-8　透榫大进小出做法

于两边的梁架都要与柱子相交，这时，就必须用半榫。一般的半榫做法与透榫的穿入部分相同，榫长至柱中。两端同时插入的半榫，则要分别做出等掌和压掌，以增加榫卯的接触面。方法是将柱径均分三份，将榫高均分为二份，如一端的榫上半部长占 1/3 柱径，下半部占 2/3，则另一端的榫上半部占 2/3，下半部占 1/3（图 3-9）。此外，也有两个半榫齐头碰的做法，但较为少见。半榫的结构作用是较差的，易于出现拔榫现象而导致结构松散。为解决这个问题，宋代采用“藕批搭掌、箫眼穿串”的方法（参见图 3-1），这种方法一直延续到明代。明清时又出现了在下面安装雀替或替木的方法，增大梁架与柱子的搭接面，并且在替木或雀替的上面与梁叠交的地方栽做销子榫或钉铁钉，以防梁架向前后脱出。

半榫除用于上述梁与柱的交点外，在由戗与雷公柱、瓜柱与梁背相交处也常使用。

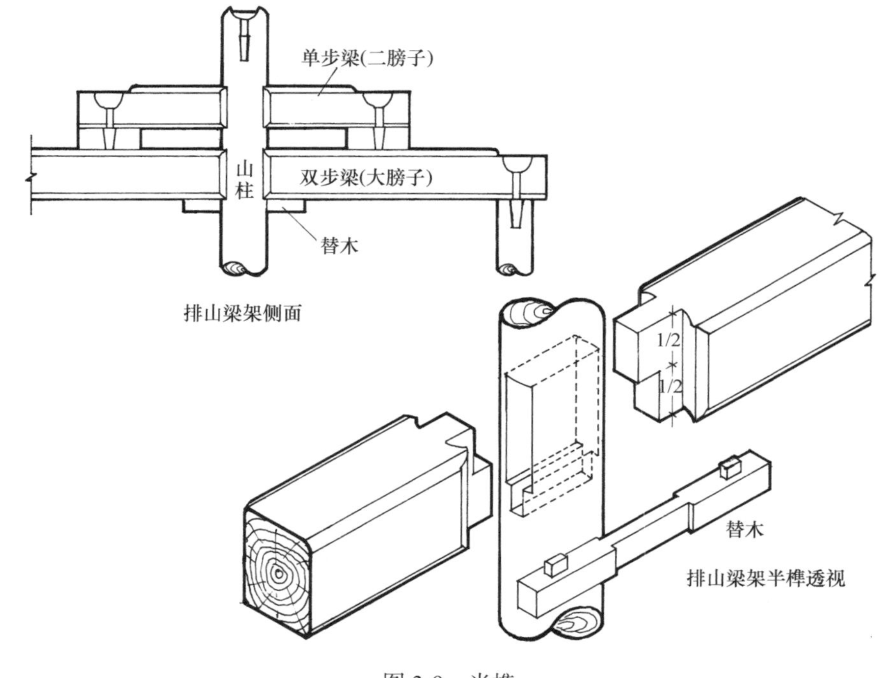

图 3-9　半榫

三、水平构件互交部位常用的榫卯

水平构件互交，在古建大木中，常见于檩与檩、扶脊木与扶脊木、平板枋与平板枋之间的顺接延续或十字搭交。

（一）大头榫

亦即燕尾榫。做法与枋子上的燕尾榫基本相同，榫头作“乍”，且略作“溜”，以便安装（也有不作“溜”的）。大头榫采用上起下落方法安装，它常用于正身部位的檐、金、脊檩以及扶脊木等的顺延交接部位，起拉结作用（图 3-3，图 3-4）。

（二）十字刻半榫

十字刻半榫主要用于方形构件的十字搭交，最多见于平板枋的十字相交。方法是按枋子本身宽度，在相交处，各在枋子的上、下面刻去薄厚的一半，刻掉上面一半的为等口，刻掉下面一半的为盖口。然后，等口盖口十字扣搭。制作时亦应注意山面压檐面，刻口外侧要按枋宽的 1/10 做包掩（图 3-10）。

（三）十字卡腰榫

俗称蚂蜂腰，主要用于圆形或带有线条的构件的十字相交。古建大木构件中的卡腰，主要用于搭交桁檩。方法是将桁檩沿宽窄面均分四等份，沿高低面分二等份，依所需角度刻去两边各一份，按山面压檐面的原则各刻去上面或下面一半，然后扣搭相交（图 3-10）。

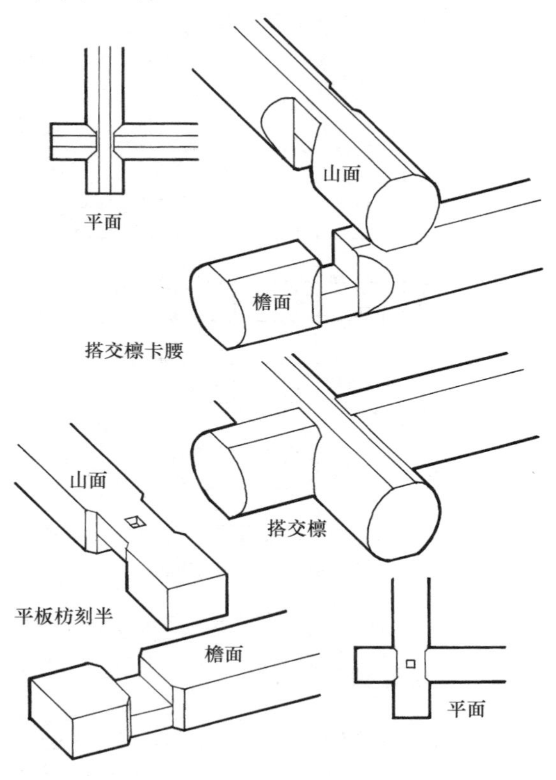

图 3-10　卡腰与刻半榫

制作卡腰和刻半时，两根构件相交的角度应按建筑物要求而定，如果是 90° 转角的矩形或方形建筑，则按 90° 角相交；如果搭交榫用于六角或八角等建筑，则应按所需角度斜十字搭交。在多角形建筑中，檩、枋扣搭不存在山面压檐面的问题。在同一根构件上，卯口的方向应一致，即一根构件两端都做等口榫，相邻一根两端则都应做盖口榫。如六角亭的六根檩或枋应三根做等口，三根做盖口，以便扣搭安装，而不能在同一根构件上既做等口又做盖口。

四、水平或倾斜构件重叠稳固所用的榫卯

古建大木的上架（即柱头以上）构件，都是一层层叠起来的。这就不仅需要解决每层之中构件与构件的结合问题，而且需要解决上下两层构件之间的结合问题，这样才能使多层构件组成一个完整的结构体。

水平（或倾斜）构件叠交有两种情况，一种是两层或两层以上构件叠合，再就是两层或

两层以上构件垂直（交角成 90°）或按一定角度半叠交。

在两层或两层以上构件叠合时，采用下面两种销合联结的方法：

（一）栽销

栽销是在两层构件相叠面的对应位置凿眼，然后把木销栽入下层构件的销子眼内。安装时，将上层构件的销子眼与已栽好的销子榫对应入卯。销子眼的大小以及眼与眼之间的距离，没有明确规定，可视木件的大小和长短临时酌定，以保证上下两层构件结合稳固为度。在古建大木中，销子多用于额枋与平板枋之间、老角梁与仔角梁之间以及叠落在一起的梁与随梁之间、角背、隔架雀替与梁架相叠处等，古时也有在檩子、垫板、枋子之间使用销子以防止檩、垫、枋走形错动的，现在已很少采取。另外，在坐斗与平板枋之间、斗拱各层构件之间，也都用栽销的方法稳固（图 3-11）。

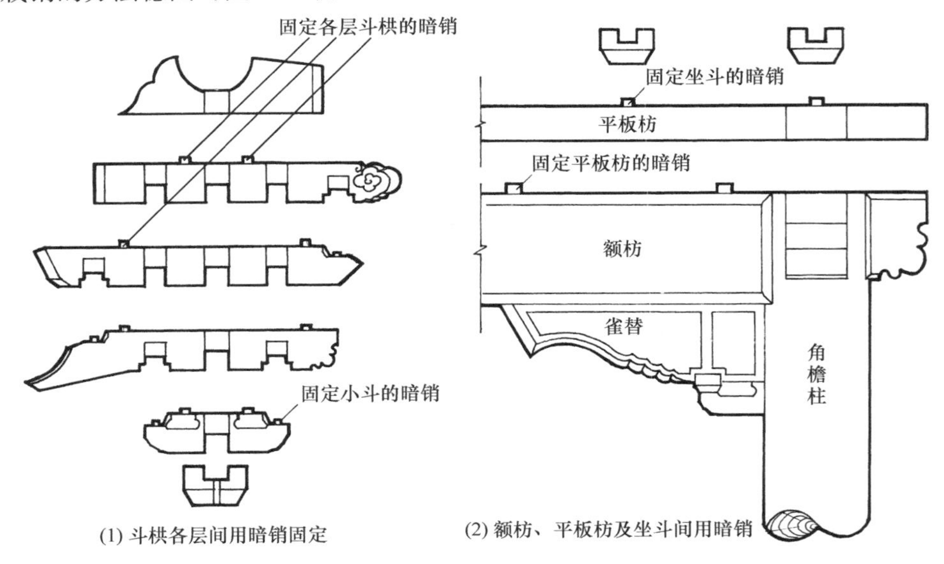

图 3-11　栽销的应用

（二）穿销

穿销与栽销的方法类似，不同之处是，栽销法销子不穿透构件；而穿销法则要穿透两层乃至多层构件。穿销常用于溜金斗拱后尾各层构件的锁合。用于古建大门门口上的门簪，也是一种比较典型的穿销。销子将构件穿住以后，在销子出头一端，还需要用簪子别住（图 3-12）。用于大屋脊上的脊桩，兼有穿销和栽销两者的特点。为了保持脊筒子的稳固，它需要穿透扶脊木，并插入檩内 1/3～1/4，可看作是栽销的一种特例。牌楼高拱柱下榫也是穿销的一种例证，它穿透额枋（龙门枋），带做出折柱并插入小额枋内 1/2～1/3。使高拱柱牢牢地竖立在额枋（或龙门枋）上。

五、用于水平或倾斜构件叠交或半叠交的榫卯

水平或倾斜构件重叠稳固，需要用销子；而当构件按一定角度（90°或其他需要的角度）叠交或半叠交时，则需采用桁碗、刻榫或压掌等榫卯来稳固。

（一）桁碗

桁碗（小式称檩碗）在古建大木中用处很多，凡桁檩与柁梁、脊瓜柱相交处，都需使用桁碗。桁碗即放置桁檩的碗口，位置在柁梁头部或脊瓜柱顶部。碗子开口大小按桁檩直径定，碗口深浅最深不得超过半檩径，最浅不应少于1/3檩径。为了防止桁檩沿面宽方向移动，在碗口中间常常做出“鼻子”。其方法是将梁头宽窄均分四等份，鼻子占中间二份，两边碗口各占一份（参见图3-8）。梁头留出鼻子后，要将檩子对应部分刻去，使檩下皮与碗口吻合。脊瓜柱柱头檩碗可不做鼻子或只做小鼻子。向山面出梢的檩子与排山梁相交时，梁头或脊瓜柱头只需做小鼻子。小鼻子的宽窄高低不应大于檩径的1/5。桁檩在同角梁相交时，亦按需要做檩碗，有时也在角梁碗口处做鼻子（闸口）（图3-13）。搭交桁檩与斜梁、递角梁及角云等相交时，梁头做搭交桁碗，不留鼻子（图3-14）。

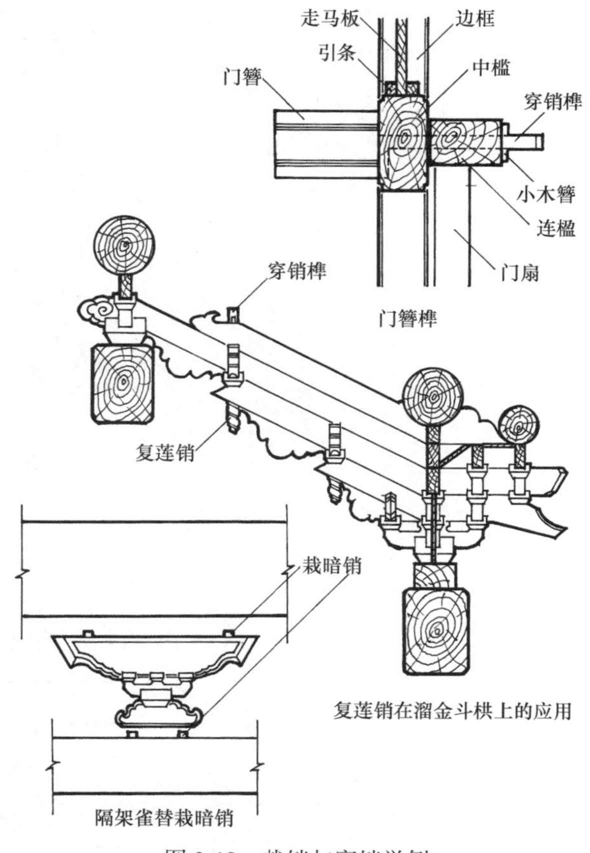

图3-12　栽销与穿销举例

（二）趴梁阶梯榫

多用于趴梁、抹角梁与桁檩半叠交以及短趴梁与长趴梁相交的部位。趴梁与桁檩半叠交时，一般做阶梯榫，阶梯榫的做法如图3-15所示。阶梯榫一般做成三层，底下一层深入檩半

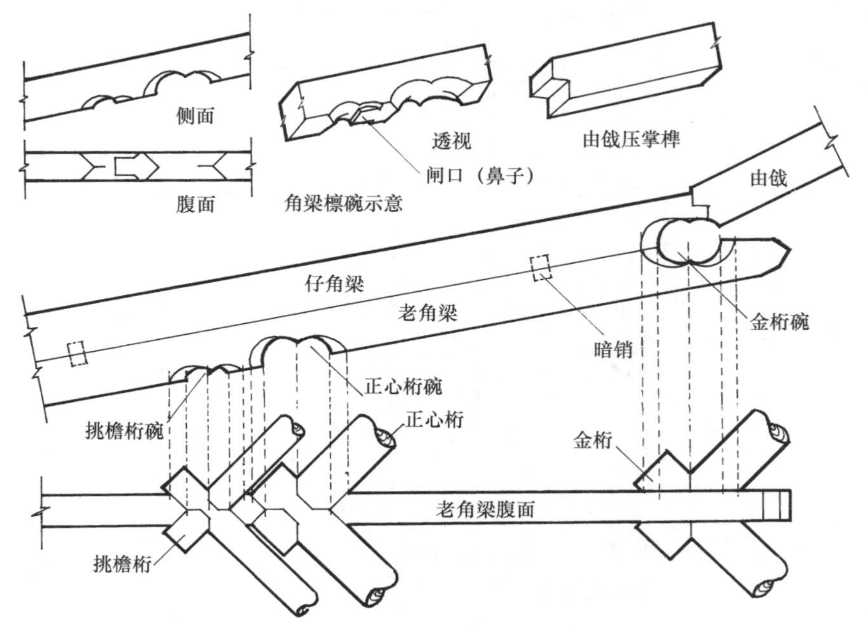

图3-13　角梁桁碗榫卯

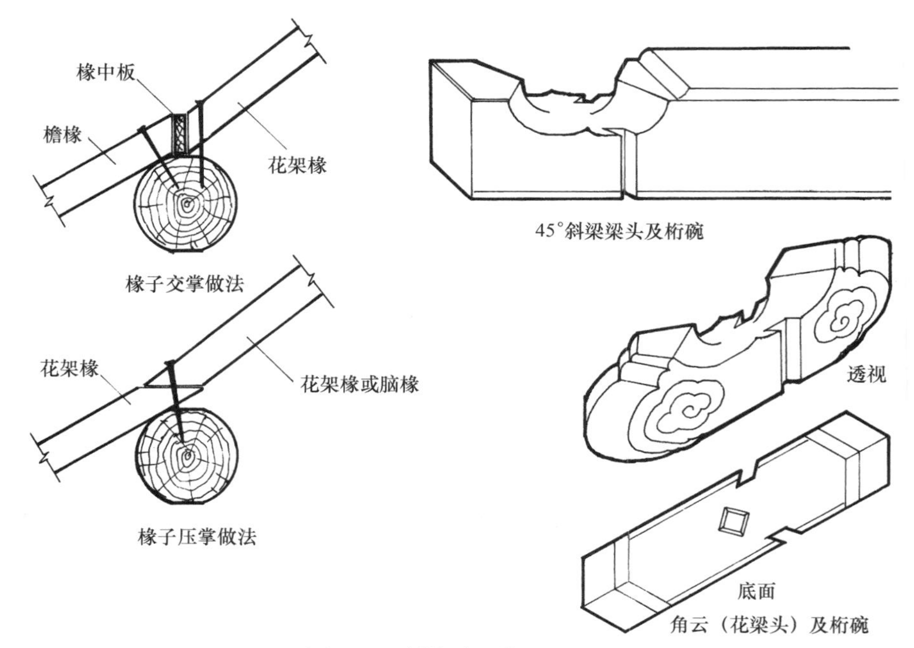

图 3-14　斜桁碗及椽子压掌榫

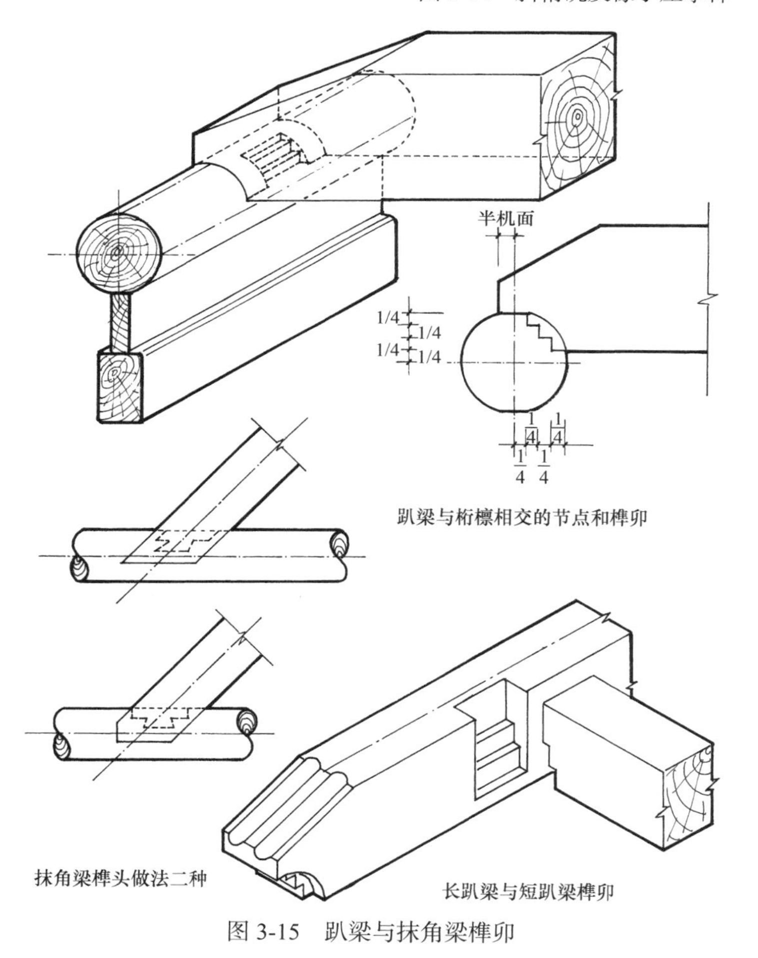

图 3-15　趴梁与抹角梁榫卯

径的 1/4，为趴梁榫袖入檩内部分；第二层尺寸同第一层；第三层有的做成燕尾榫状，起拉接作用；也有做直榫的，榫长最长不得超过檩中。阶梯榫两侧各有 1/4 包掩部分（图 3-15）。长短趴梁相交处榫做法与上略同，可不做包掩。抹角梁与桁檩相交，由于交角为 45°，做榫时，需要在抹角梁头做直榫，在檩木上沿 45°方向剔斜卯口。榫卯的具体做法与趴梁阶梯榫相同。

（三）压掌榫

它的形状与人字屋架上弦端点的双槽齿做法很相似。这种榫多用于角梁与由戗或由戗之间接续相交的节点（图 3-13）。压掌榫要求接触面充分、严实，不应有实有虚。除角梁由戗以外，在椽子的节点处也常用压掌做法。不过椽子是采用钉子钉在檩木上（图 3-14），故不应列入榫卯之列。

六、用于板缝拼接的几种榫卯

制作古建大木和部分装修构件，常常需要很宽的木板，如制做博缝板、山花板、挂落板以及槅板、实榻大门等。这就需要板缝拼接。为使木板拼接牢固，除使用胶膘粘合外，还采用榫卯来拼合。

（一）银锭扣

银锭扣，又名银锭榫，是两头大、中腰细的榫，因其形状似银锭而得名。将它镶入两板缝之间，可防止胶膘年久失效后拼板松散开裂。镶银锭扣是一种键结合做法。用于槅板、博缝板等处（图 3-16）。

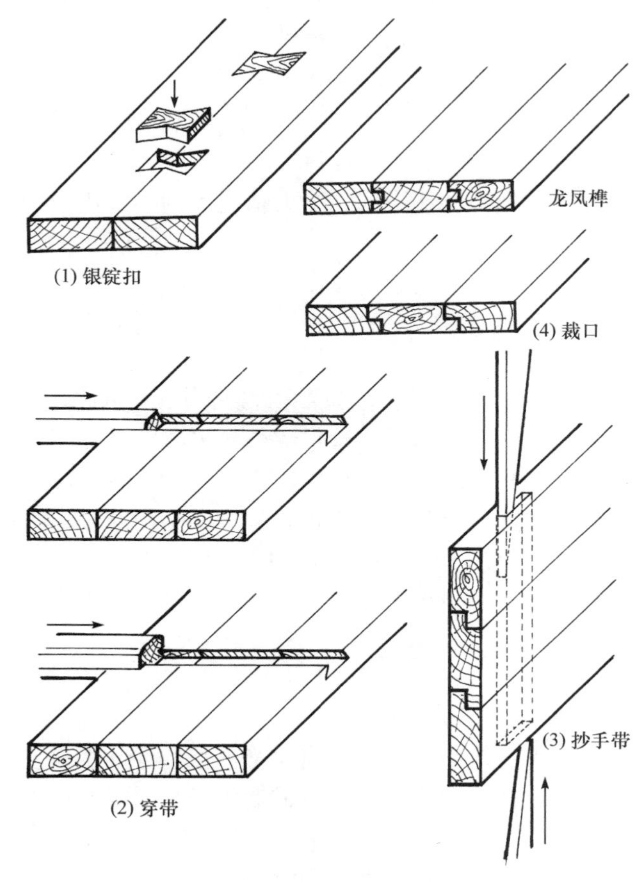

图 3-16　板缝拼接榫卯

（二）穿带

穿带是将拼粘好的板的反面刻剔出燕尾槽。槽一端略宽，另一端略窄。槽深约为板厚的 1/3。然后将事先做好的燕尾带（一头略宽，一头略窄）打入槽内。它可锁合诸板不使开裂，并有防止板面凹凸变形的作用（图 3-16）。每一块板一般穿带三道或三道以上，带应对头穿，不要朝一个方向穿，以便将板缝挤严。

（三）抄手带

这是穿带的另一种形式，但又不同于穿带。穿抄手带必须在木板小面居中打透眼。程序是，将要拼粘的木板配好，拼缝（可采用平缝、裁口或企口缝），然后在需要穿入抄手带处弹出墨线，在板小面居中打出透眼，再把板粘合起来（要将眼对准），待胶膘干后将已备好的抄手带抹鱼膘对头打入。抄手带本身必须是强度很高的硬木，做成楔形。这种作法多用于实榻大门（图 3-16）。

（四）裁口

是将木板小面用裁刨裁掉一半，裁去的宽与厚近似，木板两边交错裁做，然后搭接使用。这种做法常用于山花板（图 3-16）。

（五）龙凤榫

亦称企口，将木板小面居中打槽，另一块与之结合的板面居中裁作凸榫，将两板互相咬合（图 3-16）。

清式木构建筑的榫卯种类很多，除上述以外，还可举出一些。

榫卯的应用是由建筑物采用木结构决定的。我们今天所见到的榫卯，是我国建筑工匠几千年创造实践的成果，是他们辛劳和智慧的结晶。但是，由于木材本身的特点，在榫卯处理方面，也不可避免地存在一些弱点。如榫卯结合处的受剪面偏小，燕尾榫较短，有些节点只能使用半榫拉结等等，都对木构架的结构功能有一定影响。为了克服这些不足之处，清代在建筑物上大量使用铁件加固，如在拼接的柱、梁、枋外面缠铁箍，在柱头两侧的枋与枋之间、排山梁架与柱相交的节点处以及檩木接头处使用过河拉扯，在角梁与桁檩搭交处钉角梁钉，在板缝拼接处加铁锔等，便是这种措施。铁件的使用，对于克服木制榫卯的某些弱点，增强构架的结构功能，是有帮助的。

第二节　各类榫卯的受力分析及质量要求

各类榫卯功能不同，受力情况不同，应用当中对它的技术和质量要求也不尽相同。现举例加以说明：

一、管脚榫、馒头榫

用于柱根和柱头部位的这两种榫，它的作用主要在于固定垂直构件自身不使它水平移位，或固定梁架不使它水平移位。平时，它并不发挥作用，当水平外力（比如地震水平振动或大风）出现时，它才发挥作用。这种榫卯的规格《则例》定为：长、宽、高均为柱径的 3/10。我们在实际应用中，有时将它的规格略为减小，控制在柱径的 1/4～3/10 之间。遇到倾斜建筑（如爬山廊）时，榫子受力的情况就变了。不仅它的断面长度都要保证在 3/10 柱径。而且还需要加用套顶榫，榫卯根部不应有疵病，以保证榫的强度。

二、燕　尾　榫

在古建筑中，凡是枋或随梁一类构件几乎都使用燕尾榫。这些构件既是联接柱头，形成下架围合结构的构件，又有辅助檩子（或梁）承受屋面荷载的作用。当屋面荷载过大、檩子（或梁）弯曲时，其下的枋或随梁也会随之弯曲。枋两端的榫子，此时受到两个方向的力，一是剪切力，一是拉力。这两种力都会作用在燕尾榫根部，这样，就要求榫子根部要保证足够的断面，才能符合受力要求。但是，木结构满足这方面要求是有困难的，枋（或随梁）与柱头相交的榫过大、过厚，会使柱头卯口过大过深，影响柱头的整体性，削弱柱头承受各种外力的能力。因此，在考虑燕尾榫断面大小时，还必须兼顾到柱头的整体性问题。我们通常在定燕尾榫尺度时，一般使它的长度在柱头直径的 3/10～1/4 之间，榫宽等于长，榫子根部收乍不宜过大，以每面收榫厚的 1/10 为宜。榫子收溜也不宜大，也控制在榫厚的 1/10 即可。即使这样，燕尾榫根部断面还是偏小，为补救燕尾榫根部受剪面不够的缺陷，可采用做袖肩的方法。榫子带袖肩，可使榫根部的断面增加 30%左右，这样就可大大增强榫子的抗剪能力。带袖肩的榫子制作起来比较费事。但在一些较大型的建筑物上还应努力推广应用。

三、箍　头　榫

箍头榫受力情况与燕尾榫基本相同，既受剪切力，又受拉力。但它的构造却比燕尾榫要优越得多。箍头榫的厚度，一般控制在柱头径的 1/4～3/10 之间，榫子部分的木质不能有腐朽、劈裂等疵病。

四、透榫（大进小出榫）

透榫多用于拉结构件，如穿插枋、跨空枋等，榫子主要承受拉力，但由于这些构件上面还有其他构件，如梁、随梁等，它所受拉力并不大。因此，大进小出透榫的断面可略小于燕尾榫、箍头榫等受力较大的榫卯。这样，可以使对应部位的柱子断面少受破坏。透榫的厚度一般不应超过檐柱径的1/4。可控制在檐柱径的1/4～1/5之间，大式建筑则可控制在1～1.5斗口。

五、半　　榫

半榫多用于中柱、山柱两侧插梁的后尾，它主要受剪切力和拉力，但是，它的构造却决定了，这种榫卯几乎没有拉结功能，如果要使它具有拉结功能，必须加辅助构件，这就是常常伴随半榫节点而出现的雀替和替木。这两种构件，都是为增加半榫的拉结功能而产生的。雀替高4斗口、厚为3/10檐柱径。长为柱径3倍或更长一些。通过它把中柱（或山柱）前后的构件沟通连接起来，替木多用于小式建筑，长为中柱或山柱径的3倍，宽厚为1/3檐柱径（或同椽径）。大式建筑用雀替，小式仅用替木，这并非仅仅是建筑等级的需要，主要还是结构上的需要。大式建筑体量大，节点受外力也大，所以需要辅以雀替这样的较大的辅助构件。

六、十字卡腰榫

十字卡腰榫用于搭交檐檩、搭交金檩、搭交挑檐檩等。各种搭交檩子，节点处所受的力主要是拉力。来自两个方向的檩木扣搭相交后，节点处的断面要损失约3/4，仅剩下约1/4。这在一般情况下是没有大问题的。但当受到地震等较大的外力作用时，则有可能出现节点榫子被拉断的现象。因此，我们在制作这类榫卯时，一定要注意在节点处不能有腐朽劈裂、节疤等疵病，而且榫卯的松紧要适度，既不可太松也不能太紧，以确保木构节点的质量。

七、趴梁、抹角梁与檩子扣搭处的阶梯榫

趴梁与檩子的节点，各件的受力情况不同，就趴梁榫子来看，它只是起固定构件避免移位的作用，在平时，不起其他作用。当建筑物晃动或杆件自身弯曲时，它会受到一定的拉力。就檩子来看。它受到趴梁（或抹角梁）传导下来的荷载，构件是受弯的。根据这个分析，可以看到，阶梯榫本身起固定构件勿使移位的作用，并有时受到一定的拉力。榫头要具备这两个方面功能。卯口部位构件受弯，断面必须有保障，制作卯口时断面损失不能过大。因此，对阶梯榫的要求是，卯口刻剔深度要严格控制，不能过深。一般情况下，因刻剔卯口损失的断面不得超过檩子截面面积的1/5。趴梁阶梯榫端头应当做出大头榫，以具备抗拉功能。

八、其 他 榫 卯

（一）十字刻半搭交榫

大木中的十字刻半搭交榫，如无其他特殊要求外，都是将构件上下各按高（或厚）的1/2

刻去，两侧分别按构件自身宽的 1/10 做出“袖榫”（即“包掩”）以保证榫卯的严谨，但袖榫不能过大。斗拱、平板枋等构件榫卯制作均按此要求。

（二）销子榫

销子榫所需数目，除坐斗等方形构件以外，其他构件叠交固定时构件间所栽销子榫至少两个或两个以上。所用销子多少要视构件长短而定，以满足结构要求，并以能防止构件自身扭曲凹凸变形为准。大木构件销子榫厚通常为 3 厘米，长 5～6 厘米，斗拱等小件榫宽 1～1.5 厘米，长 2～3 厘米。

（三）瓜柱管脚榫

瓜柱管脚榫（或单榫或双榫），只起固定柱脚作用，一般不受其他方向力的影响。因此，制作并无特殊要求。一般做到使构件稳定，不晃动即可，榫厚可在 2.4～3.2 厘米。

在木作工程中，对榫卯的质量要求是很严格的。这些要求，是在对各种榫卯受力分析的基础上提出来的。但以上仅是对榫卯受力情况以及功能作大致分析，至于榫卯节点的结构分析，则需要另外深入研究并进行节点实验。

第四章　大木制作与安装技术

第一节　木构建筑的特点和大木制作

组成一座完整的木构建筑骨架，需要有柱、梁、枋、檩、板、椽、望板以及斗拱等多种构件。各类构件的功能不同，形状不同，在建筑物中的位置不同。构件之间凭榫卯结合在一起。榫卯的形状、大小、相互之间的结合方式也有很大差别。要将数以千百计，而形状、功能、位置又各不相同的构件有机地组合起来，构成一座建筑物的骨干构架，就要事先将它们准确无误地制作出来。这就是我们通常所讲的“大木制作”所要完成的任务。

大木制作是古建筑木作技术的重要内容，掌握大木制作技术，要具备几个最基本的条件。第一，要熟悉建筑构造，了解每个构件的具体位置及其与周围构件的关系。不论建筑物的构造多复杂，承担大木制作工作的技术人员对建筑物的构造都要十分熟悉。这座建筑物中共有几类构件，每类构件各有多少？哪些是一般构件，哪些是特殊构件，它们的作用是什么？这些构件在整体构架中处于什么位置？它与周围的构件是什么关系？等等，都必须十分清楚。比如，提起“踩步金”，就应马上想到，它是歇山建筑梢间的一根起特殊作用的梁，位于由山面檐檩向内一步架处，它与对应的正身梁等长，但两端头是檩子形状，而且与前后檐金檩扣搭相交。踩步金底皮与下金檩底皮平，因此，它比正身梁高一平水（即一垫板高度）。它上面承载三（或五）架梁，山面檐椽搭置在它的外侧面。它的端头节点下有交金瓜柱或交金墩承接，45°方向还有角梁后尾与它按扣金方式相结合等等。只有对整体构造和每个构件都了解得十分清楚，才能将这个构件准确地制作出来。第二，要十分熟悉各类木构件的权衡尺度。仍以“踩步金”为例，提到它，就应想到，它是一根特殊的梁，它的权衡尺度应与对应梁架相等。假定它的对应梁架是五架梁，那么，踩步金高应为 1.5D，厚 1.2D，长四步架加两端头，按搭交檩径二份共 3D，共计 19D。这样，才能准确地排丈杆和下料。第三，要十分熟悉榫卯的构造。木构件榫卯的构造是由构件的功能、构件榫卯的受力方向、构件相互间的结合方式、构件所处的位置和安装程序诸方面因素决定的。必须对这些有清楚的了解和认识，才能准确地进行榫卯的制作。

经过前人的长期实践，形成了一套古建大木制作的技术和方法，我们要认真地学习和继承这些成功的经验和技术，以服务于今天的古建筑营造和修缮事业。

第二节　备料、验料及材料的初步加工

一、备　　料

备料是按设计要求，以幢号为单位（如正殿 7 间、配殿各 5 间、钟鼓楼各 1 座等），开列出各种构件所需材料的种类、数量、规格方面的料单，提供给材料部门进行采购或进行加工。料单要列具体项目，如柱子共多少根，其中檐柱多少根，规格尺寸是什么；金柱多少根，规格尺寸是什么，中柱多少根，规格尺寸是什么等等。檩子共多少根，其中明间多少根，长

多少，径多少；次间多少根，长多少、梢间多少根，长多少。梁类、枋类也要按同样方法开单，如：抱头梁多少根，长、高、厚各多少，五架梁多少根，长、高、厚各多少等等。

备料要考虑“加荒”，所备毛料要比实用尺寸略大一些，以备砍、刨、加工。一般柱、檩类圆形构件，长在一丈以内每根加长荒五寸左右，长在一丈以上的，所加长度可按小头直径一份。直径加荒应以去掉树皮疵病，取直后够用为原则，一般按木材小头计，使原料小头直径去皮后等于或略大于柱（或檩）的实用直径尺寸。梁、枋一类方形构件，长荒每头加 1～2 寸，每根加 2～4 寸。特大型构件，每端可加长 3～4 寸，每根加长 5～8 寸，宽厚加荒可按构件宽厚的 1/25。

二、验　料

验料就是对所备出的材料质量进行检验。包括检验有无腐朽、虫蛀、节疤、劈裂、空心以及含水率大小等内容。检验木材含水率，可取一定体积的木材，根据该木种含水率为 0 时的容重计算出它应有的重量，再称出它的实际重量，将两个重量相比较计算出含水率，也可根据经验测含水率。如用手摸或用斧砸新木茬，看有无水渍。一般大木构件含水率不应超过 25%，大于这个比率时应作干燥处理。检查木材是否有髓心腐朽问题，可通过敲击所发出的声音进行判断，一般情况下，髓心如有腐朽空洞，敲击时发出“空空”的声音。如发现髓心腐朽或虫蛀则应立即更换。节疤和裂缝对于大木构件是不可避免的，树干旁生支杈，都会在主干留下节疤。但要看属于哪种情况，节疤分活节和死节两种。所谓活节是活枝杈留下的节疤，这种节疤与周围木丝长成一体，周围材质坚硬，一般不影响使用。所谓死节，是已经死去多年的枝杈或枝杈死后根部腐朽在主干上留下的节疤。这种节疤与周围木丝脱离或腐朽，影响木构件断面，腐朽部分占断面 1/4 时即不能使用。裂缝，分风干裂缝和损伤裂缝两种情况，风干裂缝是由于木材风干过程中失去水分，木质萎缩形成的裂缝，深度一般不会超过断面的 1/4，不影响使用。损伤裂缝是伐木时掰裂或摔伤劈裂，这种裂缝破坏木材强度，一般不能使用。虫蛀或腐朽木材，一般都不能使用。在构件的节点、榫卯处，以上各种疵病——裂缝、腐朽、节疤等都应避免，以保证节点榫卯的质量。检验木材疵病应视疵病在构件中的部位，具体问题具体分析。既要保证构件质量，保证建筑安全又要节约木材，合理使用木材。

三、材料的初步加工

材料的初步加工是指大木画线以前，将荒料加工成规格材的工作，如枋材宽厚去荒，刮刨成规格枋材，圆材径寸去荒，砍刨成规格的柱、檩材料等。

梁、枋等方形构件的初步加工，应先选择一个面为底面，首先将底面刮刨直顺、光平，要注意加工后的面绝对不能扭曲（俗称“皮楞”，即木料的两边棱不平行）。底面刮刨完毕后，再加工侧面，方法是：以底面为准，用 90°角尺在迎头勾画底面的中垂线，要保证构件两端的中垂线互相平行。然后以中线为准，按材料实用厚度画出左右侧面线。再将迎头的侧面线弹在长身的上下两面，然后按线砍刨去荒，使材料的薄厚符合构件的尺寸要求。如是枋类构件，还应加工第四面，使材料高度也符合要求。如是柁梁一类构件，第四面为梁背，可以不再加工，加工好的木件，应按类别码放整齐，以备画线制作。

柱、檩类圆形构件的初步加工是取直、砍圆、刮光，传统的方法是放八卦线。放八卦线方法如下：将已经截好的柱子（或檩）荒料两端垫平，使之离开地面一尺左右以便操作。首先，在圆木两端画出十字中线。两根中线要互相垂直，圆木两端对应的中线要互相平行。（见

图 4-1）画十字中线时，要看荒料是否直顺，如果直顺，两根十字中线应垂直平分，如有弯曲，应通过调整端头中线位置的方法（俗称“借线”），使圆木去荒后能取出一根比较完整的柱或檩来。图 4-1 所示为放八卦线的全过程，已画好的十字中线相交于 O 点，先以 O 为中心，根据柱（或檩）的直径尺寸，在十字中线上分别点出 A、B、C、D 各点，使 AB=CD=柱（或檩）径，（放柱子八卦线时要注意分清上下端，两端柱径不等），分别过 A、B、C、D 各点作十字中线的平行线，围成边长等于直径的 EFGH 正方形。正方形方框以外部分即应砍去的部分。两端四方线都放好后，可将应砍去的部分在圆木长身上用墨线弹出来［弹线方法：如要弹线去掉 FH 以外的部分时，需将墨斗线两端按在直线 FH（F’H’）与圆木外缘的交点上，然后，顺着直线 FH 提起墨线弹线，这样，在圆木长身方面弹出的线才能准确反映 FH 直线以外的应砍去部分。如不是顺 FH 方向，而是沿任意方向提起墨线，弹出的线都不准确］，然后按墨线痕迹将圆木砍刨成正四方形。四方砍刨完成后再放八方线。用柱（或檩）直径 2R×0.414，得出长度 *l*，分别以 A、B、C、D 为中点，以 *l*/2 为线段在 A、B、C、D 两侧直线上点出各点，然后，把这些相邻的点连起来，构成正八方形。再将迎头八方线按上述方法弹在木件长身上，砍去八方线以外的部分，这时木件已被砍刨成正八方形。再在八方的基础上放十六方形，方法是将八方每个面均分四等份，然后连接角两侧相邻的点，使八方形变成正十六边形，砍刨多余的部分，再放三十二边形，直至刨圆为止。这样，一根浑圆直顺的柱子（或檩子）料就初步加工完成了。

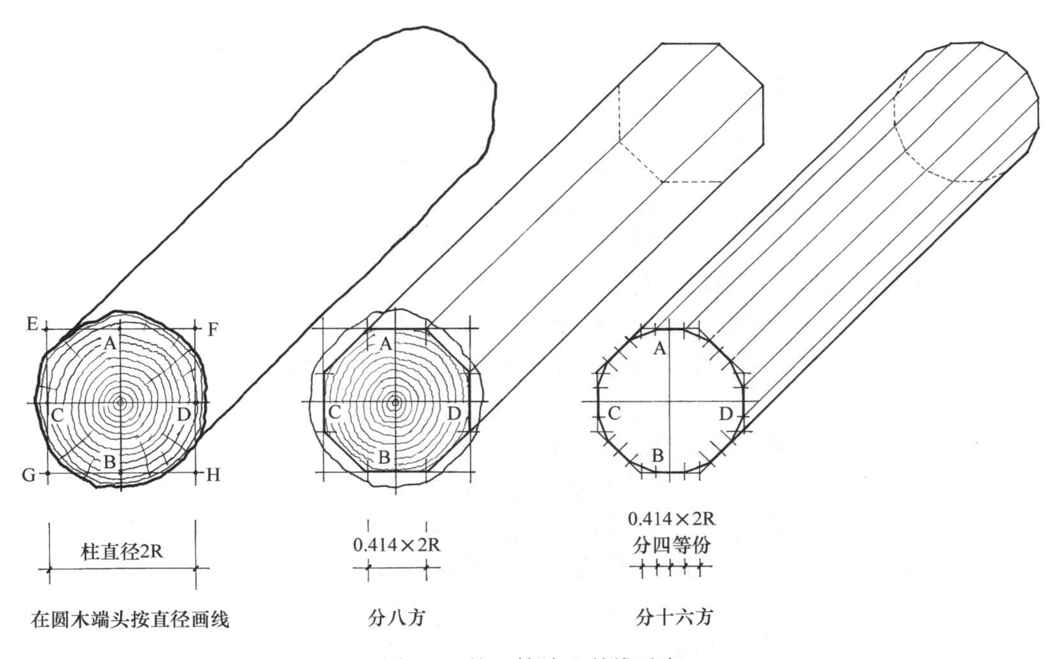

图 4-1　柱、檩放八卦线示意

其他构件材料，如垫板、飞椽、望板等也需进行初步加工，加工成需要的规格材料，以备画线、制作。

第三节　丈杆的作用与制备

丈杆是古建筑大木制作和安装时使用的一种既有施工图作用，又有度量功能的特殊工具。

在大木制作之前，先将建筑物的柱高、面阔、进深、出檐尺寸、榫卯位置都刻画在丈杆上，然后凭着丈杆上刻画的尺寸去画线，进行大木制作。在大木安装时，也用丈杆来校核木构件安装的位置是否准确。凭丈杆来进行大木构件的制作和安装是我们祖先留下来的传统施工方法。这个方法稳妥可靠，可避免发生差错，而且运用起来很方便，至今仍为广大工人和技术人员所采用。

丈杆分为总丈杆和分丈杆两种。总丈杆是反映建筑物面阔、进深、柱高等主要尺寸的丈杆，它是确定建筑物高宽大小的总尺子、总根据。在古代，搞建筑施工很少用施工图纸，而是凭丈杆来记录各部尺寸。总丈杆就相当于施工用的基本图纸。分丈杆是反映建筑物具体构件部位尺寸的丈杆，如檐柱丈杆、金柱丈杆，明间面宽丈杆、次间面宽丈杆等，是丈量记载各部具体尺寸和榫卯位置的分尺。分丈杆相当于施工中的具体图纸或详图。

丈杆是用质地优良，不易变形的木材做成的长木杆（一般用红白松或杉木制作），总丈杆较长，断面也较大，一般断面尺寸为 4 厘米×6 厘米或更大一些。它不直接用来画线，而是作为总的尺寸根据。分丈杆的长短，按不同类型构件的长短来定，断面也相对较小，通常 3 厘米×4 厘米或稍大一些即可。分丈杆是直接用于大木制作和安装的度量工具。

制备丈杆称为“排丈杆”，排丈杆的方法如下：

一、排总丈杆

大木制作之前首先要排出总丈杆，方法是将四面刨光的木杆任意一面作为第一面，排面宽尺寸。先明间，将明间面宽实际尺寸标画在丈杆上，两端线标注中线符号，表明是明间檐柱柱中位置。排完后，注明“明间面宽”字样。然后再标画次间面宽，以明间一端尺寸为准，在另一端画出次间面宽的实际尺寸，画上中线符号，并注明“次间面宽”字样。如梢间与次间面宽不同，再标画梢间面宽；如相同，则应在“次间面宽”处同时注上“梢间面宽”字样。第一面即标画完毕。第二面标画进深尺寸。进深尺寸即前后檐柱柱头的中—中尺寸（柱侧脚尺寸不包括在内）。如果平面有四排柱，则进深尺寸应是包括前后廊在内的通进深。首先画出进深方向的中线，（如果进深过大，丈杆上画不开，可标画通进深的一半），在中线上画上“老中”符号，表明这是建筑物进深的总中线（或脊檩中）。然后按步架尺寸画出每步架的中线，并画出梁头位置，标上截线，分别标明是三架梁、五架梁、七架梁。有抱头梁（或桃尖梁）的，还应标画出廊步架和抱头梁位置，注明这一面是进深丈杆。第三面，标画柱高尺寸。柱高尺寸应包含檐柱和金柱柱高在内，有重檐金柱的，则应标画上重檐金柱的尺寸及榫卯位置（以上均见图 4-2）。面宽、进深、柱高尺寸标画完毕后，第四面可标画出檐平出尺寸（由檐柱中—飞檐椽外皮），带斗拱的建筑还应标出斗拱出踩尺寸。排丈杆的工作一般应由木工工长来做，也可由班组技术负责人进行。总丈杆排好以后，要由工程技术负责人及各作工长共同验杆，仔细核对确保尺寸准确无误。

二、排分丈杆

总丈杆排完验讫以后即可排分丈杆。为使用方便，分丈杆最好每类相同构件排一根，如檐柱、金柱、明间面宽、次间面宽、梢间面宽、抱头梁、七架梁、五架梁、三架梁各排出一根分丈杆，并在丈杆上写明同类构件的数量，制作完成一类构件后，就可将这类的分丈杆收存起来备查，以免出现差错。

排分丈杆，要从总丈杆上过线，不要重新画线，以防掐量尺寸不一致或看错尺寸。每排一根分丈杆都要对准总丈杆上的对应尺寸，用方尺过线。分丈杆用途具体，因此，上面的符号也应标画的更加齐全。如排面宽丈杆时，不仅应当画出面宽尺寸，还应画出檩子燕尾榫长度、卯口深度、椽花位置等等。哪条是中线、哪条是截线，都要标画清楚。又如，排进深丈杆，不仅应画出老中、各步架中、梁头外皮位置，还应注明哪是中线、哪是截线等等。再如排柱高丈杆，应将上下柱头肩膀线、馒头榫、管脚榫、枋子口、透眼、半眼等各个榫卯位置都要标画清楚，使人一目了然（以上均见图 4-2）。排分丈杆可由工长，也可由班组技术负责人进行，一般说来，谁承担大木画线工作，就应当由谁来排丈杆。分丈杆排好后，也要仔细检查并与总丈杆进行核对，以免出现差错。

丈杆用途很广，在大木制作和安装的全过程中都离不开它，因此丈杆的使用保管都要有专人负责，不要乱扔，更不得损坏涂改。每次使用丈杆之前，要检查有无损坏或人为破坏，以免使工程造成损失。

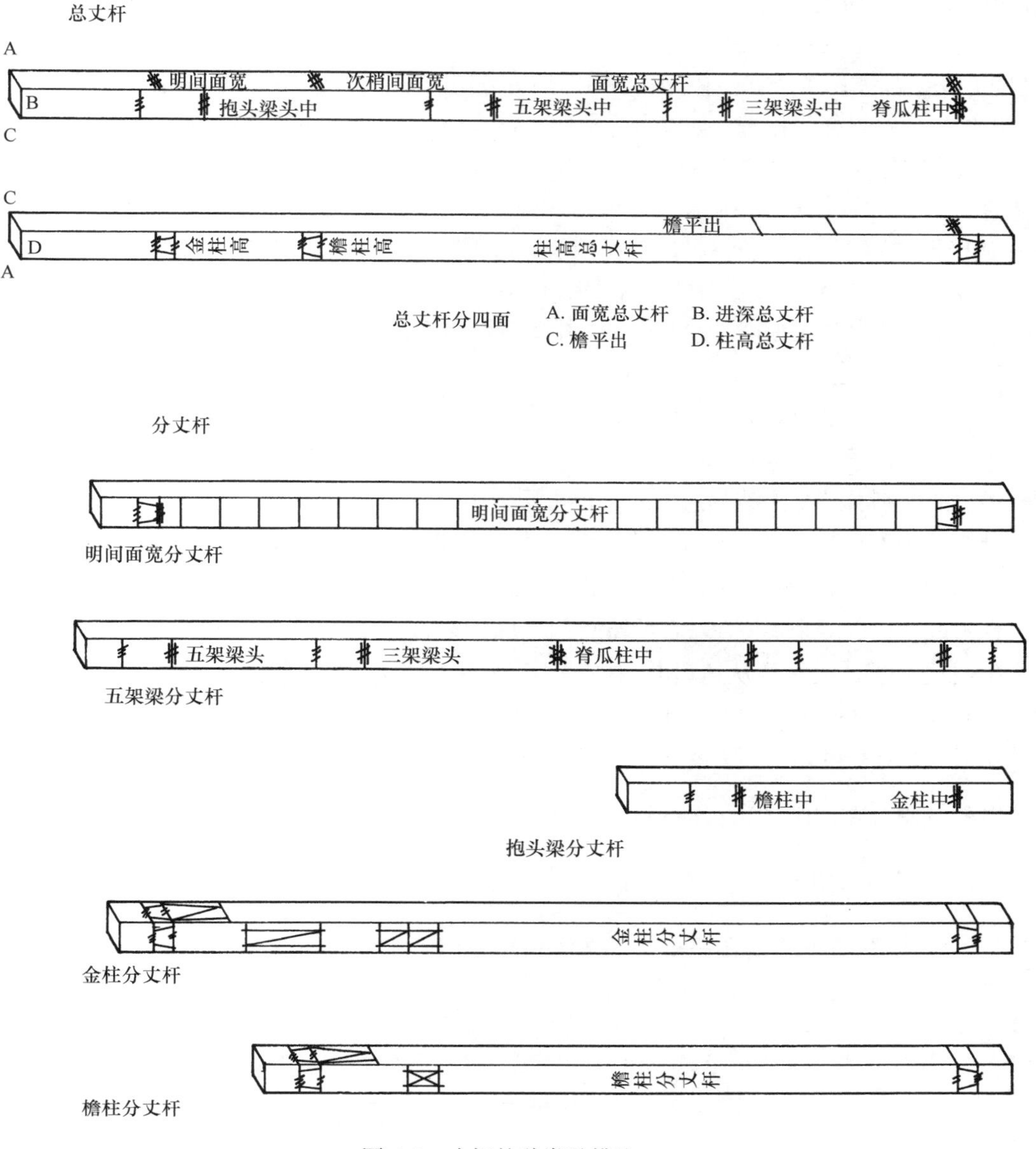

图 4-2　丈杆的种类及排法

第四节　大木画线符号和大木位置号的标写

一、大木画线符号及其应用

大木制作第一道工序就是大木画线。大木画线是在已初步加工好的规格料上把构件的尺寸、中线、侧脚、榫卯位置和大小等等用墨线表示出来，然后，工人才能按线进行操作。古建大木制作所用的画线符号有多种，它们分别是：中线、升线、截线、断肩线、透眼线、半眼线、大进小出卯眼线、有用的线、废弃的线（错线），还有表示构件部位的平水线、抬头线、熊背线、滚楞线等等。

中线：中线是大木画线时最常用也是最重要的线，俗话说“大木不离中”离开中线，大木的制作、安装都失掉了依据。中线用于构件长身方向时，一般就是在构件自身居中弹出一条线，线上不用任何符号作为标记。如在制作梁时，首先要画上迎头中线，在梁底和梁背上也要居中弹出中线。制作枋、随梁等构件时也要首先在构件迎头和长身的上下面弹出中线，制作檩子时要在迎头画上十字中线，并在长身上弹出四面中线（上下及两侧面）。制作柱子时，也要在两端头画上十字中线，并在长身弹出四面中线。有侧脚的檐柱，在中线内一侧还要弹出侧脚线，即“升线”。为了区别中线和升线，在中线上画一个“中”字或“”符号，这是中线的标记。在排梁架丈杆或制作梁架时，各步架的中线要表示出来，为了区别中线和其他线（如梁头截线、垫板口子线等），也要在线上标上“”符号。中线还分一般中线和“老中”。所谓老中是指几道中线在一起时，最原始的那条中线，如搭交檩子在梁（或角梁）侧面形成三条中线，中间一条是两个方向檩子与梁或角梁三条中线的交点，称为“老中”，老中线的符号是“”，以示同一般中线的区别，一根梁架的总中线，也可用老中符号表示。

升线：是专门用来表示柱子侧脚的线，仅用于外檐柱上，弹在柱子中线里侧。在直线上画四道斜线，用“”来表示。大木安装时，这道升线要垂直于水平面，使柱子向内倾。

在直线上画三条斜线“”表示截断的意思，称为“截线”，用于构件的端头。在直线上画两条斜线“”，表示要从这里断肩，多用于各种榫的两侧。同时画了两条线，其中一条正确，一条错误，可在正确的线上画×，“”表示这条线是正确的；在错误的线上画○，“”或“”表示这条线已经废弃不用。

凿作透眼，在卯眼的边框内画双向对角线“”，表示这里要凿成透眼；凿作半眼，在卯眼边框内画单向对角线“”表示这里要凿半眼。大进小出卯眼，是将二者结合到一起，用“”表示。剔凿枋子口，在一个梯形枋子口边框内画单向对角线“”，同时，枋子口的上端要画断肩线或截线。图4-3为以上各种线在大木画线中应用的示意图，从中可以看到各种线的用法。

二、大木位置号及其标写方法

木构架是由许多单件组成的，每一个单件都有它的具体位置。在大木制作时，画线人员

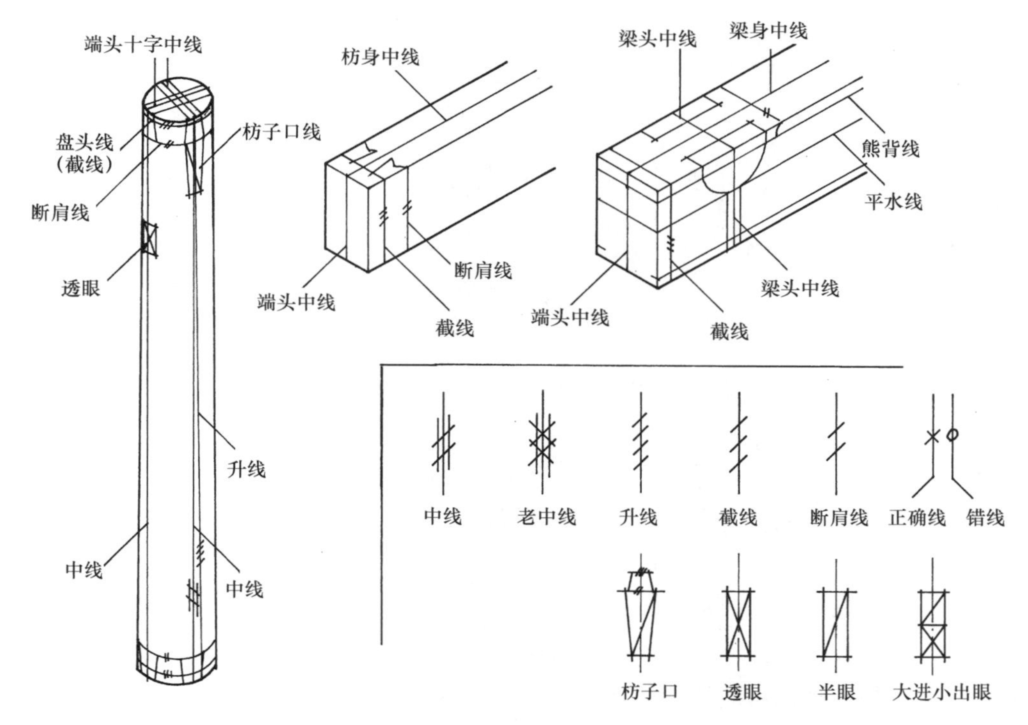

图 4-3　大木画线符号及其应用

首先要明确所画的这根构件在什么位置，明确了具体位置，才能确定它榫卯的方向和形状。特别是转角处的构件，更不能错位。画线完毕以后还必须将位置在构件上标写清楚，以便安装时对号入位。这样做也是防止漏掉或重复制作构件的有效措施。

标写大木位置号，首先要在平面上先排出柱子的位置。柱位的排法通常见到的有两种，一种是从一幢建筑的明间开始向两侧排起，这种编号方法称为“开关号”。图 4-4（1）是一幢五开间北房建筑平面示意图，上面标有各个柱子的位置名称。运用这种“开关号”编排方法时，首先应写明这根柱子是用于那一幢房子的，它在明间的那一则，还要写明它位于前檐还是后檐，它是什么柱子，写字的一面朝那个方向。如图中①号柱位于明间东侧第一缝，是前檐拄，字写在里侧，（柱子上注写位置号时字都要写在内侧，转角处的柱子字要注在对角线内一侧），写字的一面向北，那么，这根柱子的位置号就应写成：“北房明间东一缝前檐檐柱向北”；②号柱的名称就应写成：“北房明间西一缝前檐金柱向北”；③号柱应写成“北房明间西二缝后檐金柱向南”；④号柱应写成“北房东山柱向西”；⑤号柱写成“北房东北角柱向西南”。

另外一种编排方法，是由一端向另一端编排，这种编号方法叫做“排关号”，例如规定出柱子一律从左侧排起，则柱子名称应注成“前檐一号檐柱”，“前檐二号檐柱”，“后檐一号金柱”，“后檐二号金柱”等等。在一般情况下，正南正北的建筑物，多用“开关号”编排位置号，而多角亭、圆亭或其他异形建筑，才采用“排关号”编排位置号。图 4-4（右）为八角亭平面，可事先规定好从东南角或西北角作为第一号柱，然后延顺时针方向排列，分别为 1 号，2 号，3 号……总之要首先确定柱子的位置。主持画线制作的人员头脑要清楚，每一棵柱都要写好位置号，安装时按号入位，不能乱放。

其他构件按同样方法标写，如梁的位置可写成“北房明间东一缝五架梁”、“北房明间西二缝前檐抱头梁”等等。梁枋类构件的位置号，要注写在构件的上面，不要注在下面，也不

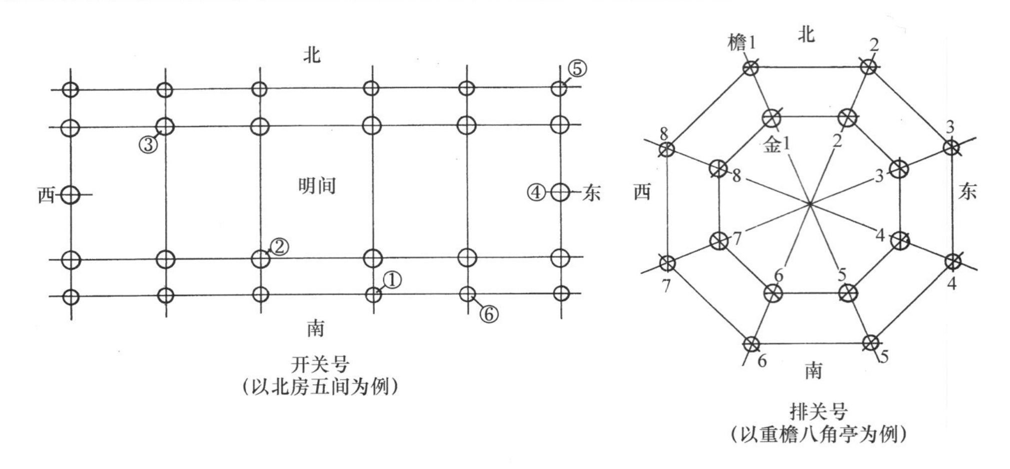

图 4-4　柱子位置号的编排及标注方法

1. 明间东一缝前檐檐柱向北　2. 明间西一缝前檐金柱向北　3. 明间西二缝后檐金柱向南　4. 东侧山柱向西　5. 东北角檐柱向西南　6. 明间东二缝前檐柱向北

要注在侧面，即所谓“上青上白”。注字时，还应注意梁头的方向，如五架梁，那一端朝前，注写时字头就应在哪一边。枋类构件也按同样方法注字，如“北房东次间檐枋”，“北房东一缝随梁枋”等。如果是用讨退的方法制做的榫卯，还应保证枋子榫对号入卯。特别是面宽方向的枋子，由于各层梁架薄厚不等，枋子的长短也有差别，如不注写清楚，很可能安错位置造成梁架歪闪或闯退中线。檩子也按同样方法标写，要求必须注明具体位置，对位安装。

多角亭、圆亭或其他异形建筑梁、枋的注法，应与柱子排号一致，可在枋子的两端分别标上它与哪一棵柱相交。编排异形建筑柱位号还可以采用画示意图的方法，事先画出一张平面草图，在上面注明柱子的位置号，安装时将柱子上标写的位置号与草图对照进行安装，也可以避免差错。

总之，标写大木位置号是一项很重要的工作，不论大木制作或安装时都不可缺少。必须引起高度重视。大木画线以及标写位置号的工作都必须由专人来做，从始至终负责到底，以防出现差错。本节所述大木画线符号以及大木位置号的标写方法仅限北京地区，至于其他地区以及地方手法则应因地而异，不能一概套用。

第五节　大木制作的组织形式和工具的制备

参与大木制作的人员，一般分为画线人员和具体操作人员两部分。画线人员应是工人中技术最高，头脑最清楚，最有责任心的佼佼者，称为“掌案”的，即大木制作工程的技术负责人。另配备助手一名，组成“一档”。一般木结构工程，有“一档”画线就可以了。如遇较大的工程，可有两档或两档以上来画线，原则上应是以栋号分档，一档负责一个或两个栋号，不要互相交叉。比如，一档负责北房和东西耳房，另一档负责东西厢房及倒座等等。大型单体建筑的大木制作，也可由几档共同承当，但必须是在统一排丈杆、统一组织下进行。如 1969 年搞的天安门城楼翻建工程，就组织了一个画线小组，由几名技术高超、责任心强、德高望重的老匠师“掌案”，各带一名助手，分成四五档，分别负责柱类、梁类、枋类、椽望翼角等类的大木画线工作，责任分清，各司其职，其中由一名总负责、总监督随时检查各档画线情况，其余一百五十余名工人砍刨剔凿、锯解制作。大木制作是一项极严格的工作，如果组织不好，出现混乱，就要出问题，因此，必须十分重视生产的组织工作。在当前的古建工程中，有个别地方实行画线齐动手，每人一棵柱，每人一根柁，自己画自己制做的办法。这种做法是不允许的，应予以纠正。

大木制作关键在于画线，大木画线有如裁缝画线裁衣，至于缝制衣服——大木制作中的刮、拉、凿、砍，制作榫卯工作则要求操作人员会认线，有一定的责任心和技能技巧，能严格地按线做活，保证工程质量。

大木画线所需工具有丈杆、墨斗（弹墨线用的传统工具）、弯尺（90°角勾尺。如画多角形建筑的构件还需制作特殊角度的弯尺）、画扦（用竹子制作的沾墨的画线工具）和其他根据需要现制的辅助工具（如画柱脖用的样板、画檩碗用的檩碗样板、岔活用的岔子板、画榫卯用的榫卯样板、博风头样板、桃尖梁头样板、斗拱样板等等（图 4-5）。

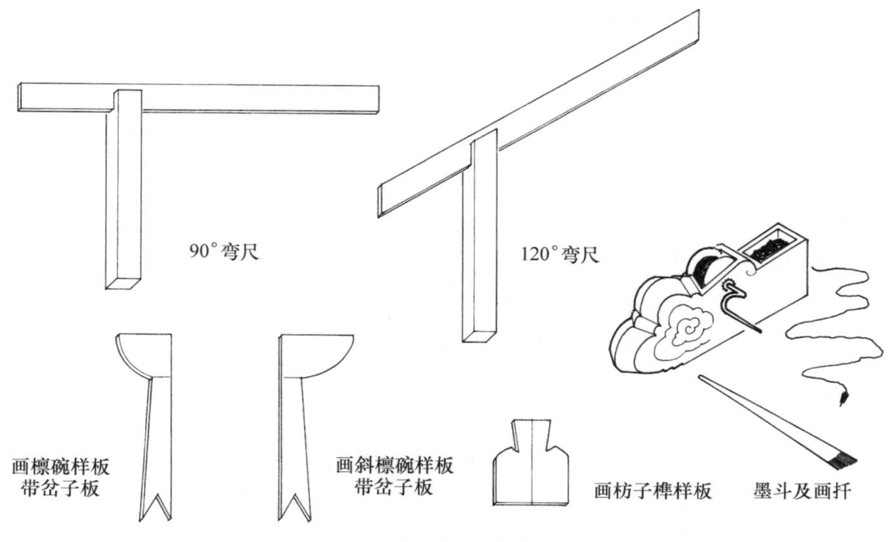

图 4-5　大木画线工具举例

大木制作工具有传统工具，锯、刨子、锛子、斧子、扁铲、凿子、锤子等等。现代工具，常用的有电锯、电刨、刨车、立刨、电钻等等。

第六节　柱类构件的制作

柱子是垂直承受上部荷载的构件，它是构成建筑的最主要构件之一。古建大木中，柱子的种类很多，依位置、作用不同各有各的名称、形状和构造，它们分别是：

檐柱——位于建筑物最外围的柱子，主要承载屋檐部分重量。

金柱——位于檐柱以内的柱子（位于纵中线的柱子除外）。金柱依位置不同又有外围金柱和里围金柱之分。相邻檐柱的是外围金柱，如无里围金柱时，则简称“金柱”，在小式建筑中又名“老檐柱”；外围金柱以内的金柱称为“里围金柱”。金柱承载檐头以上屋面的重量。

重檐金柱——金柱上端继续向上延伸，达于上层檐，并承载上层檐重量时，称为“重檐金柱”。重檐金柱见于重檐建筑当中。

中柱——位于建筑物纵中线上的柱子，称为中柱，中柱直接支顶脊檩，将进深方向梁架分为两段，常见于门庑建筑。

山柱——位于建筑物两山的中柱称为山柱，常见于硬山和悬山建筑的山面。山柱将建筑物的排山梁架分为两段，山柱在门庑或民居中都可见到。

童柱——下脚落在梁背上（如桃尖梁、桃尖顺梁、趴梁等承重梁），上端承载梁枋等木构件的柱子，称为童柱。常见于重檐或多重檐建筑当中。

擎檐柱——单纯用于支擎屋面出檐的柱子，称为擎檐柱，多见于重檐或多重檐带平座的建筑物上，用来支撑挑出较长的屋檐及角梁翼角等。柱子断面通常为方形，柱径较小。擎檐柱与其间联络构件枋、折柱、花板、栏杆等结合在一起兼有装修的功用。

雷公柱——用于庑殿建筑正脊两端，支承挑出的脊桁的柱子，叫雷公柱。多角形攒尖建筑中，攒尖部分凭由戗支撑的柱子也叫雷公柱。雷公柱下脚落在太平梁上，多角亭雷公柱也有悬空做法。

角柱——位于建筑转角部位，承载来自不同角度的梁枋等大木构件的柱子，均称为角柱。诸如：檐角柱、金角柱、重檐金角柱、角童柱等。由于角柱要同来自不同方向的构件相交，柱上榫卯构造比正身柱子复杂一些。

除以上常见的数种柱子之外，在一些特殊建筑当中，还有特殊作用并有特殊名称的柱子，如天坛祈年殿内的四棵通天大柱，被称为"龙井柱"，它们实际上属重檐金柱，不过是直接支承第三重檐罢了。但由于第三重檐室内有"蟠龙藻井"，故它又被称为"龙井柱"。又如北海小西天观音殿内的四棵大柱被称为"将军柱"，它实际上也属金柱一类，只因这四棵柱粗大，承载的重量大于其他柱，因此被冠以"将军"的美称。类似情况还有很多。遇有这种情况，应善于识别构件的作用，从分析它的作用来判断它应属于哪种类别。

现分别以檐柱、金柱、重檐金柱、重檐角金柱、中柱、童柱、擎檐柱为例，简述这些柱类构件放线制作的程序和注意事项。关于柱类构件的初步加工（放八卦线去荒、砍圆刨光等工作），已在前面叙述，这里不再重复。

一、檐　　柱

（1）首先，在已经砍刨好的柱料两端画上迎头十字中线（如果初步加工时已画好十字中线，可利用原有的中线）。每一端的两条十字中线要垂直平分，两端对应的中线要互相平行。

（2）把迎头中线弹在柱子长身上。弹线后，要根据柱子材料各面的好坏情况，定出哪一面做正面，哪一面做里面和侧面。一般应以最好的一面朝外，有毛病的一面甩在室内或侧面。

（3）用柱高丈杆在一个侧面的中线上点出柱头，柱脚、馒头榫、管脚榫的位置线和枋子口线。

（4）根据柱头、柱脚位置线，弹出柱子的升线。升线上端与柱头中线重合，下端位于中线里侧。升线与中线的距离即檐柱侧脚尺寸。小式建筑按柱高的 1/100，大式带斗拱建筑按柱高的 7/1000。为区别中线和升线，要在两条线上分别标出中线和升线符号，柱两侧画法相同，处于转角部位的檐柱要弹四面升线。

（5）升线弹出后，要以升线为准，用方尺画扦围画柱头和柱根线。柱头、柱脚都要与升线垂直而不能与中线垂直（指侧面）。这是因为有侧脚的柱子上端向内侧倾斜，柱子侧面的升线是垂直于地面的，柱头和柱根只有与升线垂直，才能保持水平。柱子的内外两面，在围画柱头和柱根时要以中线为准。围画柱头、柱根要求方尺尺墩的一个边与升线（或中线）绝对平行，画扦沿尺苗外缘画线，画扦要与柱身垂直，以保证画线的准确。在画柱头柱根线的同时，还可画出柱子的盘头线（上、下榫的外端线）。

（6）最后，画柱子的卯眼线。小式檐柱两侧有檐枋枋子口，进深方向有穿插枋眼，画枋子口时是以垂直地面的升线为口子中来画线，以保证枋子与地面垂直。大式檐柱，如施用重额枋，则两侧应有大小额枋和由额垫板口子，进深方向有穿插枋眼。带斗拱的大式做法柱头上要安放平板枋，因此不做馒头榫。柱子画完以后，要在内侧下端标写位置号（位置号的最后一个字距柱根 30 厘米左右为宜），然后交制作人员进行制作（图 4-6）。

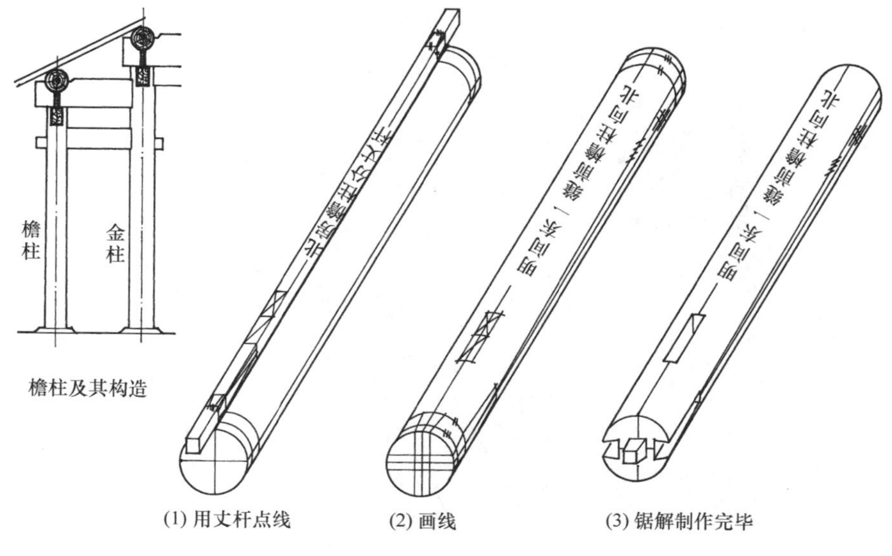

(1) 用丈杆点线　　(2) 画线　　(3) 锯解制作完毕

图 4-6　檐柱制作程序举例

二、金　　柱

（1）画迎头十字中线。并在柱长身弹出四面中线，要求同前。

（2）按金柱丈杆上面所标注的尺寸，在中线上点出柱头、柱脚、上下榫以及枋子口，抱头梁卯眼，穿插枋卯眼的位置。

（3）按所点各线，分别围画上下柱脖线、上下榫外端截线、枋子口，抱头梁及穿插枋卯眼等线，要注意卯眼方向。

（4）画完以后，在柱内侧标写大木位置号，交制作工人去加工制作。

金柱仅有收分，无侧脚，所以只需弹四面中线，画枋子口、卯眼时要按中线搭尺，以保证卯眼垂直于地面。

三、重 檐 金 柱

重檐金柱的画线和制作方法与檐柱金柱相同。但重檐金柱贯穿于两重檐之间，与它相交的构件比檐柱、金柱要多。因此，制作重檐柱，首先要清楚这棵柱子在建筑物中的位置，它与其他构件之间是什么关系，有哪些构件与它交在一起？交在什么部位？是什么方向？这些构件与柱子如何安装？节点处应该做什么榫卯才能既符合结构要求又便于进行组装？……只有将这些问题都搞清楚，才能进行准确的画线和制作。

图 4-7 左为重檐金柱在一建筑物中的位置及与其他构件的关系示意图，从这个图中可以看到：这棵重檐金柱处在建筑物第二圈柱的位置，它的外面有檐柱，檐柱上的抱头梁与穿插枋沿进深方向与它相交。它的上端支顶上层梁架，在主梁架之下有随梁与柱头相交。在面宽方向，由上至下，分别有上层檐枋（或额枋）、围脊枋、承椽枋以及棋枋。根据结构要求和这些构件的位置以及安装程序，下层穿插枋后尾要做大进小出透榫与之相交，抱头梁后尾可做透榫，也可做半榫，棋枋与承椽枋、围脊枋只能做半榫，上层檐枋（或额枋）作燕尾榫，随梁同檐枋一样，也做燕尾榫。这些榫卯的位置形状，都应事先在分丈上标注清楚（分丈杆上

可在四个面分别标注各面的榫卯位置及结合方式）。了解这些情况以后，就可以准确无误地画线了。

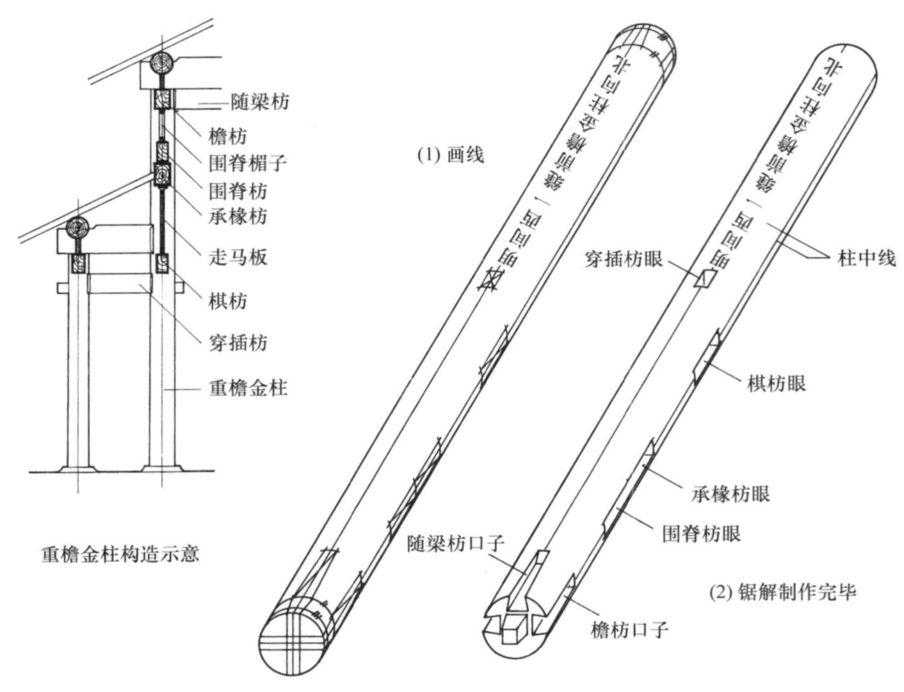

图 4-7　重檐金柱制作示意

四、重檐角金柱

重檐角金柱是位于转角部位的重檐金柱。在平面为长方形或正方形的建筑中，它与交角成 90°的两个方向的构件相交。在多角形建筑（如重檐六角亭、八角亭）中，它与夹角为 120°或 135°的两个方向的构件相交，这是它与正身重檐金柱不同的地方。因此，柱上卯口的方向要随构件搭交方向的变化而变化。

假定我们所举例子与上述重檐金柱同在一座建筑物上的话，那么，它与其他构件的关系即如图 4-8 所示，在建筑物的面宽和进深方向，由上向下，分别有上层檐枋、围脊枋、承椽枋、棋枋与该柱子成 90°角相交。在与面宽进深各成 45°的方向，有斜抱头梁、斜穿插枋与它相交。在斜抱头梁和斜穿插枋的两侧，还有面宽和进深两个方向的正抱头梁和正穿插枋与它相交。此外，在斜抱头梁方向，还有插金角梁穿入这棵柱子，构件间的空间关系比较复杂。要将这种卯口错纵复杂的构件各部位的线画得准确无误，必须熟悉建筑构造，了解各构件之间的位置关系和尺寸。古建筑中有些构造复杂的柱子，一根上面有十几个来自不同方向的卯口，如果没有对构造的充分了解和清楚的头脑，没有整体概念，是很难将这种构件准确无误地画出来的。

重檐金角柱，柱头上安装箍头枋，需要刻十字卯口，这点与正身柱是不同的。在柱子外侧的抱头梁位置，同时有斜穿插枋和正穿插枋三根构件与柱子相交。在这种情况下，仅将斜穿插枋后尾做透榫插入金角柱，其他两根穿插枋做半榫则可。抱头梁则可三根都做半榫。其他，承椽枋、围脊枋、棋枋等件仍做半榫与柱子相交（见图 4-8）。

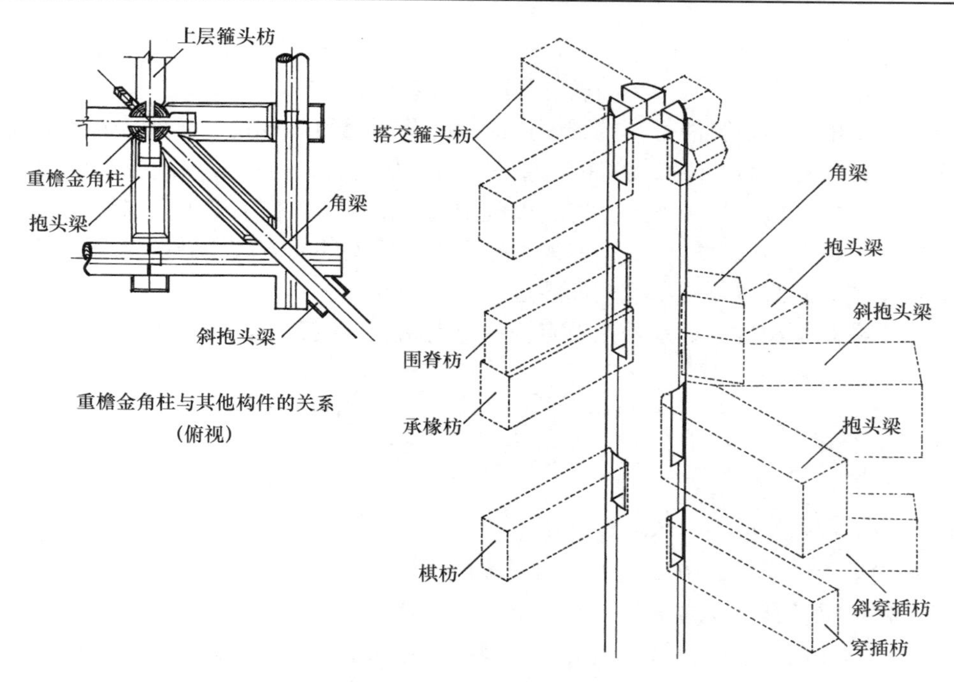

图 4-8　重檐金角柱的构造和制作

五、中　　柱

制作中柱，首先要了解中柱在建筑物中的位置及其与周围构件的关系。在排分丈杆时尽可能把这些关系反映出来。

中柱处于建筑物纵中线位置上，图 4-9 所示即为中柱在一座七檩中柱建筑中的位置图，

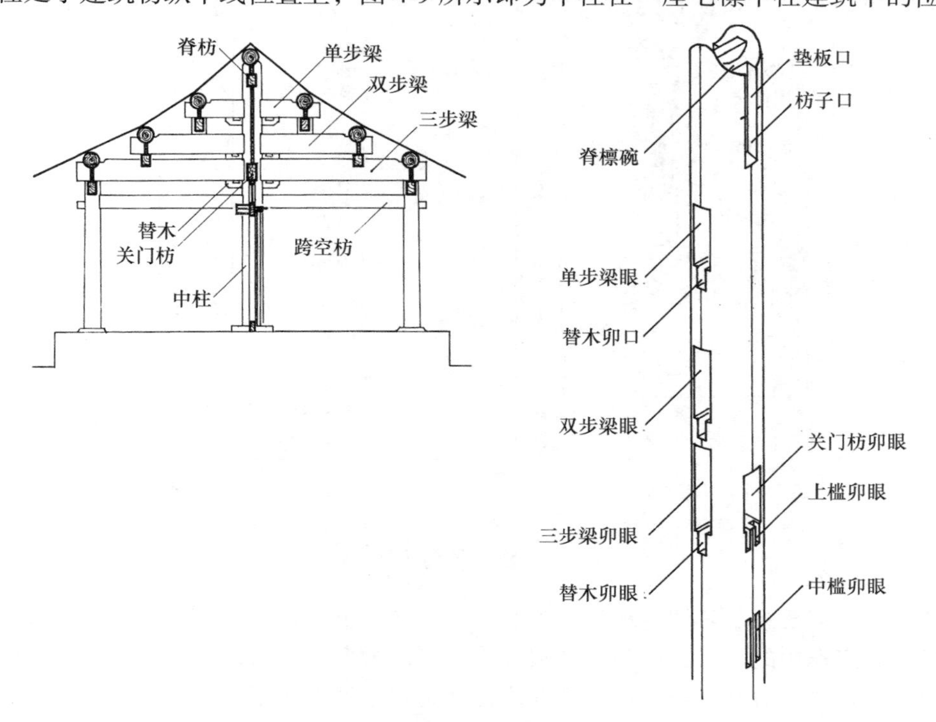

图 4-9　中柱的构造和制作

在中柱的前后（进深方向），分别有三步梁、双步梁、单步梁与它相交在一起，在左右两侧（面宽方向），由下至上，分别为关门枋、脊枋、脊垫板、脊檩与它相交。脊枋与柱头可做燕尾榫拉结，其下的关门枋只能做半榫，中柱前后的单步梁和双步梁、三步梁也无法做拉结力强的榫子，只能在梁下附以替木或雀替，起联系和拉结前后梁的作用。单步梁下不必装替木。柱头直接支承脊檩，应在柱头作出檩碗，檩碗中间留出鼻子。柱下脚做管脚榫。关门枋以下还有上、中、下槛及抱框等构件。这些构件通常采取后安装的方法，做倒退榫，在大木构架立完以后再安装。画线时可画出槛框卯眼位置。

山柱与中柱基本相同，只是外侧没有构件与它相交，做起来比中柱稍微简单一些，不再另述。

六、童　　柱

在大体量的古建筑中，当落地柱的位置及数量不能满足构造需要时，往往采取加童柱的方法来解决这个矛盾。图 4-10 是北海团城承光殿上层檐童柱位置图。它的下脚落在下层的承重构件——桃尖梁及其随梁之上，上面支承着上层桃尖梁，面宽方向由上至下，分别有大额枋、围脊枋、围脊板、承椽枋与它相交，下脚还有起稳定柱脚作用的管脚枋，进深方向有穿插枋将它与金柱拉结在一起。在梁背上立童柱，通常需要加一个方形构件——墩斗，柱脚落在墩斗上。

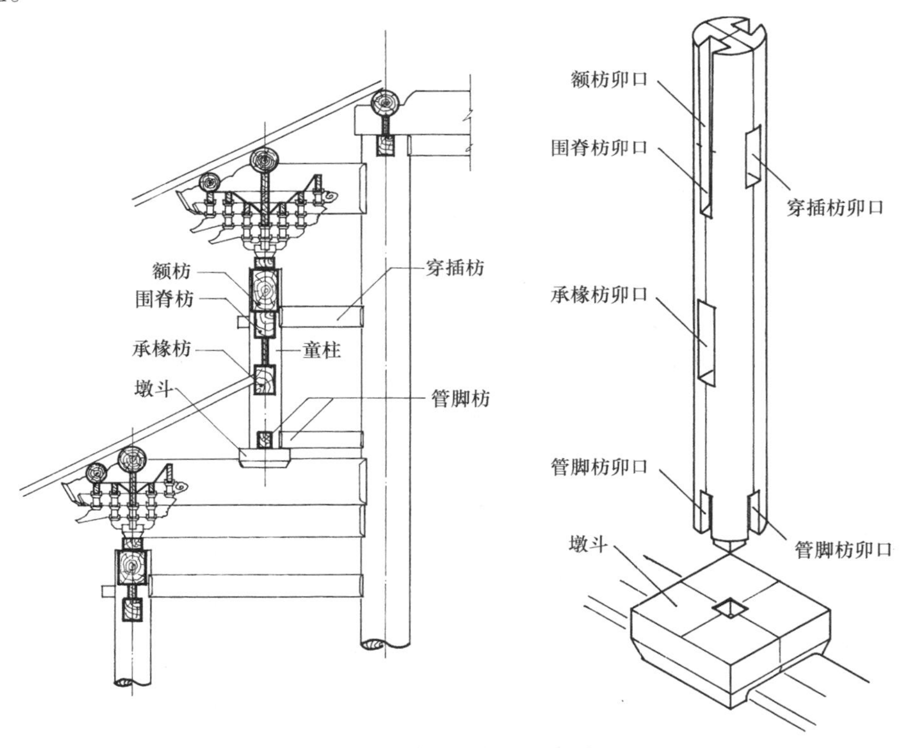

图 4-10　童柱的构造及制作

童柱的制作方法，与其他落地柱子没有什么区别，不同之处是下脚多了三根管脚枋。它是起连接和固定作用的，其下皮与童柱根部平，可以做燕尾榫与童柱柱脚拉接。童柱内侧穿插枋的透眼，要尽量避开额枋卯口。其他构件，凡有条件做燕尾榫的应尽量做燕尾榫，无法做燕尾榫的可做半榫（如承椽枋）。童柱下脚可做双榫，也可做一个管脚榫，立于墩斗之上。

七、雷　公　柱

用于庑殿山面支顶挑出的脊桁的雷公柱，下脚落于太平梁上，雷公柱之长为正身梁脊瓜柱之长减掉太平梁之高即是，处于这种位置的雷公柱其构造与脊瓜柱略同。柱子下脚做双榫立于太平梁上，顺梁身方向辅以角背以增强雷公柱的稳定性，上端支顶脊桁，需在柱头挖出桁碗。雷公柱内一侧，应与脊瓜柱相对应，凿作垫板口、脊枋枋子口等卯口。但如果雷公柱与脊瓜柱之间距离过小（如净距离等于或小于雷公柱径）时，其间可不作脊垫板和脊枋。

庑殿上雷公柱制作包括弹十字线、滚楞线，用丈杆画垫板口、脊枋口、脊檩碗，画柱脚半榫、角背口子等，以及作榫、刻口、剔袖、剔凿卯口、剔挖檩碗等项内容，与脊瓜柱做法略同［图 4-11（1）］。

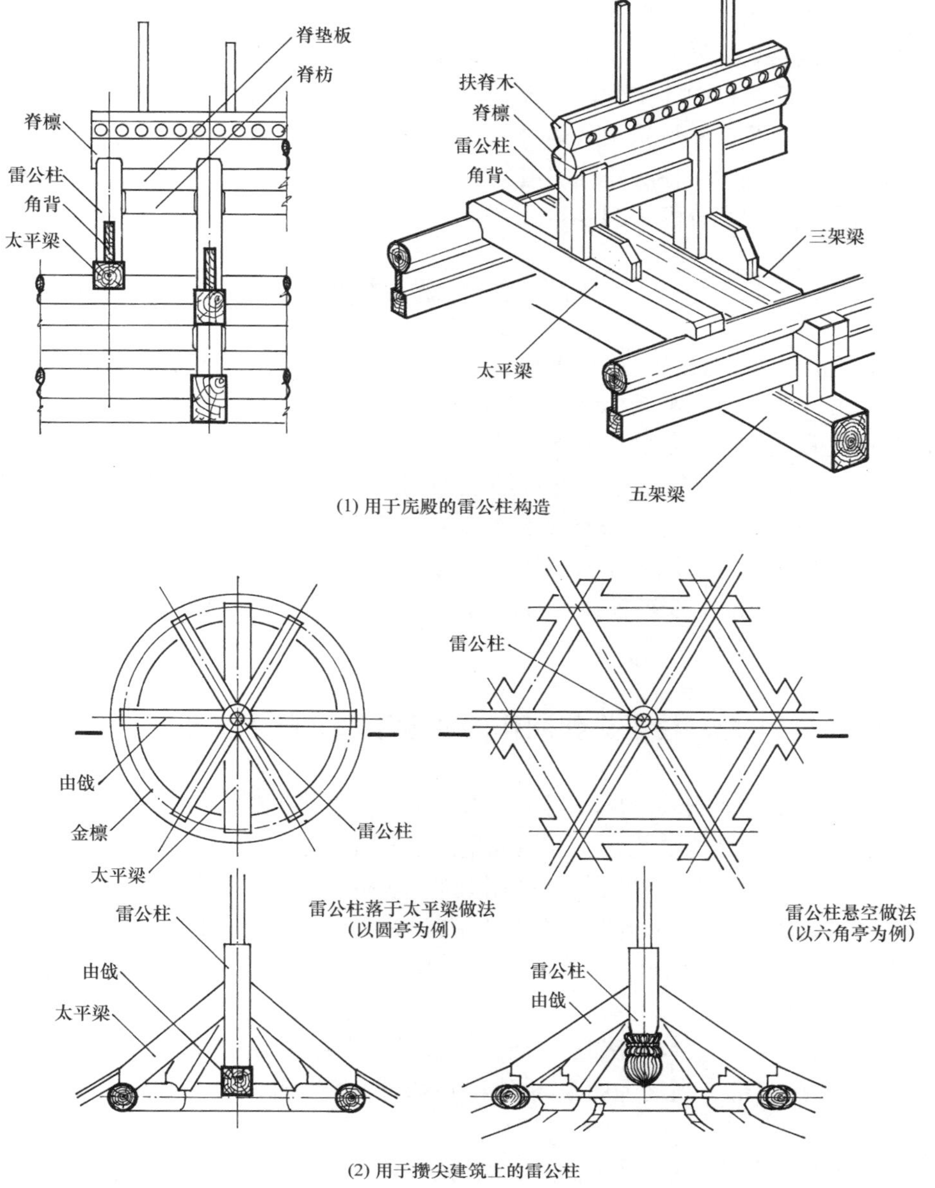

图 4-11　雷公柱的构造

用于攒尖建筑上的雷公柱，通常有两种做法，一种是雷公柱下置太平梁，柱下脚做榫落在太平梁上。取这种做法的多见于较大型的攒尖建筑。这种建筑宝顶重量很大，仅凭由戗不足以支撑这样大的重量，需加太平梁，圆形攒尖建筑用太平梁者也较多。除以上两种情况外、攒尖建筑雷公柱下通常不置太平梁。由若干根由戗支撑雷公柱，柱头悬空，其上做出仰复莲、风摆柳等不同形式的雕刻。

用于多角攒尖建筑上的雷公柱画线制作程序如下：

首先，应通过放实样的办法，确定出由戗卯眼的位置、角度以及雷公柱头花纹及尺寸，按实样套出样板或排出丈杆备用。攒尖建筑的雷公柱上端要做出宝顶桩子以备安装宝顶之用。宝顶桩子的长度通过放实样来定，桩子上端至宝顶珠中部或中部偏上即可。宝顶桩子断面为方形或多角形，其直径一般为雷公柱径的 1/2。从由戗卯眼上皮向上留出由戗斜面长一份（由戗与雷公柱按举架相交的斜面），即可开始做宝顶桩子。雷公柱下端如为垂莲柱头做法，其垂头下端不要低于上金檩的下皮线。

雷公柱的样板或丈杆做好后，即可按杆画线。首先，在雷公柱端头找出中心点，过中心点画出各面中垂线，并将中线弹到柱子各面，用丈杆或样板在中线上画出卯眼、宝顶桩子肩膀、柱头雕饰位置等线。如加施太平梁时则不做垂柱头，下端改做管脚榫。待雷公柱的制作工作完成后，再交雕刻工做柱头花饰的雕刻。柱头花饰部分之长，一般为柱径的 1.5 倍，在这个尺度范围内进行图案分配［图 4-11（2）］。

八、擎　檐　柱

擎檐柱是支顶出檐的柱子，由于不承受很大荷载，只起辅助作用，所以断面较小，柱径通常只有檐柱的 1/2～2/5。擎檐柱间下面装栏杆，以保证在廊子内行走人的安全，故又名封廊柱。擎檐柱柱头随檐椽斜度做成斜面，柱头无榫，侧面与擎檐枋和折柱花板相交，下端与栏杆望柱相交，进深方向由封廊穿插枋将它与檐柱拉结在一起。封廊内的穿插枋常做成弓形，并冠以“娥眉”的美称，称为“娥眉穿插”。这些，都体现出擎檐柱兼有装修作用的特色。

擎檐柱断面呈正方形，四角做梅花线角。梅花线的深度为柱子看面的 1/15～1/10。其他榫卯做法与檐柱基本相同。擎檐柱也应有侧脚和收分。但因柱子断面小，收分侧脚均可酌减，不宜生搬硬套。

九、柱子榫卯制作的注意事项和技术要求

大木构件粗大笨重，安装时比较困难，这就要求制作榫卯时，要注意松紧适度，既不可过于松懈而失去节点的结构功能，也不能太紧而给安装带来困难。画线时，对应的榫和卯眼宽窄要一致，在制作时，凿眼应齐线（按墨线的外边剔凿），作榫可以当线或留线（居线的中部或贴内侧下锯），使榫卯插入时左右有 1～2 毫米的缝隙。卯眼内壁铲凿要平整，不要有鸡心（内壁凸出）。榫子锯解表面要平，发现走锯出现凸凹不平现象时，要将凸出部分用刨子刮去，以保证安装顺利。

在卯眼的竖直方向，要留出涨眼，所谓“涨眼”，即比所需要的卯眼尺寸“涨”出一些。“涨眼”留在卯眼的上部，高度为卯眼高的 1/10 即可，留“涨眼”是为便于大木安装。构件安装就位吊直拨正后，要将涨眼用木楔堵死。

柱类构件画线制作，特别要注意方向性，尤其角柱更是如此。在大木制作之前，首先在头脑中树立起建筑物构架的空间概念是十分必要的。

第七节　梁类构件的制作

梁是古建筑上架的最主要的承重构架，它承担着上架构件及屋面的全部重量，是上架木构件中最重要、最关键的部分。在古建大木中梁是一个大门类，依各自的位置、作用、形状不同，各有各的名称和构造，它们主要有：

七架梁、五架梁、三架梁、六架梁、四架梁、顶梁（月梁）、双步梁、单步梁、三步梁、桃尖梁、抱头梁、桃尖顺梁、顺梁、踩步金、踩步梁、挑檐踩步梁、顺趴梁、长短趴梁、十字梁、麻叶抱头梁、抹角梁、承重梁、挑檐承重梁、太平梁、天花梁、接尾梁、插金梁、花梁头、斜抱头梁、递角梁等30余种。

除以上各种梁之外，还有一些附属构件，如瓜柱、柁墩、交金瓜柱、交金墩、脊瓜柱、角背等。它们同各种梁组合起来，构成组合梁架。因此，这部分构件的制作也同梁类一起介绍。

现以五架梁、三架梁（附脊瓜柱角背）、四架梁（附顶梁、角背）、抱头梁、桃尖梁、递角梁、踩步金、趴梁、长短趴梁（井字趴梁）、麻叶抱头梁、抹角梁、承重梁等12种有代表性的梁为例，分别介绍它们的画线与制作技术。

一、五　架　梁

五架梁是正身梁架中的骨干构件，其长四步架（外加梁头2份）上承五根檩。五架梁两端搭置在前后金柱上（如五架梁下为七架梁则搭置在瓜柱上），与柱上馒头榫相交处有海眼，梁头两端作檩碗承接檩子，檩子下面刻垫板口子以安装垫板。梁背上由两端向内各一步架处栽瓜柱承接其上的三架梁。

五架梁画线程序：

（1）将已初步加工完毕的木料在迎头画上垂直平分底面的中线，在中线上，分别按平水高度（即垫板高，通常为0.8檩径）和梁头高度（通常为0.5檩径）画出平水和抬头线位置，过这些点画出迎头的平水线和抬头线。

（2）将两端头的中线以及平水线、抬头线分别弹在梁的长身各面，再以每面1/10的尺寸弹出梁底面和侧面的滚楞线。梁的背面及侧面已有抬头线。抬头线在正身部分又叫熊背线，同时又是侧面上楞的滚楞线，在梁背面也应弹出滚楞线。

（3）用分丈杆在梁底面或背面中线上点出梁头及各步架的中线，并将这些中线用90°方尺勾画到梁的各面，同时画出梁头外端线。梁头长一檩径，剩余的部分截去。

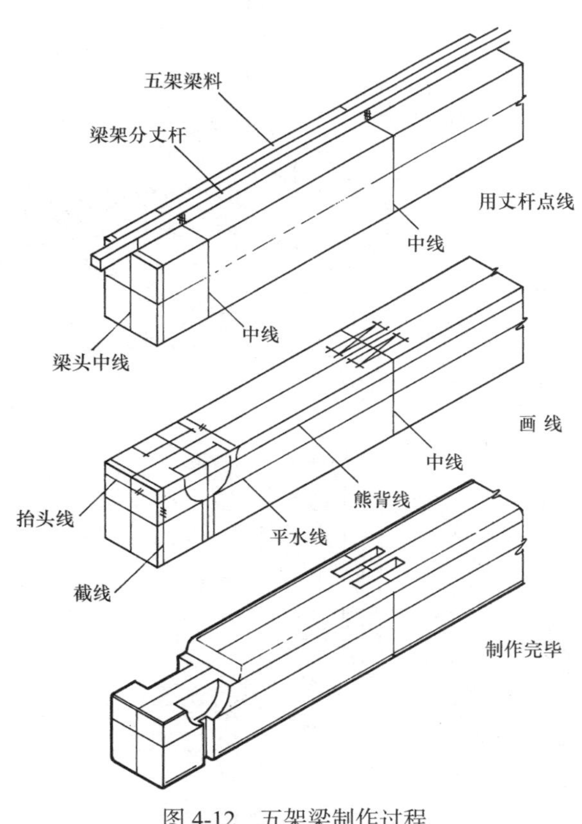

图4-12　五架梁制作过程

（4）画各部分的榫卯，梁底与柱头相交

处画海眼，海眼为正方形半眼，眼的大小深浅均应与对应柱头的馒头榫一致。梁背上由梁头檩中向内一步架处，有瓜柱眼。瓜柱眼为半眼，眼长按瓜柱侧面宽，深按二寸或瓜柱侧面宽的 1/3，瓜柱下有角背时，瓜柱柱脚要做双榫，梁背对应凿做双眼，无角背时可做单眼。梁头画线，首先应按檩径大小在檩中线两侧画出檩碗宽度尺寸。在这个范围内，顺着梁身方向将梁宽分为四等份，中间二份为梁头鼻子，两侧两份为檩碗。在梁头侧面用事先备好的檩碗画线样板画出侧面檩碗线和垫板口子线。垫板口子宽按垫板自身厚，深与宽相同。

（5）制作：梁制作包括凿海眼、凿瓜柱眼、锯掉梁头抬头以上部分、剔凿檩碗、刻垫板口子、制作四面滚楞、截头等各道工序。梁头的多余部分截去后，还要将迎头原有中线、平水线、抬头线复上，并用刨子在梁头的抬头及两边刮出一个小八字楞，称为“描眉”。梁制作完成后，按类码放待安（图 4-12）。

二、三架梁及其附属构件角背和脊瓜柱制作

三架梁放置在五架梁的瓜柱上，三架梁上安装脊瓜柱，辅助脊瓜柱的构件有脊角背。

三架梁制作程序同五架梁，包括画迎头中线、平水线、抬头线。三架梁的平水高或为 0.8 檩径，或为 0.65 檩径，抬头高为 1/2 或 1/3 檩径。三架梁用料比五架梁小（厚为五架梁的 8/10，高为 5/6），故需要适当减小平水（垫板）和抬头（檩碗）的高度。迎头线画好后将线弹到梁身四面，并弹上滚楞线。“滚楞”是大木构件四周的圆楞，既为美观又便于构件的翻动，必不可少。各线弹好后，可以画梁头、海眼、瓜柱眼等，然后按线制作。

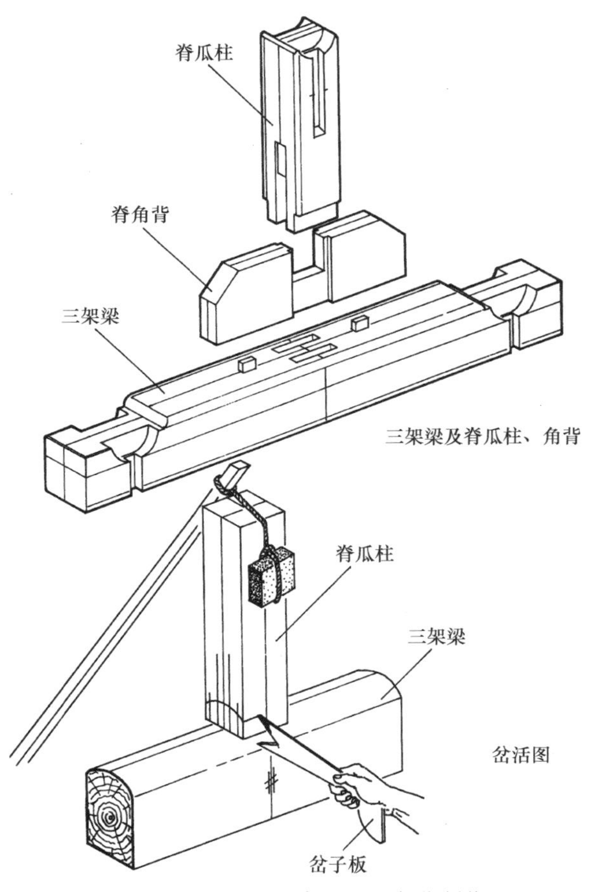

图 4-13　三架梁、脊瓜柱、角背制作

脊瓜柱制作也应有丈杆，脊瓜柱的高为脊檩与上金檩的垂直距离减掉三架梁的抬头和熊背高，另外在下面加出榫长；上面加出脊檩碗（按 1/3 檩径）高即为实用高度。脊瓜柱厚为三架梁厚的 8/10，宽（进深）为檩径一份。脊瓜柱上端直接承接脊檩，脊檩之下为脊垫板，脊垫板高可同上金垫板。垫板下面为脊枋。如为一檩两件做法可减掉垫板。脊瓜柱下脚做双榫插在三架梁背上。下面顺三架梁身方向为角背分位。脊瓜柱画线及制作程序为：画上下两端迎头中线，弹四面中线和滚楞线。然后先画柱脚肩膀线和榫。画下脚肩膀线时，如果三架梁背是平面，而且与侧面格方（成 90°角），则可直接用方尺勾画，如果三架梁背为不规则的弧形面（这种情况是经常碰到的），则必须进行“岔活”。岔活是解决瓜柱下脚肩膀与不规则的梁背相吻合的一种操作方法。岔活的程序和做法如下：

将已做好的三架梁垫平，使梁头中线与地面垂直。将已弹好四面中线的脊瓜柱竖立

在梁背上，使瓜柱四面中线与梁背四面中线对准，将瓜柱四面吊直、放正，将其临时固定。然后用岔子板（专门用来岔活的工具，端头做燕尾状分岔，两岔距离按瓜柱榫长度定）沾墨，在瓜柱四面画线。画线时，以岔子板的一岔抵在梁背上，另一岔在瓜柱四面画线。画时要注意始终保持岔子板垂直，不能歪斜，否则画出的线就不准。这是利用平行线原理，将不规则的梁背表面曲线完全不变地反映到瓜柱上使二者吻合的方法。画完后，即可将瓜柱取下，按岔活线断肩、剔夹、做榫。然后，再将瓜柱安在梁背上，使下榫入卯，四周肩膀与梁背吻合。安好后再按举架杆（反映脊步举高的小丈杆）确定出脊瓜柱柱头的实际高度，按此高度向上画脊檩碗，向下画垫板口子和脊枋卯口，并画出角背刻口线，按线制作即成。注意脊瓜柱上端也应留鼻子，鼻子宽度可按瓜柱厚的 1/4，高可同脊檩碗。

角背制作。角背是瓜柱的辅助构件，凡瓜柱的自身高度等于或大于宽度 2 倍时都需要安角背，以增强其稳定性。脊瓜柱必须有角背辅助。角背长为一步架。高为瓜柱高的 1/3～1/2，厚为自身高的 1/3 或瓜柱厚的 1/3。角背与瓜柱相交部分，在上部刻去高度的 1/2，两侧做出包掩（俗称“袖”）。“包掩”是大木榫卯制作常采用的方法。当一个构件与另一构件十字刻口交在一起时，使刻口宽度略小于构件自身宽，两构件互相卡在一起后，一构件渗入另一构件一部分，使榫卯结构更严紧。包掩部分一般为构件厚（或宽）度的 1/10。角背与梁背叠合，两端还应栽木销固定。如梁背不规则时，也要通过“岔活”方法使角背下口与梁背吻合（以上均见图 4-13）。三架梁、角背和脊瓜柱做好以后，要将它们组装起来，并且与同组的五架梁、瓜柱装在一起，拼成一组梁架待安。

三、四架梁及其附属构件

四架梁长 2 步架加顶步架 1 份，外加梁头长 2 份为全长。其下如有六架梁，即置于六架梁的瓜柱或柁墩上，如无六架梁，则落于柱子上。梁背上栽置双瓜柱以支顶上层顶梁（亦称月梁），在两瓜柱之下，有角背作辅助构件。与两个瓜柱交在一起的角背称为连二角背或通角

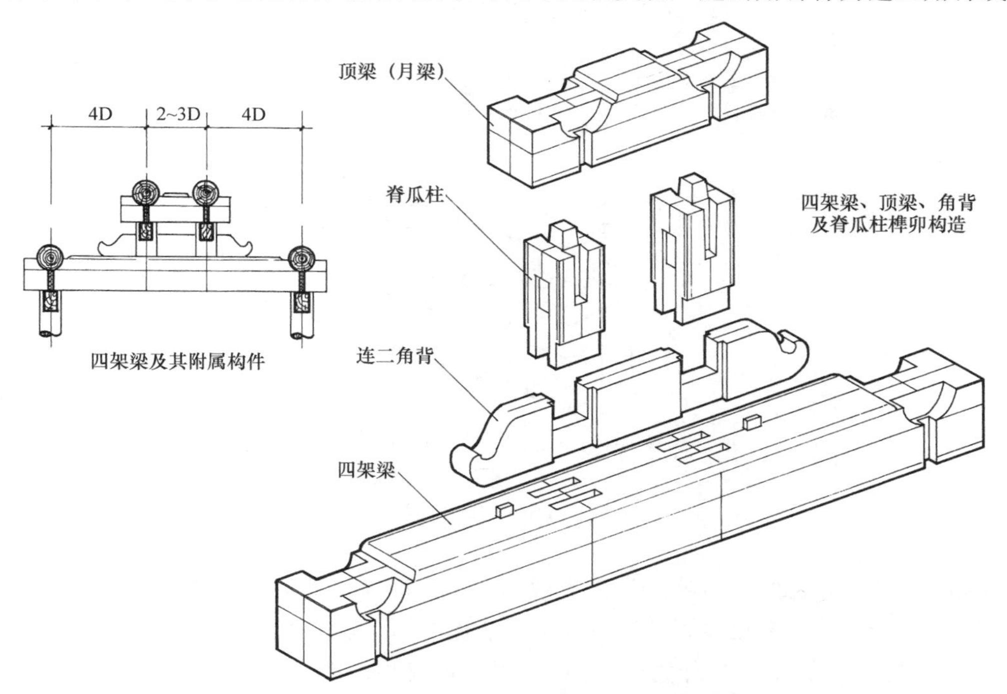

图 4-14　四架梁及其附属构件的构造与制作

背，其长为一步架加顶步架 1 份，宽、厚同三架梁上的脊角背。建筑如为彻上明做法（顶子无天花，上架木件全部露明）时，角背往往做出荷叶墩状或驼峰状的装饰（见图 4-14）。四架梁顶瓜柱上支承顶梁。顶梁长为顶步架 1 份加梁头 2 份，两端做檩碗以承双脊檩，脊檩之下为垫板、脊枋。有时将脊檩下面的脊垫板取消，这种做法常见于小型四檩卷棚。顶瓜柱之长，为顶步举高减去四架梁抬头、熊背以及顶梁平水之高，为净高尺寸，再加上、下榫即为全高。四架梁及其附属构件的画线和制作方法与三架梁及其附属构件的做法相同，故不在此重述。

四、抱　头　梁

抱头梁为无斗拱大式或小式做法中，位于檐柱与金柱之间，承担檐檩之梁。梁头前端置于檐柱头之上，后尾作榫插在金柱（或老檐柱）上，梁头上端做檩碗。抱头梁长为廊步架加梁头长 1 份为全长（如后尾做透榫，还要再加榫长，按檐柱径 1 份。由于其下的穿插枋已做透榫拉结檐柱与金柱，故抱头梁后尾一般只做半榫即可）。抱头梁高由平水（0.8 檩径）、抬头（0.5 檩径）、熊背（等于或略大于 1/10 梁高）三部分组成，约 1.5D。厚为檐柱径 D 加一寸或 1.1D。抱头梁画线制作程序和方法略同五架梁，不复赘述。其后尾要做半榫插入金柱，半榫长为金柱径的 1/3～1/2。榫厚为梁自身厚的 1/4 即可。梁后尾肩膀与金柱接触处，有撞肩和回肩两部分，与柱直接相抵部分为撞肩，反弧部分为回肩，通常做法为“撞一回二”，即将榫外侧部分分为 3 份，内 1 份做撞肩与柱子相抵，外 2 份向反向画弧做回肩（图 4-15）。

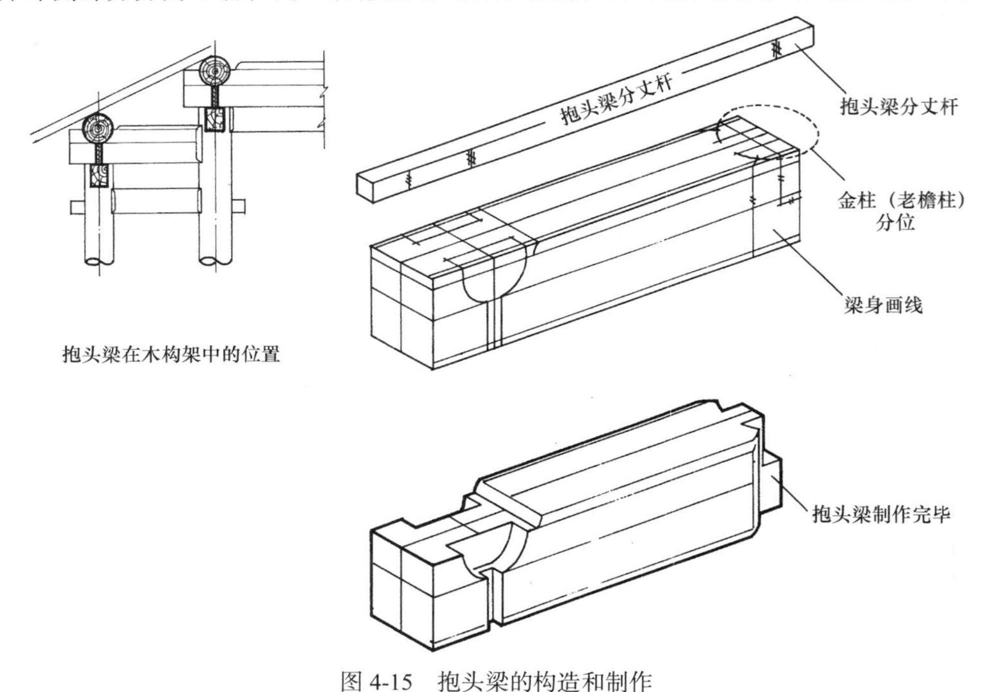

图 4-15　抱头梁的构造和制作

五、桃　尖　梁

在带斗拱的大式建筑中，将端头作成桃形的梁，称为“桃尖梁”。桃尖梁置于檐柱与金柱之间，相当于小式抱头梁位置时，称为“桃尖梁”；作为顺梁安置在山面时，叫做“桃尖顺梁”，在无廊中柱式门庑中，作为三步梁或双步梁时又称做“桃尖三步梁”或“桃尖双步梁”。

桃尖梁厚 6 斗口，高为［1/2 ×（挑檐桁−正心桁之水平距离）+4.75 斗口］，其长，如用于廊间时则为廊步架（或廊进深）加正心桁中至挑檐桁中之距离再加梁头长6斗口；如用作顺梁时，应为梢间面宽加正心桁中至挑檐桁中距离再加梁头长；用作双步梁或三步梁时，则应以步架长度加正心桁中至挑檐桁中距离再加梁头长。桃尖梁前端搭置在柱头科斗拱上，后尾插在金柱或中柱上，梁底皮至挑檐桁底皮高度为4斗口，占据柱头科斗拱的耍头和撑头木分位。故桃尖梁可看作是柱头科斗拱中的耍头、撑头加桁碗三层构件组合在一起形成的。桃尖梁上承正心桁。正心桁是位于檐柱轴线的桁檩，径4～4.5斗口，正心桁外有挑檐桁，直径3斗口，是一根较细的外檐桁檩，由桃尖梁外端承挑。挑檐桁与正心桁之间的水平距离即斗拱出踩尺寸。三踩斗拱为3斗口，五踩斗拱为6斗口，七踩斗拱为9斗口，九踩斗拱为12斗口……挑檐桁上皮与正心桁上皮钉置檐椽，檐椽的坡度一般为五举。

桃尖梁正心桁下为正心枋。正心枋以内称为梁身，正心枋以外为梁头，梁身厚6斗口，梁头厚4斗口，两侧多余部分扒去，称为“扒腮”。制作桃尖梁，首先要将初步加工好的枋料迎头画上中线，并将中线弹在梁身上下两面，在迎头中线上画出挑檐桁的平水（即檩底）线，并将此线弹到梁身侧面。用桃尖梁分丈杆在中线上点出挑檐桁中、正心桁中、金柱中以及梁头外端线位置，并将有关的线用90°勾尺过画到梁身各面。在正心桁外侧，还须根据梁头薄厚尺寸画出两侧扒腮线，并按线将两腮扒去，将新锯解的面用刨子刨光待用。桃尖梁梁头两侧与平身科斗拱的有关构件相交，需剔作安置枋子的刻口以及栽置拱子的卯眼。由于侧面构件很多，画线复杂，通常采用放实样，套样板，按样板画线的方法来解决。桃尖梁样板分作两部分，正心桁中线以外为一半，以内为一半。样板做好后按中线锯开，以便于使用（图4-16）。

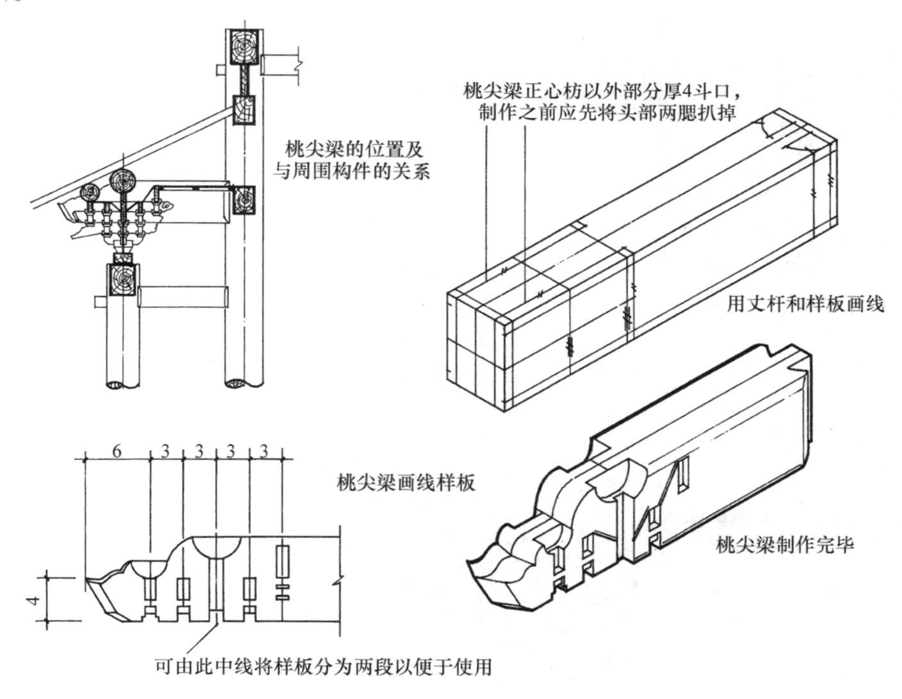

图4-16　桃尖梁的构造和制作

桃尖梁如用作顺梁时，在由山面正心桁向内一步架处的梁背上应画步架中线，并按中线凿作瓜柱眼，以安置交金瓜柱。如安置交金童柱则应置墩斗。梁底与斗拱叠交处要凿作销子眼。桃尖梁头的画线详见柱头科斗拱部分，在此不详述。

六、递　角　梁

递角梁系指建筑物拐角部分的斜梁，在平面呈勾尺、卍字形平面的建筑物中常应用。递角梁也有七架、五架、三架或六架、四架、顶梁的区分。

递角梁处在建筑物的转角处，与面宽、进深各成 45°角，来自两个方向的檩子在梁头上成 90°搭交在一起。递角梁的长应按正身对应梁架长乘以 1.4142（如果六方或八方转角时，则应按 120°或 135°角的系数加长）再加梁自身厚 1 份即是。现以五架递角梁为例，将画线程序及做法简述如下：

（1）将已经过初步加工的木料画迎头中线、平水线、抬头线，并将这些线弹到梁长身上，再弹好四角滚楞线。按递角梁分丈杆上的尺寸在梁底中线上点出梁头中，各步架中以及梁头截线。然后将这些线用 90°勾尺过画到梁的其他三面，在两端梁头的中线画上老中“𠔿”符号。

（2）用 45°角尺，过梁头中与梁背中线的交点画斜搭交檩中线，两条搭交檩中线与梁的一个侧楞交于两点。这两点分别在老中的里外两侧，叫做里、外由中，将里、外由中分别用方尺过画到梁侧面及底面。

（3）分别以梁背的搭交檩中线为准画出搭交檩宽度线；分别以梁侧面的里由中和外由中为准，用搭交斜檩碗样板画出搭交檩碗的弧线（这个弧线就是将搭交檩沿梁侧面剖切应得到的 45°椭圆的轨迹）（以上参见图 4-17）。

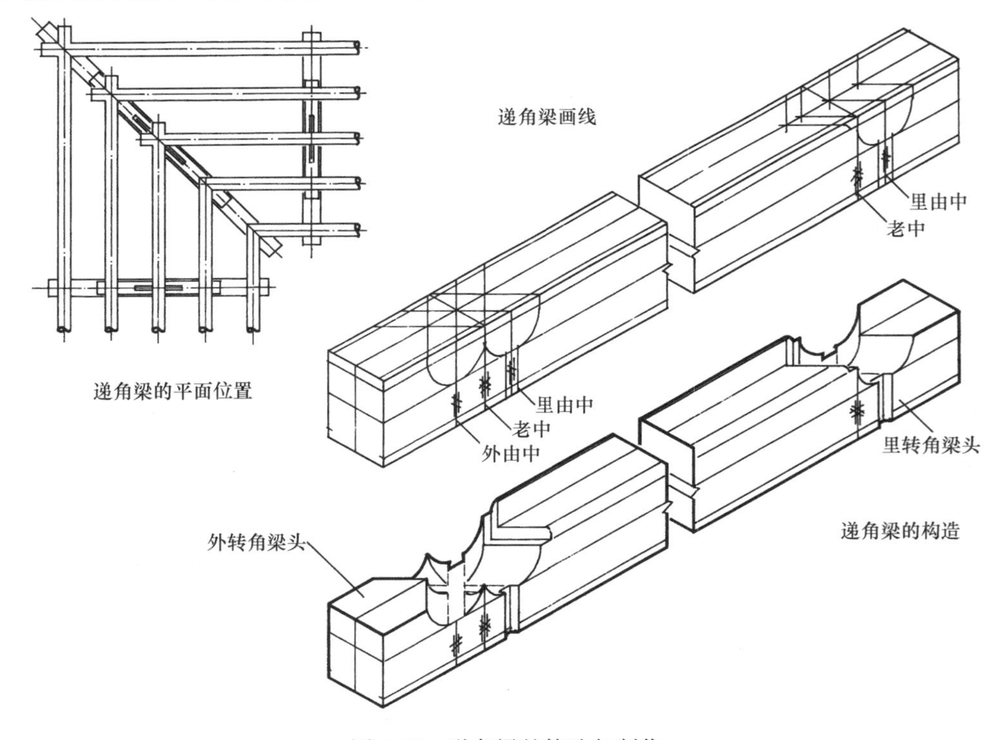

图 4-17　递角梁的构造与制作

（4）在外转角梁头侧面的里由中处画垫板口子，口宽应为垫板厚乘 1.4142。然后沿 45°方向画出垫板口深度（深按垫板厚一份）。在内转角梁头侧面的里由中处画垫板口子，方法同上。梁两侧面画法相同。

（5）在梁头底面三条中交点处画海眼，海眼的对角线与梁底老中线和梁长身的中线重合。

在梁背安装瓜柱处画出瓜柱眼，画法同五架梁。

画线完毕后即可按线操作。包括凿海眼、凿瓜柱眼、挖搭交檩碗、锯解抬头线以上多余部分、刻垫板口子、作四面滚楞等项工作内容。搭交檩碗内不做鼻子。

这里需说明，如建筑物为彻上明造，则里转角处檩子应按合角做法，檩头剔挖合角檩碗。如构件不露明时，里转角也可做搭交檩。

其他如三架、四架、六架递角梁做法与此相同。斜抱头梁的做法也与此相同，不再另述。

七、踩步金（附交金瓜柱）

踩步金是歇山建筑特有的构件，它位于歇山山面，距山面檐檩（或正心桁）一步架处。它正身似梁，两端似檩，梁背上承载檩木梁架（如五架梁或三架梁），两端与梢间挑出的前后檐金檩扣搭相交。外侧面做椽碗承接山面檐椽的后尾。

踩步金的长按与之相对应的正身梁架长（如其对应的正身梁架为五架梁，则应同五架梁长，如为七架梁，则应同七架梁长），由于两端要做成搭交檩头，故要比正身梁再加出一檩径。它的高、厚与对应正身梁架相同。踩步金画线及制作方法如下：

（1）将已砍刨方正的规格料两端迎头画上垂直于底面的中线，并将中线弹在梁身上并顺便弹出梁各面的滚楞线。用梁架分丈杆（踩步金画线可用对应正身梁架的分丈杆），在中线上点出踩步金两头以及各步架的中。由端头搭交檩中向外 1.5 檩径为踩步金外端线，并将以上各中线、截线用方尺过画到其他各面。

（2）在梁背上画出瓜柱卯眼线，在外侧面按檐步举架确定出山面檐椽后尾与踩步金搭置的实际位置。并根据山面檐檩上所标志的椽花位置，画出踩步金侧面椽窝位置线（椽窝线为宽同椽径，高为椽径按五举加斜乘 1.12 的椭圆形）。

（3）在踩步金迎头画出搭交檩头线并制作出搭交檩头。程序如下：先在梁的迎头画出檩头位置，檩头底皮即梁底皮，先画四方线，再按放八卦线方法画出八方线。将四方线过画到梁头各面。按线将檩头四方线以外的部分扒去（称“扒腮”）。两腮所扒长度至搭交檩中向内 0.8 檩径处即可。扒腮后两端头呈正方形，再按线锯解。刮刨为八方形、圆柱形。将檩头十字线过画到长身上，将底面搭交檩中线重新过画到新做出的搭交檩头上。并按此中线画出搭交檩口子。踩步金上的搭交檩头卡腰处做等口（即刻口向上）。线画好后即可锯解剔凿，做出搭交檩卯口。

踩步金两端卯口处断面极小，十分容易损坏。为避免在制作搬运过程中碰伤两端，应在梁背的卯眼、侧面椽窝、四面滚楞全部制作完成后再制作两端。两端做好后搬动要格外小心，以免碰坏榫卯（图 4-18）。

踩步金与下金檩扣搭相交，置于瓜柱或柁墩上。这里的瓜柱称“交金瓜柱”（意即与搭交金檩相交的瓜柱），柁墩称“交金墩”。在通常情况下，当承接踩步金的构件为顺梁时，顺梁与踩步金之间的空隙较大，可用交金瓜柱；当承接踩步金的构件为顺趴梁时，梁与踩步金之间空隙较小，使用交金墩。交金瓜柱断面见方，小式同柱径 D，大式为 4.5 斗口，交金墩尺寸同柁墩。

交金瓜柱处于构件交角处，檐面有金垫板、金枋与之相交，山面有踩步随梁枋与之相交。在 45°方向，还有老角梁后尾与它交在一起，是多种构件及榫卯交集的构件［图 4-18（4）］，交金瓜柱的画线及制作包括画迎头十字线、四面弹十字线、滚楞线、画管脚榫、画柱头搭交檩碗，画枋子口、垫板口及踩步随梁口子，画 45°方向角梁后尾卯口。由于交金瓜柱刻口很多，制作时应小心，应先做搭交檩碗，管脚榫、枋子口及垫板口子，最后刻剔角梁后尾卯口及制作滚楞。

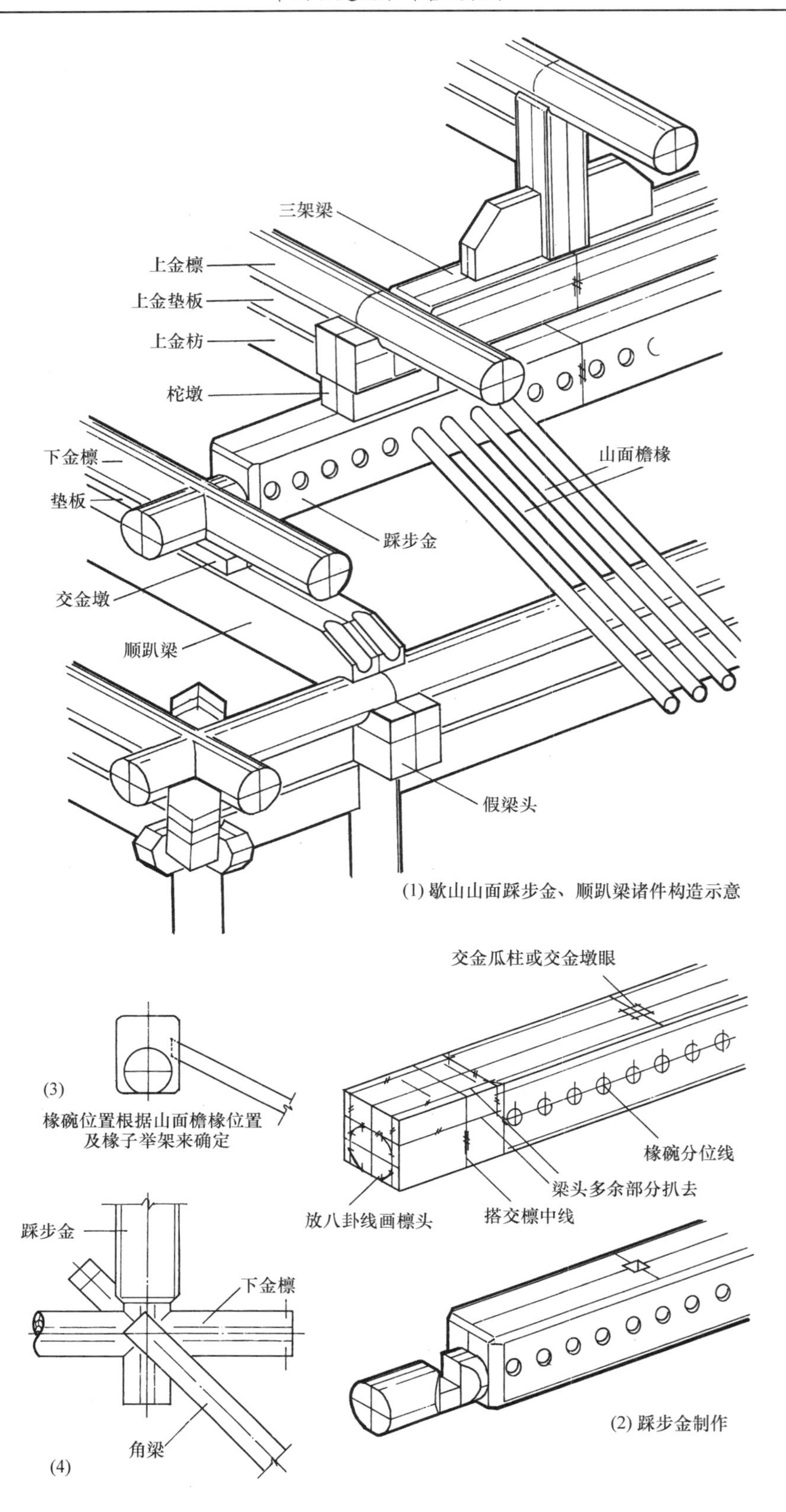

图 4-18　踩步金的构造与制作

八、顺 趴 梁

用于庑殿或歇山建筑山面的顺趴梁，外一端扣在山面檐檩（或正心桁）上，梁下皮与檩子中线平，趴梁外端压至檩子外金盘线上，内一端或做榫交于正身梁架的柁墩（或瓜柱）上，或将后尾直接搭置在梁身上代替梁上的柁墩，两种做法均可。

趴梁制作程序如下：

（1）画出两端迎头中线，并将中线、滚楞线弹在长身上。用梢间面宽丈杆在中线上画出梁长度尺寸，外一端向外让 1/2 檩金盘（即 1.5/10 檩径）为趴梁外端线，内一端如做榫交于柁墩或瓜柱，应按中线退回 1/2 柁墩或瓜柱宽，再让出袖入柁墩尺寸（按柁墩宽或瓜柱径的 1/10），定作肩膀线，再让出榫长（按 1/4 檩径即可）；内一端如搭置于正身梁上则应由中向外让出 1/2 柁墩或瓜柱宽，定为端头截线。

（2）外端头做阶梯榫与檩相交。阶梯榫的做法，是在檩子 1/4 截面的范围内，分别沿水平方向和垂直方向将檩半径各分为 4 等份，沿等份线将榫做成阶梯形。榫的宽度可按趴梁厚的 8/10 或 1/2，以梁中线为准居中制作。两侧各留出 1/10～1/4 的包掩，按檩子圆周弧线剔凿成檩碗形状。将榫子做成阶梯形是为减少对檩子节点处断面的破坏。檩子与趴梁相交处要剔做阶梯形卯口（参见图 3-15）。

（3）趴梁外端头的上部应按山面檐椽上皮线将梁头高出椽子部分抹去。在趴梁中线两侧的椽子（两根）安装时仍与梁头有矛盾，可在梁头上椽子通过的位置剔挖椽槽。在梁背上，由山面檐檩中向内退回一步架处要凿作卯眼，以备安装交金墩。制作完成后，各有关构件均应注写大木位置号（以上均见图 4-19）。

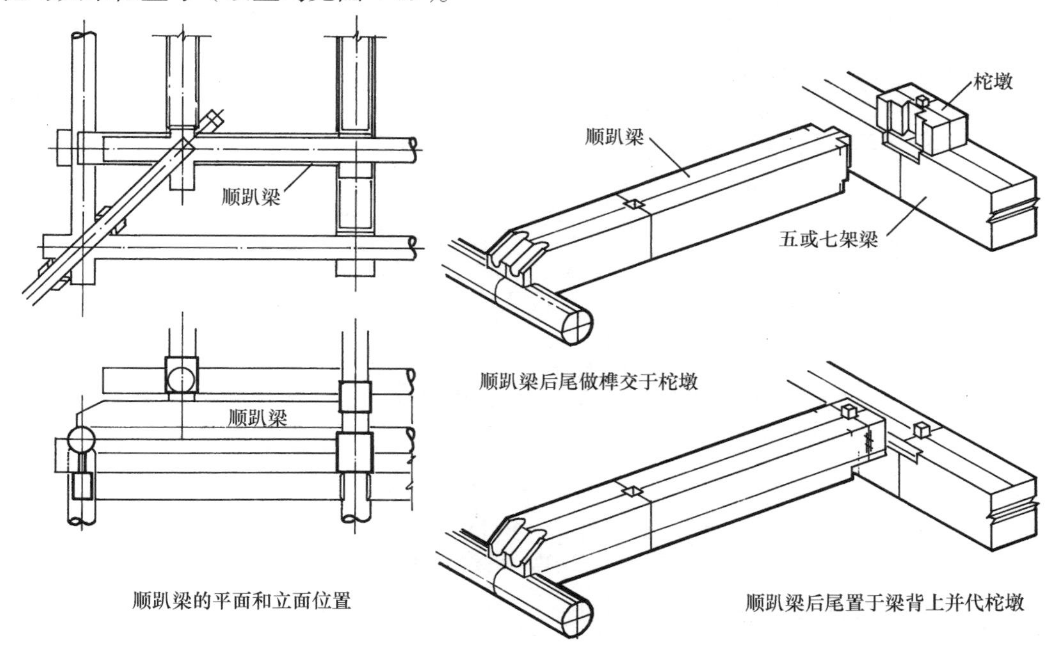

图 4-19　顺趴梁的构造与制作

九、长短趴梁（井字趴梁）

长短趴梁，又称井字趴梁，常用于四角亭、六角亭、八角亭、圆亭等攒尖建筑上，用以承接檐檩以上的木构架。这种趴梁通常是由长趴梁 2 根，短趴梁 2 根构成一组，其中长趴梁搭置在檐檩（或正心桁）上，短趴梁搭置在长趴梁上，形成井字形。长趴梁高 1.2D～1.5D，厚 1D～1.2D，短趴梁高、厚各按长趴梁尺寸的 0.8。

现以六方亭的长短趴梁为例简述作法如下：首先要根据设计尺寸及构架组合方式排出趴梁丈杆。丈杆所反映的尺寸为趴梁中线上的尺寸。先画长趴梁，将已初步加工好的趴梁料迎头画上中线，并将线弹到梁的腹背两面。用长趴梁丈杆，在中线上点出檩中、短趴梁中等各点。用 120°角尺，过两端中线上的中，沿檩子的平面位置画出檩中线（与梁中线成 120°交角），两端中线对称。由檩中线向外 1/2 金盘（1.5/10 檩径）为长趴梁梁头外端，平行于檩中线画截线。然后，将这些中线、截线用 90°勾尺分别过画到梁侧面。在梁头底面，以檩中线为准，向内侧退半檩径画檩中线的平行线，此线为趴梁与檩相交的边线。在底面按前面谈到的趴梁阶梯榫画法画出榫子线，并将线过画到两侧面，画出阶梯榫和檩碗线。最后，按檐椽上皮线位置在趴梁头部画出斜线，标上截线符号表示去掉。

梁头画完后再用 90°勾尺将短趴梁的中线勾画到梁各面，并按短趴梁的厚（即宽），在中线两侧分点尺寸，在梁的上面和内侧面画出与短趴梁相交的卯口外缘线。短趴梁与长趴梁相交的节点处，或做阶梯榫或做大头榫均可，应尽量减少对梁断面的破坏。短趴梁的画线包括弹中线，用丈杆点出两端中点，画榫卯等内容。短趴梁两端搭至长趴梁中即可（以上均见图 4-20，图 3-15）。

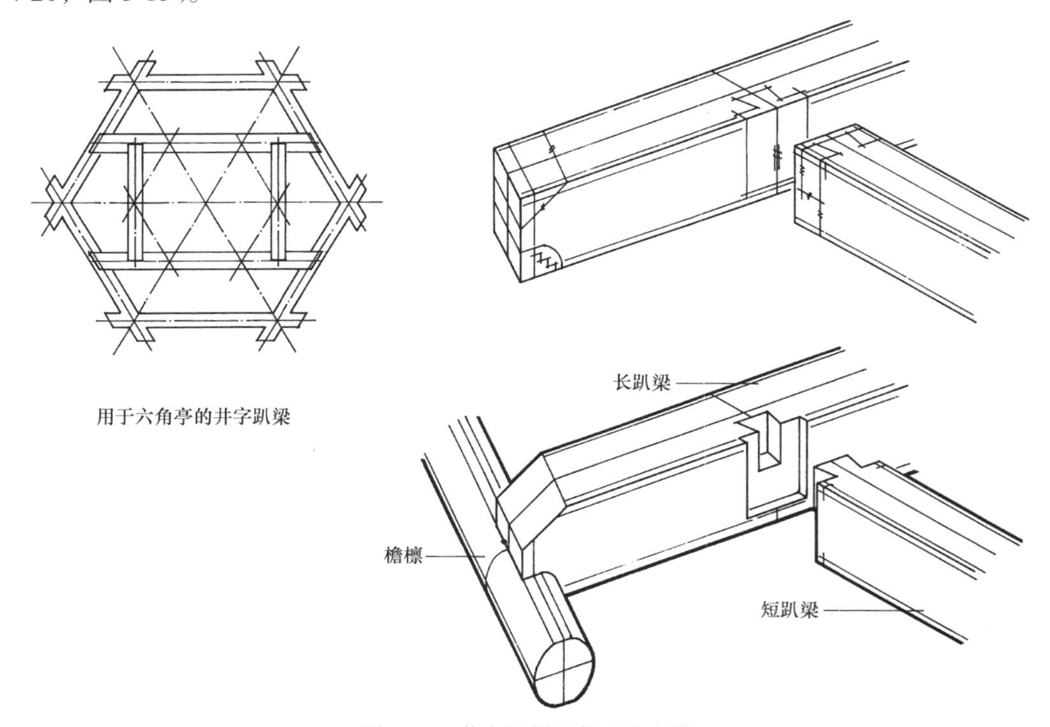

图 4-20　井字趴梁的构造与制作

长短趴梁制作包括制作阶梯榫、剔凿卯口、剔檩碗、做四面滚楞、抹角、剔作梁头椽槽等内容。

其余四角、八角、圆亭的趴梁做法类似，不再另述。

十、抹 角 梁

搭置于建筑物转角处的梁为抹角梁。抹角梁广泛应用于庑殿、歇山、攒尖等各类建筑当中。它用于90°转角的建筑物时，与两侧檩子的搭置角度为45°，用于六角攒尖建筑时，与两侧檩子搭置角度为30°。八角攒尖建筑因梁与檩搭置角度太小，一般不使用抹角梁。

抹角梁梁头榫卯做法与长趴梁的榫卯做法基本相同，只是梁与檩搭置的角度不同，榫卯应随构件搭置角度制作。

十一、麻叶抱头梁

麻叶抱头梁是垂花门上的主要梁架。垂花门的形式不同，麻叶抱头梁的长短，构造也不同，现以一殿一卷六檩垂花门的麻叶抱头梁为例，简述做法如下。

（1）在已初步加工好的材料两迎头画出中线、平水线、抬头线，将这些线弹在材料四面长身上，并弹上四面滚楞线。用麻叶抱头梁分丈杆在梁长身的中线上依次点出各步架的中，这些中即前后檐檩、天沟檩、双脊瓜柱及前檐柱中，并将这些中用90°方尺过画到梁的各面。

（2）按檩子直径尺寸以及事先做好的画檩碗样板画出前后檐檩、天沟檩檩碗。檩碗内画出鼻子。垂花门是悬山建筑，檩子要向两山挑出，为保证檩子挑出部分节点处的断面，梁上的鼻子不宜太大，高、宽均为檩径1/5即可。天沟檩处鼻子可留宽一些，为梁厚的1/2，以尽量减少对梁断面的破坏。但鼻子的高仍应按1/5檩径。在前檐檩及天沟檩檩碗下，还应画上随檩枋口子，后檐檩檩碗下画垫板口子，梁的外侧面画出燕尾枋口子。

（3）按前檐柱柱径尺寸，在梁与柱十字相交处，画出梁身腰子榫。厚度为梁或柱径的1/3，在两侧面画出断肩线。在梁背上，画出安装脊瓜柱的半眼以及安装角背的销子眼，在梁底面前后梁头中线部分，分别画出梁头海眼，及与前端垂柱装配需要的燕尾口子或半眼。

（4）麻叶抱头梁内外侧构造略有区别，画线完毕后应在梁背上标写出位置号，并按线进行锯解凿作，以备安装（以上均见图4-21）。

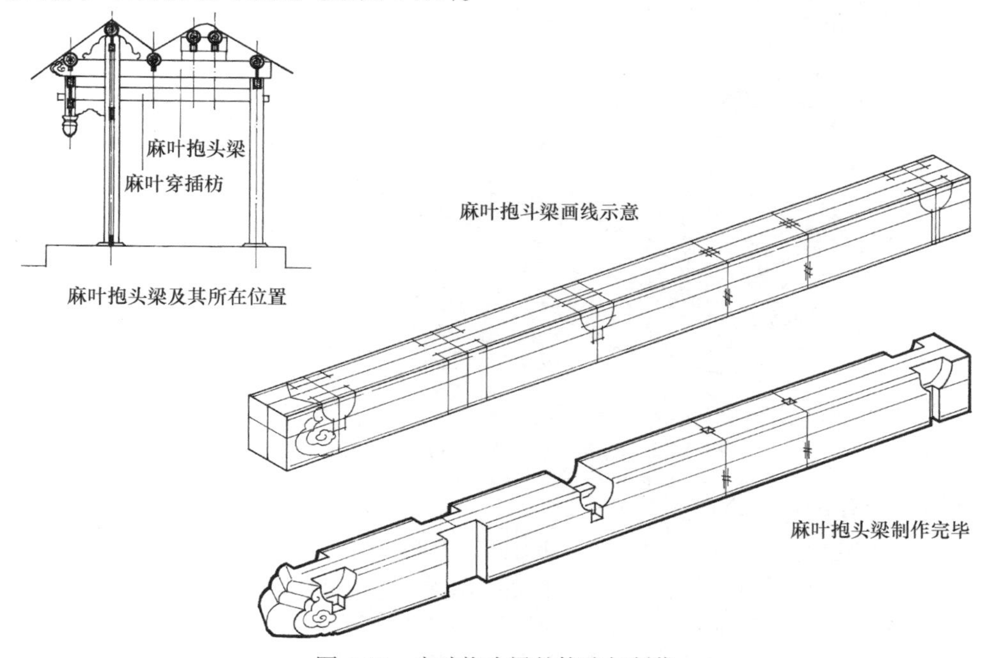

图4-21　麻叶抱头梁的构造与制作

十二、承　重　梁

承重梁是古建楼房中用于承载上层楞木地板之梁，清工部《则例》称之为“承重”。承重梁沿建筑物的进深方向放置，其前后两端交于前后檐通柱（或檐柱），上面搭置楞木。楞木上再铺钉地板。承重梁高为通柱径加 2 寸，厚同通柱径。在面宽方向与承重梁相对应的构件有间枋。如果楼房外檐要挑出平台，承重梁还要穿过柱子向外挑出，在端头安装沿边木，外面安装挂檐板（或挂落板）。承重梁上楞木间距大小依建筑物体量大小、楼板厚度及使用要求不同而定，通常间距在 2 尺至 2 尺 5 寸之间，楼板厚度一般为 1 寸 5 分至 2 寸（或按楞木厚的 1/3）。

承重梁制作主要包括以下内容：

画迎头中线，弹长身上下中线及滚楞线，用进深丈杆或承重梁分丈杆在中线上点出前后通柱中心位置，并按柱径尺寸的 1/2 为半径，以柱中为圆心画弧，退出肩膀尺寸，画出肩膀和榫卯。如建筑二层有出沿，承重梁前端还要挑出梁头。一般楼房（带斗拱的平座做法除外），二层出沿都不大，只挑出一当或半当即可。梁头挑出法是将檐柱以外挑出部分做出长榫，先将榫两腮扒掉，安装以后再钉在原来位置，以使梁头保持与梁身相等的断面。梁头尽端安装沿边木，沿边木是一根等于或略大于楞木断面的枋木，与梁头外端做夹子榫相交，梁头挑出部分要按构造画线。梁身按楞木间距尺寸画楞木刻口，口宽同楞木厚（楞木高为 1/2 通柱径，厚为高的 8/10），高按楞木高的 2/3 或 1/2，楞木的上皮高于承重梁上皮或与承重上皮平。楞木口子深可按梁厚的 1/5～1/4，为减少对梁断面的破坏，刻口应做成阶梯卯口（见图 4-22）。

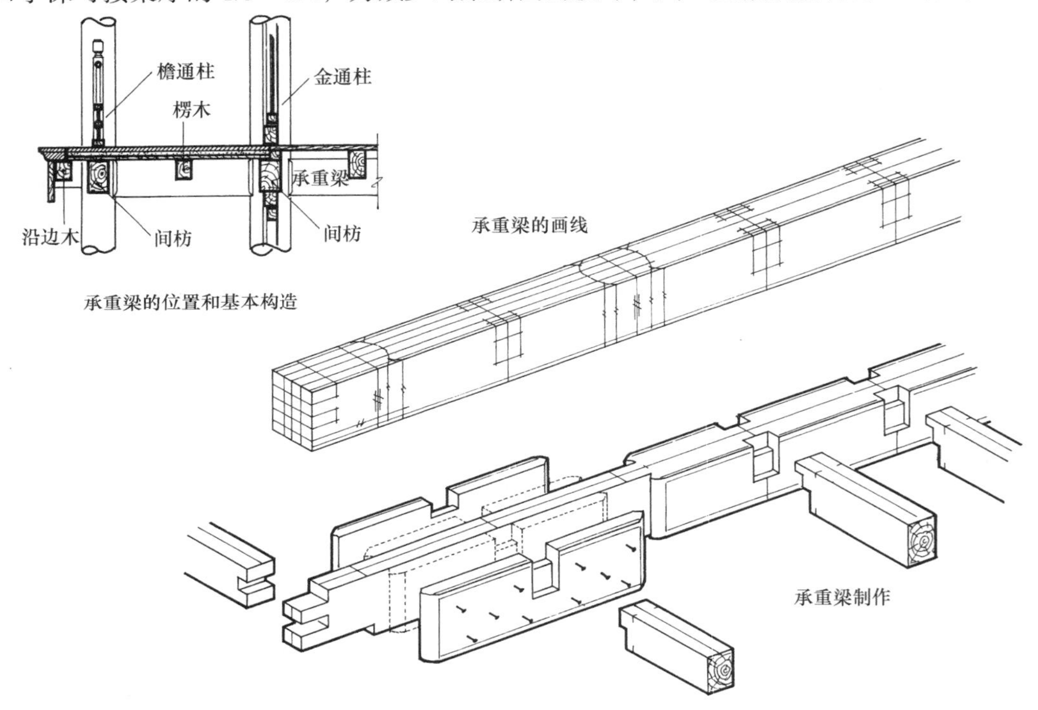

图 4-22　承重梁及其附属构件的构造和制作

梁类构件制作的注意事项：

梁类构件种类很多，情况复杂。以上选择其中 12 种有代表性的构件介绍了做法。实际上还不止这些。有时，一种梁就有几种不同的构造做法，如踩步金，当它底皮的标高比对应正身梁架高一平水时，其端头做成檩形，而当它底皮的标高与对应梁架相同时，其端头又呈梁形，名称也改为“踩步梁”。就踩步金的长短来看，长者可同七架梁，最短的仅相当于一根顶梁。在有些大型歇山建筑中，其长可按柱轴线分为三段，长达八至十步架。在中柱式门庑中，踩步金又常分为两段。所以，梁类大木构件（其他各类亦然）的画线和制作，是建筑在对大木构架的熟悉和了解的基础上的。排丈杆画线的工作，都是将设计变为实物的工作。要求负责制作的技术人员或技术工人必须把大木构件之间的关系搞清楚，在头脑中树立起木构架的概念，才能根据不同的设计要求，准确地将每一个单件制作出来。

梁类构件制作与其他各类构件一样，必须遵循“大木不离中”的原则，首先要弹画中线，一切榫卯尺寸都必须以中线为准进行制作。构件制作完成后，要将制作过程中去掉的中线按原样复画在构件上，以备安装时使用。

附属于梁类的构件，如瓜柱、角背、交金瓜柱、柁墩、交金墩等，应同梁架一起进行制作。制作完成后，要进行安装草验，核对步架、举架尺寸及与相邻构件的关系是否正确，草验合格后分组码放以待安装。

第八节　枋类构件的制作

古建木结构中最主要的承重构件是柱和梁，辅助稳定柱与梁的构件就是枋。枋类构件很多，有用于下架，联系稳定檐柱头和金柱头的檐枋（额枋）、金枋以及随梁枋、穿插枋；有用在上架、稳定梁架的中金枋、上金枋、脊枋；有用于建筑物转角部分，稳定角柱的箍头枋。除此以外，还有具有其他特殊功能的天花枋、间枋、承椽枋、围脊枋、花台枋、跨空枋、关门枋、棋枋、麻叶穿插枋等等。这些枋类构件虽不是主要承重构件，但在辅助主要梁架，组成整体构架中有着至关重要的作用。

现以额枋（檐枋）、箍头枋、金脊枋、承椽枋、天花枋、间枋、棋枋、关门枋、花台枋、平板枋、穿插枋、麻叶穿插枋等构件为例，介绍枋类大木构件的制作技术。

一、额枋（檐枋）

用于建筑物檐柱柱头间的横向联系构件称为额枋。额枋是用于大式带斗拱建筑时的名称，无斗拱建筑称檐枋。建筑物外檐如用两层额枋称为重额枋做法，将上面与柱头相平的一层称为大额枋、下面断面较小的一根称小额枋，大、小额枋之间为由额垫板。额枋两端与檐柱相交。枋上皮与柱头上皮平。带斗拱建筑，额枋上还常常置平板枋以安放坐斗。

额枋（或檐枋）的画线制作程序如下：

（1）将已备好的额枋规格料两端迎头画好中线。并将中线弹在枋子长身的上下两面，四角弹出滚楞线。

（2）用面宽分丈杆上所标的面宽（柱子中—中）尺寸，减去檐柱直径1份（每端各减半份）作为柱间净宽尺寸，点在枋子中线上，再向两端分别加出枋子榫长度（按柱径1/4～3/10），为枋子满外尺寸，剩余部分作为长荒截去。

（3）用柱子断面样板（系直径与柱头相等的圆，上面有十字中线、枋子卯口，可供柱头及枋子头画线用）或柱头半径画杆，画出柱头外缘与枋相交的弧线（即枋子肩膀线）这种以柱中心为圆心，以柱半径为半径，向枋身方向确定枋子肩膀线的方法称为“退活”。以枋中线为准，居中画出燕尾榫宽度。燕尾榫头部宽度可与榫长相等（1/4～3/10柱径），根部每面按宽度的1/10收分，使榫呈大头状。

（4）将燕尾榫侧面肩膀分为3等份，1份为撞肩，与柱外缘相抵；2份为回肩，向反向画弧。并将肩膀线用方尺过画到枋子侧面，画上断肩符号。

（5）将枋子翻转使底面朝上，画出底面燕尾榫，方法同上面画法。枋子底面的燕尾榫头部、根部都要比上面每面收分1/10，使榫子上面略大、下面略小，称为“收溜”。榫画完后，画出肩膀线，画法与枋子上面相同。最后，在枋子上面注写大木位置号（见图4-23）。

额枋榫有带袖肩和不带袖肩两种不同做法，采用哪种做法，可根据具体情况决定。

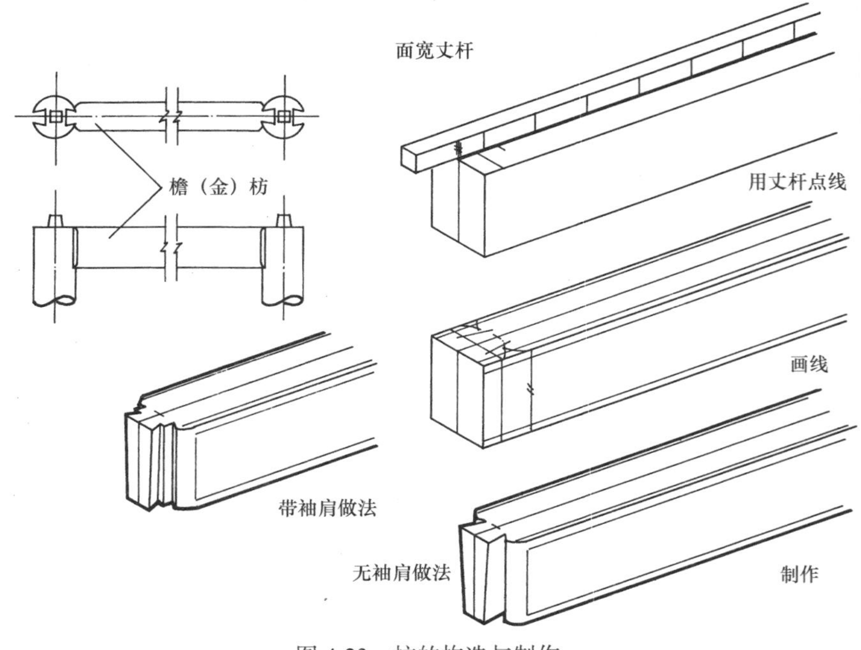

图 4-23　枋的构造与制作

额枋制作包括截头、开榫、断肩、砍刨滚楞等工序。由于柱子有收分，在断肩时要有意识地将肩膀下口稍让出一些尺寸。如枋子肩膀上口齐线锯解，下口即可贴线外锯解，上下所差尺寸应为 1/100 或 7/1000 枋子自身高。如枋子高 500 毫米，则上、下肩膀线差 3～5 毫米即可。

二、金、脊枋

位于檐枋和脊枋之间的所有枋子都称金枋，它们依位置不同可分别称为下金、中金、上金枋。处于正脊位置的枋子称为脊枋。这些金枋或脊枋，它的两端或交于金柱或瓜柱（包括金瓜柱或脊瓜柱）、或交于梁架的侧面（一檩两件无垫板做法，枋子直接交于梁侧，占垫板位置）。

金、脊枋的做法与额枋、檐枋基本相同。两端如与瓜柱柁墩或梁架相交时，肩膀不做弧形抱肩，改做直肩，两侧照旧做回肩。

另外，由于梁、柁墩、瓜柱等构件自身厚度各不相同，枋的长度亦有差别，在制作金、脊枋时，一定要注写好大木位置号，对号安装，不能将金枋安装到脊枋位置，也不可将脊枋安到金枋位置。

三、箍　头　枋

用于梢间或山面转角处，做箍头榫与角柱相交的檐枋或额枋称为箍头枋。多角亭与角柱相交的檐枋都是箍头枋，而且两端都做箍头榫。箍头枋有单面箍头枋和搭交箍头枋两种，用于悬山建筑梢间的箍头枋为单面箍头枋；用于庑殿、歇山转角或多角形建筑转角的箍头枋为搭交箍头枋。箍头枋也分大式小式两种，带斗拱的大式建筑箍头枋的头饰常做成“霸王拳”形状，无斗拱小式建筑则做成“三岔头”形状。

箍头枋画线与制作程序如下：

（1）在已初步加工好的枋料迎头画中线，并将中线弹在长身上下两面，同时弹上四面滚楞线。

（2）用梢间面宽分丈杆，在长身中线上点线画线，内一端做燕尾榫与正身檐柱相交，榫长度与肩膀画法同额枋或檐枋。外一端点出檐角柱中心位置，并由柱中心向外留出箍头榫长度，其余作为长荒截去。箍头榫长度，大式霸王拳做法由柱中向外加长1柱径，小式三岔头做法由柱中向外加长1.25柱径。

（3）用柱头画线样板或柱头半径画杆，以柱中心点为准，画出柱头圆弧（退活）。在圆弧范围内，以中线为准，画出榫厚（箍头榫厚应同燕尾榫，为柱径的1/4～3/10）。箍头枋的头饰（带装饰性的霸王拳或三岔头）宽窄高低均为枋子正身部分的8/10，因此，先应画出扒腮线，将箍头两侧按原枋厚各去掉1/10，高度由底面去掉枋高的2/10。箍头与柱外缘相抵处也按撞一回二的要求画出撞肩和回肩。

（4）将肩膀线、榫子线以及扒腮线均过画到枋子底面。全部线画完后，在枋子上面标写大木位置号。

（5）按线制作，可遵循如下程序：先扒腮，将箍头两侧面及底面多余部分锯掉、两侧扒至外肩膀线即可，下面可扒至减榫线。扒腮完成后在箍头侧面画出霸王拳或三岔头形状，并按线制作。箍头做好后，再制作通榫，可先将榫子侧面刻掉一部分，刻口宽度略宽于锯条宽度，然后将刻口剔平，将锯条平放在刻口内，按通榫外边线锯解，两面同样制作。最后断肩。然后，对已做出的箍头及榫子加以刮刨修饰，枋身制作滚楞。箍头枋制作即告完成。如果所做箍头枋为搭交箍头枋，那么，在箍头榫做好后，还要将中线过画到榫侧面，并按线做出搭交刻半口子，使两根箍头枋在角柱十字口内相搭交，刻口时注意，檐面一根做等口，山面一根做盖口，安装时先装檐面等口枋子，再装山面盖口枋子，使山面压檐面（以上均见图4-24）。

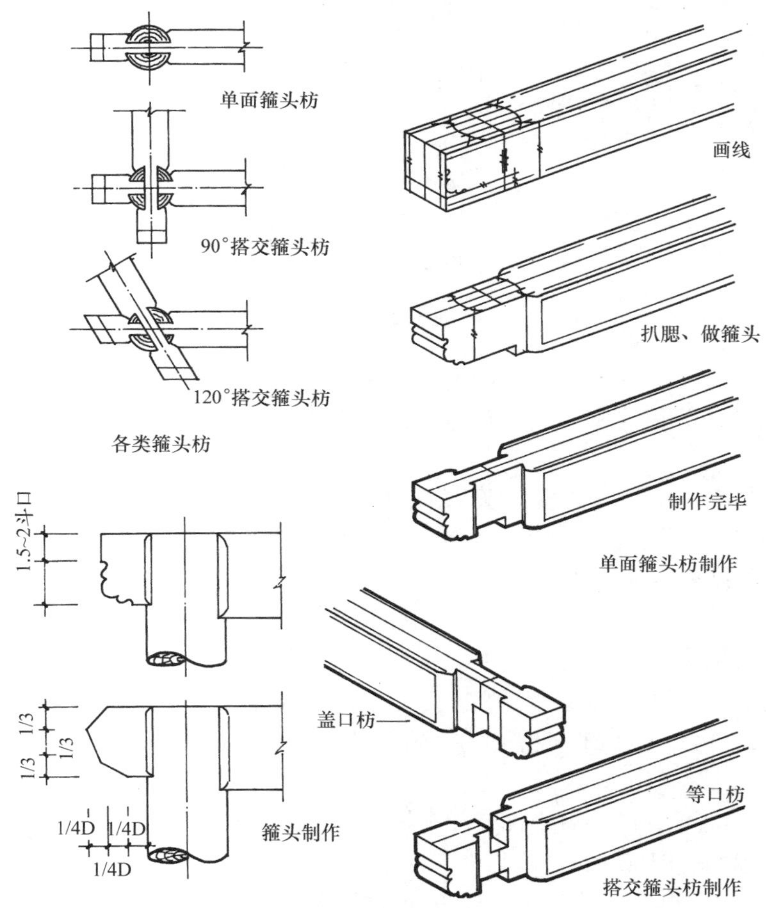

图4-24 箍头枋的构造与制作

四、承椽枋（附围脊枋）

承椽枋是用于重檐建筑，承接下层檐檐椽后尾的枋子，枋两端作榫交于重檐金柱（或童柱）侧面，枋子标高按下层檐举架定，枋外侧剔凿椽窝以搭置檐椽后尾。承椽枋长随各间面宽，减去重檐金柱径一份为净长，两端再加半榫长各按柱径 1/4。

承椽枋画线制作程序如下：

在枋料迎头画中线，在长身弹中线及滚楞线，按面宽丈杆，用退活的方法，确定出枋子柱间净长尺寸，然后加出半榫长，即为承椽枋满外长，其余部分作为长荒截去。沿枋身上下中线画出半榫，榫厚按枋自身厚的 1/3 即可。承椽枋外侧椽窝，按面宽分丈杆（即檩杆）分点。椽窝高低，由承椽枋上皮向下 1～1.2 椽径定为椽窝上皮，椽窝深度为半椽径，椽窝剔凿角度应随檐椽斜度。

承椽枋制作可先剔凿椽窝，然后开榫、断肩、砍刨滚楞，完成后码放待安（见图 4-25）。

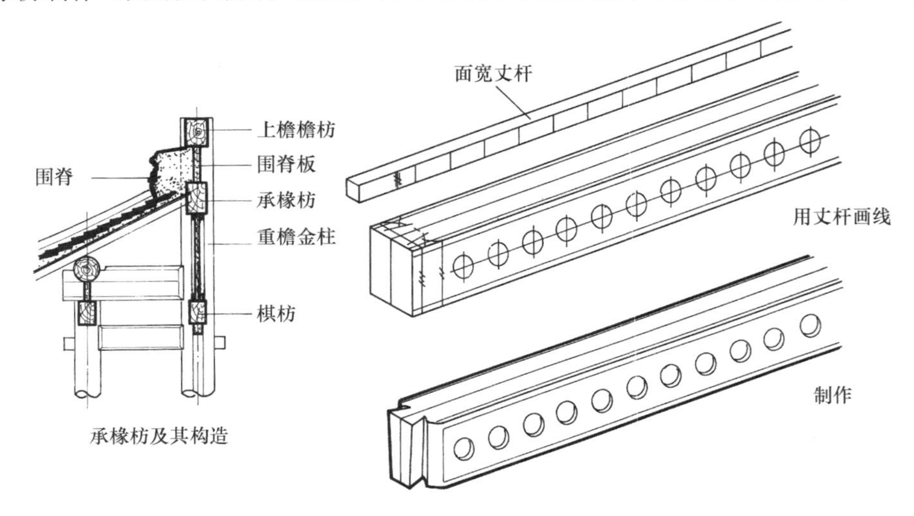

图 4-25　承椽枋的构造与制作

围脊枋为叠置于承椽枋之上，遮挡围脊瓦件的构件，有些建筑用围脊板代替。

围脊枋除外侧不剔做椽窝外，其余与承椽枋相同，不复赘述。

五、天花枋（附帽儿梁）

天花枋是承接井口天花的骨干构件之一，它与天花梁一起，构成室内天花的主要承重构架。其中，用于进深方向的构件为天花梁，用于面宽方向的构件为天花枋。天花枋和天花梁断面不同，但其上皮均应与天花上皮平。作为天花骨干构件之一的帽儿梁（断面形状为半圆形的构件，常与天花支条连做，沿面宽方向使用，通常每两井天花施用一根帽儿梁。其功用相当于现代顶棚中的大龙骨）两端搭置在天花梁上，天花支条贴附在天花枋和天花梁的侧面，这种支条称为“贴梁”（图 4-26）。

天花枋制作很简单，两端做半榫交于金柱，榫长为金柱径的 1/4，榫厚为枋自身厚的 1/3 或 3/10。天花梁做法与天花枋相同。

天花帽儿梁，长同面宽，宽 4 斗口，如与支条连做，则厚为 4～4.5 斗口，如单做则厚为 2～2.5 斗口。

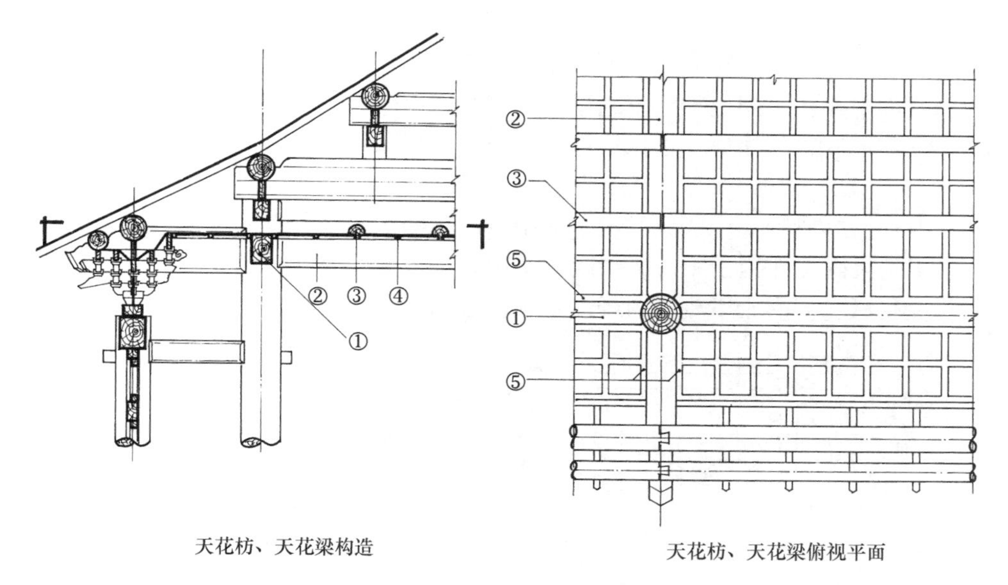

图 4-26　天花枋、天花梁的构造与制作

1. 天花枋　2. 天花梁　3. 帽儿梁　4. 支条　5. 贴梁

六、间　　枋

楼房中用于柱间面宽方向，联系柱与柱并与承重梁交圈的构件称为间枋。间枋高同檐柱径，厚为檐柱径的 4/5。间枋上皮与楞木上皮平，楼板直接落于间枋之上，间枋两端做半榫交于楼房通柱（参见图 4-22）。

七、棋　　枋

重檐建筑如在金里安装修时，在承椽枋之下须有一根枋子，或与檐枋相平，或高于檐枋，它的作用在于为金柱间的装修槛框安装提供条件。棋枋之上，与承椽枋之间为走马板，（又称“棋枋板”）棋枋之下为装修槛框。全部装修（包括横陂）都要安装在棋枋之下。

棋枋是大木构件，也是为安装修设置的辅助木构件。两端做半榫交于重檐金柱侧面。（参见图 4-9，图 4-25）。

八、关　门　枋

关门枋是门庑建筑槛框装修上面之枋，通常用于中柱一缝安装门扉的建筑，其作用与棋枋相似（参见图 4-9），关门枋之下安大门槛框等件，其长度按面宽减中柱径一份外加两头入榫，各按中柱径 1/4，高、厚可略同间枋。

九、平　板　枋

大式带斗拱建筑中，置于外檐额枋之上，承接斗拱的扁枋称为平板枋。平板枋高 2 斗口、宽 3 斗口，长按每间面宽，转角处两个方向的平板枋做十字刻半搭交榫相交，搭交头长同额枋箍头长。

平板枋上置坐斗，要按斗拱攒当大小排出斗拱中线位置，按中线凿做销子眼以便安装斗拱。平板枋底面与额枋之间也须有暗销稳固，每间二至四个即可。搭交平板枋十字相交，遵循山面压檐面的原则，将檐面一根做成等口，山面一根做成盖口。刻口处每面要做出包掩，包掩深度为枋子宽的 1/10。

平板枋制作包括画迎头中线，弹上下面中线，用面宽丈杆分点斗拱档尺寸和底面销子眼位置。用 90°勾尺画坐斗销子眼及暗销眼十字中线，按十字中线画销子眼，并按线凿做销子眼。梢间搭交平板枋要做十字刻半口子。平板枋四角不做滚楞（图 4-27）。

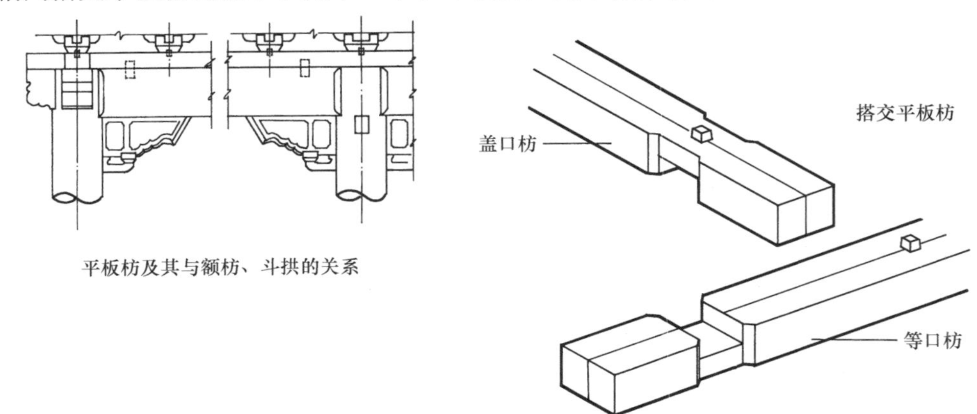

图 4-27　平板枋的构造与制作

十、花　台　枋

落金造溜金斗拱后尾的花台斗拱，要落在一个枋子上，这个枋子叫花台枋。花台枋位于金柱（或下金瓜柱）之间，其上为花台斗拱，花台斗拱之上为下金桁。花台枋断面较小，高 4 斗口、厚 3.2 斗口，或高厚同金枋。花台枋两端做燕尾榫交于金柱（或下金瓜柱），其上面安放花台斗拱，须按攒档位置凿作坐斗销子眼。画线制作程序包括画迎头中线、弹长身中线。滚楞线、作燕尾榫（或半榫）、断肩、砍刨滚楞、凿做销子眼等（图 4-28）。

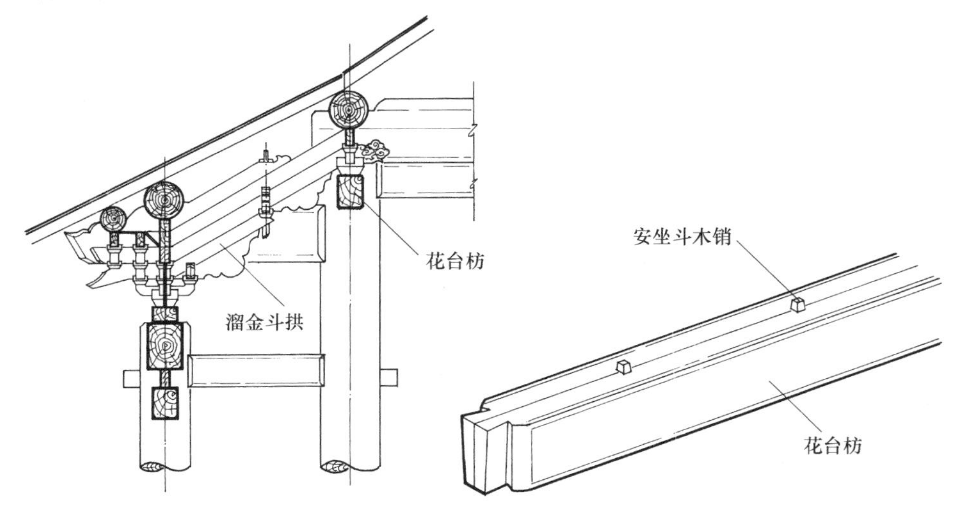

图 4-28　花台枋的构造与制作

十一、穿 插 枋

用于抱头梁（或桃尖梁）之下，联系檐柱与金柱的枋称为穿插枋。穿插枋长为廊步架（或廊进深）加檐柱径 2 份，枋高同檐柱径，厚为 0.8 柱径，大式穿插枋高 4 斗口、厚 3.2 斗口。

穿插枋的主要作用是拉结檐柱和金柱，所以，前后两端都应做透榫。穿插枋画线和制作程序是：

画迎头中线，弹长身上下面中线及四面滚楞线。用廊深分丈杆点出檐柱与金柱中，向外各留出一柱径为榫长。以檐柱中和枋身中线交点为圆心，以 1/2 檐柱径为半径，向内一侧画弧，为枋子前端肩膀线。然后以枋中线为准，画出榫厚（按檐柱径 1/4 即可，或按已做完的檐柱穿插枋眼厚度定）。沿枋子立面将榫均分 2 份，上面一半做半榫，下面一半做透榫、半榫深为檐柱径的 1/3～1/2。插入金柱一端榫子画法与前端相同。穿插枋肩膀画法同额枋，画完后即可制作，内容包括开榫、断肩、滚楞、修理榫头等（图 4-29）。

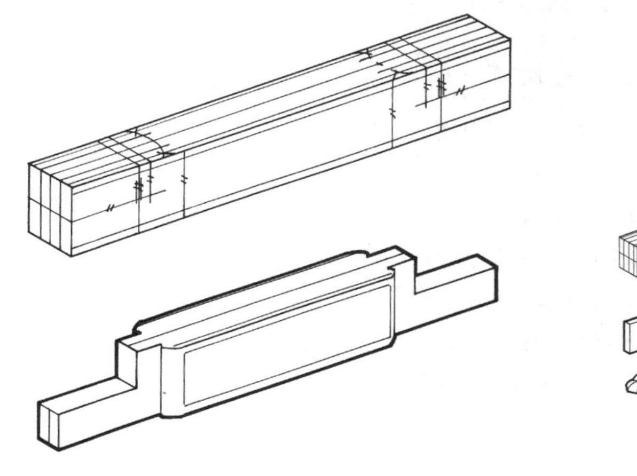

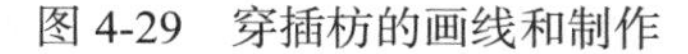

图 4-29 穿插枋的画线和制作

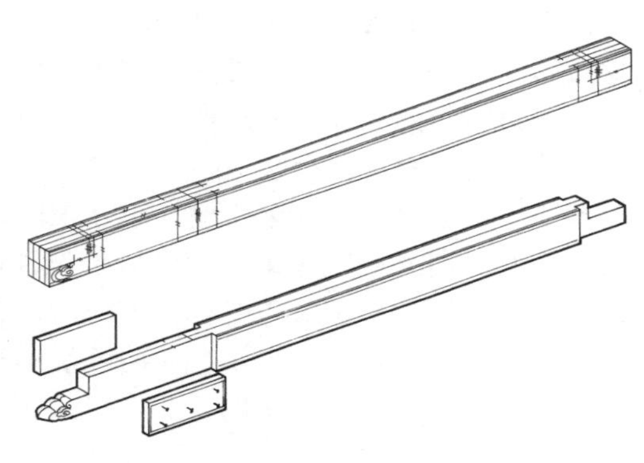

图 4-30 麻叶穿插枋的画线和制作

十二、麻叶穿插枋

用于垂花门麻叶抱头梁之下，拉结前后檐柱，并挑出于前檐柱（或钻金柱）之外，悬挑垂柱之枋，称为麻叶穿插枋。麻叶穿插枋之长，与垂花门构架有关。如为独立柱担梁式垂花门，则长二步架加麻叶梁头 2 份为长，如为一殿一卷或四柱单卷棚垂花门，则长为进深加垂步架，再加麻叶梁头 1 份、后檐柱径 1 份为全长。

麻叶穿插枋后端做法略同穿插枋，先弹中线，再用进深丈杆点中线、退肩膀，因柱为方形，所以不做抱肩，而做直肩。檐柱前端向外悬挑部分，是由柱子卯眼内穿出去的，所以，前檐柱与垂柱之间枋子的两腮部分，在制作时需要暂时扒掉，并用钉子粘在原处，打上记号。安装时，将两腮板拿下，入位后再将两腮钉上，保持枋子原有外形。枋子两端均做大进小出榫，前端悬挑垂柱的榫子出头部分雕出麻叶云头形状（图 4-30）。

十三、传统的枋子榫卯制作方法——讨退

讨退是将已经制作出来的柱头及其卯口的形状、深度、宽度、高度等现状，用一块板（名为“抽板”）记录下来，再将它过画到对应的枋子上去，使制作出来的枋子榫及肩膀与柱子及卯口结合严实的一种传统画线方法。

讨退所用的工具主要有抽板、执板、丈杆以及画线工具墨斗、号笔、竹制画签等。抽板长三柱径、宽 0.3 柱径，厚 1～1.5 厘米。每两个卯口用一块抽板，板子的每一端记录一个卯口的尺寸。换言之，就是说：每制作一根额枋（或檐枋）就需要一块抽板，有多少根枋子即用多少块抽板。执板是辅助工具，宽、厚可与抽板相同，长 2 柱径即可，用一块。明、次、梢各间面宽丈杆要备齐，以便退活时用。

“讨退”分两步进行，第一步是“讨”。即从已经制作完毕的柱子上求得柱头及卯口的现状，并把它记录在抽板上。

“讨”的步骤和方法如下：

1. 先讨枋子口及其两侧柱子外缘的现状。假定要制作明间额枋，需要讨明间东、西两侧檐柱柱头及卯口的现状。首先拿一块抽板来，在抽板一面的两端分别标写所要讨的柱子的名称及其卯口方位，标写方法见图 4-31（1）。这块板上写的“明间西一缝檐柱”表示抽板的这一端用来讨明间西一缝檐柱的卯口，“东”字表示要讨向东的这个卯口（或要讨的卯口向东）。同理，另一端写的字表示这一端用来讨“明间东一缝檐柱”的卯口，所讨的卯口向西。这样，讨退起来才不会出错。这里所谓柱子在东侧，卯口朝西（或柱子在西侧，卯口向东；或柱子在南侧，卯口向北……）即古建匠师们所说的“指东说西”。同样，如果要制作东次间的枋子，来讨与这根枋子相对应的柱头卯口的话，则抽板应按图 4-31（1）东次间额枋抽板注字方法来写。在讨退当中，实际上，抽板就相当于所要制作的枋子，抽板的两端即相当于枋子的两端。此外，在使用抽板时，带字的一面标写卯口上端的尺寸，称为“上青”，无字的一面标写卯下端的尺寸，称为“下白”。抽板备好后，就可以“讨”。

将要讨的柱子码齐、垫稳，使柱中线垂直于地面，枋子口位于两侧。如果先讨明间东一缝檐柱西面的卯口，就可将执板紧贴在该卯口的两楞，使执板的一个边与柱头上皮平。将抽板墨字朝上，水平放在柱上皮，将一端抵在执板上，然后把柱中线过画到写有墨字的“青”面上。卯口上端讨完，再平行移动执板于卯口下端，使执板边与卯口下皮齐，依旧紧贴住卯口两楞，再将抽板翻过面（不要掉头），使无墨字的“白”面朝上，水平抵住执板，再将柱中线过画到“白”面上。上下两个“中”画完后，将柱子翻转 180°，使原来向西的卯口转向东侧，找直、垫稳，按上述方法，再在这个卯口处讨一次（这里要注意，第二次讨时，仍要用抽板东侧的端头，千万不能倒头），然后将第二次讨的中线墨记也分别标注在“青”面和“白”面上。如果柱头绝对圆，卯口制作也很方正准确的话，那么，柱子翻转前后两次讨得的墨迹应该重合（“青”面的两个墨迹重合，“白”面的两个墨记也重合）如果柱头不圆，或卯口制作不规矩的话，两次讨得的墨迹就不会重合，二者之间会有差距，差距越大，说明柱头及卯口的毛病越大。这个差距，在向枋头上“退”的时候，按“三匀五撒”的口诀来处理［图 4-31（2）］。

2. 量（讨）卯口深浅。讨完柱头卯口及柱外缘现状后，即可量卯口深浅，方法是，将抽板端头垂直插入卯口内量卯口深浅。为防止榫头做长，要找最浅处量。仍在抽板大面上画墨记，为同前面所画墨记号相区别，在墨记上画一条形如辘轳把的线，称为“深浅辘轳把”，说明这道墨记是表示卯口深浅的［图 4-31（3）］。

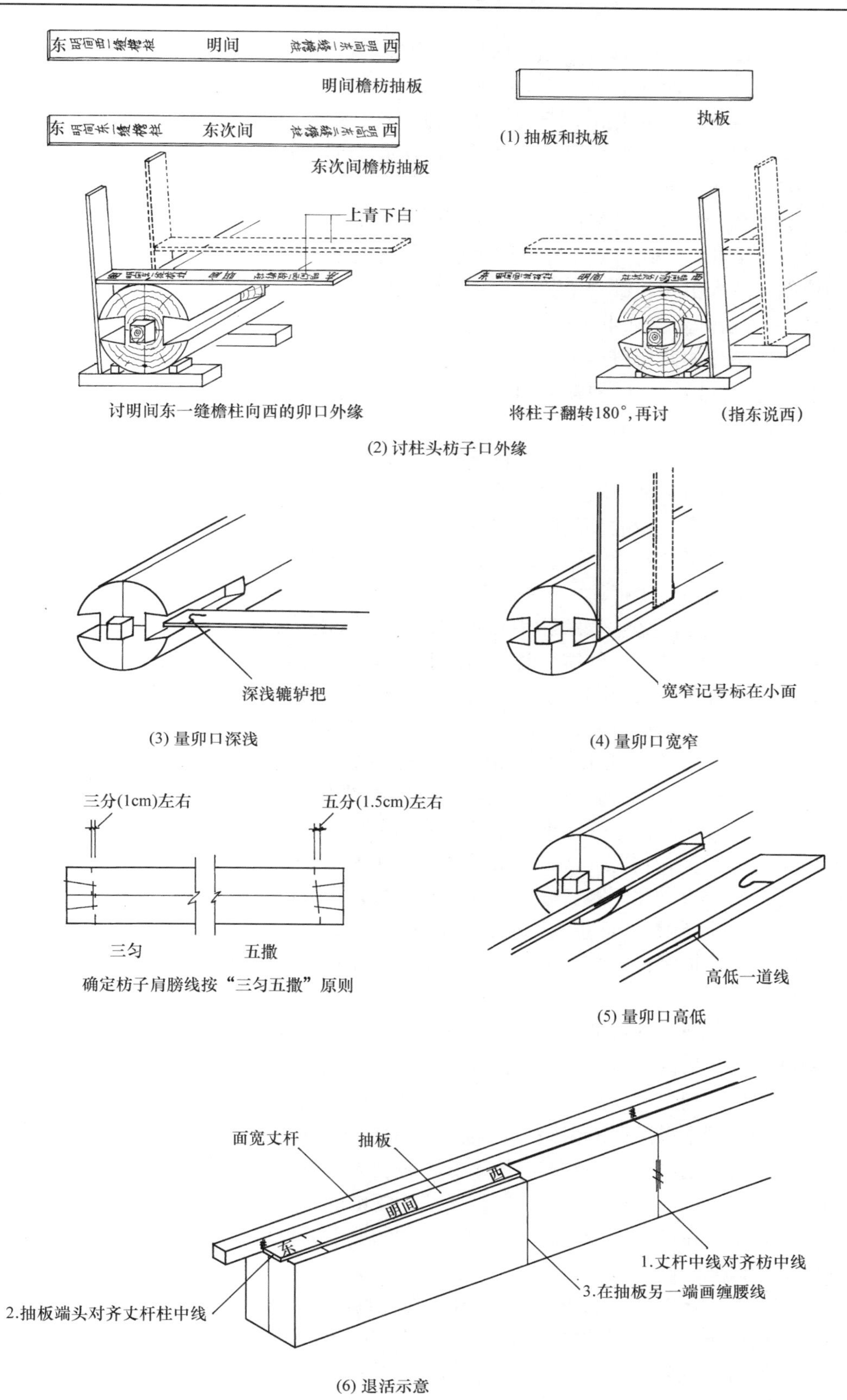

图 4-31　讨退的方法和程序示意

3. 量卯口宽窄。将抽板分别抵住卯口上下两端内楞，量卯口上下的宽窄尺寸，将其用短线标记在抽板的一个小面上［图 4-31（4）］。

4. 量卯口高低。将抽板沿柱身方向插入卯口内，量出卯口的高度，在抽板另一个小面画出墨记，并在墨记上顺抽板长身画一道线。以示此墨记为卯口的高低尺寸，叫做“高低一道线”［图 4-31（5）］。

经过上述几个步骤，已将柱头及卯口深度、宽度、高低等状况及尺寸量完并标记在抽板上。至此，这个卯口“讨”的工作即告完成。将这些数据反映到对应的枋子头上，作为制作榫头的依据，这个工作叫做“退”。

“退”的方法和步骤如下：

（1）将要制作的额枋料迎头画上中线。

上下面弹上中线（并顺便弹上四面滚楞线）。用面宽丈杆点出额枋的中（即面宽中），用方尺将中线过画到枋子底面。

贴额枋上面长身中线将丈杆平放在额枋背上，使丈杆上的中与额枋中相对。

将有墨记的抽板拿来，紧贴丈杆平放在梁背上，使抽板端头与丈杆上的柱中线对齐。贴抽板另一个端头点出抽板的长度线，并将这线用方尺过画到枋子的两侧面和底面，线上不画任何标记，称为“缠腰线”。这道缠腰线是用抽板在枋子两侧楞及上下面点线时放抽板的位置根据。将抽板端头与丈杆柱中对齐放好后，抽板大面上记下的柱子中线标记，就是枋子榫根部的实际位置，或者说是榫两侧肩膀的定位线。上面提到，由于柱头及卯口是用人工制作，有时难免不太规矩，遇有这种情况时，抽板上“讨”来的墨记尺寸就会有两个，若两道墨记之间距离很小，说明柱头尚圆；距离较大，说明柱头不圆，卯口两侧肩膀不平。古人按“三匀五撒”的口诀来处理这类问题，即：两墨记尺寸之间距离不超过 3 分（营造尺 3 分相当于 1 厘米），可取二者的中间值来确定榫子根部，也就是枋子的肩膀位置。二墨线之间距离在 5 分左右（即超过 1 厘米，达到 1.5 厘米左右），就要分别按两个不同墨记来确定两肩膀的位置。方法是：把抽板贴在额枋边缘，把两个墨记分别点画在额枋两边（标在抽板哪一侧的墨记，就点在额枋的哪一侧边楞上，不要互相交叉）。用直尺连接两点，成一条与额枋中线斜交的线，这线就是反映枋子榫两侧实际情况的线。按这条线确定枋子榫两侧肩膀位置就能与柱吻合［图 4-31（6）］。额枋底面也按同样方法画线。

（2）将抽板上带辘轳把的线（卯口深浅线）对齐额枋长身中线与肩膀线的交点，画出榫子长度。

（3）用抽板小面上标记的柱头卯口上下两端宽窄线，在中线两侧点出榫的宽度。用榫头画线样板画出榫头形状。额枋上下两面同样画法。

（4）按“撞一回二”（又称“撞三回七”、“三开一等肩”）画法画出额枋肩膀线（如枋榫带袖肩，枋子肩膀常采用回肩做法），至此，就完成了“退”的工作。

讨退这种传统的画线方法，在柱头不圆，直径大小不等或有其他类似毛病的情况下，通过一卯对一榫的讨退，能使制作出来的枋子与不规则的柱头结合得比较严实吻合，是一种行之有效的好办法。在柱子直径一致、断面浑圆的情况下，也可不用讨退，直接用几何作图的方法来画枋子榫卯。

“讨退”要一次“讨”完，即：所有柱子做完后，在做枋子之前进行讨退，有多少根柱子就讨多少根柱子，将讨得的抽板放在一起。然后，再一根一根枋子去“退”，不要讨一根退一根。讨退时特别要注意注写好大木位置号。“讨”的是哪个枋子的卯口，一定要“退”到与它相对应的那个枋子头上，不要搞错。

讨退当中的注字方法和标画墨记等方法，古建匠师们有个口诀，记住它，可帮助我们掌握讨退的方法，这个口诀是：

上青下白，指东说西，三匀五撒。

深浅辘轳把，高低一道线，（抽板）长短缠腰线。

第九节　桁檩类构件的制作

桁檩是古建大木四种最基本的构件（柱、梁、枋、檩）之一。“桁”与“檩”，名词不同，功能一样。带斗拱的大式建筑中，檩称为“桁”，无斗拱大式或小式建筑则称为檩。桁檩是直接承受屋面荷载的构件，并将荷载传导到梁和柱。在硬山、悬山、庑殿、歇山等矩形或正方形建筑中，桁檩与梁架成 90°角搭置。在多边形建筑中，檩子与梁的搭置方式和角度随建筑形状而变化。在圆形建筑中，檩子及其下面的垫板、枋子，都是弧形构件。

檩子根据所在位置不同，分别称为檐檩、金檩（下金、中金、上金）、脊檩。大式带斗拱建筑向外挑出的檐檩称为挑檐桁，位于柱子中轴线的檐檩称为正心桁。其余则分别为金桁（下金、中金、上金）、脊桁。建筑物转角部分两个方向的檩子按 90°或其他角度搭置在一起，称为搭交檩（或搭交桁），悬山梢间向两山面挑出之檩称为梢檩。叠置于脊檩之上，承接脑椽并栽置脊桩的构件称为扶脊木。

现以正身桁檩（檐、金、脊檩）、搭交桁檩、斜搭交桁檩、梢檩、弧形檩、扶脊木为例，分别将各种檩的放线及做法介绍如下：

一、正身桁檩（檐檩、金檩、脊檩）

搭置于正身梁架的桁檩均为正身桁檩，正身桁檩包括檐、金、脊檩（桁）以及正身挑檐桁。

正身檩长按面宽，一端加榫长按自身直径 3/10，檩直径，大式带斗拱做法为 4～4.5 斗口，无斗拱做法檩径同檐柱径，或为柱径的 9/10，或按三椽径均可。

画线及制作方法如下：

将已初步加工好的规格料迎头画好十字中线，要使两端中线互相平行，并将中线弹在檩子长身的四面。将面宽丈杆放在檩子中线上，按面宽点出檩子肩膀尺寸，并在一端留出燕尾榫长。

另一端按榫的长度由中线向内画出接头燕尾口子尺寸，并可同时画出燕尾榫及卯口线（榫宽同长，根部按宽的 1/10 收分）。檩两端搭置于梁头之上，梁头有鼻子榫。由于各层梁架宽厚不同，梁头鼻子的宽窄也不同，按檩子所在梁头（或脊瓜柱头）上鼻子的大小，在檩子两端的下口，按鼻子榫宽的一半刻去鼻子所占的部分。在檩子的底面或背面，凡与其他构件（如垫板、檩枋、扶脊木、拽枋等）相叠，都须砍刨出一个平面，目的在于使叠置构件稳定。这个平面称为“金盘”。金盘宽为 3/10 檩径，如果檩子的上面或下面无构件相叠，则可不做金盘，如金檩，可以仅做出下金盘，脊檩则必须同时做出上下金盘。檩子榫卯画完后，还要在上面按丈杆点出椽花线（椽子的中线位置），并标写大木位置号。

正身檩子制作包括截头、刻口、剔凿卯口、做榫、断肩、砍刨上下金盘，复线等工序。做完后，分幢分间码放待安（图 4-32）。

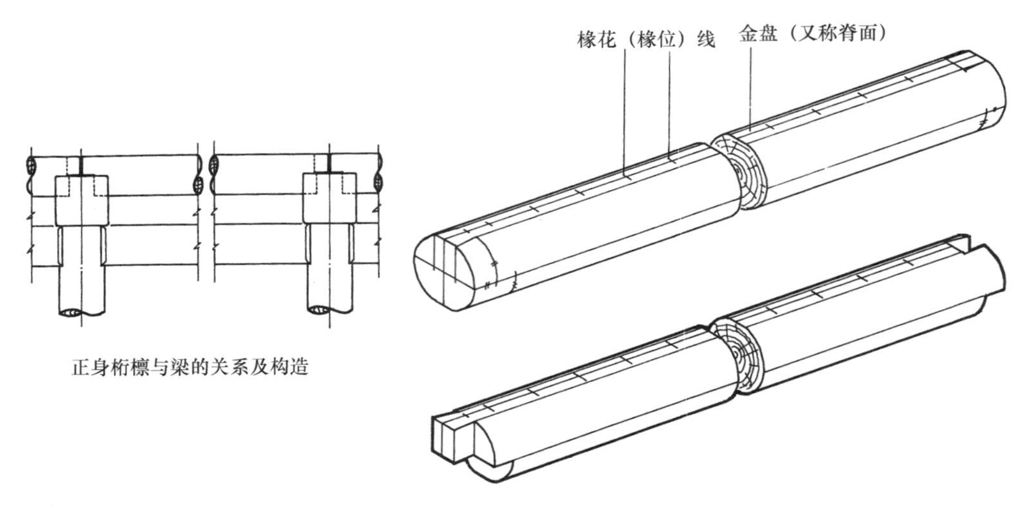

图 4-32　正身桁檩的构造与制作

二、正搭交桁檩

所谓正搭交桁檩，指按 90°直角搭交的檩子。歇山、庑殿及四角攒尖建筑转角处，两个方向的檩子作榫成 90°角互相扣搭相交，称为搭交檩。不做榫、各自截成 45°斜头对交称为合角檩。

搭交檩画线及制作程序是：

在已备好的搭交檩料迎头画十字中线并将中线弹至长身上，用梢间面宽丈杆在中线上点出面宽中—中尺寸，做搭交榫的一端须由中向外让出 1.5 檩径长为搭交长度。如搭交檩之下为斜梁，角云等构件时，搭交长短还须视梁的薄厚而定。但一般不应短于 1.5 檩径。檩的另一端是否留榫，要看檩头的方位，古建筑檩子接头，通常东头做榫、西头做卯，或南头做榫，北头做卯，称为“晒公不晒母”。这种约定俗成的规矩，成了制做檩子榫卯的定规。

搭交檩头做法如下：

以面宽中与檩中线交点为准，分别沿檩子长身方向和横向，将檩径宽度分为四等份，中间二份为卡腰榫。用 45°角尺，过两中线交点画对角线，此线为两檩卡腰榫的交线。两檩卡腰，按山面压檐面的规定，檐面一根做等口，刻去上半部分；山面一根做盖口，刻去下半部分。榫卯锯解顺序，先在刻口面，沿对角线下锯，锯至檩中；再沿中线两侧的刻口线刻出口子，深按檩径的一半。最后，沿对角线将搭交榫两腮部分刻透，锯解之后用扁铲或凿子将无用部分剔去，所留即为卡腰榫（图 4-33）。

三、斜搭交桁檩

斜搭交桁檩指按 120°，135°或其他角度搭交的桁檩。如用于五方亭、六方亭、八方亭上面的就是这种搭交檩。

斜搭交桁檩的构造做法与正搭交檩相同，仅仅搭交的角度不同。用于多角亭上的搭交桁檩两端头都要作搭交榫。假定所制作的搭交檩是六角攒尖亭的搭交檩，则该檩的画线和制作程序是：在已备好的搭交檩料的迎头画十字中线，并将中线弹在长身四面，用丈杆在长身中线上点出檩子两端的中，由中各向外让出 1.5 檩径作为搭交檩头长。过中点，用 120°角尺画

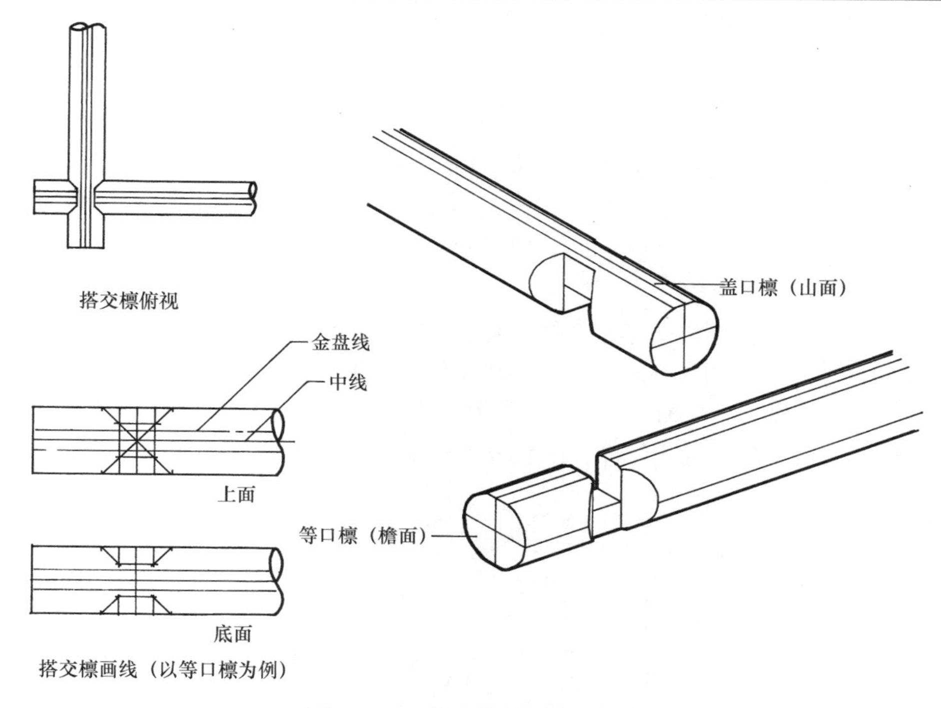

图 4-33　正搭交檩的画线和制作

出搭交中线（两端同样画法，但方向相反），再过搭交檩外端点画这条搭交中线的平行线，为檩头截线。以檩子自身中线与搭交中线的交点为中心，分别沿两条中线将檩子宽度分为四等份，过中心点，用直尺画斜对角线（此对角线即为斜搭交檩卡腰榫的交线）。多角形建筑搭交檩刻口，不存在山面压檐面问题，而是要将檩子一根做成等口，一根做成盖口，因此，两端卡腰口子一样，或都是等口，或都是盖口。线画完后，按制作正搭交檩的方法锯解、刻口、按线剔去卡腰榫的两腮及口子部分，即成为斜搭交檩卡腰榫（图 4-34）。

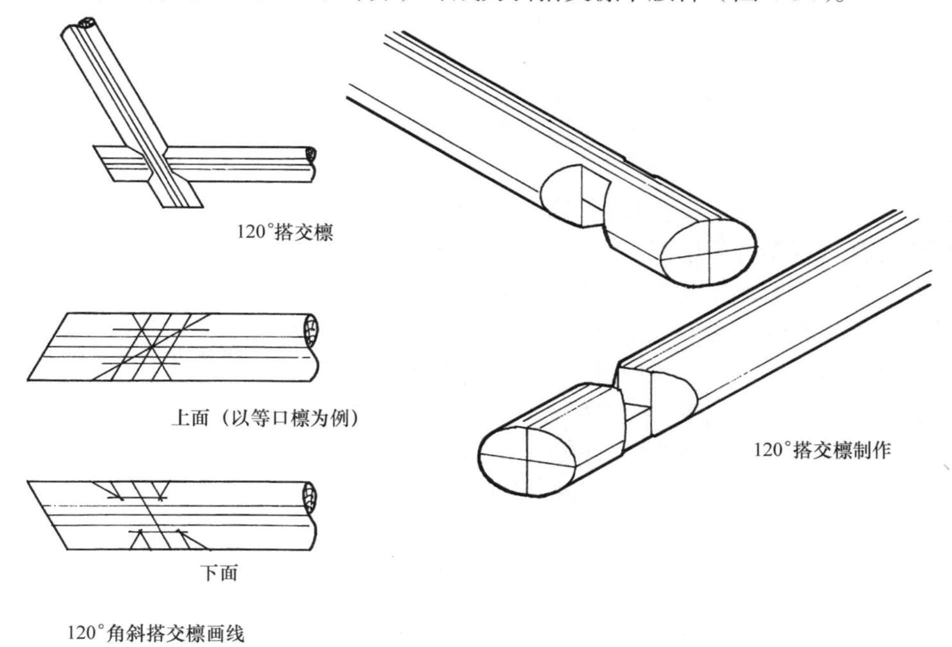

图 4-34　斜搭交檩的画线与制作

四、梢　檩

悬山建筑梢间向两山挑出之檩称为梢檩，长按梢间面宽加挑出长度（四椽四当或同檐平出尺寸）。梢檩要承挑出梢部分的荷载，因此，排山梁架梁头上不能同正身梁一样作同檩碗等高的鼻子。为保檩子断面，又达到防止檩子左右错动的目的，可将鼻子榫断面减小为檩径的 1/5（宽、高相同）。

梢檩画线制作，首先画迎头十字中线，弹长身四面中线。用梢间面宽丈杆，在中线上点出面宽中—中尺寸。檩子朝内一端按正身檩接头做榫或卯，朝外一端向外让出四椽四当（或按檐平出尺寸），画截线。在梢檩与排山梁架搭置的地方，以中线为准刻鼻子卯口，口宽深均按 1/5 檩径。最后点椽花线、作榫、砍刨金盘即成（图 4-35）。

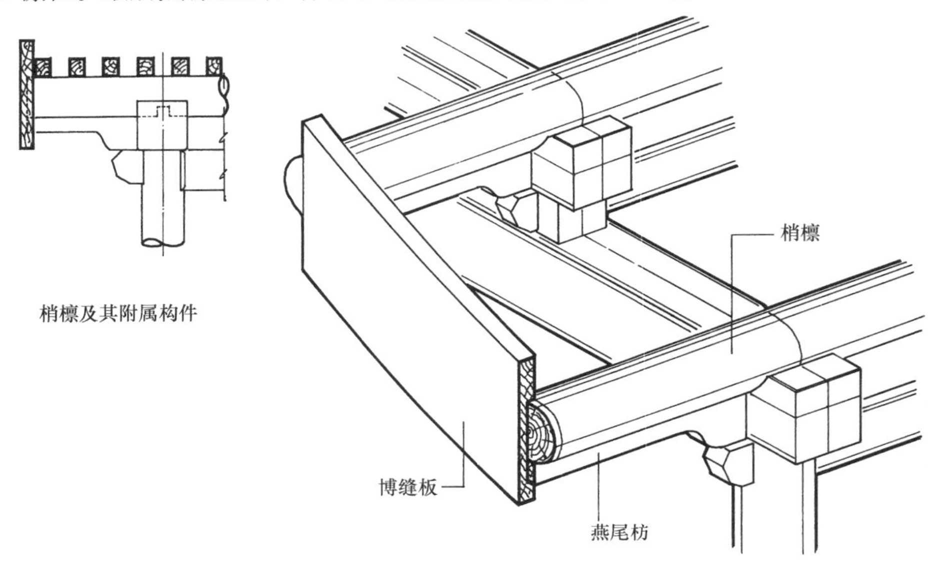

图 4-35　梢檩的构造与制作

五、弧　形　檩

平面呈圆形或扇形的建筑，其每开间的檩、枋、垫板都是圆周的一部分，平面呈弧形。这种弧形构件都是用厚度等于檩（或垫板、或枋子）径，宽度等于檩径（或枋厚、板厚）加内侧弧矢高，长等于外侧弧弦长（外加荒）的木料锯解出来，然后再行加工做成的。为使檩枋等构件的弧度符合圆周弧度的要求，在制作这种大木构件之前必须首先放实样，按实样套出檐檩、金檩、檐枋、金枋、檐垫板、金垫板等各自的样板。在样板上，画上檩子的弧形中线，作出榫头、卯口、点上椽花，然后按样板画线、制作。

弧形檩子砍八卦线法，道理同直檩，也是先放八方，要把迎头八方线画到弧形檩长身各面，按线操作。然后再砍十六方，再刮刨成圆形（图 4-36）。

六、扶　脊　木

扶脊木是叠置在脊桁上面的构件，断面呈六边形，长、短、径寸均与桁檩相同。它的主要作用是栽置脊桩以扶持正脊，故名曰扶脊木。扶脊木两侧与脑椽相交，在两侧剔凿椽窝，

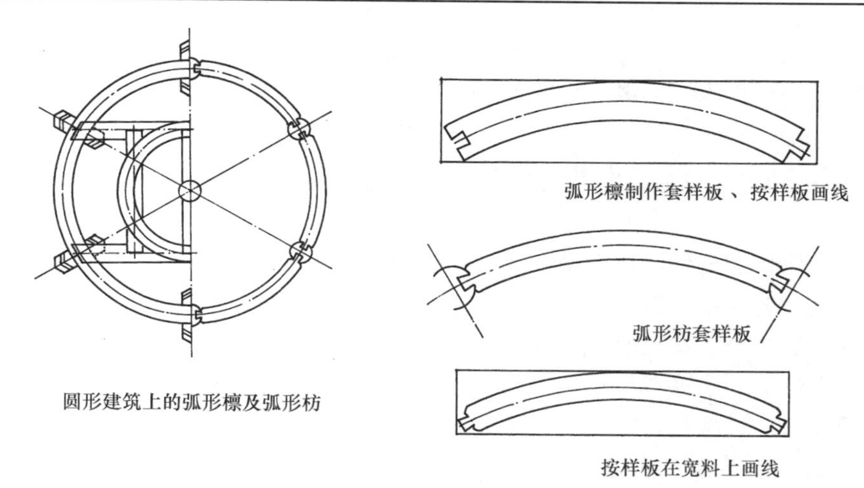

图 4-36 弧形檩及弧形枋的画线和制作

做法同承椽枋。

扶脊木画线及做法：

扶脊木的初步加工是将它砍刨成六边形。六边形的上下两面宽同檩金盘，由上金盘两边按 45°再砍出斜面；再由下金盘两边按 60°砍出斜面，上下斜面相交成六边形即成（图 4-37）。

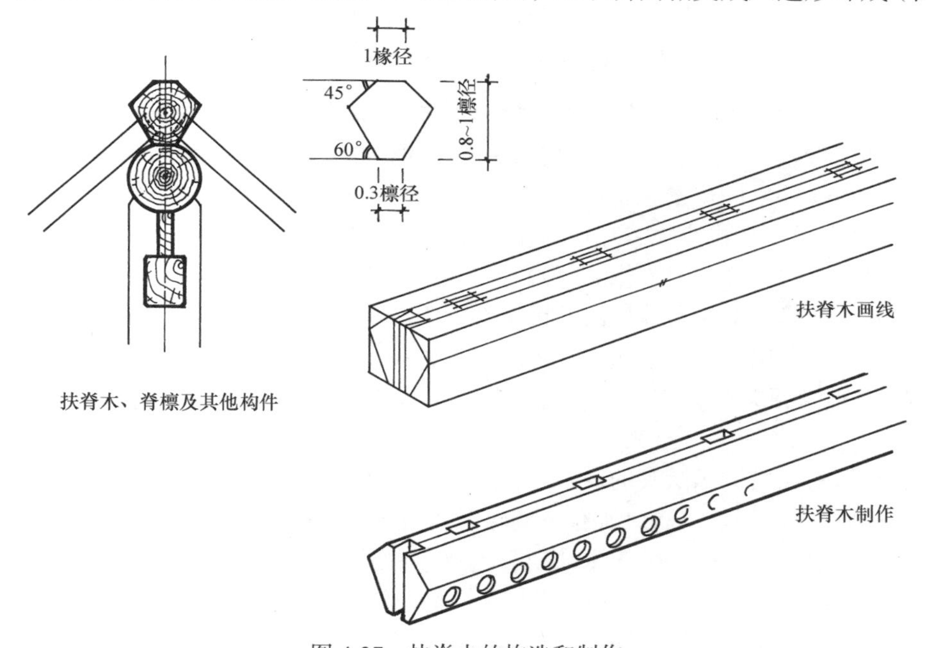

图 4-37 扶脊木的构造和制作

将初步加工好的扶脊木料画出迎头中线。并弹出上下面中线。用面宽分丈杆在中线上点出面宽中—中尺寸，一端留出榫长按 3/10 檩径，一端做卯口，用丈杆在两侧面按椽花点出椽窝位置。椽窝高低须按脑椽举架放实样来确定。根据确定好的高低位置和椽花线，画出椽窝。扶脊木上脊桩眼位置的确定，须与瓦作负责人共同商定。根据脊筒子长短尺寸，以脊筒子坐中安装一块（称龙口），其余向两侧依次安装的原则，确定出每根脊桩的位置，要保证每块脊筒正中有一根脊桩。脊桩下端要穿透扶脊木，并插入脊檩 1/3～1/2。上端所需长度以达到正脊筒子中部为准，可通过放实样来确定其长度。脊桩宽按椽径，厚按宽的1/2。梢间扶脊木还应加出出梢长度。

扶脊木制作包括作榫、作卯、凿脊桩眼、剔凿椽窝等工序。

以上仅举六种有代表性的例子加以说明，其余檩子做法大同小异，不复赘述。

第十节　椽、飞、连檐、瓦口、板类及其他杂项构件的制作

构成古建木构架的构件除以上柱、梁、枋、檩（桁）之外，还有屋面木基层及其附属构件，以及它们之外的零杂构件，它们有：

椽类：檐椽、飞椽、花架椽、脑椽、罗锅椽、板椽（连瓣椽）。

连檐类：大连檐、小连檐、里口木。

瓦口：筒瓦瓦口、板瓦瓦口。

板类：垫板、山花板、博缝板、楼板、滴珠板、横望板、顺望板、闸档板、椽中板、椽碗。

其他：踏脚木、草架柱、穿、燕尾枋、雀替、替木。

现择各类有代表性的构件，分别将做法简述如下。

一、椽　　类

（一）檐椽、飞椽（附大小连檐、里口木、闸档板、椽碗、椽中板）

檐椽即钉置于檐（或廊）步架，向外挑出之椽。与檐椽一起挑出的，还有附在檐椽之上的飞檐椽，简称飞椽。檐椽长按檐步架加檐平出尺寸（如有飞椽，则檐椽平出占总平出的2/3，如无飞椽，则檐椽平出即檐子总平出），再接檐步举架加斜（五举乘 1.12，或按实际举架系数加斜）。檐椽直径，小式按 1/3D，大式按 1.5 斗口。椽断面有圆形和方形两种，通常大式做法多为圆椽，小式做法多为方椽。

飞椽附着于檐椽之上，向外挑出，挑出部分为椽头，头长为檐总平出的 1/3 乘举架系数（通常按三五举），后尾钉附在檐椽之上，成楔形，头、尾之比为 1∶2.5。飞椽径同檐椽。

与檐椽、飞椽相关连的构件还有大连檐、小连檐（或里口木）、闸档板、椽碗、椽中板等。

大连檐是钉附在飞檐椽椽头的横木，断面呈直角梯形，长随通面宽，高同椽径，宽 1.1～1.2 椽径。它的作用在于联系檐口所有飞檐椽，使之成为整体。

小连檐是钉附在檐椽椽头的横木，断面呈直角梯形或矩形。当檐椽之上钉横望板时，由于望板做柳叶缝，小连檐后端亦应随之做出柳叶缝。如檐椽之上钉顺望板，则不做柳叶缝口。小连檐长随通面宽，宽同椽径，厚为望板厚的 1.5 倍。

闸档板是用以堵飞椽之间空当的闸板。闸档板厚同望板、宽同飞椽高。长按净椽当加两头入槽尺寸。闸档板垂直于小连檐，它与小连檐是配套使用的，如安装里口木时，则不用小连檐和闸档板。

里口木可以看作是小连檐和闸档板二者的结合体，里口木长随通面宽，高（厚）为小连檐一份加飞椽高一份（约 1.3 椽径），宽同椽径。里口木，按飞椽位置刻口，飞椽头从口内向外挑出，空隙由未刻掉的木块堵严，里口木宋代称大连檐，明代称里口木，清代演变为小连檐加闸档板做法。

椽碗是封堵圆椽之间椽当的档板，长随面宽，厚同望板，宽为 1.5 椽径或按实际需要。椽碗是在檐里安装修（装修安在檐柱间，以檐柱为界划分室内外）时，用于檐檩之上的构件，

它的作用与闸档板近似，有封堵椽间空隙，分隔室内外，防寒保温，防止鸟雀钻入室内等作用。檐碗碗口的位置由面宽丈杆的椽花线定，碗口高低位置及角度通过放实样确定。椽碗垂直钉在檐檩中线内侧，其外皮与檩中线齐。先钉好椽碗，再钉檐椽，椽从碗洞内穿过，明早期椽碗做法，沿板宽的中线分为上下两半，先安装下面一半，再安檐椽，最后安上面一半，上下接缝处做龙凤榫，做工相当考究。金里安装修时，不用此板。

椽中板，是在金里安装修时，安装在金檩之上的长条板，作用与椽碗相同，但做法不同。椽中板夹在檐椽与下花架椽之间，故名“椽中”，它位于檩中线外侧的金盘上，里皮与檩中线齐。板厚同望板，宽 1.5 椽径或根据实际要求定，长随面宽（以上均见图 4-38）。

除檐椽、飞椽之外，还有脑椽（即位于脊檩与上金檩之间的椽）和花架椽（位）于檐椽与脑椽之间的椽均称花架椽。

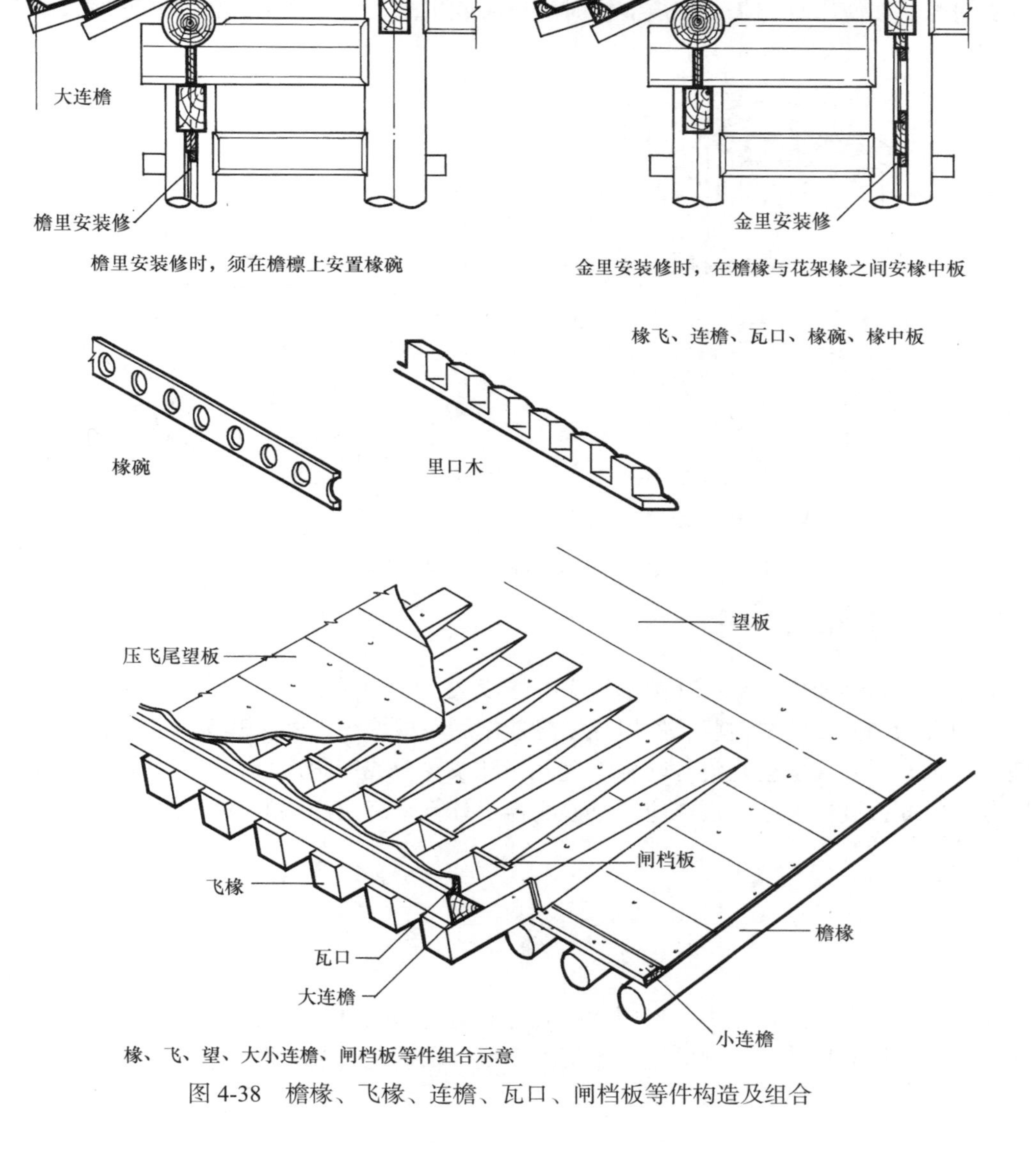

图 4-38　檐椽、飞椽、连檐、瓦口、闸档板等件构造及组合

檐椽、飞椽以及椽碗等件制作前都应放实样、套样板，按样板画线，以保证做出来的所有构件尺寸一致。

（二）罗锅椽

用于双檩卷棚屋面顶步架侧面呈弧形的椽子称罗锅椽。罗锅椽长按顶步架（2～3 檩径）加檩金盘一份，断面径寸同檐椽。罗锅椽制作之前须放实样套样板，按样板制作。放实样程序如下：

首先按顶步架大小及檩径尺寸画出双脊檩实样尺寸，作十字中线定出檩中心点。按举架画出脑椽（或檐椽），交于脊檩外金盘，过檩中心，分别作脑椽下皮线的垂直线，两线共同交于 O 点，以 O 为圆心，O 点至脑椽下皮和上皮的垂直距离为半径画弧，所得即为罗锅椽图样。确定罗锅椽形状还有一个办法，以檩上皮线向上一椽径，定作罗锅椽底皮线，再以此底皮线，按椽径确定上皮线。两种方法均可。

罗锅椽与脑椽接茬处上皮应平，不应有错茬。为避免造成罗锅椽脚部分过高，常在脊檩金盘上置脊枋条作为衬垫。脊枋条宽 0.3 檩径，厚为宽的 1/3。先将脊枋条钉置在檩脊背上，再钉罗锅椽。如使用脊枋条，在放实样时应一同放出来，套罗锅椽样板时将它所占高度减去（图 4-39）。

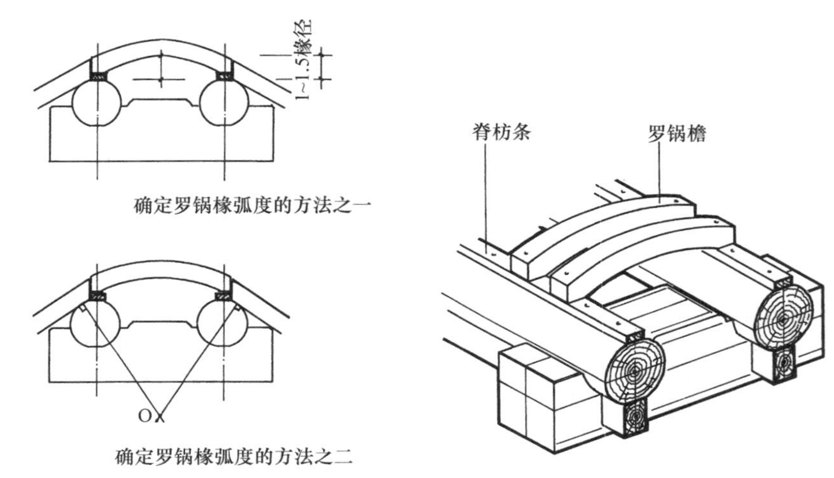

图 4-39　罗锅椽的构造和制作

（三）板椽（连瓣椽）

板椽，又名连瓣椽，是用在圆形攒尖亭檐步架以上的椽子。由于圆形攒尖建筑椽子的排列是以圆心为中心点的放射状，所以除檐椽能施用单根椽子以外，其余檐步架以上各段均无法使用单根椽子。板椽就是将各间椽子合并为几块梯形或三角形板，以板代椽。板椽分块大小应考虑屋面弧度的大小。板椽应通过放实样或计算来确定两端的宽窄和长度，套出样板进行制作。

二、瓦　口　类

瓦口是钉附在大连檐之上，专门承托底瓦和盖瓦的构件。瓦口总长按通面宽，明间正中以底瓦坐中，每当尺寸大小须同瓦作负责人商议，根据瓦号及分档号垄的结果确定，如为琉璃瓦，垄宽可按正当沟定。

瓦口有两种，一种为筒瓦屋面所用的瓦口，此种瓦口只有托底瓦的弧形口面，无瓦口山，板瓦屋面所用瓦口还要做出瓦口山，瓦口高按椽径的1/2，厚按高的1/2，带瓦口山的瓦口，高度应适当增加，以保证底盖瓦之间有一定的睁眼（通常为2寸左右）。

瓦口制作要套样板，按样板画线。备料宽度应以对头套画两根瓦口为准。瓦口口面弧度应根据底瓦口面弧度大小确定。瓦口钉置在大连檐之上时，应垂直于地面，不应随大连檐外口向外倾斜，钉瓦口时，一般应比大连檐外楞退进3分（1厘米）左右，瓦口底面应随连檐上口刮刨成斜面（参见图4-38）。

三、板　　类

（一）垫板

大木当中的垫板主要指檩与枋之间的板，依位置不同分别为檐垫板、金垫板、脊垫板等，垫板长按面宽，减去梁或柱厚度一份，再加两端入榫各按板厚一份，宽（高）按平水，厚按檩径的1/4。垫板制作简单，刮刨直顺光平，符合尺寸要求即可。圆形或扇形建筑的垫板应随檩、枋做成弧形。

（二）山花板

山花板是歇山建筑用来闸档山花的木板，厚1斗口或0.8椽径或按檩径的1/4。山花板紧贴歇山山面的草架柱及穿安装，立闸山花的板与板之间做企口缝搭接。制备山花板应在地上放山花实样，按实样备料。实样中应画出各檩子位置以及山面檐椽、踏脚木位置。山花板下脚截齐头，立于踏脚木之上或附在踏脚木外皮，上端与花架椽、脑椽上皮齐。凡檩子位置均须留出檩碗，檩头要伸出山花板外皮0.5斗口或1/3椽径。山花板配齐后要打上号，按次序分组码放，以待安装。

（三）博缝板

用于悬山或歇山建筑，遮挡山面梢檩檩头之板，叫博缝板，博缝板每步架为一段，每段长同该步架椽子长，宽为6～7椽径。两段博缝板接茬托舌长为板宽的1/3。

博缝板内面须按檩子位置剔凿檩窝，以便安装，檩窝深为0.5斗口或1/3椽径，檩窝下面还应有燕尾枋口子。用于悬山建筑的博缝板，最下面一块要做博缝头，博缝头形似箍头枋之霸王拳头。画法是：按博缝宽度的一半，由博缝板头底角向内点一点，连接这一点与博缝板上角，形成一道斜线。将此斜线均分为7等份，以1份之长，由板头上角向内点一点，连接这点和第一份下端的点，成一条小斜线。其余6份，以中间一点为圆心，以1份之长为半径在外侧画弧，两侧各余的二份，分别以1/2份为半径，以一份的中点为圆心向外侧和内侧画弧；所得图形即为博缝头形状。中间还可做成整圆，刻出阴阳鱼八卦图案。博缝头另一种画法是由中间大弧中心点向外增出一份，再连斜线，以所得各点为圆心画弧，画出的图形较前一种更为丰满（图4-40）。

传统的博缝板画线方法中有“三拐尺”定檩位法。是根据博缝板所在位置的步架、举架尺寸和边角关系，不用放实样，而用90°角尺定檩碗及接缝位置。在放实样有困难的情况下，可采取这种方法。三拐尺定檩位方法如下：

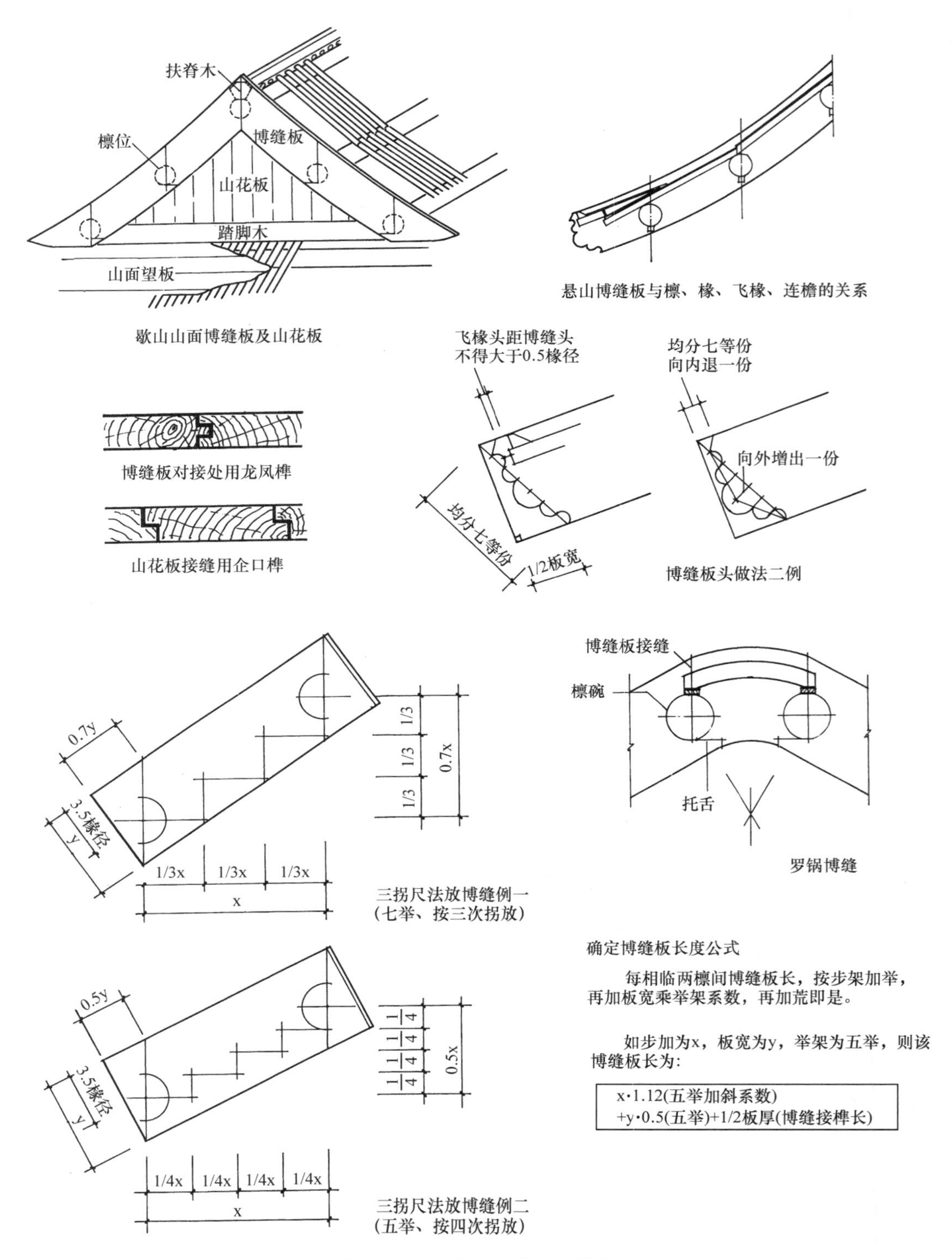

确定博缝板长度公式

每相临两檩间博缝板长，按步架加举，再加板宽乘举架系数，再加荒即是。

如步加为x，板宽为y，举架为五举，则该博缝板长为:

x·1.12(五举加斜系数)
+y·0.5(五举)+1/2板厚(博缝接榫长)

图 4-40　山花板与博缝板制作

假定博缝板所在位置步架为 x，举架为 7 举。将已备好的板料（大面平、边直、两端等宽）一端用 90°方尺画出一条直角线，以线与上边的交点为准，以板宽的 0.7（七举）向内侧点线得一点，连接这点与板下边和直角线的交点，得一条直线，这条直线即檩子中线，也是博缝板外一端的接口线，安装时此线垂直于地面。以半檩径加二椽径所得尺寸为线段，做垂直于板上边的垂线，使线段的另一端交于接口线上，所得交点即为檩子中心点。以这点为起点，用 90°方尺，按步架、举架关系（即直角三角形边角关系）一尺一尺向上勾画，使若干次水平线段之和等于步架 x，若干次举高之和等于 0.7x（三拐尺，不一定拐三次，也可两次，也可多次，但若干次之和须等于步架和举架）。在板的上一端即可得到一条与下端接口线平行的直线，这条线即上面檩子的中线，也是博缝板上端的接口线。在这条直线上用拐尺得到的点即檩子的中心点。分别以两个中心点为圆心，以 1/2 檩径为半径画圆，所得即檩碗位置（图 4-40）。

（四）楼板

楼板为铺钉在楞木之上的板，沿进深方向使用，板厚为楞木厚的 1/2，板缝拼接做企口缝或龙凤榫。

（五）滴珠板

滴珠板为平座外沿的挂落板，由若干块竖向木板拼接在一起为板宽，板高按平座斗拱高，如斗拱高 2 尺 4 寸，再加坐斗斗底之高即为板高，以沿边木之厚的 1/3 定厚（沿边木厚 2 斗口）。滴珠板下端常做成如意头形状，如意头宽为板高的 1/2，或按总面宽分定。滴珠板由许多块竖板拼成，板缝间做企口缝，板与板之间穿带锁合，按竖板高穿二至三道带。滴珠板上口为平座压面石底口，下口与平座斗拱坐斗下皮平。凭钉子钉置在沿边木上（图 4-41）。

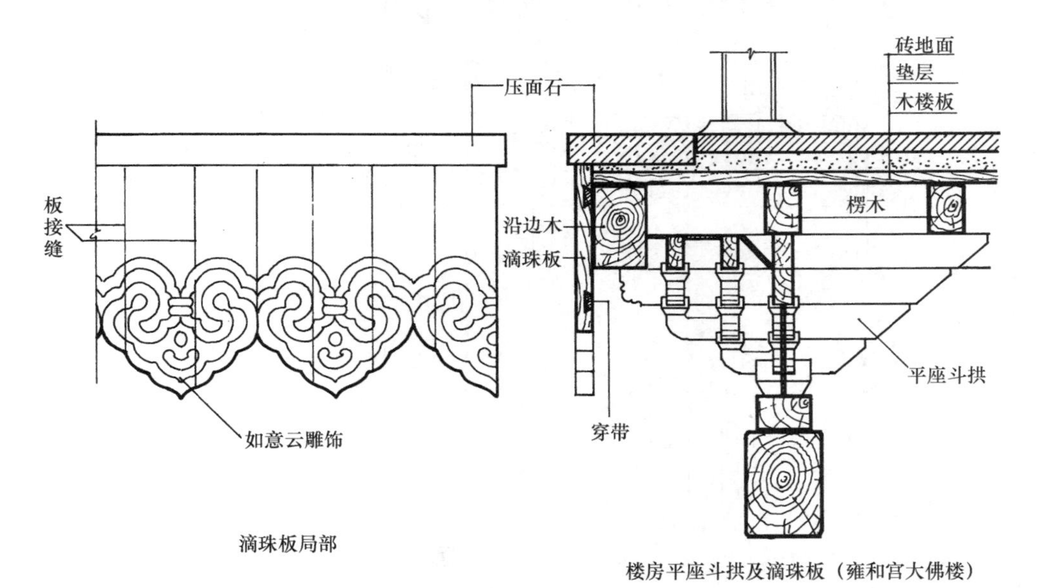

图 4-41　滴珠板等件的构造和制作

四、其 他 构 件

（一）草架柱（附穿）

草架柱是歇山建筑支撑山面梢檩檩头的支柱，断面呈方形，宽、厚为檩径的 1/2（或 1.5 椽径，或 2 斗口）高按步架加举定。每根桁条之下支撑的草架柱高度各不相同。草架柱下脚落于踏脚木之上。上端支顶桁檩底皮，辅助、稳定草架柱的水平构件叫做“穿”。穿与草架柱十字相交做刻半榫，与草架柱头相交或做燕尾榫或做箍头榫。草架柱与穿在山面山花板以内形成横竖木龙骨，山花板紧贴草架柱和穿安装，因此，它们还有辅助稳定山花板的作用。

草架柱上下端做半榫与踏脚木和梢檩安装在一起。草架柱与穿的制作包括作榫、刻口、断肩等工序。它们是不露明的构件，不必刮刨滚楞（图 4-42）。

（二）踏脚木

踏脚木是歇山山面的辅助构件，它的作用主要供草架柱落脚之用，故称“踏脚木”。踏脚木长按步架，如踩步金长为四步架，则踏脚木也长四步架，外加二檩径为全长，高、厚同檩径，底面按山面檐椽举架坡度砍出斜面，放置在下金檩之下、山面檐椽之上。踏脚木与挑出的前后檐下金檩结合，可以做榫，也可不做榫，用钉子钉在山面檐椽上即可。具体构造做法要根据山面檐步架大小、下金檩的檩头与山面檐椽上皮空当大小而定。山花板可以紧贴草架柱，立于踏脚木之上，也可贴踏脚木外皮安装。如山花板立在踏脚木之上时，则踏脚木外皮即为山花板外皮，也就是歇山收山位置，如山花板贴踏脚木外皮安装，则踏脚木要向里侧移入山花板厚 1 份，草架柱外皮则要与踏脚木外皮齐。两种方法均可（参见图 4-42）。

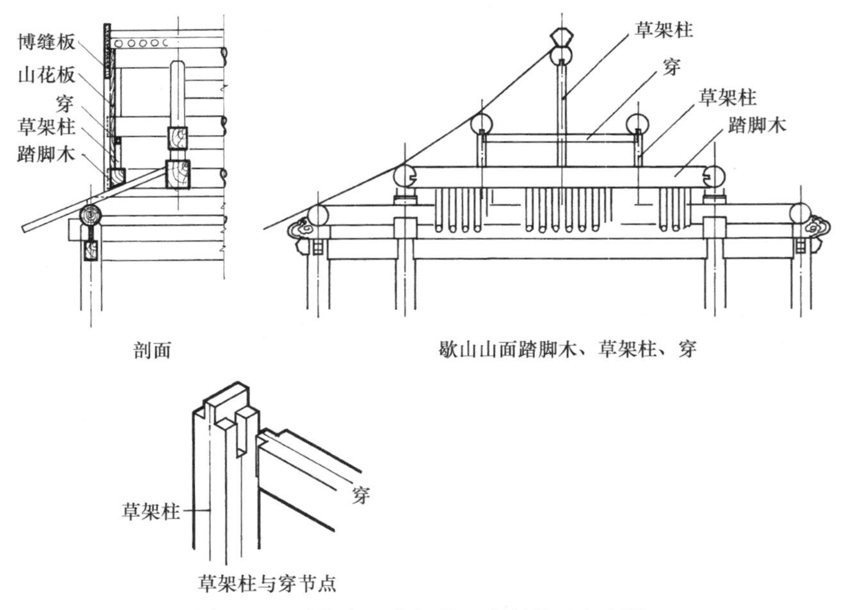

图 4-42　踏脚木、草架柱、穿的构造与制作

（三）雀替

雀替又名角替，常用于大式建筑外檐额枋与柱相交处，雀替原为从柱内伸出，承托额枋，有增大额枋榫子受剪断面及拉结额枋的作用。清式做法，雀替做半榫插入柱子，另一端钉置在额枋底面，表面落地雕刻蕃草等花纹，实际上已不起结构作用，而成为装饰构件。用于进

深方向，单双步梁或其他梁下的雀替，作用同替木，与上述雀替有所不同。

雀替长按净面宽的 1/4（面宽减去柱径 1 份为净面宽），高同额枋（或同小额枋或同檐枋），厚为檐柱径 3/10，雀替下面之拱子长按瓜拱长的 1/2，高按斗口二份，厚同雀替。

如雀替之上安装三伏云拱子，则三伏云长按额枋（或檐枋）之厚 3 份定长，高同雀替，厚为雀替厚的 8/10（图 4-43）。

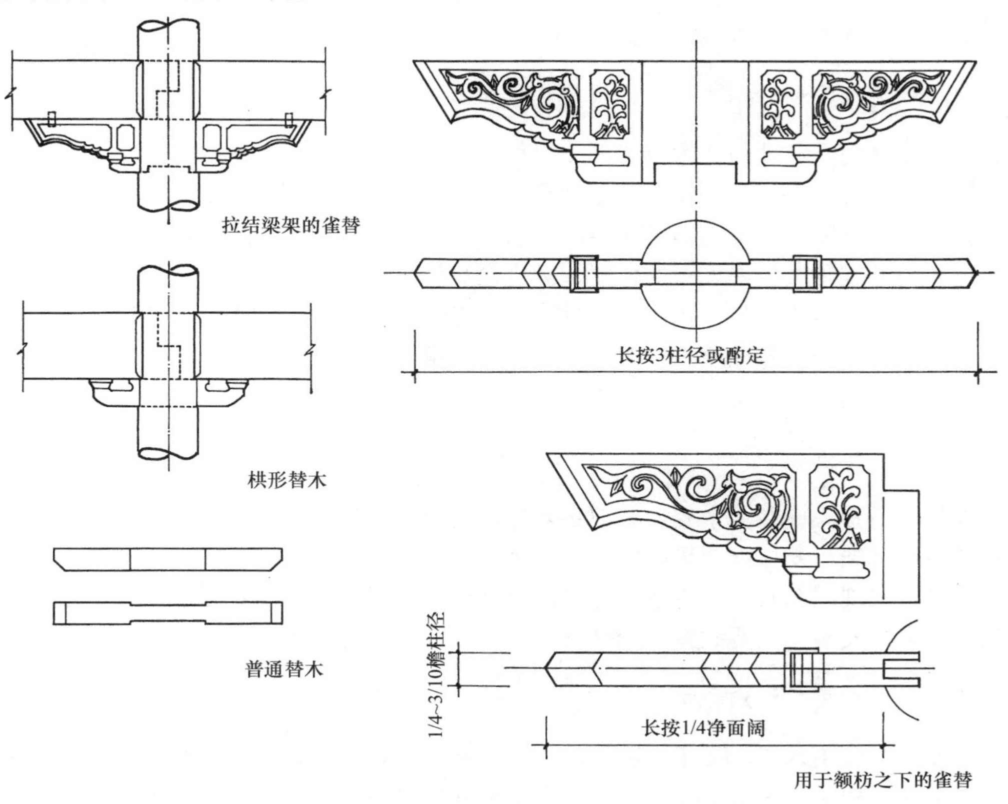

图 4-43　雀替、替木的构造和制作

（四）替木

替木是起拉结作用的辅助构件，常用于小式建筑的中柱、山柱，用以拉结单、双步梁。替木长按三柱径，高、厚为一椽径，中间 1/3 刻去两腮，放在柱上双步梁卯眼下的口子内，两端头钉在梁底皮（或做销子榫），大式建筑中，替木也常做成雀替形状。

（五）燕尾枋

燕尾枋是用在悬山梢檩挑出部分下面的附属装饰构件，长按梢檩出梢长，减去梁厚一半加榫长，厚按垫板，高亦随垫板，燕尾枋的形状和画法参见图 4-35。

第十一节　大木安装

将制作完的柱、梁、枋、檩、垫板、椽望等大木构件，按设计要求组装起来的工作，叫大木安装，又称“立架”。

大木安装是一项非常认真严谨的工作，事前要有充分准备，要有严密的组织，并由几个工种密切配合来共同完成。

一、大木安装前的准备工作

为保证大木安装的顺利进行，大木安装前的准备工作必须十分充分，事先考虑到各种情况，做好各方面准备。准备工作的主要内容有：

（一）核对构件和柱础的尺寸，摆放草验

大木安装之前，工地的技术负责人（工程师、技术员、工长、班组长）要用丈杆对所制作出来的各类大木构件的尺寸进行一次全面细致的检查，有时则需要在地面上预先试装一下，叫做“摆放草验”。如异形建筑的某些部分，斗拱等成组配套的部分都有必要进行草验。同时，还要对基础轴线，柱顶石的位置、标高进行认真检查，可通过抄平、拉线，用丈杆丈量等手段，检查轴线尺寸与大木面宽、进深尺寸是否吻合，外檐柱础有无“掰升”（侧脚），角柱是否有两面侧脚，各柱顶石是否等高，有无侧偏等问题，发现问题及时纠正。经检查确认为无问题时方可准许立架。

（二）组织协调

工地技术负责人应在大木安装前召集木作、扎材作（架子工）以及起重工的负责人共同商量安装方案和架子支搭配合等问题。要明确分工，哪个工种负责哪项工作，到什么部位应当如何配合，出现问题有什么应急措施等都应逐项进行研究，以做到心中有数。尤其遇到体量大的古建大木安装，更要做好充分准备。

（三）安装人员的组织分工

大木安装主要由木工、架子工配合进行。体量小的建筑，如一般四合房、小型亭榭等，可以木工为主，架子工配合支搭架子并承当部分起重工作。体量很大的殿座，则应以架子和起重工为主，木工指导并配合。架子工的主要职能是配合大木安装的进行支搭安装架子和负责构件起重工作。木工的主要职能是按程序提取构件，负责构件安装，核对尺寸以及吊直拨正等工作。斗拱、椽望翼角等小件的安装工作则可完全由木工承担。除此以外，还要有壮工若干名，负责构件的搬运。人员要“配档”，通常两人一档，一般情况可分两档，有时也可分四档。安装前要向操作人员作详细的技术交底和安全交底，使人人心中有数。为保证大木安装的顺利进行，还需将技术高、有经验、有组织能力和指挥能力的人员安排在安装现场，负责安装的指挥工作。架子下面还要有一位技术全面的匠师，指挥搬运构件和大木安装的技术指导工作。

（四）物质准备

大木安装所需的材料和工具有：杉槁、扎把绳、小连绳、缥棍，以上用于支搭架子和捆绑戗杆；面宽、进深各分丈杆，用于检验各部轴线尺寸；斧子、锯、凿子、扁铲，用于榫卯的修理；线坠、线杆、小线、撬棍、大锤，用于构件吊直、拨正；涨眼料、卡口料（即木块和木片，用制作榫卯时锯解下来的废料即可），用于吊直拨正后堵塞涨眼；铁锹、撞板（抵住戗杆下端，使不滑动的木板），用于固定戗杆下脚。

二、大木安装的一般程序

古建工匠有句俗话，叫做“大木怕安”。这句话有两重意思，一是说，大木安装是对大木制作工作的检验。制作当中的任何疏漏、错误、尺寸不准、质量不好等问题在大木安装中都会暴露出来。另一层意思是，大木安装本身也是一件很不容易的事。要将千百件大木构件有条不紊地安装起来，是有一套科学严格的规律和程序的，如不掌握这套规律和程序，大木安装就无法进行。

大木安装的一般程序和规律，可概括为这样几句话，叫做：对号入座，切记勿忘。先内后外，先下后上。下架装齐，验核丈量，吊直拨正，牢固支戗。上架构件，顺序安装，中线相对，勤校勤量。大木装齐，再装椽望，瓦作完工，方可撤戗。

其中，“对号入座，切记勿忘”，是要求必须按木构件上标写的位置号来进行安装。构件上注写的什么位置，就要安装在什么位置，不要以任何理由掉换构件位置。要做到这一点，首先要求施工操作人员有高度的责任心，不要怕麻烦。这样，就可以防止因构件安错位置而出现柱子倒升，柱脚不实，榫卯不严，尺寸不准等质量问题。

“先内后外，先下后上”是讲大木安装的一般顺序应先从里面的构件安起，再由里至外；先从下面的构件安起，再由下至上。如一座四排柱（内两排金柱，外两排檐柱）建筑，首先要先立里边的金柱以及金柱间的联系构件，如棋枋承椽枋、金枋，进深方向的随梁枋等。面宽方向若干间，也要从明间开始安装，再依次安装次间梢间。在里排金柱及其联系构件安好以后，再立外围檐柱以及穿插枋、抱头梁、檐枋等柱间联系构件。如果柱间横向或纵向有两根或两根以上构件（如棋枋、承椽枋、金枋、穿插枋、抱头梁）应先装下面的和中间的构件，最后安装上面的构件，而不能相反。即使一棵柱子，立起来以后也要使柱根一端先入位，柱头一端留有活动余地，以便安装构件时移动方便。

遇有平面成丁字、十字、拐角、卍字等形状的建筑物时，应先从丁字或十字的交点或中心部分开始，依次安装。

“下架装齐，验核丈量，吊直拨正，牢固支戗”是说，在大木构架中，柱头以下构件称为“下架”，柱头以上构件称为“上架”。当大木安装至下架构件齐全（檐枋、金枋，随梁枋等构件都安齐）以后，就不要再继续安装了，此时要用丈杆认真核对各部面宽、进深尺寸，看看有无闯退中线的现象。要从明间开始，一间一间地检验，发现问题及时解决。待等尺寸完全与丈杆相符以后，将枋子卯口侧缝内掩上“卡口”（将薄木片做的楔子，轻轻打入枋子榫卯之间的缝隙，使枋与柱结合部分固定。校核完一间的尺寸就掩上一间的卡口）。通过校核尺寸，使下架的大木安装完全符合面宽、进深轴线尺寸的要求，并将其节点固定。

上述柱头一端检验尺寸的工作完成后，要进行吊直拨正和支戗的工作。先拨正，从明间里围柱开始，用橇棍或“推磨”的方法，使柱根四面中线与柱顶石中线相对，拨完里面的金柱，接着拨外围的檐柱，使柱中线对准柱顶石中线，明间柱子拨正后、就可以用戗，戗分“迎门戗”和“龙门戗”两种，用于进深方向的戗为“迎门戗”，用于面宽方向的戗为“龙门戗”。支戗和吊直是同时进行的。先将戗杆（一般用杉槁）上端与柱头绑牢，然后开始吊线。如果要支迎门戗，则应吊柱子侧面的中线。吊线须由二人进行，一人“打旗”，一人扶线坠看线。“打旗”人手持长杆，杆头栓线，下垂线坠，杆头抵在柱头枋子之下，使白线对准柱头上的墨线（中线），线坠垂直至距柱顶石 3 至 5 厘米处，根据柱子歪斜情况让把握戗杆的人移动戗杆或进或退，使柱子中线与铅垂线完全平行，柱子完全垂直于水平面为止。如果是带有侧脚的檐柱，则要吊升线，线杆的上端要对准升线，使升线垂直于水平面。柱子吊直后，将戗杆下脚稳住。可以通过打撞板、倚石块、糊泥等方式，以保证下脚不移动为原则。传统方法是打撞板糊泥巴。这样如果戗杆被碰撞移动，很容易发现，可及时处理。支龙门戗的方法也同样。沿面宽方向使戗，先将戗杆上端与柱头绑牢固，然后，吊柱子外面（或里面）的中线，使中线与水平面垂直，然后稳定戗杆下脚，方法同迎门戗，还可以将戗杆下脚固定后再与相邻柱子下脚绑牢，这样更增其稳定性。戗杆须双向使用，十字交叉。支撑外圈柱子的外围迎门戗又叫野戗。吊直拨正和使戗的工作由明间开始，依次进行，待各间都拨正吊直，且迎门戗、龙门戗、野戗都支好以后，才可以进行上架构件的安装。

“上架构件，顺序安装，中线相对，勤校勤量。”是讲安装上架构件，也是由内向外，由下向上顺序进行，先从明间开始，安装七架梁（或五架梁），使梁底中线与柱头中线相对，然后安明间下金垫板，用丈杆校尺寸，安前后下金檩。再安次间七架（或五架）梁，对中、校尺寸，安次间下金垫板和下金檩。待第一层梁架装齐后，再安瓜柱或柁墩，装上一层的金枋，同样由明间开始，依次安装。金枋安完后，需再次校核尺寸，看有无闯退中线的现象，然后安五架梁（或三架梁）、金垫板、金檩。以上构件都按这个次序顺序安装。外檐构件安装时，先将抱头梁中线与檐柱头四面中线对齐，再安檐垫板，校核尺寸，装檐檩。所有大木构件都装齐以后，再看一次直顺，有无构件歪闪错位现象，进行调整。最后，用涨眼料堵住涨眼，使榫卯固定。

待大木构件完全装齐之后，即可开始安装椽望、连檐等构件。首先安装檐椽，在建筑物的一面，两尽端各钉上一根檐椽，椽子的平出尺寸要符合设计要求。在椽头尽端上楞钉上钉子，挂线，作为钉其他檐椽的标准。线要拉紧。为防止线长下垂，中间还可在适当位置再钉三两根檐椽，椽头栽上钉子，挑住线的中段。将线调直后，就可以钉檐椽了。钉椽要严格按檩子上面的椽花线，两人一档进行，一人在上，钉椽子后尾，一人在下，扶住椽头，掌握高低出进。先钉后尾一个钉子，待所有椽尾都钉住以后，将小连檐拿来，放在檐椽椽头。将椽子调正，将小连檐钉在椽头上，小连檐外皮要距椽头外皮 1/5～1/4 椽径，叫做“雀台”。待全部钉完后，再将所有檐椽与檐檩搭置处钉上钉子，叫做“牢檐”。至此，檐椽钉置完毕，其余花架椽、脑椽，皆按椽花线钉好。椽子钉完后即可铺钉檐头望板。望板的顺缝要严，顶头缝应在椽背中线。每铺钉 50～60 厘米宽，望板接头要错过几当椽子，称做“窜当”。檐头望板钉置一定宽度（超过飞头尾长即可）后就可以钉飞椽，方法略同于钉檐椽。先在檐口两尽端按飞椽平出尺寸的要求各临时钉上一根飞椽，然后在飞椽迎头上楞钉钉子挂线。为避免垂线，中间可以再挑上一两根，将线调直，即可钉其他飞椽，仍旧两人一档，上面一人在飞尾钉钉，下面一人掌握飞椽头的高低、出进。钉飞椽要注意对准下面的檐椽，为使上下椽对齐，有时需在檐头望板上事先弹出檐椽的一侧边线，然后按线定飞椽。待飞椽全部钉完，即可安装大连檐。大连檐外皮与飞椽头外皮也要留出雀台，约 1/4 椽径即可。将所有飞椽当子调匀，与檐椽对齐，与大连檐钉在一起，然后再在飞椽中部加钉，与望板和檐椽钉牢，每根加二个钉即可，也称为“牢檐”。飞椽钉完后，接着安闸档板，然后再铺钉飞头望板和压飞尾望板。

该建筑如为檐里安装修，则应在钉檐椽之前先将椽碗钉置在檐檩中线内一侧，然后再安檐椽。如为金里安装修，则应在檐椽钉齐后，在椽尾先安椽中板，再钉花架椽。如建筑物为凉亭一类，无须分隔室内外的话，则不必安椽碗或椽中板。

如为四面出檐的建筑，转角部分要安装角梁，钉翼角椽和翘飞椽，这部分构件的安装将在第五章介绍。如为硬山建筑，大连檐要挑出于边椽之外。挑出长度要略大于山墙墀头的厚度，待瓦工安装戗檐以后，再齐戗檐外皮截去多余部分。

木工全部立架安装工作完成以后，戗杆仍不要撤掉，待瓦工的屋面工程、墙身工程等全部完成以后，再解掉戗杆。如个别戗杆有碍瓦工作业时，可与有关人员商议，得到允许后撤去个别戗杆或变换支戗位置。

三、多角亭、圆亭等攒尖建筑的大木安装

多角亭或圆亭等攒尖建筑的安装程序与前面所述大木安装的一般规律和程序大同小异。现仅就不同之处略加说明。

以重檐六角亭为例。下架构件，应先立重檐金柱，使柱根入位，上端用麻绳临时拢在架子上勿使倾倒，继而沿顺时针或逆时针方向依次安装各金柱之间的棋枋、承椽枋、围脊枋等件，装完一面先用缥绳将两棵柱缥紧，使承椽枋等构件的肩膀与柱子抵严，用面宽丈杆校核柱头中—中尺寸，看有无闯退中线，如有闯中（即枋子长）的现象，应将枋子退下来修理，然后重新安装，直到符合丈杆尺寸为止。一面装完，可继续装相邻一面，六面全部装完之后，再安装柱头上面的箍头檐枋（或额枋），6 根箍头枋中，榫卯刻口有 3 根等口（口朝上）、3 根盖口（口朝下），应先装等口枋，再装盖口枋。箍头枋如果安装顺利说明每面柱间尺寸基本准确，就不必再验核各面尺寸了。但需要认真检验对角线是否等长，用长杆或钢尺量对角线长度。三个方向的对角线必须等长，如不等长，要进行调整。里圈金柱及枋子装完后，再立外檐柱并安装穿插枋及各柱之间的檐枋（或额枋），然后再安装抱头梁。这些构件装好后，用丈杆再验一次各间面宽及柱间尺寸，然后吊直拨正，支绑戗杆。

多角亭的迎门戗要沿对角线方向使用，龙门戗在各面柱间使用，支顶外檐柱的野戗必须每柱 1 根。龙门戗可每隔一面使用一付，要确保下架绝对稳定。

下架安装工作完成后，再继续安装上层构件，可先装上层角云，垫板，搭交檐檩，然后安装长短趴梁、老角梁、金枋、搭交金檩、仔角梁、由戗、雷公柱、下层老、仔角梁等。安装时要始终注意保证构件之间中线相对，并随时用丈杆验核有关尺寸，发现问题及时纠正。

多角亭檐椽安装同一般建筑。首先，每面先临时钉上最外侧一根正身檐椽，然后在椽头拉线。为保证各面的椽头高低一致，可用长木杆量各面檐椽头至台明石的高度，看是否相等，称为“琢檐”。如果大木安装符合质量要求，也可不进行琢檐。檐椽钉齐后，就可以缥小连檐，安装翼角翘飞椽。这部分内容将在第五章叙述。其他，铺钉檐头望板、钉飞椽、钉缥大连檐、卡闸档板、钉尾望板等做法同前所述，不再重复。

如遇到圆亭，在安装柱头檐枋时，还须特别注意枋身外倾的问题。一方面，制作圆形建筑柱头枋子榫卯时就应当比较严紧，使枋子安装入位后就能保持自身的水平。另一方面，安装时还要特别注意检查枋身是否水平。可通过琢檐、抄平、拉线等手段进行检验，如发现枋身外侧下垂，则可通过在榫卯外侧缝内塞卡口的办法使其水平。待周围枋子都安装完毕后，还要验核两个尺寸，一是各相对柱间直径是否一致，二是各间宽度（即弧形枋子的弦长）是否一致。然后吊直拨正使戗。大木装齐后开始钉檐椽，圆亭钉椽子无法拉线，也无法看高低，验椽头高低可通过“琢檐”解决，椽子出进尺寸可用木杆掐量，每钉一根椽子都用木杆顶大木的同一位置（如檩外皮或垫板外皮），以确定椽头的出进尺寸。圆亭大小连檐均为弧形，望板为顺望板，板厚为椽径的 1/3，每空当钉一块，相邻两块在椽背中部接缝，前后两端宽度不同。金步以上钉连瓣椽，应在钉之前先将板椽若干块在上面码齐、对严，看总的宽窄是否合适。板椽厚度同椽子，其上一般不再钉望板。

大木安装是将预制的构件组合成整体的关键工序，需要格外细心，严谨，有高度的责任心，不得敷衍马虎。只有按照要求一步步去做，才能做好大木安装工作。

第五章　翼角的构造、制作与安装

翼角翘起是中国古建筑屋顶的显著特点之一，挑出深远、反宇向阳的檐头和檐口两端渐渐翘起的翼角，使得中国古建筑的屋顶造型极其优美生动。

翼角是古代工匠在长期建筑实际中为解决四坡顶屋面檐口转角问题而设计的特殊构造形式。它从出现到形成经历过一个很长的历史过程。由于这部分椽子的排列特点和向上翘起的形状与展开的鸟翼十分相似，人们形象地称它为“翼角”。

翼角是古建筑屋檐转角部分的总称，它是由老角梁、仔角梁、翼角椽、翘飞椽以及联系翼角和翘飞椽头的大小连檐、钉附在翼角椽和翘飞椽上面的檐头望板和垫起翼角椽的衬头木等附属构件组成的。从立面看，翼角部分的檐口是一条由正身椽子开始，逐渐向上翘起的曲线，从平面看，则又是一条向45°斜角方向逐渐伸出的自然和缓的曲线。

古建筑翼角部分的构成有一定的规律性。聪明智慧的古代工匠在长期实践中摸索出了一套制作和安装翼角的专门技术，形成了一套传统的规矩和做法。

下面分角梁、翼角椽和翘飞椽三部分，对清代建筑翼角的构造方式及制作安装技术进行阐述。

第一节　角梁的平面位置与立面形态

我们通常所说的角梁，是指外转角角梁，又名出角梁。

在矩形四坡顶建筑物上，角梁处在与建筑物的檐面和山面各成 45°角的平面位置上（见图 5-1）。它的后尾与搭交金桁相交，前端与搭交檐桁（带斗拱的大式做法则与搭交正心桁和搭交挑檐桁）相交，头部挑出于搭交檐桁之外。角梁分为两层，下面一层为老角梁，上面一层为仔角梁。清《工程做法则例》规定，每根角梁断面厚 3 斗口，高 4.5 斗口，无斗拱的小式做法角梁厚 2 椽径，高 3 椽径。老角梁的挑出长度与正身檐椽的出檐长度有关；仔角梁的挑出长度与正身飞椽的出檐长度有关。老、仔角梁的挑出长度，古建木工有句口诀，叫做“冲三翘四”。所谓“冲三”，是指仔角梁梁头（不包括套兽榫）的平面投影位置，要比正身檐平出（即飞檐椽头部至挑檐桁中之间的水平距离）长度加出三椽径。假定原来正身部分檐平出的延长线与角梁中线交于 A 点，那么，在正身平出尺寸的基础上再向外加出三椽径后，这条线与角梁中线相交于 B 点，这一点即是角梁头的实际位置（见图 5-1）。从图上可以看出，AB 之间的长度为角梁在 45°方向冲出的实际长度。这段长度等于 3 椽径 × 1.4142 ≈ 4.24 椽径（如不加斜则为 3 椽径，下同）。老角梁冲出的尺寸通常规定为仔角梁冲出尺寸的 2/3，即老角梁梁头的平面投影位置比正身檐椽头部水平长出 2 椽径，假定正身檐椽的檐口延长线与角梁中线交于 C 点，冲出 2 椽径后，将冲出延长线交于角梁中线 D 点，则 D 点即为老角梁的实际位置，C、D 之间的距离为 2 椽径 × 1.4142 ≈ 2.83 椽径。这样，我们就得到老、仔角梁的实际平面位置。

角梁的立面形态：

从 I-I 的剖面可见，角梁翘起主要是由以下三个因素构成的:①老角梁前端是扣在挑檐桁和正心桁上，后尾却被压在金桁之下，造成老角梁头部翘起，高于正身檐椽；②仔角梁头部

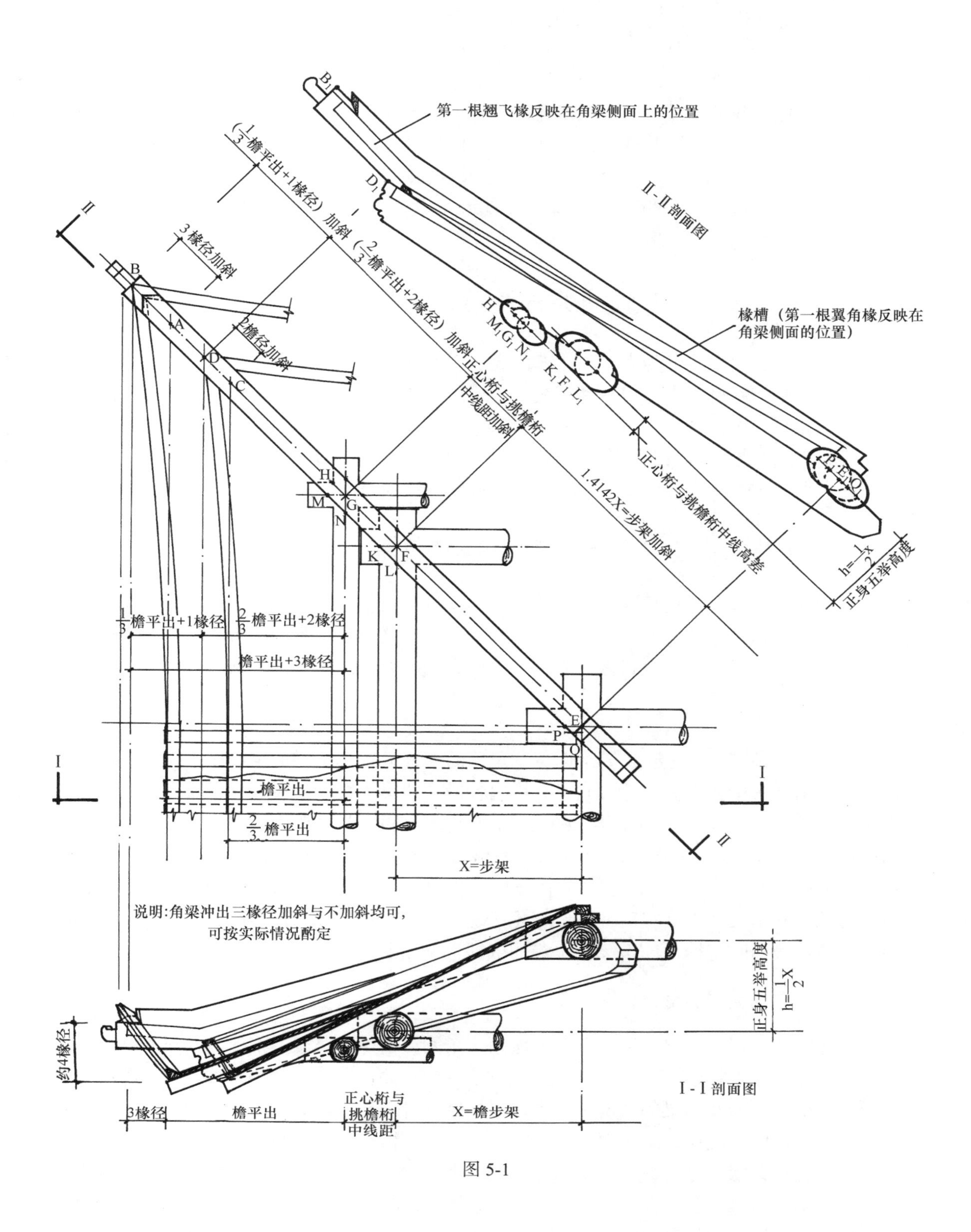
第一根翘飞椽反映在角梁侧面上的位置
Ⅱ-Ⅱ剖面图
椽槽（第一根翼角椽反映在角梁侧面的位置）
3椽径加斜
2椽径加斜
正心桁与挑檐桁中线距加斜
正心桁与挑檐桁中线高差
1.4142X=步架加斜
正身五举高度
檐平出+3椽径
檐平出
X=步架
说明:角梁冲出三椽径加斜与不加斜均可，可按实际情况酌定
约4椽径
3椽径
正心桁与挑檐桁中线距
X=檐步架
Ⅰ-Ⅰ剖面图

图 5-1

探出老角梁以外的部分，比它的下皮延长线又抬起一个角度，使仔角梁比老角梁又翘起一定高度；③角梁自身的立面尺寸大于正身檐椽和飞椽，也是造成角梁高高翘起的因素之一。木工口诀中所谓的“翘四”，系指仔角梁头部边棱线（即大连檐下皮，第一翘上皮位置）与正身飞椽椽头上皮之间的高差。这段高差通常规定为四椽径，清代早期和中期的建筑物，角梁起翘大部分都遵循“翘四”的规定，按这个规定仔角梁底皮近于水平状态，但是，后来修建的古建筑，特别是园林建筑，角梁头部一般抬起较高。有的比水平位置还要抬起 0.5～1 椽径。近年来修建的一些古建筑，翘起高度也较大，如天安门城楼仔角梁比正身飞椽翘起达 5 椽径，所以“翘四”既是法则性规定，又不是僵死不变的律条。

第二节　外转角角梁的种类、构造和放样制作技术

按等级制度，角梁可分为大式和小式两类。大式角梁，通常指带斗拱建筑物的角梁，其前端与搭交正心桁和挑檐桁两组桁条相交，小式角梁通常指无斗拱建筑的角梁，它的前端仅与搭交檐檩相交。按做法，则可分为扣金做法、插金做法、压金做法三种（分别见图 5-4，图 5-6，图 5-7）。每种做法都可有大式和小式两种情况。角梁的区别，主要在于构造做法的不同，而不在大式小式之分。以下对三种不同做法和制作技术进行介绍。

一、扣金角梁的放样

角梁制作技术，关键在弹放实样。所谓弹实样，即在平板或平地上，用弯尺、墨斗、画签等画线工具，弹画出角梁侧面的足尺寸图样，然后按这个实样套出样板，作为制作角梁的画线依据。现在以五踩斗拱大式做法为例，具体介绍扣金做法角梁的弹线放样过程。

（一）定尺寸

首先弹出一条直线 a，定 a 为平面位置角梁的中线，按建筑物檐（或廊）步架、出檐及正心与挑檐桁中—中的平面尺寸加斜，计算出各段在角梁中线上的尺寸，并将这些标画在这条中线上（其中 E 为金桁中与角梁中的交点，F 为正心桁中与角梁中的交点，G 为挑檐桁中与角梁中的交点），然后，按前面介绍的檐平出加冲出定角梁头部位置的方法，计算出老、仔角梁头部的平面长度，并把它点画在中线上（其中 D 为老角梁头位置，B 为仔角梁头位置）。平面上这几个基本尺寸点确定后，需要认真复核，不能有差错，然后由各点向上引出垂直线，作为弹画角梁侧面时定檩位和角梁头位置的依据［见图 5-2（1）］。

（二）画角梁宽窄和桁檩位置

在上面的几个尺寸定出以后，即可进而画出角梁、桁檩宽窄以及桁檩与角梁相交各点的位置，具体方法及步骤如下：第一步，过 E、F、G 各点画出各桁檩的中轴线，按这些中轴线分别画出桁檩的直径及角梁的宽度（其中挑檐桁径 3 斗口，正心桁、金桁径 4.5 斗口，角梁厚 3 斗口）。这样，就在角梁平面上得到以下诸点：各桁檩中轴线与角梁中轴线相交所得的点为老中（老中又依桁檩名称部位不同分为挑檐桁老中、正心桁老中以及金桁老中，分别为图 1-1 中的 G、F、E 点）；各桁檩中轴线与角梁侧面线相交所得各点分别为外由中和里由中（所谓外由中，即搭交桁檩头部中线与角梁侧面线的交点，里由中为搭交桁檩正身部分中线与角梁侧面线的交点）。在图 5-2（2）中，M 和 N 分别为挑檐桁的外由中和里由中；K 和 L 分别为正心桁的外由中和里由中；P 和 Q 分别为金桁的外由中和里由中。过里、外由中各点垂直

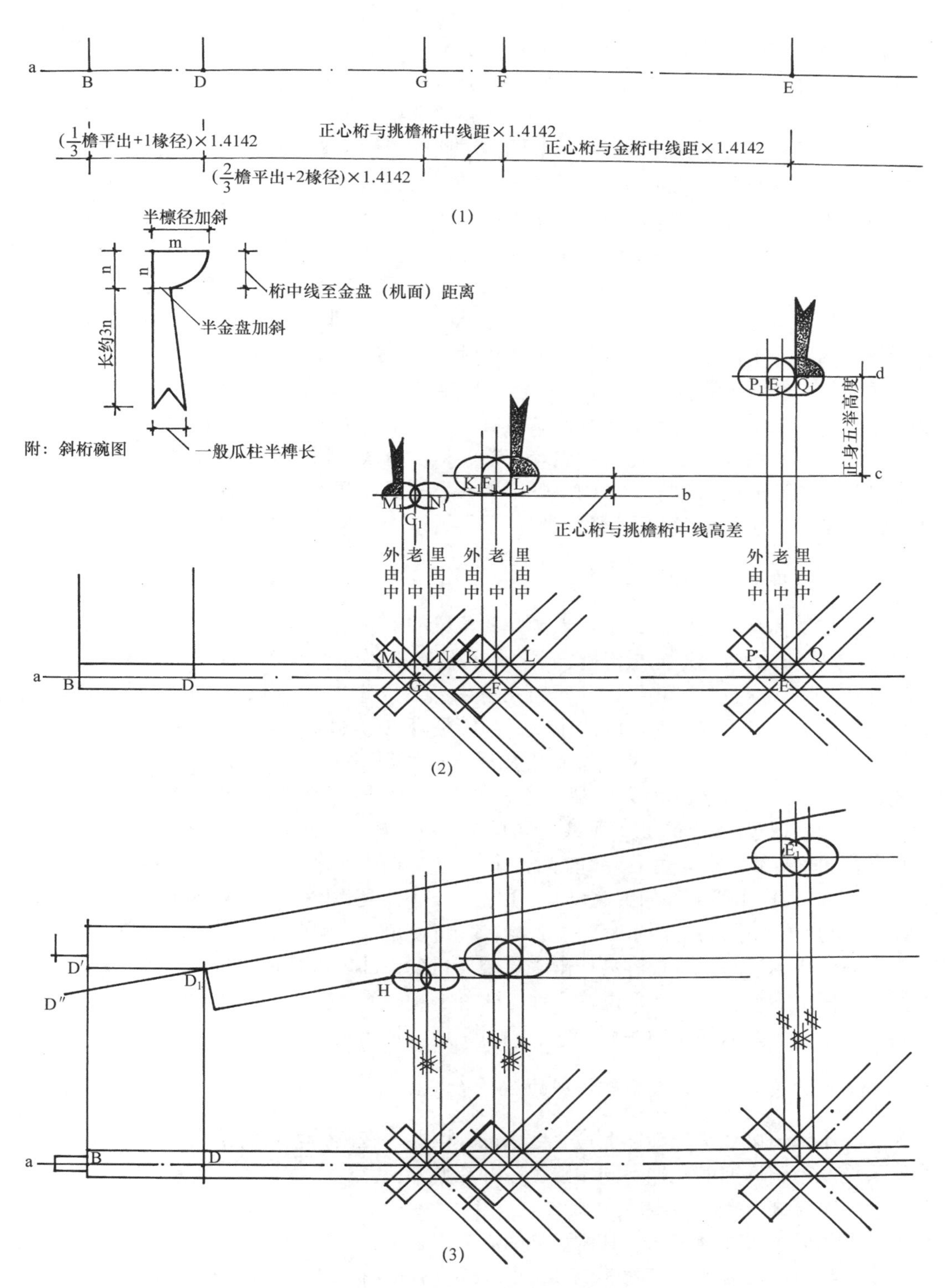

图 5-2　扣金角梁放样程序

于角梁轴线引出直线，这便是下一步确定角梁侧面桁碗位置的根据之一。第二步，在与角梁轴线 a 平行的位置，弹画一条直线 b，定它为过挑檐桁立面中的水平线。依据这条线和正心桁中与挑檐桁中的垂直高差，定直线 c 为过正心桁立面中的水平线。再根据檐（或廊）步举高，定直线 d 为过金桁立面中的水平线。这三条水平线，是确定挑檐桁、正心桁、金桁水平位置的依据（至此，我们可从图上看出，由于角梁和诸桁檩以 45°角相交，角梁侧面将每组搭交桁条的头部和正身部分各切成一个椭圆。这些椭圆的圆心是里、外由中各点，椭圆圆周上的各点即是桁条与角梁侧面的交线，按这些椭圆线在角梁上挖出的碗口叫做桁碗）。由 b、c、d 三条桁檩水平中线与各桁檩里、外由中引出线相交所得各点（即立面图中的 M_1、N_1、K_1、L_1、P_1、Q_1 诸点），即为角梁侧面桁碗的中心点。第三步，按传统方法，用事先准备好的斜桁碗样板分别画出挑檐、正心及金桁的桁碗［斜桁碗样板是用薄板制成的一种大木画线工具。它由头部与尾部两部分组成，制作尺寸见图 5-2（2）附图。其头部为桁条与角梁侧面相交所得椭圆的 1/4 截面，用于画角梁上的桁碗。m 段为这个椭圆长轴的一半；n 段为桁中线至桁底面（或脊面）的距离。它的尾部作成燕尾状。使用它的头部画角梁桁碗时，以 m 边分别贴紧 b、c、d 等轴线，n 边分别贴紧里由中、外由中上引的各垂线，沿外缘弧线画弧，可得椭圆两边的弧线，中段空缺处用直线连接，这段直线为桁条上金盘在角梁侧面的交线。所谓金盘是在圆形的桁、檩上下各刨出一个平面，平面宽度为桁檩直径的 3/10，它的作用在于使桁檩与垫板、枋子叠交时不滚动，也便于钉置椽子安装扶脊木和椽中板］。

（三）弹放角梁侧立面足尺大样

在桁碗位置标画确定之后，即可点画弹放角梁的侧立面尺寸，其过程如下：

首先，定挑檐桁桁碗外皮与该桁碗水平中线交点 H 为老角梁前端下皮一点。定金桁老中与金桁碗水平中线交点 E_1 为老角梁后尾上皮的一点，以此二点为准，分别向上和向下垂直画出老角梁高 4.5 斗口（按几何作图法作图，则应是以 E_1 为圆心，4.5 斗口为半径，向下作圆弧。过 H 点作下圆弧的切线，得老角梁下皮线，再作距离此线 4.5 斗口的平行线，得老角梁上皮线，此线也是仔角梁下皮线）。然后在老角梁之上作距离此线 4.5 斗口的平行线，即得仔角梁的上皮线。以过 D 点的 a 的垂线与老角梁上皮线相交点 D_1 为老角梁梁头尽端，用 90°拐尺画梁背的垂直线，得老角梁头。然后，由 D_1 点向前引水平线，与过 B 点的 a 的垂线相交于 D′，D′D_1 即为仔角梁头部的下皮线。仔角梁头部下皮还有略向下倾斜或向上翘起的情况。

如果 D′点比水平线高起约 1/4～1/2 椽径，将使角梁头略微抬起一些，翼角显得轻灵飘逸。但仔角梁头抬过水平位置容易使雨水流至老角梁头部，导致角梁糟朽。所以我们一般弹放角梁，将仔角梁下皮定在水平位置为宜［见图 5-2（3）］。在 D′D_1 确定之后，用 90°拐尺贴底面画出垂直线，即为仔角梁头肩膀线。同时，还应加出套兽榫的长度（长 3 斗口）。

（四）角梁头饰、尾饰及桁碗榫卯的放样及做法

大式与小式角梁在头尾饰样上是有区别的，因此，在阐明大式角梁头尾尺寸形状时，连同小式头尾及桁碗榫卯的几种不同做法也一并在此介绍。

1. 大式角梁的头饰、尾饰及其画线

大式老角梁梁头做霸王拳。其做法见图 5-3（1），在老角梁迎头 A 点向下点 1 椽径（1.5 斗口）或 1 斗口，得 B 点，将角梁高 4.5 斗口减掉 AB，得 BD，找出角梁下皮里端点 C，使 DC=1/2 BD，连接 BC，并将 BC 均分为 6 等份，按图中所示方法画 5 个半圆弧相接，即得霸王拳头形状。在画霸王拳头时，有时也用另一种方法：使 DC=BD，在 BC 线 6 等份的中间一点向外增出 1 份，得 E 点，连接 BE、EC，并按平行切割法，将这两段分别均分成 3 等份，

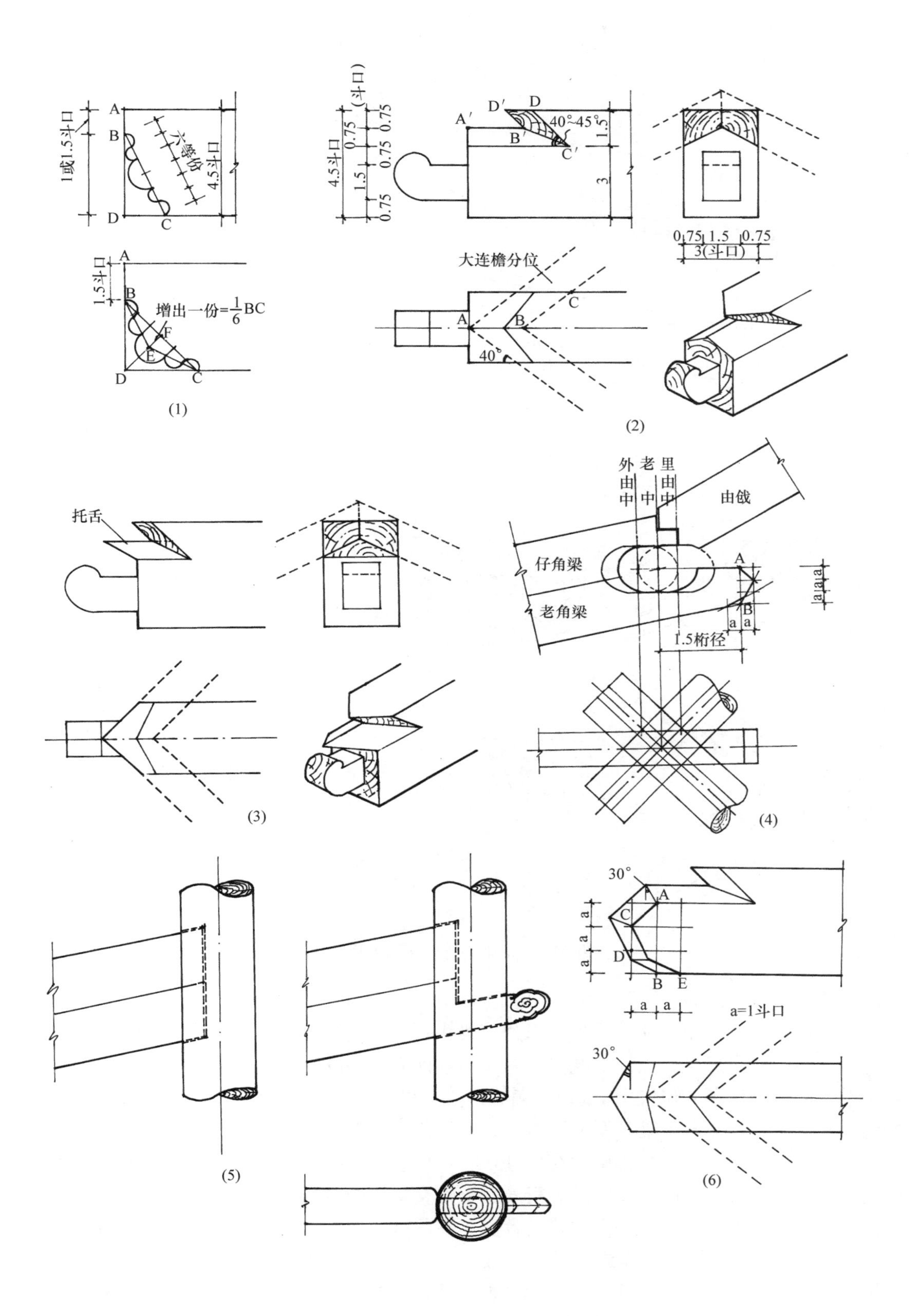

1或1.5斗口
六等份
4.5斗口
1.5斗口
增出一份=$\frac{1}{6}$BC
(1)
4.5斗口
(斗口)
40°~45°
大连檐分位
40°
0.75 1.5 0.75
3(斗口)
(2)
托舌
(3)
外由中
老中
里由中
由戗
仔角梁
老角梁
1.5桁径
(4)
(5)
30°
a=1斗口
(6)

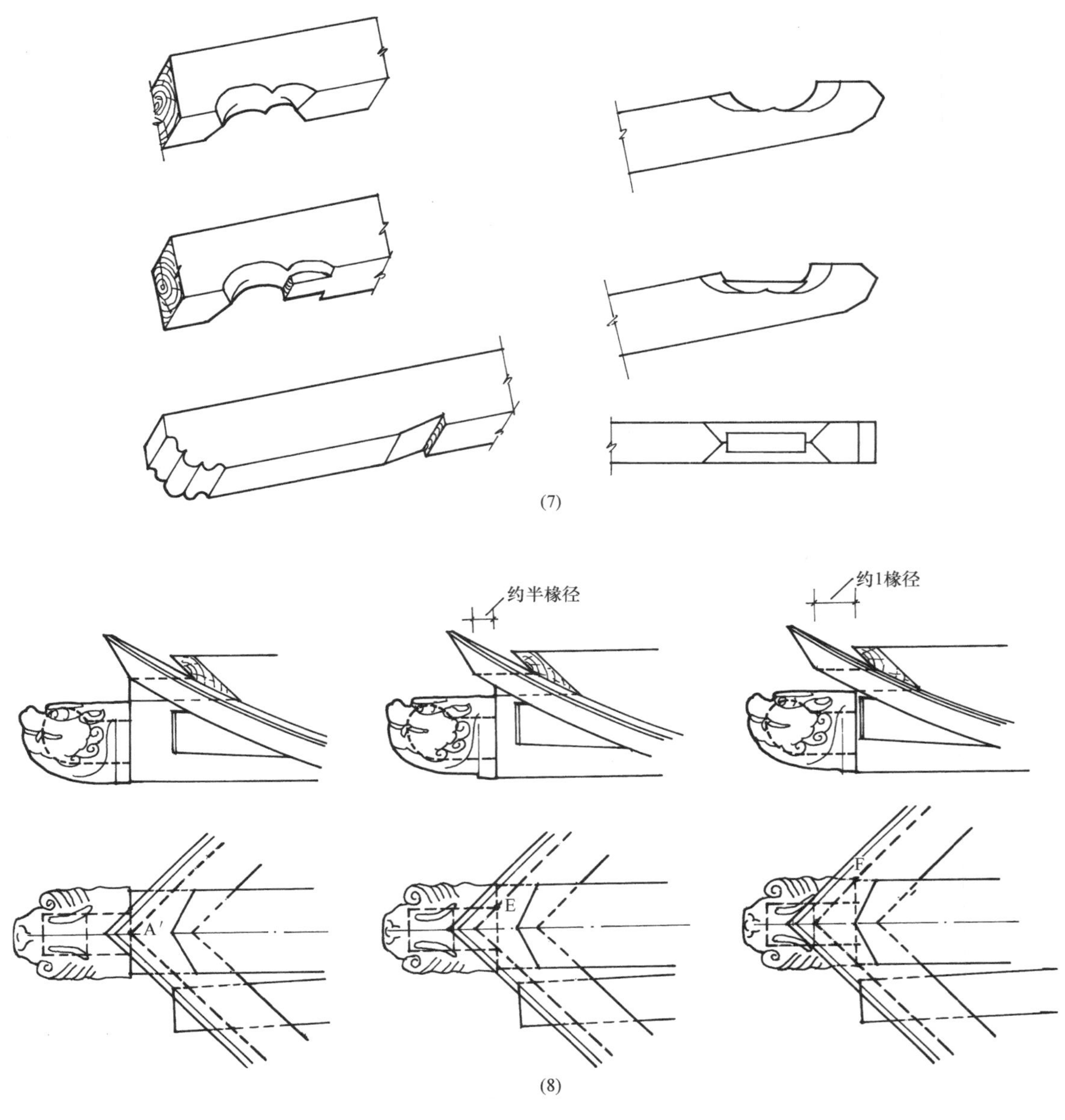

图 5-3　角梁头饰、尾饰及做法

依图中所示方法作弧。

大式仔角梁梁头做法比较严格。因为该梁头要与大连檐结合牢固严实，这就要求它必须符合大连檐的自身尺度，以及它既向上翘又向斜前方冲出的特殊空间位置的要求。准确找出仔角梁头部连檐口子的位置，需要由仔角梁及大连檐的平面位置引线过画，具体做法如下[参看图 5-3（2）]：首先定角梁平面中线与角梁迎头棱线交点为 A，过 A 点，分别向两后侧作大连檐外口分位线，分别与角梁侧面交成 40°角（大连檐加冲后，尽端与角梁夹角约 40°）。然后按大连檐宽度尺寸，画外口线的平行线，分别交角梁中线于 B，交侧面于 C，这样，就得到了角梁头与大连檐相交的平面位置及各点。在此基础上，按投影画出仔角梁头侧面，将梁头高 4.5 斗口均分三等份，连檐口子占一份，余占 2 份。再将连檐口子的高度均分 2 等份，每份 0.75 斗口即半椽径。这个尺寸，为“冲三翘四撇半椽”位置，至关重要。定这条撇半椽上口水平线的一端为 A′，并过平面上 B 点作 B 的投影交该线于 B′，过 C 点作垂线交口子的下棱于 C′，其中，A′为大连檐下皮外口两棱的交汇点，B′为大连檐下皮里口两棱的交汇点，C′为大连檐下皮里口与角梁侧面的交点，这三点即为确定大连檐口子尺寸的基准。以此三点为准，按图示方法画出大连檐口子。其中 C′D 与角梁侧面口子的下棱线的夹角应视大连檐的内侧面角度定，一般做成 40°～45°的夹角即可，B′D′与 C′D 为平行线。按照这个尺度开做出的大连檐口子，与大连檐基本上严丝合缝。从角梁迎头正立面看，角梁两侧的大连檐是紧贴这条"撇半椽"的斜线交汇在一起的，第一根翘飞头部按这个撇半椽的角度作出，安上以后正好与大连檐伏实。连檐口子做出后，还需画出套兽榫，该榫为长 3 斗口，高 1.5 斗口，厚 1.5 斗口的方榫，以安装套兽之用。为使安装稳固，有时将头部作成馒头状。

关于两侧大连檐在角梁头上交汇的前后位置，实物中大致有三种做法［图 5-3（8）］，第一种如上面例子中所示，连檐的下交汇点正好在仔角梁梁头脊面棱线的尽端；第二种，连檐外皮线过角梁迎头 1/4 的 E 点，使下交汇点移至角梁头之外约半椽径处；第三种，连檐外皮线过角梁头的外棱角 F，使两连檐的下交汇点移至角梁迎头外约 1 椽径处。连檐外移时，连檐口子也要随着向外移。按第三种方法做时，角梁头外端要做出托舌［见图 5-3（3）］。托舌的作用在于衬托交汇冲出的连檐。按第二种方法做。可做出托舌。也可略去。大连檐位置的变化对于套兽、翘飞椽等构件在翼角部分的相对位置有较大影响。按第一种情况，大连檐及翘飞椽位置相对后移，套兽探出较长；按第三种方法，大连檐并翘飞椽位置相对前移，套兽探出较短。

大式角梁后尾，依扣金、插金法不同而异。扣金做法，老角梁后尾一般做成三岔头，仔角梁后尾如有由戗续接，即做成等掌刻半，以备与由戗结合。如无由戗续接，按里由中截成齐头即可。如果是插金做法，后尾做半榫或大进小出透榫。在后尾扣金、由戗续接的做法中，仔角梁后尾等掌刻半榫与由戗压掌刻半榫是以老中和里由中线作为两榫接续的交点，刻半榫是将仔角梁上皮到檩碗上皮部分均分 2 份，按老中线刻去一半，后尾按里由中截头。老角梁后尾三岔头分法如下：以搭交金桁老中沿桁中水平线向后点一点 A，使这段线长为 1.5 金桁径即 6.75 斗口（系按方角计），过 A 点作水平线的垂线，与老角梁下皮交于 B，将 AB 均分 3 份，使每份为 a，再以 B 为准，分别向前后各点出 1 份，将所得各点纵横连线，然后按图中所示方法连接各交点，所得图形即为后尾三岔头侧面形状［图 5-3（4）］。

后尾插金做法，有半榫和透榫两种做法［图 5-3（5）］，半榫插入柱子内 1/3～1/2 柱径深即可。如采用透榫做法，仔角梁做半榫，老角梁做大进小出榫，透榫出头雕做成麻叶头或做方头，出头长度为半柱径。

2. 小式角梁的头饰、尾饰及其画法

小式老角梁梁头做法与大式相同，故不赘述。小式仔角梁梁头不安套兽，故不做套兽榫，在此位置要做出三岔头形状。具体做法如下［参见图 5-3（6）］：按上述大式仔角梁头画线的方法和程序，画出小式仔角梁平面，以两侧大连檐交汇点为仔角梁头端点，并依此找出大连檐平面位置，由此定出立面连檐口子位置。在画仔角梁头侧面形状时，先将大连檐口子以下 2 椽径分为 3 等份，定每份为 a，以 A 点为准，分别向前后各点出 1 份，将各点纵横连线，得 B、C、D、E 各点，然后连接 AC、CB、DE，所得图形，即为三岔头侧面形（见图中粗实线所示）。仔角梁头侧面形状确定后。还要按 30°角起峰，这一点与大式老角梁后尾的三岔头做法是不同的，具体做法如图示。

3. 角梁桁（檩）碗的几种做法

角梁与搭交桁（檩）相扣搭，需在角梁腰背挖做檩碗。檩碗一般有三种做法：①挖通檩碗，不做鼻子；②檩碗带鼻子；③槽齿做法。三种做法，各有利弊，简述如下［参见 5-3（7）］：

其中，第①种做法，做通檩碗，不做鼻子，它可直接扣在搭交檩上，制作安装都较方便。但缺点是檩碗对角梁伤害较深，对角梁头部悬挑力量有所减弱。第②种做法，在檩碗内做出鼻子（鼻子宽占角梁宽的 1/2）。做鼻子的目的主要在于防止角梁与桁檩搭扣时左右移位。但角梁内做出鼻子后，搭交檩上面就要刻去相应部分。第③种做法不挖檩碗，仅在相应位置刻槽齿，在搭交檩相对位置落刻槽（称大开樘做台阶）。刻槽齿做法，对老角梁断面削弱最小，但对桁檩削弱较大，一般用于老角梁头部翘起较高的情况，在实际中较为少见。

（五）在角梁侧面标画出第一根翼角椽和翘飞椽分位

标画翼角和翘飞分位。也是角梁放线的重要步骤。因为翼角、翘飞椽的翘度和长度，是由角梁决定的。只有在确定了角梁的尺度之后，才可确定翼角及翘飞椽的翘度和长度。

首先，找出小连檐的位置并标画出翼角椽分位，其步骤为：在角梁平面位置图上（图 5-1）找到老角梁梁头与角梁中轴线的交点 D，过 D 点向梁头两侧各画一约 40°的斜线，这是小连檐外皮在平面上的投影。然后按小连檐宽窄尺寸画出小连檐分位，将这些点过到侧立面上，得到小连檐的侧面位置。由小连檐下皮向下点一椽径尺寸待用。在角梁后尾部分，找到金桁里由中的外金盘线与桁碗上皮交点 R（图 5-4），由 R 向上点一椽径尺寸得一点，连接这点和小连檐下皮线，即得翼角椽上皮线，然后，过 R 点和小连檐下皮一椽径处弹线，得翼角椽下皮线。由小连檐外皮向外点一雀台尺寸，得翼角椽头位置线；金桁外由中的外金盘线，为翼角椽后尾的实际位置（亦为椽槽后端位置），由此，就得到了翼角椽分位。

画翘飞椽分位的步骤为：由角梁大连檐口子下皮线向下点一椽径为翘飞头下皮位置 S，连接 S 点和小连檐上皮外端点，得翘飞椽头部下皮线。由小连檐上皮向上点一椽径得 T 点，连接这点和大连檐口子下皮线，得翘飞头部上皮线。在翼角椽上皮弹画望板分位，然后量出翘飞头实长，按一头二尾半（或一头三尾，按正身飞头头尾比例定），在望板上皮线上点出翘飞尾端点，并连接翘飞母处（T 点、即扭脖处），得到一个向上翘头的飞椽形状，这就是翘飞分位。因为第一根翼角椽和第一根翘飞椽紧贴角梁，只是头部与角梁稍有缝隙，故在角梁上画出的翼角椽和翘飞椽分位就被看作是第一根翼角椽和第一根翘飞椽的实际形态，它们之间的一些微小区别可忽略不计。这样，角梁侧面的翼角椽，翘飞椽的形状也就是第一根翘飞翼角的实样，它是弹放翼角椽，翘飞椽的依据之一。

至此，我们已经基本完成了扣金大式做法角梁的放样过程，下一步工作，就是用薄板（红松薄板或三、五夹板均可）铺在放好的实样上，按实样把角梁侧面外形及尺寸准确地复制在薄木板上，做成样板，以备制作角梁时画线之用（图 5-5）。

二、插金角梁的放样

角梁的插金做法（俗称刀把做法），是指角梁后尾作榫插入柱子的做法。当建筑物为重檐或多层檐（如三滴水城楼）做法时，下层檐角梁后尾不是与搭交金桁相交，而是插入角金柱。

插金角梁的放样程序及原理与扣金做法基本相同，关键在于把角梁后尾的标高找准确。由于插金角梁冲出、翘起的法则与扣金角梁相同。在弹放插金角梁时，先按檐步举架找出角梁后尾标高，然后按扣金角梁弹放程序和方法确定出老、仔角梁准确的立面位置（图 5-6 插金做法）。后尾作榫插入金角柱，可做半榫，也可将老角梁后尾做成透榫，出榫部分做成方头或麻叶云头。采取何种做法，要看结构需要，同时还要视建筑物的用途而定。

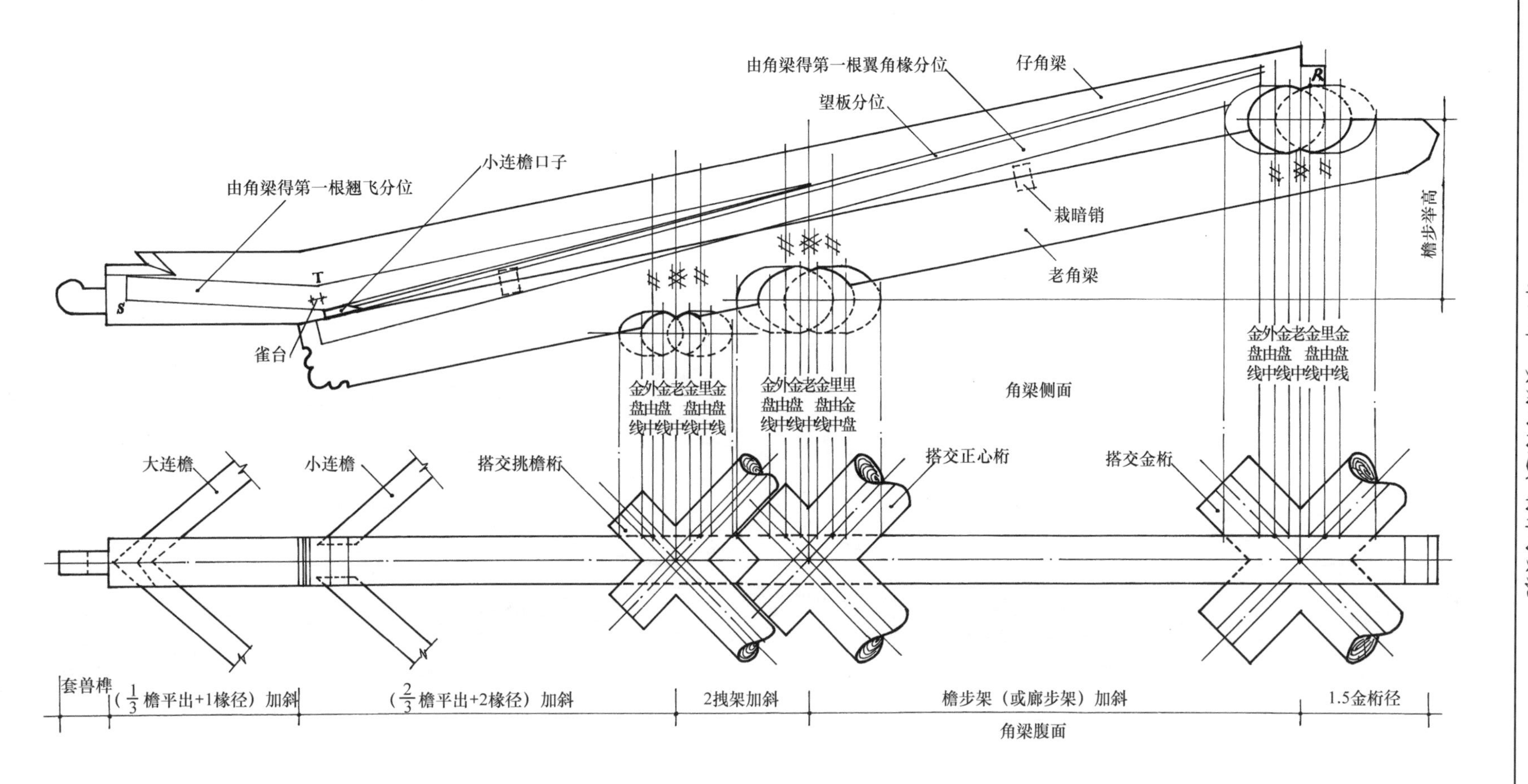
由角梁得第一根翼角椽分位
仔角梁
望板分位
小连檐口子
由角梁得第一根翘飞分位
栽暗销
檐步举高
老角梁
雀台
金外金老金里金
盘由盘　盘由盘
线中线中线中线
金外金老金里金
盘由盘　盘由盘
线中线中线中线
金外金老金里里
盘由盘　盘由金
线中线中线中盘
角梁侧面
大连檐
小连檐
搭交挑檐桁
搭交正心桁
搭交金桁
套兽榫
（$\frac{1}{3}$檐平出+1椽径）加斜
（$\frac{2}{3}$檐平出+2椽径）加斜
2拽架加斜
檐步架（或廊步架）加斜
1.5金桁径
角梁腹面

图5-4　大式角梁放线

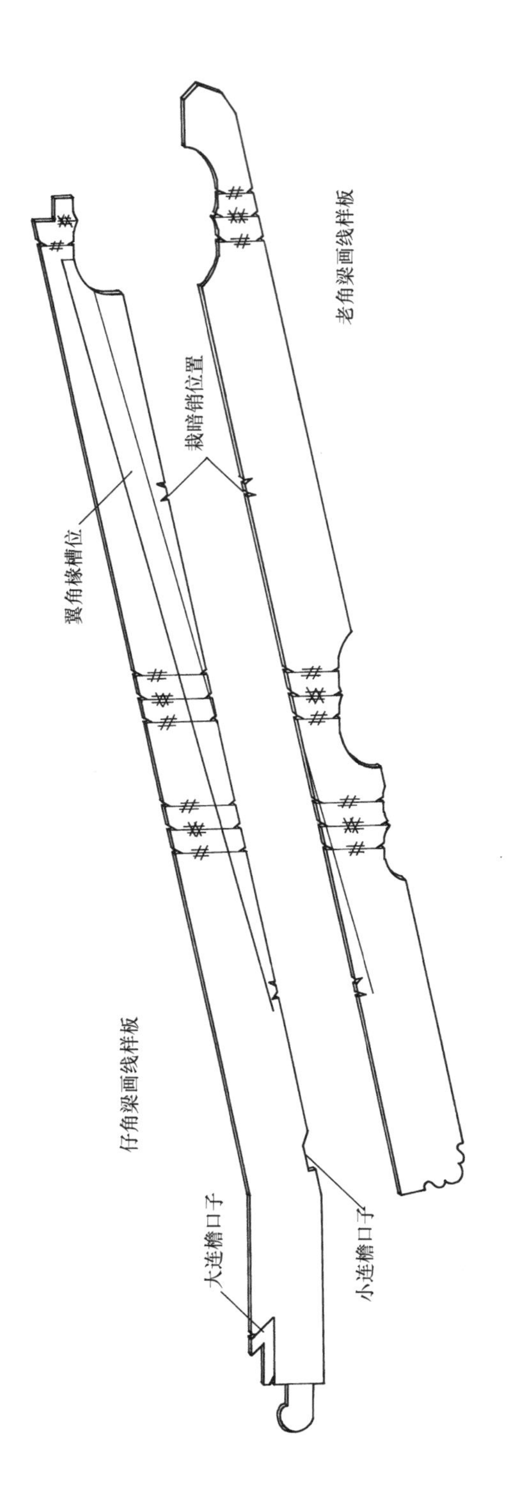

图5-5　角梁放线样板

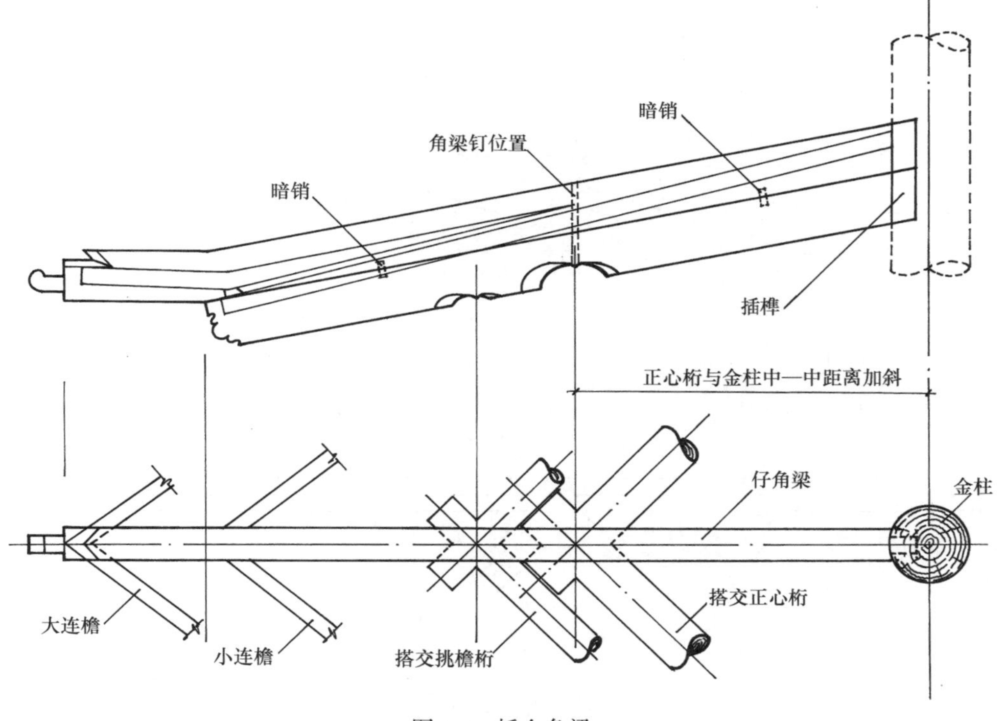

图 5-6　插金角梁

三、压金角梁的放样

压金，顾名思义，是指角梁后尾压在金檩上，它与扣金做法的构造不同。老角梁后尾压在金檩上，用压金法，这是解决一步架到顶的小型建筑物外转角后尾构造问题的一种特殊做法。在步架过小，无法采用扣金做法时也常采取压金做法。它多用于游廊转角处，属于小式做法。它的仔角梁形如翘飞椽。

具体放样方法及程序如下：

首先，按角梁放样的一般程序，画出压金角梁的平面投影，找出檐、金檩中线与角梁中线、侧面线的交点（即老中、由中）和角梁头位置，将老中、由中角梁头部用 90°线引出，垂直于引出线弹立面檐檩中的水平线，根据檐步举架找出金檩檩中水平线，用斜桁碗样板画出檩碗，得到斜搭交檩碗与檩中水平线交点 A，过 A 点和金檩老中与檩中水平线的交点 B 弹一直线，即得老角梁下皮线，按角梁高弹出老角梁上皮线，并根据平面上老角梁头位置，用方尺画出老角梁头，这样，就得到了老角梁侧面形状。过老角梁头 C 点画仔角梁头部底皮线（头部可为水平位置，也可以水平位置抬起 0.5 椽径）并画出仔角梁头部。量得仔角梁头部长度，按一头二尾半或三尾的比例定仔角梁后尾，即得仔角梁侧面形状。翼角椽和翘飞椽分位的画法与扣金做法相同。在游廊中，压金角梁的后尾一般接大罗锅[大罗锅是一种弧形构件，作用同续角梁（由戗）、形似正身罗锅椽]，与阴角的老角梁后尾连接（图 5-7）。

四、多角形建筑角梁的放样

多角形建筑即除去矩形（或方形）之外的其他形状，如六角形、八角形等。多角形建筑角梁的放线方法与方形建筑基本相同。所差主要在一些尺寸、角度和桁碗形状等方面。

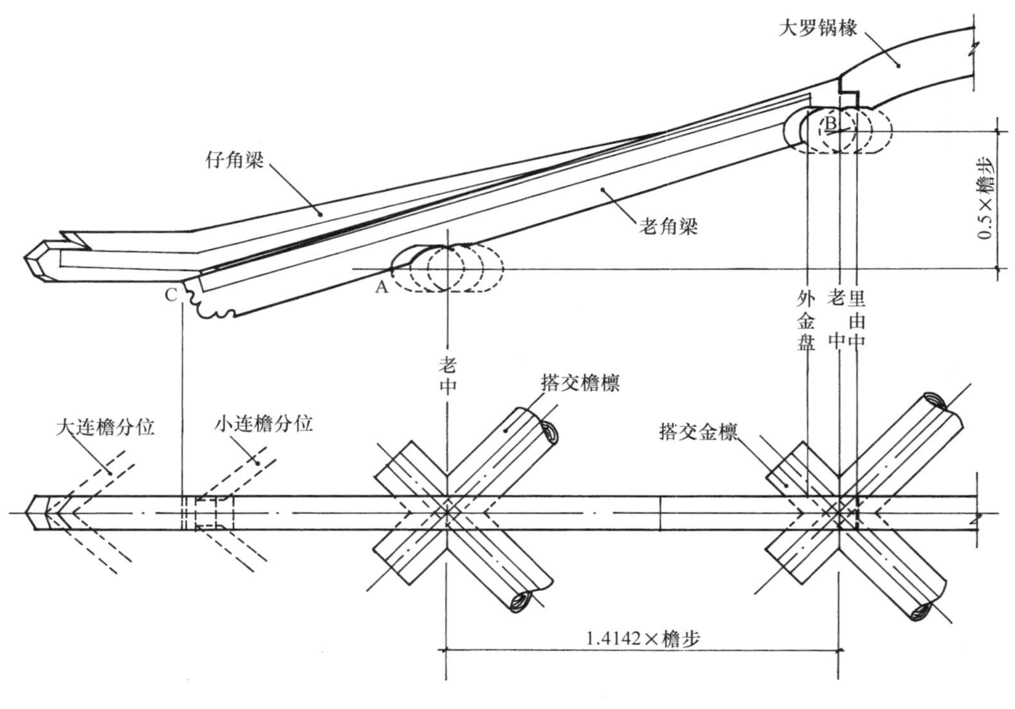

图 5-7　压金角梁

下面以正六角形建筑角梁的放样为例说明：

在弹放六角形角梁之前，应先制作六方尺，六方尺是尺墩和尺苗夹角为 120°（60°）的角尺［如弹放正八角角梁，则应备八方尺，夹角为 135°（45°）］。角梁弹放程序如下：

（1）弹角梁平面中轴线，在线上点檐步斜步架尺寸（斜步架尺寸为檐步尺寸×1.1547，如果为八角形则乘 1.08），老角梁头位置为老檐平出尺寸乘 1.1547 再加上冲出二椽径尺寸，仔角梁头位置为檐总平出尺寸乘 1.1547 再加冲出三椽径尺寸。

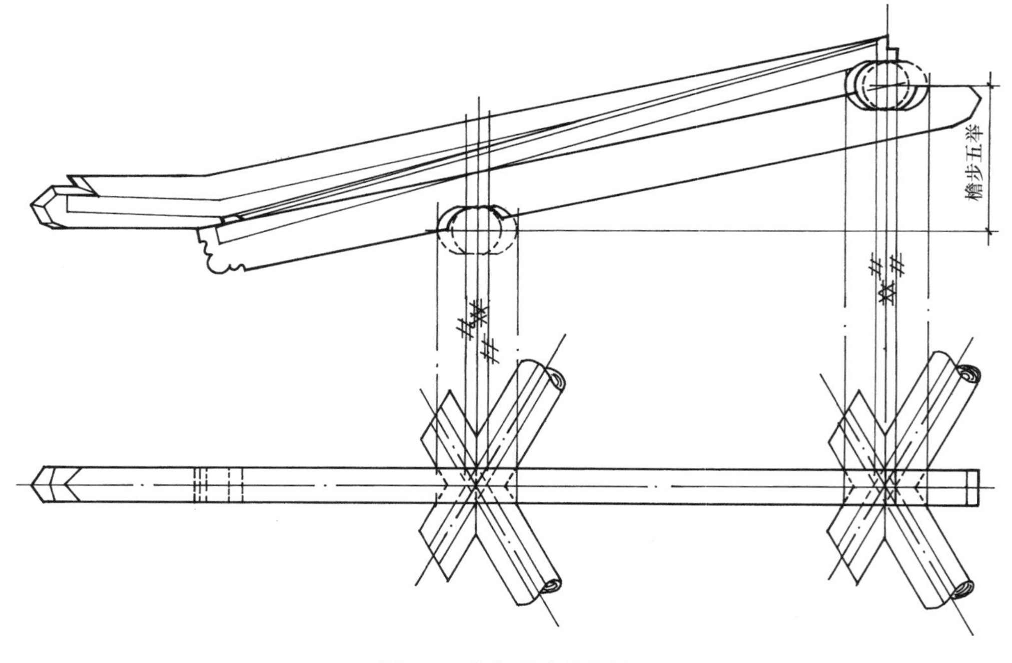

图 5-8　多角形建筑角梁

（2）按标出各点画搭角檩和角梁平面（在画搭交檩时须按六方尺）。并将所得檐金檩的由中、老中按 90°引出，以备画角梁侧面。

（3）与引出的由中、老中线垂直，分别画出檐、金檩中的水平线，两水平线间垂直距离等于举架高度。然后，用事先准备好的六方斜桁碗样板画出檐、金檩斜檩碗。

（4）最后，视角梁做法（扣金或压金）画出老角梁和仔角梁侧面实样及翼角和翘飞椽分位（图 5-8）。

第三节　窝角梁的构造、放样和制作技术

窝角梁，在清工部《工程做法则例》中称为“里掖角梁”、“里角梁”，处于屋面里转角位置，是承接里转角蜈蚣椽（与窝角梁相交的檐椽称为蜈蚣椽）的构件。窝角梁在平面上处于与两侧檐椽各成 45°交角的位置，后尾扣交于交角金檩，前端扣交于交角檐檩，如是带斗拱的大式做法，前端要与交角挑檐桁和交角正心桁两组桁条相交，头部挑出于檐桁之外。在老角梁之上，附有仔角梁，是高低出进均与正身飞椽交圈的构件。窝角梁不像出角梁那样冲出翘起，它在平面上要同两侧檐口交圈，在立面上也要保持同檐椽、飞椽上皮相平。由于这些基本的构造要求，使得窝角梁与出角梁不论在尺度、构造等方面都不相同。窝角梁放线又有另一套规矩和方法。

窝角梁的断面尺寸，清代则例规定高 3 斗口（2 椽径），厚 3 斗口，仔角梁（又称角梁盖）头部断面尺寸同老角梁，呈头厚尾薄的楔子形，仔角梁的长度要与飞椽长度相对应。

图 5-9（1）说明了窝角梁的平面与正、侧立面形态及与其他构件间的关系。

窝角梁的放线过程与出角梁类似［见图 5-9（2）］，首先弹一直线，作为平面位置角梁的中轴线，按檐步架和檐椽、飞椽平出位置各乘 1.4142，定出斜步架和斜檐出距离，在中心线上点出 A、B、C、D 各点，并按角梁、檩径尺寸画出各件平面位置。窝角部位的桁檩有两种做法，一种作搭交檩，另一种作合角檩。搭交做法较为优越，但在构造不允许的情况下则只能做合角檩（本图是按搭交做法介绍）。在画出桁檩角梁后，檐、金檩中线与角梁外皮交点 M、N、P、Q 为由中线，将由中按 90°角引出，过画投影到立面，过引出线作檐檩、金檩中水平线，使两线距离等于檐步举高。分别以 M′、N′、P′、Q′ 为中心点，画出里外由中斜檩碗，则檩碗与两水平线分别相交得到 E、F 点，过 E、F 点作直线，即为老角梁底面线，再按梁身侧面实高尺寸（3 斗口）作平行于底面的直线，得老角梁侧面分位。然后定老、仔角梁头部的平面和立面位置。在定角梁头的平面位置时，切记不要误将 C、D 看作角梁头位置，以致造成尺寸上的错误。C、D 是檐椽、飞椽檐口线与角梁中轴线的交点，不是角梁头的实际位置。从图中可以看出，要定出角梁头的实长，还需由 C、D 分别向前让出一段长度 l，l 的长短是按以下方法确定的：将檐椽檐口线延长。使它与角梁侧面线交于 G 点，再由 G 点向外让出 1/2 椽径，得一点 K，用 90°拐尺过 K 画线，所得即为老角梁头实长。仔角梁头的确定亦按此法。如果是小式做法，仔角梁头的这条线定为梁头上皮与斜面相交的棱线。

窝角老角梁的头饰做法同出角梁，故不赘述。大连檐是搭在仔角梁的上皮作合角相交的，故不需做大连檐口子，只需做出套兽榫。如为小式做法，则做三岔头，但不起峰。檩碗做法，参照出角梁，可做鼻子，也可不做。后尾与出角压金角梁后尾做法完全相同。在窝角梁两侧与蜈蚣椽相交处，一般不剔椽窝，直接将蜈蚣椽沿角梁侧面截 45°斜掌钉在角梁侧面。

窝角梁除上述介绍的做法之外，还有将老、仔角梁连做的情况。老、仔角梁由一木做成。这种做法，对于增强角梁的抗弯强度显然是有利的。个别的出角梁也有这种连做的情况，如有些木牌楼和游廊上的老、仔角梁，有时就用一根木头做成，不过这种例子较为少见罢了。

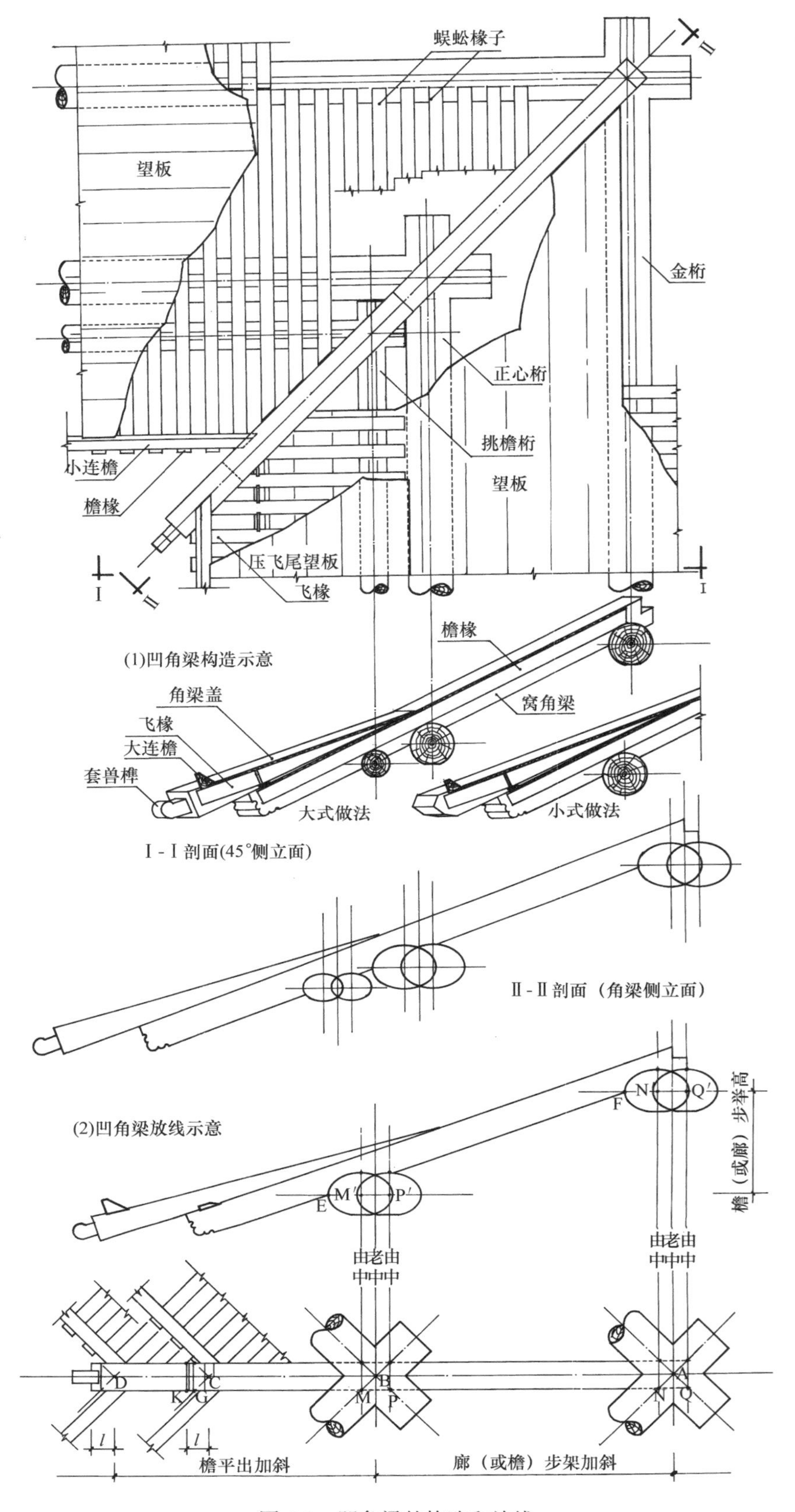

图 5-9　凹角梁的构造和放线

第四节　角梁的制作、安装程序及技术要点

角梁制作指放线、套样板以外的其他施工操作内容，包括按样板备料、刮料、画线、剔凿销子眼、角梁钉眼、做霸王拳、三岔头等头饰、尾饰及刻半榫、做大连檐口子，小连檐口子、剔椽槽、净光、复线等全部工序。

这里，就角梁制作问题着重谈两点。

首先是套样板和按样板画线。前面我们就角梁放实样进行了详细介绍。在实样放好以后，即用薄板套做样板，样板上除画出角梁头尾檩碗、老中、由中等形状和标记外，还要注意画出销子眼位置，老、仔角梁之间要凭暗销榫结合，销子一般栽两个，前后各一个，具体位置可酌定。按样板画线时，一定要注意把线画全，特别是老中、由中线，虽在操作时不用，但在安装时需要，必须画上，在画角梁上下各面的搭交檩位时，一定要按45°角尺过线（六角、八角角梁按六方、八方尺画），这些线不可省略。

其次，是如何剔凿椽槽。椽槽是安装翼角椽的凹槽，在角梁侧面翼角椽分位上，后端至金桁外由中的外金盘线，宽按一椽径，最深处为半椽径，向前，渐次变浅，直至与角梁外皮平。是一条由浅至深的斜槽。根据翼角安装中“一翘伸进手，二翘跟着走”的口诀，椽槽最浅处应在离老角梁头约6椽径远的地方较为适当。

角梁其他部分的制作则要求处处跟线，按线做活，头尾装饰，如霸王拳、三岔头等需将立茬部分用刨子刮平，楞线要清晰，符合样板。檩碗部分如做鼻子，更要求檩碗剔凿规矩，鼻子不能留得太高，以防将搭交檩子刻掉太多。削弱榫子截面，一般不得超过檩径的1/5。

角梁安装是与大木安装同时进行的。要求位置准确，高低出进一致。为了达到这些要求，在安装时必须做到中线与中线相对。角梁侧面的老中、里外由中要与搭交檩脊面中线相对。各中线相对，就能保证角梁平面位置准确。同时还要保证角梁梁头标高一致。安装角梁的再一个要点是，切记要装角梁钉。角梁钉是一根约为角梁自身高1.5倍的大铁钉，古代角梁钉截面呈方形，它的作用，在于连锁老、仔角梁，使二者成为一体。近年有些地方用螺栓代替角梁钉，将老、仔角梁打透眼，用螺栓锚固，这比用钉更为先进可靠，值得推广。

第五节　翼角椽的构造与制作安装技术

一、翼角椽的平面、立面位置及其与老角梁的关系

翼角椽是檐椽在转角处的特殊形态。这个特殊形态包含平面、立面形态以及由这些形态所决定的特殊构造形式。

贴近角梁的翼角椽为第一根翼角椽。与正身椽相邻的翼角椽为最末一根翼角椽。由最末一根翼角椽至第一根翼角椽，它们与角梁的夹角是逐渐减小的，在平面投影上，正身檐椽与角梁夹角为45°，末根翼角椽与角梁夹角略小于45°，而第一根翼角椽与角梁的夹角则仅有约2.5°。各翼角椽冲出是逐渐增加的。正身檐椽不冲出，由最末一根翼角椽至第一根翼角椽，冲出长度越来越大，第一根翼角椽冲出最长，接近于老角梁的冲出长度（2椽径）。翼角椽的长度与正身檐椽基本相等。老角梁由金桁向外的平面长度是檐椽加斜（檐椽长乘1.4142）再冲出2椽径，它比翼角椽长得多。所以，第一根翼角椽的椽尾仅在角梁约2/3长的位置上，第二根、第三根、……翼角椽的椽尾，按0.8椽径的等距依次向后移，最末一根翼角椽的尾

部交于搭交金桁的外金盘线上［以上参见图 5-2（1）］〔注：以上所说的是矩形或方形建筑物的翼角（转角 90°），如为六方（转角 120°）、八方（135°）建筑，其翼角椽后尾应分别按 0.5 椽径和 0.4 椽径向后等距推移。所谓“方八、八四、六方五”的口诀就是这个法则〕。

从立面上看，翼角椽由最末一根起，椽头渐次翘起，直至接近老角梁头的翘起高度。总的看来，翼角椽是既向外冲出又向上翘起的一组檐椽（参见图 5-20）。

二、翼角椽根数的确定

翼角椽的根数是随建筑物檐步架长短、出檐大小、斗拱出踩多少这些因素而变化的。清代建筑翼角椽一般为奇数，规模较小的游廊、亭榭，每面可有 7 根、9 根、11 根，建筑规模较大的，可达 15 根、17 根、19 根，故宫太和殿的翼角椽每面多达 23 根。不同规模的建筑，它的翼角根数是如何确定的呢？多年来，老工匠在实践中总结出一个计算翼角椽根数的公式：

带斗拱建筑翼角椽数计算方法为：

廊（檐）步架尺寸加斗拱出踩尺寸再加檐平出尺寸除以一椽加一当尺寸，所得数取整数。该数如为奇数，即是；如为偶数，再加 1，所得数即为翼角椽根数。例 1：一个带五踩斗拱，斗口 2 寸半（8 厘米）的建筑物，其檐步架长 176 厘米，斗拱出踩（即正心桁与挑檐桁距离）尺寸为 48 厘米，檐平出尺寸 168 厘米，椽径为 12 厘米，（椽当 12 厘米）。求其翼角椽根数。

解：代入公式计算：

$$(176+48+168)\div(12+12)=16.33\approx 16$$

因得数为偶数，应加 1，得翼角椽 17 根。

无斗拱建筑翼角椽数计算方法：

廊（或檐）步架尺寸加檐平出尺寸除以一椽加一当尺寸，所得数取整数，如为奇数，即是；如为偶数，加 1，所得数为翼角椽根数。例 2：一个没有斗拱的建筑物，檐步架长 120 厘米，檐平出 90 厘米，椽子为 10 厘米 × 10 厘米（椽当 10 厘米），求其翼角椽根数。

解：代入公式计算：

$$(120+90)\div(10+10)=10.5\approx 11$$

确定翼角椽为 11 根。按以上公式定出的翼角椽根数，疏密较适当，基本符合翼角部分的构造要求。

关于翼角椽根数是否必须是奇数的问题，古人并非笼统对待。笔者曾考察过北京的多处明代建筑，发现翼角椽并非都是奇数，有相当一部分是偶数。这些明代建筑不论翼角椽根数是奇是偶，其翼角部分的椽当（即两椽中线之间距离）都保持与正身椽当相一致。这种处理手法对保证建筑正立面檐口部分的美观是至关重要的。它避免了因片面追求“奇数”而导致翼角椽过稀或过密的问题。可见，不加分析地硬性规定翼角椽根数必须是奇数是不科学的。我们在设计施工中处理这类问题时应该从实际出发，不应为某种约定所束缚。当然，对待历史文物还应保持原样，无须进行改动。

三、翼角椽的弹线和制作

翼角椽分方形、圆形两种。圆形翼角椽多用于宫殿、坛庙、府邸等大式建筑物，方形翼角椽多用于园林建筑，如游廊、亭榭等规模较小的建筑物。顶步用罗锅椽的明袱卷棚建筑，采用方形椽子翼角者也较多。

为了将翼角椽与角梁结合在一起，须将翼角椽的后尾砍制成楔形，即所谓“铰尾子”。

方形翼角椽头部还要砍刨成角度不同的菱形。圆翼角也要确定椽头的撇向问题。这些都是翼角椽弹线制作所要解决的问题。

（一）方形翼角椽的放线和制作

1. 方形翼角椽放线前的准备工作

这些工作主要包括制备椽头撇向搬增板、活尺和铰尾子弹线用的卡具等。

椽头撇向搬增板，是用一块薄板或五夹板，将边刮直，以直边为准，用 90°方尺按椽子断面弹画一方框，在底边上取 1/3。按翼角椽根数将这段线段均分为若干等份，连接顶端与线内 1，2，3，4，……各点，所得即为翼角椽的撇向搬增线［图 5-10（1）］。撇向搬增线是画方形翼角椽椽头撇度的依据，板上所示 1，2，3，4 等各线，角度各不相同，分别为 1，2，3，4 各根翼角椽的椽头撇度线，使用时，用活尺将这些不同角度讨（“讨”是木工术语，即“量”、“求”的意思）下来［图 5-10（2）］分别画在各翼角椽头上。

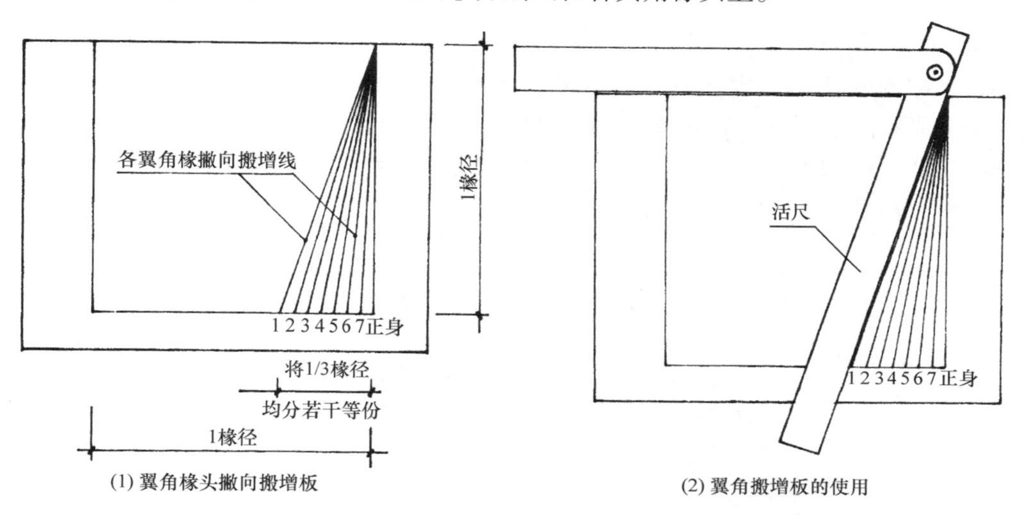

图 5-10　翼角椽头撇向搬增板及其使用

翼角椽头撇向搬增线是根据“冲三、翘四、撇半椽”的口诀画出的。既然以“撇半椽”为根据，这里为什么要定为 1/3 椽径呢？前面我们已经讲过。所谓“撇半椽”，是指仔角梁梁头的撇度，即大连檐端部与地面的夹角。“撇半椽”对于仔角梁和第一根翘飞是适用的，但对于翼角椽就不适用。我们从实物可以看到，翼角小连檐檐口线的翘起角度，比大连檐翘起角度要小得多。如果按照大连檐的翘起角度来确定翼角椽椽头的撇度，那么这个撇度就与小连檐檐口线不符［参见图 5-22（2）］。

方形翼角椽铰尾子弹线用的卡具制备方法如下：准备两块约 1.5 厘米厚的薄木板（长、宽须按椽径大小定），分别作头部和尾部卡具。头部卡具做法：先垂直于底边画一中线，以此线分中、刻口，使口子宽、高均为 1 椽径，在刻口两侧各取 0.8 椽径，并按椽数均分等份，依次注明 1，2，3，……位置号。尾部卡具做法：先在板上垂直于底边画一中线，以此中线为中轴，在板上挖一长方形口，使口宽为一椽径，高为$1\frac{1}{3}$椽径，在口的上面中线两侧各取 0.4 椽径，并依椽数各均分成等份，注明 1，2，3，……位置号，使它与头部位置号相对应（图 5-11）。

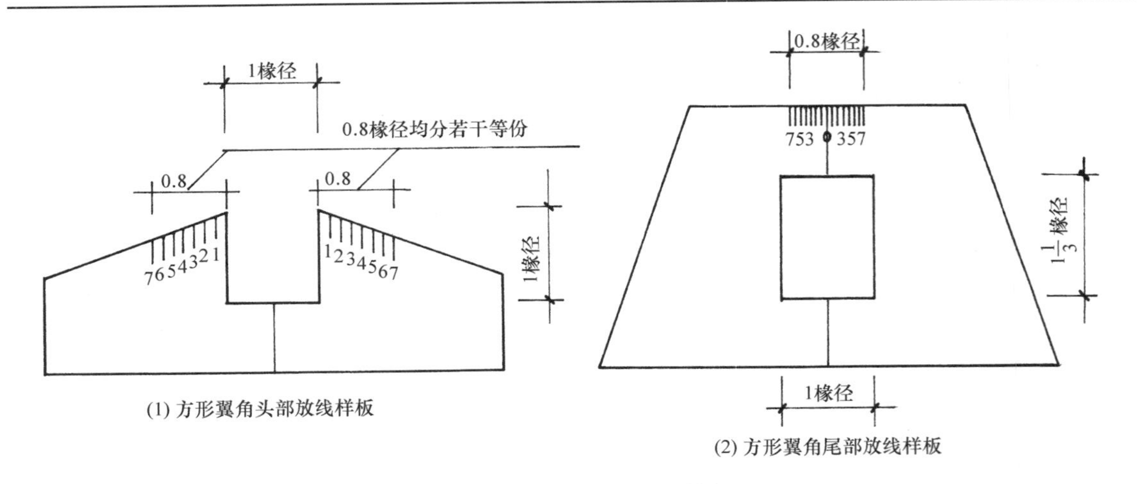

图 5-11　样板（卡具）的制备

2. 备料和标写翼角椽位置号

备料是按翼角搬增线所标的角度，在用于制作椽子的木板迎头画线，在大面弹线，按线将木板锯解成断面呈菱形的单根椽子，并在椽头分别注明位置号“左一”，“左二”，……“右一”，“右二”，……（面对角梁分左右，见图 5-12）。位置号的标注很重要，这道工序省略不得，一定将位置号注写清楚。

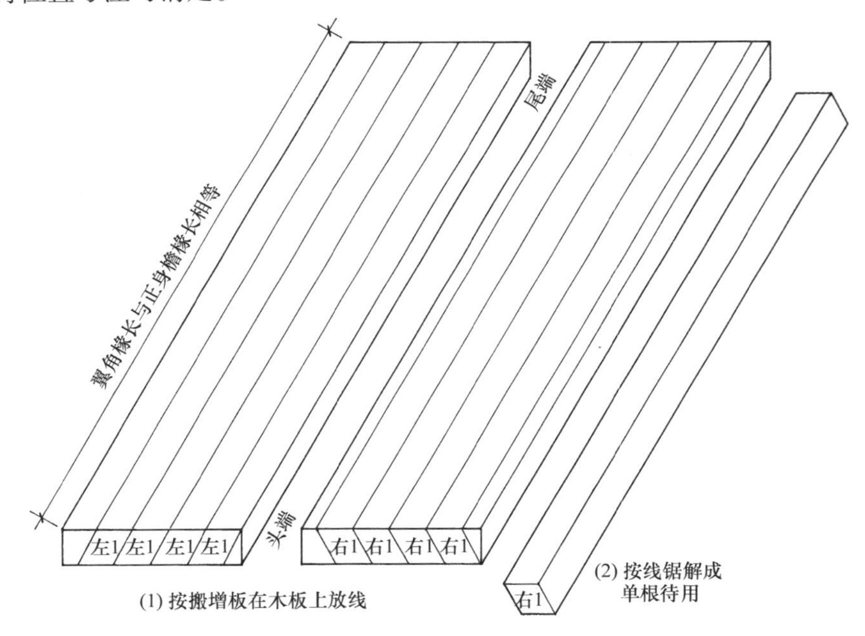

图 5-12　方形翼角椽放线前的准备

3. 方形翼角椽的铰尾子弹线

弹线前，先将弹线用的卡具固定在工作台或长凳上，头部卡具的位置，要放在距尾部大约为翼角椽长 8/10 的地方（图 5-13），如果翼角椽子排列过密，可将头部卡具适当前移，就是说，两卡具间距离可依翼角椽排列疏密，即椽子本身肥瘦变化进行适当调整。卡具固定好以后，即可开始弹线。先弹第一根，将翼角椽尾插入尾部卡具的方孔内，以刚好搭住为度。前端搭在前部卡具的刻口上，头部 2/10 探出卡具之外。椽子的前后都要使椽中对准卡具中，并使椽子的侧面垂直于卡具底面。弹线须由 2 人操作，一人站在椽头一端，一人站在椽尾一端，如弹左侧第一根翼角椽时，先弹贴近角梁的一边，头部、尾部均将线按在刻度“0”上，弹线后，移至另一边，将线的两头都按在刻度“1”上弹线，这样，就完成了背面的弹线过程。弹腹面时，将翼角椽翻转180°，仍按背面弹线的方法和过程弹线。其他各根，均按此进行。如弹左第二根时，近角梁的一侧，将线两端各按在刻度“1”上，在背离角梁一侧，将线两端各按在刻度“2”上。弹左第三根时，在近角梁的一侧，将线按在刻度“2”上，在背离角梁一侧将线按在刻度“3”上，依此类推。右侧翼角与左侧对称，也按同样方法进行（见图 5-14）。翼角椽铰尾子弹线工作完成以后，即可按线将尾子两侧砍去，使翼角后尾成为不同角度的楔形。砍刨要求跟线，不能伤线，砍刨出的侧面要求平整规矩。砍刨铰尾子工作完成以后，将翼角椽分组码放待安。

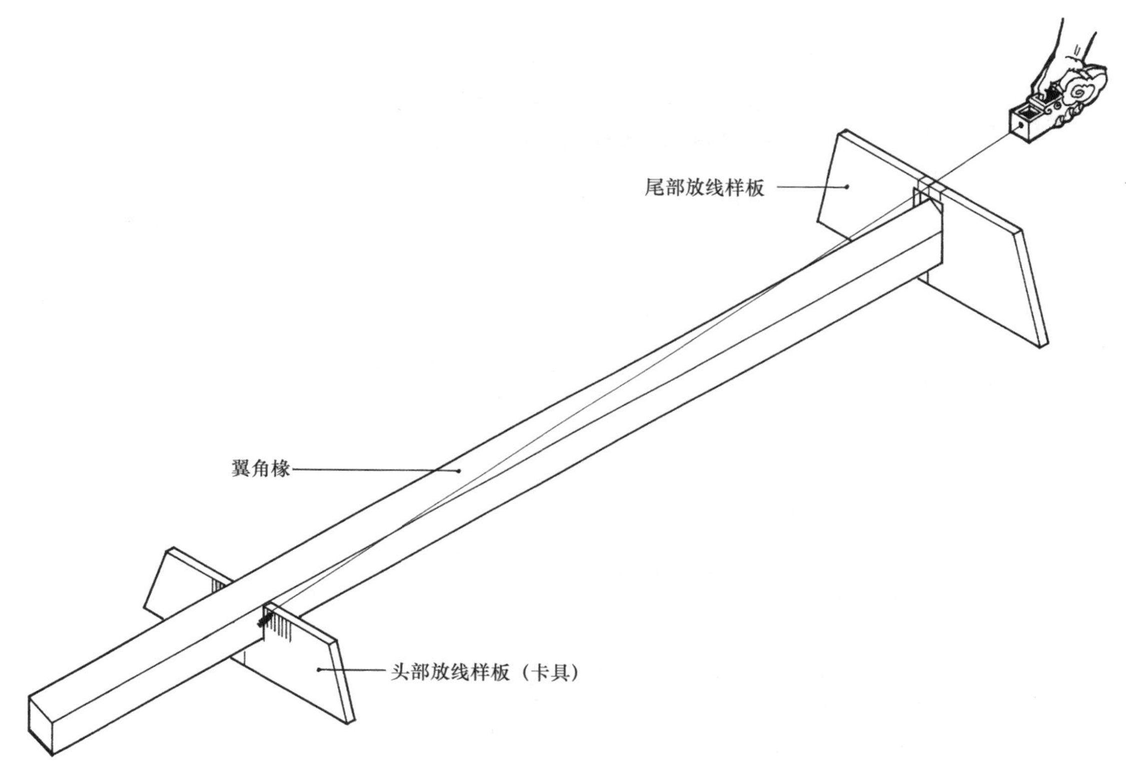

图 5-13　方形翼角放线示意图

（二）圆形翼角椽的弹线和制作

1. 圆形翼角椽弹放前的准备工作

其做法与方翼角大致相同，只是铰尾子弹线用的卡具不同（见图 5-15）。圆翼角铰尾子弹线用的卡具头部挖半个椽碗，尾部掏一个整椽碗，头、尾部所标刻度均与方形翼角相同。其余，撇向搬增板和活尺均按方形翼角椽的做法准备（图 5-16）。

2. 砍刨金盘并确定翼角椽所在位置

圆形翼角椽四面浑圆，为了定翼角椽的位置和撇向，必须首先砍刨出椽子的金盘。金盘是在椽子上皮砍刨出的一个平面，平面宽度为椽径的3/10。金盘的作用，在于使椽子上皮与连檐、望板等接触面积大且严实。这个平面相似于方形翼角椽的背面。

砍刨出金盘以后，即可确定每根翼角椽的撇向和它们各自的具体位置，方法如下：首先在椽子迎头，过中心点画金盘的垂线，然后，将椽子搭置在卡具上，使这条线垂直于地面[图 5-16（1）]。用活尺从撇向搬增板上讨下该椽的撇度，按图中所示方法过椽头中心点在

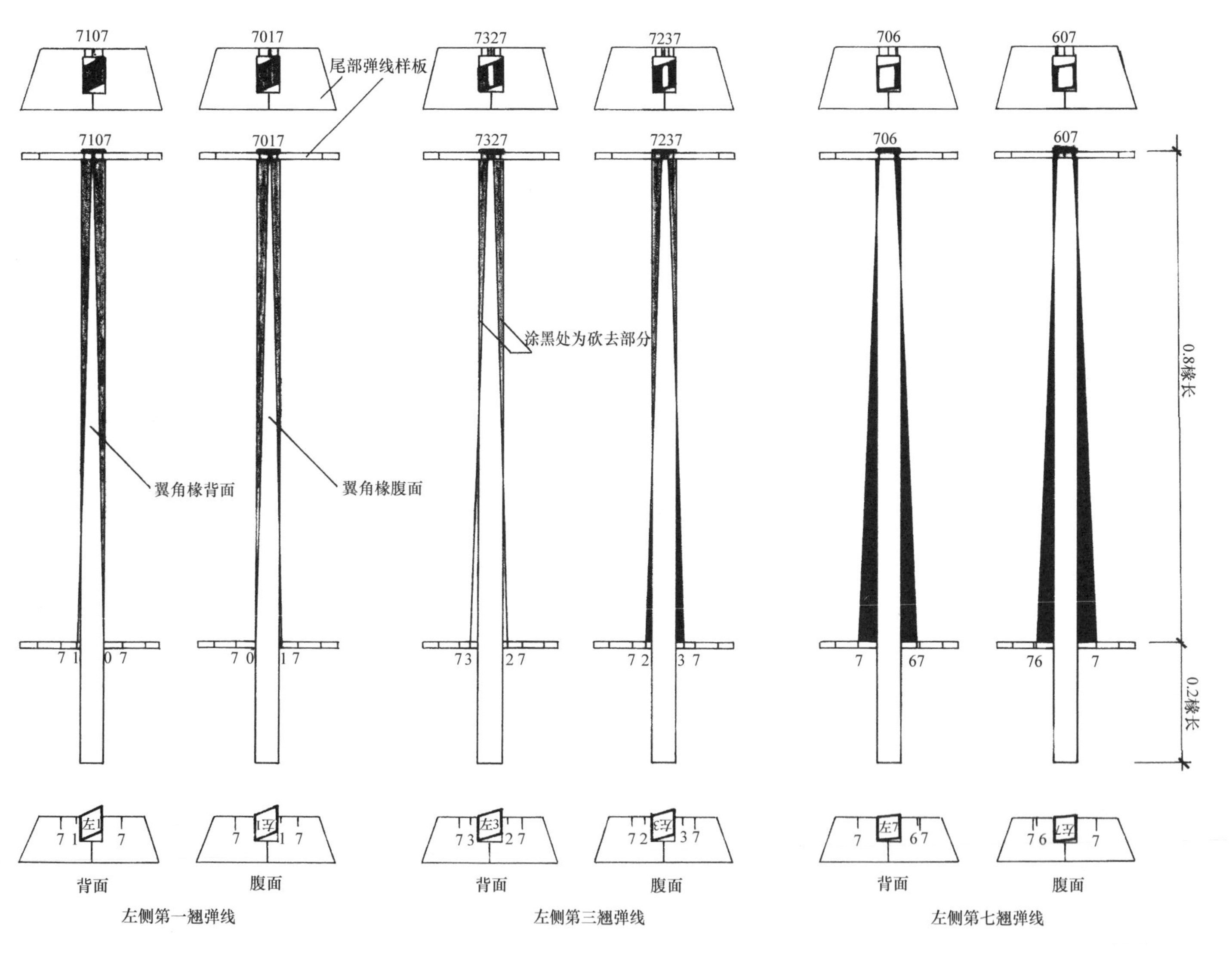

图5-14　方形翼角椽腹、背面弹线示意图(以第一、三、七翘为例)

迎头画中线，中线画完后，将椽子转动，使中线垂直于地面[图 5-16（2）]，这时，金盘平面所处的位置就是相应部位大连檐的位置，然后，根据撇度在椽头写上“左一”，“左二”，……“右一”，“右二”，……的位置号，每根翼角椽的具体位置就确定了。

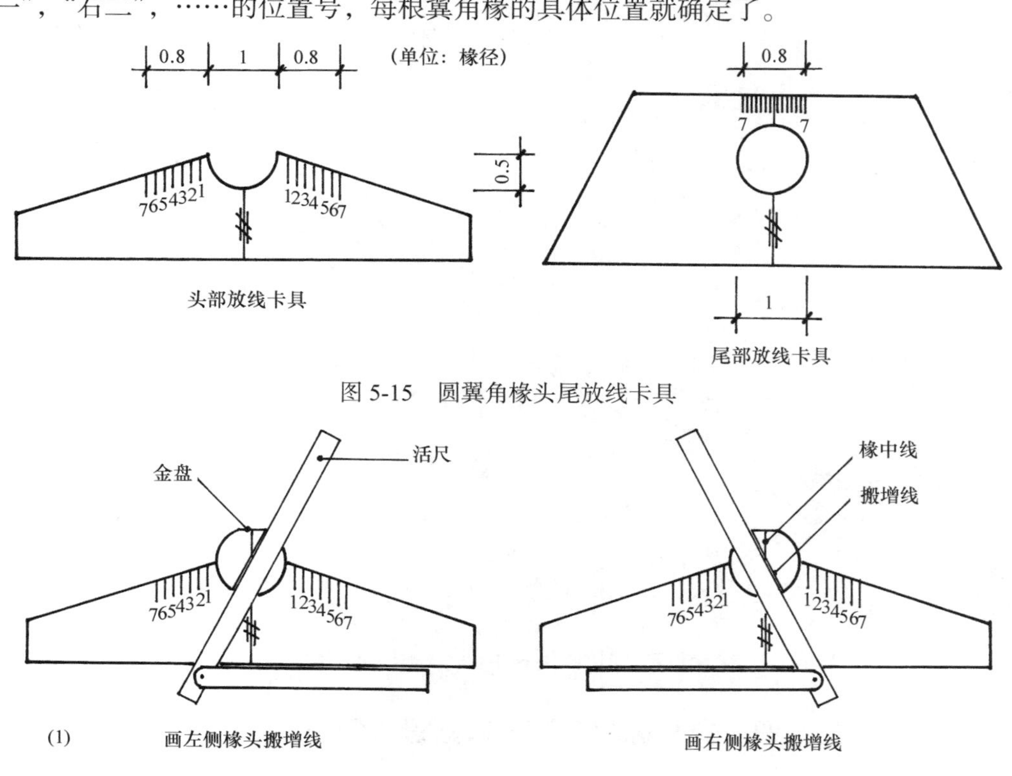

图 5-15　圆翼角椽头尾放线卡具

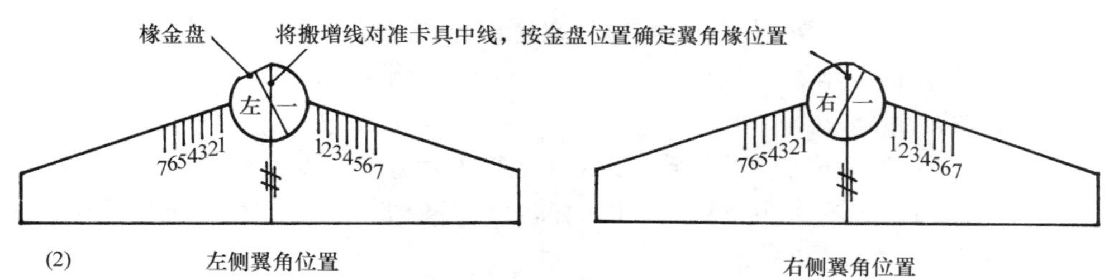

图 5-16　圆翼角椽放线时的位置

3. 圆形翼角椽的弹线和制作

将头尾卡具固定（两板相距 0.8 椽长），然后由第一根开始弹放，先将翼角椽后尾插入尾部卡具圆孔，以刚刚搭住为准，前端搭在头部卡具的椽碗上，探出 2/10 椽长（图 5-17）。先弹椽子上面（即金盘面），假定所弹为右侧第一根。首先将椽头中线对准卡具上的中线，使金盘处于与右侧连檐翘起相一致的角度，弹贴近角梁一侧时，将两端线头按在刻度“0”上弹线，然后弹另一侧，将线头按在刻度“1”上，弹完后，再翻转 180°，依同样方法弹腹面；弹完后，即可按线将尾部两腮部分砍去。其余翼角，也按此法弹线。制备完成后，分组码放待安（图 5-18）。

这里应注意，第一，先要定出金盘；第二，要过中心点画出金盘的垂线；第三，要按撇度线画出中线；最后，在放入卡具弹线时，一定要将迎头中线与卡具中线相对，并与地面垂直。除此以外，还要把位置号标写清楚。这一系列步骤，缺一不可，若在一个环节上疏忽，都会造成错误。

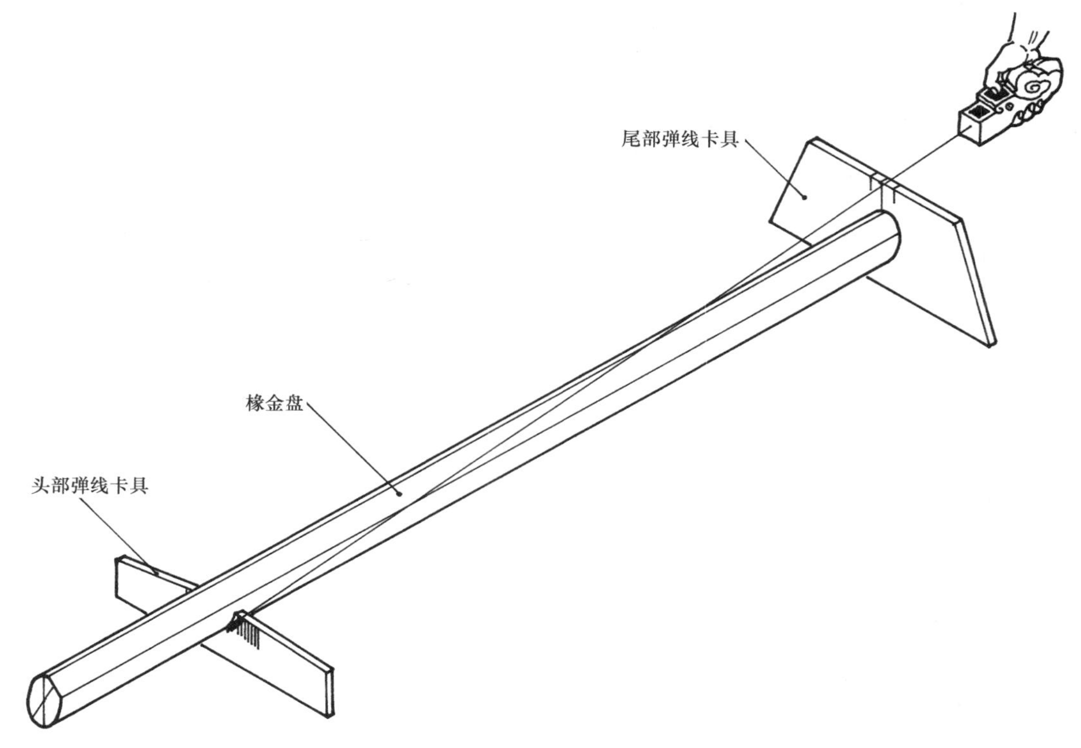

图 5-17　弹放圆形翼角椽示意图（右侧）

四、翼角椽的安装（以圆椽为例说明）

翼角椽安装主要包括下列程序：分点翼角椽尾部椽花、缥小连檐、分点翼角椽头部椽花、安装衬头木、钉翼角椽、牢檐、截椽头等程序，现分述如下：

1. 分点翼角椽尾部椽花

在角梁两侧由椽槽后尾边椽线开始，以 0.8 椽径（六方建筑按 0.5 椽径，八方建筑按 0.4 椽径）为一格向前分点，有多少根翼角椽即向前分点多少格，并按翼角排列次序标上 1，2，3，4，5，……（图 5-19，图 5-20）。

2. 缥小连檐

小连檐是联系檐椽椽头的构件，宽约 1 椽径，厚约 1.25～1.5 倍望板厚。在正身部位，小连檐是直的，到翼角部位，由于角梁的冲出和翘起，使小连檐成为既向上翘起又向外冲出的双向弯曲构件。在安装翼角的小连檐时，必须用麻绳缥，使之弯曲成型。缥小连檐是翼角安装中一道非常关键的工作，连檐缥得是否合适对整个翼角的安装质量及造型有直接关系。小连檐是用质地松软、木丝直顺、无节疤疵病的优质红松制成。它的长度，以翼角部分檐口长度的 1.5 倍以上最为相宜。缥小连檐的程序是，先将连檐近角梁一端截成 45°斜头，塞入预先剔好的小连檐口子内（小连檐口子在仔角梁腹面两侧，由老角梁头向后退回角梁厚的一半作为连檐外皮位置，宽度按连檐宽加斜，角度随连檐冲出方向，深约 1/2 连檐宽，该口子系事先在仔角梁上剔好，不应现缥现剔），用钉子钉住。在与翼角椽相邻的正身椽椽头上留出雀台宽一份，钉上一只钉子，挡住连檐另一端不使它向下滑动。然后，在连檐中段拴上麻绳（拴一道或二道，视连檐长短而定。通常一道即可），将绳另一端绑在斗拱或其他固定木件上，拴好缥绳后，即可插入缥棍打缥，将连檐缥弯，此时，需有人在适当角度目测连檐的弯曲程度，要求自然和缓、不能缥出死弯，整个建筑物各角连檐的曲度应该一致（参见图 5-19，图 5-20）。

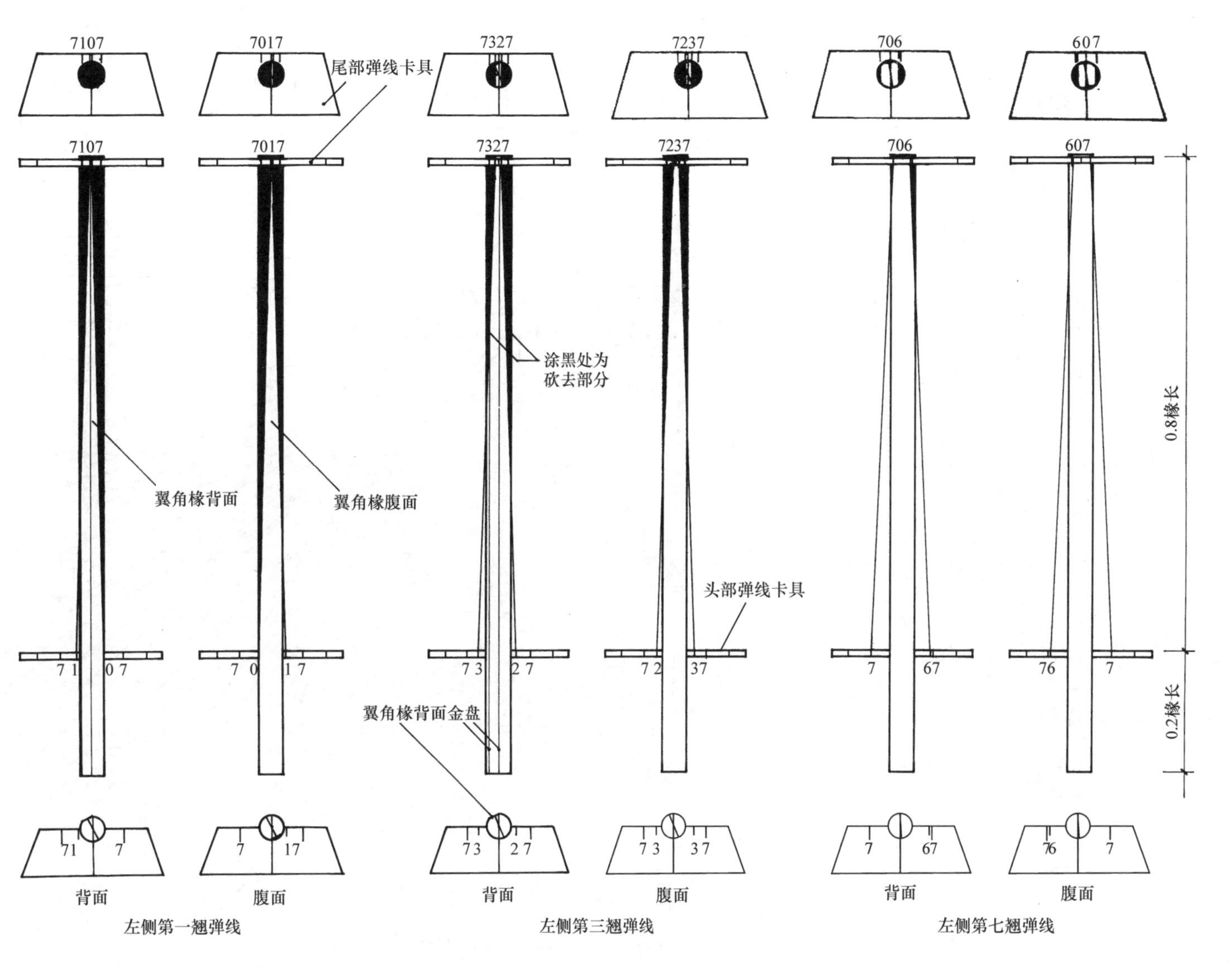

图5-18 圆形翼角椽腹背面弹线示意图(以第一、三、七翘为例)

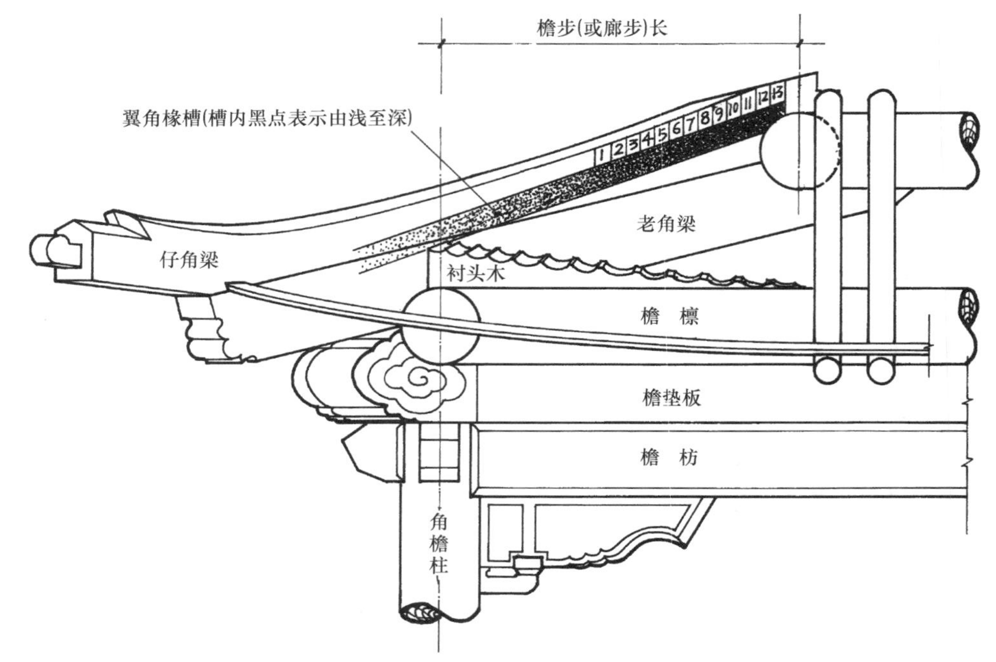

图 5-19　安装老、仔角梁、衬头木、缥小连檐

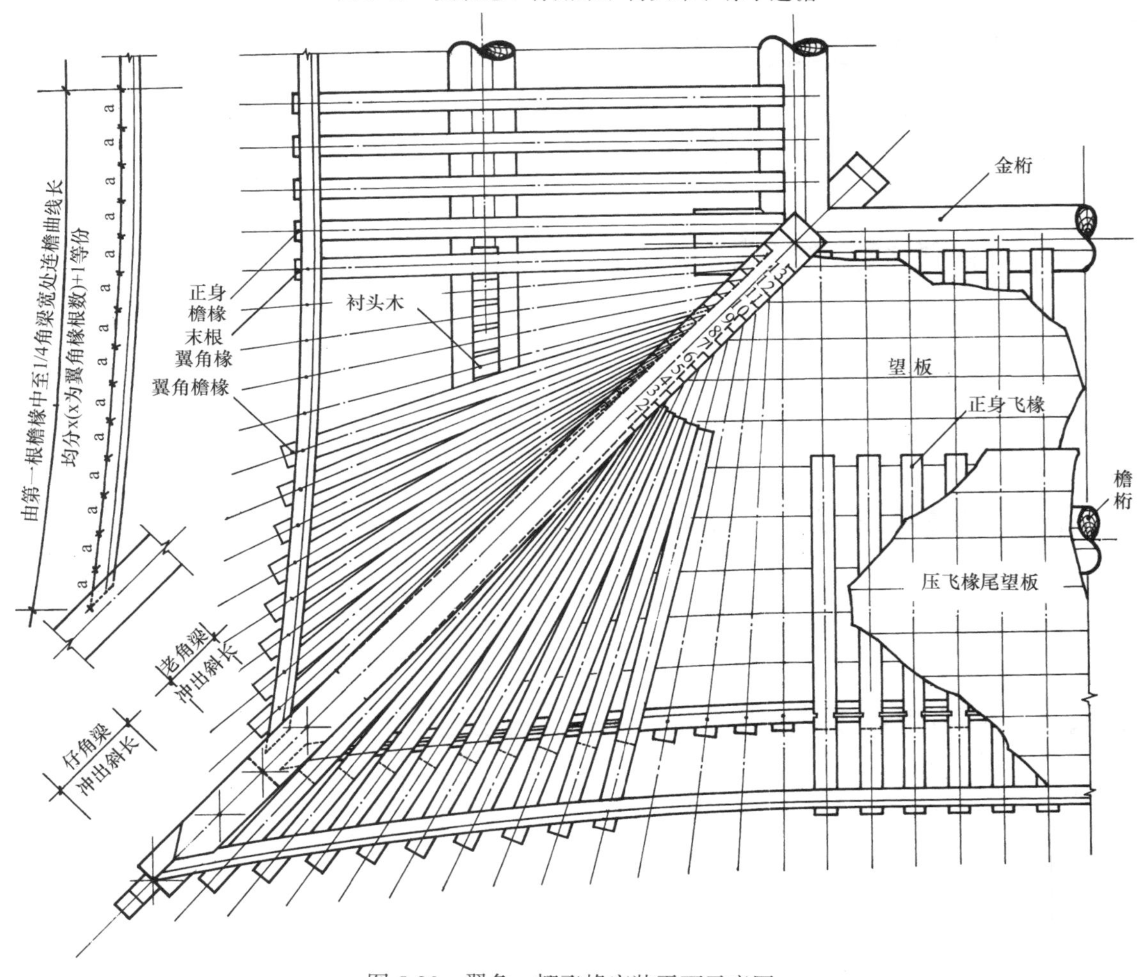

图 5-20　翼角、翘飞椽安装平面示意图

3. 分点翼角椽头椽花（椽子位置线）

小连檐缥好后，即应在连檐上分点出翼角椽头部分的椽花，方法是，随连檐曲线量出紧邻最末根翼角椽的正身椽椽中至角梁头侧面这一部分连檐的长，再加 0.7 椽径，得一个长度。用这个长度除以翼角根数加 1（如翼角椽为 13 根即除以 13+1），所得即为相邻两椽中—中距离 a。然后从角梁侧面沿连檐量一长度（使这一长度等于 a–0.7 椽径）点一点，为第一根翼角椽中线位置，再以 a 为线段沿连檐依次分点，即得到每根翼角椽的椽头部分椽花（图 5-20）。

有了翼角椽尾部和头部的椽花（即位置线），就可按根入位进行安装。

4. 安装衬头木

衬头木是为使翼角椽头部翘起，垫在檐檩与翼角檐椽之间的一块三角形木头。其长同檐步架，厚一椽径，与檐檩金盘叠交，并钉在檐檩上，上面衬托着翼角椽。因翼角椽沿小连檐的走向渐次改变方向和高度，也使衬头木的上皮呈一个同小连檐曲线平行相似的弧形。为卡住每根翼角，还需在上面刻挖出椽碗（说明：椽碗可在装钉翼角前预先挖出，但必须是在确定了每根翼角的位置，把衬头木试装入位，按每根翼角的不同角度弹上线。将该部分翼角的翘起弧线也找准的情况下，才能预先刻挖椽碗。即使如此，预制出来的椽碗也并不一定合适，还需做适当修理。木工操作一般不预制椽碗，将衬头木钉上后，在钉翼角椽时临时现剔挖椽碗。两种方法均可，须在实践中灵活运用，参见图 5-19）。

5. 钉翼角椽

翼角椽须由第一根开始钉起。将制备好的第一根翼角椽后尾贴入椽槽，使其靠正身一侧的外皮对准第一格与第二格之间的椽花线。尾部入位后，先看椽头的中是否与连檐上的椽花线相对，如果相对，说明翼角椽肥瘦适中；如果椽头偏向角梁，说明第一根椽子偏瘦。解决的办法是将椽子向后移，直至合适为止（翼角椽一般都有后备长度），然后再按后尾椽花位置将移过去的部分截去，并将后尾肥瘦刮刨合适。如果椽头偏向另一侧，则说明椽子腰部偏肥，需将两腮部分砍刨下适当厚度，以使它对准椽花线。与此同时，还要看衬头木高低是否合适，如果衬头木高，可用扁铲剔凿修铲，使椽碗高低适中，翼角后尾能入椽槽，衬头木处衬垫严实，椽头上皮与连檐下皮紧紧相贴。各处都整修合适以后，将翼角椽钉在角梁上。每根椽至少要钉三个钉子，在尾部的前、中、后各钉一个，钉子不要钉在一条线上，以免将椽子钉劈。钉牢后，可开始安装第二根。第二根靠正身的外皮要对准第二与第三格格间的椽花线，其他安装程序与第一根相同。安装翼角的关键有三点，第一，翼角椽的肥瘦一定要修整合适，要保证每根椽的头、尾都与椽花线相对。在安装过程中，如果一根出了一些小偏差，尚可在钉下一根时找补挽救，如果有大毛病，必须拆掉重钉。第二，衬头木及椽碗的高低一定要修整合适，要保证椽尾装入椽槽，中间与衬头木的椽碗伏实，头部正好与小连檐贴紧，既不能低于小连檐，也不能挑着小连檐，这样才能保证小连檐的固有曲线不变。第三，尾部要钉牢，翼角椽第一根直接钉在角梁上，第二根的钉子要钉透第一根，并穿至角梁，第三根的钉子要钉透第二根，并与第一根穿牢，如同穿竹排那样，称为“穿排子”。只有把尾子部分钉结实，排子穿牢固，才能保证翼角的工程质量（以上均参见图 5-20，图 5-21）。

6. 牢檐、截椽头、钉檐头望板

待最后一根翼角椽钉完后，即可将椽子中腰部与衬头木钉牢，将椽头与小连檐钉牢，称为“牢檐”。牢檐以后翼角椽、小连椽、桁檩就连成一体。这时，可解去缥绳，截齐参差不齐的椽头。截椽头要按直角锯解，保证截面与椽身垂直，不得沿连檐锯解。椽头近角梁一侧应留出雀台，大小与正身部位的雀台一致。

翼角钉好后，需要堵上椽当，称为堵燕窝，并将这部分望板钉上以备钉翘飞椽。

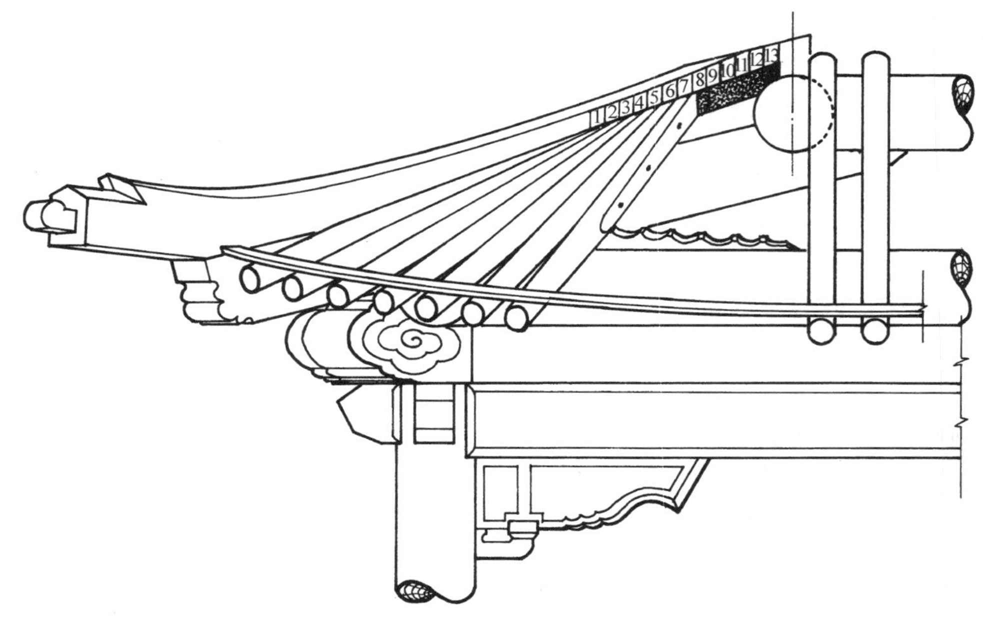

图 5-21　安装翼角椽示意

第六节　翘飞椽的构造与制作安装技术

一、翘飞椽的形状及其与角梁和飞椽的关系

翘飞椽是正身飞椽在翼角部分的特殊形态。它与正身飞椽的主要区别是：①由于仔角梁冲出，翘飞椽也随着冲出并不断改变角度，因此，它比正身飞椽长；②由于角梁翘起、翘飞也随之翘起，它的上皮线不是一条直线，而是头部翘起的一条折线；③正身飞椽的椽头是方形，而各翘飞的椽头随着起翘的连檐逐渐改变形状，呈不同角度的菱形；④各翘飞椽扭脖（称翘飞母）的角度是随小连檐冲出曲线角度的变化而改变的，而不是像正身飞头那样与椽头平行。翘飞椽以靠近角梁的第一翘为最长，翘起最大，以下依次递减，直至最末一翘近似正身飞椽。它头部截面的菱形角度（称为撇）及翘飞母扭的角度也是第一翘最大，最末一翘最小。它们的长度、翘度和撇、扭的角度在制作中都被看作是一列等差级数［图 5-22（1），（2）］。

二、翘飞的放线和制作技术

（一）排翘飞长度杆和翘度杆

由角梁侧面翘飞分位讨得第一根翘飞的长度、翘度尺寸，并将正身飞椽的头尾与翘飞头尾相比较，排出翘飞举度杆和长度杆，作为弹放翘飞时确定各翘飞长度和翘度的依据。

将角梁侧面第一根翘飞投影图的头部和尾部端点连线，过翘飞母（扭脖）作这条直线的垂线，得到第一根翘飞的翘起高度。将这段高度标画在一根小木杆上，并按翘飞根数将其均分为若干等份，标上次序号，即得到每根翘飞椽的翘起高度。这根杆叫翘度杆，是放翘飞时画翘起高度的依据。

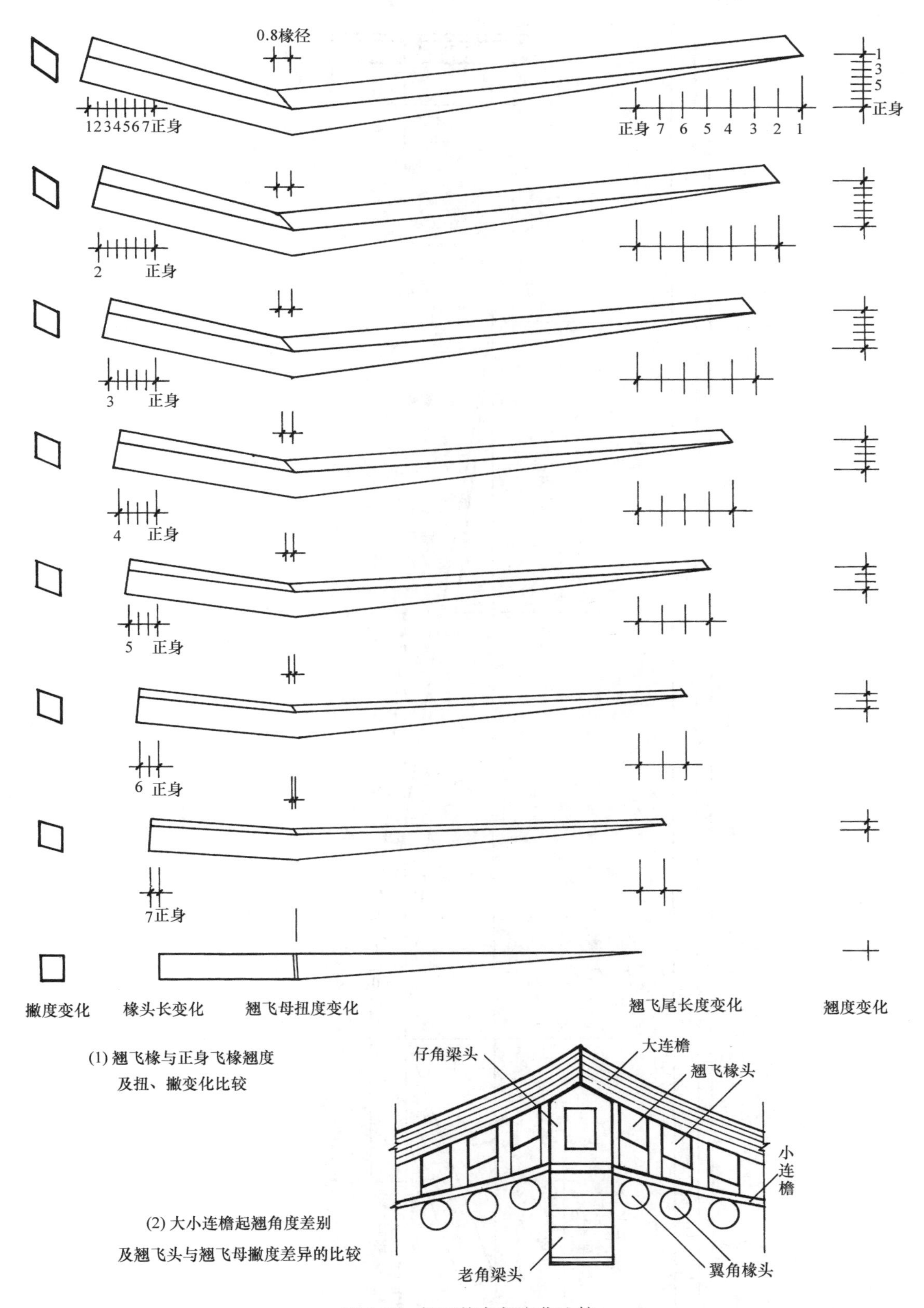

图 5-22 翘飞椽各部变化比较

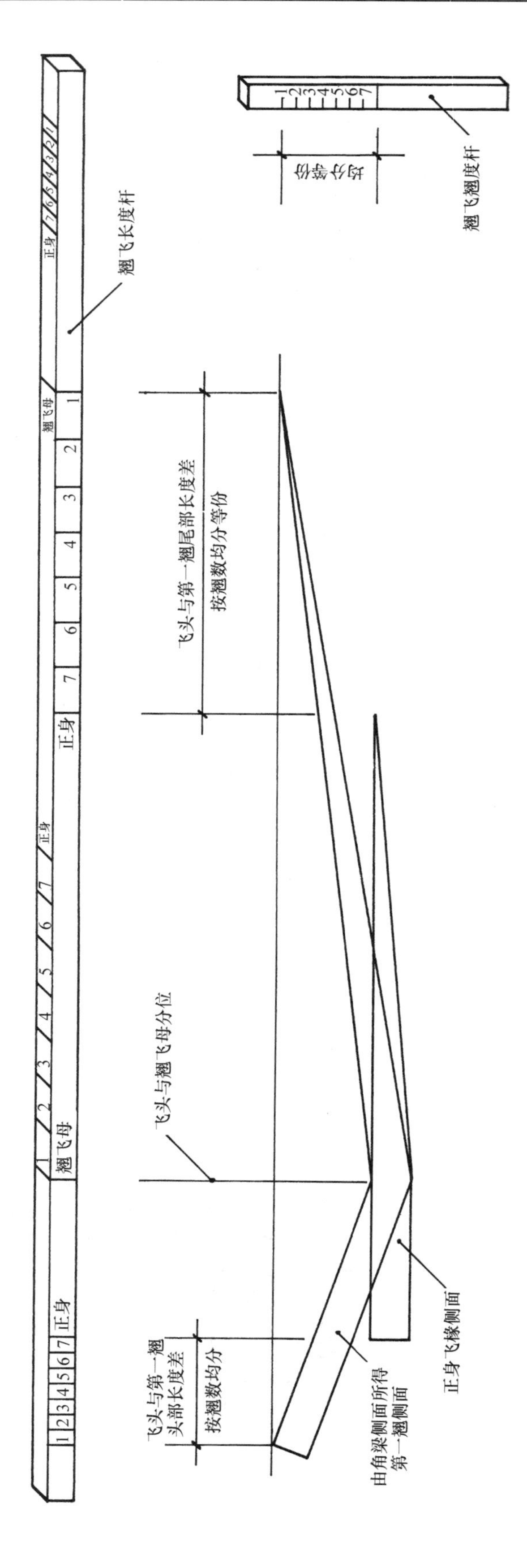

图5-23 翘飞长度杆和翘度杆的尺度来源与制备

在第一根翘飞的侧面投影图上，重叠上一根正身飞椽的侧面投影，使翘飞母与飞头母重合。将它们的头部和尾部相比较，得到头、尾各自的长度差。将这几个尺度标画在一根长木杆上，按翘飞根数将两段长度差均分为若干等份，标上次序号，即翘飞长度杆，它是放翘飞时画翘飞头尾长度的依据（图 5-23）。

（二）制备翘飞头撇度和翘飞母扭向的搬增板

翘飞椽椽头撇度线。由“冲三翘四撇半椽”的规矩来定。第一翘撇度为半椽径，依次减小，至正身飞椽为 0。搬增板的制备与方形翼角椽搬增板做法略同，用一块薄板（或三、五夹板）将边刨直，以直边为准，用 90°方尺按飞椽椽头比例画一方框 ABCD，再依翘飞根数将底边 BC 之半均分为若干等份，注上次序号，连接 A 点与 1，2，3，4，……各点，所得即为每根翘飞椽头的撇度线（图 5-24）。

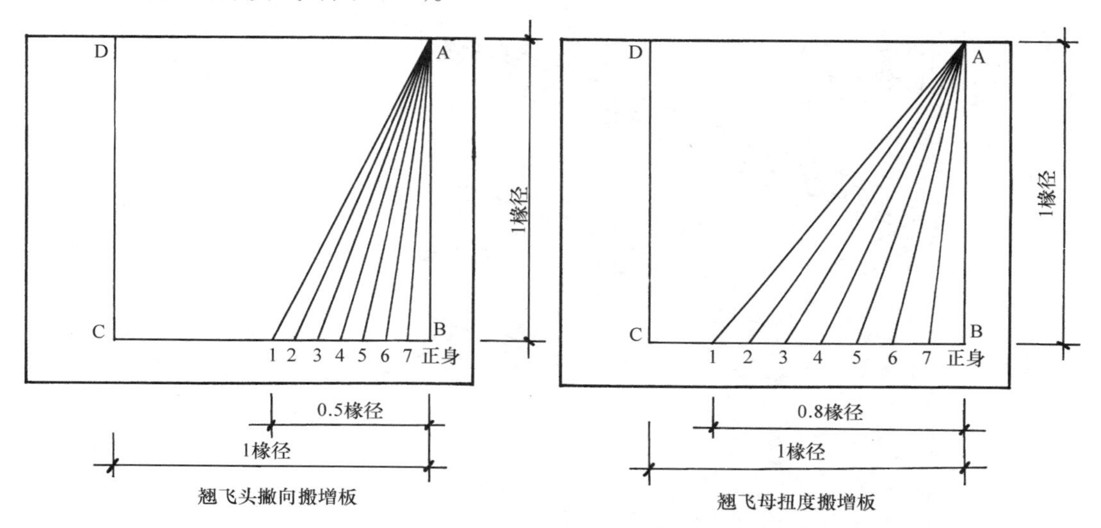

图 5-24　翘飞椽扭度、撇度搬增

扭向搬增线是反映翘飞母棱线的角度线，它比撇度线的角度要大。扭向搬增板的制备是在底边上取 0.8 椽径，并将它均分若干等份、注上次序号（图 5-24）。翘飞母处撇的角度，要与翼角椽椽头部分的撇度保持一致，按 1/3 椽径，可用翼角椽头撇度搬增板，不必另做搬增板。

（三）按长度和翘度杆号料、下料

翘飞椽采用厚一椽径的宽木板制作。翘飞板料一般为荒料，须先行号料、截料，程序如下：

1. 号板宽

翘飞板料宽窄不一，宽板用来制作翘度大的翘飞，窄板则可用来制作翘度较小的翘飞。一般建筑物都是四个转角，为节省木料，最好将四个角的同一根翘飞（如第一翘）放在一块板上，这样可以少浪费下脚料。以第一根翘飞板为例，其板宽应满足以下要求：第一翘翘起高度加撇半椽尺寸再加四倍椽径（这里所指椽径应比正身椽径稍大，需考虑锯口和椽子加斜尺寸）。在号板宽时，符合以上要求的，即可号为第一翘用板，稍窄者，按同样方法计算一下，分别用于第二、第三翘。

2. 号长度

号完宽度后即可号长度。第一根翘飞最长，应先号第一翘，然后再号第二翘，第三翘，……。翘飞板长度应满足以下要求：一头加一尾再加一头，再加两端长荒共约 2 椽径。翘飞都是对头放线，一块板画四根，对头锯开是 8 根，左、右侧各 4 根。号出长度后。画上截线，按线将板截断。在板大面上注明“第 × 翘共 × 根”的字样。待第一至第末翘的板料全部号、截齐备后，才可开始放线。

（四）翘飞放线（以第一翘为例说明）

先在大板一直边内弹一条基准线，使基准线平行于板边，该线与板边的距离等于翘飞母处撇度（即翼角椽头撇度）尺寸，（如大板无直边，则应先沿毛边弹一直线，作为板边，然后在依次向内翻尺弹基准线）。将翘飞长度杆放在大板上（平行于基准线），根据翘飞长度杆上所标尺寸点出翘飞头、尾、翘飞母各点，过这些点，用方尺画出基准线的垂线［见图 5-25（1）］。

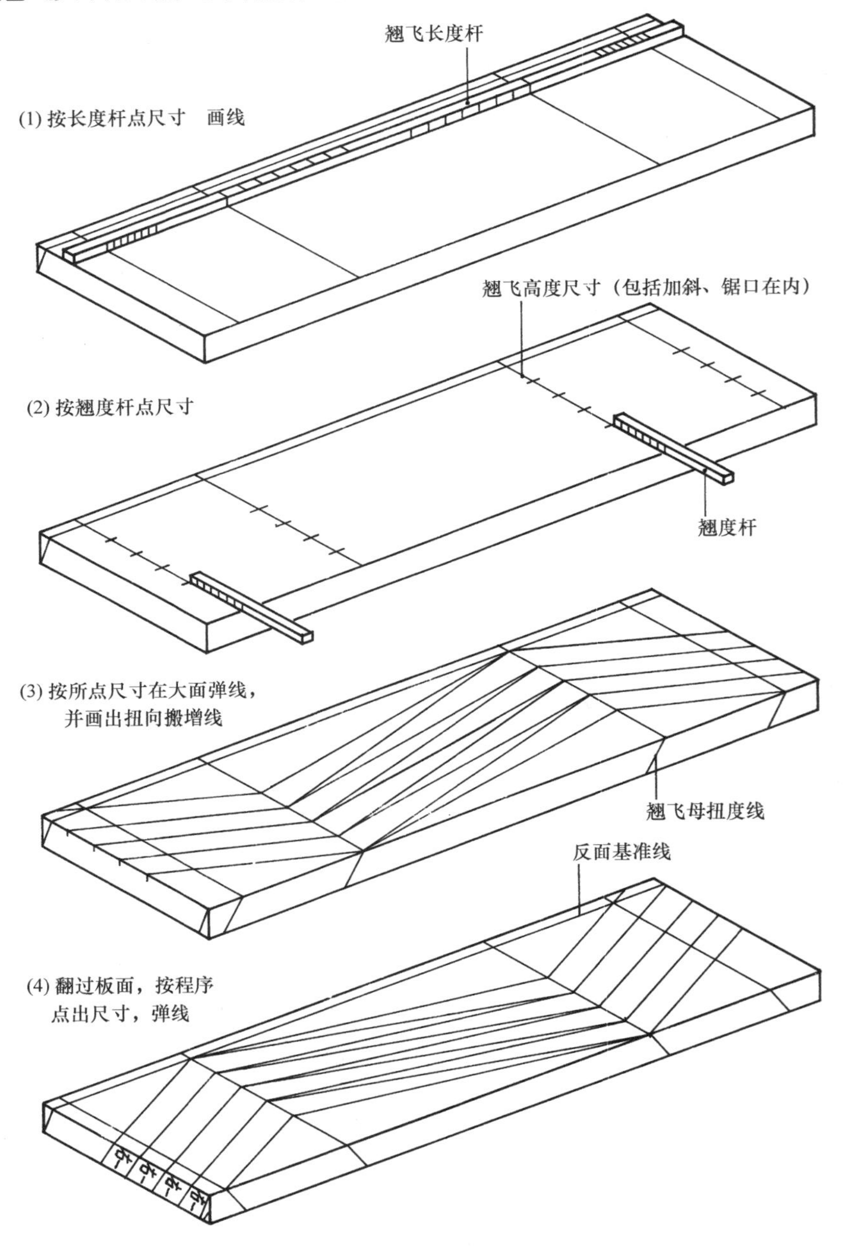

图 5-25　翘飞椽放线过程（以第一翘为例）

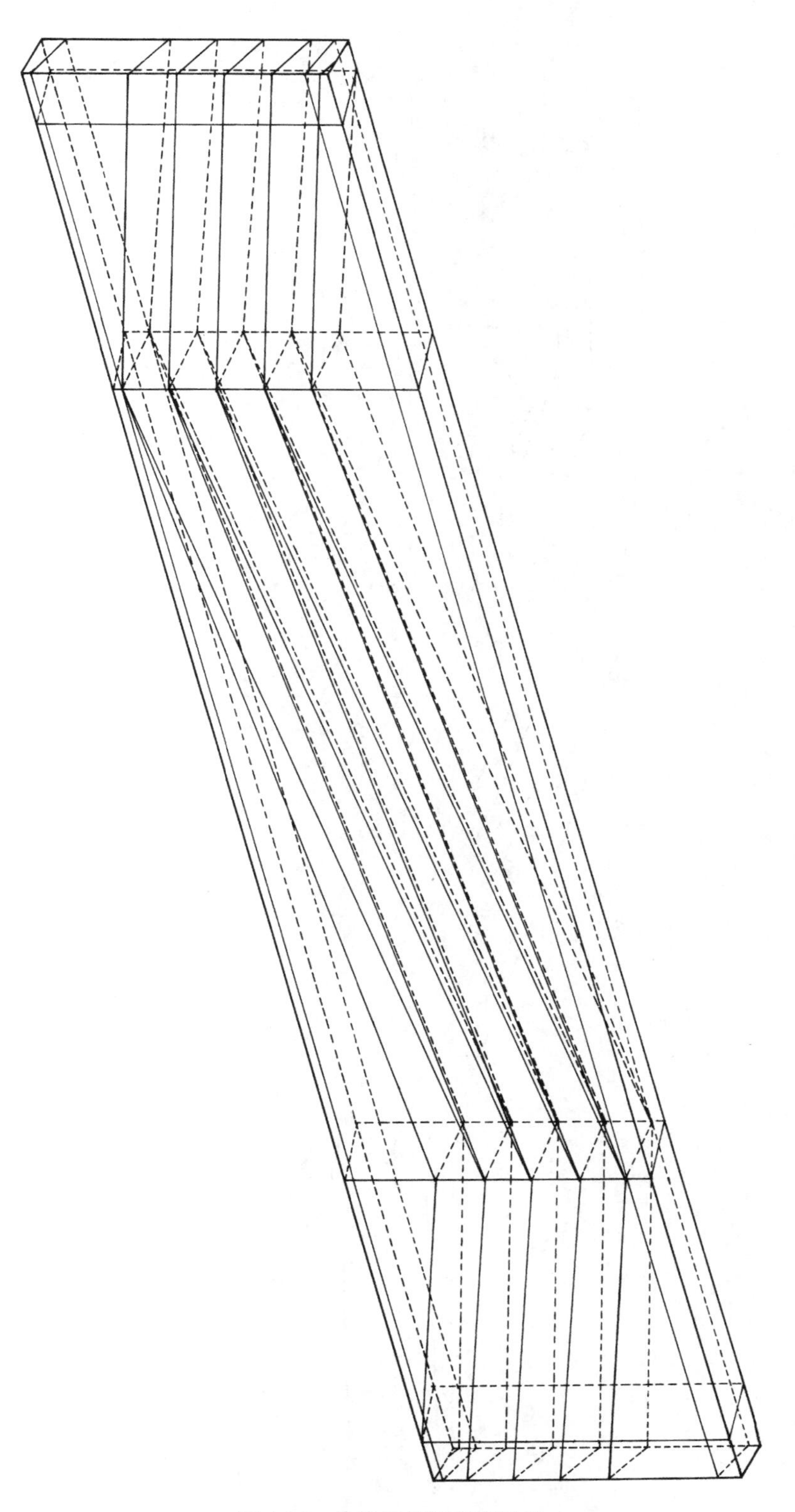

图 5-26　放线后的翘飞椽透视

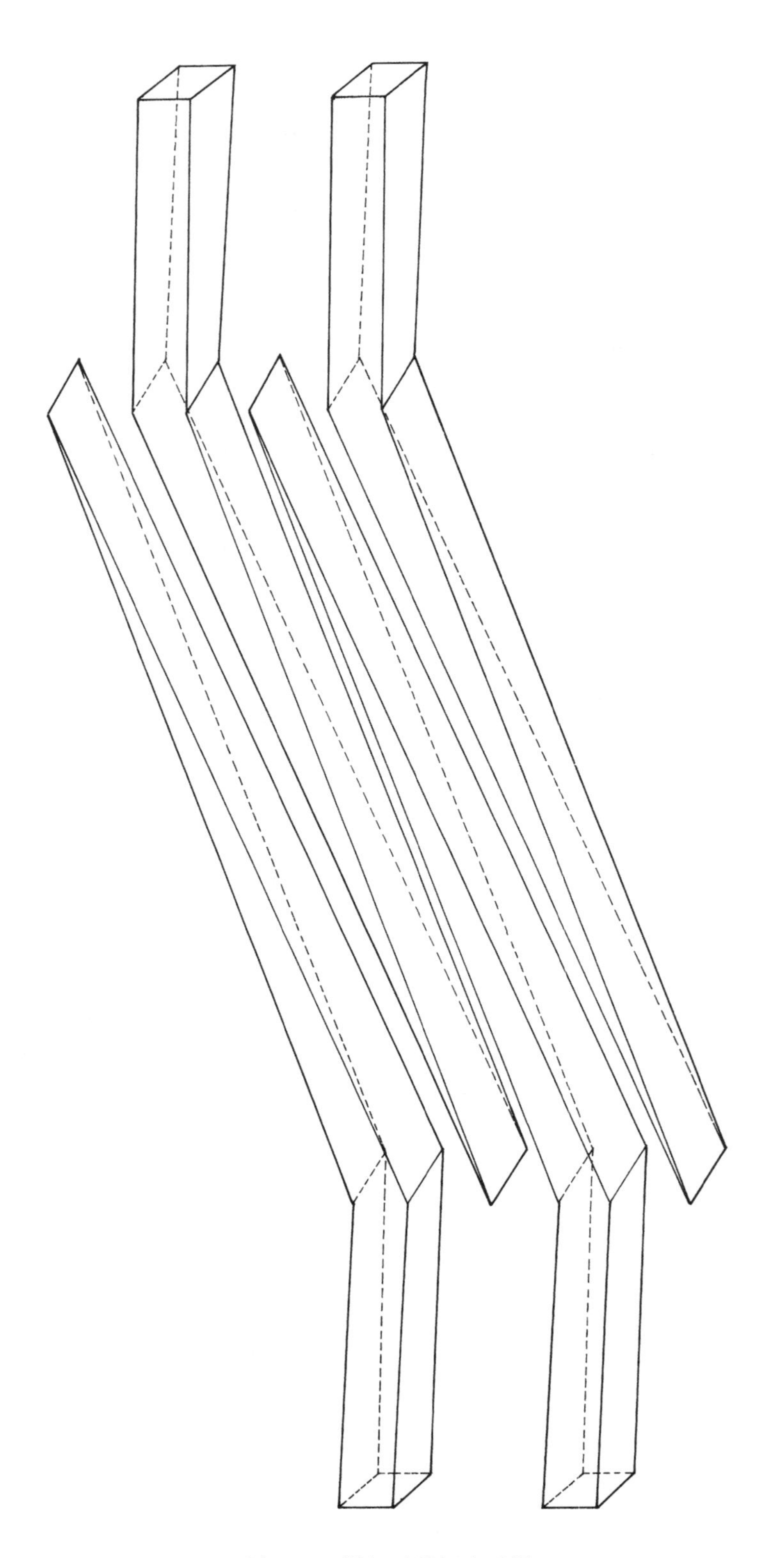

图 5-27　锯解后的翘飞透视

用翘飞举度杆在各垂直线上点出翘飞椽的翘起高度与翘飞自身高度尺寸［图 5-25（2）］。过各点弹线，得翘飞椽在大板一侧的墨线［图 5-25（3）］。第一个大面弹完后，在翘飞板小面上，过垂线与大板边棱的交点。画翘飞母的扭度线，交到另一面的边棱上，作为画背面垂线的依据。再在大板迎头按翘飞母处的撇度及翘飞头的撇度分别将基准线和翘飞头线过到大板背面边棱，以备反面弹线之用［撇度、扭度线均从搬增板上用活尺讨得，以上均见图 5-25（3）］。将大板翻过来，弹另一个大面。首先，按第一面基准线在迎头画过来的墨线弹上反面基准线，然后按第一面的程序，过扭度线与板棱的交点，画基准线的四条垂线，在垂线上点翘飞举度、自身高度诸点，然后过各点弹线，即得到翘飞在大板另一侧的墨线。两面弹线完成以后，根据翘飞所在的位置，在迎头上用号笔写上“左一”，“左二”……；“右一”，“右二”，……等位置号。至此，弹翘飞的全过程即告完成［图 5-25（4）］。

其他各翘放线过程与第一翘完全相同。注意，弹第几翘时，就在翘度杆、长度杆以及扭、撇搬增板上讨第几翘的尺寸和角度。翘飞放线杆和搬增板要妥加保管，不得丢失损坏，至工程完工后方可废弃。按如上方法放出的翘飞椽，椽头部分的上下两面是扭曲（俗称“撇楞”）的，扭曲程度以第一翘为最大，第二，三诸翘依次减小，末翘最小，正身飞椽头部不扭曲。翘飞头部上、下面扭曲，是由于翘飞母（即小连檐部分）的撇度和翘飞头的撇度不同造成的。翘飞头出现扭曲，符合小连檐翘起角度小于大连檐翘起角度的实际情况，因而安上以后，翘飞头、母两处都能与连檐结合严实［图 5-22（2）］。如果把翘飞母的撇度与头部的撇度统统按“撇半椽”来定，虽然弹出的翘飞头部不扭曲，但翘飞母与小连檐却不能伏实，不仅不利于安装，而且不能保证工程质量。

（五）锯解刨光待安

锯解翘飞，需由二人进行，将翘飞板侧立固定，用长条锯手工锯解。锯开后，要将底面和侧面刨光，刨光后妥善保存（不要日晒雨淋，以免变形），以待安装（图 5-26，图 5-27）。

三、翘飞安装程序及技术要点

在翼角椽及檐头望板安装完毕，正身飞椽钉上以后，可开始缥大连檐、钉翘飞。

大连檐是联系飞檐椽头的构件，宽 1.2 椽径，高 1 椽径，上口留有约 1/3 椽径宽的平面，断面呈直角梯形。翼角部分的大连檐要随冲、翘成曲线。为便于弯缥，在制作大连檐时，须将起翘部分水平拉出三至四道锯口，把整连檐劈成 4 至 5 份，这些锯口近底面一道最长，可达于正身飞椽，其他以 20～40 厘米递减。拉大连檐锯口应使用手锯，不要用电锯以免因锯口过大损伤连檐高度尺寸。大连檐制成后，把拉开的部分用绳捆拢，放在水里浸泡待安（图 5-28）。

缥大连檐是安装翘飞的第一道工序。程序是：先将大连檐的一端钉在正身飞椽头部，将另一端塞进已做好的仔角梁头大连檐口子内。在连檐中间部分拴上麻绳，绳的另一端绑在大木件上。在开始加缥之前，需将翘飞的中间一根（如用十三翘，即第 7 根或第 6 根）钉在它自身的位置上，以它的高低作为大连檐中部弯曲的依据。然后，插入缥棍加缥，当缥至出进合适，高低正好与中间一根翘飞头贴紧时，即可固定缥棍，缥大连檐工序即告完成（图 5-28）。第二步是点椽花。首先，在翼角椽头望板上，弹出翼角椽边线，作为放置翘飞的依据。同时，在大连檐上，按小连檐分点椽花的方法点上椽花，作为固定翘飞头位置的依据。

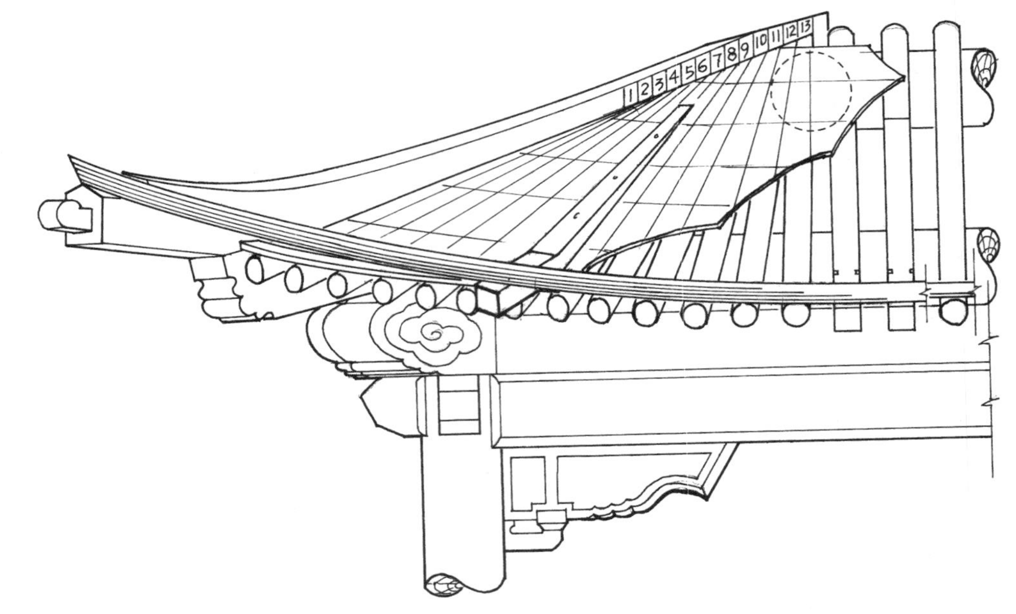

图 5-28　铺翼角檐头望板及缥大连檐示意

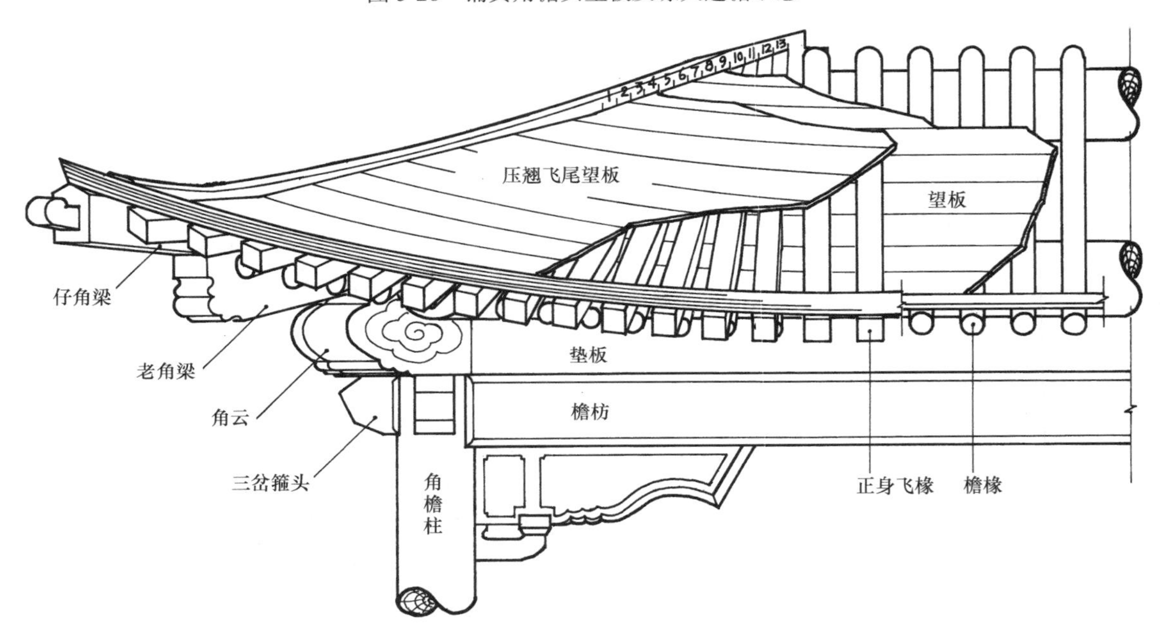

图 5-29　从侧立面看安装完毕的翼角

钉翘飞从第一根开始，先将翘飞放在对应位置，按椽花线，把尾部肥出的部分砍去，跟线以后，即可加钉，钉时应注意使翘飞母的下棱线与小连檐外皮对齐，先用小钉钉椽尾，使之固定，再将翘飞头与大连檐用钉钉住，位置相对固定后，看一下哪里还有毛病，进行适当调整，再加钉牢固。其余各翘按相同程序进行。翘飞钉齐后，按 90°方尺在椽头画线，将椽头截齐，并留出适当的雀台（雀台大小约为 1/5 椽径）。截好的椽头要擦楞。

翘飞钉完后，要在各翘飞椽之间安装闸档板以防鸟雀入内作巢。闸档板有两种安法，一是在翘飞母相应位置剔闸档板槽，将闸档板卡入槽内。二是可在各翘飞当内塞上木块，用钉子钉住。

这一切工作完成之后，将翘飞檐头望板铺钉齐全，整个翼角的安装工作即告完成（图 5-29）。

第六章　清式斗拱的构造及制作安装技术

第一节　斗拱在古建筑中的作用及其发展演变

在建筑物的檐下安装斗拱，是中国古代建筑所特有的形制。在历史上，随着建筑文化的输出和交流，这种形制也传播到日本、朝鲜、越南以及东南亚国家，成为超越国界的“中国古典建筑体系”的一个共同的构造特征。

斗拱在中国建筑木构架中占有非常重要的地位，它的功能与作用，归结起来大致有以下几点：①斗拱作为大型或较大型建筑柱子与屋架（或称下架与上架）之间的承接过渡部分，承受上部梁架、屋面的荷载，并将荷载传导到柱子上，再由柱传到基础，具有承上启下、传导荷载的功能；②斗拱用于屋檐下，向外出跳，承挑外部屋檐，可以使出檐更加深远，而建筑物深远的出檐，对保护柱础、墙身、台明等免受雨水侵蚀有重要作用；③斗拱用于室内向两端挑出，有缩短梁枋跨度，分散梁枋节点处剪力的作用；④斗拱用于檐下（包括室内梁架之下），在建筑物上下架构架之间形成一层斗拱群。这一层由纵横构件、方形升斗组成的颇有弹性的结构层，就像一层巨大的弹簧垫层，组成可以吸收纵横震波的空间网架结构，对于增强建筑物的抗震性能十分有利；⑤从建筑学的角度看，经过造型加工和色彩美化后的斗拱，又是很富有装饰性的构件。在封建社会，斗拱还是封建等级制度在建筑上的主要标志之一，建筑物施用斗拱的制度如何，直接表现着建筑物的等级。

在中国古建筑几千年的发展历史中，斗拱也经历了一个长期发展演变的过程。有关专家认为，斗拱的纵向构件和横向构件，是由早期建筑物中的不同构件演化而来的。斗拱中的纵向构件翘，最早是支撑屋檐的擎檐柱，经长时间的演变，由擎檐立柱变为落地斜撑、腰撑、曲撑、栾（柱上的曲木）最后发展演变为插拱，即华拱（翘）的前身。斗拱的纵向构件昂，则是由商周时期的大叉手屋架逐渐发展演变而形成的。唐宋时期的昂为真昂，下至斗拱外端，上至中平榑之下，有杠杆作用。至明清时期，昂已演化为纯装饰构件，唯溜金斗拱的挑杆尚有早期昂的痕迹。斗拱横向的拱子，则脱胎于最原始的替木。插拱（翘的前身）与横拱的组合大约完成于战国时期，而昂与斗拱的组合则约在东汉以前。我们现在能看到的成组的斗拱——无论是唐、宋、辽时代的，还是元、明、清时期的，都是已经成组的斗拱。

成组斗拱，在长期的发展过程中逐渐完备和规格化，如唐代佛光寺大殿的斗拱，斗、拱、昂、枋等构件已很完备，与后来的斗拱差不多。五代、辽宋以来，由于有了《营造法式》和清《工程做法则例》这两本工程技术典籍，使斗拱的形状、比例、细部规格做法都已经十分明细精确了。

宋、清两个时代，斗拱各构件名称大部分不同，为便于参考对照，现将宋、清两个不同时期斗拱的有关名称列表对照如下：

表 6-1　宋、清式斗拱构件名称对照表

宋式名称	清式名称
朵	攒
铺作	科（平身科、柱头科）
×铺作	×踩
出跳	出踩
一跳（四铺作）	三踩
五铺作	五踩
六铺作	七踩
七铺作	九踩
八铺作	十一踩
抄 （斗拱挑出一层为一抄）	
单抄双下昂 （六铺作）	单翘重昂 七踩
栌斗	坐斗、大斗
耳、平、欹	斗耳、斗腰、斗底
华拱	翘
交互斗	十八斗
齐心斗	齐心斗
散斗	三才升
令拱	厢拱
要头	要头、蚂蚱头
慢拱	万拱
瓜子拱	瓜拱
泥道拱	正心瓜拱

宋式名称	清式名称
双抄双下昂	重翘重昂九踩
双抄三下昂	重翘三昂十一踩
柱头铺作	柱头科
补间铺作	平身科
转角铺作	角科
攀间铺作（用于檩、枋、梁架之间的斗拱）	隔架科
	溜金斗拱
（无）	如意斗拱
阑额	额枋
普柏枋	平板枋
足材〔一材（十五分）加一架（六分）为足材〕	宽一斗口，高二斗口为足材，1.4 斗口为单材
昂	昂
昂嘴	昂嘴
遮椽板	盖斗板（斜斗板）
华头子	（无）
撩檐枋	挑檐桁
罗汉枋	拽枋
柱头枋	正心枋
平棊枋	井口枋
平棊	无花
衬枋头	撑头木
平盘斗	斗盘（用于角科）
䫜（斗底凹进的曲线）	清式斗底无䫜

第二节　清式斗拱的种类及用途

斗拱在古建筑木构架体系中，是一个相对独立的门类，清代木作中专门有“斗拱作”，从事斗拱制作的工匠称为“斗拱匠”。

斗拱有很多种。清工部《工程做法则例》用十三卷的篇幅开列各种斗拱的尺寸、构造、做法用工及用料，共罗列出单昂三踩柱头科、平身科、角科，重昂五踩、单翘单昂五踩、单翘重昂七踩以及平台品字斗拱等近 30 种不同形式的斗拱。实例中见到的，比这还要丰富。

斗拱的种类虽然繁多，但根据它们在建筑物中所在的位置或作用，是可以进行分类的。如果按斗拱在建筑物中所处的位置划分，我们可以把它们分成两大类。凡处于建筑物外檐部位的，称为外檐斗拱；处于内檐部位的叫内檐斗拱。外檐斗拱又分为平身科、柱头科、角科斗拱，溜金斗拱，平座斗拱；内檐斗拱有品字科斗拱、隔架斗拱等。

古建筑斗拱大部分向外挑出。斗拱向外挑出，宋式称“出跳”，清式称“出踩”。斗拱挑出三斗口称为一拽架。清式斗拱各向内外挑出一拽架称为三踩；三踩斗拱面宽方向（包括正心拱

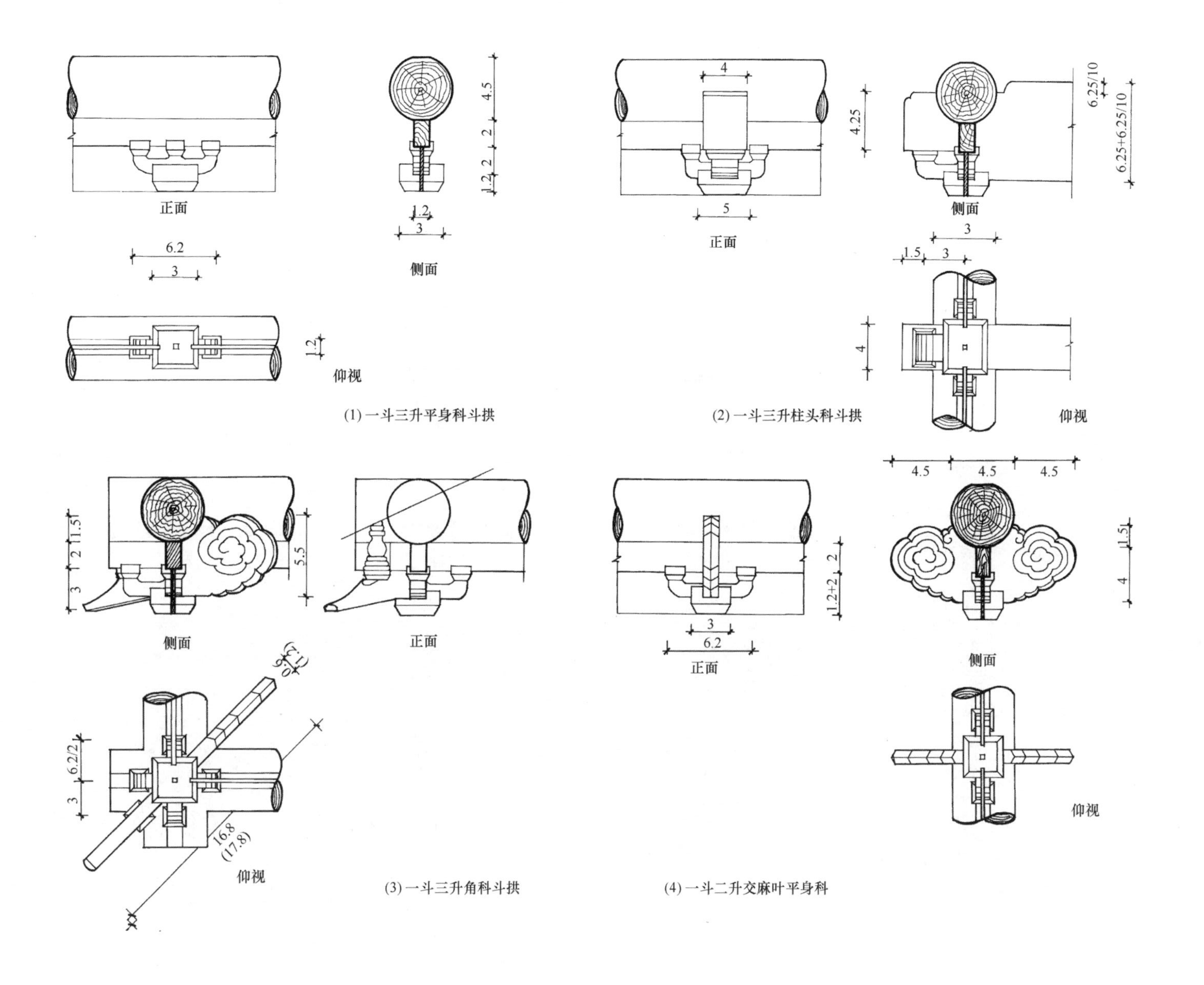

(1) 一斗三升平身科斗拱

(2) 一斗三升柱头科斗拱

(3) 一斗三升角科斗拱

(4) 一斗二升交麻叶平身科

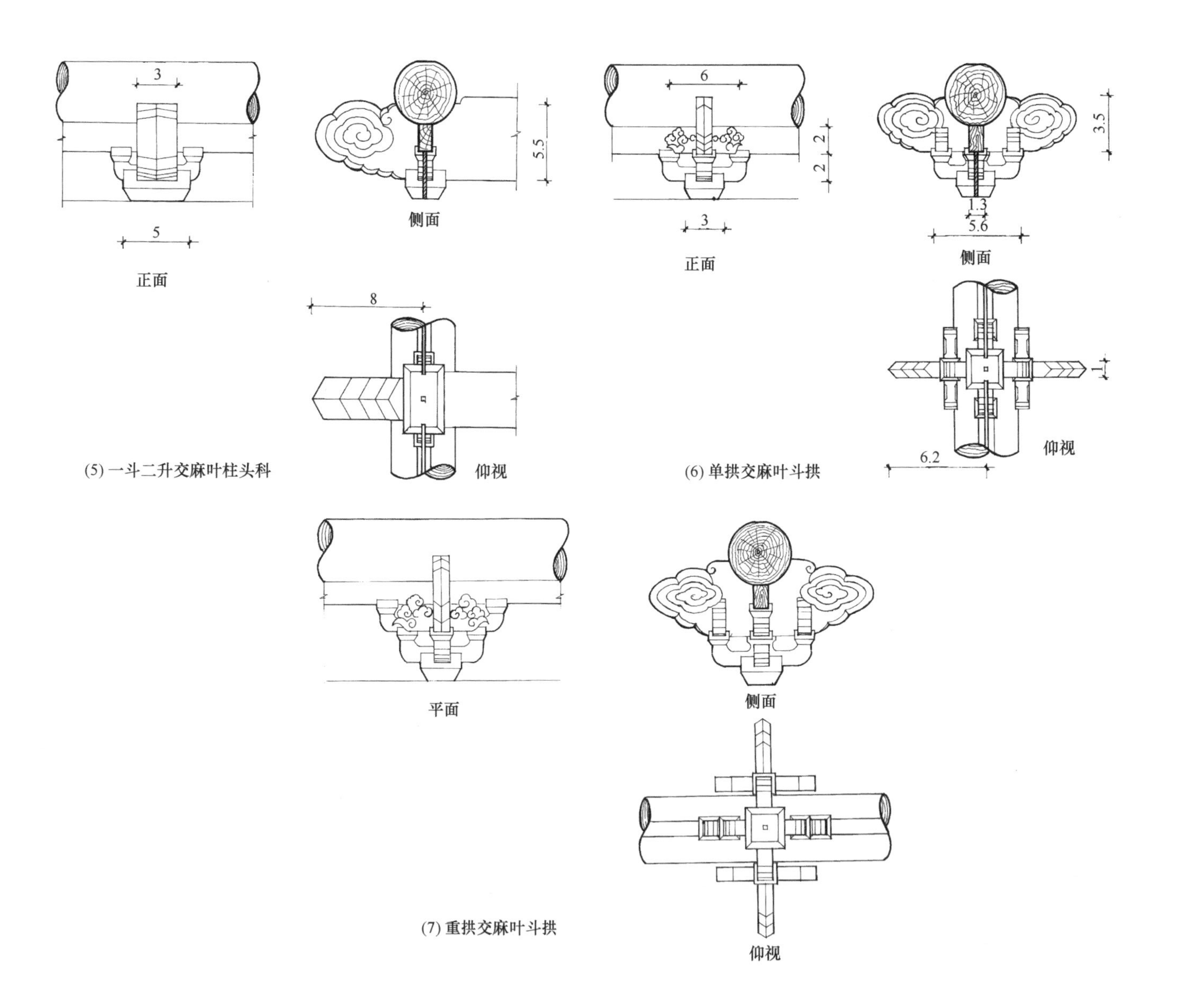

(5) 一斗二升交麻叶柱头科

(6) 单拱交麻叶斗拱

(7) 重拱交麻叶斗拱

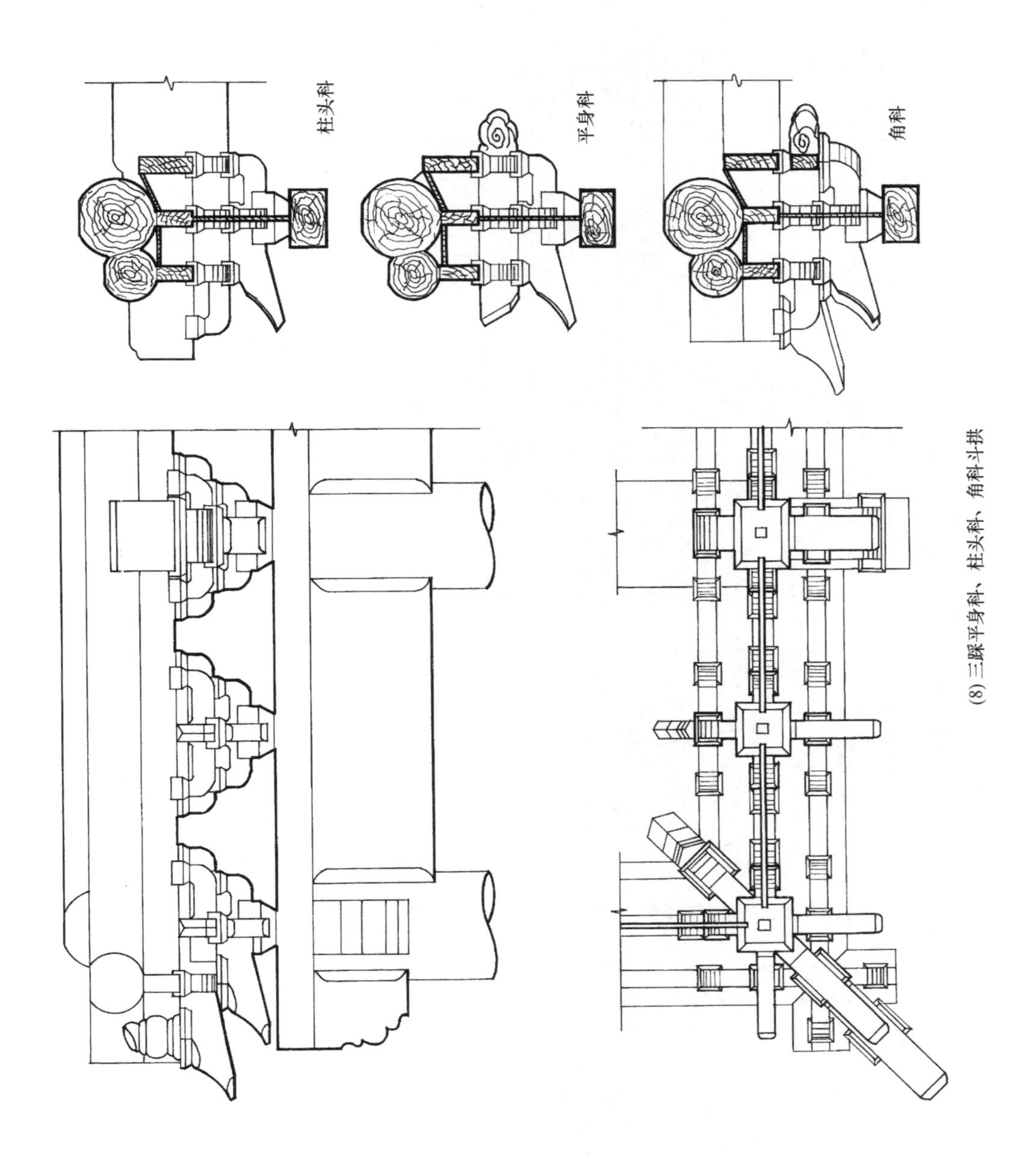

(8) 三踩平身科、柱头科、角科斗拱

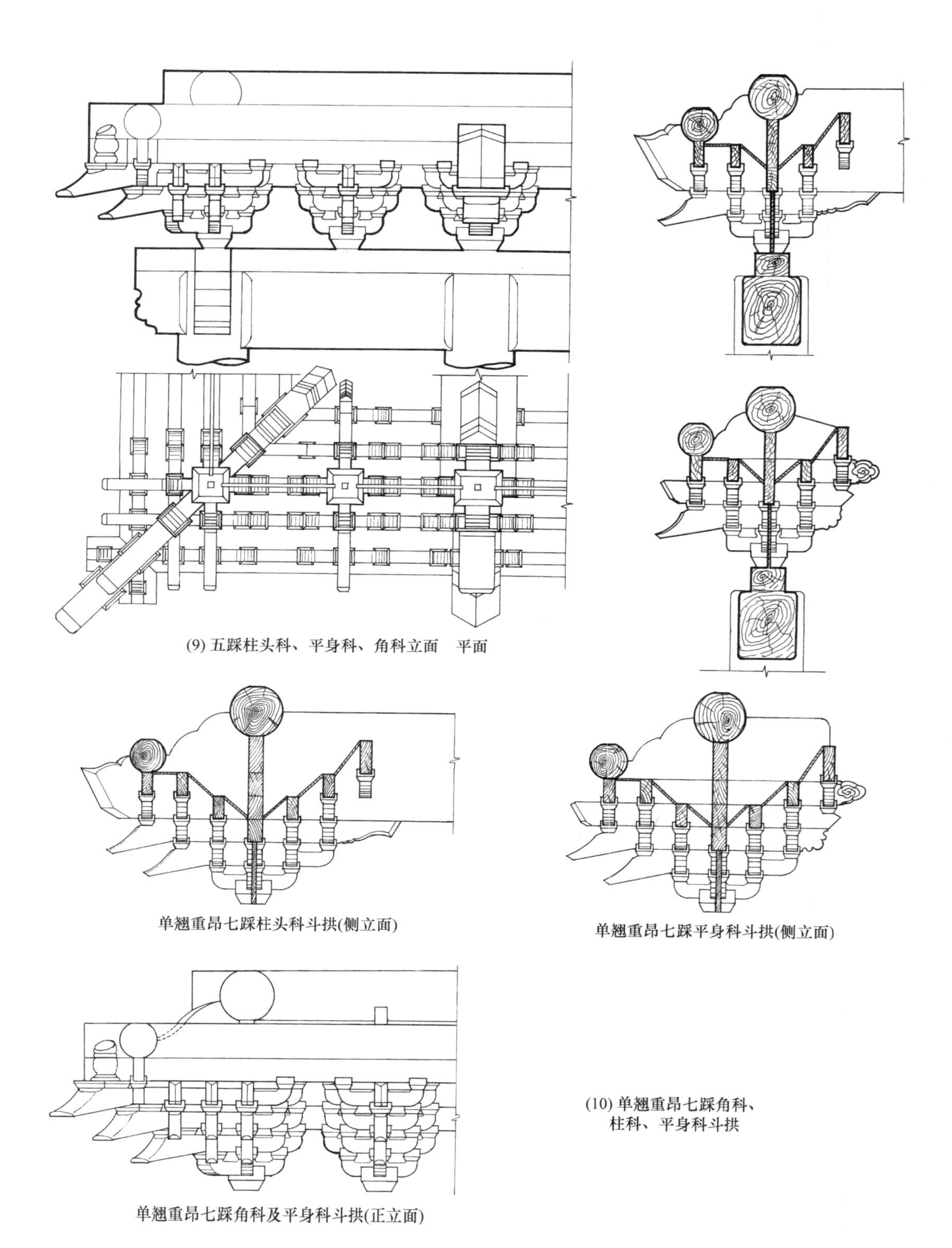

(9) 五踩柱头科、平身科、角科立面　平面

单翘重昂七踩柱头科斗拱(侧立面)

单翘重昂七踩平身科斗拱(侧立面)

单翘重昂七踩角科及平身科斗拱(正立面)

(10) 单翘重昂七踩角科、柱科、平身科斗拱

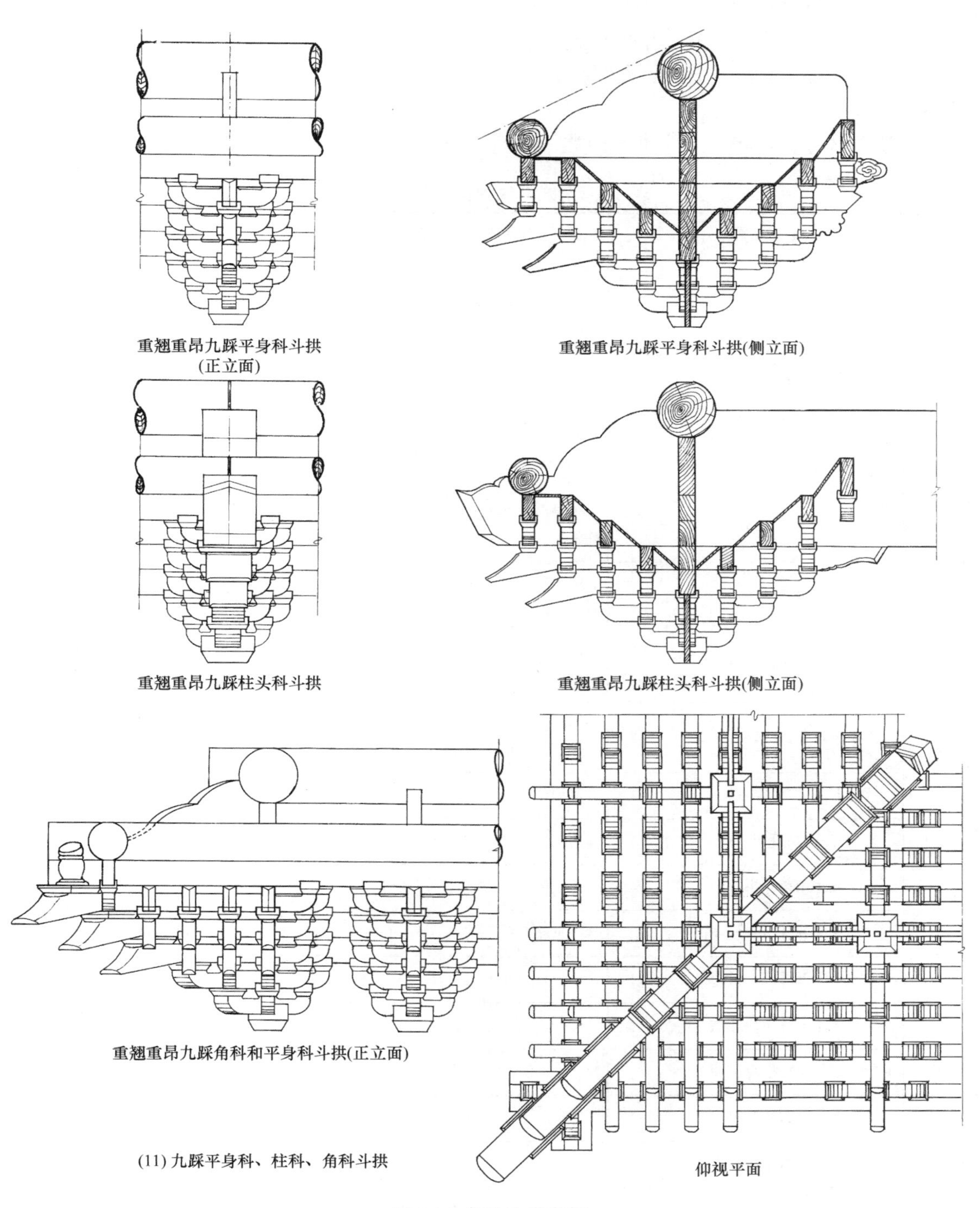
重翘重昂九踩平身科斗拱
(正立面)
重翘重昂九踩平身科斗拱(侧立面)
重翘重昂九踩柱头科斗拱
重翘重昂九踩柱头科斗拱(侧立面)
重翘重昂九踩角科和平身科斗拱(正立面)
(11) 九踩平身科、柱科、角科斗拱
仰视平面

图 6-1　各种斗拱举例

在内）列三排横拱；各向内外挑出二拽架称为五踩，面宽方向列五排横拱；各向内外挑出三拽架称七踩，列七排横拱；挑出四拽架称九踩，列九排横拱；依此类推。

如果按斗拱是否向外挑出来划分，则可分为出踩斗拱和不出踩斗拱两类。不出踩斗拱有一斗三升、一斗二升交麻叶，单拱单翘交麻叶，重拱单翘交麻叶，以及各种隔架科斗拱。出踩斗拱则有三踩、五踩、七踩、九踩、十一踩、平身科、柱头科、角科、品字科、溜金斗拱、平座斗拱等等。以上均见图 6-1。

为便于区分，现将清式斗拱的种类、名称、用途及特点列简表如下（表 6-2）。

表 6-2　清式斗拱种类、功能一览表

种类	名称	使用部位及其功用	备注
不出踩斗拱	一斗三升斗拱	①用于外檐、隔架作用 ②用于内檐、檩、枋之间，有隔架作用	明代建筑或明式做法中，常在内檐檩、枋之间安装一斗三升襻间斗拱
	一斗二升交麻叶斗拱	用于外檐、隔架作用	
	单拱单翘交麻叶斗拱	用于外檐有隔架和装饰作用	常用于垂花门一类装饰性强的建筑
	重拱单翘交麻叶斗拱	（同上）	（同上）
	单拱（或重拱）荷叶雀替隔架斗拱	用于内檐上下梁架间，有隔架及装饰作用	
出踩斗拱	单昂三踩平身科斗拱	用于殿堂或亭阁柱间，有挑檐和隔架作用	属外檐斗拱
	单昂三踩柱头科斗拱	用于殿堂柱头与梁之间，有挑檐和承重作用	（同上）
	单昂三踩角科斗拱	用于殿堂亭阁转角部位柱头之上，有挑檐、承重作用	角科斗拱用于多角形建筑时，构件搭置方向角度随平面变化
	重昂五踩平身科斗拱	使用部位及功能同三踩平身科	属外檐斗拱
	重昂五踩柱头科斗拱	使用部位及功能同三踩柱头科	（同上）
	重昂五踩角科斗拱	使用部位及功能同三踩角科	同三踩角科斗拱
	单翘单昂五踩平身科斗拱	同重昂五踩斗拱	外檐斗拱
	单翘单昂五踩柱头科斗拱	（同上）	（同上）
	单翘单昂五踩角科斗拱	（同上）	
	单翘重昂七踩平身科斗拱	功用同上	外檐斗拱
	单翘重昂七踩柱头科斗拱	（同上）	
	单翘重昂七踩角科斗拱	（同上）	
	单翘三昂九踩平身科斗拱	用于主要殿堂柱间，有挑檐、隔架及装饰作用	
	单翘三昂九踩柱头科斗拱	用于主要殿堂柱间，有挑檐及承重作用	

续表

种类	名称	使用部位及其功用	备注
出踩斗拱	单翘三昂九踩角科斗拱	用于主要殿堂转角柱头之上，有承重挑檐作用	
	三滴水平座品字平身科斗拱	用于三滴水楼房平座之下柱间，有挑檐，承重隔架作用	平座斗拱以五踩为最常见
	三滴水平座品字柱头科斗拱	用于三滴水楼房平座之下柱头之上，有挑檐、承重作用	
	三滴水平座品字角科斗拱	用于三滴水楼房平座转角柱头之上，有挑檐，承重作用	
	三、五、七、九踩里转角角科斗拱	用于里转角（又称凹角）柱头之上，有承重作用	
	单翘单昂（或重昂）五踩牌楼品字平身科斗拱	常用于牌楼边楼或夹楼柱间，有承重挑檐作用	牌楼斗拱斗口通常为1.5寸左右
	单翘单昂（或重昂）五踩牌楼品字角科斗拱	常用于庑殿或歇山式牌楼边楼转角部位有挑檐承重作用	
	单翘重昂七踩牌楼品字平身科斗拱	常用于牌楼主、次楼或边楼柱间，作用同上	
	单翘重昂七踩牌楼品字角科斗拱	用于庑殿或歇山式牌楼柱头，作用同上	
	单翘三昂九踩牌楼品字平身科斗拱	用于主、次楼	
	单翘三昂九踩牌楼品字角科斗拱	用于庑殿或歇山式牌楼主、次楼柱头	
	重翘三昂十一踩牌楼品字平身科斗拱	用于牌楼主楼	
	重翘三昂十一踩牌楼品字角科斗拱	用于庑殿或歇山式牌楼柱头之上	以上均属外檐斗拱
	重翘五踩牌楼品字平身科斗拱	用于夹楼	
	内檐五踩品字科斗拱	用于内檐梁枋之上与外檐斗拱后尾交圈有隔架与装饰作用	内檐品字科斗拱做法常见者有两种，一种头饰与外檐斗拱内侧头饰相对应。另一种每一层均做成翘头形状
	内檐七踩品字科斗拱	同上	同上
	内檐九踩品字科斗拱	同上	同上
	重昂或单翘单昂五踩溜金斗拱平身科	用于外檐需拉结或悬挑的部位，有承重、悬挑等功用，并有很强的装饰性	

续表

种类	名称	使用部位及其功用	备注
溜金斗拱（出踩斗拱）	重昂或单翘单昂五踩溜金斗拱角科	用于转角柱头部位	溜金角科斗拱用于多角形建筑时其构件搭置角度随平面变化
	单翘重昂七踩溜金斗拱平身科	同上	
	单翘重昂七踩溜金斗拱角科	同上	
	单翘三昂九踩溜金斗拱平身科	同上	
	单翘三昂九踩溜金斗拱角科	同上	
	注：①明清溜金斗拱柱头科同一般柱头科斗拱。 ②溜金斗拱通常有落金做法和挑金做法两种，落金做法主要以拉结功能为主；挑金做法以悬挑功能为主。		

第三节　清式斗拱的模数制度和基本构件的权衡尺寸

清式带斗拱的建筑，各部位及构件尺寸都是以“斗口”为基本模数的。斗拱作为木结构的重要组成部分，也同样严格遵循这个模数制度。清工部《工程做法则例》卷二十八《斗科各项尺寸做法》，开宗明义就做了如下明确的规定：“凡算斗科上升、斗、拱、翘等件长短高厚尺寸，俱以平身科迎面安翘昂斗口宽尺寸为法核算。”“斗口有头等材、二等材以至十一等材之分。头等材迎面安翘昂，斗口六寸；二等材斗口宽五寸五分；自三等材以至十一等材各递减五分，即得斗口尺寸。”这项规定，将斗拱各构件的长、短、高、厚尺寸以及比例关系，讲得十分明确。对于斗拱与斗拱之间的分档尺寸(即每攒斗拱之间的中—中距离)也有明确规定：“凡斗科分当尺寸，每斗口一寸，应当宽一尺一寸。从两斗底中线算，如斗口二寸五分，每一当应宽二尺七寸五分。”《则例》的这个规定，使斗拱与斗拱之间摆放的疏密，也有了明确的遵循，可以避免在设计或施工中斗拱摆放过稀过密的问题。

斗拱攒当尺寸的规定，与斗拱横向构件——拱的长度是有直接关系的。清代《则例》规定，瓜拱长度为 6.2 斗口，万拱长度为 9.2 斗口，厢拱长度为 7.2 斗口，这个长度规定在攒当为 11 斗口的前提下才能完立。如果攒当大于或小于 11 斗口时，瓜拱、万拱、厢拱的尺寸也应随之进行调整。

在实际当中，常常会出现斗拱攒当不等于 11 斗口的情况，遇到这种情况，就需要适当加长或缩短横拱的长度，以保证斗拱间疏密的一致和造型的优美。调整横拱长度的方法可按如下公式：将实际攒当尺寸（大于或小于 11 斗口）除以 11，将所得之数分别乘以 6.2、9.2，7.2，其积即为调整后的瓜拱、万拱、厢拱的实际长度尺寸。

关于各类斗拱分件的权衡尺寸，清《工程做法则例》卷二十八做了极其详细的规定。为了便于查找，现将这些构件尺寸列成表 6-3。在实际应用（包括设计和施工）当中，有些构件的尺寸与清《则例》规定的尺寸略有差别，但并不影响斗拱的造型，而且，多年来一直这样沿用。对于这些在实际中沿用的尺寸，我们将在（　）内标出，以示区分和比较。在实际应用当中，不论是清代规定的权衡尺度还是实际中沿用的权衡尺度，只要不影响建筑风格，都应当认为是正确的。

表 6-3　清式斗拱各件权衡尺寸表[a]　（单位：斗口）

斗拱类别	构件名称	长	宽	高	厚（进深）	备　注
平身科斗拱	大斗		3	2	3	
	单翘	7.1（7）	1	2		
	重翘	13.1（13）	1	2		用于重翘九踩斗拱
	正心瓜拱	6.2		2	1.24	
	正心万拱	9.2		2	1.24	
	头　昂	长度根据不同斗拱定	1	前 3 后 2		
	二　昂	同　上	1	前 3 后 2		
	三　昂	同　上	1	前 3 后 2		
	蚂蚱头（要头）	同　上	1	2		
	撑头木	同　上	1	2		
	单才瓜拱	6.2		1.4	1	
	单才万拱	9.2		1.4	1	
	厢　拱	7.2		1.4	1	
	桁　碗	根据不同斗拱定	1	按拽架加举		
	十八斗	1.8		1	1.48（1.4）	
	三才升	1.3（1.4）		1	1.48（1.4）	
	槽　升	1.3（1.4）		1	1.72	
柱头科斗拱	大　斗		4	2	3	用于柱科斗拱，下同
	单　翘	7.1（7.0）	2	2		
	重　翘	13.1（13.0）	*	2		
	头　昂	长度根据不同斗拱定	*	前 3 后 2		*柱头科斗拱昂翘宽度的确定按如下公式：以桃尖梁头之宽减去柱科斗口之宽，所得之数，除以桃尖梁之下昂翘的层数（单翘单昂或重昂五踩者除 2，单翘重昂七踩者除 3，九踩者除 4）所得为一份，除头翘（如无头翘即为头昂）按 2 斗口不加外，其上每层递加一份，所得即为各层昂翘宽度尺寸
	二　昂	长度根据不同斗拱定	*	前 3 后 2		
	筒子十八斗	按其上一层构件宽度再加 0.8 斗口为长		1	1.48（1.4）	
	正心瓜拱、正心万拱、单才瓜拱、单才万拱、厢拱、槽升、三才升诸件尺寸见平身科斗拱					

续表

斗拱类别	构件名称	长	宽	高	厚（进深）	备　注
角科斗拱	大斗		3	2	3	
	斜头翘	按平身科头翘长度加斜	1.5	2		计算斜昂翘实际长度之法：应按拽架尺寸加斜后再加自身宽度一份为实长
	搭交正头翘后带正心瓜拱	翘 3.55	1	2		
		拱 3.1	1.24	2		
	斜二翘	按计算斜昂翘实际长度之法定	*	2		*确定各层斜昂翘宽度之法与确定柱头科斗拱各层翘昂宽度之法同，以老角梁之宽减去斜头翘之宽，按斜昂翘层数除之，每层递增一份即是
	搭交正二翘后带正心万拱	翘 6.55	1	2		
		拱 4.6	1.24	2		
	搭交闹翘后带单才瓜拱	翘 3.55	1	2		用于重翘重昂角科斗拱
		拱 6.1	1	1.4		
	斜头昂	按对应正昂加斜，具体方法同前	宽度定法见斜二翘*	前3后2		
	搭交正头昂后带正心瓜拱或正心万拱或正心枋	根据不同斗拱定	昂1拱枋1.24	前3后2		搭交正头昂后带正心瓜拱用于单昂三踩或重昂五踩；搭交正头昂后带正心万拱用于单翘单昂五踩或单翘重昂七踩；搭交正头昂后带正心枋用于重翘重昂九踩
	搭交闹头昂后带单才瓜拱或万拱	根据不同斗拱定	昂1 拱1	前3后2		
	斜二昂后带菊花头	根据不同斗拱定	宽度定法见斜二翘*	前3后2		
	搭交正二昂后带正心万拱或带正心枋	根据不同斗拱定	昂1拱枋1.24	前3后2		正二昂后带正心万拱用于重昂五踩斗拱；后带正心枋用于单翘重昂七踩斗拱
	搭交闹二昂后带单才瓜拱或单才万拱	同上	昂1 拱1	前3后2		
	由昂上带斜撑头木	同上	宽度定法见斜二翘*	前5后4		由昂与斜撑头木连做

续表

斗拱类别	构件名称	长	宽	高	厚（进深）	备　注
角科斗拱	斜桁碗	同上	同由昂	按拽架加举		
	搭交正蚂蚱头后带正心万拱或正心枋	同上	蚂蚱头 1 拱或枋 1.24	2		搭交正蚂蚱头后带正心枋用于三踩斗拱
	搭交闹蚂蚱头后带单才万拱或拽枋	同上	1	2		
	搭交正撑头木后带正心枋	同上	前 1 后 1.24	2		
	搭交闹撑头木后带拽枋	同上	1	2		
	里连头合角单才瓜拱	同上		1.4	1	用于正心内一侧
	里连头合角单才万拱	同上		1.4	1	同上
	里连头合角厢拱	同上		1.4	1	同上
	搭交把臂厢拱	同上		1.4	1	用于搭交挑檐枋之下
	盖斗板、斜盖斗板、斗槽板（垫拱板）				0.24	
	正心枋	根据开间定	1.24	2		
	拽枋、挑檐枋、井口枋、机枋	同上	1	2		井口枋高万斗口
	宝瓶			3.5	径同由昂宽	
溜金斗拱	麻叶云拱	7.6		2	1	
	三幅云拱	8.0		3	1	
	伏莲销	头长 1.6			见方 1	溜金后尾各层之穿销
	菊花头				1	
	正心拱、单才拱、十八斗、三才升诸件					俱同平身科斗拱

续表

斗拱类别	构件名称	长	宽	高	厚（进深）	备　注
一斗三升斗拱 一斗二升交麻叶	麻叶云	12	1	5.33		用于一斗二升交麻叶平身科斗拱
	正心瓜拱	6.2		2	1.24	
	柱头坐斗		5	2	3	用于柱头科斗拱
	翘头系抱头梁或与柁头连做	8 （由正心枋中至梁头外皮）	4	同梁高		用于一斗二升交麻叶柱头科斗拱
	翘头系抱头梁或与柁头连做	6 （由正心枋中至梁头外皮）	4	同梁高		用于一斗三升柱头科斗拱
	斜昂后带麻叶云子	16.8	1.5	6.3		
	搭交翘带正心瓜拱	6.7		2	1.24	
	槽升、三才升等					均同平身科
	攒当		8			指大斗中—中尺寸
三滴水品字斗拱 （平座斗拱）	大斗		3	2	3	用于平身科
	头翘	7.1（7.0）	1	2		同上
	二翘	13.1（13.0）	1	2		同上
	撑头木后带麻叶云	15	1	2		同上
	正心瓜拱	6.2		2	1.24	同上
	正心万拱	9.2		2	1.24	同上
	单才瓜拱	6.2		1.4	1	同上

续表

斗拱类别	构件名称	长	宽	高	厚（进深）	备　注
三滴水品字斗拱（平座斗拱）	单才万拱	9.2		1.4	1	用于平身科
	厢拱	7.2		1.4	1	同上
	十八斗		1.8	1	1.48（1.4）	同上
	槽升子		1.3（1.4）	1	1.72（1.64）	同上
	三才升		1.3（1.4）	1	1.48（1.4）	
	大斗		4	2	3	柱头科
	头翘	7.1（7.0）	2	2		柱头科
	二翘及撑头木（与采步梁连做）					柱头科
	角科大斗		3	2	3	用于角科
	斜头翘		1.5	2		用于角科
	搭交正头翘后带正心瓜拱	翘 3.55（3.5）拱 3.1	1 1.24	2		同上
	斜二翘（与采步梁连做）					同上
	搭交正二翘后带正心万拱	翘 6.55（6.5）拱 4.6	1 1.24	2		同上
	搭交闹二翘后带单才瓜拱	翘 6.55（6.5）拱 3.1	1	2		同上
	里连头合角单才瓜拱	5.4		1.4	1	同上
	里连头合角厢拱			1.4	1	同上
内里棋盘板上安装品字科斗拱	大斗		3	2	1.5	系半面做法，下同
	头翘	3.55（3.5）	1	2		同上
	二翘	6.55（6.5）	1	2		同上
	撑头木带麻叶云	9.55（9.5）	1	2		同上
	正心瓜拱	6.2		2	0.62	同上

续表

斗拱类别	构件名称	长	宽	高	厚（进深）	备　注
内里棋盘板上安装品字科斗拱	正心万拱	9.2		2	0.62	同上
	麻叶云	8.2		2	1	
	槽升		1.3（1.4）	1	0.86	
	其余拱子					同平身科
隔架斗拱	隔架科荷叶	9		2	2	
	拱	6.2		2	2	按瓜拱
	雀替	20		4	2	
	贴大斗耳	3		2	0.88	
	贴槽升耳	1.3（1.4）	1	0.24		

a）（根据清工部《工程做法则例》卷二十八开列）

第四节　清式斗拱的基本构造和构件组合规律——平身科斗拱及其构造

尽管清式斗拱种类繁多，构造复杂，但各类构件之间的组合是有一定规律的。了解斗拱的基本构造和构件间的组合规律，是掌握斗拱技术的关键。

现以单翘单昂五踩平身科斗拱为例，将斗拱的基本构造和构件组合规律简要介绍如下：

单翘单昂平身科斗拱，最下面一层为大斗，大斗又名坐斗，是斗拱最下层的承重构件，方形，斗状，长（面宽）宽（进深）各 3 斗口，高 2 斗口，立面分为斗底、斗腰、斗耳三部分，各占大斗全高的 2/5，1/5，2/5（分别为 0.8，0.4，0.8 斗口）。大斗的上面，居中刻十字口，以安装翘和正心瓜拱之用。垂直于面宽方向的刻口，即通常所讲的“斗口”，宽度为 1 斗口，深 0.8 斗口，是安装翘的刻口（如单昂三踩斗拱或重昂五踩斗拱，则安装头昂）。平行于面宽的刻口，是安装正心拱的刻口，刻口宽 1.24（或 1.25）斗口，深 0.8 斗口。在进深方向的刻口内，通常还要做出刻半（宋称“隔口包耳”），作用类似于梁头的鼻子。在坐斗的两侧，安装垫拱板的位置，还要剔出垫拱板槽，槽宽 0.24 斗口，深 0.24 斗口。

第二层，平行于面宽方向安装正心瓜拱一件，垂直于面宽方向扣头翘一件，两件在大斗刻口内成十字形相交。斗拱的所有横向和纵向构件，都是刻十字口相交在一起的。纵横构件相交有一个原则，为“山面压檐面”，所有平行于面宽方向的构件，都做等口卯（在构件上面刻口），垂直于面宽方向的构件，做盖口卯（在构件底面刻口），安装时先安面宽方向构件，再安进深方向的构件。

正心瓜拱长 6.2 斗口，高 2 斗口（足材），厚 1.24 斗口，两端各置槽升一个。为制作和安装方便，正心瓜拱和两端的槽升常由一根木材连做，在侧面贴升耳。升耳按槽升尺寸，长

1.3（或 1.4）斗口，高 1 斗口，厚 0.2 斗口。正心瓜拱（包括槽升）与垫拱板相交处，要刻剔垫拱板槽。

头翘长 7.1（7）斗口，这个长度是按 2 拽架加十八斗斗底一份而定的。翘高 2 斗口，厚 1 斗口。头翘两端各置十八斗一件，以承其上的横拱和昂。十八斗在宋《营造法式》中称交互斗，说明它的作用在于承接来自面宽和进深两个方向的构件。十八斗长 1.8 斗口，这个尺寸是十八斗名称的来源，即斗长十八分之意。由于它的特殊构造和作用，十八斗不能与翘头连做，需单独制作安装。

拱和翘的端头需做出拱瓣，拱瓣画线的方法称为卷杀法。瓜拱、万拱、厢拱分瓣的数量不等，有"万三、瓜四、厢五"的规定。翘头分瓣同瓜拱，具体做法可参见图 6-2，平身科斗拱分件图。

第三层，面宽方向在正心瓜拱之上，置正心万拱一件，头翘两端十八斗之上，各置单才瓜拱一件，单才瓜拱两端各置三才升一件。正心万拱两端带做出槽升子，不再另装槽升。进深方向，扣昂后带菊花头一件，昂头之上置十八斗一件，以承其上层拱子和蚂蚱头。

第四层，面宽方向，在正心万拱之上安装正心枋，在单才瓜拱之上，安装单才万拱。单才万拱两端头各置三才升一件，以承其上之拽枋，在昂头十八斗之上安装厢拱一件，厢拱两端各置三才升一件。进深方向，扣蚂蚱头后代六分头一件。

第五层，面宽方向，在正心枋之上，迭置正心枋一层，在里外拽万拱之上各置里外拽枋一件，在外拽厢拱之上置挑檐枋一件，在要头后尾六分头之上，置里拽厢拱一件，厢拱两端头各置三才升一件。进深方向，扣撑头木后带麻叶头一件。在各拽枋、挑檐枋上端分别置斜斗板、盖斗板。斜斗板、盖斗板有遮挡拽枋以上部分及分隔室内外空间、防寒保温、防止鸟雀进入斗拱空隙内等作用。

第六层，面宽方向，在正心枋之上，续迭正心枋至正心桁底皮，枋高由举架定。在内拽厢拱之上，安置井口枋。井口枋高 3 斗口，厚 1 斗口，高于内外拽枋，为安装室内井口天花之用。进深方向安桁碗。

从以上单翘单昂五踩斗拱及其他出踩斗拱的构造可以看出，进深方向构件的头饰，由下至上分别为翘、昂和蚂蚱头。斗拱层增加时，可适当增加昂的数量（如单翘重昂七踩）或同时增加昂翘的数量（重翘重昂九踩），蚂蚱头的数量不增加，进深方向杆件的后尾，由下至上依次为：翘、菊花头、六分头、麻叶头。其中，麻叶头、六分头、菊花头各一件，如斗拱层数增加时，只增加翘的数量。面宽方向横拱的排列也有其规律性。由正心开始，每向外（或向内）出一踩均挑出瓜拱一件、万拱一件，最外侧或最内侧各为厢拱一件。正心枋是一层层迭落起来，直达正心桁下皮。其余里、外拽枋每出一踩用一根，做为各攒斗拱间的联络构件。挑檐枋、井口枋亦各用一根。

斗拱昂翘的头饰、尾饰的尺度，清工部《工程做法则例》也有明确规定，现择录如下：

"凡头昂后带翘头，每斗口一寸，从十八斗底中线以外加长五分四厘。唯单翘单昂者后带菊花头，不加十八斗底。"

"凡二昂后带菊花头，每斗口一寸，其菊花头应长三寸。"

"几蚂蚱头后带六分头，每斗口一寸，从十八斗外皮以后再加长六分。唯斗口单昂者后带麻叶头，其加长照撑头木上麻叶头之法。"

"凡撑头木后带麻叶头，其麻叶头除一拽架分位外，每斗口一寸，再加长五分四厘，唯斗口单昂者后不带麻叶头。"

"凡昂，每斗口一寸，具从昂嘴中线以外再加昂嘴长三分。"

斗拱头饰、尾饰形状做法详见图 6-2 平身科斗拱分件图。

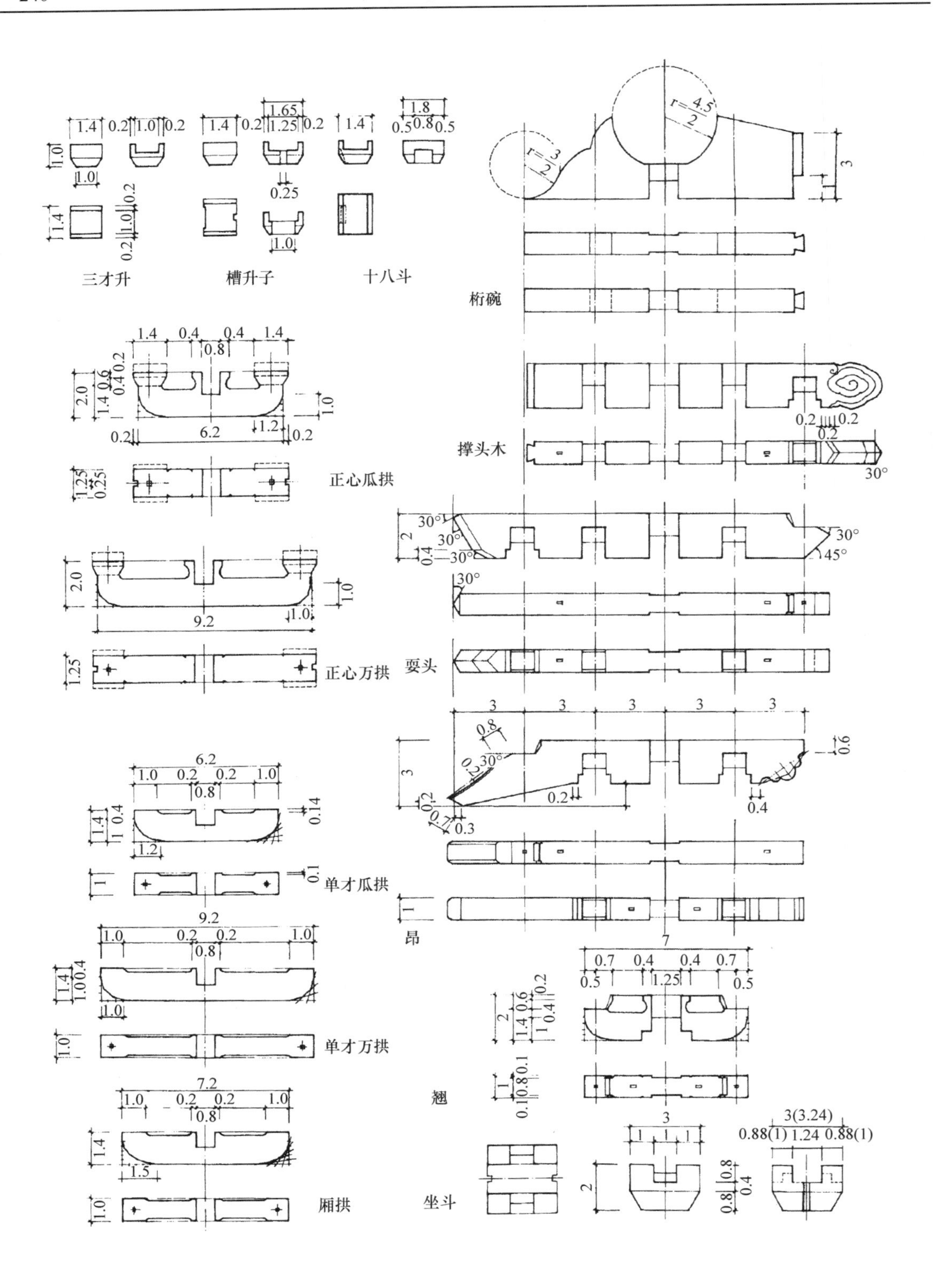

图 6-2　平身科斗拱分件图（单翘单昂五踩）

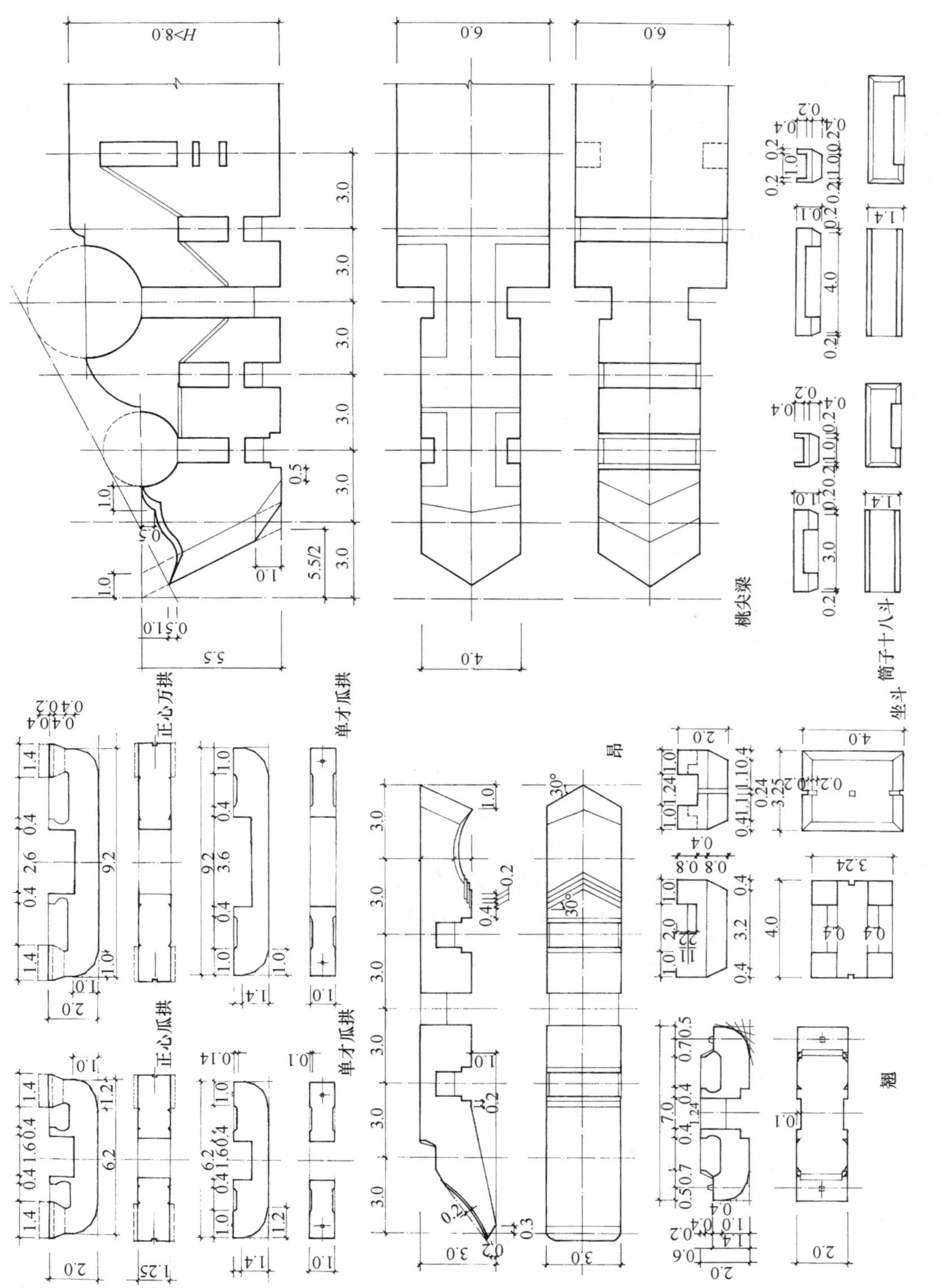

图6-3　柱头科斗拱分件图(单翘单昂五踩)

第五节　柱头科斗拱及其构造

柱头科斗拱位于梁架和柱头之间，由梁架传导的屋面荷载，直接通过柱头科斗拱传至柱子、基础，因此，柱头科斗拱较之平身科斗拱，更具承重作用。它的构件断面较之平身科也要大得多。

现以单翘单昂五踩柱头科为例，将柱头科斗拱的构造及特点简述如下。

柱头科斗拱第一层为大斗。大斗长 4 斗口，宽 3 斗口，高 2 斗口，构造同平身科大斗。

第二层，面宽方向，置正心瓜拱一件，瓜拱尺寸构造同平身科斗拱，进深方向扣头翘一件，翘宽 2 斗口，翘两端各置筒子十八斗一件。

第三层，面宽方向，在正心瓜拱上面迭置正心万拱一件，在翘头十八斗上安置单才瓜拱各一件。柱头科头翘两端所用的单才瓜拱，由于要同昂相交，因此，拱子刻口的宽度要按昂的宽度而定，一般为昂宽减去两侧包掩（包掩一般按 1/10 斗口）各一份，即为瓜拱刻口的宽度。单才瓜拱两端各置三才升一件。在进深方向，扣昂一件。单翘单昂五踩柱头科昂尾做成雀替形状，其长度要比对应的平身科昂长一拽架（3 斗口）。

第四层，面宽方向，在正心万拱之上，安装正心枋。在内外拽单才瓜拱之上，迭置内外拽单才万拱，安装在昂上面的单才万拱要与其上的桃尖梁相交，故拱子刻口宽度要由桃尖梁对应部位的宽度减去包掩 2 份而定。内、外拽单才万拱分别与桃尖梁（宽 4 斗口）和桃尖梁身（宽 6 斗口）相交，刻口宽度也不相同。在昂头之上，安置筒子十八斗一只，上置外拽厢拱一件，厢拱两端各安装三才升一只。

进深方向安装桃尖梁。桃尖梁的底面与蚂蚱头下皮平，上面与平身科斗拱桁碗上皮平。因此，它相当于蚂蚱头、撑头木和桁碗三件连做在一起，既有梁的功能，又有斗拱的功能。

在桃尖梁两侧安装拱和枋时，为了保持桃尖梁的完整性和结构功能，仅在梁的侧面剔凿半眼栽做假拱头，两侧的拽枋、正心枋、井口枋、挑檐枋等件也通过半榫或刻槽与梁的侧面交在一起。

柱头科斗拱各件做法详见图 6-3 柱头科斗拱分件图。

以上为单翘单昂五踩柱头科斗拱的构造，如果斗拱踩数增加，桃尖梁以下的昂翘层数也随之增加，昂翘后尾的尾饰，除贴桃尖梁一层为雀替外，其余各层均为翘的形状。

第六节　角科斗拱及其构造

角科斗拱位于庑殿、歇山或多角形建筑转角部位的柱头之上，具有转折、挑檐、承重等多种功能。由于角科斗拱处在转角位置，来自两个方向的构件以 90° 角（或 120° 或 135°）搭置在一起，同时还要同沿角平分线挑出的斜拱和斜昂交在一起，因此，它的构造要比平身科、柱头科斗拱复杂得多。

角科斗拱构造复杂，还因为它所处的位置特殊。按 90° 角搭置在一起的构件，其前端如果是檐面的进深构件（翘、昂、耍头等），后尾就变成了山面的面宽构件（拱和枋）；同理，在山面是进深构件的翘和昂，其后尾则成了檐面的拱或枋。因此，角科斗拱的正交构件，前端具有进深杆件翘昂的形态和特点，后尾具有面宽构件拱或枋的形态和特点。而每根构件前边是什么，后边是什么，都是由与它相对应的平身科斗拱的构造决定的。

现以单翘单昂五踩为例，将角科斗拱的基本构造简述如下：（参见图 6-4，角科斗拱分层分件构造图）。

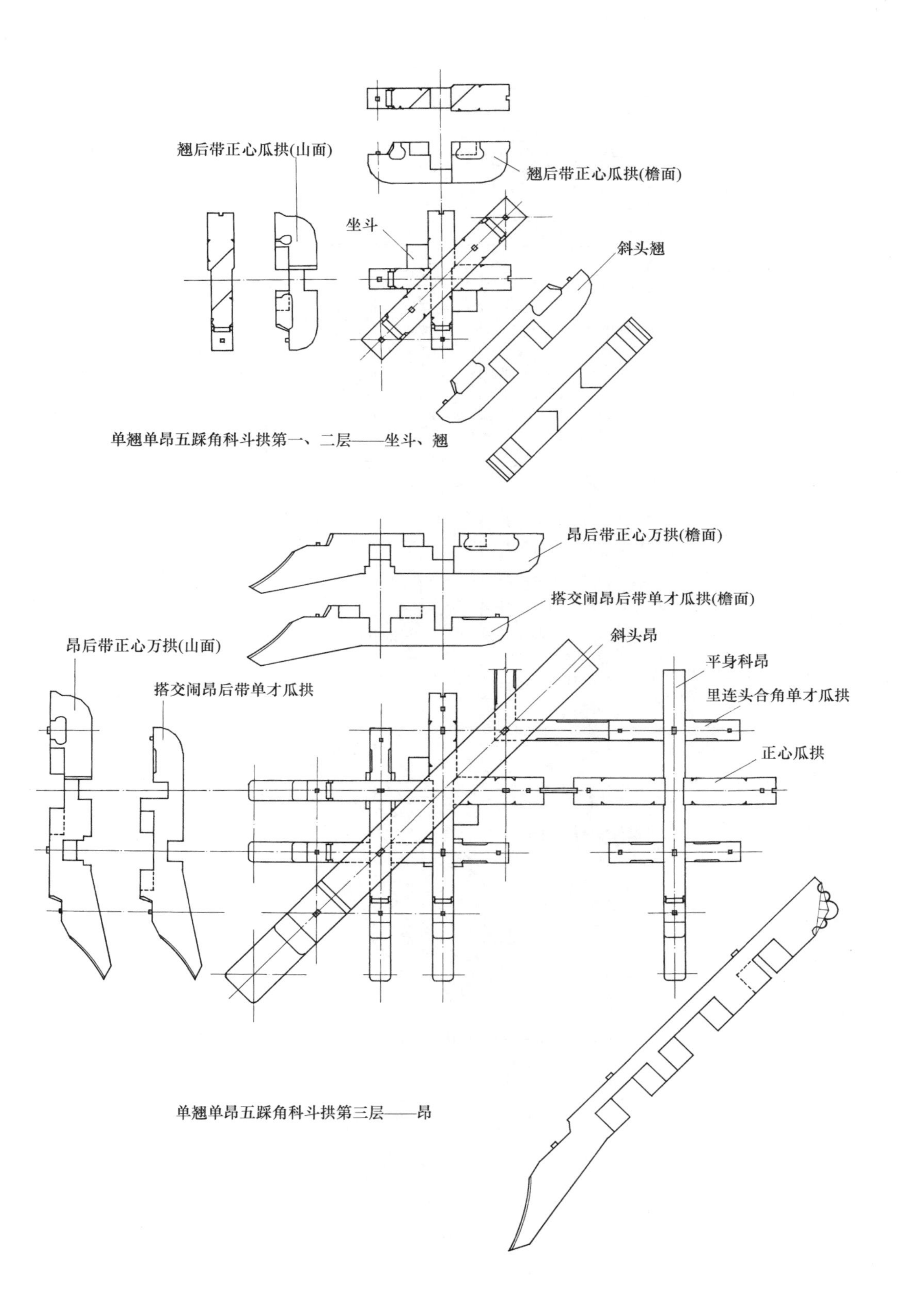

单翘单昂五踩角科斗拱第一、二层——坐斗、翘

单翘单昂五踩角科斗拱第三层——昂

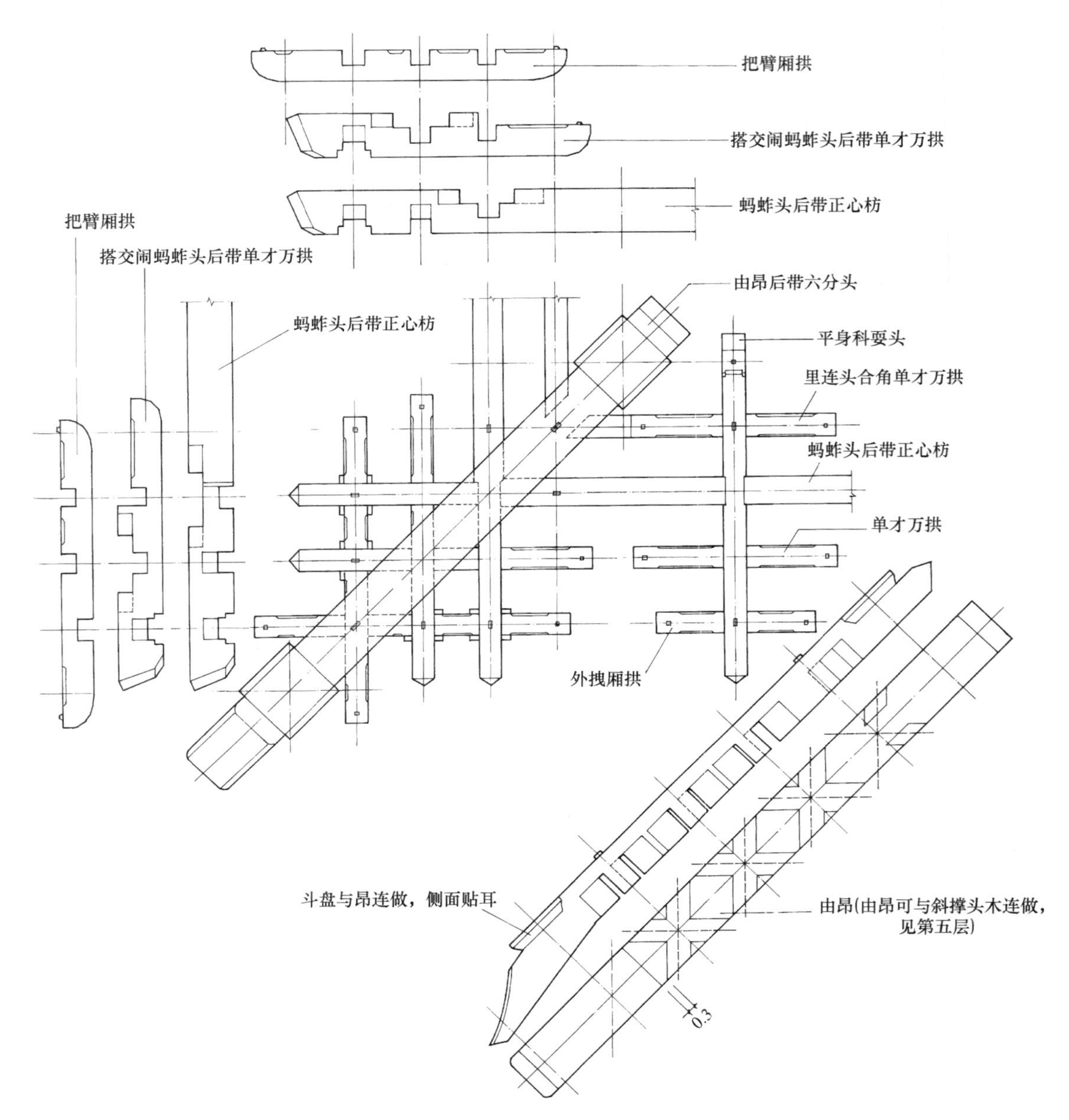

单翘单昂五踩角科斗拱第四层——昂

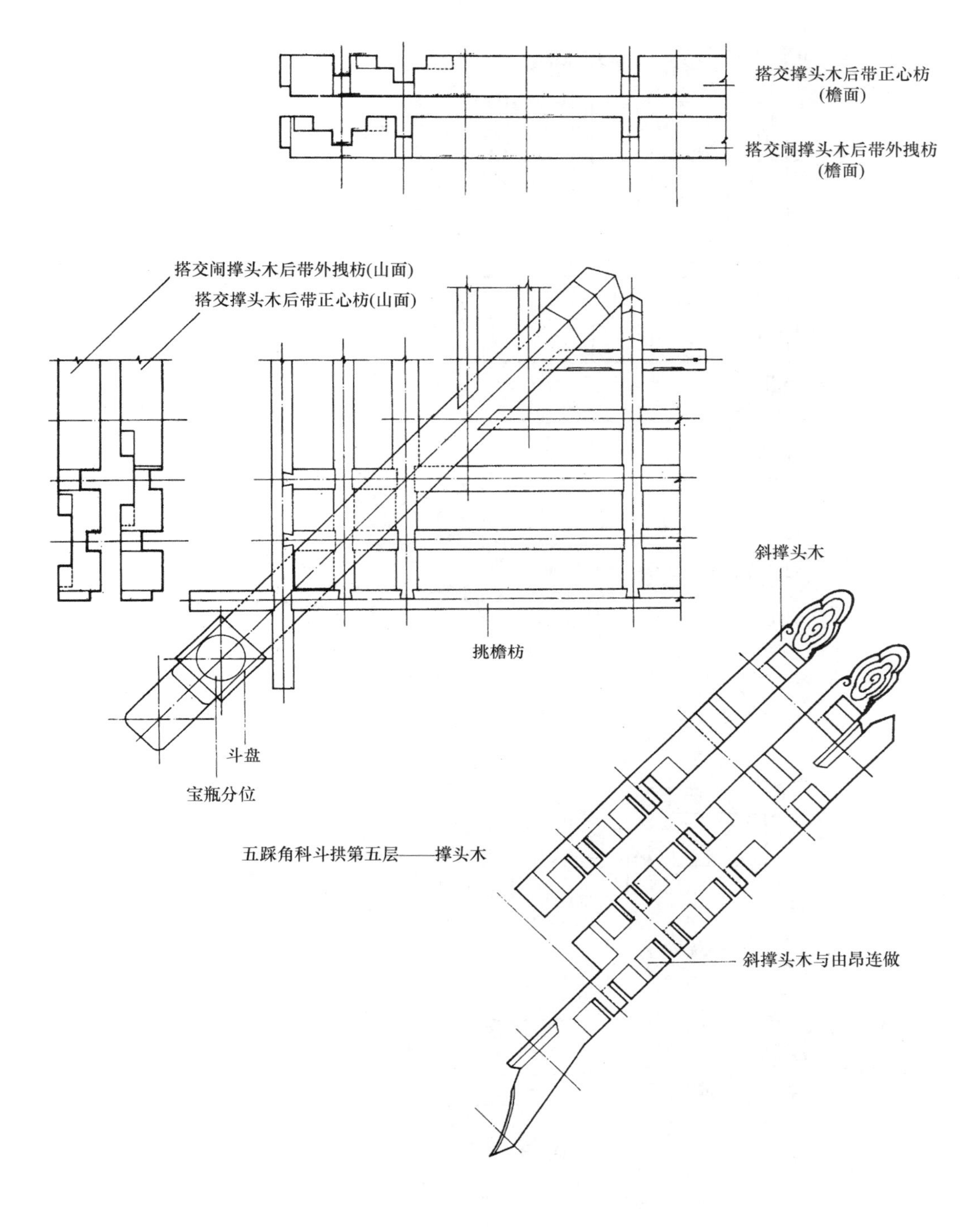

五踩角科斗拱第五层——撑头木

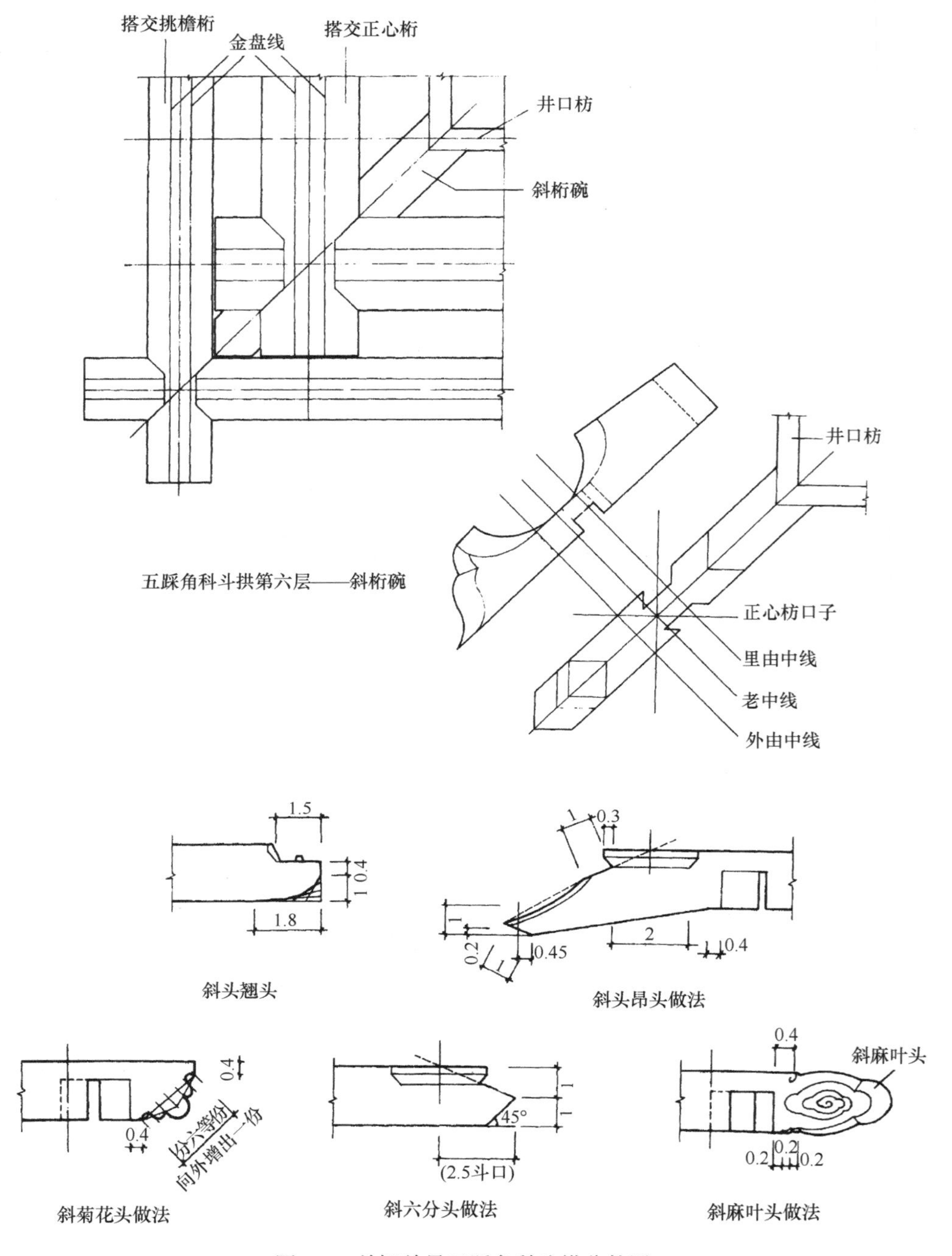

图 6-4　单翘单昂五踩角科斗拱分件图

角科斗拱第一层为大斗，大斗见方 3 斗口，高 2 斗口（连瓣斗做法除外。角科斗拱若用于多角形建筑时，大斗的形状随建筑平面的变化而变化）。角科大斗刻口要满足翘（或昂）、斜翘搭置的要求，除沿面宽、进深方向刻十字口外，还要沿角平分线方向刻斜口子，以备安装斜翘或昂。斜口的宽度为 1.5 斗口。此外，由于角科斗拱落在大斗刻口内的正搭交构件前端为翘，后端为拱，故每个刻口两端的宽度不同，与翘头相交的部位刻口宽为 1 斗口，与正心瓜拱相交的部位，刻口宽度为 1.24 斗口，而且要在拱子所在的一侧的斗腰和斗底上面刻出垫拱板槽。

第二层，正十字口内置搭交翘后带正心瓜拱二件，45°方向扣斜翘一件。搭交正翘的翘头上各置十八斗一件，斜翘头上的十八斗采取与翘连做的方法，将斜十八斗的斗腰斗底与斜翘用一木做成。两侧另贴斗耳。

第三层，在正心位置安装搭交正昂后带正心万拱二件，迭放在搭交翘后带正心瓜拱之上，在外侧一拽架处，安装搭交闹昂后带单才瓜拱二件，内侧一拽架处，安装里连头合角单才瓜拱二件，此瓜拱通常与相邻平身科的瓜拱连做，以增强角科拱与平身科斗拱的联系。在搭交正昂、闹昂前端，各置十八斗一件，在搭交闹昂后尾的单才瓜拱拱头各置三才升一件。在 45°方向扣斜头昂一件。斜昂昂头上的十八斗与昂连做，以方便安装。

第四层，在斗拱最外端，置搭交把臂厢拱二件，外拽部分置搭交闹蚂蚱头后带单才万拱二件，正心部位置搭交正蚂蚱头后带正心枋二件。里拽，在里连头合角单才瓜拱之上，置里连头合角单才万拱二件，各拱头上分别安装三才升。45°方向安置由昂一件。由昂是角科斗拱斜向构件最上面一层昂，它与平身科的耍头处在同一水平位置。由昂常与其上面的斜撑头木连做。采用两层构件由一木连做，可加强由昂的结构功能，是实际施工中经常采用的方法。

第五层，搭交把臂厢拱之上，安装搭交挑檐枋二件，外拽部分，在搭交闹蚂蚱头后带单才万拱之上置搭交闹撑头木后带外拽枋二件，正心部位，在搭交正蚂蚱头后带正心枋之上，安装搭交正撑头木后带正心枋二件，在里连头合角单才瓜拱之上安置里拽枋二件，在里拽厢拱位置安装里连头合角厢拱二件。

这里需要特别提到，角科斗拱中，三个方向的构件相交在一起时，一律按照山面压檐面（即进深方向构件压面宽方向构件），斜构件压正构件的构造方式进行构件的加工制作和安装（详细构造及榫卯见图），由昂以下构件（包括由昂），都按这个构造方式。当由昂与斜撑头木连做时，需要将斜撑头木的刻口改在上面，这是例外的特殊处理。

第六层，在 45°方向置斜桁碗，正心枋做榫交于斜桁碗侧面，内侧井口枋做合角榫交于斜桁碗尾部。

以上为单翘单昂角科斗拱的一般构造。除此而外，还有一些特殊做法，需要了解和掌握。

角科斗拱实际上是处于转角部位的柱头科斗拱。但角科斗拱的坐斗断面，却不及柱头科斗拱断面大。而角科斗拱所承担的荷载却大于柱头科斗拱，这在结构上是不合理的。此外，角科斗拱杆件相交处均做成三卡腰榫卯，对杆件断面的伤害过大，造成杆件实际断面减小，结构功能降低等等。由于这诸多原因，角科斗拱在古建筑构架中，一直是一个薄弱环节，年长日久，经常出现斗拱杆件弯曲，坐斗被压扁、压裂，整攒斗拱下沉等结构损坏问题。

为解决角科斗拱结构功能差的问题，可采取使用连瓣斗的方式，以增大角科坐斗的断面。连瓣斗是将三个或三个以上坐斗连做成一个整体。具体做法，是在角科坐斗的转角两侧，各增加一个坐斗，三个斗由一木做成，这样，就克服了原来角科坐斗断面过小的缺陷。坐斗增加之后，要相应增加一列正心翘、昂、耍头等杆件，这对增加角科斗拱的承载力也是有益的（图 6-5，角科连瓣斗做法）。

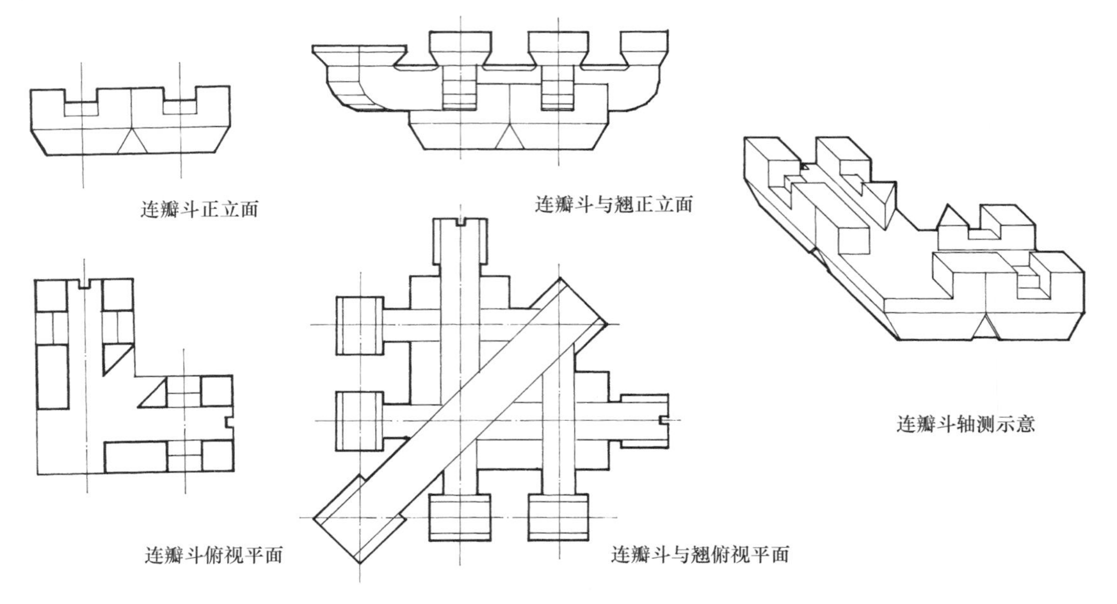

图 6-5　角科斗拱连瓣斗构造示意

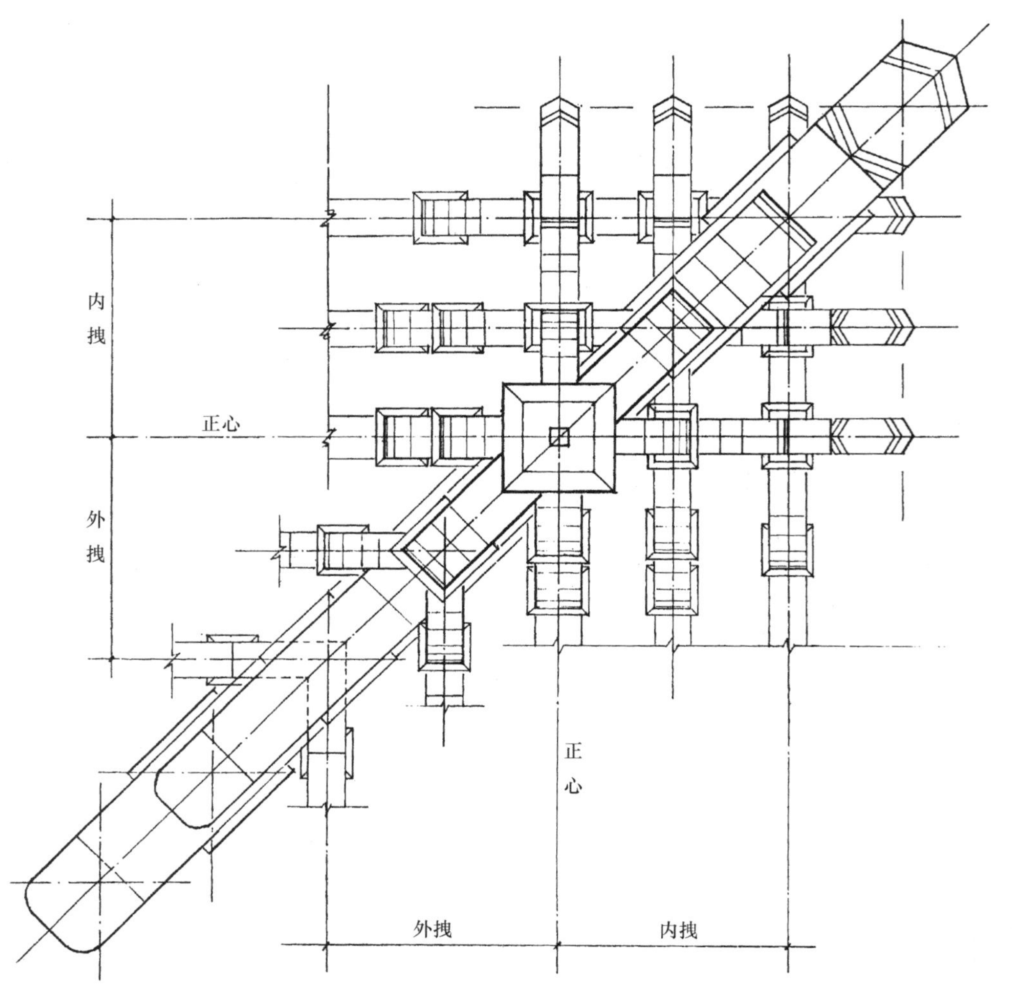

图 6-6　单翘单昂五踩凹角斗拱的仰视图

角科斗拱采用连瓣斗做法，需要具备一定条件，首先是结构需要。一般大型宫殿建筑的转角部位，出檐及屋面重量都很大时，可适当采用连瓣斗。多角亭等小型建筑，转角处出檐不大、屋面重量较轻，则不必采用连瓣斗做法。其次，斗拱攒当的排列还应具备条件，角科与相邻一攒平身科的攒当应满足等于或大于 14 斗口左右的尺度要求。要在做设计时，预先考虑到这个问题，在考虑梢间或廊间尺寸时，要加上连瓣斗的尺寸。

以上仅是以单翘单昂五踩为例，对角科斗拱的基本构造进行了分析。如果斗拱踩数增加，如七踩、九踩，则正翘昂与斜翘昂之间的闹翘昂及闹蚂蚱头就要相应增加。

搞清角科斗拱构造的关键，是要弄清每根构件后面带什么构件，以及正构件与斜构件之间的交叉搭置方法及榫卯构造规律。

凹角斗拱

我们通常所说的角科斗拱，一般都是指外转角斗拱，或者称为出角斗拱。在了解出角斗拱的同时也不能忽略凹角斗拱，它也属于角科斗拱的范畴。

凹角斗拱也称内角斗拱，是位于建筑物里转角部位的斗拱，常见于凸字形或十字形建筑的阴角处。由于其所处位置特殊，有许多不同于出角斗拱的特点。这些特点可以概括为：凹角斗拱的外拽部分，略同于出角斗拱的内拽部分；而凹角斗拱的内拽部分，则略似出角斗拱的外拽部分，只不过其头饰尾饰正好相反。图 6-6 为单翘单昂五踩凹角斗拱的仰视图，由此可以看出凹角斗拱每层的构成及其与相邻平身科斗拱的关系。

第七节　溜金斗拱的基本构造

明清斗拱当中，有一种外檐斗拱做法与一般斗拱不同，它的翘、昂、要头、撑头等进深方向构件，自正心枋以内，不是水平迭落，而是按檐步举架的要求，向斜上方延伸，撑头木及要头一直延伸至金步位置，这种特殊构造的斗拱称为“溜金斗拱”。溜金斗拱分为落金和挑金两种不同的构造做法，落金做法，其特点是杆件沿进深方向延伸，落在金枋（或花台枋）之上，与花台枋上的花台科斗拱共同组成溜金花台科斗拱。有增强檐、金步架柱、梁、构架之间联系，悬挑及装饰作用。这种溜金斗拱常用于宫殿建筑外檐。另外一种，挑金做法，其撑头木及要头等构件延伸至金步后，后尾并不落在任何构件上，而是附在金檩之下，对金檩及其以上构架有悬挑作用。这种做法常用于多角形亭子等建筑中。

现分别按挑金和落金做法，将溜金斗拱的基本构造介绍如下：

一、落 金 做 法

溜金斗拱正心构件以外的部分，同一般出踩斗拱没有区别。不同之处在正心（即中线）以内的构造。溜金斗拱第一层坐斗，同一般斗拱；第二层，翘，也与一般斗拱没有区别，它与正心瓜拱在坐斗的十字刻口内扣搭相交，翘头外端置十八斗一件，上面安放单才瓜拱一件；翘头内侧，同样置十八斗一件，但上面安放的不是单才瓜拱，而通常是麻叶云拱，拱长 7.6 斗口，高 2 斗口，厚 1 斗口，两端雕做麻叶云头，中间刻口，与其上构件十字相交，卯口做法同单才瓜拱。溜金斗拱后尾杆件延伸至金步，并悬挑金步构件者，称为起秤，起秤的构件称为起秤杆。落金构造的溜金斗拱，通常有一层起秤和两层起秤两种处理方法。如果一层起秤，则秤杆就是撑头木，撑头木后尾延伸至金步，其余构件虽向上延伸，但都不达于金步；若两层起秤，则要头和撑头木两层构件的后尾都延伸至金步。一层起秤杆的做法，多用于斗拱出踩较小（如五踩）或溜金斗拱的悬挑功能不大的情况下，在斗拱的悬挑功能较强，或斗拱踩数较大（如七踩或七踩以上）时多采用两层起秤杆的构造。

溜金斗拱后尾秤杆以下的构件，也沿秤杆的斜度向上延伸，有辅助秤杆的作用，但不达于金步，它们的后尾，都做成六分头形的装饰，在六分头之上，还要承托十八斗一只，十八斗上安放三幅云一件，三幅云拱长 8 斗口，高 3 斗口，厚 1 斗口，两端雕做三朵祥云图案，是装饰性构件。在六分头之下，还要贴附菊花头装饰。菊花头厚同挑杆厚，长按六分头后尾长，高按挑杆举架定。一般情况下，菊花头最凸出的部分，应不得低于其下一层三幅云（或麻叶头）下皮线。溜金斗拱最上一层桁碗后尾也随秤杆向上延伸，并将后尾做成夔龙尾形状。每层六分头与三幅云拱相交处，安装伏莲销一支，穿透各层杆件，起锁合固定作用，伏莲销头长 1.6 斗口，见方一斗口，销子榫长度由它穿透杆件的层数及厚度定。

落金造溜金斗拱后尾第一层秤杆正好落在花台科坐斗进深方向的刻口内。挑杆后尾伸出于刻口之外，并雕做成三幅云形状，云头长可按三幅云拱长度折半。高、厚均同三幅云拱。花台科斗拱的正心位置安装正心瓜拱（如果是重拱花台科斗拱，在瓜拱之上还要迭置正心万拱），正心拱之上为正心枋，枋高 2 斗口，厚同正心拱。正心枋之上为金桁。溜金斗拱的第一层挑杆之上如有第二层挑杆，可做大头榫交于正心枋上（见图 6-7）。

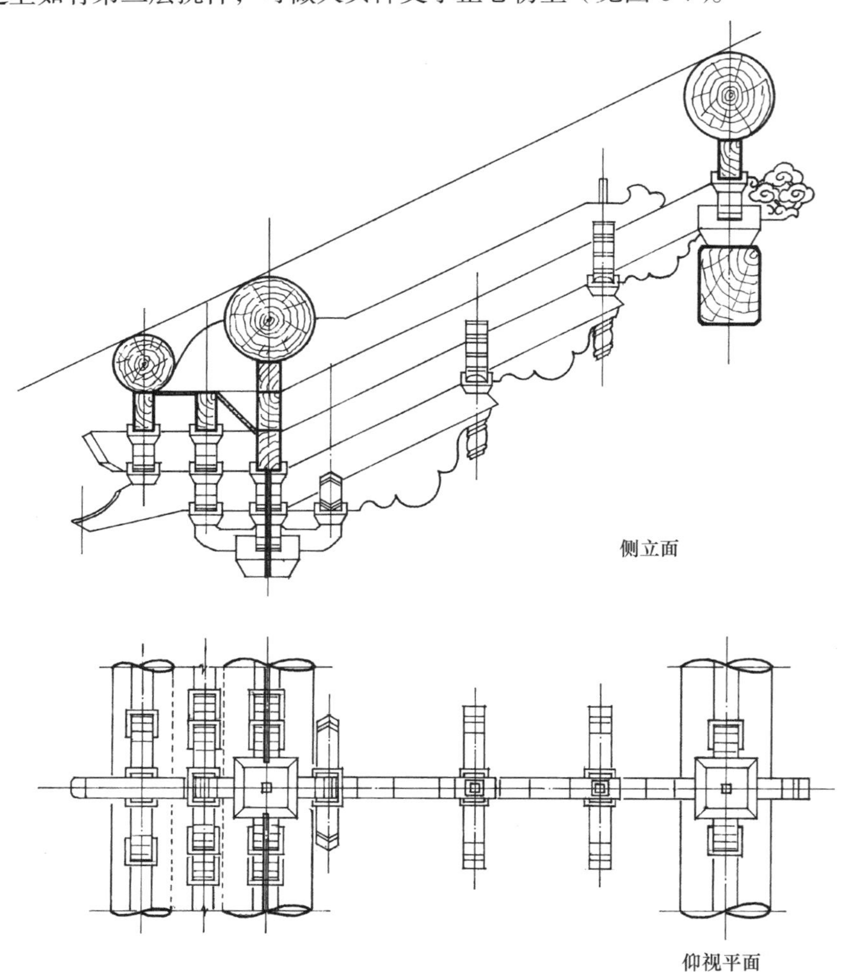

图 6-7　溜金花台科斗拱（落金做法）

二、挑金做法

溜金斗拱挑金与落金做法的区别主要在于，挑金做法后尾不落在任何承接构件上，而是直接悬挑金檩等构件。

挑金做法，由于主要功能是悬挑，故挑杆一般都是两层，有时甚至采用三层挑杆，以增强斗拱的结构功能。

挑金做法，通常是从耍头一层开始起秤，秤杆直达金步，后尾做成六分头形状，上置十八斗，斗上承托正心拱子，正心拱之上为正心枋、金檩。耍头秤杆上面是撑头木秤杆，后尾做榫交于正心拱子。耍头之上为桁碗后带夔龙尾。挑金做法的其他构件与落金做法相同，不再赘述（图 6-8）。

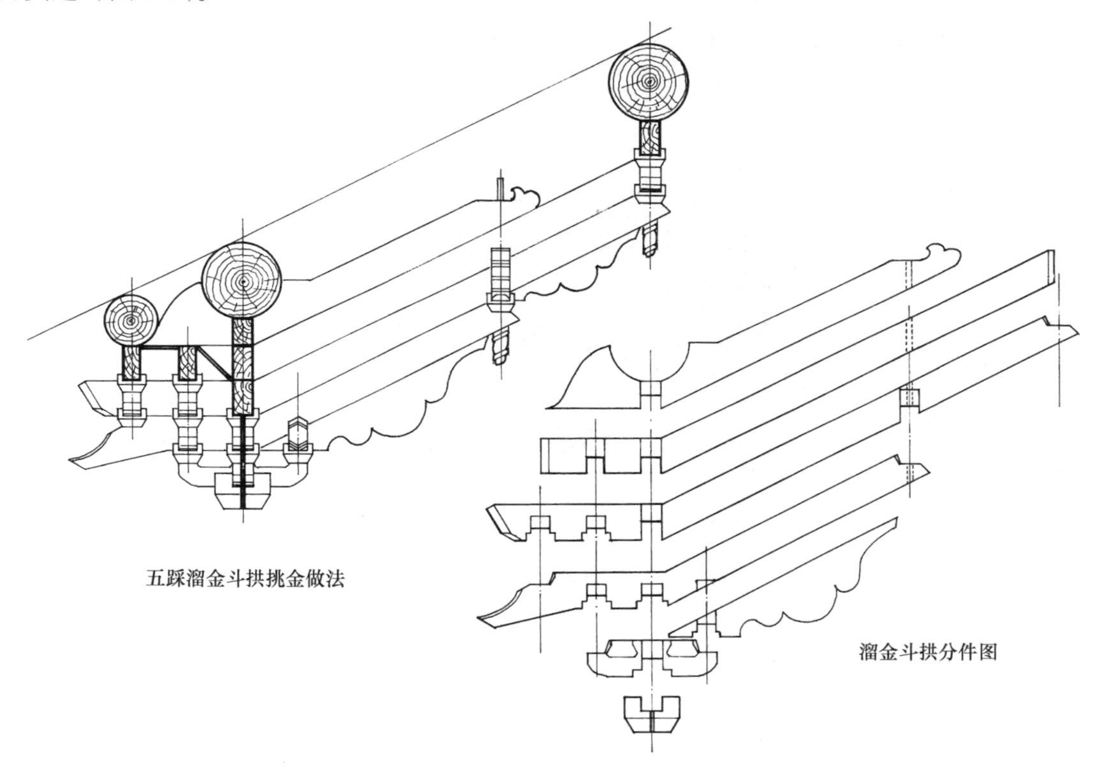

图 6-8　溜金花台科斗拱（挑金做法）

明代建筑的溜金斗拱，在构造方面与清代溜金斗拱有着明显区别，这种区别主要表现在昂、耍头等构件与后尾起秤杆的关系上。关于这一点，本书第八章第五节斗拱的特点和区别有具体的分析，此处不复赘述。

为增强挑金杆件的结构功能，清代早期和明代甚至采用三层秤杆，并采用重昂结构，北京太庙井亭即采用了这种做法，是很优秀的例子。

溜金斗拱柱头科的构造，与一般柱头科相同，差异是在正心枋以里不安装横拱，与平身科相对应安装麻叶云或三幅云。

溜金斗拱角科，正心以外构造同一般角科，正心以内各层构件，除应加斜外，高度都应随平身科交圈，秤杆后尾做榫交于金柱，榫长一般不超过柱径的 1/5。内侧斜昂、翘上所用的麻叶云、三幅云，都要与相邻平身科的构件连做成里连头合角麻叶云、三幅云。

第八节　牌楼斗拱的特殊构造

牌楼斗拱是一种特殊的品字斗拱，正心构件的两侧完全对称。牌楼斗拱有平身科和角科两种，平身科的构造略同一般平身科斗拱，不同的是两面做对称的翘、昂、耍头等头饰。它的装饰性比普通斗拱要强，如昂嘴，常做成如意头形状或麻叶头形状，蚂蚱头常做成三幅云形状等，这是它与普通平身科斗拱不同的地方。

牌楼角科斗拱的构造比较特殊，它具备一般角科斗拱和牌楼平身科斗拱的某些特点。如它同一般角科斗拱一样，是处于建筑物转角位置。同时有面宽、进深和 45°斜角方向三组构件在转角部分相交。但它又不同于一般角科斗拱，由于牌楼的平身科没有内外之分，因此，牌楼角科斗拱只保留了一般角科斗拱外转角一侧的构造。实际上一攒牌楼角科斗拱是由两攒普通角科斗拱的外转角部分组合而成的。这样，就造成了牌楼角科斗拱与普通角科斗拱的很多不同的特点。

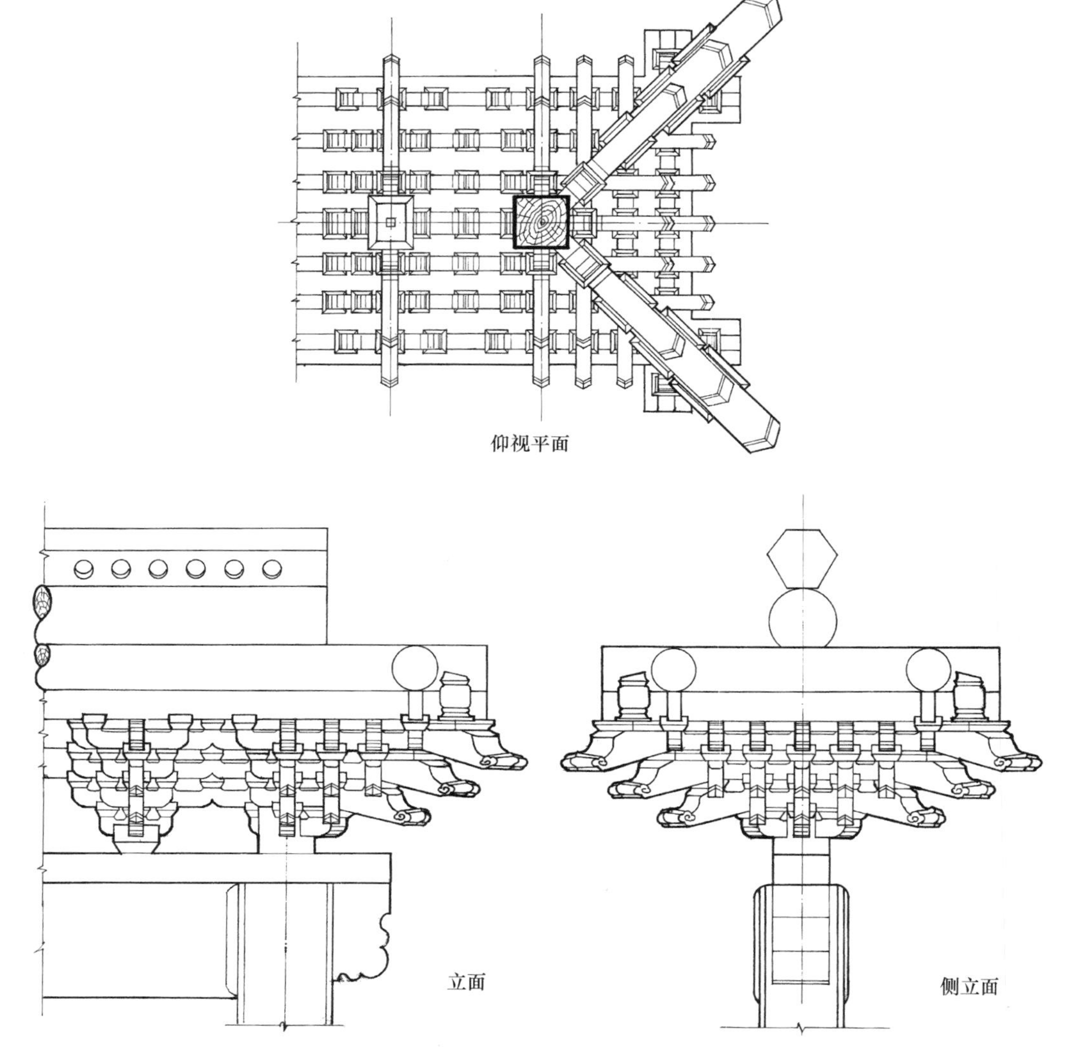

图 6-9　牌楼斗拱及其构造

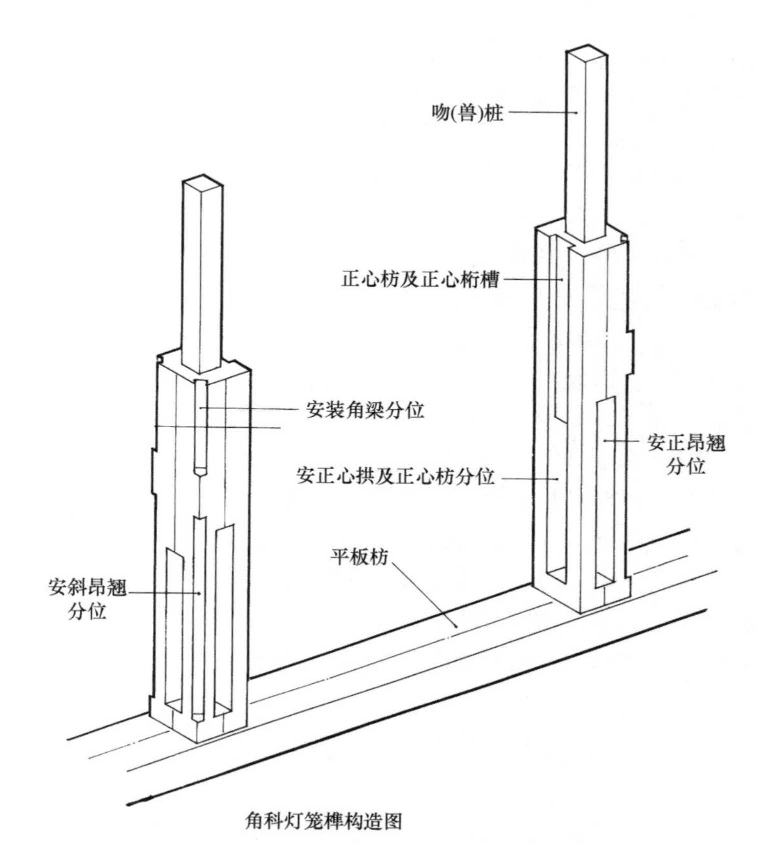

角科灯笼榫构造图

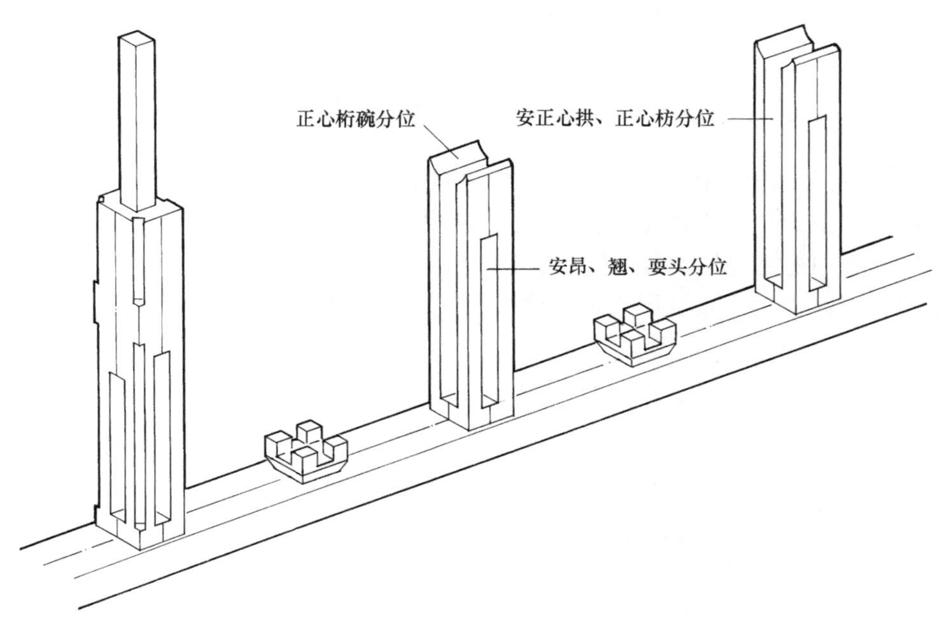

正身斗拱灯笼榫构造图

图 6-10　牌楼灯笼榫构造图

首先是牌楼角科斗拱的坐斗。牌楼的特殊构造，决定了牌楼角科坐斗必须与其下的柱子（边柱或高拱柱）连在一起，由一根木头做成，而且，要一直向上延伸，直达于正心桁的下皮。这个坐斗，称“通天斗”，又名“灯笼榫”，它的断面在 3.6×3.6 斗口左右，略大于牌楼平身科坐斗。通天斗是牌楼斗拱与构架之间惟一的结构联系构件。为安装斗拱，需在通天斗下端，与平身科坐斗斗口下皮等高处，刻剔十字卯口，卯口直达斗拱撑头木的上皮，并在其上留出涨眼（涨眼高不应小于 1 斗口）。撑头木以上部分即桁碗所占位置，这部分不再刻口，以保持通天斗的整体性。通天斗上端要做出桁碗，以承桁檩。

牌楼角科斗拱的搭角正翘、昂等构件，是按山面压檐面的要求，分别穿入通天斗的十字口内，互相扣搭相交在一起的。其余搭交闹翘、昂、耍头等件，都是凭挑出的搭交正翘、昂承挑，并在转角部分相交。牌楼角科斗拱上的斜翘、昂、由昂等件搭置在搭交闹翘、昂上面，并与它们做三卡腰榫相交。后尾可做半榫，也可不做榫，抵在通天斗的外角上。必要时可以辅以铁件来增强斜翘、昂后尾与通天斗的联系（以上见图 6-9）。

在牌楼檐楼面宽较大的情况下（如：四柱三楼、二柱一楼牌楼一般面宽都在 3～4 米或 4～5 米左右），通天斗除用在角科之外，还常用于平身科，每隔二攒或三攒平身科，用一只通天斗。用于平身科位置的通天斗不是和柱子连做的，而是单独用一根木料做成，栽在额枋之上的。这种通天斗，其下做长榫，长榫要穿透大额枋并占据一根折柱位置，再插入小额枋内 1/3～1/2，使通天斗在两重额枋间牢牢生根。通天斗上端做法与角科相同。在牌楼平身科中增置通天斗，目的也在于增强上架斗拱与下架额枋之间结构的整体性。

第九节　斗拱在木构架其他部位的应用及构造的变通处理

斗拱除用于室外檐下柱梁之间、室内上下层梁架之间、楼房廊檐平座之下以外，还常用于室内的其他部位，如：襻间斗拱、隔架斗拱、藻井斗拱等。

一、襻间斗拱

“襻间”是宋式建筑构件的名词，指相邻两缝梁架蜀柱间起联系拉结作用的横木。这个构件，在明清建筑中相当于金枋、脊枋。明式建筑在金（脊）枋和金（脊）檩之间，常安置斗拱，作为檩和枋之间的隔架构件，称为“襻间斗拱”，这种斗拱，常采用一斗三升（单拱）的形式，有时也采用重拱形式。这种襻间斗拱除隔架作用之外，还有很强的装饰功能（图 6-11）。

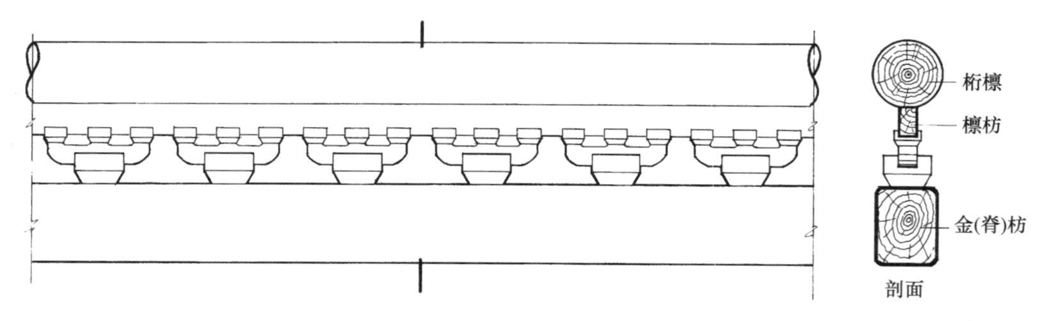

图 6-11　襻间斗拱

二、隔架斗拱

这种斗拱最常用于承重梁架及其辅助构件随梁之间，如北海团城承光殿的承重天花梁与随梁之间，就安置有隔架斗拱。承重梁一般都是受弯构件，在构造条件允许的情况下，可通过在承重梁下皮迭放随梁的方法增强承重梁架的抗弯能力。但如果构造不允许紧贴承重梁的下皮置辅助构件时，就需要通过一个隔架构件，将两层梁联系起来，使主要承重梁架所承受的荷载，能通过这个构件传导到辅助随梁上一部分，隔架斗拱就起这个作用。至于每组梁架间安置几组隔架斗拱，每组斗拱放置在什么位置，要视梁架的跨度大小，以及主梁承受集中荷载的位置而定。梁跨度小的，用一组即可，跨度大可置两组，但一般不超过三组。

隔架斗拱是由荷叶墩、横拱、雀替以及斗耳、升耳等构件组成的，造型优美，上面常做蕃草一类图案雕刻，具有很强的装饰性（参见图 6-12）。

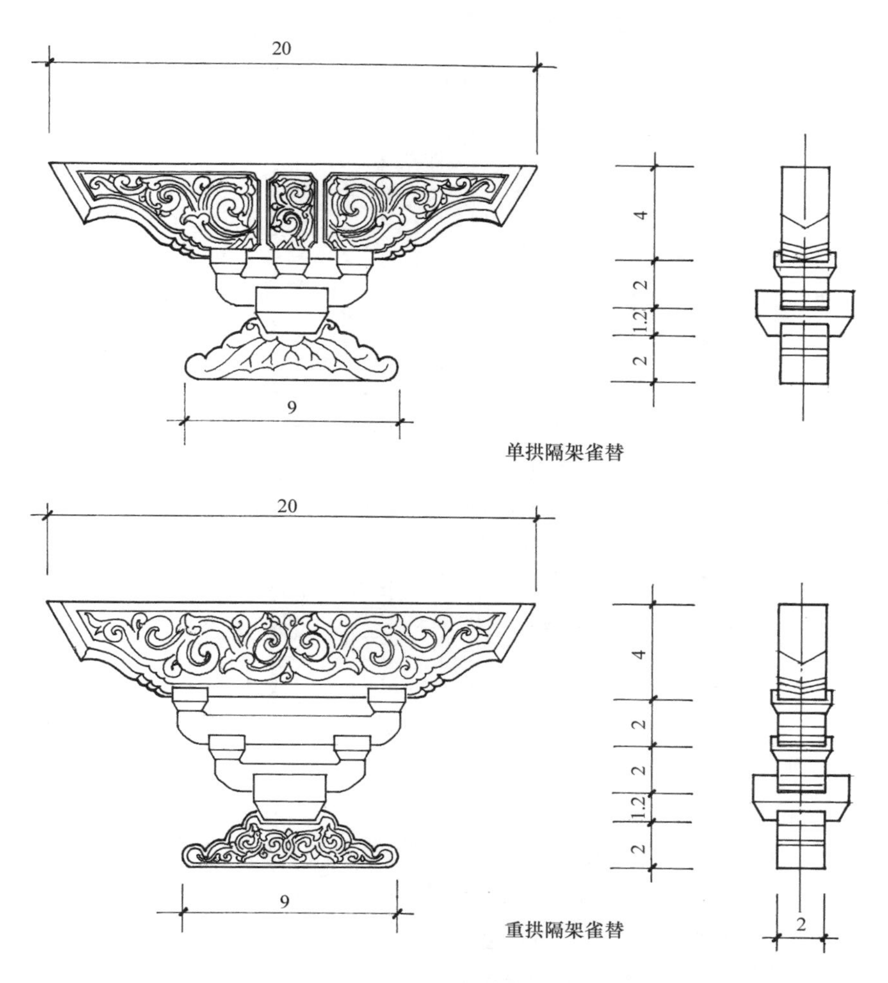

图 6-12　隔架斗拱

三、藻 井 斗 拱

藻井斗拱是专门用以装饰藻井的斗拱，明清建筑中的藻井斗拱构件纤巧，常用口分为 1～1.5 寸，没有结构功能，只有装饰作用。

藻井斗拱为半面做法，即以正心枋中线为界，只做一半。较常采用的做法是，翘、昂、耍头等进深方向构件由一块木板连做成整体，与横拱相交处凿透眼，将横拱做好后，穿入预先凿好的眼内，居中安置，与透眼内壁接触处用胶粘住。拱子两端头安置三才升。斗拱昂翘后尾做燕尾榫，用上起下落法嵌入藻井板上预先刻好的燕尾槽内，每攒斗拱都依同样方法进行制作和安装（图 6-13）。

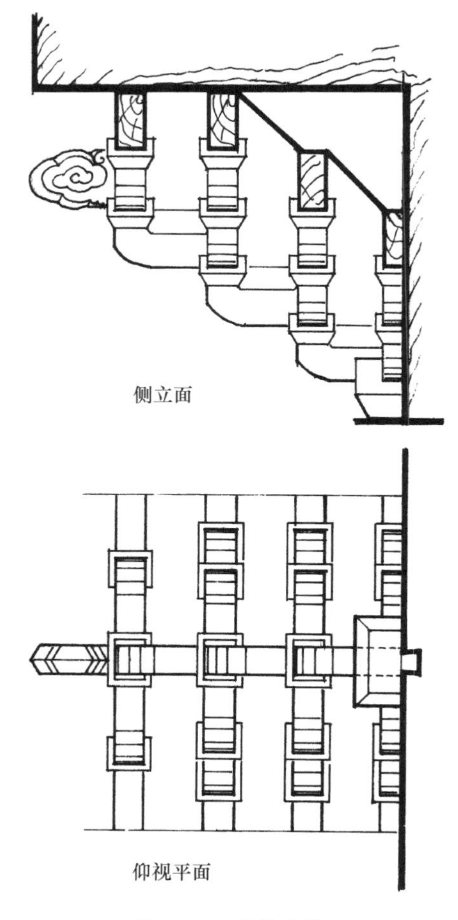

图 6-13　藻井斗拱

藻井斗拱的这种特殊构造和做法与清工部《工程做法则例》卷二十八中所拟“内里棋盘板上安装品字科”斗拱的构造做法有许多相似之处。棋盘板上安装的品字科斗拱，也是半面做法，但斗拱的斗口同外檐一样，尺度比较大。翘昂一般不采取连做的方法。后尾与棋盘板的安装方法，可采用做燕尾榫嵌入燕尾槽的方法，也可采取其他方法。棋盘板上安装的品字科斗拱纯属装饰，无结构作用。

斗拱在实际应用中，在构造上还有一些变通处理，这些变通做法主要有偷心造、后尾简易做法，以及内、外出踩的变化等。

四、偷　心　造

偷心造是斗拱的一种简略做法。将出踩斗拱内外拽的部分横拱和拽枋省略的做法，称为偷心造。各踩横拱拽枋齐全的做法，称“计心造”。斗拱的偷心做法，在明清以前的斗拱制作中比较常见。明清建筑承袭历代做法，有时也采用偷心造。偷心造可以简化斗拱制作。明清斗拱的偷心做法，主要是取消里拽的部分横拱、拽枋，外拽部分很少有偷心做法（图 6-14）。

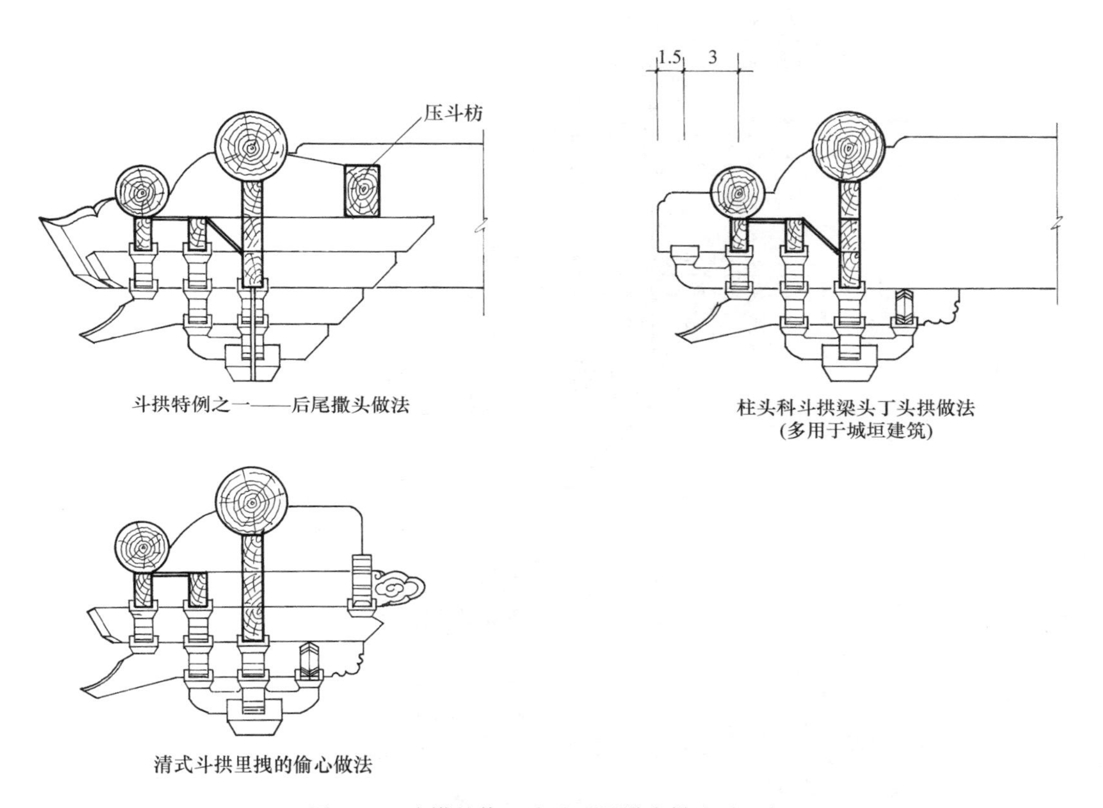

图 6-14　斗拱的偷心造及后尾撒头做法（一）

五、斗拱后尾的简易做法——后尾撒头做法

与偷心造相似的一种做法，是斗拱后尾撒头的做法。这种做法，是将斗拱里拽部分的所有横拱拽枋，包括井口枋等统统去掉，后尾的翘、菊花头、六分头、麻叶头等雕饰也省略不做，只将多层构件按其应有长度截成方头或斜方头。里拽拱枋全部取消以后，为解决斗拱后尾构件之间的联系问题，常在后尾施以压斗枋。压斗枋断面大于拽枋，高 2.5 斗口、厚 2 斗口。它除有联络各攒斗拱的作用之外，还有衬压斗拱后尾，避免斗拱因外重内轻而向外倾的作用（图 6-14）。斗拱后尾撒头做法常用于天花以上不露明部分或城楼箭楼一类装饰不太考究的建筑当中。

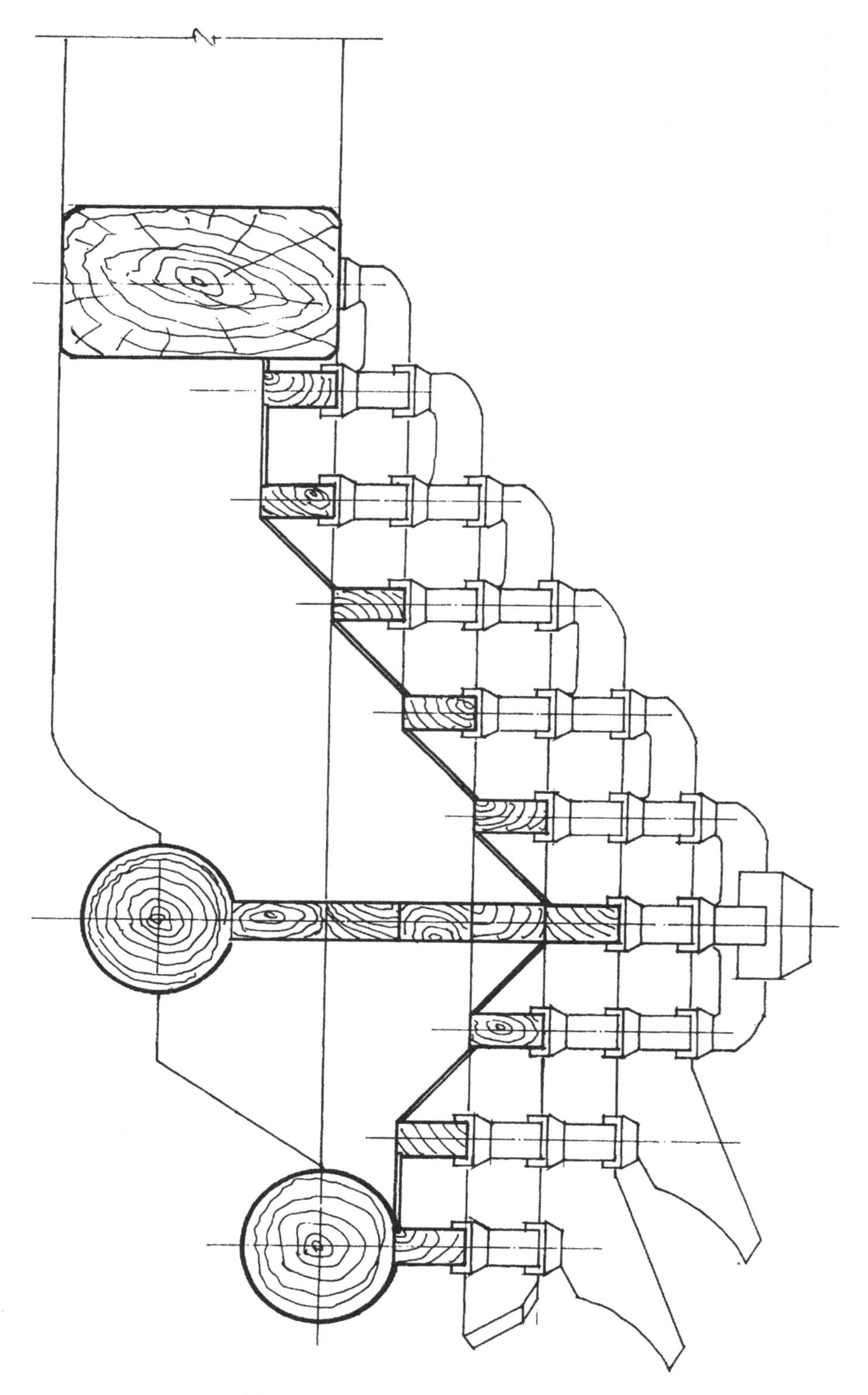

图 6-15　斗拱内外拽不等的特殊做法

六、斗拱内外拽出踩的变化

明清建筑的出踩斗拱，一般都是以坐斗中轴线为准，分别向前后挑出，两侧挑出的拽架数目相同。如七踩斗拱向外挑出三拽架，同时也向内挑出三拽架。但也有内外出踩不等的情况，如一攒斗拱向外挑出二拽架（显五踩）、向内挑出三拽架（显七踩）。这种内外出踩不同的情况，或出于建筑的需要，或出于结构的要求，需根据情况来确定。位于北京海淀区北安河的七王坟碑亭，斗拱就采取了非常特殊的形式。从外檐看，斗拱为单翘重昂七踩，从内檐看却达到十一踩，比外檐高出两层（图 6-15）。这种特殊做法是由碑亭的等级和构造需要而决定的。七王坟是清代光绪皇帝生父奕譞的墓地。作为王爷，碑亭只能采用绿色琉璃瓦、单檐歇山形式。但七王爷又不是一般的王爷，它是皇帝的生父，具有高于一般王爷的特殊地位，而亭内又是光绪皇帝亲竖的碑，碑的尺度要高于一般的碑，这样就出现了碑亭室内空间与石碑尺度的矛盾，于是为了提高室内空间高度，便将内檐斗拱加层，由七踩增为十一踩，将室内高度增加了 390mm，满足了石碑高度的要求。这座碑亭还有一个特殊之处，就是采用了黄琉璃，这也是由它的特殊地位决定的。明清以前，尤其宋式建筑中的斗拱，内外跳不等是非常多见的，明清斗拱中这种情况则很少见，是一种特殊情况下的变通处理手法。

第十节　斗拱的制作与安装

斗拱制作，关键在于熟悉和掌握构造，了解斗拱构件间榫卯的组合规律。

斗拱纵横构件十字搭交节点部分都要刻十字卯口，按山面压檐面的原则扣搭相交。角科斗拱三交构件的节点卯口，也可按单体建筑物的面宽进深方位，采用斜构件压纵横构件，纵横构件按进深压面宽的原则扣搭相交。斗拱纵横构件十字相交。卯口处都应有包掩（俗称“袖”）包掩尺寸为 0.1 斗口。

斗拱各层构件水平迭落时，须凭暗销固定。每两层构件迭合，至少有两个固定的暗销。

坐斗、十八斗、三才升等件与其他构件迭落时，也要凭暗销固定，每个斗（或升）栽销子一个。

斗拱杆件与杆件间的榫卯结构及做法，参见图 6-2，图 6-3，图 6-4 等。

一、斗 拱 制 作

斗拱制作，首先需要放实样、套样板。放实样是按设计尺寸在三合板上画出 1∶1 的足尺大样，然后分别将坐斗、翘、昂、耍头，撑头木及桁碗、瓜、万、厢拱、十八斗、三才升等，逐个套出样板，作为斗拱单件画线制作的依据，然后按样板在加工好的规格料上画线并进行制作。样板要忠实地反映每个构件，构件的每个部位，榫卯的尺寸、形状、大小、深浅，以保证成批制作出来的构件能顺利地、严实地按构造要求组装在一起。

斗拱按样板画线的工作完成以后，工人即可进行制作，制作必须严格按线，锯解剔凿都不能走线。卯口内壁要求平整方正，以保证安装顺利。

二、斗 拱 安 装

为保证斗拱组装顺利，在正式安装之前要进行“草验”，即试装。试装时，如果榫卯结合不严，要进行修理，使之符合榫卯结合的质量要求。试装好的斗拱一攒一攒地打上记号，用绳临时捆起来，防止与其他斗拱混杂。正式安装时，将组装在一起的斗拱成攒地运抵安装现场，摆在对应位置。各间的平身科、柱头科、角科斗拱都运齐之后，即可进行安装。斗拱安装，要以幢号为单位，平身、柱头、角科一起逐层进行。先安装第一层大斗，以及与大斗有关的垫拱板，然后再按照山面压檐面的构件组合规律逐层安装。安装时注意，草验过的斗拱拆开后要按原来的组合程序重新组装，不要掉换构件的位置。安装斗拱每层都要挂线，保证各攒、各层构件平、齐，有毛病要及时进行修理。正心枋、内外拽枋、斜斗板、盖斗板等件要同斗拱其他构件一起安装。安至耍头一层时，柱头科要安装桃尖梁。

斗拱安装，要保证翘、昂、耍头出入平齐，高低一致，各层构件结合严实，确保工程质量。

第七章　古建筑木装修

第一节　古建筑木装修概述

一、装修在古建筑中的地位和作用

在以木结构为主体的中国古建筑中，装修占着非常重要的地位。它的重要作用，首先表现在它的功能方面。装修作为建筑整体中的重要组成部分，具有分隔室内外，采光、通风、保温、防护、分隔空间等功用。装修的重要作用，还表现在它的艺术效果和美学效果。在唐代以前，装修的式样还比较简单。唐末至五代期间，出现了格子门窗，这是装修形式的一个较大的突破性发展。随着建筑技术、艺术的发展及人们对美的追求，装修形式及棂条花格的纹样越来越丰富，精细的雕刻也越来越多地运用于装修当中。至明清以来，又将书法、绘画以及刺绣，镶嵌等工艺与装修结合在一起，使装修呈现出绚烂的艺术色彩。装修在建筑整体中，与台基、屋面、墙身形成十分鲜明的虚实、线面、刚柔对比，表现出建筑整体的节奏和韵律感。装修中的图案装饰及色彩，作为观念的东西，又是社会的观念形态的具体体现。在封建社会中，装修是封建等级制度和观念的体现，如华丽的藻井是皇帝至尊至贵的象征，一般官邸、衙署是绝对不准许采用这种装饰的。宫殿、府邸大门上的门钉，也有严格的等级区别，如清代会典上明确规定："宫殿、门庑皆崇基，上复黄琉璃，门设金钉"，并规定门钉数量为"纵横各九"。亲王、郡王、公侯等府邸使用门钉数量为"亲王府制正门五间，门钉纵九横七"，"世子府制正门五间，钉减亲王七之二，郡王、贝勒、贝子、镇国公、辅国公与世子府同"，"公门钉纵横皆七"，"侯以下至男递减至五五，均以铁。"这些都是等级观念在装修上的体现。而人们对于美好、吉祥、富庶、幸福的追求，又抽象为各种图腾图案，用会意、借谕、谐音、象形等手法表现出来，如"福寿双全"，常以蝙蝠、寿字组成图案；四季平安，则以花瓶内安插月季花来表现；万事如意，用卍字、柿子和如意来表示；子孙万代则是葫芦加缠枝茎叶等等。装修还是表现建筑物的民族风格的重要方面。中国建筑的民族风格，不仅表现在曲线优美的屋顶形式，玉阶朱楹的色彩效果，还表现在装修形式和纹样的民族特色上。几千年形成的民族文化在装修上刻意精深的创作，使装修具备了浓郁、强烈的民族特色，形成了中国建筑装修的鲜明的民族特点。

正因为装修在古建筑中有如此重要的作用，所以，历代的建筑大师和能工巧匠，都把木装修的创作作为体现民族风格、寄寓理想观念、施展艺术才华的地方，在数千年的建筑实践中，创造出极其绚烂多姿的图案和丰富多彩的形式。

二、装修的历史沿革

就我们现在所能见到的门、窗一类装修资料，最早不过西汉。从西汉至唐代的千余年中，装修的形式几乎没有太大的发展，这个时期的门，主要是双扇板门或单扇板门。窗则主要是直棂窗，山西五台山唐佛光寺大殿的门窗装修是这个时期装修形式的代表。汉代陶屋，陶楼及画像石中的窗格也可见到斜方格，横棂及网纹的式样。《洛阳伽兰记》记载建于北魏平熙元年（516 年），在洛阳建造的永宁寺方形木塔，有“浮图有四面，面有三户六窗。户皆朱漆，扉上有五行金钉，其十二门二十四扇，含有五千四百枚，复有金环铺首”的记载，说明这个时期木塔每层的门上已开始用门钉铺首和门环。

唐代以后，已经出现了格子门（清代称为隔扇），宋《营造法式》记载的小木作中，有板门、乌头门、软门及格子门四种。其中，乌头门（又名棂星门）为装置在庙宇类建筑院墙中间栅栏式的大门。明清建筑仿其遗制，仍可见这种棂星门。《营造法式》中所谓的“用辐”（穿带），“合板软门”仍属板门类型，类似明清时的屏门。“格子门”（清代称隔扇）的出现，是装修的一个发展。《营造法式》卷七“格子门”项内有“每间分作四扇（如梢间狭促者只分作二扇），如檐额及梁栿下用者或分作六扇造，用双腰串（或单腰串造）。”其中，“双腰串”即为“双腰抹头”，相当于四抹隔扇，单腰串为单腰抹头，相当于三抹隔扇。关于隔扇心的纹样，《营造法式》中仅举了“四斜球纹格眼”，“四直方格眼”等几种。实物中的样式却要比这丰富得多，有斜方格眼、龟背纹和十字纹等数种。辽、宋、金、元时期门窗，以破子棂窗和板棂窗为主要形式。另外此时还出现了横陂窗，与格门、槛窗组合在一起。横陂窗的棂条形式多变化，棂花形式有六七种之多，常在一幢窗上交错对称使用。这些，说明宋以后至元代，装修的形式已有了很大发展。

明代以后，装修更加精细，所采用的花纹也更加丰富多样，尽管明清官式建筑受工程做法则例制约，门窗形式和纹样较为定型化而缺少变化，但其他地方寺庙、府邸、民宅中装修纹样的类型则十分丰富。用各种直棂、曲棂构成的装修棂条纹样，极富于装饰性，有很强烈的艺术效果。装修的这种发展沿革，经历了从单纯实用到实用与装饰相结合的发展过程。

三、古建筑木装修的种类和特点

古建筑木装修种类很多。若按空间部位分，可分为外檐装修和内檐装修两部分。按照这种分法，凡处在室外或分隔室内外的门、窗、户、牖，包括大门、屏门、隔扇、帘架、风门、槛窗、支摘窗、栏杆、楣子、牖窗、什锦窗等，均可属外檐装修。外檐装修位于室外，易受风吹日晒，雨水侵蚀，在用材断面、雕镂、花饰、做工等方面，都考虑到这些方面因素，较为坚固、粗壮。内檐装修，则是用于室内的装修，碧纱厨、栏杆罩、落地罩、几腿罩、花罩、炕罩、太师壁、博古架、壁板、护墙板以及天花、藻井等，都属内檐装修。内装修位于室内，不受风吹日晒等侵袭，与室内家具陈设一起，具有较高的艺术观赏价值，因而在用料、做工、雕刻各方面更加精细。

但是，研究构造做法及工程技术，依装修的内、外檐来分类则未免杂乱。根据古建筑装修的特点，凡建筑功能相同或类似的装修，在构造方式、榫卯结合技术、制作安装工艺等方面，都有许多相似和共同的地方。所以，我们按装修的功用、种类可将装修分为如下几类：

（1）板门类：包括实榻门、攒边门、撒带门、屏门等。

（2）隔扇类：包括隔扇、帘架、风门、碧纱厨等。

（3）窗类：包括槛窗、支摘窗、牖窗、什锦窗、横陂及楣子窗等。

（4）栏杆、楣子类：包括坐凳楣子、倒挂楣子、寻杖栏杆、花栏杆、靠背栏杆等。

（5）花罩类：包括室内各种炕罩、花罩、几腿罩、栏杆罩、圆光罩、八角罩以及室外花罩等。

（6）天花藻井类、包括各种井口天花、海墁天花、木顶隔及藻井。

（7）其他，包括壁板、护墙板、隔断板、门头板、太师壁、博古架及楼梯等。

古建筑木装修除有装饰性强的特点之外，还有两个显著特点，第一，中国木构建筑是木柱承重的，建筑物四周的围护墙只有分隔室内外，防寒保暖的作用，没有承重作用。这样就为装修的设置提供了极大的灵活性，柱间可以设置高窗、月洞窗、什锦花窗，也可以做满装修。园林中的水榭、凉亭一类建筑则既不做围护墙也不安装修。第二，古建筑木装修，不论是在内檐安装还是在外檐安装的，都可以任意拆安移动，如金里安装的装修可根据需要移至檐柱间，改为檐里安装；反之，檐里安装也可改为金里安装。室内碧纱厨、花罩等也可根据需要随意拆装移动，这些，都不会对结构带来任何影响。这些特点，是古建筑木装修所特有的。

传统建筑木装修无论在工艺、技术、艺术各方面都有极高的成就。研究古建筑木装修在这些方面的成就，对于继承我国优秀的传统建筑文化，保护文物古迹，对于创造具有浓郁民族风格的现代建筑，都具有重要意义。

第二节　槛框、榻板

一、槛框、榻板的部位、名称、作用、尺度与权衡

中国古建筑的门窗都是安装在槛框里面的。槛框是古建门窗外框的总称，它的形式和作用，与现代建筑木制门窗的口框相类似。在古建筑装修槛框中，处于水平位置的构件为槛，处于垂直位置的构件为框。槛依位置不同，又分为上槛、中槛、下槛，下槛是紧贴地面的横槛，是安装大门、隔扇的重要构件。清式则例规定“凡下槛以面阔定长，如面阔一丈。即长一丈，内除檐柱径一份，外加两头入榫分位，各按柱径四分之一。以檐柱径十分之八定高。如柱径一尺，得高八寸，以本身之高减半定厚，得厚四寸。如金里安装，照金柱径尺寸定高、厚。”（则例的这个尺寸规定，是就一般体量的建筑而言的，如大型宫殿建筑，檐柱径 2 尺，下槛高不可能定为 1 尺 6 寸，需根据情况酌减）。上槛是紧贴檐枋（或金枋）下皮安装的横槛，其长度、厚度均同下槛，高为下槛高的 1/2（清《则例》规定上槛为下槛高的 8/10）。中槛是位于上、下槛之间偏上的跨空横槛，其下安装门扇或隔扇，其上安装横陂或走马板。中槛的长、厚均同下槛，宽度（即高）为下槛高的 2/3/或 4/5。槛框当中，垂直安装的构件为框，其中，紧贴柱子安装的框叫做抱框，位于中槛与上槛之间的抱框叫短抱框，抱框的厚同槛、长为槛间净距离外加上下榫，宽（看面尺寸）为下槛宽的 4/5 或按檐柱径的 2/3。大门居中安装时，还要根据门的宽度，再安装两根门框，门框的长宽厚均同抱框。在门框与抱框之间，安装两根短横槛，称为“腰枋”，它的作用在于稳定门框。门框与抱框的空隙部分称为余塞，余塞部分安装木板，称为余塞板。在中槛与上槛之间的大片空隙处，也安装木板，称为走马板［以上见图 7-1（1）］。用作安装隔扇的槛框，中槛与上槛之间安装横陂窗，横陂窗通常分作三当，中间由横陂间框分开［以上见图 7-1（2）］。民居中每间的装修（如窗子）往往分成二樘或三樘，各樘之间的立框名为间框［见图 7-1（3）］。

为安装能水平转动的门扇，需在中槛里皮附安一根横木，在上面做出门轴套碗，称为连楹。连楹长同中槛，外加两端捧柱碗口各按自身宽一份。连楹的宽可按中槛宽的 2/3，厚按宽的 1/2。在连楹安装大门（如实榻门、棋盘门等）时，还需要将中槛和连楹锁合牢固，锁合中槛和连楹的构件叫做门簪。门簪分头、尾两部分，头部长为门口净宽的 1/7～1/9，断面呈正六角形，角上做梅花线。门簪面对面直径为中槛宽的 4/5，尾部是一个长榫，穿透中槛和连楹再外加出头长。门簪既是具有结构功能的构件，又是带装饰性的构件，通常用四支，较小的门上用二支，上面常雕刻四季花草或四季平安等吉祥图案字样，隔扇槛框上面一般不

安装门簪。与连楹相对应的还有贴附在下槛内侧的单楹或连二楹，其上凿作轴碗，作为大门旋转的枢纽。用于大门下槛的楹子多采用石制，卡在下槛的下面，称为门枕石，门枕石与门轴转动部分安装铸铁的海窝［以上参见图 7-1（1）、（2）］。

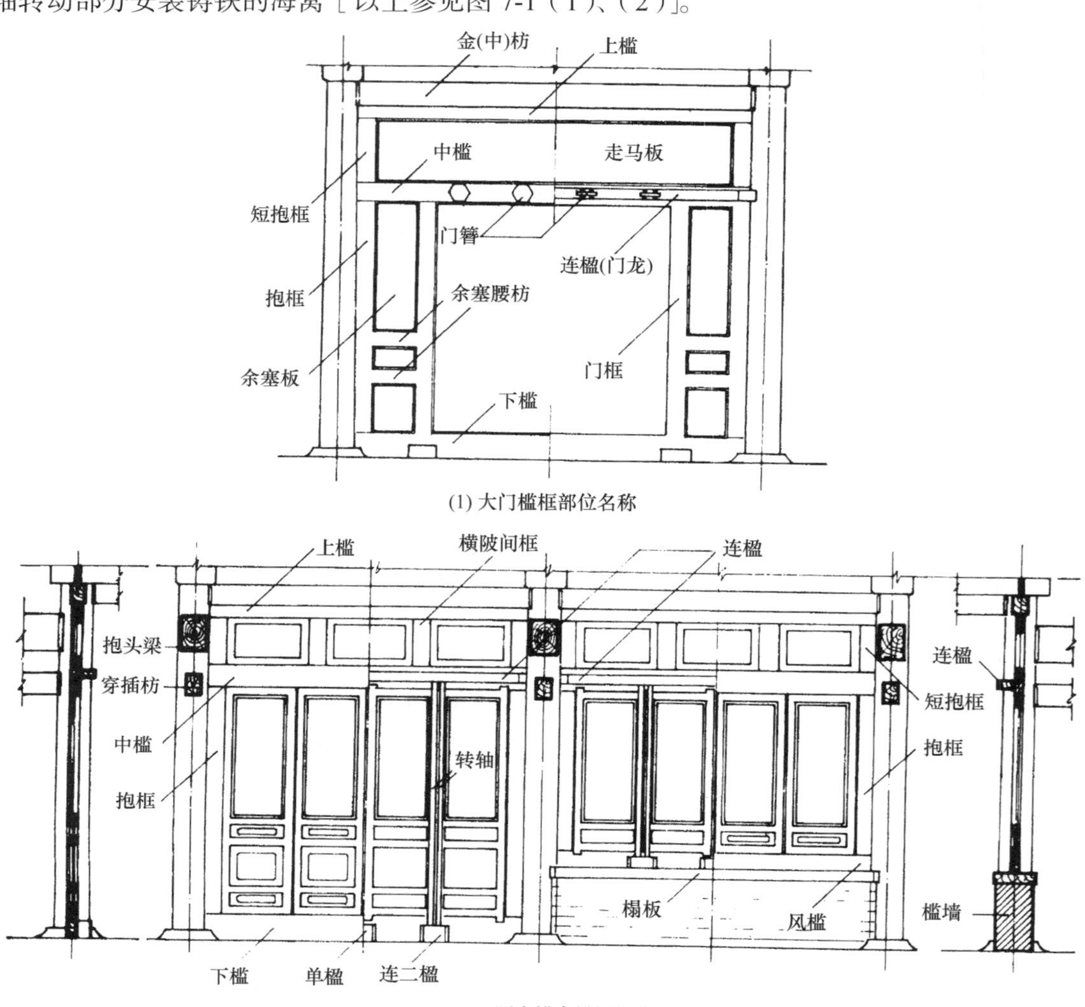

(1) 大门槛框部位名称

(2) 隔扇槛窗槛框部位名称

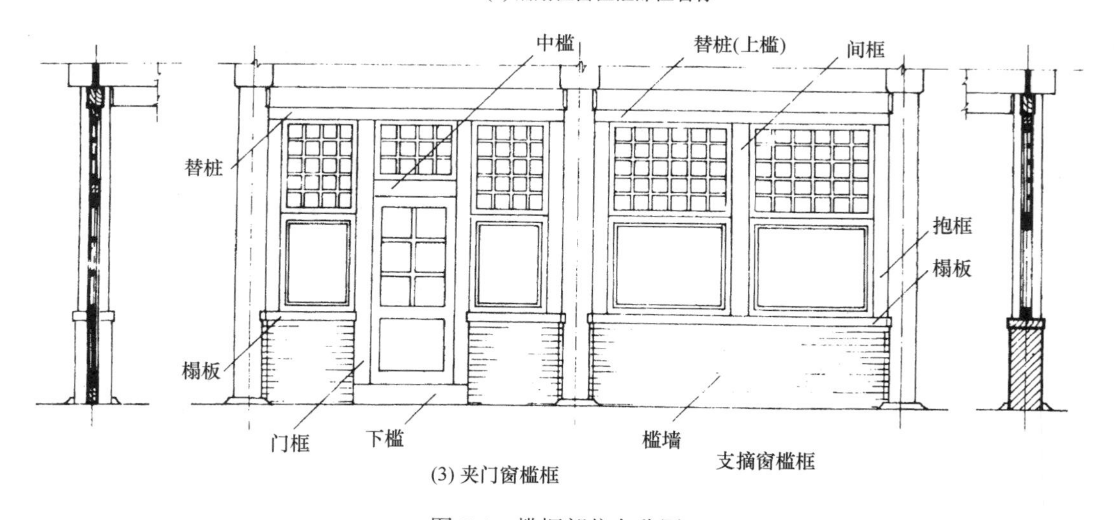

(3) 夹门窗槛框

图 7-1　槛框部位名称图

榻板，是安装在槛墙上的木板，长按面宽减柱径一份。外加包金尺寸，宽按槛墙厚（通常为 1.5D），厚按 3/8D 或为风槛高的 7/10（风槛为附在榻板上皮的横槛，高 0.5D，厚同抱框，长同上槛，安装槛窗时用。支摘窗下面一般不装风槛）。

二、槛框、榻板的构造与榫卯

在本章第一节，我们曾讲到古建筑木装修的可移动性，安装在金柱间的装修可移至檐柱间，檐柱间的装修也可移至金柱间。古建木装修的这个特点，决定了包括槛框在内的全部装修构件或单件都必须是可以拆安的活构件。这些构件凭榫卯结合在一起，需要移动时只要打开榫卯，就能拆下并可另行安装。

槛框各部位的榫卯构造，与槛框的受力方向、构件安装程序和安装方式有直接关系。下面分别简述它们的构造：

（一）横槛的榫卯构造

横槛位于柱与柱之间，两端做榫插在柱上，通常是在大木构架安装完毕后再安装槛框。在柱子位置都已固定的情况下，怎样进行横槛的安装呢？传统的方法是制作倒退榫，用倒退法来安装。图 7-2 为横槛榫卯及安装示意图，从图中可以看出，倒退榫有以下几个特点：①倒退榫必须贴横槛外皮做双榫，中间剔夹子。夹子的剔凿深度要超过柱间净距线，超过的尺寸要略大于另一端榫子长度；②横槛两端榫子不能等长，必须一头长一头短，长榫比短榫要长一倍以上，按榫子长度在柱子对应部位凿眼。眼深度等于或略大于榫长度。安装时，先插入长榫一端，然后将枋子对准另一端卯眼，向反方向拖回，使短榫一端入卯，枋子入位后，将长榫一头夹子部分空隙用木块挤塞严实［图 7-2（1），（2），（3），（4）］。

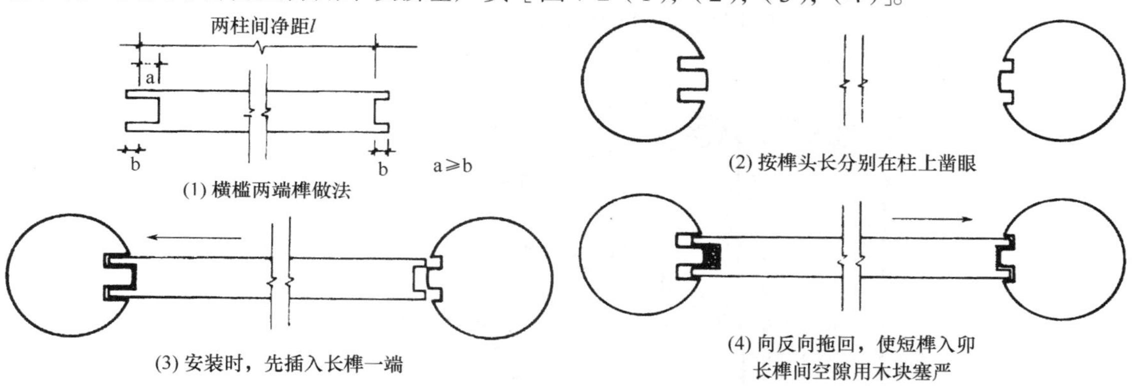

图 7-2　横槛倒拖法安装及榫卯做法

以上所述为中槛或上槛的做法。下槛的榫卯构造与此不同。由于下槛与门枕石卡在一起，又与柱顶石相抵。很难用倒拖法安装，一般需采用上起下落的方法进行安装。方法是，根据两柱间净距离，定出下槛长度并按柱径外缘弧度让出下槛的抱肩，在下槛两端头居中剔溜销口子，在柱根对应位置钉上或栽上溜销榫。按门枕石的位置、尺寸，在下槛下部刻出门枕石口子，将下槛两端与柱顶石鼓径相抵的部分刻去，然后用上起下落的方法进行安装（图 7-3）。如下槛无门枕石，两端榫卯做法可与中槛相同。

（二）抱框的榫卯构造

抱框与柱之间，也应凭榫卯结合，传统做法是栽销，木销的做法相似于新建木门口与砖

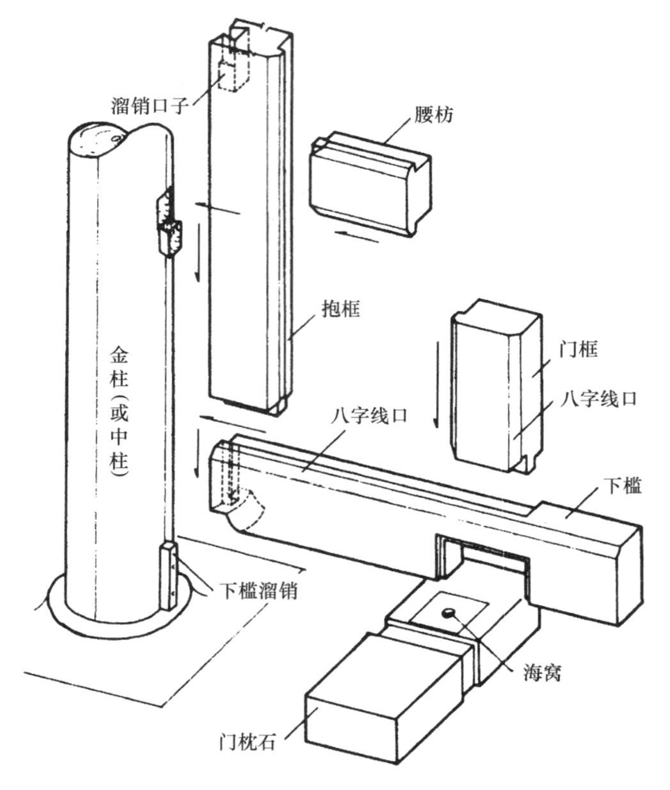

图 7-3　下槛、门枕、抱框构造

墙联结用的捞子榫，榫子栽做于柱上，在抱框对应位置做卯眼，每根抱框用 2～3 个榫（参见图 7-3）。门框与中槛、下槛相交处做半榫。短抱框与上、中槛也可用溜销法安装（参见图 7-4、图 7-5）。

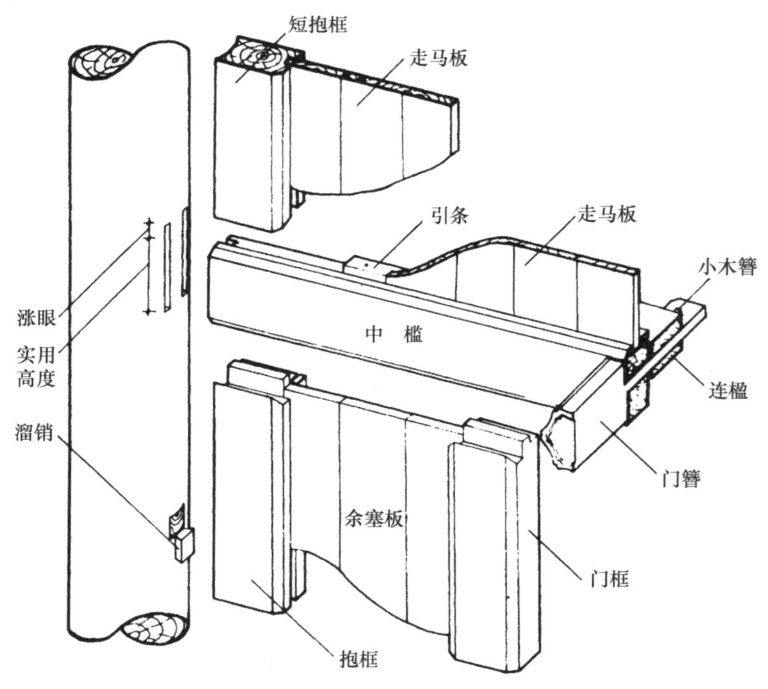

图 7-4　中槛、门框、门簪构造示意

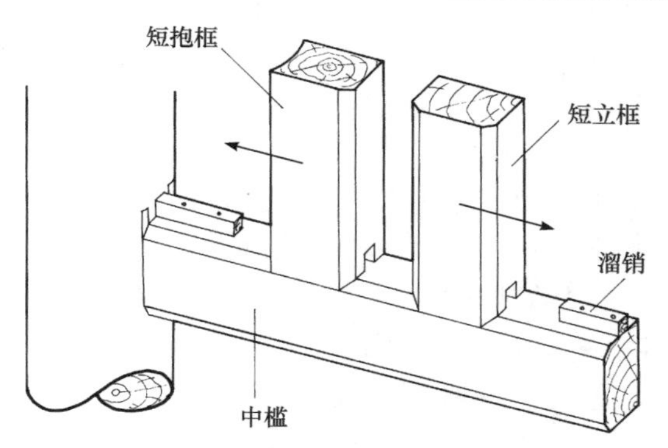

图 7-5　外檐隔扇横陂槛框构造示意

（三）中槛与连楹的榫卯构造

中槛与连楹之间，若有门簪时，是凭门簪后尾的长榫锁合在一起的（参见图 7-5）。若无门簪，可栽暗销，并辅以铁钉。

榻板与柱子之间是凭榻板端头的柱碗与柱子结合的，通常不做其他榫卯。

三、槛框的制作与安装

槛框制作主要是画线和制作榫卯，在正式制作槛框之前，首先要对建筑物的明、次、梢各间尺寸进行一次实量。由于大木安装中难免出现误差，因此，各间的实际尺寸与设计尺寸不一定完全相符，实量各间的实际尺寸可以准确掌握误差情况，在画线时适当调整。

装修槛框的制作和安装，往往是交错进行的。一般是在槛框画线工作完成之后，先做出一端的榫卯，另一端将榫锯解出来，先不断肩，安装时，视误差情况再断肩。

槛框的安装程序一般是先安装下槛（包括安装门枕石在内），然后安装门框和抱框。安装抱框时，要进行岔活，方法是，将已备好的抱框半成品贴柱子就位、立直，用线坠将抱框吊直（要沿进深和面宽两个方向吊线）。然后将岔子板一叉沾墨，另一叉抵住柱子外皮，由上向下在抱框上画墨线。内外两面都岔完之后，取下抱框，按墨线砍出抱豁（与柱外皮弧形面相吻合的弧形凹面）。岔活的目的是使抱框与柱子贴紧贴实，不留缝隙。同时由于柱子自身有收分（柱根粗、柱头细），柱外皮与地面不垂直，在岔活之前，应先将抱框里口吊直，然后再抵住柱外皮岔活，既可保证抱框里口与地面垂直，又可使外口与柱子吻合，这就是岔活的作用。抱框岔活以后，在相应位置剔凿出溜销卯口，即可进行安装（参见图 7-3、图 7-4）。岔活时应注意保证槛框里口的尺寸。在安装抱框、门框的同时安装腰枋。然后，依次安装中槛、上槛、短抱框、横陂间框等件。槛框安装完毕后，可接着安装连楹、门簪。装隔扇的槛框下面还可安装单楹、连二楹等件。

其余走马板、余塞板等件的安装依次进行。

槛墙上榻板的安装须在槛框安装之前进行。

第三节　板　　门

一、各种板门的名称、用途、尺度与权衡

本节所述的板门，主要指古建筑中最常见的实榻门、攒边门（又名棋盘门）、撒带门和

屏门四种。

（一）实榻门

实榻门是用厚木板拼装起来的实心镜面大门，是各种板门中型制最高、体量最大、防卫性最强的大门，专门用于宫殿、坛庙、府邸及城垣建筑。门板厚者可达五寸（合公制 15 厘米）以上，薄的也要三寸上下，门扇宽度根据门口尺寸定，一般都在五尺以上。故宫太和门明间门口宽 5.20 米，高 5.28 米，装对开实榻大门，每扇大门宽 2.66 米，高 5.4 米，板厚 20 厘米，一扇门就用木材 2.85 米^3，重达 1.5 吨以上，数字是相当惊人的［图 7-6（1）］。

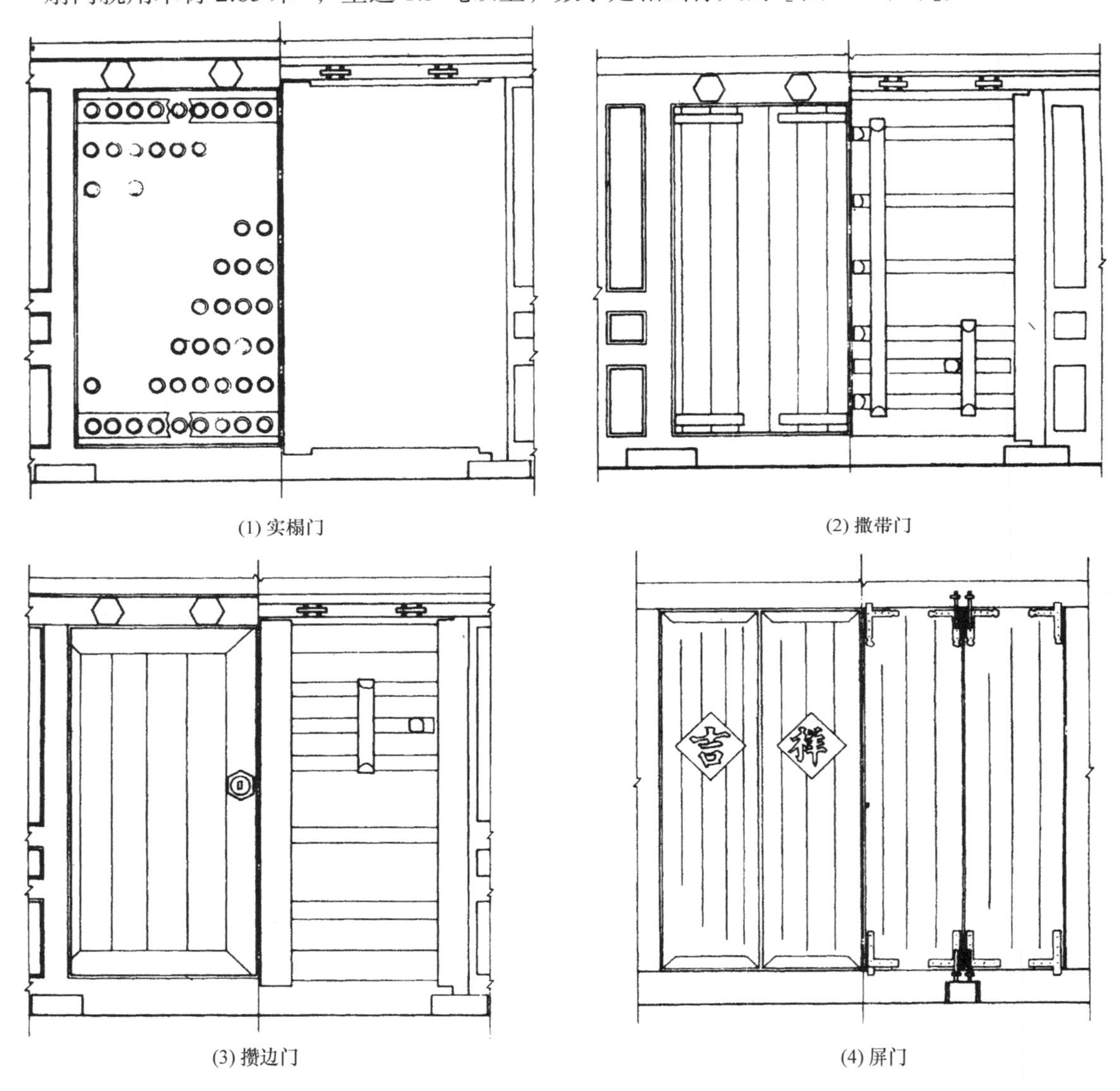

(1) 实榻门　(2) 撒带门　(3) 攒边门　(4) 屏门

图 7-6　各类大门（实榻门、撒带门、攒边门、屏门）

（二）攒边门（棋盘门）

攒边门是用于一般府邸民宅的大门，四边用较厚的边抹攒起外框，门心装薄板穿带，故称攒边门。因其形如棋盘，又称棋盘门。这种门的门心板与外框一般都是平的，但也有门心板略凹于外框的做法［图 7-6（3）］。攒边门比起实榻门来，要小得多，轻得多。攒边门的尺寸，也是按门口尺寸定。在封建社会，门口尺寸的确定，既受封建等级制度约束，又受封建迷信观念制约，是非常严格的。门口尺寸大小，都有严格的规定，共有四类吉门，分别为“财门”、“义顺门”、“官禄门”、“福德门”，每类吉门都开列有一系列尺寸（见附表）。

附：门诀

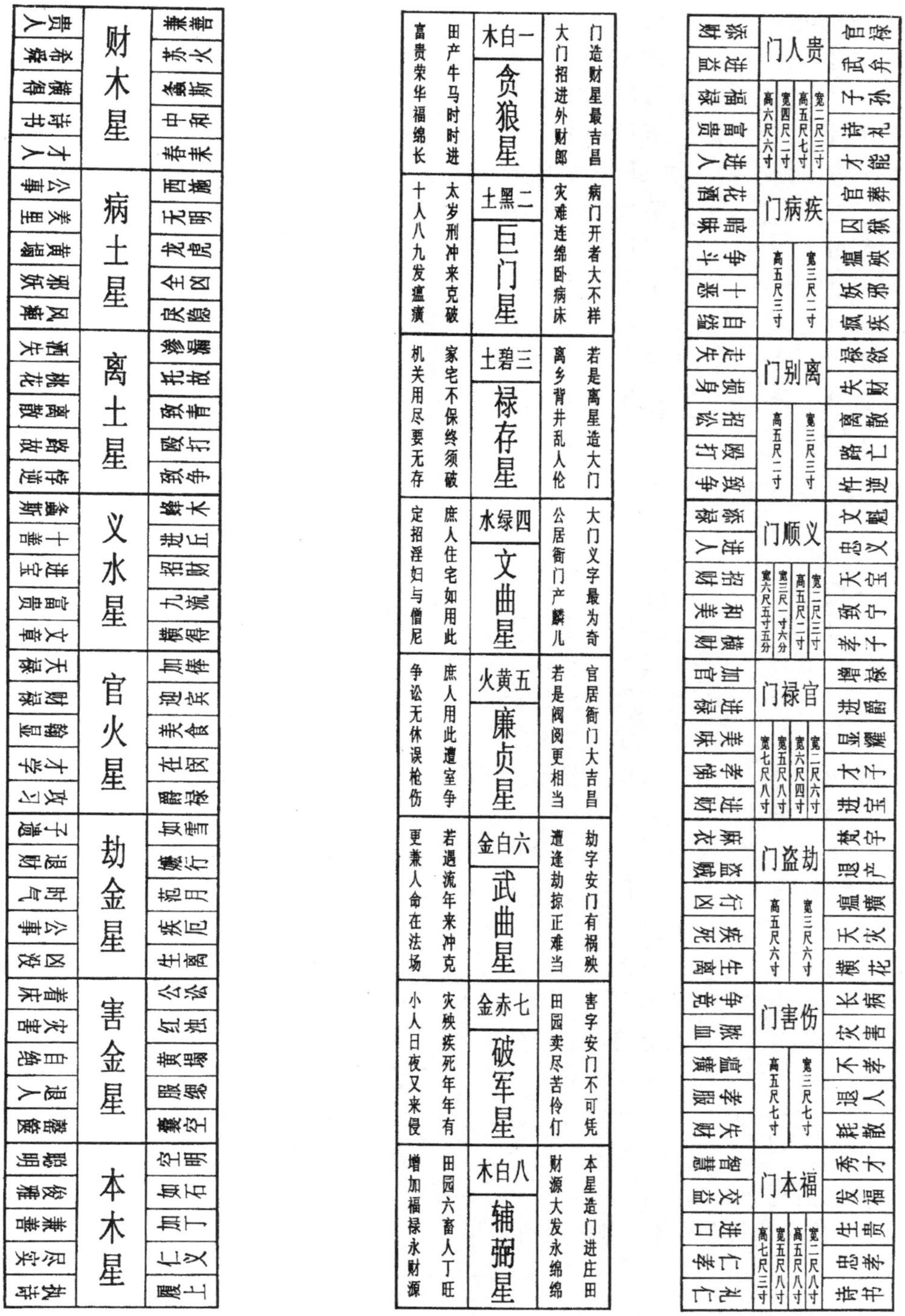

星	吉凶
财木星	贵人　希舜　横得　诗书　才人
病土星	公事　美里　黄塌　邪妖　风瘫
离土星	酒失　桃花　离散　路故　悖逆
义水星	螽斯　十善　进宝　富贵　文章
官火星	天禄　财禄　翰显　才学　攻习
劫金星	子遗　退财　时气　公事　凶没
害金星	着床　灾害　自绝　退人　罄
本木星	聪明　俊雅　兼善　尽究　执诗

星	门诀
一白木　贪狼星	门造财星最吉昌　大门招进外财郎　田产牛马时时进　富贵荣华福绵长
二黑土　巨门星	病门开者大不祥　灾难连绵卧病床　太岁刑冲来克破　十人八九发瘟癀
三碧土　禄存星	若是离星造大门　离乡背井乱人伦　家宅不保终须破　机关用尽要无存
四绿水　文曲星	大门义字最为奇　公居衙门产麟儿　庶人住宅如用此　定招淫妇与僧尼
五黄火　廉贞星	官居衙门大吉昌　若是阀阅更相当　庶人用此遭室争　争讼无休误枪伤
六白金　武曲星	劫字安门有祸殃　遭逢劫掠正难当　若遇流年来冲克　更兼人命在法场
七赤金　破军星	害字安门不可凭　田园卖尽苦伶仃　灾殃疾死年年有　小人日夜又来侵
八白木　辅弼星	本星造门进庄田　财源大发永绵绵　田园六畜人丁旺　增加福禄永财源

门	尺寸	吉凶
贵人门	宽二尺三寸　高五尺七寸　宽四尺二寸　高六尺六寸	添财　进益　福禄　富贵　进人
疾病门	宽三尺二寸　高五尺三寸	花酒　暗昧　争斗　十恶　自缢
离别门	宽三尺三寸　高五尺二寸	走失　损身　招讼　殴打　致争
义顺门	宽二尺三寸　高五尺二寸　宽三尺一寸六分　宽六尺五寸五分	添禄　进人　招财　和美　横财
官禄门	宽二尺六寸　宽六尺四寸　宽五尺八寸　宽七尺八寸	加官　进禄　美味　孝悌　进财
劫盗门	宽三尺六寸　高五尺六寸	麻衣　盗贼　行凶　疾死　生离
伤害门	宽三尺七寸　高五尺七寸	争竞　脓血　瘟癀　孝服　失财
福本门	宽二尺八寸　高五尺八寸　宽五尺八寸　高七尺三寸	智慧　交益　进口　仁孝　礼仁

门尺图

财门：

二尺七寸二分　二尺七寸五分
二尺七寸九分　二尺八寸二分
二尺八寸二分　四尺一寸六分
四尺一寸九分　四尺二寸二分
四尺二寸六分　四尺二寸九分
五尺一寸六分　五尺一寸九分
五尺五寸　五尺六寸一分
五尺六寸三分　五尺六寸七分
五尺七寸　五尺七寸一分
七尺四分　七尺七分
七尺一寸一分　七尺一寸六分
八尺四寸七分　八尺五寸三分
八尺五寸一分　八尺六寸
九尺九寸一分　九尺九寸五分
九尺九寸八分　一丈二分
一丈五分

官禄门：

二尺一分　二尺四分
二尺八分　二尺一寸一分
二尺一寸四分　二尺四寸四分
三尺四寸五分　三尺五寸六分
三尺四寸八分　三尺五寸二分
三尺五寸九分　四尺八寸九分
四尺九寸二分　四尺九寸五分
四尺九寸八分　五尺一分
六尺三寸三分　六尺三寸六分
六尺四分　七尺七寸六分
七尺七寸九分　七尺八寸三分
九尺八寸六分　九尺一寸九分
九尺二寸二分　九尺二寸六分
一丈六寸四分　九尺三寸三分
九尺二寸九分　一丈六寸七分
一丈七寸　一丈七寸三分
一丈七寸六分

义顺门：

二尺一寸八分　二尺二寸二分
二尺二寸五分　二尺三寸
二尺三寸三分　三尺六寸二分
三尺七寸三分　三尺七寸六分
五尺五分　五尺九分
五尺一寸二分　六尺五寸
六尺五寸三分　六尺五寸七分
六尺五寸一分　六尺六寸一分
六尺六寸四分　七尺九寸三分
七尺九寸六分　八尺一分
八尺四分　八尺七分
九尺三寸七分　九尺四寸七分
九尺五寸　九尺四寸
九尺四寸四分　一丈八寸二分
一丈八寸四分　一丈八寸七分
一丈九寸五分

福德门：

二尺九寸　二尺九寸四分
二尺一分　二尺九寸七分
三尺四分　三尺四寸四分
四尺三寸四分　四尺四寸五分
四尺四寸一分　五尺七寸七分
五尺八寸四分　五尺八寸八分
五尺九寸一分　七尺二寸一分
七尺二寸八分　七尺二寸四分
七尺三寸四分　七尺三寸一分
八尺六寸八分　八尺六寸五分
八尺七寸五分　八尺七寸一分
一丈八分　八尺七寸八分
一丈一寸二分　一丈七分
一丈一寸九分　一丈一尺六寸
一丈二寸三分

（以上门诀尺寸录自清《工程做法则例》）

（三）撒带门

撒带门是街门的一种，常用作木场、作坊等一类买卖厂家的街门。在北方农舍中，也常用它作居室屋门。撒带门的门板多用1～1.5寸的木板，凭穿带锁合，穿带一端做榫，在门边上凿做卯眼，将门板与门边结合在一起。穿带另一端撒头，凭一根压带联结。门的其余三面不做攒边，故称撒带门［图 7-6（3）］。

（四）屏门

屏门是一种用较薄的木板拼攒的镜面板门，它的作用主要是遮挡视线，分隔空间，多用于垂花门的后檐柱间或院子内隔墙的随墙门上，园林中常见的月洞门、瓶子门、八角门、室外屏风上也常安装这种屏门。屏门多为四扇一组，由于门扇体量较小，一般没有门边门轴，凭鹅项、碰铁等铁件做开关启合的枢纽。门涂刷绿色油饰，上面常书刻“吉祥如意”、“四季平安”、“福寿绵长”一类吉辞［图 7-6（4）］。

二、各种板门的构造做法

（一）实榻门的构造及做法

前面谈到，实榻门是诸种大门中型制最高、体量最大的一种。这种巨型大门是用若干块厚木板拼攒起来，凭穿带锁合为一个整体的。板与板之间裁做龙凤榫或企口缝。常见的穿带方法有两种，一种为穿明带做法，即在板门的内一面穿带，所穿木带露明（见图 7-8）。另一种做法是在门板的小面居中打透眼，从两面穿抄手带，所穿木带不露明，板门正反两面都保持光平的镜面（图 7-7）。实榻大门穿带的根数及位置是与门钉的路数和位置相对应的。宫殿坛庙大门一般都置九路门钉，这就需要对应门钉的位置穿九道木带。木带起加固门板的作用，门钉起加固门板和穿带的作用。

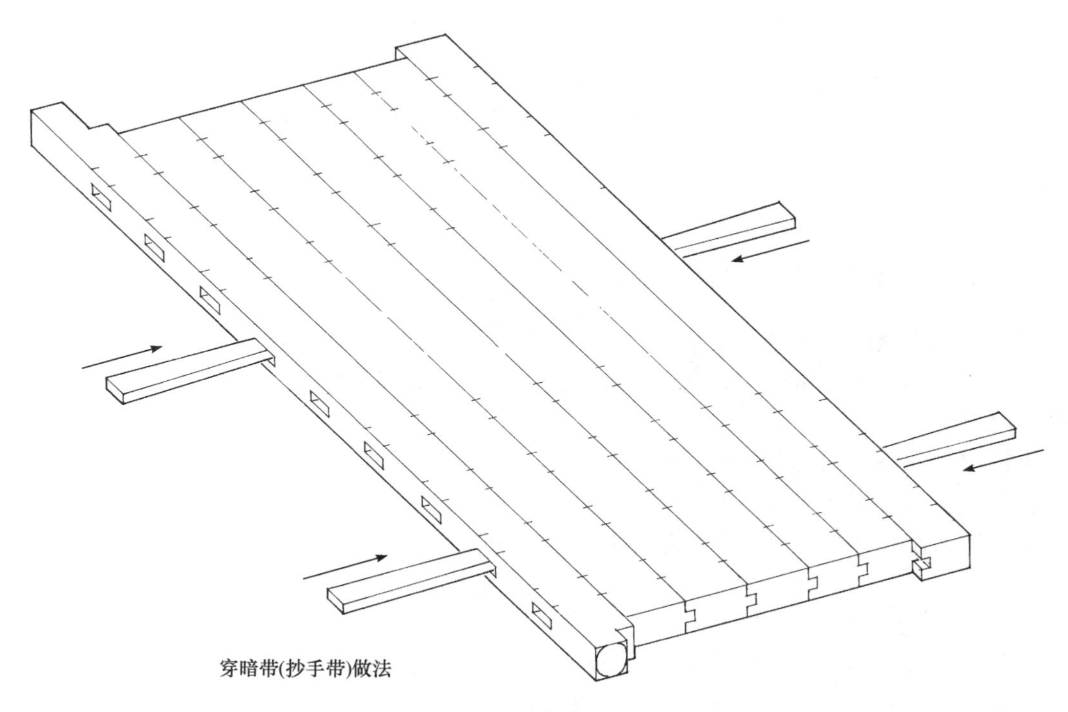

图 7-7　实榻门构造（1）

制作大门，首先要确定大门的尺寸。实榻门的尺寸依门口的高宽尺寸定，清《工程做法则例》规定：门扇大边“按门诀之吉庆尺寸定长，如吉门口高六尺三寸六分，即长六尺三寸六分，内一根外加两头掩缝并入楹尺寸……外一根以净门口之高外加上下掩缝照本身宽各一份”。门心板“厚与大边之厚同”，门心板上下掩缝约为门边厚的 1/3，门扇两侧掩缝与上下掩缝尺寸相同。这里所谓“掩缝”是大门门扇上下左右宽出门口的部分（参见图 7-9），也就是说：大门门扇的高为吉门口高加上下掩缝，大门的宽为吉门口宽的 1/2，加外一侧掩缝，再加门边厚一份即是。

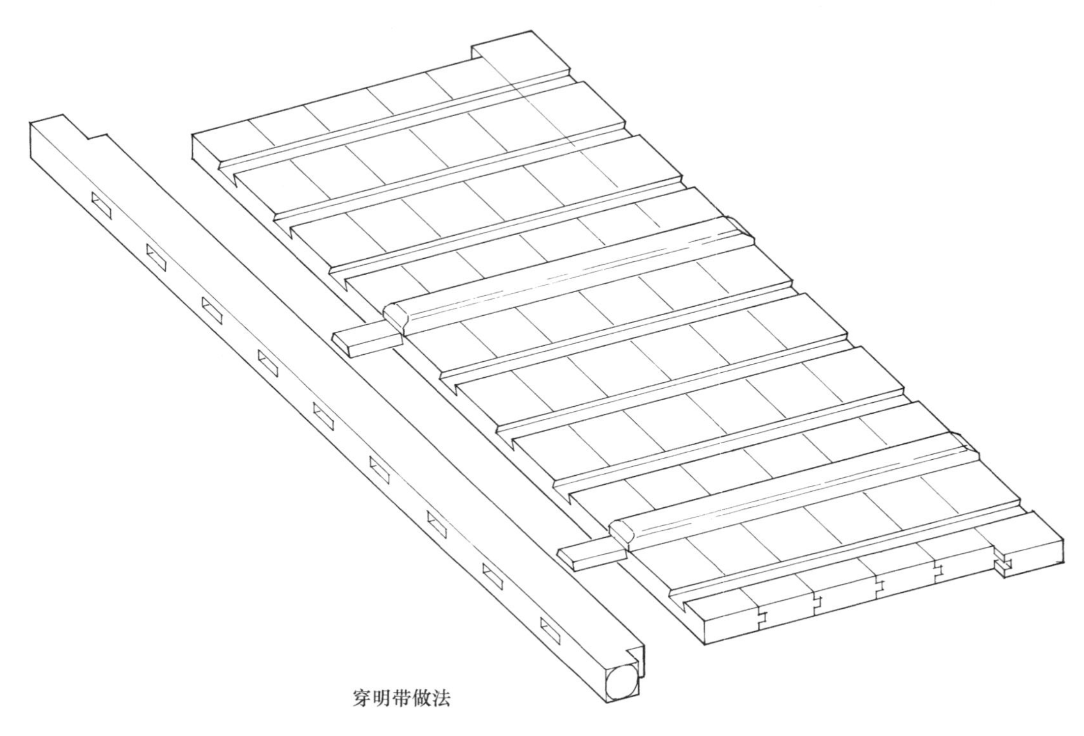

图 7-8　实榻门构造（2）

（二）攒边门（棋盘门）的构造和做法

攒边门与实榻门相同，也是贴附在槛框内侧安装的，其上下及两侧掩缝之留法略同实榻门，由于攒边门一般体量较小，所以，掩缝的大小一般在 2.5 厘米左右。门扇大者，掩缝尺寸也应随之加大。

攒边门主要是由两部分组成：门心板和边框。制作攒边门时，应按门扇大小及边框尺寸画线，首先将门心板用穿带攒在一起，穿带两端做出透榫，在门边对应位置凿眼。门边四框的榫卯。做大割角透榫，榫卯做好后，将门心板和边框一起安装成活（参见图 7-10）。

（三）撒带门构造及做法

撒带门与攒边门类似，也由两部分组成：门心板和门边带门轴。它的安装方法同攒边门，须留出上下掩缝及侧面掩缝，按尺寸统一画线后，先将门心板拼攒起来。与门边相交的一端穿带做出透榫，门边对应位置凿做透眼，分别做好后一次拼攒成活（图 7-11）。

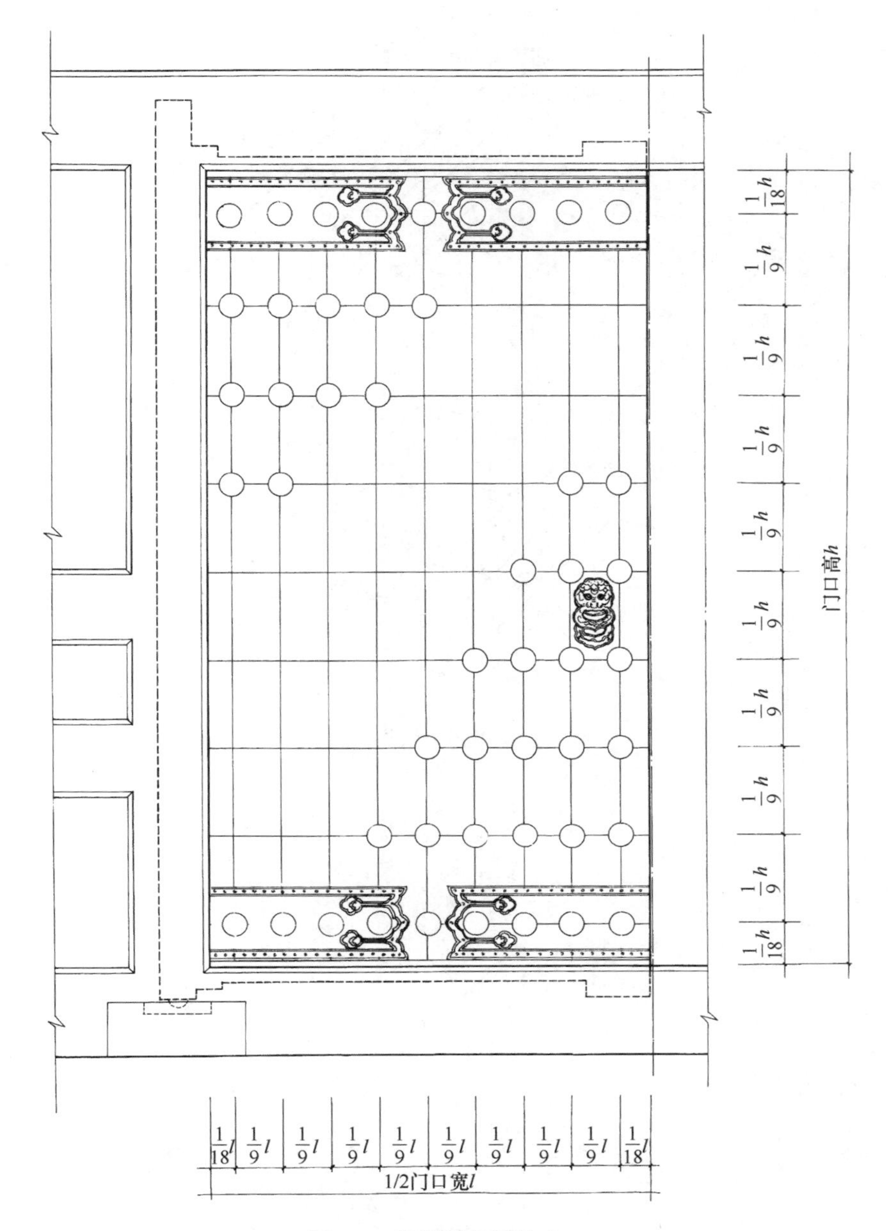

图 7-9　实榻门各部尺寸

（四）屏门的构造及做法

屏门通常是用一寸半厚的木板拼攒起来的，板缝拼接除应裁做企口缝外，还应辅以穿带。屏门一般穿明带，带穿好后，将木带高出门板部分刨平。屏门没有门边门轴，为固定门板不使散落，上下两端要贯装横带，称为“拍抹头”，做法是在门的上下两端做出透榫，按门扇宽备出抹头，按 45° 拉割角，在抹头对应位置凿眼，构件做好后拼攒安装（参见图 7-12）。

屏门的安装方式与前三种门不同，是在门口内安装，因此上下左右都不加掩缝，门扇尺寸按门口宽均分四等份，门扇高同门口高。

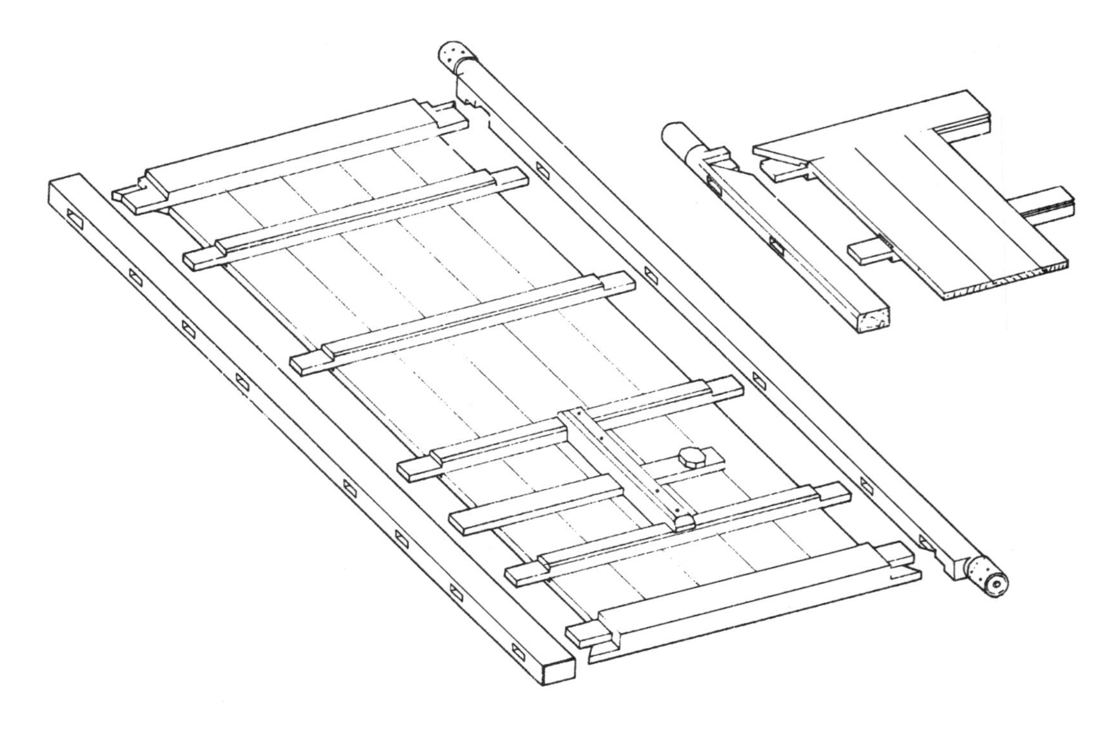

图 7-10　攒边大门构造榫卯图

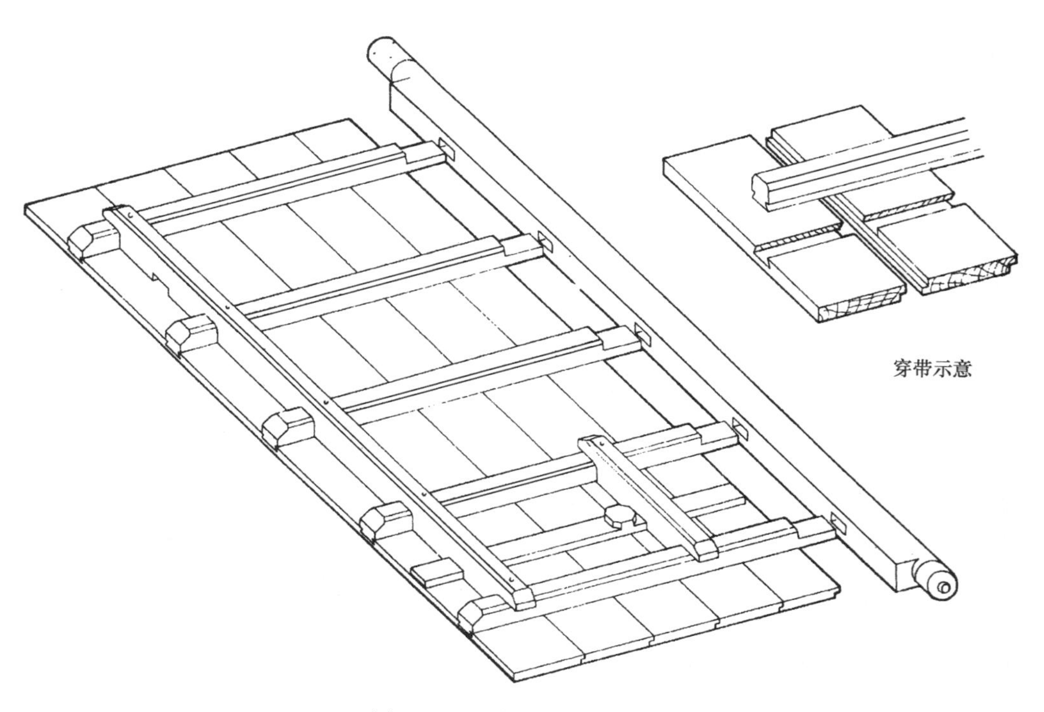

图 7-11　撒带大门构造示意

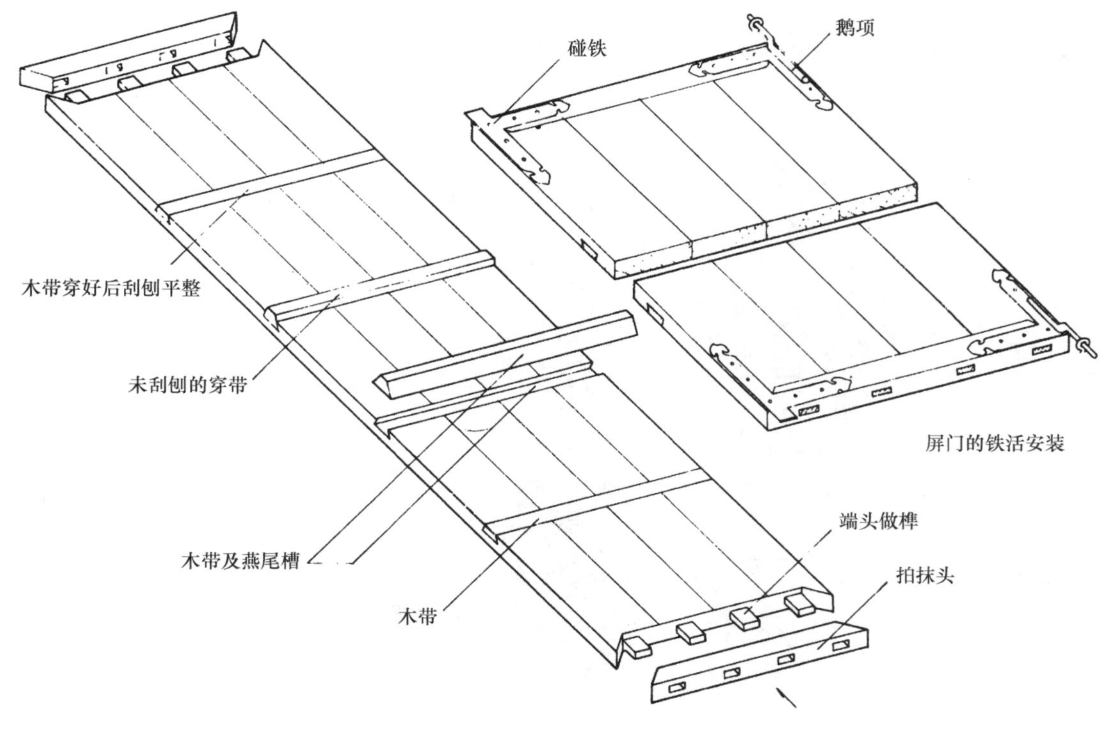

图 7-12　屏门的构造

三、各种大门的铜铁饰件及安装

铜铁饰件，是各种大门的重要附属构件，它们对加固装饰大门，开启门扉等，起着重要作用。现分别将各种铜铁饰件的尺度作用与安装部位简述如下：

（一）用于实榻门的饰件

门钉——按等级规定或九路，或七路，或五路，钉于实榻门正面，有加固门板与穿带的结构作用、表现建筑等级的作用和装饰作用。清式《则例》规定“凡门钉以门扇除里大边一根之宽定圆径高大。如用钉九路者，每钉径若干，空当照每钉之径空一份，如用七路者，每钉径若干，空当照每钉之径空一份二厘。如用五路者，每钉径若干，空当照每钉之径空二份。门钉之高与径同。”

铺首（又称铪钑兽面）——安装于宫门正面，为铜质面叶贴金造，形如雄狮，凶猛而威武，大门上安装铺首，象征天子的尊贵和威严。

兽面直径为门钉直径的 2 倍，每个兽面带仰月千年锦一份。

大门包叶——铜制，表面贴金，正面铪钑大蟒龙，背面流云，每扇门用四块，用小泡头铜钉钉在大门上下边，包叶宽约为门钉径的 4 倍。大门包叶有防止门板散落及装饰功能。

寿山福海——安装于实榻门上下门轴的旋转枢纽构件。是套筒、护口及踩钉、海窝的总称，用于上面称为寿山，用于下面称为福海。通常为铁质。

（二）用于攒边门的饰件

门钹——安装于攒边门正面，为扣门和开启门的拉手，一般为铜制，六角形。门钹对面直径尺寸同门边宽，上带纽头圈子。

（三）用于屏门上的饰件

鹅项、碰铁、屈戌、海窝——都是用于开启门扇的枢纽构件，鹅项安装于屏门门轴一侧。因屏门无门轴，鹅项即门轴，上下各一件，碰铁安装于门的另一边，上下各一件，作为门关闭时与门槛的碰头。屈戌为固定鹅项的构件，海窝相当于大门门轴下的海窝，安装在连二楹上（以上均见图 7-13）。

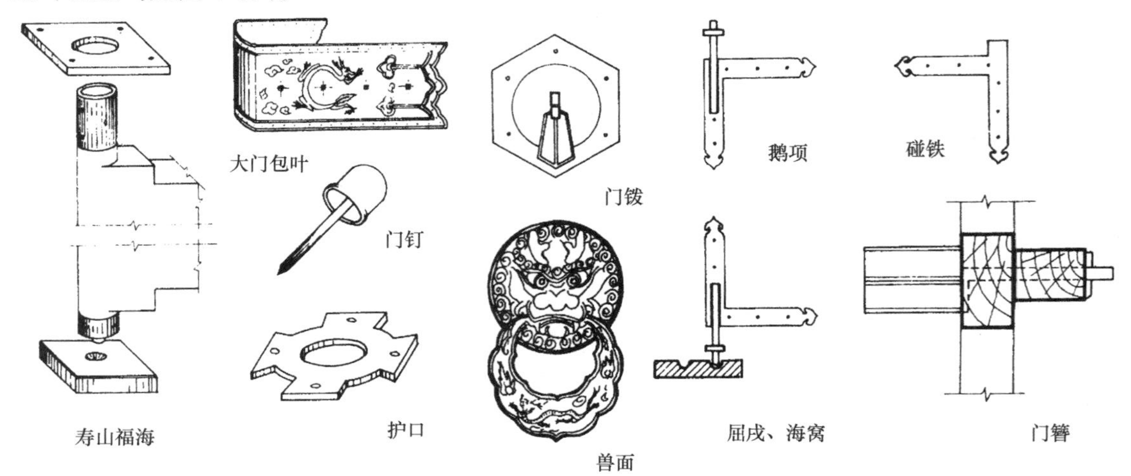

图 7-13　大门铜铁饰件图

（四）大门的安装

大门的安装十分简单，只要将门轴上端插入连楹上的轴碗，门轴下面的踩钉对准海窝入位即可。但由于古建大门门边很厚，如两扇之间分缝太小，则开启关闭时必然碰撞。因此，在安装前必须将分缝制作出来，不仅要留出开启的空隙，还要留出门表皮油漆地仗所占的厚度（一般地仗为 3～5 毫米厚）。分缝须在安装前做好，安装以后，如不合适还可进行修理。

第四节　隔扇、槛窗

一、隔扇、槛窗的功能、种类及权衡尺度

隔扇，宋代称“格子门”是安装于建筑物金柱或檐柱间，用于分隔室内外的一种装修。隔扇由外框、隔扇心、裙板及绦环板组成，外框是隔扇的骨架，隔扇心是安装于外框上部的仔屉，通常有菱花和棂条花心两种。裙板是安装在外框下部的隔板，绦环板（宋称腰华板）是安装在相邻两根抹头之间的小块隔板。裙板和绦环板上常作各种装饰性很强的雕刻。

明清隔扇自身的宽、高比例大致为 1∶3～1∶4，用于室内的壁纱厨，宽、高比有的可达 1∶5～1∶6。每间安装隔扇的数量，要由建筑物开间大小来定，一般为 4～8 扇（偶数）。

明清建筑的隔扇，有六抹（即六根横抹头，下同）、五抹、四抹，以及三抹、两抹等数

种，依功能及体量大小而异。通常用于宫殿、坛庙一类大体量建筑的隔扇，多采用六抹、五抹两种，这不仅仅是为显示帝王建筑的威严豪华，更是坚固的需要。四抹隔扇多见于一般寺院和体量较小的建筑，三抹隔扇多见于宋代，明清时期较为少见。有些宅院花园的花厅及轩、榭一类建筑，常做落地明隔扇，这种隔扇一般采取三抹及二抹的形式，下面不安装裙板（以上参见图 7-14）。

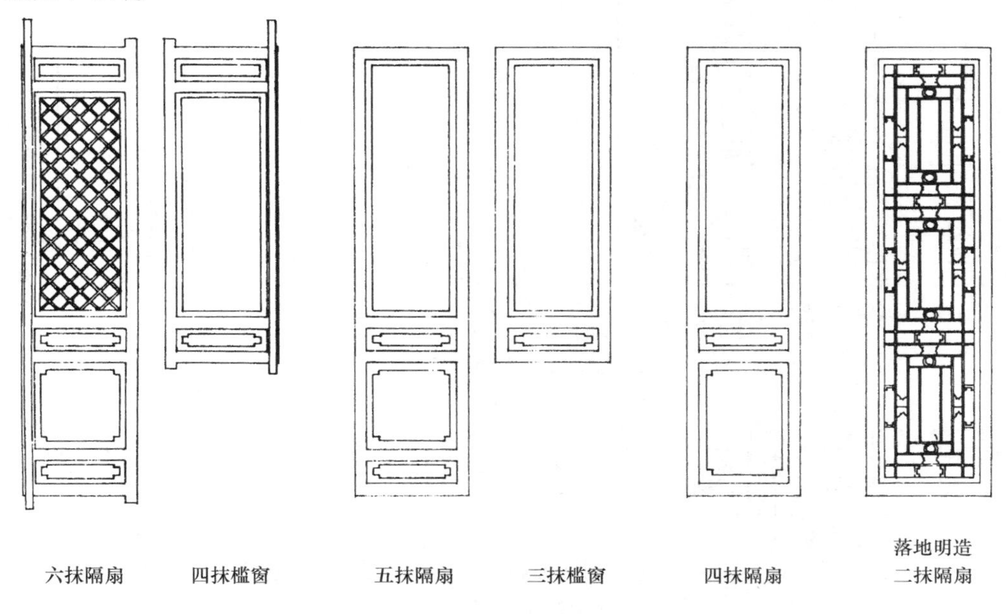

图 7-14 隔扇、槛窗形式举例

明清隔扇上段（棂条花心部分）与下段（裙板绦环部分）的比例，有六、四分之说，即假定隔扇全高为 10 份，以中绦环的上抹头上皮为界，将隔扇全高分成两部分，其上占六份，其下占四份。这个规定，对统一各类隔扇的风格有重要作用。

在古建筑中，与隔扇门共用的窗称为槛窗。槛窗等于将隔扇的裙板以下部分去掉，安装于槛墙之上，槛墙的高矮由隔扇裙板的高度定，即：裙板上皮为槛窗下皮尺寸，槛窗以下为风槛，风槛之下为榻板、槛墙［参见图 7-1（2）］。槛窗的优点是，与隔扇共用时，可保持建筑物整个外貌的风格和谐一致，但槛窗又有笨重、开关不便和实用功能差的缺点。所以这种窗多用于宫殿、坛庙、寺院等建筑，民居中是绝少使用槛窗的。

与隔扇、槛窗配套使用的还有横陂、帘架。

横陂是隔扇槛窗装修的中槛和上槛之间安装的窗扇。明清时期的横陂窗，通常为固定扇，不开启，起亮窗作用，由外框和仔屉两部分构成。横陂窗在一间里的数量，一般比隔扇或槛窗少一扇。如隔扇（或槛窗）为四扇，横陂则为三扇，如隔扇为六扇则横陂为五扇。横陂的外框、花心与隔扇、槛窗相同。

帘架，是附在隔扇或槛窗上挂门帘用的架子。用于隔扇门上的称门帘架，用于槛窗上的称窗帘架。帘架宽为两扇隔扇（或槛窗）之宽再加隔扇边梃宽一份即是，高同隔扇（或槛窗），立边上下加出长度，用铁制帘架掐子安装在横槛上（图 7-15）。

关于隔扇边梃的断面尺寸，清式则例规定，隔扇边梃看面宽为隔扇宽的 1/10～1/11，边梃厚（进深）为宽的 1.4 倍，槛窗、帘架、横陂的边梃尺寸与隔扇相同。

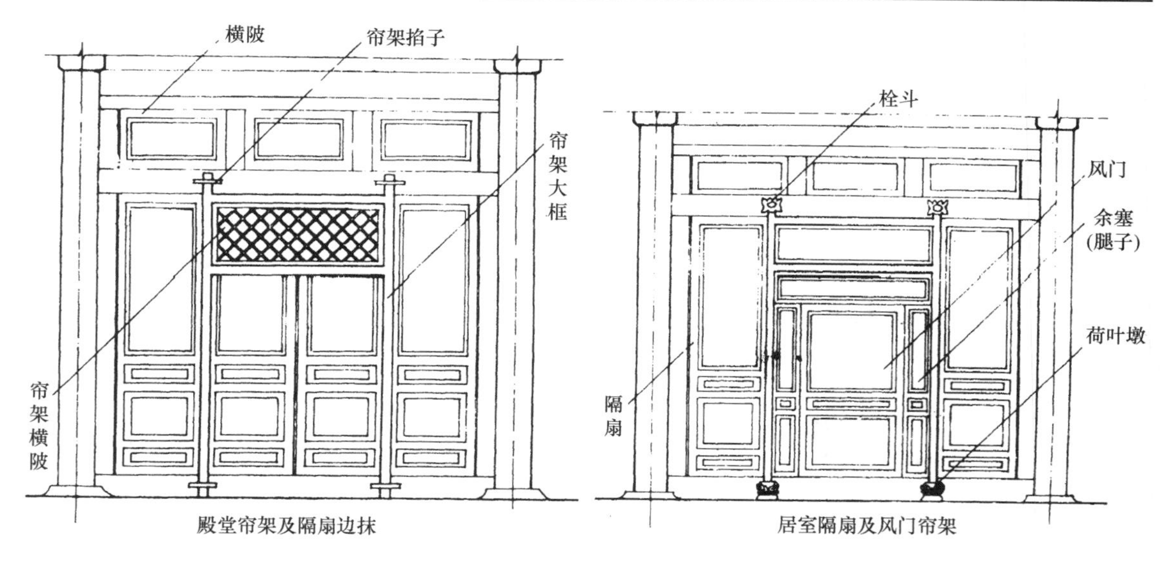

图 7-15　帘架及横陂

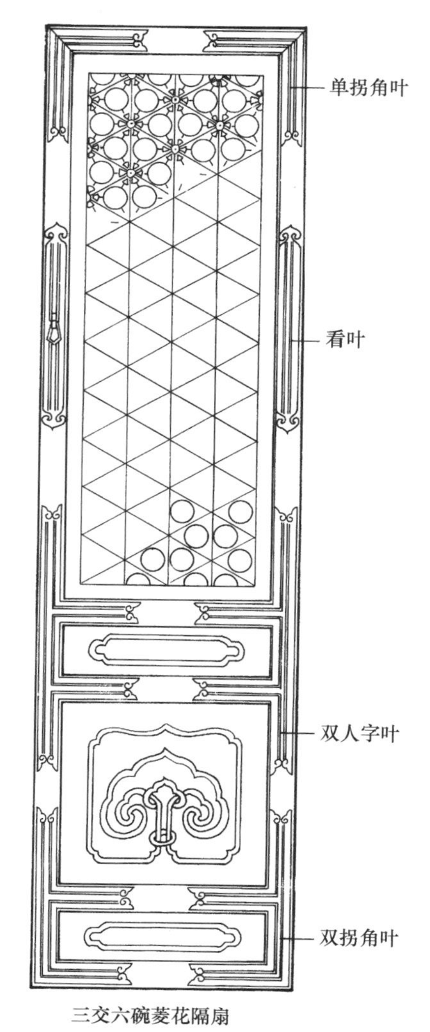

图 7-16　隔扇面叶名称

二、隔扇、槛窗的基本构造和饰件

隔扇、槛窗是由边框、隔心、裙板和绦环板这些基本构件组成的。边框的边和抹头是凭榫卯结合的，通常在抹头两端做榫，边梃上凿眼，为使边抹的线条交圈，榫卯相交部分需做大割角、合角肩。隔扇边抹宽厚，自重大，榫卯需做双榫双眼。

裙板和绦环板的安装方法，是在边梃及抹头内面打槽，将板子做头缝榫装在槽内，制做边框时连同裙板、绦环板一并进行制安。

隔扇槛窗边框内的隔心，是另外做成仔屉，凭头缝榫或销子榫安装在边框内的。如菱花仔屉，是采用在仔屉上下边留头缝榫，在抹头的对应位置打槽，用上起下落的方法安装的。一般的棂条隔心则是通过在仔屉边梃上栽木销的办法安装的。

隔扇、槛窗都是凭转轴作转动枢纽的。转轴是一根钉附在隔扇或槛窗边梃上的木轴，其宽、厚按隔扇边梃减半而定。转轴上端插入中槛的连楹内，下端插入单楹内，两扇隔扇或槛窗关闭以后，内一侧用栓杆栓住。栓杆断面尺寸同转轴，长度比转轴加出连楹之厚一份，上下分别插入连楹和单楹。

在较大的隔扇和槛窗上，通常都在边梃的看面四角安装铜制饰件，这种饰件总称叫“面叶”，上面冲压云龙花纹的称为“铪钣面叶”。面叶依位置不同又分为双拐角叶（用于六抹隔扇的上、下拐角处），单拐角叶，双人字叶（用于中绦环抹头和边梃相交的节点处）以及看叶（用于边梃上部中段）、纽头圈子等。

面叶是用小泡头钉钉在隔扇边抹节点处的，它有防止节点榫卯松散和装饰双重功能（图 7-16）。

在隔扇转轴上下两端，同样使用套筒、护口、踩钉、海窝（即寿山福海）等铁件。

三、隔扇、槛窗的制作与安装

隔扇、槛窗的制作、安装，有两点需要提及。由于隔扇边梃甚厚，开启关闭时也同样会遇到实榻门、棋盘门那种门边碰撞的情况，因此。应在制作时考虑分缝大小。并留出油漆地仗所占厚度；另外，由于隔扇、槛窗关闭时是掩在槛框里口，而不是附在槛框内侧，所以，上下左右都无须留掩缝，相反，扇与槛框之间要适当留出缝路，以便开关启合。

第五节　支摘窗、风门

一、支摘窗、风门的构件名称、功用及尺度权衡

支摘窗是用于民居、住宅建筑的一种窗。安装于建筑物的前檐金柱或檐柱之间。北京地区支摘窗的普遍形式是：在槛墙之上，居中安装间框（又称间柱），将空间分为两半。间框上端交于上槛（或中槛），下端交于榻板。抱框与间框之间。安装支摘窗，支摘窗分上下两段，上为支窗，下为摘窗。支摘窗一般都做内外两层。支窗外层为棂条窗，糊纸或安玻璃以保持室温；内层做纱屉，天热时，可将外层棂条窗支起，凭纱窗通风。摘窗也分内外两层，外一层做棂条窗糊纸，以遮挡视线，并有保温作用，夜晚装起，白天摘下（如室内安窗帘可不用摘窗遮挡视线），内一层做玻璃屉子，可保温和采光［参见图 7-1（3）］。

风门是专门用于住宅居室的单扇格子门，安装在明间隔扇外侧的帘架内。我国北方民居，一般是次间安支摘窗，明间安隔扇门。隔扇的缺点是门扇体量大，开启不便，扇与扇之间分缝大，不利于保温。为补救隔扇的缺点，前人采用在隔扇外侧安装帘架的方法。帘架外框尺寸与前面所述相同，高同隔扇，外加上下入楹尺寸，宽为两扇隔扇宽。外加边梃看面一份，使边梃正好压住隔扇间的分缝，利于防寒保温。边框里面，最上面为帘架横陂，横陂之下为楣子（相当于门上的亮窗）。楣子之下为风门位置。风门居中安装，宽度约为高的 1/2。两侧安装固定的窄门扇，称为“余塞”，俗称“腿子”。风门通常为四抹，门下段为裙板部分，上段为棂条花心部分，中有绦环板，形式略同于四抹隔扇，只是较为宽矮。在风门及余塞之下，隔扇下槛外皮贴附一段门槛，称为“哑吧槛”，是专为安装风门余塞用的下槛。风门凭鹅项碰铁或合页安装在固定位置上，安装风门以后，内侧的隔扇门就可以完全打开。风门体量小，开启灵活，利于保温，冬天，在风门里面可以挂棉门帘；夏天，可将风门摘下，在外面挂起竹帘通风。摘下风门后，可利用内层的隔扇分隔室内外。用于居室的风门、帘架要求有一定的装饰性，固定帘架立边的木制栓斗上面做出雕饰，通常上刻荷花，下刻荷叶，称为荷花栓斗和荷叶墩（参见图 7-17）。

二、支摘窗、风门的构造、做法及安装

支摘窗一般体量较小，由边框和棂条花心组成。棂条花纹简单的支摘窗，可将棂条和边

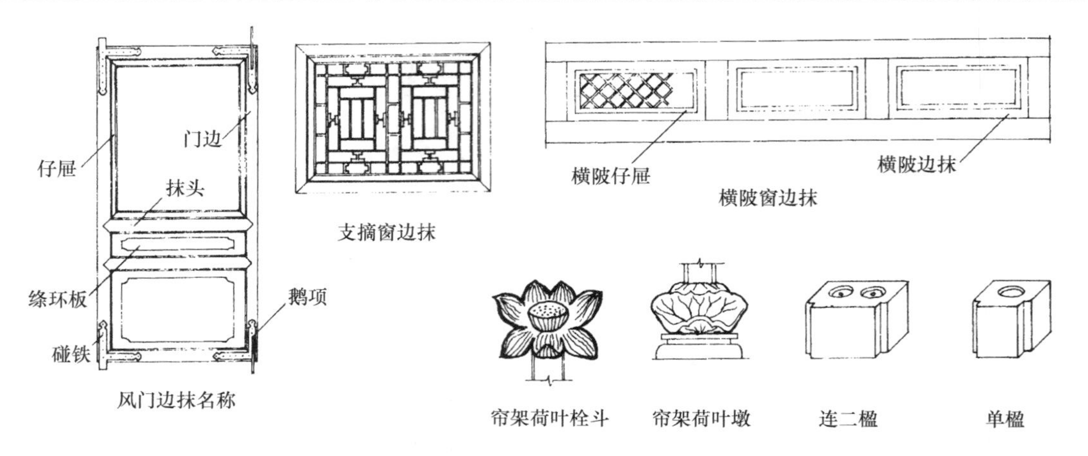

图 7-17　楹子、栓斗、荷叶墩

框安装在一起（如十字棂、豆腐块一类）。棂条比较复杂的（如冰裂纹、龟背锦等）可将棂条花心部分做成仔屉，凭木销安装在外框之内，以便棂条损坏后进行整修。

风门做法与隔扇门基本相同。支摘窗和风门常采用的棂条图案有步步锦、灯笼锦、豆腐块等。

支摘窗边框用料尺寸，看面一般为 1.5～2 寸（4.8～6.4 厘米），厚（进深）为看面的 4/5 或按槛框厚的 1/2。仔屉边框看面及厚度均为外框的 2/3，棂条断面一般为 6 或 8 分，看面 6 分（约 1.9 厘米），进深八分（约 2.5 厘米）。

支摘窗上常用的铁件有合页、挺钩、铁插销（用以销锁摘窗用）、护口等；风门常用的铁件为鹅项、碰铁、屈戌、海窝等。

风门、支摘窗的安装，应遵循古建木装修可任意拆安移动的原则，在一般情况下都不应使用钉子，用木销或铁销安装固定窗扇。

第六节　牖窗、什锦窗

牖窗是窗的一种。古时称开在墙上的窗为牖。什锦窗是一种装饰性和园林气氛很浓的牖窗，窗的外形各式各样，有扇面、月洞、双环、三环、套方、梅花、玉壶、玉盏、方胜、银锭、石榴、寿桃、五角、八角等。

一、牖窗、什锦窗的种类、功能及尺度

什锦窗大致可分为镶嵌什锦窗、单层什锦漏窗及夹樘什锦灯窗三种形式。

镶嵌什锦窗是镶在墙壁一面的假窗（盲窗），没有一般窗子所具有的通风、透光等功能，只起装饰墙面的作用。单层什锦漏窗是用于庭院或园林内隔墙上的装饰花窗，通过在隔墙上设置这种漏窗，使隔墙两侧的景观既有分隔又有联系，什锦漏窗本身又是一种装饰性极强的装修，且有框景的功用，为园林及庭院中不可缺少的一种装修形式。单层什锦漏窗，在窗框内只居中安装一樘仔屉，而夹樘什锦漏窗除有同单层漏窗相同的功能外，在窗框内是安装两层仔屉，仔屉内镶玻璃或糊纱，其上题字绘画，仔屉贴墙的两个面安装，中间安置照明灯，故又称灯窗。每逢佳节除夕，各种形状的窗内灯火齐明，映照两壁诗画，

有无限意趣（图 7-18、图 7-19）。

由于什锦窗是装饰性极强的窗，又开在比较低矮的隔墙上，故窗的体量都应以小取胜，宽窄高矮在 2～3 尺（60～90 厘米）左右，不宜过宽过大。设置在房屋壁面上的牖窗，则可根据实际需要确定尺度大小，不可与什锦窗并论。

图 7-18　什锦窗与牖窗形式举例（一）

图 7-19　什锦窗与牖窗形式举例（二）

二、牖窗、什锦窗的构造、制作与安装

牖窗、什锦窗主要由筒子口、边框和仔屉三部分组成。筒子口是最外圈的口框。漏窗的筒子口宽（进深）同墙自身厚，用板条按窗套形状圈做，两侧装木制贴脸。筒子口内为什锦窗边框，边框的作用、断面尺寸同一般窗的边框相似，在边框里边，还镶有仔屉，仔屉上或镶玻璃或安装棂条，仔屉和边框之间凭销子结合在一起。

如果什锦窗筒子口做成砖套时，其外圈也应贴砖制贴脸，筒子口内安装外框和仔屉。

什锦窗的制作，首先应按照图样放出一比一足尺大样，按大样套出外框及仔屉的样板、按样板制作外框、筒子口框及仔屉，构件制成之后，将边框、筒子口与仔屉组装成整体待安。

什锦窗的安装要在墙体砌到下碱以上时进行。各种形状的什锦窗在墙面上的高度，应以什锦窗的中心点为准，不能以窗上皮或下皮为准，窗间距离也应以中心点为准进行排列（图 7-20）。

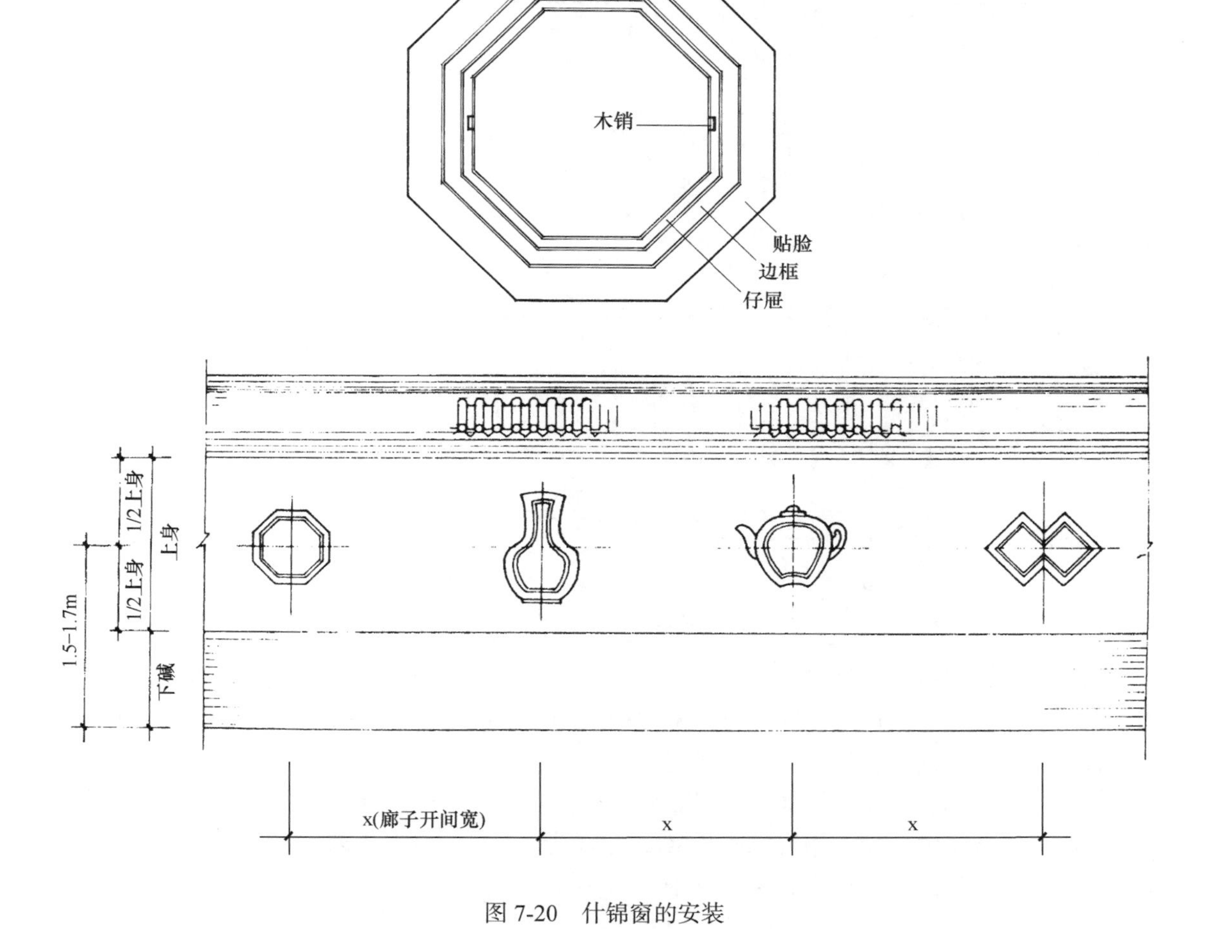

图 7-20　什锦窗的安装

第七节　栏杆、楣子

一、栏杆、楣子的种类和用途

栏杆是古建外檐装修的一个类别，依位置分有一般栏杆和朝天栏杆两种，按构造做法分则有寻杖栏杆、花栏杆等类别。

栏杆的主要功能是围护和装饰。在楼阁建筑中，上层的平座回廊是为供人行走或登临远眺的地方，在檐柱间安装栏杆，有栏挡围护，防止游人失足坠落的重要功能。建在高台上的建筑，其月台四周安装栏杆（或石制栏板），其作用也在于此。而安装在商业建筑平台屋面边缘的朝天栏杆，则主要用作装饰。除以上两种之外，常见的还有一种鹅颈椅，又称靠背栏杆，既有围护作用，又可供人休息（图 7-21）。

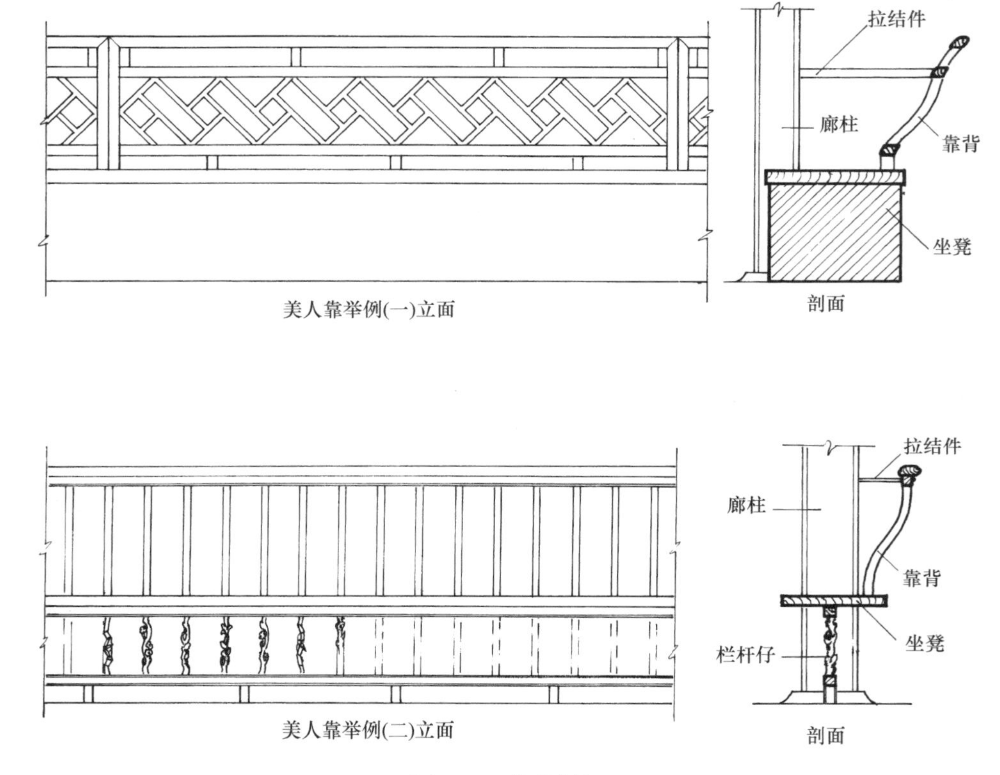

图 7-21　靠背栏杆

楣子是安装于建筑檐柱间（如民居中正房、厢房、花厅的外廊或抄手游廊）的兼有装饰和实用功能的装修。依位置不同，分为倒挂楣子和坐凳楣子。倒挂楣子安装于檐枋之下，有丰富和装点建筑立面的作用；坐凳楣子安装在檐下柱间，除有丰富立面的功能外，还可供人坐下休息。楣子的棂条花格形式同一般装修，常见者有步步锦、灯笼框、冰裂纹等，较为讲究的做法，还有将倒挂楣子用整块木板雕刻成花罩形式的，称为花罩楣子。这种做法费时费工，但装饰效果更强，多见于私家园林中（图 7-22）。

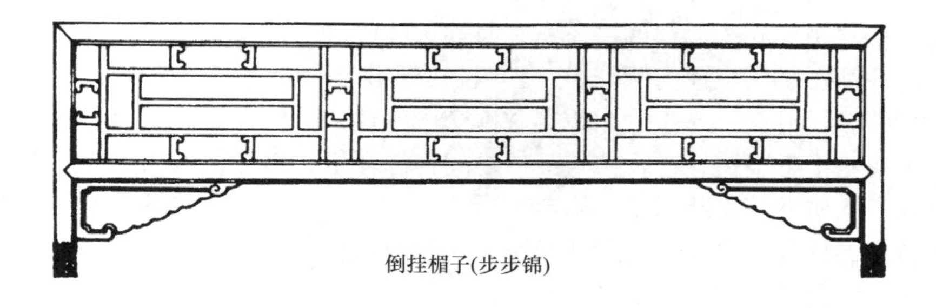

倒挂楣子(步步锦)

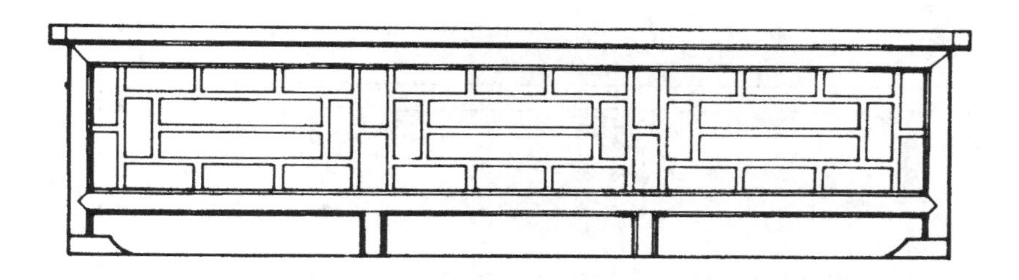

坐凳楣子(步步锦)

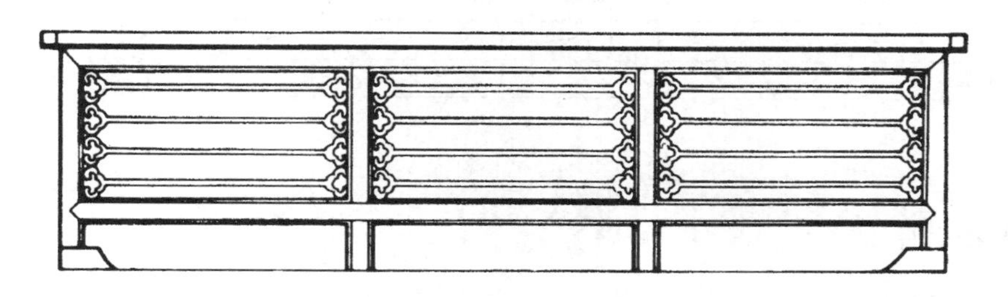

坐凳楣子(金线如意)

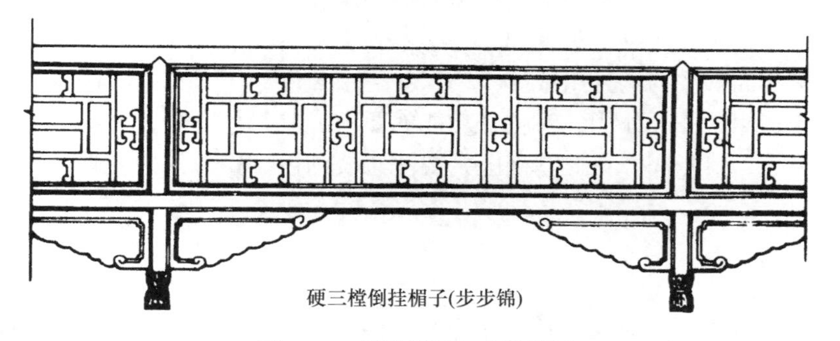

硬三檩倒挂楣子(步步锦)

图 7-22　倒挂楣子和坐凳楣子

二、栏杆、楣子的构造、做法

（一）寻杖栏杆

寻杖栏杆的主要构件有望柱、寻杖扶手、腰枋、下枋、地栿、绦环板、牙子以及荷叶净瓶等。其中，地栿是贴在地面上皮的横木，宽度等于或略大于望柱尺寸，两端交于檐柱根部，它上边的望柱及栏杆都安装在这根地栿木上，地栿贴地面部分做出流水口以供廊内雨水排放。望柱是寻杖栏杆的主要构件之一，它是附着在檐柱侧面的小方柱，柱径 4～5 寸左右，或按柱径的 3/10。望柱高一般在四尺左右，具体尺寸的确定还要看建筑物整体尺度的大小，栏杆的水平构件都安装在望柱内侧。扶手是寻杖栏杆最上面的一根水平构件，高度一般在 3～3.5 尺，断面为圆形，直径 2～3 寸，两端做榫交于望柱，腰枋和下枋是两根断面呈方形的横构件，宽等于或略小于望柱，在腰枋与下枋之间为绦环板，绦环板每间分成三至五块。中间由折柱分隔开。下枋下面安装牙子，称走水牙子，它在地栿之上，并不起走水作用，惟装饰而已。在腰枋与寻杖扶手之间安装荷叶净瓶，净瓶与折柱相对，系用一根木头做成，以增强栏杆的整体性（以上参见图 7-23）。

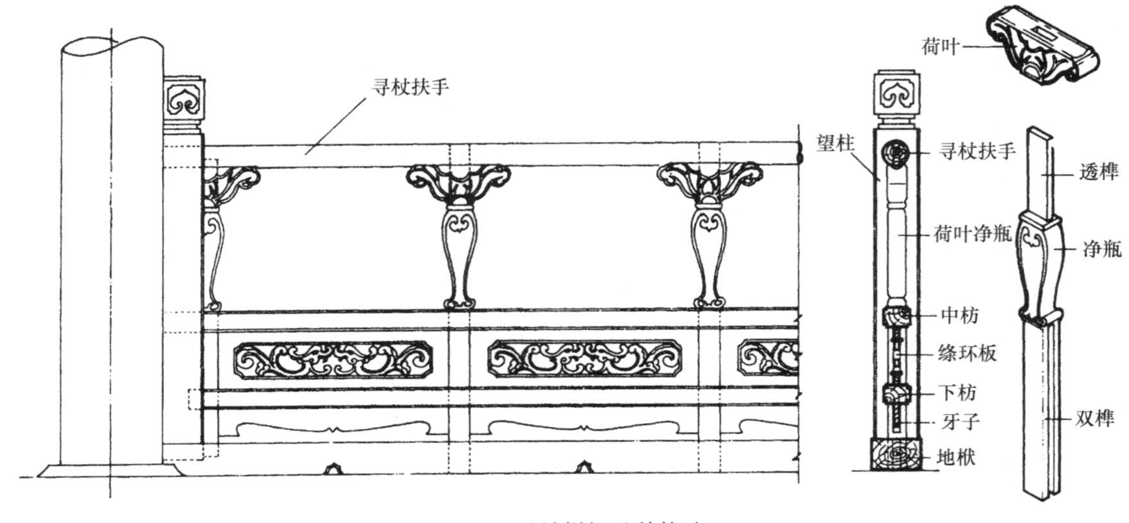

图 7-23　寻杖栏杆及其构造

（二）花栏杆

花栏杆的构造比较简单，主要由望柱、横枋及花格棂条构成。这种栏杆常用于住宅及园林建筑中。花栏杆的棂条花格十分丰富，最简单的用竖木条做棂条，称为直档栏杆，其余常见者则有盘长、井口字、亚字、龟背锦、卍字不到头、葵式乱纹等，美人靠（靠背栏杆）则主要由靠背、坐凳面等主要构件组成。

栏杆的主要功用是围护作用，对栏杆功能的要求，首先是安全，因此，用料一般都比较粗壮，整体性要强、要坚固，在此基础上，要注意装饰性，要与其他装修、整体建筑及周围环境相协调。

（三）倒挂楣子

倒挂楣子主要由边框、棂条以及花牙子等构件组成，楣子高（上下横边外皮尺寸）一尺至一尺半不等，临期酌定。边框断面为 4 厘米 × 5 厘米或 4.5 厘米 × 6 厘米，小面为看面，大面为进深。棂条断面同一般装修棂条，为六、八分（1.8 厘米 × 2.5 厘米），花牙子是安装在楣子立边与横边交角处的装饰件，通常做双面透雕，常见的花纹图案有草龙、番草、松、竹、梅、牡丹等。

（四）坐凳楣子

坐凳楣子可供人小坐休息，主要由坐凳面、边框、棂条等构件组成。坐凳面厚度在一寸半至二寸不等，坐凳楣子边框与棂条尺寸可同倒挂楣子，坐凳楣子通高一般为 50～55 厘米。

三、栏杆、楣子的制作与安装

制作栏杆、楣子之前，首先要对各间的柱间净尺寸进行一次实量，掌握实际尺寸与设计尺寸之间的误差，制作时可根据实际情况适当调整尺寸。

在通常情况下是将栏杆、楣子做好以后整体进行安装的，但有时为了安装时操作方便，也可做成半成品，比如，寻杖栏杆的望柱与建筑物檐柱间相结合的面是凹弧形面，安装时需要砍抱豁（如安装抱框那样）。为操作方便，在制作栏杆时，横枋与望柱之间榫卯入位时可先不要抹鳔胶。将栏杆的半成品运抵现场后，用长木杆掐量柱间实际尺寸画在栏杆上，以确定望柱外侧抱豁砍斫的深度。然后将望柱退下来，进行砍抱豁剔溜销槽等工序的操作。然后再抹鳔胶，将望柱与栏杆组装在一起，在柱子对应位置钉上（或栽上）溜销，用上起下落法安装入位。

楣子与柱子接触面较小，不用此法，可直接掐量尺寸，过画到楣子上，稍加刨砍整修即可进行安装。

安装所有栏杆、楣子都必须拉通线，按线安装，使各间栏杆（或楣子）的高低出进都要跟线，不允许高低不平、出进不齐的现象出现。

第八节　花罩、碧纱厨

一、花罩、碧纱厨的种类和功用

花罩、碧纱厨是古建筑室内装修的重要组成部分，主要用来分隔室内空间，并有很强的装饰功能，由于花罩、碧纱厨做工十分讲究，集各种艺术、技术于一身，又成为室内重要的艺术装饰品。

古建木装修中的花罩有几腿罩、落地罩、落地花罩、栏杆罩、炕罩等。其中落地罩当中又有不同的形式，常见者有圆光罩、八角罩以及一般形式的落地罩，各种花罩，除炕罩外，通常都安装于居室进深方向柱间，起分间的作用，造成室内明、次、梢各间既有联系又有分隔的环境气氛。

几腿罩：由槛框、花罩、横陂等部分组成，其特点是：整组罩子仅有两根腿子（抱框），腿子与上槛、挂空槛组成几案形框架，两根抱框恰似几案的两条腿，安装在挂空槛下的花罩，横贯两抱框之间。挂空槛下也可只安装花牙子。几腿罩通常用于进深不大的房间［图 7-24（1）］。

栏杆罩：主要由槛框、大小花罩、横陂、栏杆等部分组成，整组罩子有四根落地的边框，两根抱框、两根立框，在立面上划分出中间为主、两边为次的三开间的形式。中间部分形式同几腿罩，两边的空间，上安花罩、下安栏杆（一般做成寻杖栏杆形式），称为栏杆罩。这种花罩多用于进深较大的房间。整组罩子分为三樘，可避免因跨度过大造成的空旷感觉，在两侧加立框装栏杆，也便于室内其他家具陈设的放置［图 7-24（2）］。

落地罩：形式略同于栏杆罩，但无中间的立框栏杆，两侧各安装一扇隔扇，隔扇下置须弥墩［图 7-24（3）］。

落地花罩：形式略同几腿罩，不同之处是：安置于挂空槛之下的花罩沿抱框向下延伸，落在下面的须弥墩上［图 7-24（4）］。这种形式较之几腿罩和一般落地罩更加豪华富丽。

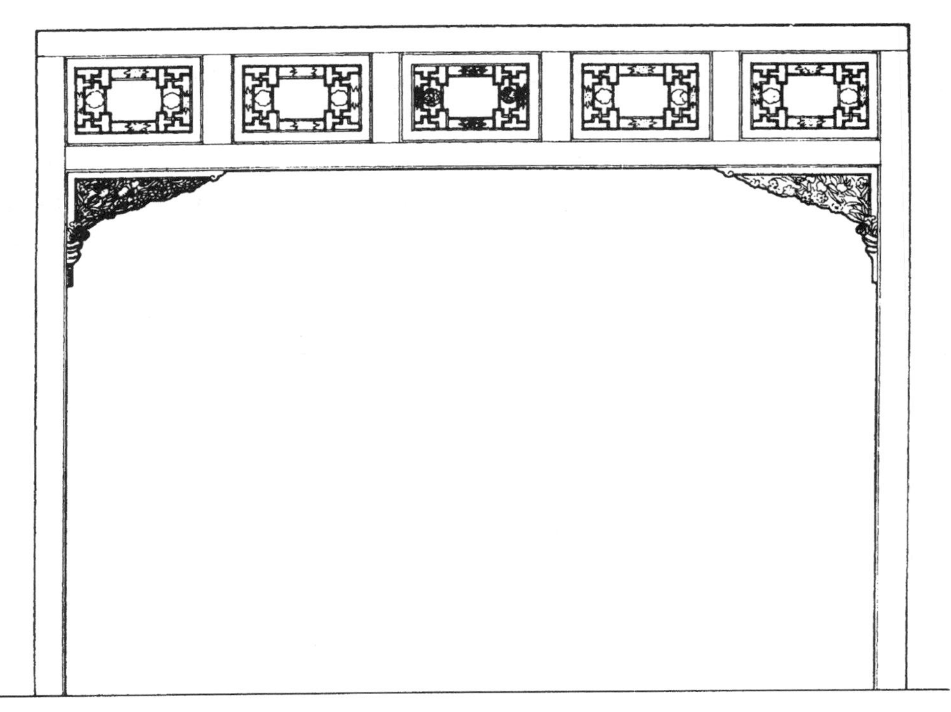

(1) 几腿罩

(2) 栏杆罩

(3) 落地罩

(4) 落地花罩

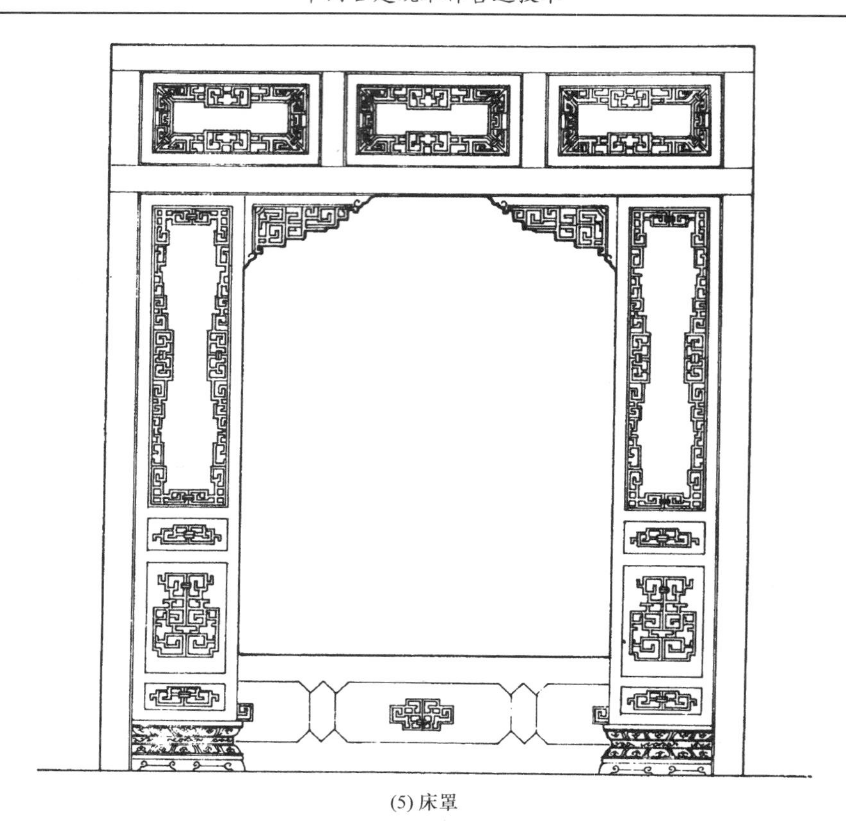

(5) 床罩

图 7-24　几腿罩、落地罩、床罩、栏杆罩、落地花罩

炕罩，又称床罩，是专门安置在床榻前面的花罩，形式同一般落地罩，贴床榻外皮安在面宽方向，内侧挂软帘。室内顶棚高者，床罩之上还要加顶盖，在四周做毗卢帽一类装饰［图 7-24（5）］。

花罩中的另一类，是圆光罩和八角罩，其功用、构造与上述各种花罩略有区别。这种罩是在进深柱间做满装修，中间留圆形或八角形门，使相邻两间分隔开来（图 7-25）。

碧纱厨，是安装于室内的隔扇，通常用于进深方向柱间，起分隔空间的作用。碧纱厨主要由槛框（包括抱框、上、中、下槛）、隔扇、横陂等部分组成，每樘碧纱厨由六至十二扇隔扇组成。除两扇能开启外，其余均为固定扇。在开启的两扇隔扇外侧安帘架，上安帘子钩，可挂门帘。碧纱厨隔扇的裙板、绦环上做各种精细的雕刻，仔屉为夹樘做法（俗称两面夹纱），上面绘制花鸟草虫、人物故事等精美的绘画或题写诗词歌赋，装饰性极强（图 7-26）。

二、花罩、碧纱厨的构造、做法及拆安

室内花罩、碧纱厨都是可以任意拆安移动的装修，因此，它的构造、做法须符合这种构造要求。

花罩、碧纱厨的边框榫卯做法，略同外檐的隔扇槛框，横槛与柱子之间用倒退榫或溜销榫，抱框与柱间用挂销或溜销安装，以便于拆安移动。花罩本身是由大边和花罩心两部分组成的，花罩心由 1.5～2 寸厚的优质木板（常见者有红木、花梨、楠木、楸木等）雕刻而成。周围留出仔边，仔边上做头缝榫或栽销与边框结合在一起。包括边框在内的整扇花罩，安装

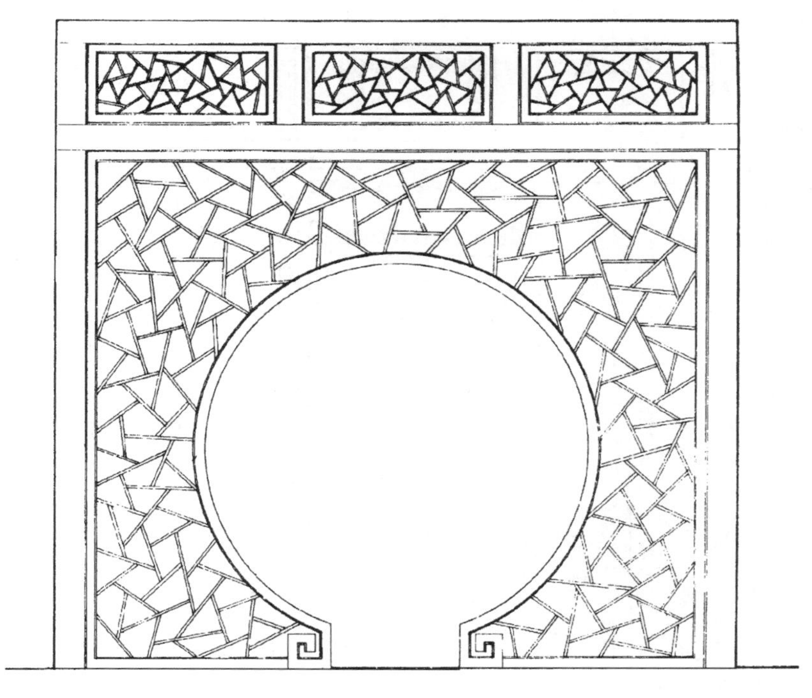

(1) 圆光罩

(2) 八角罩

图 7-25　圆光罩、八角罩

于槛框内时也是凭销子榫结合的，通常做法是在横边上栽销，在挂空槛对应位置凿做销子眼，立边下端，安装带装饰的木销，穿透立边，将花罩销在槛框上。拆除时，只要拔下两立边上的插销，就可将花罩取下。

栏杆罩下面的栏杆，也凭销子榫安装。通常是在栏杆两条立边的外侧面打槽，在抱框及

图 7-26　碧纱厨

立框上钉溜销，以上起下落的方法进行安装（以上见图 7-27）。

碧纱厨的固定隔扇与槛框之间，也凭销子榫结合在一起。常采用的做法是，在隔扇上、下抹头外侧打槽，在挂空槛和下槛的对应部分通长钉溜销，安装时。将隔扇沿溜销一扇一扇推入。在每扇与每扇之间，立边上也栽做销子榫，每根立边栽 2～3 个，可增强碧纱厨的整体性，并可防止隔扇边梃年久走形。也可在边梃上端做出销子榫进行安装（参见图 7-28）。

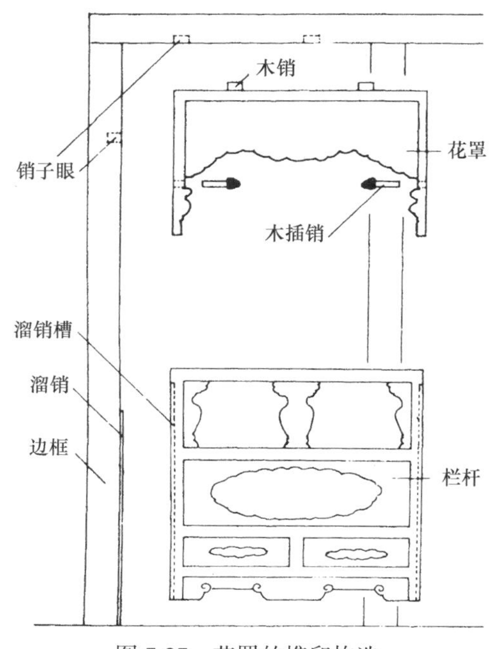

图 7-27　花罩的榫卯构造

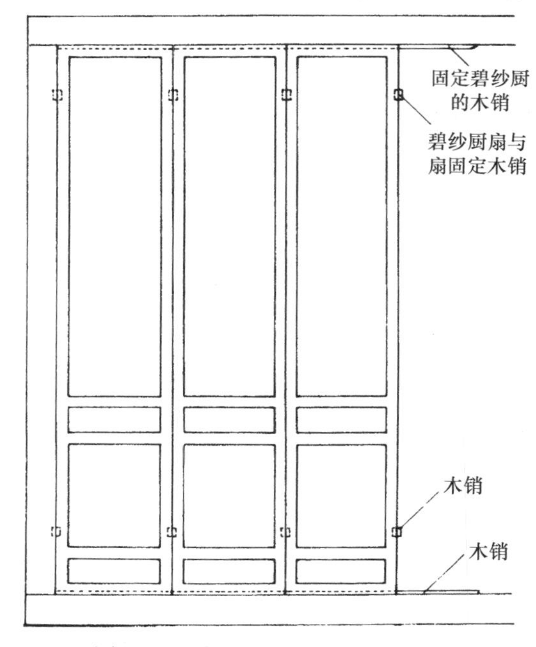

图 7-28　碧纱厨的构造及拆装示意

第九节　板壁、博古架、太师壁

一、板　壁

板壁是用于室内分隔空间的板墙，多用于进深方向柱间，由大框和木板构成。其构造是，在柱间立横竖大框，然后满装木板，两面刨光，表面或涂饰油漆或施彩绘。也可在板面烫蜡，刻扫绿锓阳字，十分雅致。

大面积安装板壁，容易出现翘曲，裂缝等弊病，因此，有些地方采取在板壁两面糊纸，或将大面积板面用木楞分为若干块的方法，如将整樘板壁分隔成碧纱厨形式，下做裙板绦环形式，上面装板，绘画刻字，风雅别致。也有在砖墙表面安装板壁的，方法是，在砌墙时，每隔数层施木楞一道，然后，在木楞上钉横竖龙骨，在龙骨上面再铺钉板壁。板壁的应用范围很广，在住宅、祠堂、寺庙、会馆里常可以见到。

二、博　古　架

博古架又称多宝格，是一种兼有装修和家具双重功用的室内木装修，花格优美，组合得体，多用于进深方向柱间，用以分隔室内空间。

博古架的厚度一般在 1 尺到 1.5 尺，具体尺度须根据室内空间及使用要求确定，格板厚一般为 6～7 分，最多不得超过一寸。博古架通常分为上下两段，上段为博古架，下段为柜橱，里面可储存书籍器皿。相隔开的两个房间需联通时，还可在博古架的中部或一侧开门，供人通行。博古架不宜太高，一般以 3 米以内为宜（或同碧纱厨隔扇高）。顶部装朝天栏杆一类装饰。如上部仍有空间，或空透，或加安壁板，上面题字绘画（图 7-29）。

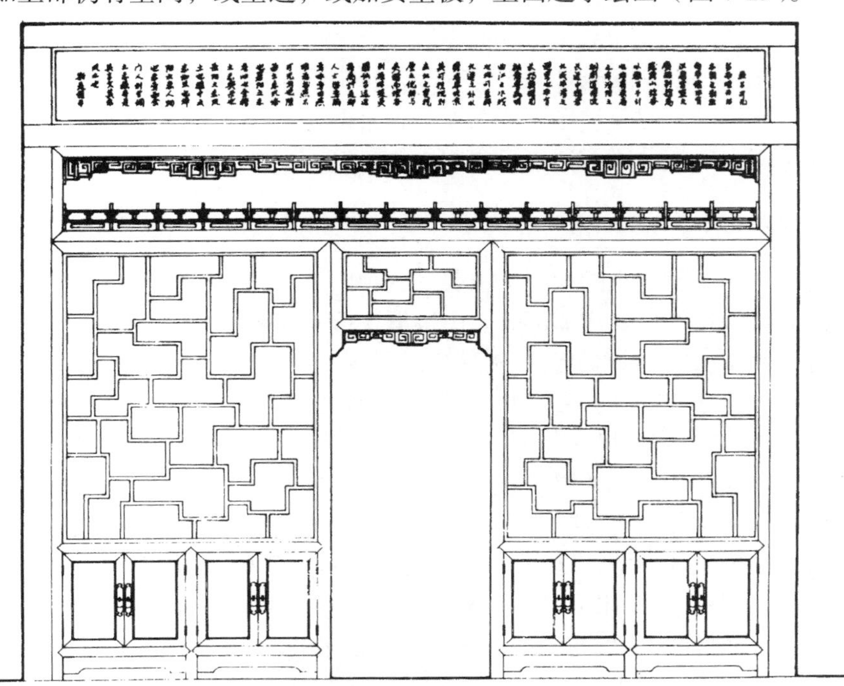

图 7-29　博古架（多宝格）

三、太　师　壁

太师壁多见于南方民居的堂屋和一些公共建筑当中，为装置于明堂后檐金柱间的壁面装修，壁面或用若干扇隔扇组合而成，或用棂条拼成各种花纹，也有做板壁，在上面刻字挂画的。太师壁前放置条几案等家具及各种陈设，两旁有小门可以出入，这种装修在北方很难见到。

第十节　天花、藻井

一、天花的种类功能及构造做法

天花是用于室内顶部的装修，有保暖、防尘、限制室内空间高度以及装饰等作用。

天花有许多别称，如承尘、仰尘、平棊、平暗等，宋代按构造做法将天花分为平暗、平棊和海墁三种，明、清则分为井口天花、海墁天花两类。

（一）井口天花

这是明清古建筑中天花的最高型制，由支条、天花板、帽儿梁等构件组成。天花支条是断面 1.2—1.5 斗口的枋木条，纵横相交，形成井字形方格，作为天花的骨架。其中，附贴在天花枋或天花梁上的支条称为贴梁，断面尺寸高 2 斗口，厚（宽）1.5 斗口，天花支条上面裁口，每井天花装天花板一块。天花板由厚一寸左右的木板拼成，每块板背面穿带二道，正面刮刨光平。上面绘制团龙、翔凤、团鹤及花卉等图案。有些考究的天花板上做精美的雕刻，如故宫乐寿堂、宁寿宫花园古华轩等天花上均雕刻有花草图案。

天花支条分为通支条、连二支条和单支条三种，一般沿建筑物的面宽方向施用通支条，每两井天花施通支条一根，通支条长为面宽减天花梁厚一份为全长。连二支条沿进深方向，垂直于通支条施用，在连二支条之间卡单支条。每根通支条上施用帽儿梁一根，帽儿梁是天花的骨干构件，相当于新建筑顶棚中的大龙骨，梁两端头搭置于天花梁上，用铁质大吊杆，将帽儿梁吊在檩木上，帽儿梁与通支条之间用铁钉钉牢（参见图 4-26）。

（二）海墁天花

海墁天花是用于一般建筑的天花，主要由木顶隔、吊挂等构件组成。

木顶隔是海墁天花的主要构造部分，由边框、抹头及棂子构成，形状与豆腐块棂条窗相似。清工部《工程做法则例》规定："木顶格以面阔、进深定长短、扇数。如面宽一丈二尺，内除大柁之厚一尺三寸一分，净长一丈六寸九分，如进深二丈一尺，内除檐枋之厚七寸一分，净宽二丈二寸九分。"在这个尺寸范围内，分成若干扇，每扇的具体尺寸，《则例》没有具体规定，从见到的实物看，每扇木顶格的尺寸大约为宽二尺至三尺，长四尺至六尺不等。木顶格四周有贴梁，贴梁钉附在梁和垫板的侧面。《则例》规定，"凡木顶隔周围贴梁之长随面阔、进深，内除枋、梁之厚各半份。以檐枋之高四分之一定宽厚。如檐枋高九寸一分，得宽、厚二寸二分七厘。"木顶隔边梃抹头以贴梁 8/10 定宽，按本身之宽 8/10 定厚。里面棂子以边档之厚 5/10 定看面，进深（厚）与边档相同，每扇棂条与棂条间空档的比例为 1∶6，即一个空档相当于 6 根棂条宽。《则例》还规定，每扇木顶隔用木吊挂 4 根，吊挂的宽、厚与边档相同。木顶隔下面糊纸，称为海墁天花（图 7-30）。

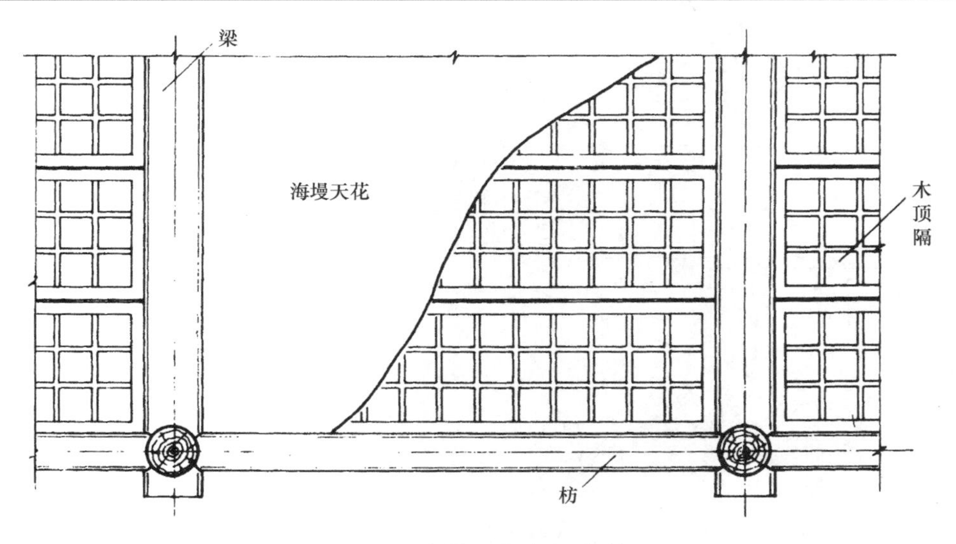

图 7-30　海墁天花（木顶隔）

一般住宅的海墁天花，表面糊麻布和白纸或暗花壁纸。宫殿建筑中，有的海墁天花上面绘制精美的彩画。如故宫倦勤斋室内海墁天花满绘竹架藤萝。海墁天花还可以绘制出井口式天花的图案，在天花上绘出井字方格，格内绘龙凤或其他图案。故宫慈宁宫花园临溪亭的海墁天花绘制的是井口牡丹团花图案。

二、藻　　井

藻井是室内天花的重点装饰部位，多见于宫殿、坛庙、寺庙建筑当中，是安置在庄严雄伟的帝王宝座上方或神圣肃穆的佛堂佛像顶部天花中央的一种“穹然高起，如伞如盖”的特殊装饰。

藻井在汉代就已有之，《风俗通》记载说：“今殿做天井。井者，東井之像也；藻，水中之物，皆取以压火灾也。”可见最初的藻井，除装饰外，还有避火之意。藻井一词，在历代文献记载中还有龙井、绮井、方井、圜井等许多叫法。

宋、辽、金时期的藻井，较普遍地采取斗八形式，即由八个面相交，向上隆起形成穹窿式顶。河北蓟县独乐寺观音阁藻井和山西应县佛宫寺释伽塔第五层藻井，是现有最早的斗八藻井。宋《营造法式》卷八“小木作”项内介绍了斗八藻井与小斗八藻井两种。斗八藻井的具体做法是：“造斗八藻井之制，共高五尺三寸，其下曰方井，方八尺，高一尺六寸；其中曰八角井，径六尺四寸，高二尺二寸；其上曰斗八，径四尺二寸，高一尺五寸。于顶心之下施垂莲，或雕华云卷，皆内安明镜”（图 7-31）。

明清时期的藻井，较宋辽时更为华丽，这个时期藻井的造型大体是由上、中、下三层组成，最下层为方井，中层为八角井，上部为圆井，方井是藻井的最外层部分，四周通常安置斗拱，方井之上，通过施用抹角枋，正、斜套方，使井口由方形变为八角形，这是方井向圆形井过渡的部分，正、斜枋子在八角井外围形成许多三角形或菱形，称为角蝉，角蝉周围施装饰斗拱，平面做龙凤一类雕饰。在八角井内侧角枋上贴雕有云龙图案的随瓣枋，将八角井归圆，形成圆井，圆井之上再置周圈装饰斗拱或云龙雕饰图案。圆井的最上为盖板，又称明镜，盖板之下，雕（或塑）造蟠龙，龙头倒悬，口衔宝珠。这种特殊的室内顶棚装修，烘托和象征封建帝王（或神灵佛祖）天宇般的崇高伟大，有着非常强烈的装饰效果。

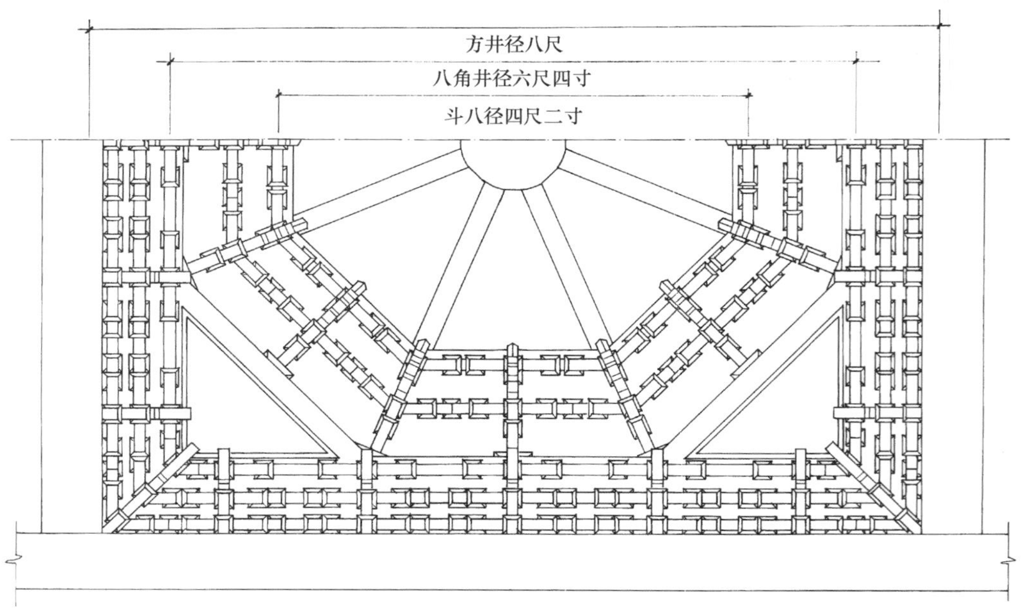

宋式斗八藻井仰视平面

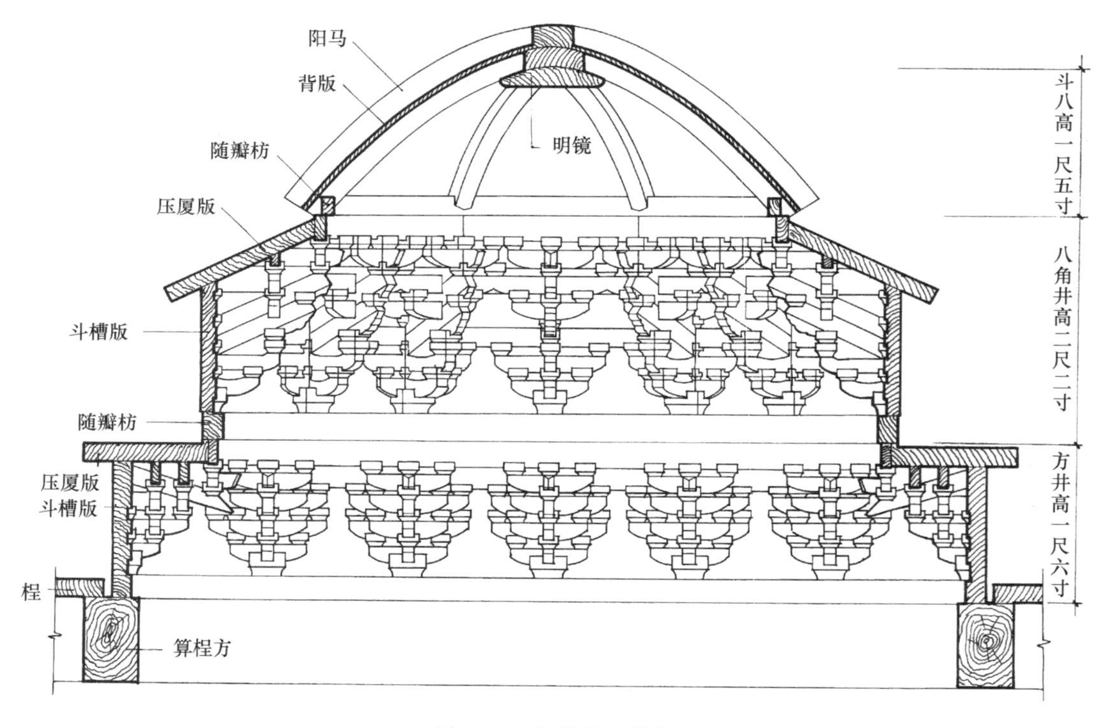

图 7-31　宋式斗八藻井

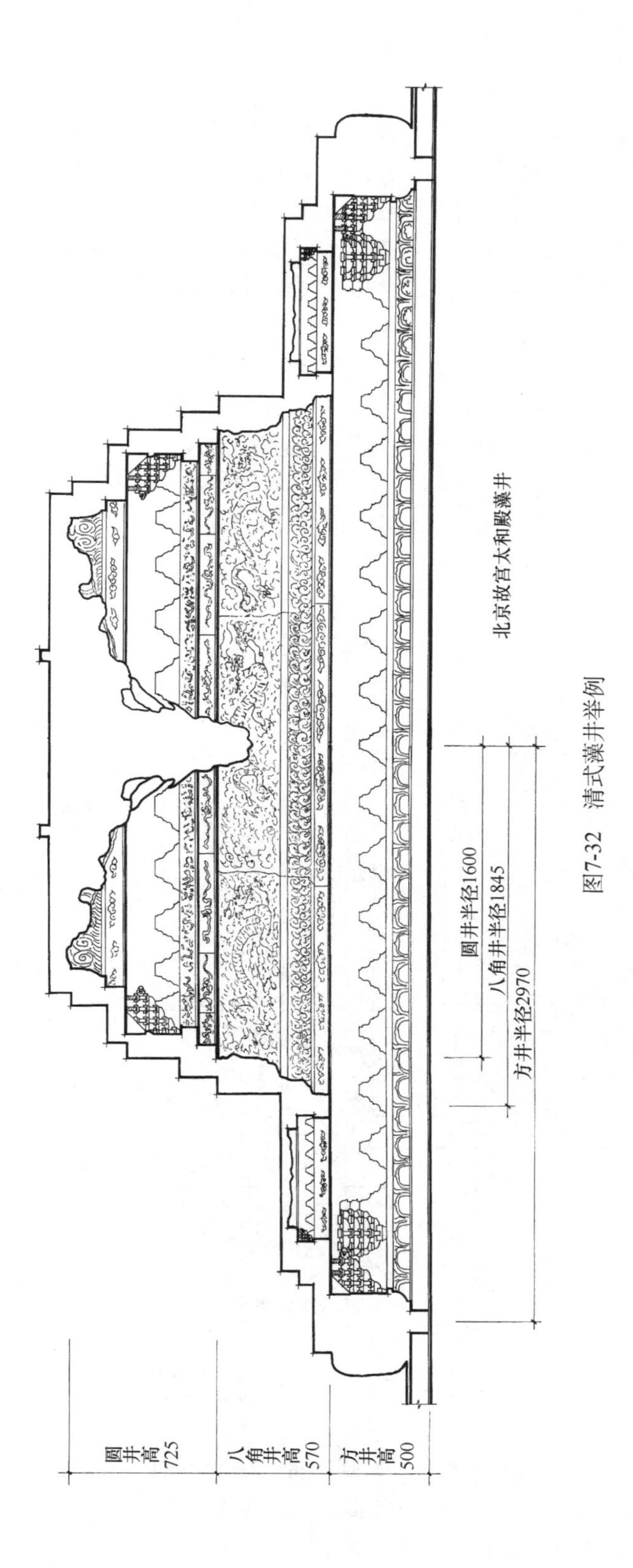

北京故宫太和殿藻井

图7-32　清式藻井举例

明清藻井的构造，主要由一层层纵横井口趴梁和抹角梁按四方变八方、八方变圆的外形要求叠落起来的，构造并不十分复杂。如第一层方井，一般在面宽方向施用长趴梁，使之两端搭置在天花梁上，两根长趴梁之间施短趴梁，形成方形井口。而附在方井里口的斗拱和其他雕饰，则是单独贴上去的，斗拱仅作半面，凭银锭榫挂在里口的枋木上。第二层八角井，是在第一层方井趴梁上面再叠置井口趴梁和抹角梁，以构成八角井的内部骨架，而露在外表的雕饰斗拱等也都是另外加工构件贴附在八角井构架之上的。最上层的圆井，则常常用一层层厚木板挖、拼而成；叠落起来，形成圆穹，斗拱凭榫卯挂在圆穹内壁。顶盖的蟠龙一般为木雕制品，高高突起的龙头，有用木头雕成的，也有些则是用泥加其他材料塑成的（图 7-32）。

除去这种四方变八方变圆的常见形式外，明清时期还有其他形式的藻井，如天坛祈年殿、皇穹宇、承德普乐寺旭光阁等处藻井，其外形随建筑物平面形状，上中下三层皆为圆井。而北京隆福寺三宝殿的藻井则是外圆内方，圆井部分上下内外分层相间，饰以斗拱、云卷及不同形式的楼阁，中心顶端小方井的四周也雕有楼阁花纹，非常精细。由此也可以看出藻井的外形及雕饰是按人的意志设计和制作的，并非有固定不变的模式，但无论如何变化，其内部构造都主要凭趴梁、抹角梁构成，没有太大区别。

图 7-33 为笔者在有关古建工程中设计的藻井实例，作为例子附后，以飨读者。

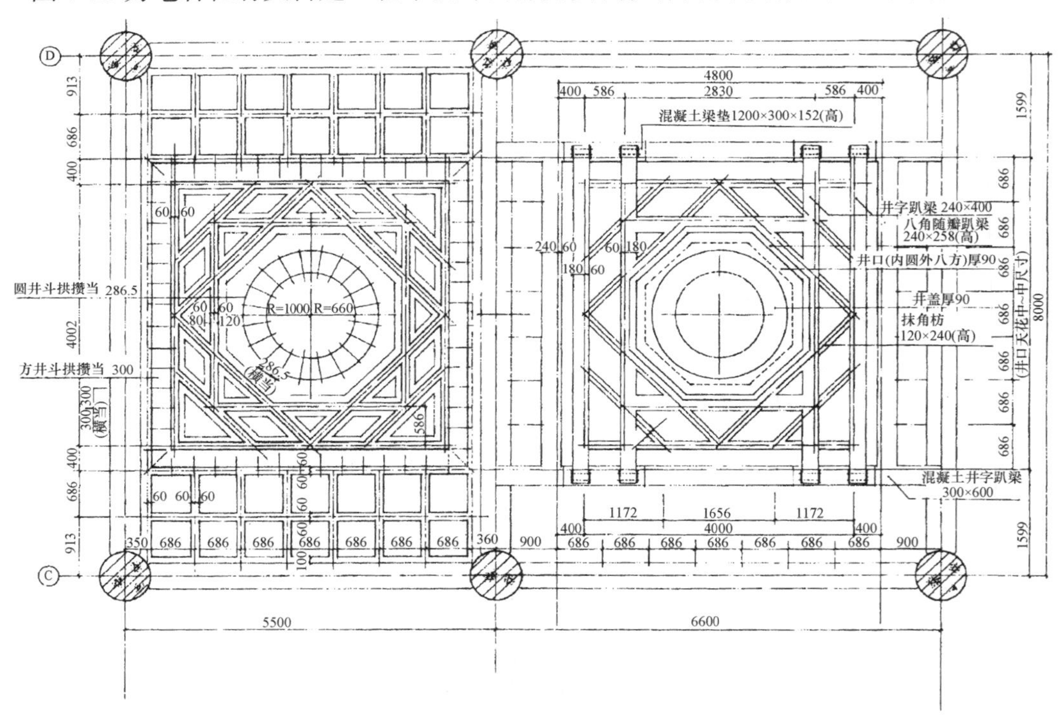

图 7-33　藻井平面图

第十一节　古建筑木雕刻

古建筑木雕，分为大木雕刻和小木雕刻两种。大木雕刻主要指大木构件梁、枋、斗拱上的装饰构件的雕刻，如麻叶梁头、麻叶拱头、三幅云头、雀替、花板、云墩等。小木雕刻（又称细木雕）则指装修（包括家具）的花饰雕刻。

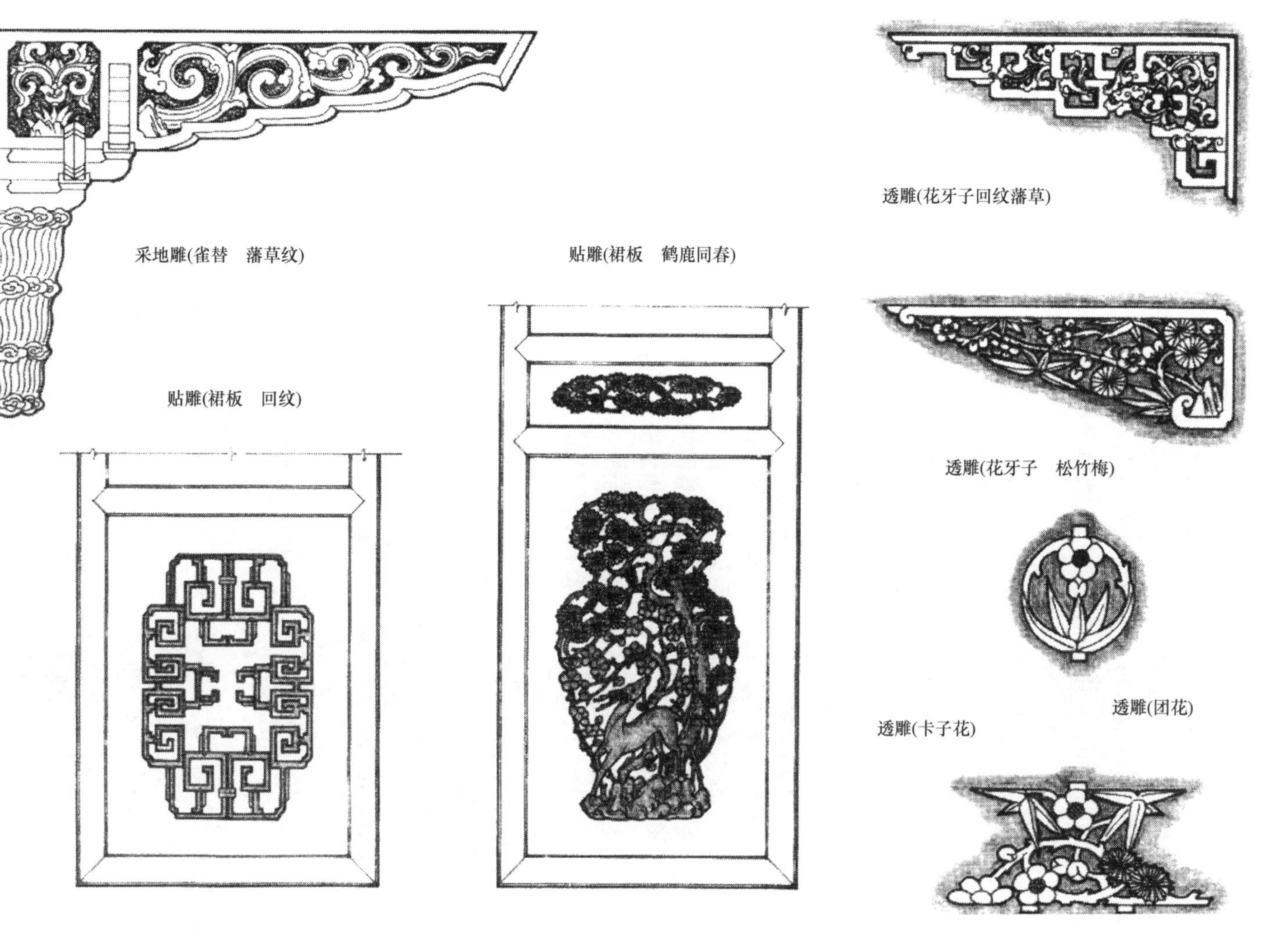

图7-34 各种雕刻制度举例

一、雕 刻 制 度

中国建筑中的木雕工艺发展由来已久，《周礼·考工记》中已有关于雕刻的内容。宋《营造法式》中，对当时的雕刻制度及工艺情况有较详细的记载，将“雕作”按雕刻形式分为四条，即混作、雕插写生华、起突卷叶华、剔地洼叶华。按雕刻技术分，可分为混雕、线雕、隐雕、剔雕、透雕五种基本形式。混雕即圆雕。线雕是“就地随刃雕压出花纹者”，即线刻，隐雕在《营造法式》中归入剔地技法，透雕是将花纹图案以外的部分全部去掉，镂空雕作。

明、清时期木雕工艺有进一步发展，在宫殿、寺庙、宅邸、会馆及园林、店面建筑中，广泛施用雕刻装饰，留下很多实物。其中，属于外檐的雀替、花板、花牙、云头之类的雕刻，基本属于粗雕，内檐装修在用料质地及工艺技术上要求更高，工艺更细。

明、清雕刻，较之宋元时期更趋立体化，所采取的雕刻形式主要有“采地雕”、“透雕”，并在此基础上进一步创造出贴雕和嵌雕，从而进一步发展了木雕工艺，使这种传统工艺发展到一个新阶段。

采地雕，即宋元时期的“剔地起突”雕法，又称落地雕刻，这种采地雕所呈现的花样不是平雕刻，而是高低叠落，层次分明，枝叶伸展得宜，有很强的立体感。优秀的采地雕刻作品，在一块板上可雕出亭台楼阁、人物树木等多种层次。

贴雕是对采地雕的工艺改革，即，把所要雕做的花纹用薄板锼制出来，将锼好的图案按层次要求做进一步的雕制加工，然后，用胶（加木销）贴在平板上，形成采地雕刻的效果。这种雕法，比采地雕省工、省力，花纹四周底面绝对平整。由于这种雕法可以使用不同种木材，因此可将花纹与底面分色，如用紫红色图案花纹，浅黄色底板。贴在一起可取得很好的艺术效果。

嵌雕是采地雕的另一种改良形式，即在突起的画面上，另外镶嵌更加突起的雕饰，如在云龙图案的雕刻中，另外雕刻龙头、凤头、凤翅镶嵌在上面，更加突出云龙云凤似隐似现的立体感。以上三种雕法常用于裙板、绦环、雀替等处的雕刻。

透雕是明、清常见的雕法之一，这种雕法有玲珑剔透之感，易于表现雕饰构件两面的整体形象，因此常用于分隔空间，两面观看的花罩、牙子、团花、卡子花等构件的雕刻。

二、雕刻工具和用料

用于雕刻的工具，主要有斜凿、正口凿、反口凿、圆凿、翘、溜沟、敲手等。各种凿铲，都有一系列大小不等的尺寸（宽度），以适应各种粗细花纹的雕做。敲手是剔凿时用来敲打凿刀的用具，一般用黄檀、枣木、红木等硬质木材做成。用木质敲手可避免将凿把敲坏（图 7-35，各种雕刻工具举例）。

另外一种雕刻工具就是锼弓子（钢丝锯），它是用来做各种透雕的必不可少的工具。

木雕刻所用材料，内外檐雕刻有所不同，外檐装修（包括大木）雕刻，一般用质地较松软的木材，如红松、椴木、楠木等，以防风吹日晒变形。而室内装修，则常用质地较硬，色彩雅致古朴的木材，如红木、花梨、紫檀、黄菠萝、樟木、楠木等高档木材。

明、清时期的木雕工艺，还常同其他工艺结合起来，在上面做翡翠、珠玉、珊瑚、螺钿、象牙之类镶嵌，使装修更加华丽典雅。

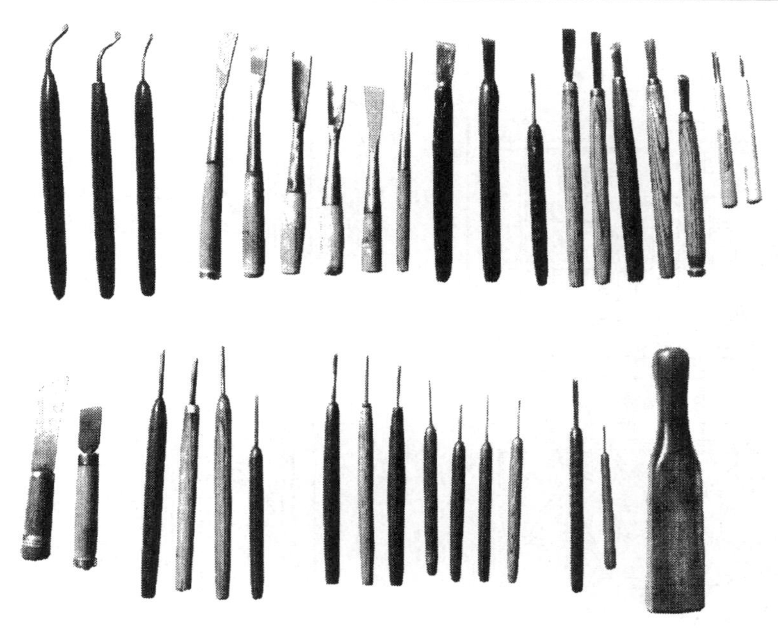

图 7-35　各种雕刻工具举例

三、木雕刻常采用的图案形式和题材

明、清两代所采用的木雕花纹图案，大都追求高雅、富丽、吉祥，寓理想、观念于图案之中是它的突出特点。如帝王、皇族、位于万人之极，他们刻意追求的是增福添寿，在装修中，常以蝙蝠、卍字、寿字、如意为内容，寓意福寿绵长，万事如意。文人墨客，清雅居士，则多以松、竹、梅、兰、博古（古青铜器）等图案装点他们的宅邸。以示文雅、清高、脱俗和气节。追求富贵，则多以福、禄、寿、喜为题材；而佛教建筑的雕刻题材，则多数是佛教故事、佛门八宝，轮、罗、伞、盖、花、罐、鱼、肠等等。古建筑的雕刻装饰，都是和主人的身份、地位、思想、观念、理想、追求相呼应的。

明、清木雕刻的图案形式及应用范围如下表。

汉文回纹式	采用古汉文回纹花样图案	多用于匾额边框、家具、床榻、隔扇裙板等处
夔龙夔凤式	采用古铜器物图案	多用于家具、床榻、花牙子等处
夔蝠式	图案为夔式蝙蝠	用于室内外装修，象征幸福
蕃草式	采自然花草图案	广泛用于宗教，民居园林建筑的内外装修，如雀替、花牙、裙板等
松、竹、梅、兰	采自然花草图案	用于各种室内外花罩、花牙子等象征清雅、高洁、脱俗
其他各式花草（荷花、牡丹、水仙等）	采自然花草图案	多用于室内外花罩、花牙子、裙板等处，象征富贵高雅
博　古	采古青铜器物形	多用于室内装修、家具、如博古架书格等
云龙腾龙	人们理想中的图腾形	专门用于帝王宫殿的内外装修家具匾额等，象征皇帝的特权地位
翔　凤	人们理想中的图腾形	专门用于宫殿建筑内外装修，象征皇帝后妃的尊贵地位

常见装修棂条花格举例（图 7-36）（表 7-1）。

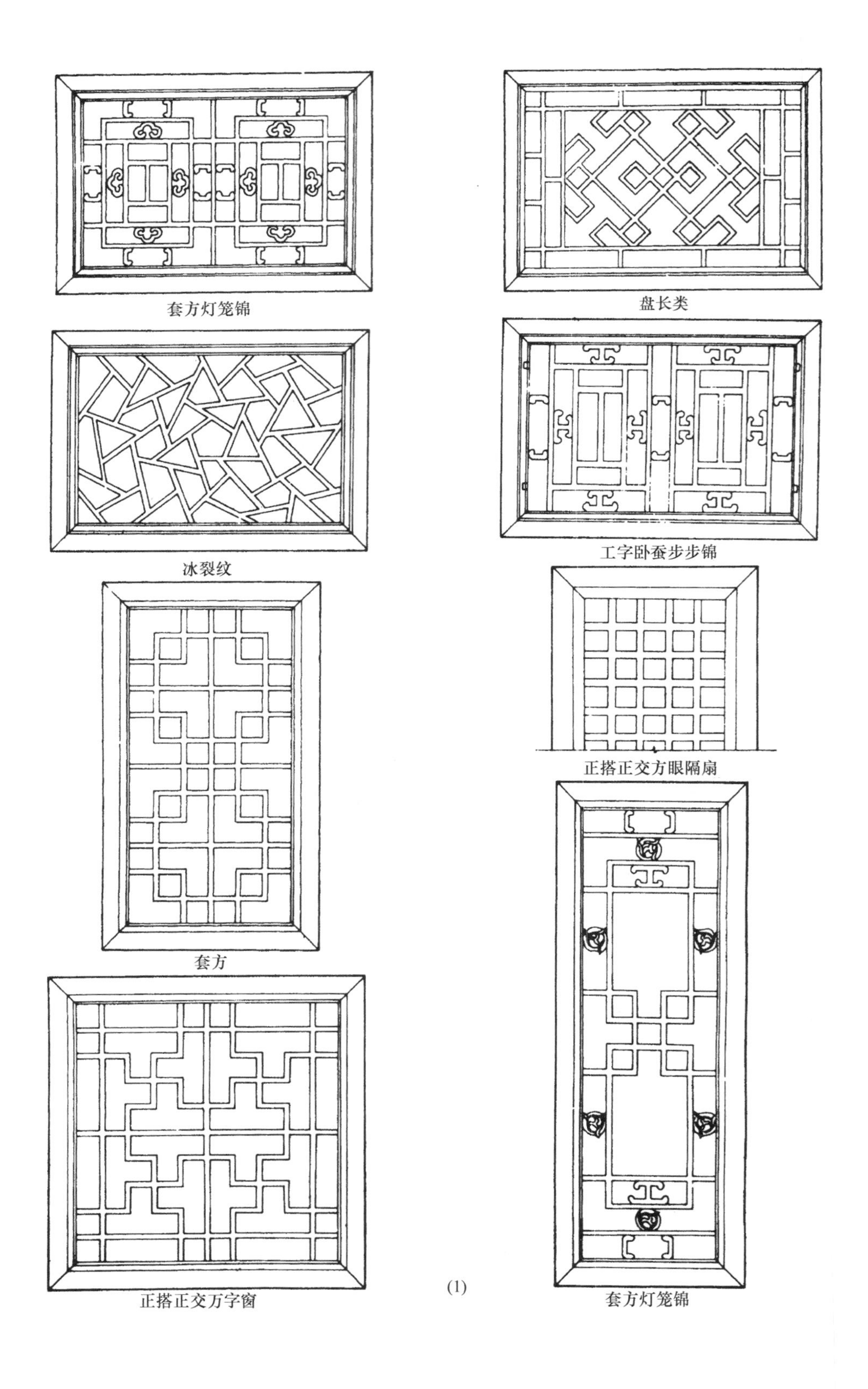

(1)

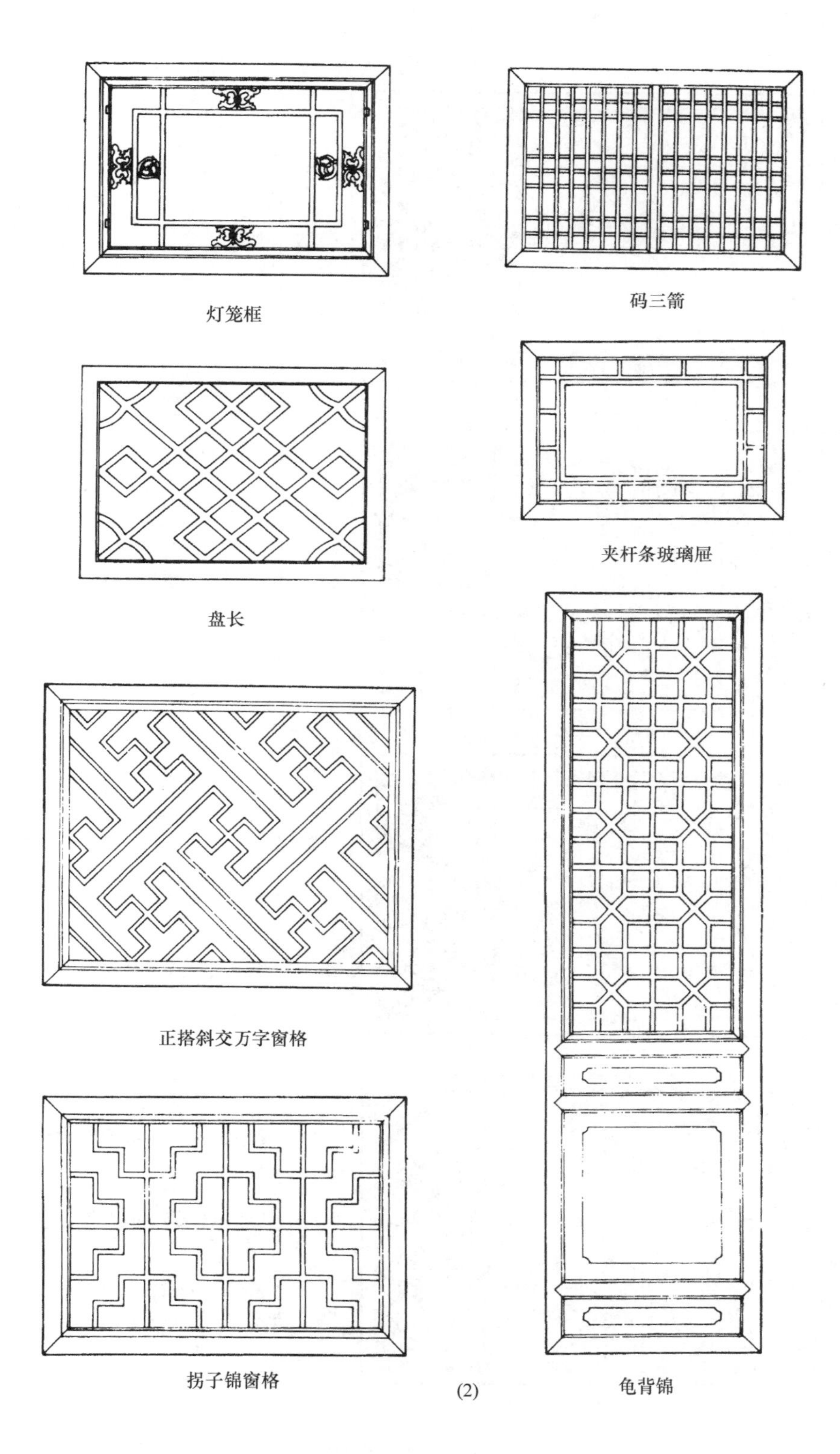

(2)

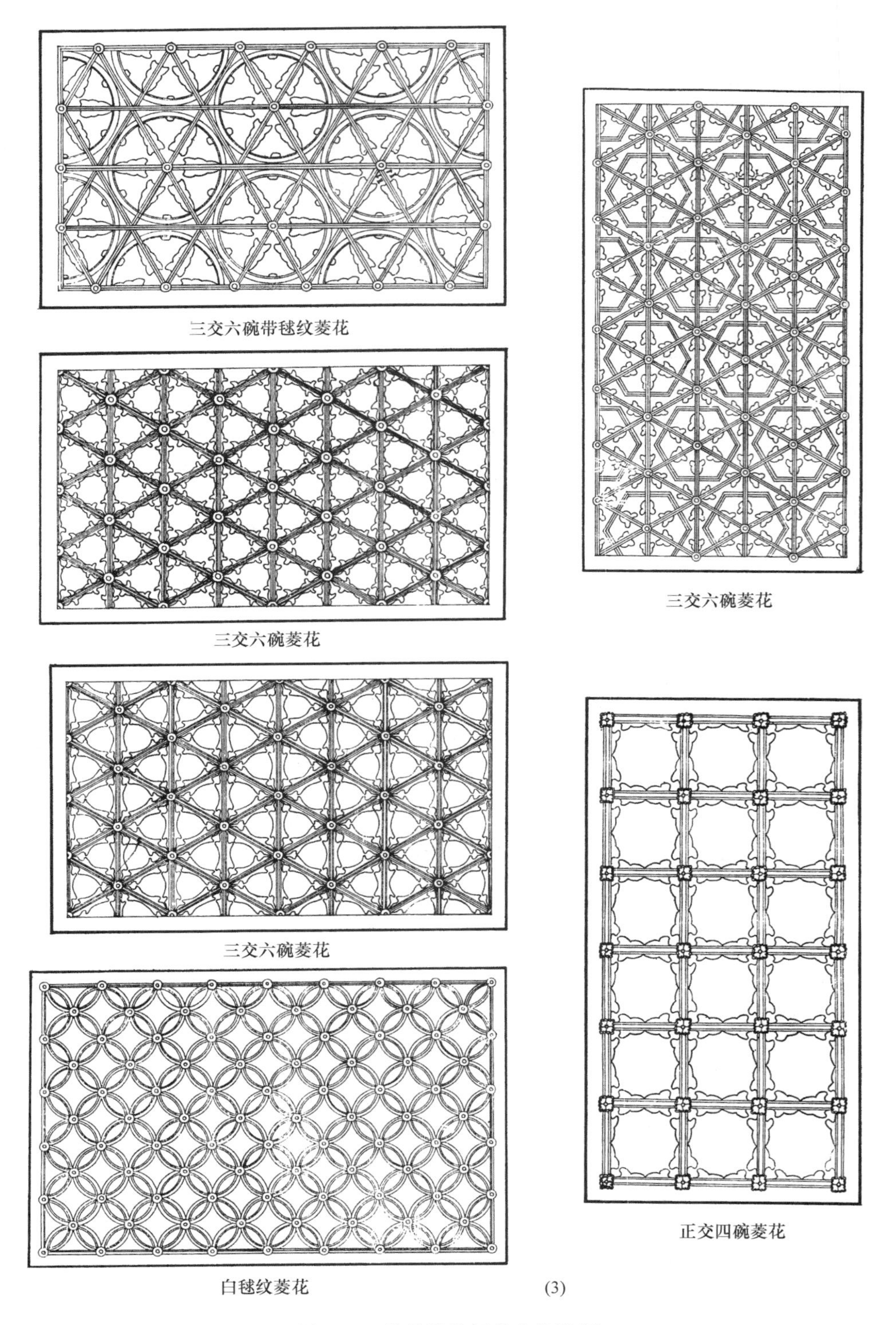

三交六碗带毬纹菱花

三交六碗菱花

三交六碗菱花

三交六碗菱花

正交四碗菱花

白毬纹菱花

(3)

图 7-36　常见装修棂条花格举例

表 7-1　清式木装修各件权衡表　（单位：柱径 D）

构件名称	宽（看面）	厚（进深）	长	备　注
下　槛	0.8D	0.3D	面宽减柱径	
中槛挂空槛	0.66D	0.3D	同上	
上　槛	0.5D	0.3D	同上	
风　槛	0.5D	0.3D	同上	
抱　框	0.66D	0.3D	同上	
门　框	0.66～0.8D	0.3D		
间　框	0.66D	0.3D		支摘窗间框
门头枋	0.5D	0.3D		
门头板		0.1D		
榻　板	1.5D	3/8D	随面宽	
连　楹	0.4D	0.2D		
门　簪	径按 4/5 中槛宽	头长为 1/7 门口宽	头长+中槛厚+连楹宽+出榫长	
门　枕	0.8D	0.4D	2D	
荷叶墩	3 倍隔扇边梃宽	1.5 倍边梃进深厚	2 倍边梃看面	
隔扇边梃	1/10 隔扇宽或 1/5D	1.5 倍看面或 3/10D		
隔扇抹头	同上	同上		
仔　边	2/3 边梃看面	2/3 边梃进深		
棂　条	4/5 仔边看面 6 分（1.8 厘米）	9/10 仔边进深 8 分（2.4 厘米）		指菱花棂 指普通棂条
绦环板	2 倍边抹宽	1/3 边梃宽		
裙　板	0.8 扇宽	1/3 边梃宽		
花（隔）心			3/5 隔扇高	
帘架心			4/5 隔扇高	
大门边抹	0.4D	0.7 看面宽		用于实榻门、攒边门

第八章　明清木构建筑的主要区别

中国古建筑经历了漫长的历史发展过程，走过萌生阶段（原始社会）、形成阶段（春秋战国）、发展阶段（秦汉、两晋）、成熟阶段（隋、唐、宋、金）以及丰富和充实阶段（元、明、清）。由于各阶段、各朝代的政治、经济、文化、艺术发展的背景和达到的水平不同，各时期的建筑都形成了不同的风格特点，打上了时代烙印。如隋唐建筑的古拙雄浑，宋、金建筑的华丽富贵，明清建筑的典雅厚重。除艺术风格不同外，构造做法也存在许多区别，这些区别具体地反映出各个不同时代建筑技术和艺术所达到的水平和取得的成就，形成了某个朝代、某个特定历史阶段的不同特点。这些时代特点正是文物古建筑的历史价值和文物价值所在。

在我国现有的古建筑遗存中，明、清官式建筑占有相当大的数量。明、清建筑作为我国古建筑发展的最后阶段，有许多共同点，同时，也有很多不同点。这些不同之处，有些比较明显，很容易分辨；有些则很不明显，不进行仔细考察很难区分。在以往对明、清官式建筑的保护维修中，人们往往忽略建筑的时代特点，特别是忽略那些细微部分的区别，用通行于清代晚期至民国时期的则例法式、尺度做法对所有文物建筑进行修复（应该说“改造”），其结果是，很多具有早期时代特征的部位、构件、雕饰、彩绘，被改造得面目全非，使具有重要历史价值和文物价值的建筑失去了它的固有价值。这种由于对文物建筑的时代特点了解不够、文物意识不强而造成的建设性破坏，使文物古建筑蒙受了很大损失，教训是严重的。

总结经验教训，我们认为，只有加强对于古建筑时代特征的研究探讨，增强文物意识，才能从根本上做好古建筑文物的保护维修工作。本文的目的，是试图从对比明、清木构建筑风格特点和构造做法的异同入手，来分析研究明、清建筑在艺术特色、风格尺度、构造做法诸方面的具体区别，从而达到更好地保护古建筑文物的目的。

第一节　从古建筑发展的继承性和变异性看明代建筑时代特点的形成

中国古代建筑始终是沿着其固有传统向前发展的，这种发展，有吸收融合外来文化，产生变异的一面，还有固守传统、继承传统的一面。当我们考察不同历史时期的具体建筑时，会发现它们之间有许多不同点，表现出不同的时代风格；而当我们站在历史的高度纵观中国古建筑发展的全过程时，又会发现它们对于传统有着惊人的固守性和继承性。以传统砖瓦材料及其烧制技术为例，成型于春秋战国而广泛应用于秦汉时期的“秦砖汉瓦”，直至明清时期仍在沿用，从外形、烧制到瓷瓦技术，都没有发生本质的变化，这突出反映了建筑发展固守传统的一面；在这个发展过程中，砖瓦材料的尺度、造型、艺术风格又有细微变化，显示出变异性。传统工艺技术也是如此，在石器时代就已经出现了木构榫卯技术，至今仍然在采用，成为建筑、家具行业千年不变的传统技术；但作为每个具体时代的榫卯技术，又有这个时代的特点，显示出变异性。建筑艺术风格的发展和形成也是如此，唐代建筑在秦汉建筑基础上有了很大变化，同时，又承袭了秦汉建筑的某些风格和特点；宋、金建筑对隋唐建筑进行了变革，同时也大量地继承了隋唐建筑的传统。明、清建筑沿着我国传统建筑发展的轨迹继续演进，逐渐形成了这个时期的建筑风格，但仔细考察明清建筑，就会发现，它的许多法式特征、构造做法、权衡尺度，仍然承袭了宋、金建筑的传统。如对于斗拱构件尺度，清工部《工程做法则例》规定，瓜拱的长度为 6.2 斗口，万拱的长度为 9.2 斗口，厢拱的长度为 7.2 斗口。这与宋《营造法式》规定的瓜子拱长 62 分，慢拱长 92 分，令拱长 72 分几乎同出一辙。这里特别需要提出的是明代建筑，明代介于宋代和清代之间，处于由宋向清变化的中间过程，因而继承宋代传统的地方更多，这就是人们常说的"明承宋制"。但是，它又不是完全的承袭宋制，而是在继承宋代建筑风格、工艺技术的基础上，又继续向前发展，出现了许多有异于宋代建筑的特点，形成了自己的风格。这样，我们就可以确立这样的认识：任何事物，只要它处在一个发展着、变化着的阶段，那么，它的存在就是一个发展变化过程。明代建筑作为从宋到清的发展阶段的中间过程，其建筑特征必然是一方面具备宋代建筑的某些特征，同时又孕育着清式建筑发展的趋势，表现出与清代建筑相近或相同的特点。作为明代建筑本身，也是一个发展变化的过程。明代早期的建筑，距离宋代较近，会较多地继承宋代建筑的风格、技术和传统，而当时间推移了一二百年，到明代后期的时候，它自身又发生了很大变化，从时间上看，这个时期距离宋代较远，而距离清代较近，在建筑风格上，也发生了同样的变化。因此，即使是同一个明代，它的建筑，早期、中期、晚期风格也不尽相同，前后也在发生变化。根据这种认识，运用中国传统建筑发展过程中继承性和变异性并存的观点来看待明代建筑，就不难把握它的时代特征和法式特点了。

探讨明、清官式木构建筑的区别，主要是研究明代木构建筑的特点，并将它与宋式，清式建筑加以对比。为便于比较，下面，我们试以宋《营造法式》和清工部《工程做法则例》为依据，结合北京先农坛拜殿、太岁殿、太庙大殿、社稷坛拜殿、智化寺等几座建于明早期、中期的坛庙建筑，试对明代建筑的艺术风格、权衡制度、构造做法、榫卯技术等作一大概分析。

第二节　整体造型方面的特点

在整体造型即总的风格方面，明代官式木构建筑有以下几方面特点：

1. 檐柱比清代建筑稍矮，面宽与柱高的比值明显大于清代

在清工部《工程做法则例》中，明确规定带斗拱的宫殿式建筑，由台明上皮至挑檐桁底皮的高度为檐柱高，并将这段高度定做 70 斗口，其中除去斗拱及平板枋高度即为檐柱净高，由于斗拱层数不等，柱净高尺寸也不相等。如檐下施三踩斗拱，斗拱及平板枋高度就应为 9.2 斗口，檐柱净高为 70–9.2=60.8 斗口，如用五踩斗拱，则檐柱净高为 58.8 斗口，如用七踩斗拱，则檐柱净高为 56.8 斗口。而明间面宽，通常定作 77 斗口（明间置六攒平身科斗拱）或 55 斗口（明间置四攒平身科斗拱）。按明间置六攒平身科斗拱计，面宽与柱高之比为 77/70，比值为 1.1。我们所见到的明代建筑，明间面阔与柱高的比值普遍大于这个数值。以北京先农坛拜殿为例，该殿檐柱高（含斗拱、平板枋在内）为 6460mm（其中檐柱净高 5000mm，斗拱及平板枋高 1280mm），明间面阔 8300mm，面阔与柱高之比为 8300/6460=1.28，这个比例明显大于 1.1。先农坛主殿太岁殿明间面阔与柱高之比为 1.072，看起来似与清代相近，但实际上是檐柱增高的缘故，太岁殿与拜殿用斗拱口份数均为 110mm，拜殿柱净高为 5000mm，太岁殿柱净高却达 6200mm，比拜殿柱子高出 1200mm。很显然，太岁殿的檐柱尺寸是根据立面尺度的需要，有意增高了，不然的话，其面阔与柱高之比也将是大于 1.1 的数值。

2. 檐柱普遍有生起

柱生起是唐宋以来古建筑的普遍造型特点。宋《营造法式》卷五规定："至角则随间数

生起角柱，若十三间殿堂，则角柱比平柱生高一尺二寸，“十一间生高一尺，九间生高八寸，七间生高六寸，五间生高四寸，三间生高二寸”，明确规定了每间生高二寸。明代建筑檐柱生起虽比宋代小得多，但仍然保留了这种做法的痕迹，如先农坛太岁殿为一座七开间殿堂，明间檐柱高 6200mm，角檐柱高 6250mm，二者相差 50mm，平均每间生起 17mm。至清代，外檐柱全部取消了生起，改为等高。

3. 所有柱子均有侧脚

明代之木构建筑，内外檐所有柱子均有侧脚，如明代智化寺万佛阁为二层楼阁式建筑，不仅外檐柱有侧脚，内檐直通二层之柱亦有侧脚，所有柱子均向室内中心点倾斜，侧脚大小约为柱高的 1/100。这种内外柱均有侧脚的做法，也是因袭了宋代传统。宋《营造法式·大木作制度二》“柱”条规定“凡立柱，并令柱首微收向内，柱脚微出向外，谓之侧脚”。明代继承了这种做法，至清代，将侧脚简化，除外围檐柱仍保留侧脚做法外，其余内檐柱已均无侧脚。

4. 采用举折之制确定屋面曲线

我国古建筑屋面曲线之确定，大体遵从两种制度，即宋《营造法式》所规定的举折制度和清工部《工程做法则例》规定的举架制度。清式建筑定举架之法，一般是以檐步五举开始，逐步增大，至脊步达九举或九五举（特殊情况超过十举，但较少见），以求屋面之曲线。宋《营造法式》举折之法，则是“以前后橑檐枋心相去远近分为四份，自橑檐枋背至榑背上四份中举起一份”。（亦有分为三份举起一份者，笔者注）。然后“以举高尺丈每尺折一寸，每架自上递减半为法。如举高二丈，即先从脊榑背上取平，下至橑檐枋背，其上第一缝折二尺，又从上第一缝榑背取平，下至橑檐枋背，于第二缝折一尺，若椽数多即逐缝取平，皆下至橑檐枋背，每缝并减上缝之半”（宋《营造法式·看详》“举折”条），（图 8-1 举折举架图）。按清法所得之屋面曲线，上、中、下曲度基本一致，而按宋法所得之屋面曲线，则上陡下缓，两者有明显区别。我们所见到的明构屋面，基本都是按宋《营造法式》所规定的举折之法来确定其曲度的。可见，明代木构建筑确定屋面曲线基本上是采用宋代举折制度的。

5. 歇山收山尺度大于清代

歇山收山尺度是直接影响建筑外观的重要因素之一，清代《则例》规定歇山收山尺度为：由山面檐檩（或檐柱）中线向内收一檩径定作山花板外皮位置。我们实测的明构先农坛拜殿和太岁殿的歇山收山尺度，是由山面正心桁（亦即檐桁）中向内收二檩径为山花板外皮位置，这个尺寸明显大于清代规定。北京所见其他明官式木构建筑，如社稷坛拜殿（今中山公园中山堂）等，亦均为此尺度。

6. 步架尺度的确度

清式木构建筑之步架大小，通常是除廊（或檐）步架稍大外，其余各步架均相等，极少有金、脊各步不相等的情况（顶步架除外）。而我们所见之明构，则有相当一部分步架不相等的例子。如北京智化寺各殿，自檐步至脊步，均明显递减。刘墩桢先生在《北平智化寺如来殿调查记》中写道：智化殿“其步架之宽度，檐步大于平身科二攒”，“自下金步至脊檩，共占平身科四攒半，而下金、上金二步皆相等，各为平身科 1.6 攒，脊步略窄，为平身科 1.3 攒”。智化寺主殿如来殿，其上层檐各步架，檐步架 1570mm，金步架 1280mm，脊步架 1112mm，亦呈逐步减小之势，加之屋面采用宋代举折之制，越显得屋面上部陡峻。建于明代的城垣建筑，其步架亦有自下而上逐渐减小之趋势，疑其应为明构显著特点之一。当然，事情也非绝对，建于明初的先农坛各殿，其金脊各步则相等，正与上述情况不符。但总的说来，这种步架不等的情况，在明代建筑中较为多见，而在清代则极为鲜见。

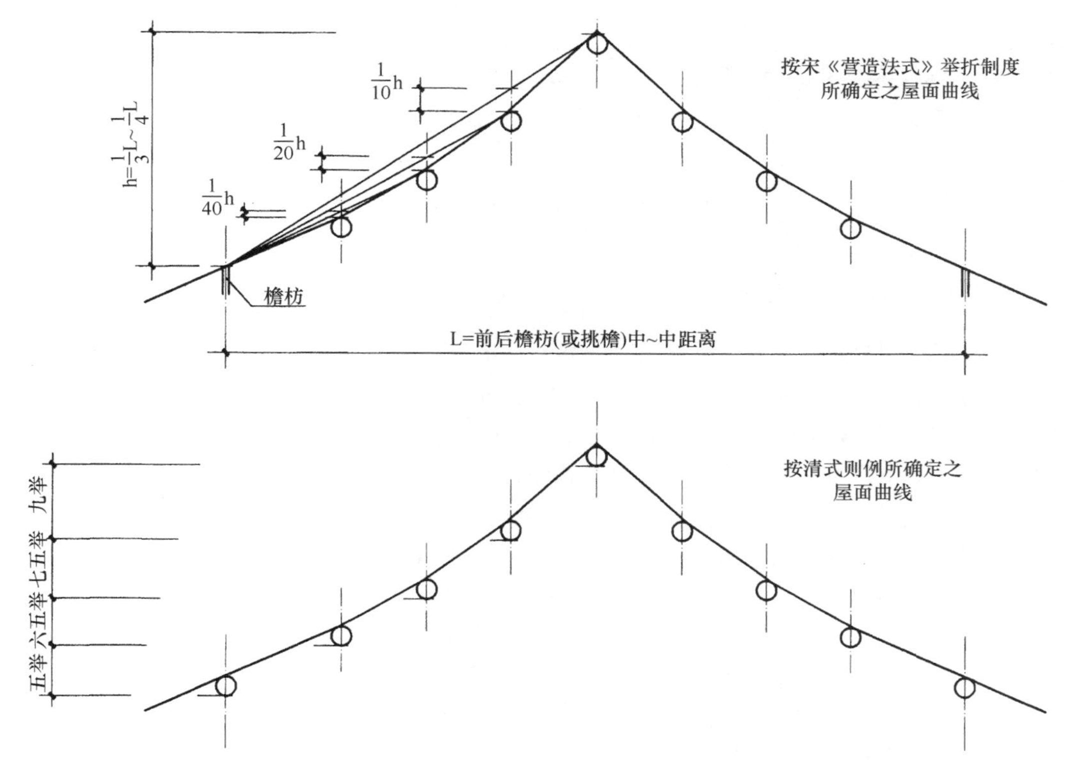

图 8-1　举折举架图

7. 梁枋节点处普遍用斗拱

梁枋节点普遍运用斗拱，是明代建筑显著特点之一。这种斗拱称十字科，用于梁头之下，由纵横拱、翘、大斗等件组成，其下安荷叶墩。在清代建筑中，十字科斗拱所在的位置或为柁墩、或为瓜柱。明代木构建筑梁枋节点处普遍采用斗拱的作法，也是承袭了宋代建筑的风格特点。清代以后，这部分构件简化为瓜柱或柁墩，构造简练，但却不如明构考究了。

8. 运用襻间枋和襻间斗拱

宋代建筑在槫之下，普遍采用襻间枋和襻间斗拱。襻间枋是用来联系相邻两梁瓜柱之枋，其功用与清代之金枋、脊枋相同。明代承袭宋代做法，在檩下采用襻间枋和襻间斗拱（构造形式相似，构件尺寸不同）。襻间斗拱普遍采用单拱一斗三升或重拱一斗五升做法，风格华丽考究。按清代做法，在檩之下，金（脊）枋之上，是用一块垫板取代明代的襻间斗拱，做法洗练简洁，二者有明显区别。

9. 斗拱排列繁密

明代建筑尽管许多地方都与宋代建筑相近，但在平身科斗拱的运用上则与宋代大相径庭。宋代当心间仅用两攒补间铺作，而明代的平身科斗拱则用至四攒、六攒，这点已与清代基本一样，突出反映了明代建筑发展演变过程中变异性的一面。

10. 关于口份

宋代建筑是以材、栔作为斗拱和各部位、各构件权衡模数的，如斗拱，足材构件高为一材加一栔，计 21 分；单材构件高为一材，计 15 分。清代是以斗口作为斗拱和各部位、构件权衡模数的，斗拱的足材构件高为 2 斗口，合 20 分；单材构件 1.4 斗口，合 14 分。至于明代究竟是以宋制的材栔为建筑模数，还是以斗口为建筑模数，目前其说不一。一种意见认为明代采用的是材分制度，斗拱的足材构件高 21 分。而笔者所测绘之明构先农坛太岁殿、拜殿等，足材拱却为 20 分，与清制一致。北京明代智化寺如来殿，斗拱斗口为 2.5 寸，合 80mm，足材构件高 160mm，也合 20 分，与清制相同。这说明，明代建筑在模数运用上与清代已十分相近，或可说明代已演变为以斗口为模数的权衡制度。

第三节　柱、梁、枋等大木构件及榫卯的构造特点

（一）柱类构件的特点

1. 一般柱类构件

柱类构件是大木构件的重要类别。清代建筑的柱类构件通常都有明显收分，一般按柱高的 1/100，假定柱高 3000mm，柱根部直径 270mm，收分后，柱头直径应为 240mm。明代建筑之柱，则多采用梭柱形式，如北京明代早期的代表建筑太庙、社稷坛、先农坛诸殿，均为此做法。梭柱做法，在宋《营造法式》中早有明确规定，《营造法式 · 大木作制度二》“柱”条规定：“凡杀梭柱之法，随柱之长分为三份，上一份又分为三份，如拱卷杀，渐收至上，径比櫨斗底四周各出四分，又量柱头四分，紧杀如覆盆样，令柱项与櫨斗底相副。其柱身下一份，杀令径围与中一份同。”这段规定明确地阐述了杀梭柱之法，是在柱收分的基础上进行的，将全柱分为三段，上段杀成梭形，中间一段不动，下段杀收使之与中间段相同。考明代建筑杀梭柱之法，与宋代所规定的做法几乎完全一致，说明明代梭柱做法是因袭了宋代制度。到清代，柱子做法简化，只做收分，不再卷杀，这是明清柱类构件在做法上的明显区别。

2. 瓜柱

明代建筑的瓜柱做法，亦仿一般檐、金柱之梭柱法，其卷杀方法、尺度，与对应的檐、金柱柱头完全相同，这一点，与清代的瓜柱做法有根本区别。清代的瓜柱是不做卷杀的。除有卷杀外，明代建筑瓜柱的径寸远远大于清式。清式瓜柱置于两梁之间时，其宽（侧面尺寸）不超过檐柱径，其厚仅为三架梁厚的 4/5，尺度是比较小的。明代瓜柱则不然，其直径相当于对应的金柱柱头尺寸。由于径寸大，它立于梁上时，两侧宽于梁身之厚，于是往往采用骑栿做法，除在瓜柱根部居中做榫外，两侧还做插肩夹皮榫，骑在梁背上，这种做法也源于宋代（以上均见图 8-2）。

（二）梁类构件的特点

1. 梁的断面形状及高宽比

在古代木构建筑中，梁的断面尺寸及形状变化较大，唐、辽建筑之梁栿，其断面高厚比为 10 : 5，宋代建筑约为 3 : 2，至清代，梁断面高厚比为 6 : 5，已近乎方形，如清工部《工程做法则例》卷一规定：“凡七架梁，……以金柱径加二寸定厚，如金柱径一尺七寸，得七架梁厚一尺九寸，以本身厚每尺加二寸定高，得高二尺二寸八分。”（2.28 : 1.9=6 : 5）（图 8-3，辽、宋、明、清梁架断面比较图）。而据笔者所接触到的明构梁架断面，则大多为 2.7 : 2 至 2.5 : 2 之间，小于宋代 3 : 2 的比例，比起清式 6 : 5 的比例则要大得多，一方面反映了梁的厚度逐渐增厚的趋势，另一方面，又说明明代建筑梁架断面尺度仍因袭了宋代的尺度规定。

2. 踩步金的常见做法

踩步金是梁的一种，专用于歇山建筑山面，位于距山面檐檩一步架处，这根构件在宋代称阁头栿，清代称踩步金。清代之踩步金为一根两端似檩、中部似梁的异形构件，侧面做椽碗承接山面檐椽后尾（参见图 8-4：踩步金的构造与制作）。明代之踩步金做法与清代差异较大，常以一檩代之，该檩所处的平面位置与踩步金相同，标高与前后金檩相同，并与前后金

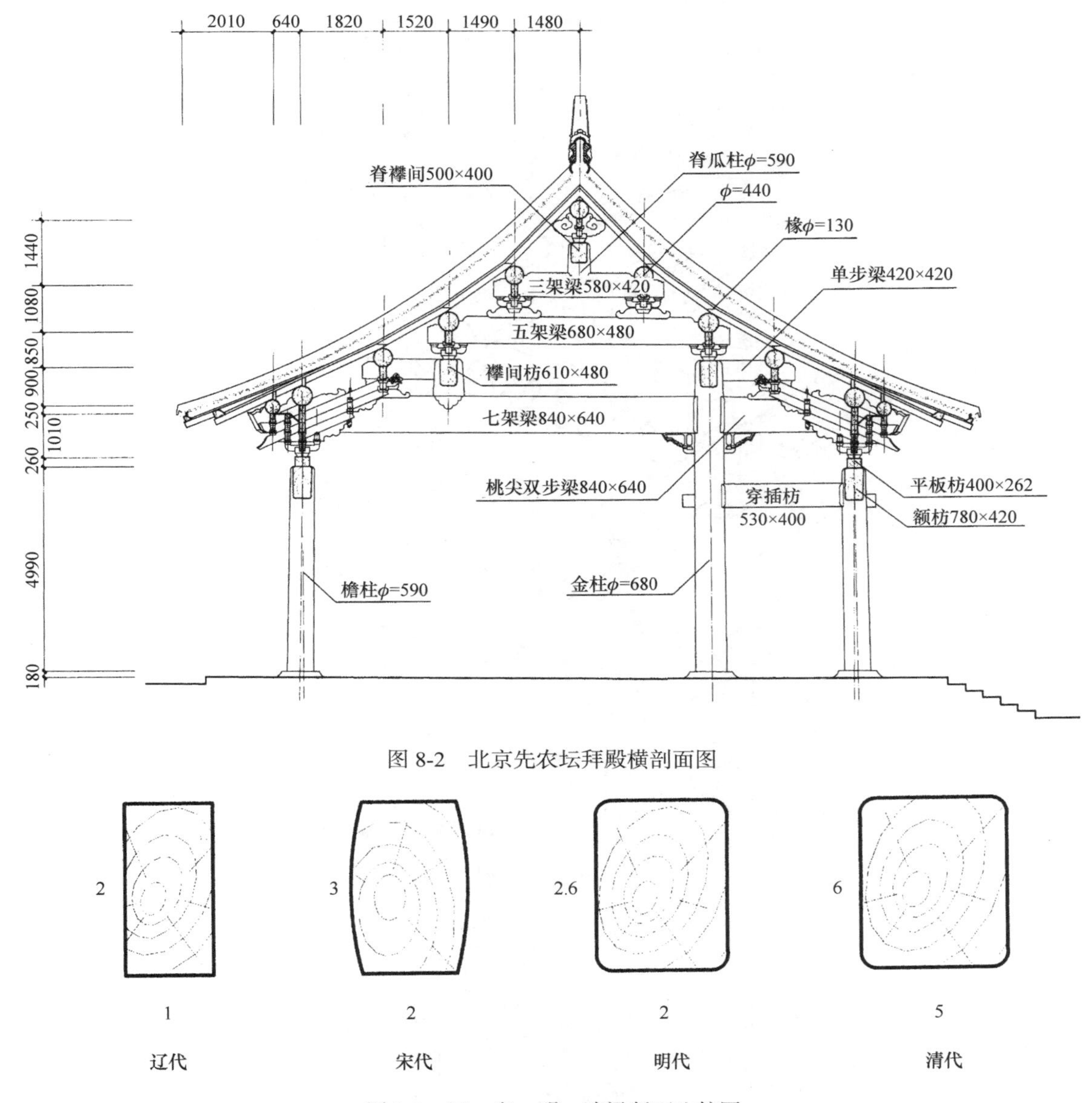

图 8-2　北京先农坛拜殿横剖面图

图 8-3　辽、宋、明、清梁断面比较图

檩扣搭相交。山面檐椽直接搭置在这根檩上。为遮挡椽尾部分，在内侧用一块通长的木板封住椽尾后端，这根构件称为踩步檩（见图 8-5，明构歇山踩步檩做法），这种做法尤其见于外檐采用溜金斗拱的构架体系中。明构的这种处理手法，也可以在宋构中找到依据。河南登封少林寺初祖庵大殿（宋）为一座歇山式大殿，其山面踩步金即为此种做法。所不同的是，地方建筑在细部处理上不如官式建筑考究，如椽尾部分就没有遮板，但基本构造方式是相同的。由此也可看出，在具体处理梁类构件的构造做法时，明代仍然在因袭宋代手法。

3. 抹角梁的应用

抹角梁，宋称抹角栿，是位于建筑转角处，与山面、檐面各成 45°角的斜梁，梁的中部置瓜柱或柁墩，承接来自山面和檐面的搭交金檩，这是宋、辽、金时期较普遍的构造做法。如山西大同善化寺山门即为此种做法。这种做法至明清时期仍然沿用，明代采用此种做法尤

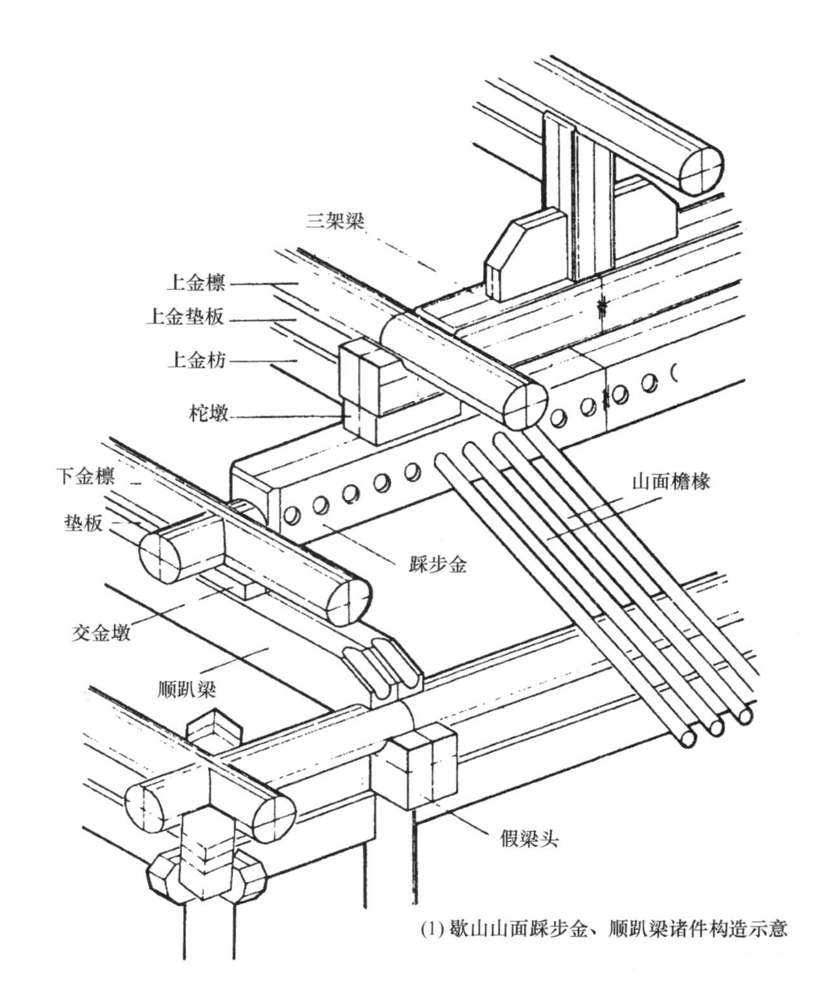

(1) 歇山山面踩步金、顺趴梁诸件构造示意

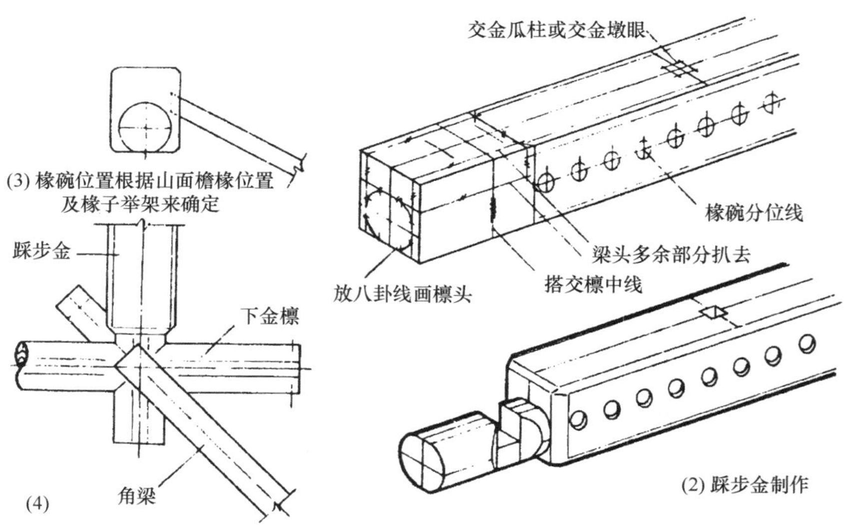

(2) 踩步金制作

图 8-4　踩步金的构造与制作

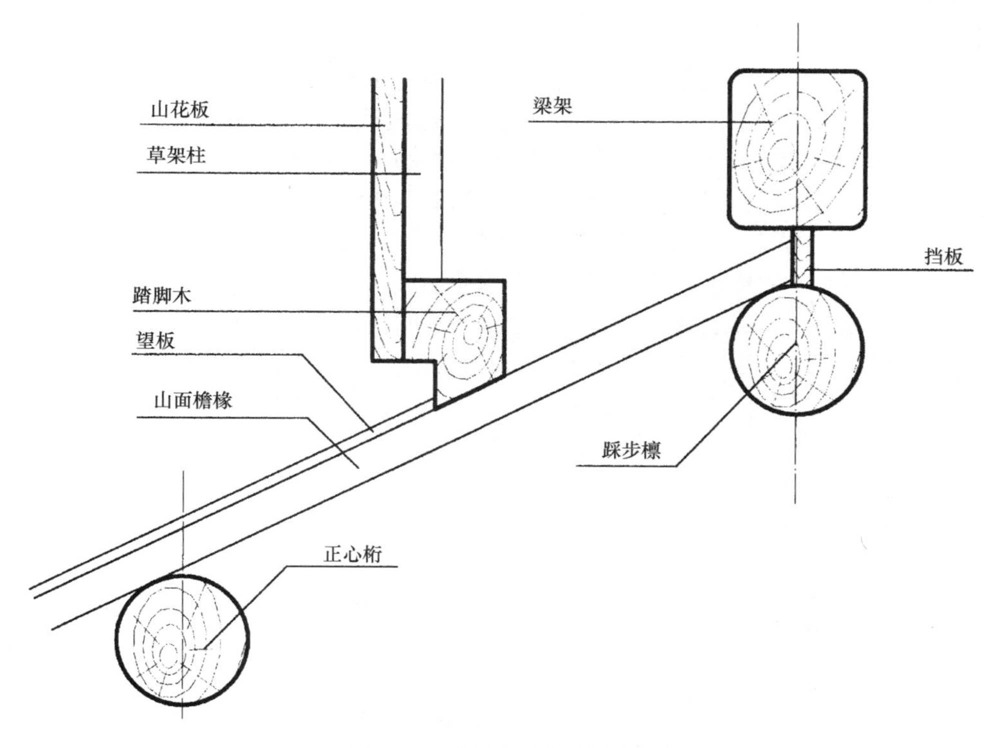

图 8-5　明构歇山踩步檩做法

多，特别是歇山式建筑山面转角处，大多数采用此种做法。但明代放置抹角梁的方法又与宋、金时有所不同，通常不直接将搭交金桁节点置于梁身上，而是将梁沿 45°角方向外移，使角梁后部落于梁上并继续向后挑出，角梁尾部与搭交金桁扣搭相交，使角梁对搭交金桁形成悬挑式结构。对于彻上明做法，这种构造方式既富美感，结构也合理得多。到清代，歇山、庑殿山面已很少采用抹角梁，较广泛采用趴梁或顺梁。

4. 梁与柱节点处施加雀替或丁头拱

清代木构较之明代，在构架处理上呈简化趋势，这在柱与梁结合处也有明显例证。清代建筑之梁柱结合处，多采用将梁做榫直接插在柱上的手法，节点处较少采用其他辅助构件（做半榫时仍采用附加构件拉结）。明代做法，则一般都要在梁下加施雀替（单雀替或通雀替）或丁头拱，以增强节点处榫卯的拉结（参见图 8-2），尤其在梁枋与柱节点做透榫的情况下，仍然辅以雀替或丁头拱，且雀替、拱头也做透榫，这种做法，在清代是很难见到的。

（三）枋类构件及其特点

1. 额枋的断面尺寸及形状

清代建筑之额枋，断面近乎方形，清工部《工程做法则例》规定，大额枋“以斗口六份定高，如斗口二寸五分，得大额枋高一尺五寸，以本身高收二寸定厚，得厚一尺三寸，其高厚比为 11.5∶10，这个比例与梁的断面比例 12∶10 十分接近，说明清代无论梁、枋断面皆近方形，属肥梁胖柱，这种断面比例极不合理。明代建筑则不然，我们所见之先农坛拜殿额枋，高 770mm，厚 390mm，高厚之比接近 2∶1，太岁殿额枋亦接近此比例，这个比例，较清代之 6∶5 的比例要合理得多，经济得多。其他明代建筑的额枋或其他枋类构件，高厚比虽不及拜殿悬殊，也比清代合理得多。

2. 襻间枋及其应用

明代建筑相邻梁柱间采用襻间做法，这点与清构明显不同。在相邻柱梁之间采用襻间做法，是宋代木构特点之一，宋《营造法式》卷五“侏儒柱”条：“凡屋如彻上明造，即于蜀柱之上安，……枓上安随间襻间，或一材或两材。襻间广厚并如材，长随间广，出半拱在外，半拱连身对隐。如两材造，即每间各用一材，隔间上下相闪，令慢拱在上，瓜子拱在下。若一材造，只用令拱，隔间一材。如屋内遍用襻间一材或两材，并与梁头相交。”从以上可见，襻间做法是宋代制度。明构采用襻间做法，是承袭宋代遗制。但明构之襻间枋与宋式明显不同，宋之襻间，有一层、二层做法两种，明代仅一层做法；另外，宋代襻间枋断面尺寸同材之高厚，而明代却使用一根大断面的枋子，如先农坛拜殿中金襻间断面尺寸为 610×420，几乎接近额枋尺寸，脊襻间为 500×400，断面亦相当大。襻间枋断面加大，使之能通过斗拱，承受一部分由檩子传导的荷载，在辅助檩木承受屋面荷重方面发挥了相当作用。襻间枋相当于清代木构的金枋、脊枋，是联结相邻梁柱的重要构件。清代在做法上加以简化，以垫板取代襻间斗拱，改为一檩三件做法。

3. 平板枋

平板枋，宋称普拍枋，是叠置于额枋（阑额）之上，承接斗拱之枋。宋代的普拍枋，其宽度大于阑额，与阑额形成 T 字形；清代之平板枋，宽度小于额枋之厚；明代之平板枋，则介于二者之间，其宽度与额枋厚相近。仍以北京先农坛拜殿为例，平板枋宽 400，额枋厚 420，仅差 20mm，几乎同宽。明代平板枋宽与额枋厚相近，其原因在于，一则因额枋薄（额枋高厚比约为 2∶1），二则因为平板枋宽，约合 3.6 斗口。清代之平板枋宽仅为 3 斗口。这个尺度差别，也反映了宋、清建筑发展中的变异性，成为明构区别于清构的特点之一（参见图 8-6，宋明清平板枋比较）。

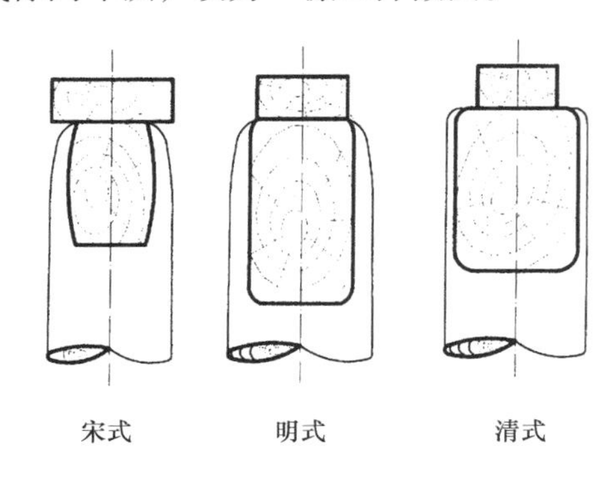

图 8-6　宋、明、清平板枋比较

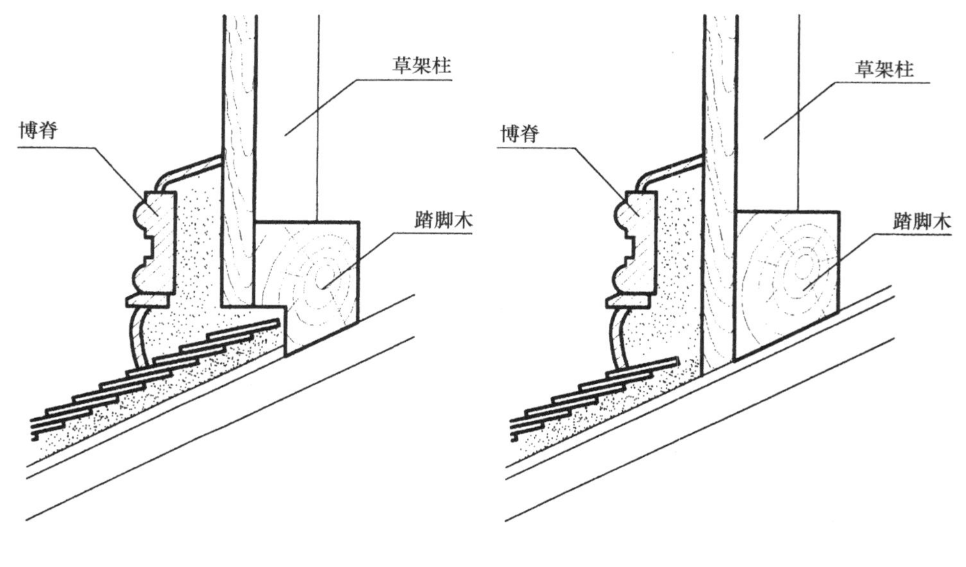

图 8-7　明、清踏脚木、山花板及博脊构造比较

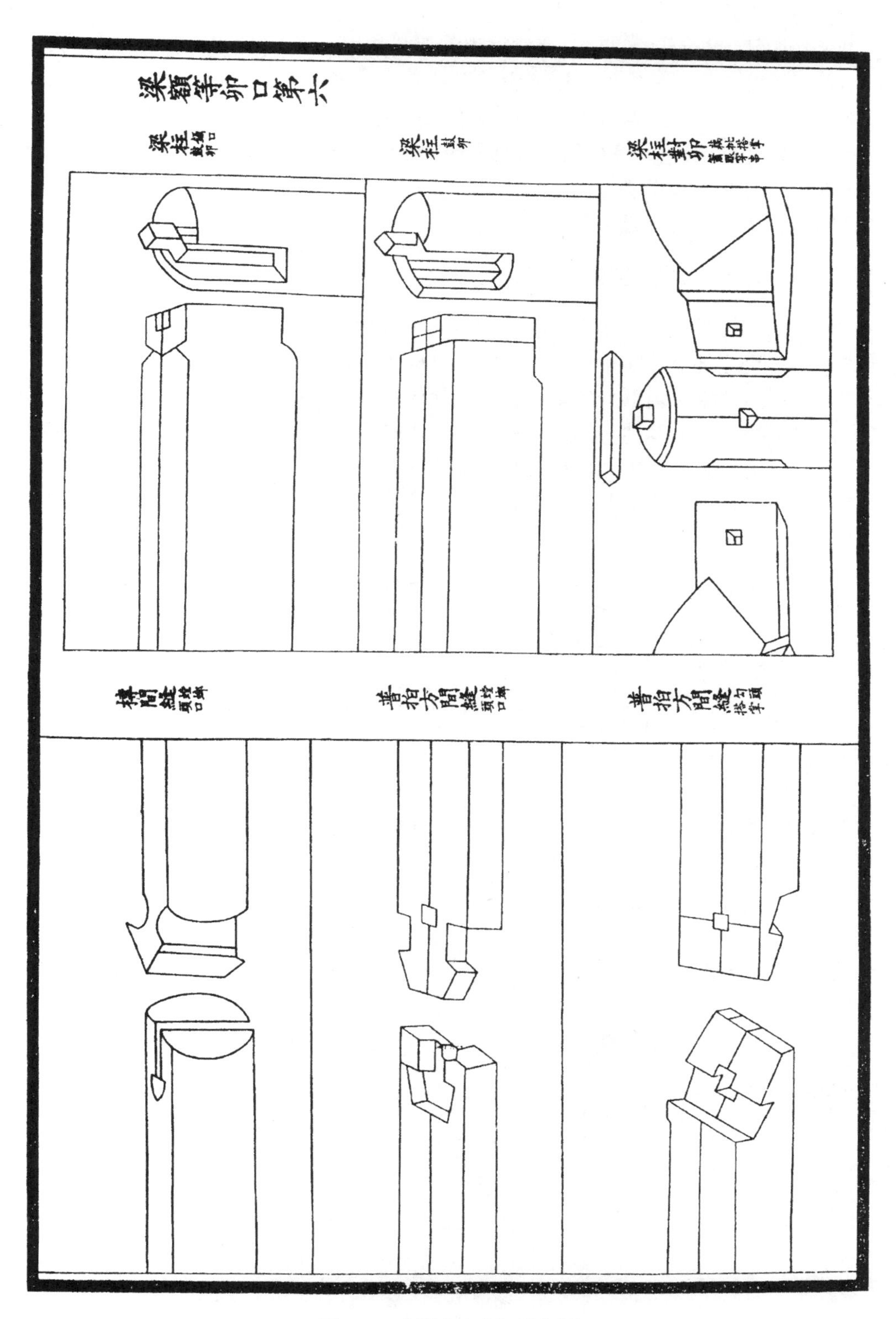

图 8-8　《营造法式》榫卯图

4. 踏脚木及山花板做法

踏脚木是歇山建筑山面的特有构件，置于山面檐椽之上、梢檩之下，是为安置草架柱和山花板设置的构件，断面呈▭形。清代之踏脚木及其相关构件做法较简单，其上立草架柱，外侧钉山花板，贴山花板外皮即可调博脊、做瓦面。明代做法则复杂得多，它是将踏脚木外侧底角裁口，山花板下皮与裁口平，在山花下口形成⌉形空隙，恰好将底盖瓦塞进空隙内，然后再沿山花板外皮调博脊。这样做，可防止雨水沿博脊缝渗漏到屋面。从这些细部微小区别，不难看出明代在工程做法方面的精到之处，从这里也可以反映出它的时代特点（图 8-7 明、清踏脚木、山花板及博脊构造比较图）。

（四）檩（槫）类构件及其特点

明代建筑的桁檩类构件，接近于清代而不同于宋代，主要表现在两点：一是明代带斗拱的建筑，斗拱挑出之外端，在挑檐枋之上施了挑檐桁，挑檐桁的尺度与清代大致相同。挑檐桁的设置，增强了屋檐挑出部分的承载能力，使屋檐因长期荷载作用产生的下垂变形得到缓解。二是除挑檐桁之外的其他桁檩，直径普遍大于宋代而与清代接近，这也是对桁檩类构件承受屋面荷载能力的一个改善。考察宋代之遗构，因槫（桁檩）直径偏小而出现的屋面塌陷现象较为严重，明代加大桁檩断面，使它承受荷载的能力有所提高。明代建筑桁檩类构件表

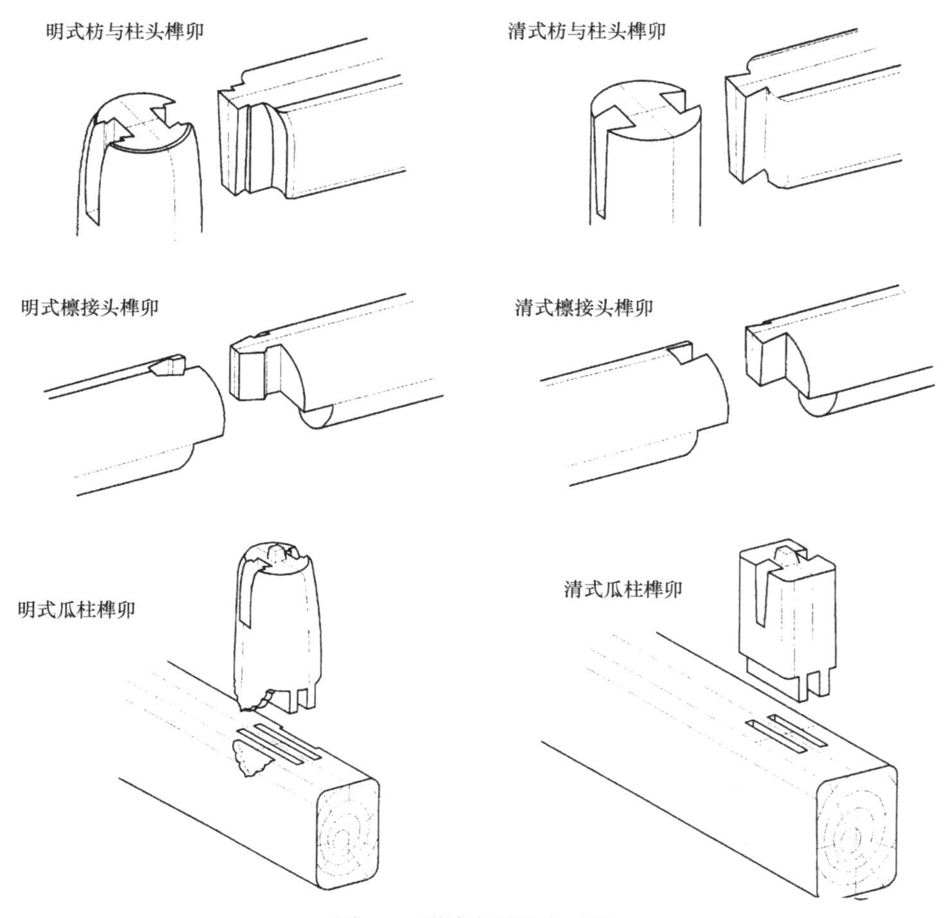

图 8-9　明清主要榫卯对照

现出来的与宋异、与清同的特点，反映了传统木构技术发展中变异性的一面。

（五）木构榫卯技术特点

我国木构建筑历史久远，木构榫卯技术亦有悠久的传统，从有关出土实物看，春秋战国时期，木构榫卯技术已达到相当水平，到宋代，榫卯技术已完全成熟。宋《营造法式》将这种技术加以总结，将木构榫卯概括为“鼓卯”、“螳螂头口”、“勾头搭掌”、“藕批搭掌”等数种，并配有清晰的插图（图 8-8,《营造法式》榫卯图）。

这些榫卯，分别用于柱与枋、柱与梁、樽与樽，普拍枋之间的榫卯结合。它们设计巧妙，构造合理，搭接严密，结构功能很强。这些榫卯，使成百上千件单独构件有机结合成为一座座具有不同使用功能的建筑物，充分体现出古代工匠的智慧和才能。

从榫卯发展的总趋势看，是经历了一个从简单古拙——→精细成熟——→简单实用的发展变化过程。上述宋代建筑的这些榫卯，到清代已大大简化，分别被燕尾榫、半榫等较为简单的榫卯所代替。这些榫卯在构造做法上不如宋代榫卯精细考究，但功能并未减弱，而是更实用更简单了。明代建筑的节点榫卯做法，则大部分因袭了宋代榫卯技术，在构造形式、形状尺度方面与宋代榫卯大同小异，与清代榫卯则形成较鲜明的对照（图 8-9，明清主要榫卯节点对照）。木构榫卯节点的这些区别，是我们判别古建筑时代特征的依据之一。

第四节　椽、望、翼角的构造及特点

构成屋面木基层的椽子、望板、连檐、里口以及翼角部分本属大木部分，但明代建筑的屋面木基层颇有些特色，为阐述方便，现将屋面单独做为一部分来进行分析：

1. 椽子径寸

关于椽子的径寸，宋、明、清各不相同。按宋《营造法式》规定，椽径大小系按不同建筑而定，若殿阁，径九分至十分，等于或略小于材宽；若厅堂，椽径七分至八分，余屋径六分至七分，均小于材宽，即普遍小于斗拱大斗刻口宽度，且建筑形制愈低椽径愈小。清代椽子径寸的确定，按清工部《工程做法则例》“凡檐椽……以桁条径每尺用三寸五分定径”，即椽径为桁条径的 3.5/10。桁条径按《则例》规定为 4 斗口，则椽径应折合 1.4 斗口，清晚期，椽径为 1.5 斗口。明代建筑之椽径，则介于二者之间，约折合 1.1～1.2 斗口。如北京先农坛拜殿，斗拱斗口 110mm，椽径 130mm，约为 1.18 斗口，飞椽头尺寸略小于椽径，约为 1.1 斗口。

2. 里口木的使用

里口木，又称里口，是联系檐椽椽头并兼有堵档飞椽椽当作用的木构件，宋《营造法式》称为“飞魁”，又称“大连檐”。宋、元以来，联系檐椽椽头一直沿用这种做法。直至清早、中期，里口木仍然沿用。清工部《工程做法则例》规定：“凡里口以面阔定长……以椽径一份再加望板厚一份定高……厚与椽径同。”至清晚期，工程中开始以小连檐加闸档板来代替里口木，并普遍使用横望板，这种做法一直沿用至今。但明代绝无此种做法，这点是需要特别注意的。

3. 顺望板的使用

顺望板的使用，几乎与里口木同时存在。明代及清早期建筑的屋面，除翼角部分做法特殊、不能采用顺望板而必须采用横望板外，正身屋面均用顺望板，这在清工部《工程做法则例》中也有明确规定：“凡顺望板以椽当定宽，如椽径三寸五分，当宽三寸五分，共宽七寸，顺望板每块即宽七寸……以椽径三分之一定厚。”顺望板的使用是与里口木相配套的，里口木改为小连檐加闸档板以后，顺望板就不再使用了。至清晚期，除圆形攒尖建筑外，其他建筑已不再用顺望板。

4. 飞檐椽头、仔角梁头的竣脚做法

飞檐椽头的竣脚做法，在宋《营造法式》中也有明确规定。《营造法式》卷五“椽”条：“凡飞子，如椽径十分则广八分、厚七分……各以其广厚分为五份，两边各斜杀一份，底面上留三份，下杀二份，皆以三瓣卷杀，上一瓣长五分，次二瓣各长四分。”这种檐头椽头卷杀的做法，在明代木构建筑及仿木构（如琉璃）建筑中，仍然保留。当前遗留的明代木构建筑，由于历次修缮改变檐头飞椽做法，飞椽保留竣脚做法者已很鲜见，但仔角梁头保留竣脚做法的却还存在。在木构中，飞檐椽头与仔角梁头在做法上是一致的，仔角梁头保留竣脚做法，说明飞椽头也曾有竣脚。到清代，飞椽头（包括仔角梁头）已取消竣脚做法。

5. 通椽做法

这里所谓“通椽”，是明代木构中檐椽的一种特殊做法。一般檐椽为檐（或廊）步架加上向外挑出之长度。通椽做法，其椽子不仅跨过檐步架，而且继续向上延伸，再跨过下金步架，比一般做法加长一步架。北京先农坛拜殿檐椽即这种做法。由于古建筑屋面各步举架（即椽子斜率）不等，采用通椽时，在老檐桁部位还须有一定折角，使椽身略呈折线。（图 8-10）按传统技术，将椽子做出折角，需要采用火烤的方法，边烤边折，使之达到所需的角度。通椽做法的优点很多，它整体性强，还可避免由于檐头出檐过长而引起的檐头倾复，解决檐出大于步架的矛盾等。但它也有不少缺点，如需要大批长料，加工复杂等。这种做法存在的条件是明代屋面采用举折之法定折线，檐步与下金步举架大小相差不多，采用通椽时，只要将椽子弯折一个较小的角度即可。至清代，屋面曲线改按举架法确定，檐、金步举架相差较大，再采用通椽法就比较困难了。通椽做法是十分讲究的工艺，至清代，工程做法简化，也是通椽做法不复存在的原因。

图 8-10　通椽做法

6. 椽碗做法

椽碗是安置于檐桁之上，用以封堵圆椽之间椽当的木构件，常常用在檐柱间安装修（即以檐柱为界划分室内外）的建筑上，如为带斗拱的建筑，则挑檐桁和正心桁上都需要安装椽碗。清代椽碗做法比较简单，一般是采用一块长度同面宽，宽度相当于 $1\frac{1}{3}$ 椽径，厚度相当于 1/3 椽径（即同顺望板厚）的木板，按椽子位置和椽径大小，在板上挖圆形孔洞。安装时，先将椽碗固定在檩上，然后将檐椽从孔内穿入，钉于应有位置。明代的椽碗做法是极讲究的，它是将整块木板分成上下两半，上下各做半个椽碗。安装时，先将下半碗钉置在应有位置，然后钉椽子，待椽子安装完毕，再安装上半个椽碗。上下碗合扣处，做龙凤榫，将椽子扣在碗内，严丝合缝，工艺水平极高（图 8-11，明清椽碗的不同做法）。明代椽碗这种非常讲究的做法，在清代几乎见不到了。

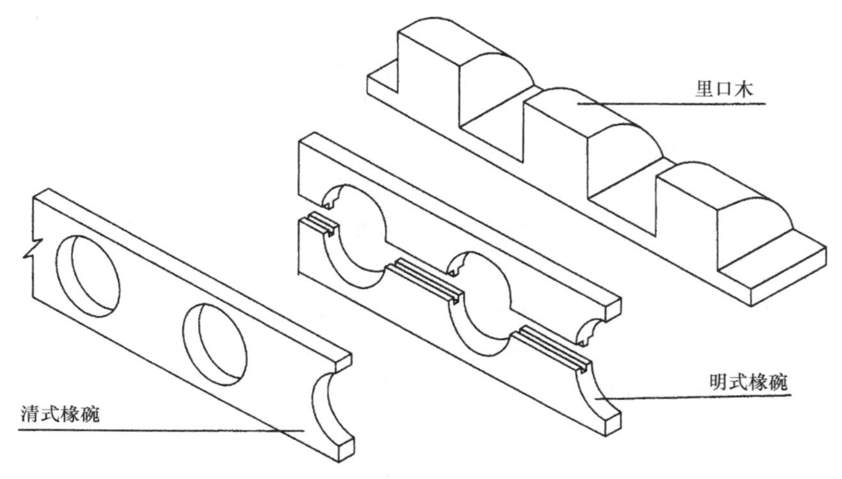

图 8-11　明式、清式椽碗及里口木

7. 翼角椽根数及其确定原则

翼角是古建筑屋面的重要组成部分，历来为营造者所重视。对于角梁、翼角翘椽（即翼角椽）、翘飞椽的做法，除工匠师徒间口传心授的秘诀之外，官书上也有明确规定。关于翼角翘椽根数如何确定问题，清工部《工程做法则例》是这样叙述的："其起翘之外，以挑檐桁中出檐尺寸，用方五斜七之法，再加廊深并正心桁中至挑檐桁中之拽架各尺寸定翘数。如挑檐桁中出檐长五尺二寸五分，用方五斜七加之，得长七尺三寸五分，再加廊深五尺五寸，并三拽架长二尺二寸五分，共长一丈四尺七寸五分，即系翼角椽当分位。翼角翘椽以成单为率，如逢双数，应改成单。"这段文字中关于"翼角翘椽以成单为率，如逢双数，应改成单"的规定格外引人注意。考清代之建筑，凡翼角翘椽，每面均以奇数为率，已成定制，工匠师徒之间亦按此口传心授，若违此法则，则以"错"论处。明代建筑则不然，笔者在测绘北京先农坛拜殿时发现，其翼角椽根数为 18 根，成偶数，且每个角均如此。又考北京十三陵祾恩殿，发现翼角椽根数为 26 根，亦为偶数。其他明构，或奇或偶，并无定律。进一步考察发现其翘飞椽之斜椽当（即沿连檐所量得的翘飞椽中～中距离）与正身椽当基本相等，并不似有些清代建筑那样相差甚多。由于翘飞椽之斜当与正身椽当大体相等，从建筑正立面看去，檐头椽头整齐划一，非常美观，不似有些清式建筑，翼角部分非疏即密。可见，明代营造活动是很注重建筑物的总体立面效果的，有关尺度和规定，均以利于整体效果为准则，相比之下，清代的一些规定从某种观念（比如单数为阳，双数为阴）出发，而不是从实际需要出发，以僵死的规定去限制建筑的尺度，这种做法较之明代，要僵化教条得多，是不足取的。

第五节　斗拱的特点和区别

中国古代木构建筑的演变，很多反映在斗拱上，因此，斗拱的风格特点和构造区别是明清木构建筑区别的重要方面。

一、总体风格及其特色

明代斗拱与宋代斗拱相比，已经发生了很大变化，这些变化主要表现为：①用材等级降低，斗拱构件变小；②每一个开间中，斗拱所用的攒数骤增，由宋代的当心间一朵至二朵，变为四攒、六攒乃至八攒，排列繁密；③斗拱向外挑出尺度减小。由于构件变小，拽架随之变小，出跳（出踩）数相同的斗拱，其挑出长度明显减小。以上三点，是明代斗拱较之宋代斗拱发生的主要变化。

造成明代斗拱这些变化的原因，主要是元代以后大木构架向整体化方向发展的结果。元代以前的建筑，大木与斗拱分工明确，界限清楚，柱枋、斗拱、梁栿层次分明。这种构架体系中，下架（柱、枋）与上架（梁栿）之间被斗拱分隔成两部分，大木构架的整体性不是很强，而斗拱的结构作用相对重要。元代以后，柱子（主要是内柱）向上延伸，与梁栿直接结合，柱头梁栿取代柱头斗拱的部分功能而并入木构架体系，这种变化，使大木构架的整体性增强了，斗拱的结构作用相对减弱了。

木构架整体功能的提高，必然要求兼有结构和装饰双重功能的斗拱削弱其结构功能而增强其装饰功能，斗拱尺度的减小和攒数的增加正是这种演变的结果。

斗拱尺度的减小还受到建筑物墙体材料变革的影响。明代大量采用砖墙代替泥墙和土坯墙，使墙体耐雨水侵蚀的能力大大增强，大尺度挑出屋檐以保护墙体的问题已不十分突出，这也是造成斗拱挑出长度减小的原因。

总之，斗拱由唐宋至明清的这种变化，是木构架体系走向完善和成熟的必然结果。

二、明清斗拱的若干区别

我们现在所要研究的，不是明清斗拱的相同或相似之处，而是二者之间存在的种种区别。明清斗拱究竟有哪些区别呢？总括起来，大概有以下十几个方面：

（1）明代斗拱足材构件高 21 分，单材构件高 15 分。清代斗拱足材构件高 20 分，单材构件高 14 分（图 8-12 明、清斗拱足材、单材构件尺度比较）（明代斗拱因年代不同，承传不同，也有其足材构件 20 分、单材构件 14 分的情况）。

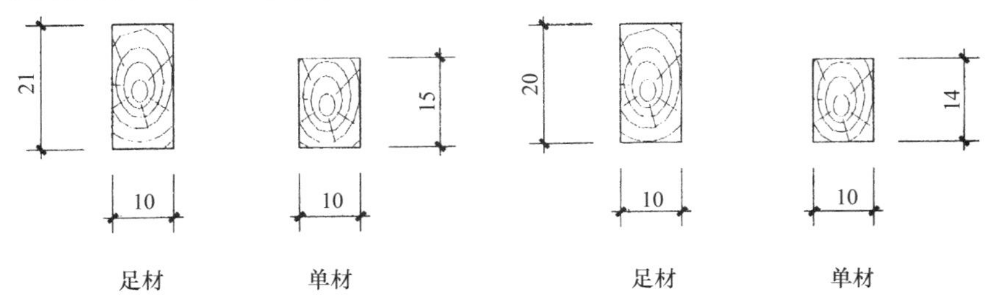

图 8-12　明清斗拱足材、单材构件尺度比较

（2）明代斗拱大斗有 3×3 斗口和 3×3.25 斗口两种尺寸，且斗底有䫜清代斗拱大斗均为 3×3 斗口，且斗底无䫜（图 8-13 明清斗拱大斗特征比较）。

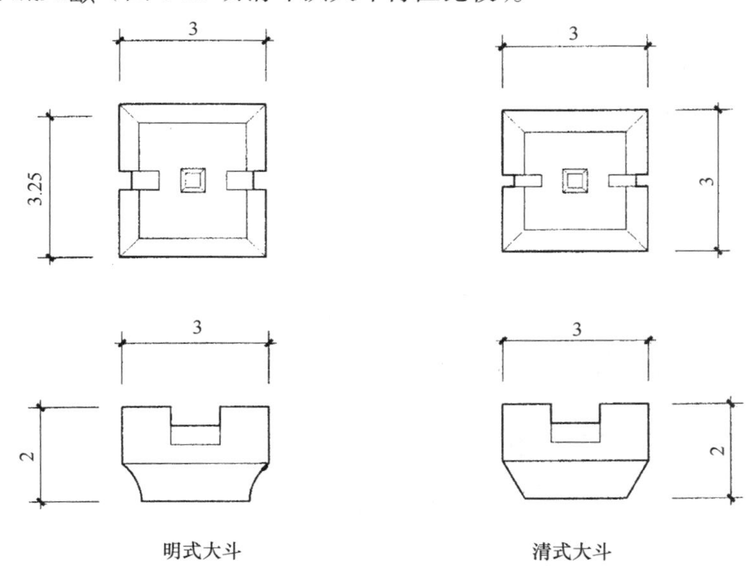

图 8-13　明清斗拱大斗特征比较

（3）垫拱板厚度：明代做法为 0.3～0.4 斗口，清代减为 0.24 或 0.25 斗口。

（4）明代及清早期斗拱昂下有假华头子，清代中叶以后取消，昂嘴下线向上延伸至十八斗附近（图 8-14 明清斗拱昂嘴特征比较）。

（5）明代斗拱昂翘与横拱纵横相交时，翘昂耍头等纵向构件刻去构件全高的 4/10，留 6/10；横拱刻去 6/10，留 4/10。清代各刻去一半。

（6）明代十八斗多做挂榫，在斗内侧刻银锭口。清代只在前端做包掩，实际上是银锭榫的简化（图 8-15 明清斗拱十八斗节点做法比较）。

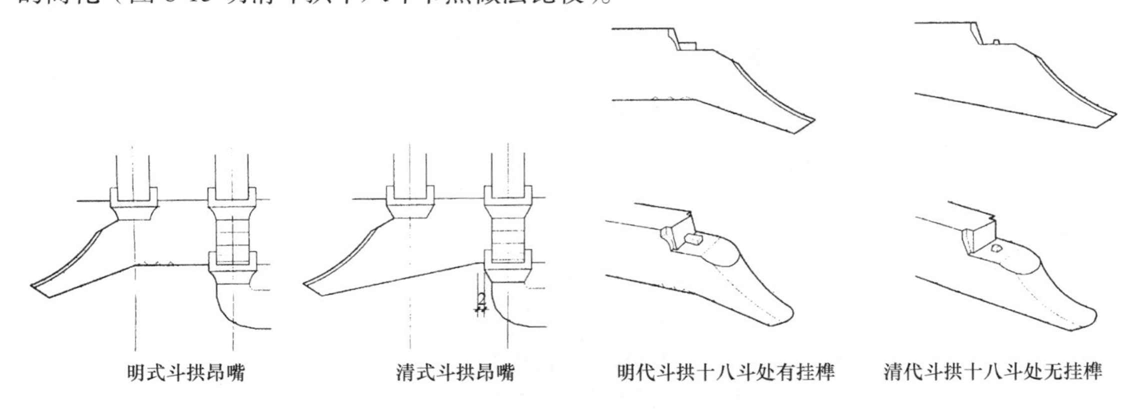

图 8-14　明清斗拱昂嘴特征比较　　图 8-15　明清斗拱十八斗节点做法比较

（7）在蚂蚱头或麻叶头上面，明代多做齐心斗，清代中叶以后取消齐心斗（图 8-16 明清斗拱齐心斗之区别）。

（8）撑头木前端与拽枋相交处，明代均带包掩，清代仅做榫，多不带包掩（图 8-17 撑头木、桁碗与挑檐枋、井口枋相交部位榫卯做法比较）。

（9）桁碗后尾做法，明代有两种，一种是桁碗上皮与井口枋上皮平，一种是桁碗后部上

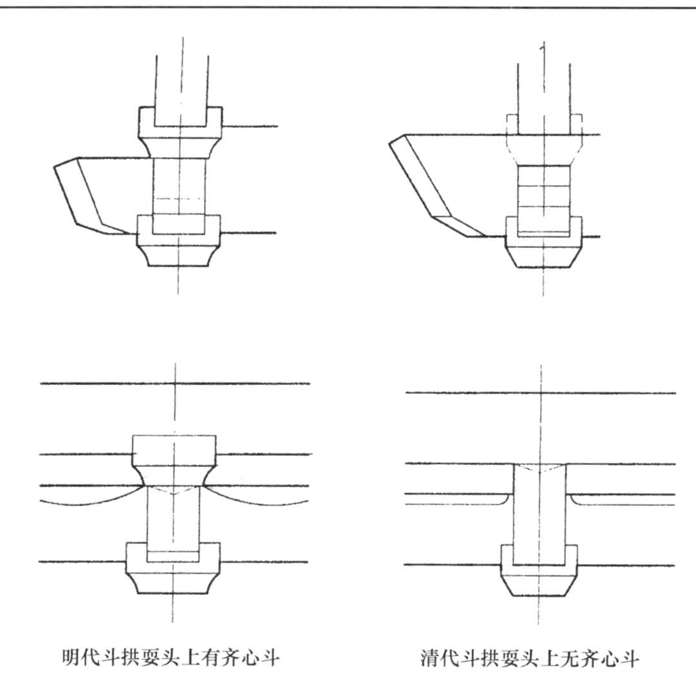

图 8-16　明清斗拱齐心斗之区别

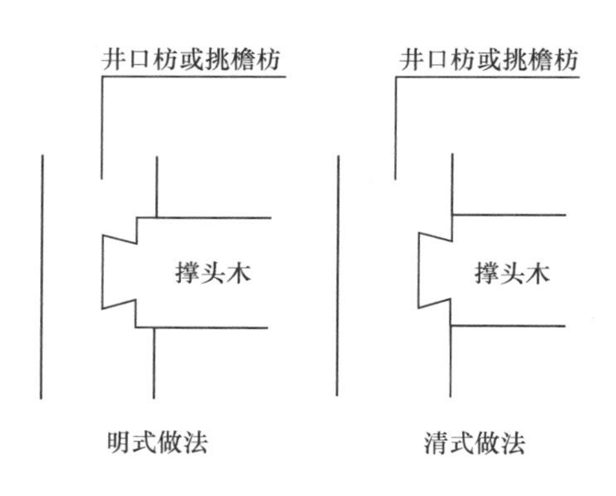

图 8-17　撑头木、桁碗与挑檐枋、井口枋相交部位榫卯做法比较

皮与底皮平行，后尾高于井口枋上皮部分做出圆弧状肩（图 8-18 桁碗做法比较）。

（10）麻叶头做法，清代为三弯九转雕刻，明代雕刻线条比较简单，多为落地平雕（图 8-19 明清麻叶头纹饰比较）。

（11）明代桃尖梁头有出锋和回锋两种做法，清代主要为出锋做法（图 8-20 明代桃尖梁头的两种做法）。

（12）单材拱拱眼边做法，明代抹大斜棱，清代抹小圆棱；足材拱拱眼，明代做磨地平拱眼，清代采用锓阳刻法，四周凹下，中间凸起（图 8-21 明清斗拱拱眼做法比较）。

（13）柱头科昂翘，明代有翘昂等宽的做法，清代自头翘至昂其宽度按等差级数递增（图 8-22 明清柱头科斗拱昂翘做法比较）。

（14）角科由昂、斜撑头木和斜桁碗，明代有三种做法：①三件单做；②昂与撑头木连做；③三件连做在一起。清代仅见前两种情况，三件连做无此实例。

（15）角科搭交把臂厢拱，明代有单材拱和足材拱两种做法，清代仅有单材拱一种做法。

（16）明代角科斗拱，正心外侧的闹昂、闹耍头等构件多不出头，第一层为闹翘代替闹昂，闹耍头外侧为鸳鸯交首拱。清代角科斗拱正心昂翘外侧为闹昂、翘，与正心昂翘一一对应（图 8-23 明清角科斗拱正面外形比较）。

（17）明代建筑梁头下多用十字科斗拱（下加荷叶），清代采用瓜拱和柁墩。

（18）溜金斗拱的区别。明清溜金斗拱，除去以上涉及的有关区别外，还有一主要区别，即明代自昂以上的溜金挑杆，均为一根直木枋，称为真昂，具有较强的悬挑功能。清代溜金斗拱的昂耍头诸件不是由一根直木枋作做成，它是以正心为分界，其外拽部分与平身科斗拱

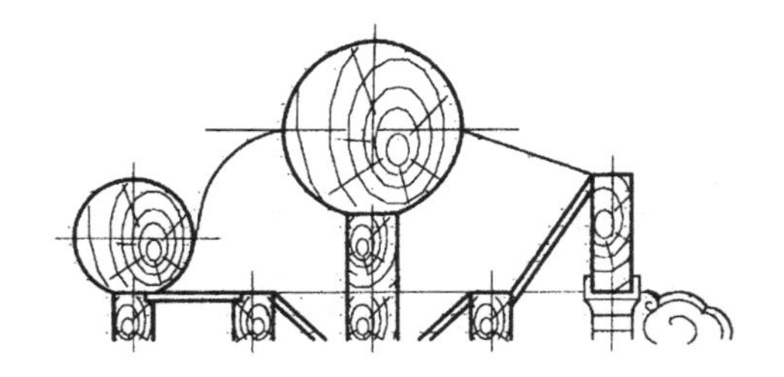

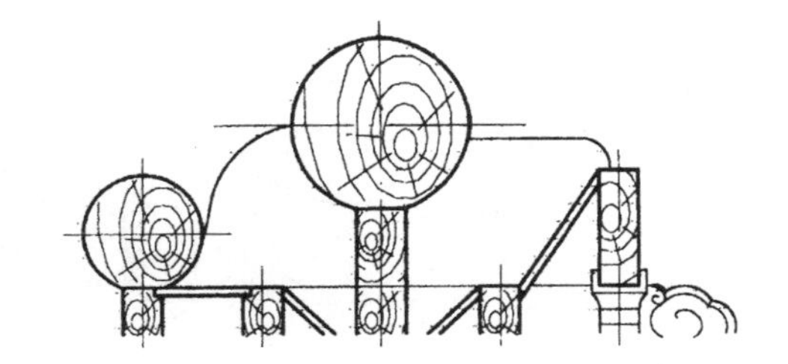

明代桁碗的两种做法

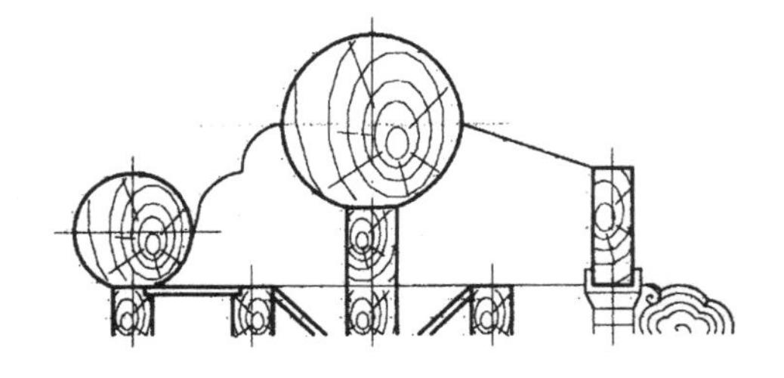

清代桁碗做法

图 8-18　桁碗做法比较

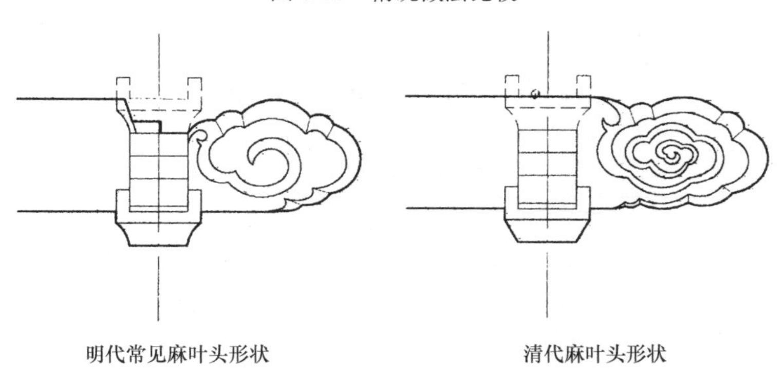

明代常见麻叶头形状　　清代麻叶头形状

图 8-19　明清麻叶头纹饰比较

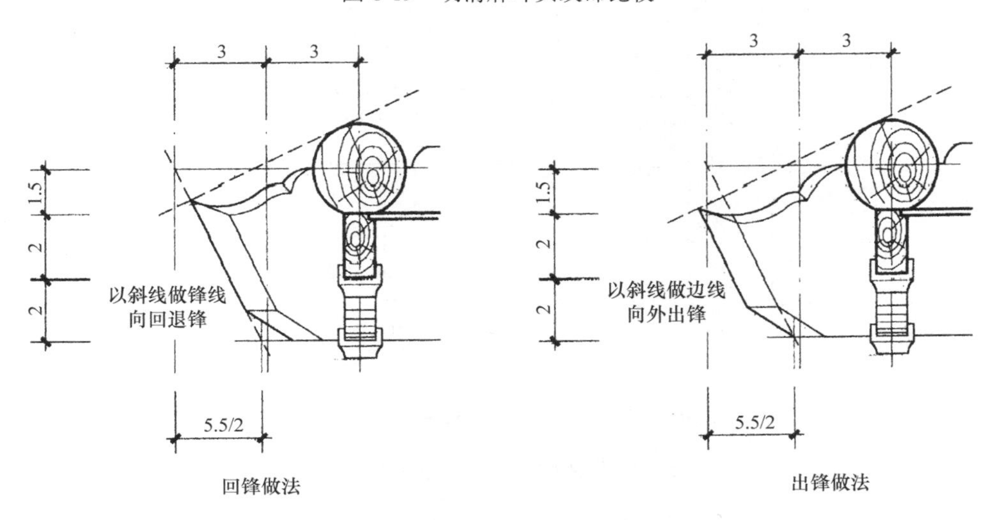

回锋做法　　出锋做法

图 8-20　明代桃尖梁头的两种做法

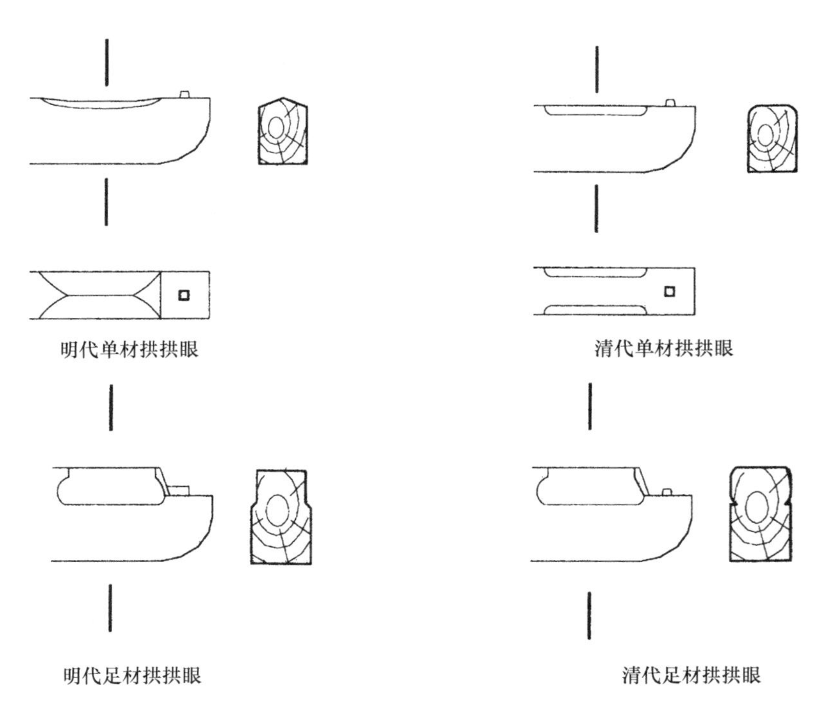

图 8-21　明清斗拱拱眼做法比较

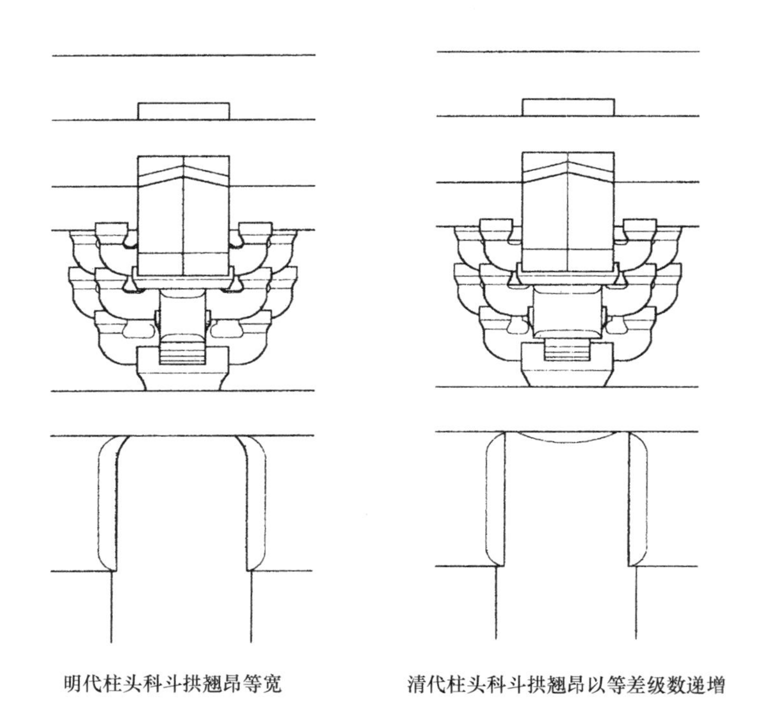

图 8-22　明清柱头科斗拱昂翘做法比较

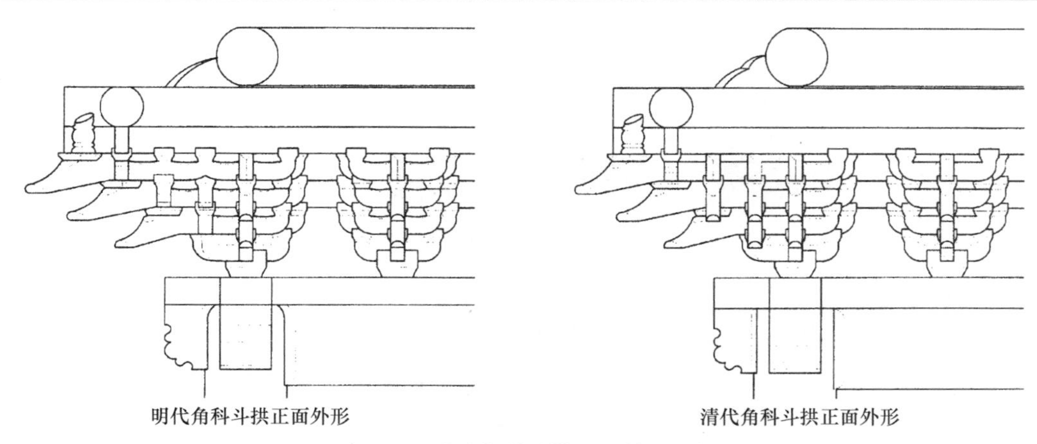

图 8-23　明清角科斗拱正面外形比较

相同，构件均为水平叠置，其内拽部分做成向斜方向的挑杆，这样，昂、耍头等杆件就成了折线形，已不具备悬挑功能，称为假昂。这种做法是一种技术上的退步（图 8-24 明清溜金斗拱之比较）。

关于明清斗拱的区别，如仔细研究比照，应远不至于此。但主要区别也不外以上十几项。了解这些区别，对于古建筑的保护、维修是非常重要的。

以上是从木作的角度，对明清官式木构建筑的区别略加探讨，至于瓦石琉璃乃至彩画油饰方面的区别，则需另文加以研究。

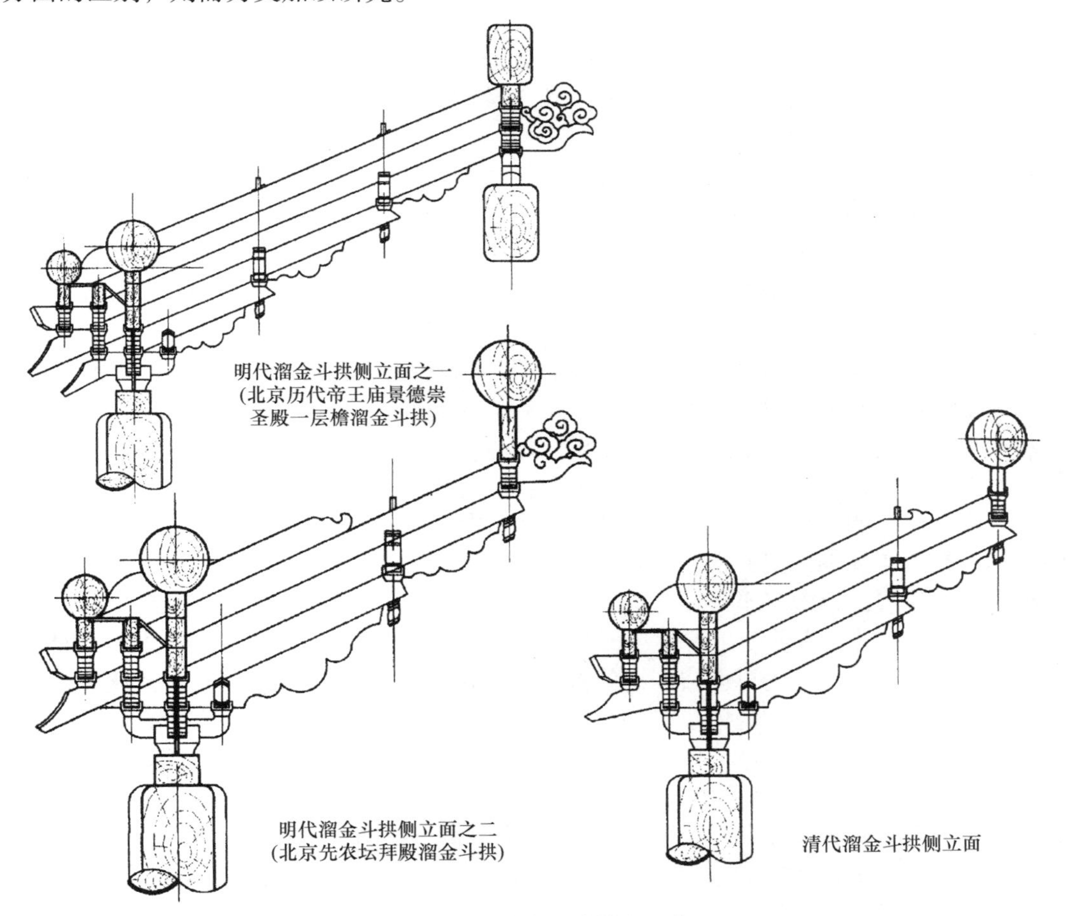

图 8-24　明清溜金斗拱之比较

第九章　钢筋混凝土仿木构建筑的设计与施工

第一节　钢筋混凝土仿木构建筑是对传统建筑的继承和发展

20 世纪后期至 21 世纪初的二三十年中，我国建筑行业发展迅速，作为建筑流派中的重要一支，仿古建筑也得到了长足的发展。

“仿古建筑”是对当代设计建造的传统建筑的一种通称。尽管建筑界有人对它颇有微词，但它依然有旺盛的生命力。这不是因为别的，而是因为建筑的形式应当表现所处的时代和社会。它不仅要反映社会和技术的进步，同时还要“表述”地域文化和民族精神。世界上每个时期、每个地域、每个民族的建筑发展都有自己的内在逻辑，它们不仅要受到诸如政治、社会和经济等因素的制约，而且要受到地方文化、宗教以及民族情感的影响和抉择。人类社会发展的基本事实也说明，任何历史时期都必然会向前代文明成就学习，各个时期的建筑思想之中的“现代性”，都融合了过去时代的古代性。民族形式和仿古建筑是我国建筑文化发展的必然阶段，是不以某些人的意志为转移的，就如同传统的京戏，今天仍旧为广大人民群众喜闻乐见一样，作为民族传统文化载体的古建筑及仿古建筑，依然受到中国人民乃至外国友人的热诚欢迎和衷心喜爱。

在近二三十年中，仿古建筑的设计建造也经历了一个发展变化的过程。开始时，人们是完全按照古代木构建筑的材料和技术，建造一些木结构的园林、寺庙、住宅。随着时间的推移以及由于对木材过量采伐带来的森林植被破坏，采用木材建造仿古建筑已不符合环境保护和可持续发展的要求，于是便产生了用其他建筑材料代替木材建造仿古建筑的做法。在诸种材料中，被广泛用于现代建筑的钢筋混凝土便成了首选。

钢筋混凝土材料有防腐、防火、防虫蛀、抗震和节省后期维修费用等优点。而且由于混凝土构件都是通过支模板浇注成型的，有非常好的可塑性，可以做出各种形状的构部件，所以，近些年，混凝土仿古建筑便成了仿古建筑的主流。

作为全国成立最早的古代建筑设计研究单位，近年来，我们搞了大量的钢筋混凝土仿古建筑，其中既有富丽堂皇的宫殿，也有朴实无华的民居，既有神圣庄严的寺庙，也有绮丽秀美的园林。在多年的创作实践中，我们深刻体会到中国传统建筑博大精深、内涵丰厚，是中华传统文化的瑰宝。搞混凝土仿古建筑，不仅需要有先进的现代建筑知识，更要有广博的历史文化知识和传统艺术素养。搞仿古建筑设计绝不是像有些人所说的“抄袭古人”，而是在学习传统、继承传统前提下的再创造。搞仿古建筑，就应该“高仿”、“精仿”，认认真真地仿，使仿出的作品达到可以乱真的地步。如今，文玩界对历史遗留下来的优秀艺术珍品如陶瓷、青铜器、字画、古典家具等进行仿制，通过高仿、精仿创造出许多与真品有同等艺术价值和观赏价值的精品，满足了广大古典艺术爱好者的需求。优秀的仿古建筑比之高仿的瓷器、家具有更高的艺术价值和实用价值。 因此，不加分析地将仿古建筑一概斥为“假古董”而加以反对是错误的。我们反对粗制滥造的所谓“仿古”建筑，支持真正有艺术价值的仿古建筑作品。

由于钢筋混凝土建筑具有防虫、防火、防腐、抗震等优点，具有节约木材、保护环境、可持续发展的优势，就为中国传统建筑在当代的发展开拓了新的空间。钢筋混凝土仿古建筑是对我国传统建筑的继承和发展，在我国当代建筑中占有重要地位，因此，有必要对它的设计和施工技术加以简要介绍。

第二节　钢筋混凝土仿木构建筑的设计与施工

仿古建筑设计与现代建筑设计一样，一般要经过总体规划、方案设计、初步设计、施工图设计等过程。在施工图设计中技术设计又是其中最重要的内容。

搞钢筋混凝土仿古建筑设计，关键是搞好技术设计，所以，这里重点讲一下有关钢筋混凝土仿古建筑技术设计方面的内容。

搞钢筋混凝土仿古建筑设计，必须建立在对传统木结构建筑十分熟悉的基础之上。仿古建筑不同于有中国民族风格的现代建筑，它不是仅仅要求神似，而是首先要求形似，或者说要求酷似，要求逼真、乱真。通过高度的形似达到形神兼备，技术、艺术方面的要求是很高的。这些年，有些所谓仿古建筑之所以不为人们所接受，之所以被人们斥为“不伦不类”的“假古董”，其重要原因之一就是设计人根本不熟悉中国传统建筑，对它的权衡比例、法式特征、尺度规矩、色彩装饰、外延内涵等或根本不了解，或只知其皮毛，所以，他们搞的仿古建筑，必然是非驴非马，不伦不类。

传统木构建筑是以木材为骨架，属柔性结构，钢筋混凝土仿古建筑是以钢筋混凝土柱梁为骨架，属刚性结构；传统木构建筑是事先将柱、梁、枋、檩等木构件预制加工成单件，凭榫卯结合进行现场组装，钢筋混凝土仿古建筑是通过支模板、绑钢筋、浇注混凝土的施工方法使构架体系一次成型；传统木构建筑采用的是《营造法式》、《工程做法则例》等流传了成百上千年的木构建筑施工技术法则；钢筋混凝土仿古建筑则只是外型仿造成古建筑模样，在构件截面尺寸的确定、内力计算、抗震计算及柱梁配筋、混凝土标号确定等方面都必须符合钢筋混凝土结构理论和现代设计规范的要求。对于木构建筑的一些薄弱部分，如大木上下架结合部，尤其是斗拱与柱头及额枋结合部分，必须做到既符合现代混凝土结构要求，又不能与木构建筑有明显差别。所有这一切，都是钢筋混凝土仿古建筑设计要解决的关键技术问题。

下面以我本人主持设计的天津大悲院大雄宝殿这座单体建筑为例，就钢筋混凝土仿古建筑技术设计及施工的问题做些简要说明。

一、关 于 檐 头

古建筑的檐头是凭檐椽和飞椽向外挑出来承载其上的屋面。在檐椽和飞椽上面仅有很薄的木望板，而木望板是不起承重作用的。钢筋混凝土仿古建筑檐头挑出部分则主要靠板承重，板下面的椽子可以现浇，也可以预制，但不论现浇或预制都不起结构作用，它们的存在只是檐口造型的需要。在对檐口部分的技术处理中，钢筋混凝土结构和木结构有本质区别。

二、关 于 斗 拱

木构建筑的斗拱是介于梁架和柱头之间兼有承重作用和装饰作用的构件。斗拱与其下面的柱头、额枋的力传导，主要是通过大斗来进行。大斗将斗拱以上荷载直接传给柱头（柱头科斗拱）或通过额枋再传给柱子（平身科斗拱）。而斗拱与斗拱之间的垫拱板，只起分隔空间的作用。它的厚度只有 0.25 斗口（合公制 2～3 厘米）根本没有承重作用。

木构建筑的这种结构形式，如果完全不变地用于钢筋混凝土仿古建筑，断然是不行的。为了确保上下架结合部分的稳定牢固，符合混凝土结构要求，必须改变主要持力部位，将木结构的大斗受力改为处在柱轴线位置的垫拱板受力，必须把垫拱板加厚至结构要求的起码厚度，并将它和正心拱、正心枋及正心檩等分件筑成一个整体。这样处理之后，原来起承重作用的斗拱就完全变成了仅起装饰作用的部分，成为纯装饰构件。这样就可以以正心为界，把斗拱分为内外两部分，由于斗拱已经不起承重作用，它可以用混凝土制作，也可以用木材或其他材料制作，然后附着固定在垫拱板上。

当然，这是就一般明清仿古建筑而言的，因为明清建筑尽管出檐深远，相比唐宋建筑还是要小得多。如遇到仿宋或仿唐建筑，出檐挑出长度达到 3 米以上或者更长时，就要考虑让斗拱的出跳构件华拱（翘）、昂、耍头等作为结构构件，来起辅助檐口挑出的作用了。

三、关 于 梁 架

古建筑屋顶部分的梁架，有露明造与非露明造两种，凡露明造（即彻上明造）的，梁架檩木要细加工，并且做油饰彩绘。非露明造的，在井口枋的高度做天花，天花以上梁架檩木可以粗做，并且不做油饰彩绘。混凝土仿古建筑，如果是露明造者，必须按古建形制，仿做出梁架檩木及椽子望板，并且要做油饰彩绘，施工难度相当大。如果是非露明造，则上部梁架檩木的设计就可以大大简化，并且可以采取能满足结构要求的各种构造形式。

四、关于回肩及滚楞的处理

木构建筑系由柱、梁、枋、檩、板等预制木构件凭榫卯结合的，在枋子与柱、梁与柱相交处或梁、枋自身，都有一些特殊造型处理，如梁、枋与柱相交时，榫卯两侧要做撞肩和回肩，梁枋四角要做滚楞。这样做一方面是造型的需要，同时也是彩绘的要求。古建筑构件的滚楞抱肩是木构建筑的重要特点之一。搞混凝土仿古建筑，也需要做出滚楞抱肩，只不过受混凝土钢筋保护层厚度的制约，滚楞抱肩不能做得十分到位罢了。

五、关于柱子的收分和侧脚

古建筑的柱子有收分和侧脚，我认为，在做仿古建筑时，收分和侧脚做与不做都可以。收分侧脚对木结构施工是件很简单的事，对于钢筋混凝土施工就会带来很多麻烦。收分要求柱子直径下大上小，这从支模板到绑钢筋都要着意去做；侧脚要求外圈柱头向内侧倾斜，也会给设计施工都带来一些不便。当然这些都不是我主张可以不做的主要原因。主要原因是，钢筋混凝土仿古建筑不做收分侧脚，对建筑外型和结构均没有任何影响，我们列举的天津大悲院大雄宝殿工程就没有做收分和侧脚，效果丝毫不差。当然，如果要更讲究一些，也可以把收分、侧脚都做出来，这就要对施工提出更高的要求。

六、关于钢筋混凝土仿古建筑的施工

钢筋混凝土仿古建筑的施工，关键之处有两点，一是要懂得古建筑的造型特点、尺度比例、法式特征、细部构造等等，一句话就是要懂古建筑，要有木构建筑的基础；二是要有高超的支模和浇注混凝土技术。为什么强调一定要有高超的支模技术和浇注技术呢？因为仿古建筑的模板，比起现代建筑来要复杂得多。尤其檐头翼角部分，构造十分复杂，对技术工人的要求很高。现在全国各地都有能做混凝土仿古建筑的施工队伍，但能做出精品的却十分鲜见。天津大悲院工程在做檐口部分的施工时，为了真实地表现大连檐与瓦口之间的出入关系及小连檐和闸档板处的细微变化，专门制作了定型模板，并充分考虑了拆装的方便。浇注这些细小部位时，特意选用小石子，使混凝土石子级配合理，不欠浆，并且用棒式、平板式两种方式同时震捣，使打出来的檐口与木结构完全一样，达到了乱真的效果。

古建筑屋面的混凝土浇注也是一项难度很大的工作。古建筑屋面举架大、坡度陡，处理不好会影响混凝土密实度，造成屋面漏水。天津大悲院大雄宝殿采取屋面模板下拉片，表面

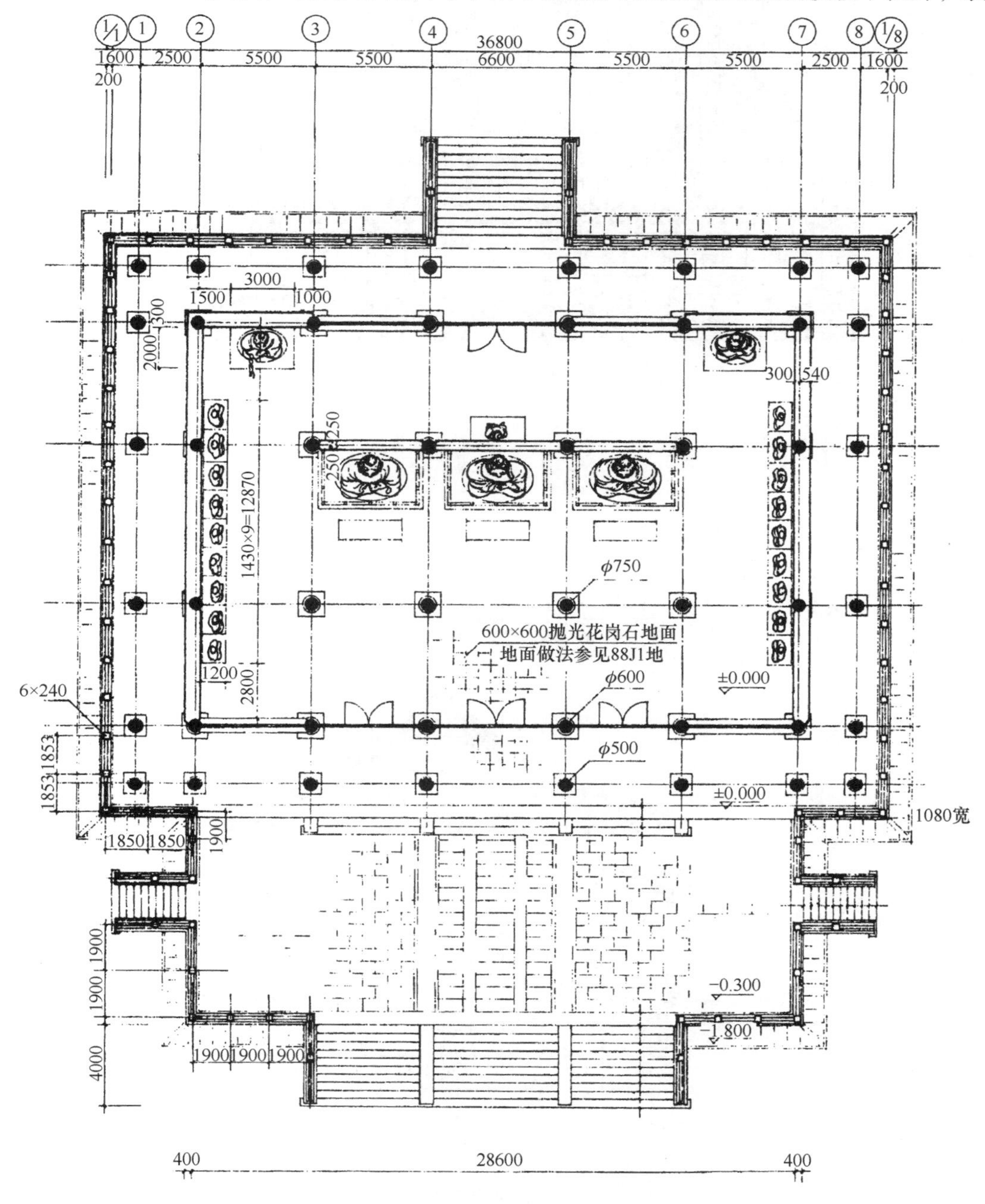

图 9-1　大雄宝殿平面图

压模的方法，按混凝土板墙的浇注方法和程序分段进行，多投了许多人力和资金，取得了十分理想的效果。

类似的问题还很多，在此不一一列举。

要创造仿古建筑的精品工程，必须有高超的技艺、深厚的艺术修养和对工作高度负责的精神，要真正做到“精心设计”、“精心施工”。不论设计者、施工者还是投资者都应克服急功近利思想和浮躁情绪，过分的商业化是做不出精品工程的。

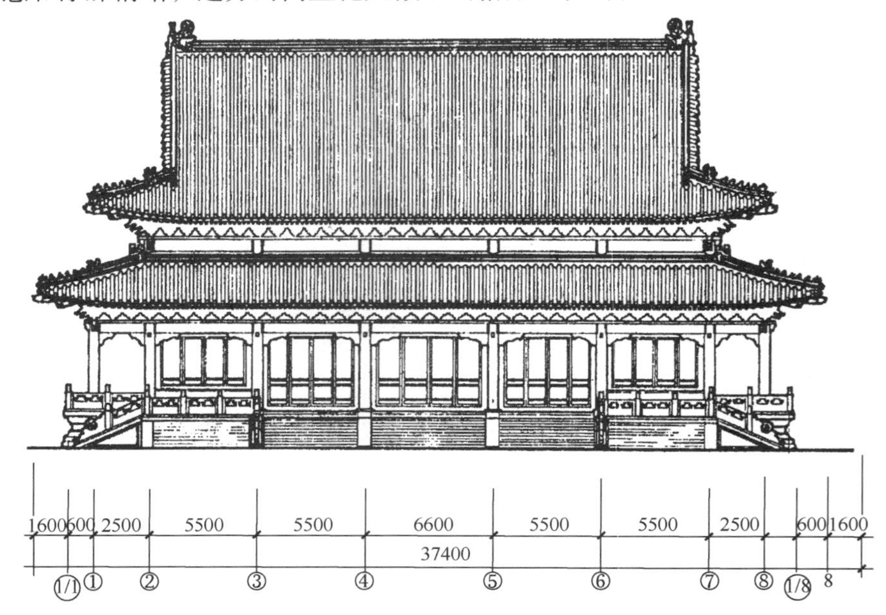

图 9-2　大雄宝殿正立面图

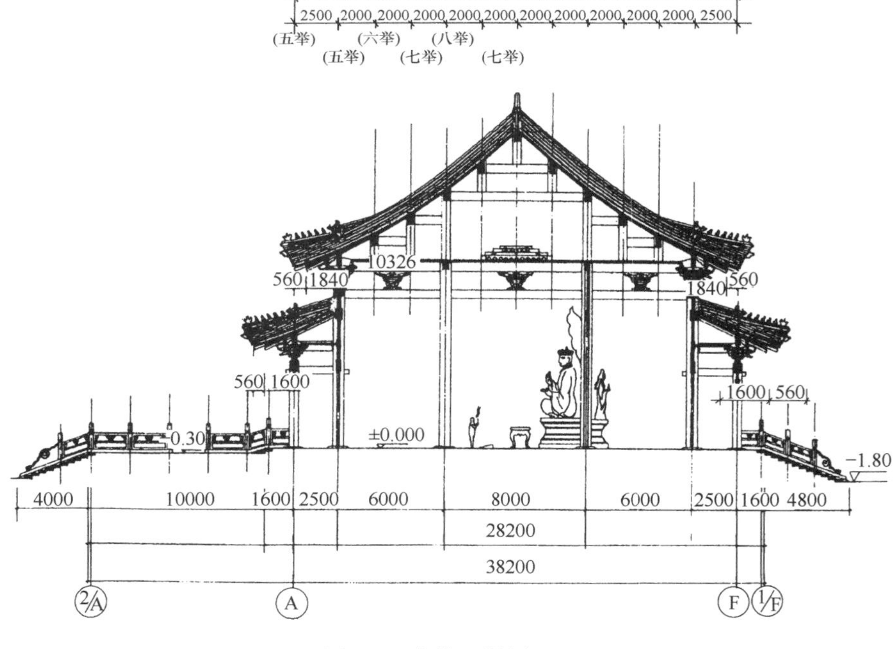

图 9-3　大雄宝殿剖面图

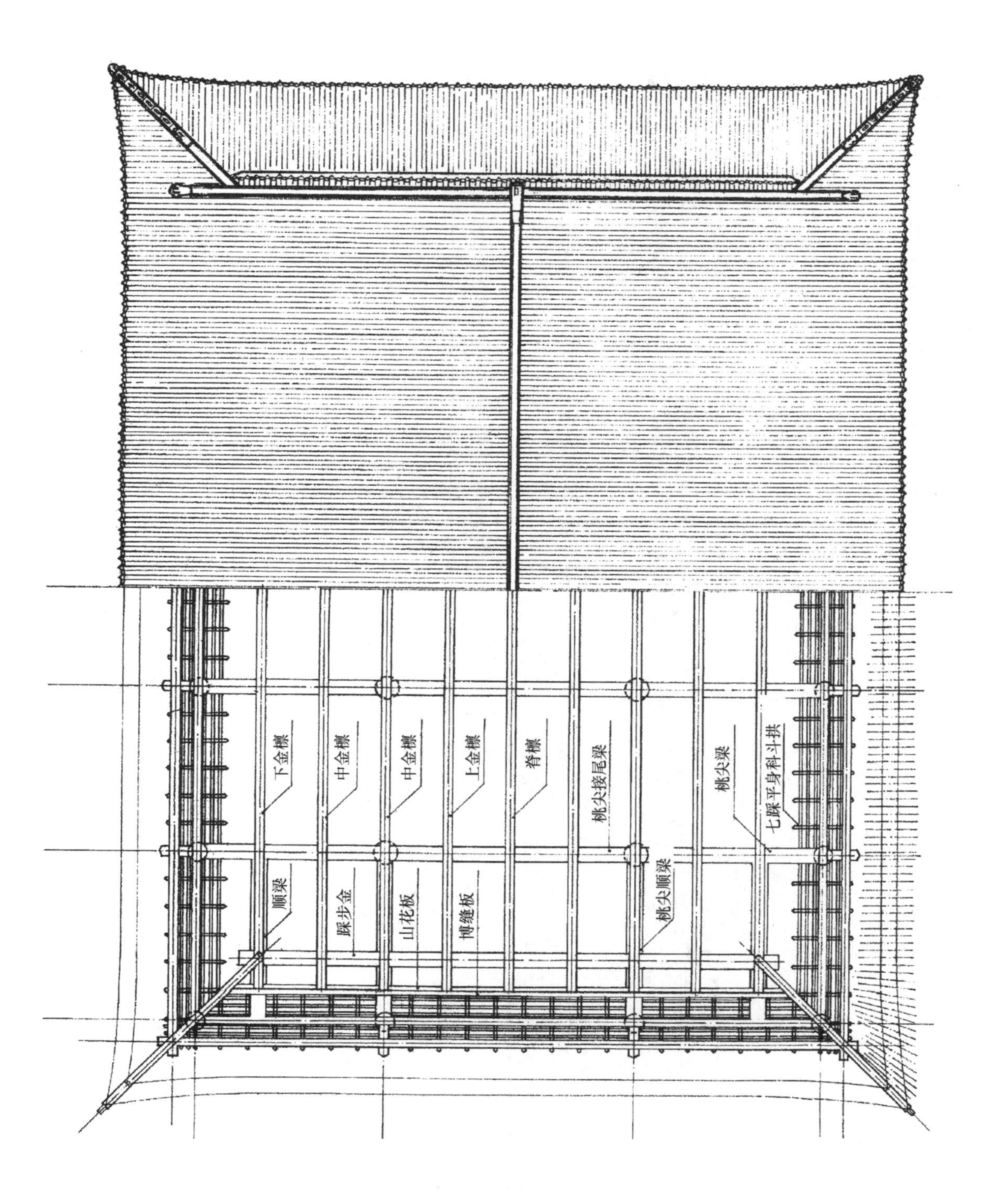

图 9-4　上层构架及屋顶平面图

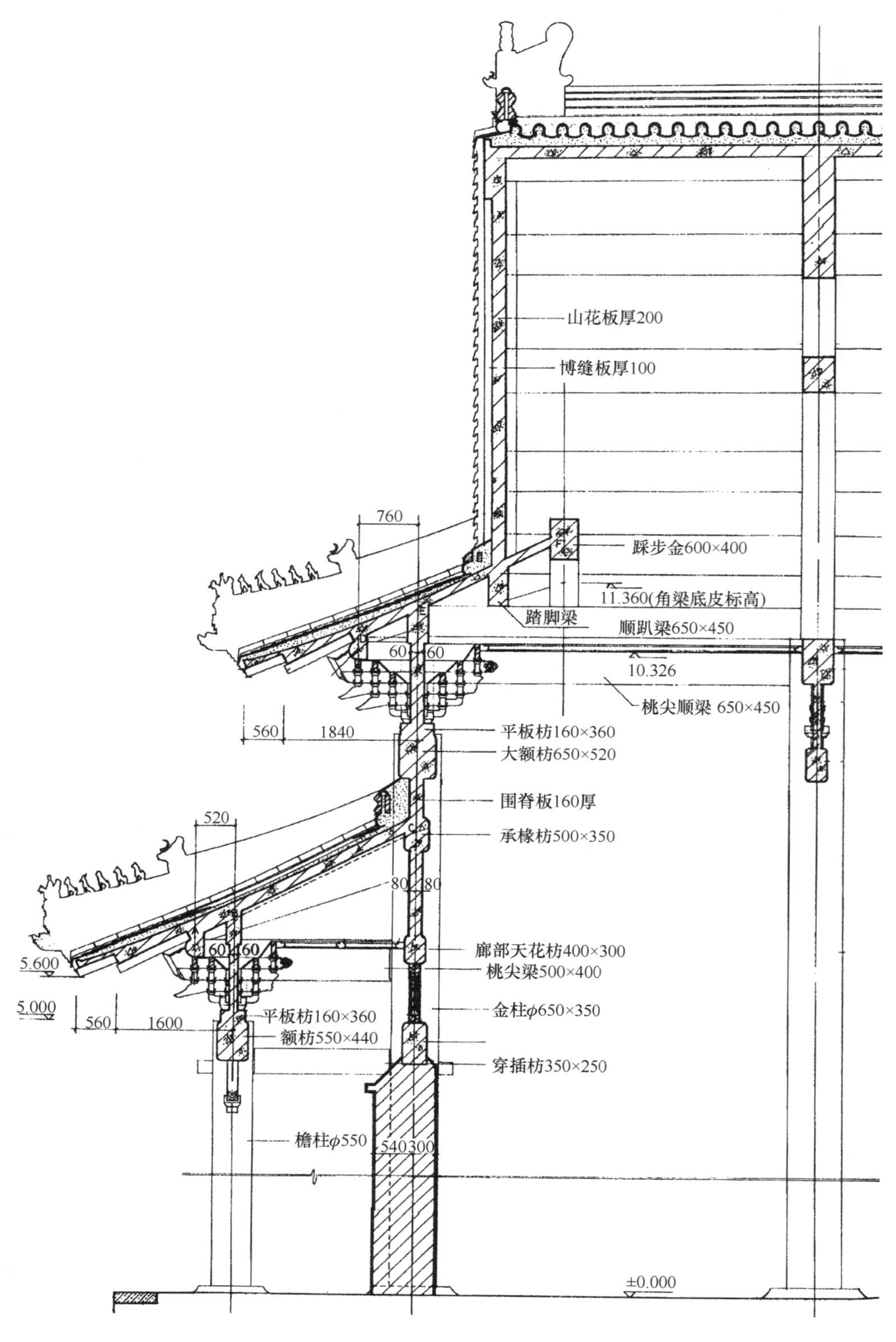
山花板厚200
博缝板厚100
760
踩步金600×400
11.360(角梁底皮标高)
踏脚梁
顺趴梁650×450
60
60
10.326
桃尖顺梁 650×450
560
1840
平板枋160×360
大额枋650×520
围脊板160厚
520
承椽枋500×350
80
80
廊部天花枋400×300
5.600
60
60
桃尖梁500×400
5.000
金柱φ650×350
560
1600
平板枋160×360
额枋550×440
穿插枋350×250
檐柱φ550
540
300
±0.000

图 9-5　墙身剖面图（山面）

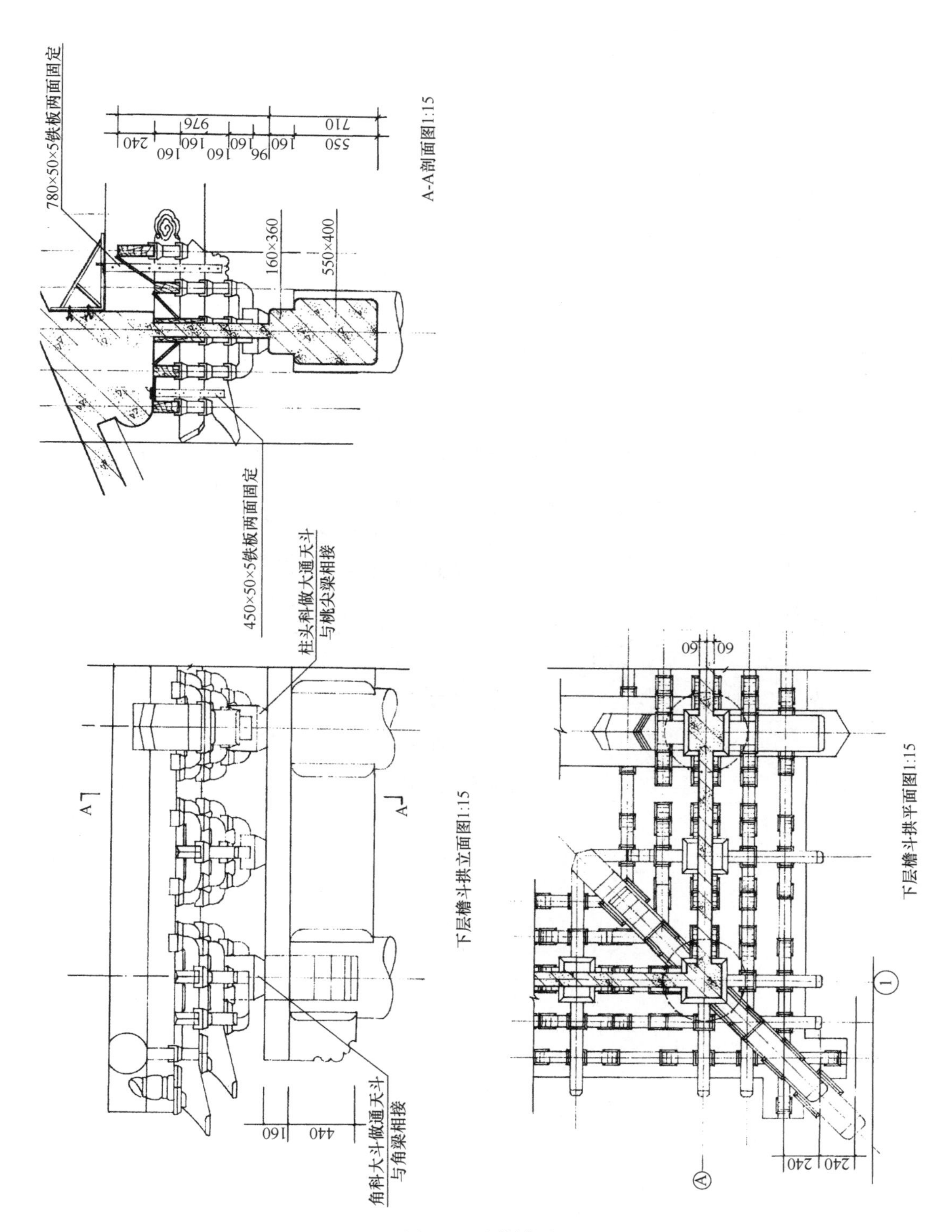
780×50×5铁板两面固定
160×360
550×400
A-A剖面图1:15
450×50×5铁板两面固定
柱头科做大通天斗与桃尖梁相接
下层檐斗拱立面图1:15
角科大斗做通天斗与角梁相接
下层檐斗拱平面图1:15

图 9-6　斗拱详图

图 9-7　须弥座纹饰详图（局部）

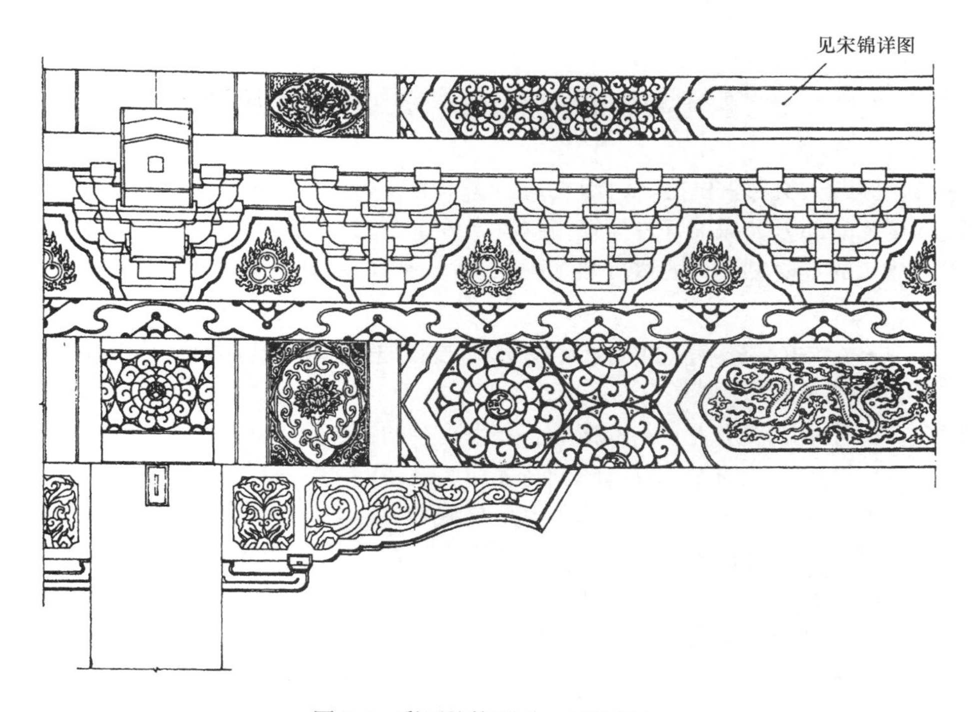

图 9-8　彩画纹饰图（一层外檐）

图 9-9　山花结带纹饰图

第十章　古建筑木作修缮

第一节　古建筑文物保护修缮的意义及所应遵循的原则

我国是世界四大文明古国之一，历史遗留下来的文物极多，古建筑是我国古代物质文化遗存中极其重要的部分，保护好古建筑文物有十分重要的意义。

保护古建筑的重要意义，大致可归结为以下几个方面：

一、古建筑是对广大人民进行爱国主义教育的重要实物

我国现存的许多工程宏大、艺术精湛、技术复杂的古建筑，都是历代劳动人民血汗和智慧的结晶，它反映出我们的先人卓越的创造才能、高超的艺术和技术成就。表现出中华民族的勤劳、坚毅的光荣传统。例如，我国的万里长城和大运河，都是世界古代最伟大的工程，被誉为人类历史上的奇迹；又如河北省赵县安济桥（赵州桥）表明我国在桥梁建造科技方面，早已走在世界前列；山西应县佛宫寺释伽塔（应县木塔），是世界现存最高大的木结构建筑，是木构建筑技术的高峰。北京明、清两代的宫殿，则是世界上现有规模最大、建筑精美、保存得最完整的帝王宫殿，无论在总体布局、单体结构、艺术装饰各个方面，在世界上都是独一无二的，这些都是我们中华民族勤劳、勇敢、智慧和创造力的实物见证。用这些实物来教育人民，教育青年，可以大大地激发人们的民族自信心和自豪感，激发人们的爱国热情。

二、古建筑是研究包括社会发展史、科学技术史、建筑史等在内的各门历史科学的实物例证

古建筑作为我国历史上各个不同发展阶段遗留下来的实物，反映着各个时期政治、经济、文化、艺术发展的特点，例如：西安半坡村的古建筑遗址，反映着新石器时代人们原始共产主义的生活方式；原始社会末期的建筑遗址及墓葬建筑，反映着那个时代的文化和社会发展状况；华丽的北京宫殿和简陋的居民住宅，可以看出封建社会森严的等级关系和阶级对立关系。

建筑科学又是一门综合性较强的科学，从对古建筑的研究，也可以看出当时历史条件下其他科学技术和艺术发展的情况和所达到的水平。如从赵州桥的建筑成就可以看到隋代数学、工程力学和物理学发展的高度；从元代建造的告成镇国公观象台，可以看到我国古代天文学的高度发展。

古建筑对于研究建筑史来说，更是直接的实物例证。在历史上各个朝代，各个不同的历史发展阶段，建筑的布局、建筑的艺术造型、建筑材料、建筑构造以及施工技术都有不同的特点，而建筑中的各种装饰艺术，如彩绘、壁画、雕塑、石刻、木雕、砖雕等等，也反映出各个历史阶段的不同风格，不同水平。可以说，古建筑本身就是一部活的实物建筑史。可见，古建筑的学术价值是非常重大的。

三、古建筑是创造具有中国民族风格的现代建筑的重要借鉴

几千年形成的中国传统文化使中国建筑在长期的发展中形成了独特而浓郁的民族风格，这种民族风格，使我国的传统建筑在世界建筑艺术宝库中独树一帜，许多优秀的古建筑、古园林作品，如北京的故宫、颐和园、静宜园（香山）、北海、承德避暑山庄，苏州的拙政园、留园、狮子林、环秀山庄，山西丰富的古建筑群等等，都是世界建筑艺术宝库中的璀璨明珠。这些优秀的古建筑、古园林不仅为世界建筑学家们所称道，而且确确实实有许多经验值得借鉴，有许多建筑艺术和造园技法值得我们继承、发扬、光大，从而发展和创造我国现代的民族建筑。

世界上，各个国家、各个民族，他们的风俗民情、传统文化不同，反映在建筑上也有各种不同的民族特色和传统风格，各个民族在发展和创造当代新建筑的时候，只有继承和发扬这些传统建筑的风格和特色才能创造出现代化的、具有自己个性和特点的新建筑。如果抛弃本民族建筑的优秀传统和风格特点，一味地照抄照搬洋建筑，就会造成民族建筑文化的泯灭和消亡。在这方面，我们已经有了深刻的教训。近几十年来，全球一体化进程加快，一方面使世界先进科学技术迅速传播，促进了生产力的发展，另一方面又使西方模式，尤其是美国模式对各国产生了巨大影响，各个国家各个地区具有民族风格和地域特色的城市风貌有的正在消失，带之而来的是几乎千篇一律的现代城市。这种放弃民族特色，追求建筑上“世界大同”的建筑创作思想，无疑是错误的，不论在中国，在世界各国、各民族都是行不通的。

创造具有民族特色的现代建筑，是一项非常艰巨的任务，这就需要首先学习和了解本民族建筑的精神实质，了解它的精髓所在，在对本民族传统建筑进行学习和研究的基础上进行创造。在这个伟大的创造实践中，古建筑是最好的学习和借鉴的实物资料。

四、古建筑是供人们休息娱乐的好场所，是发展旅游事业的重要物质基础

随着人们物质生活水平的提高，对文化和精神生活的要求也越来越高，游览名胜古迹，是人们文化精神生活的重要方面，人们可以通过参观游览，获得更多历史文化知识，陶冶情操，提高文化修养，丰富文化生活，激发民族感情。

中国悠久的历史文化和光辉灿烂的古代文明，也强烈地吸引着世界各国人民，凡来中国的游客，都把游览名胜古迹作为主要目标之一，因此，保护好古建筑，也是开展国际旅游业的需要。

由此可见，保护维修好古建筑，无论从现实还是从长远看，都有非常重要的意义。

那么，保护和维修古建筑应当遵循什么原则呢？一条最重要的原则就是，通过保护和维修，保持古建筑原有的历史价值和文物价值，而不是削弱和破坏这种价值。根据这个原则，我们国家规定了对古建筑、古文物的修缮。“必须严格遵守恢复原状和保存现状的原则”。“保护文物古迹工作的本身，也是一件文化艺术工作，必须注意尽可能保持文物古迹的原状，不应当大拆大改或者将附近环境大加改变，那样做既浪费了人力、物力，又改变了文物的历史面貌，甚至弄得面目全非，实际上是对文物古迹的破坏。”（《文物保护管理暂行条例》、《国务院关于进一步加强文物保护和管理工作的指示》），我们国家规定的这些原则，是我们修缮保护古建筑时所必须遵循的。

这里提到的“原状”，是指建筑物原来建造时的面貌。但是，原来建造的时候不一定就

是建筑物最早的历史年代，而是指现存建筑物的建造年代。如北京故宫的太和殿，最早建于明永乐十八年，后来因失火，经过几次修建、重建，现存建筑物是清康熙三十四年（1695）重建的。我们所说的原状，就是指清康熙三十四年的原状，而不是明永乐十八年的原状。

“现状”，是指目前存在的面貌，是指现存建筑物的健康的面貌，而不是歪闪、坍塌、破漏的病态面貌。古建筑的现状是经历年多次修缮改造后造成的现有状况，与“原状”会有一定的差距。在有充分资料依据及财力允许的情况下，可以通过修缮，恢复建筑的“原状”，在无充分资料可考或财力不足的情况下，则可维持现状。维持现状，有利于将来恢复原状，而轻易改变现状，则会给将来恢复原状的工作带来困难，因此，是应该避免的。

第二节　古建筑修缮前的准备工作

古建筑修缮前的准备工作，主要有勘查（普查）、定案、设计、估算、报批等内容。

一、勘查（普查）定案

勘查定案是对要修缮的古建筑的损坏情况进行详细的、普遍的检查。维修的古建筑好比病人，勘查工作好比医生给病人做健康检查。根据检查结果所确定的修缮措施叫做定案。

古建筑修缮前的勘查工作是一项非常细致、复杂的工作，要由专家、工程技术人员以及木作、瓦作、油漆彩画作、石作各个工种中有经验的老工匠共同参加，同时还要配备架子工、瓦工负责支搭检查架子，拆砌柱门子等。

勘查工作要准备必要的资料和工具，有关建筑物的历史资料、历次修缮情况的记载等有关资料由文物部门负责提供，作为勘查中的重要参考文件，以便对建筑物的情况进行分析。

勘查人员还要准备照相机、望远镜、电钻（或手钻）、钢尺、盒尺、卡尺、钢钎、登高工具、照明光源、绘图用具、线坠及水平仪、经纬仪等。

勘查工作的着眼点，首先应当是建筑物主要结构的情况，如整体构架有无歪闪，柱子有无糟朽，主要承重梁架有无下垂、劈裂、折断、拨榫，斗拱有无严重下沉，角梁有无拔榫糟朽，翼角椽、檐椽、飞椽、望板有无糟朽等。同时，还应注意基础情况，瓦面情况以及装修、彩画等损坏情况。勘查工作要逐院、逐幢建筑仔细进行，绝不可走马观花，敷衍大意。对查出的问题，要随时做详细记录，并可当场提出初步修复意见，一并记录在案，以供最后定案。笔录记载不足以说明问题时，要配合进行拍照，并可画草图，在图上注明。

在经过详细勘查掌握了建筑物的全部损毁情况之后，就要进行修缮定案工作，定案工作通常由具备古建文物修缮设计资质的设计单位提出，报文物主管部门审批。修缮方案的确定，必须遵循文物保护法，必须遵循文物修复的原则。在这个原则的指导下，根据建筑物损毁情况，财力物力情况，确定出切实可行的修缮方案。方案确定之后，要进行修缮设计，如果是保存现状的话，建筑物的现状实测图即可作为设计图，对其中需要加固的地方，可另绘加固图，原样不动的翻建也可以仅画实测图。如果要做恢复原状的修缮，或将已倾圮的建筑复建，则要根据有关资料，重绘复原图。一般的小规模维修，如添配装修，检修瓦面，局部拆换椽望等，则不必绘图，只写明修缮说明就可以了。

二、编 制 预 算

修缮定案及设计工作做完以后，要根据设计图纸和修缮做法说明书，设计工程量，做出工程预算。工程预算分为概算和预算两种，概算较为粗略，所提工程费用仅作为研究、控制经费的指标，它属于初步设计工作内容之一。预算则是工、料及其他费用细则，作为施工控制指标。预算做出后要报主管部门审查批准。

三、审　　批

根据文物部门的规定，各类修缮工程审批时应报如下文件：

（1）保养工程：应包括工程做法说明书、施工预算，尽可能附有图纸。

（2）抢救加固工程，应有加固做法说明书和设计图纸、施工预算、建筑物残毁现状照片，重大工程需附结构计算书。

（3）修理工程：包括现状测绘图、维修加固设计图、做法说明书、设计预算。

（4）复原工程：通常分两次呈报，第一次呈报方案图（又称初步设计），应包括现场实测图、复原方案设计图、方案说明书、概算；第二次呈报技术设计，包括结构详图，做法说明书、设计预算。

（5）迁建工程：呈报文件有现状测绘图、设计图、做法说明书、迁建理由说明书、新址环境图纸、设计预算等。

第三节　木构架的修缮

一、古建大木构架的修缮

古建木构架常遇到的修缮内容和做法主要有：墩接柱根、刎（音：宾）攒包镶、剔补构件、抽换构件、大木归安、大木拆安、更换构件、局部更换椽望翼角、挑顶以及打牮拨正、铁件加固等项内容。

（一）墩接柱根

墩接柱根（或刎攒包镶）是木柱修缮中常遇到的一种做法。柱子常年与地面接触或暴露在室外，被风雨侵蚀，非常容易腐朽。掩砌在墙内的木柱因潮湿、通风不良等原因更容易糟朽。木柱腐朽多发生在根部，在这种情况下就需要对糟朽部分做局部修缮处理。处理的手段有两种。一种是柱根包镶，一种是墩接，需根据柱根糟朽的情况而定。一般说来，柱根圆周的一半或一半以上表面糟朽，糟朽深度不超过柱径的 1/5 时，可采取包镶的方法。包镶即用锯、扁铲等工具将糟朽的部分剔除干净，然后按剔凿深度、长度及柱子周长，制作出包镶料，包在柱心外围，使之与柱子外径一样，平整浑圆，然后用铁箍将包镶部分缠箍结实。

当柱根糟朽严重（糟朽面积占柱截面 1/2，或有柱心糟朽现象，糟朽高度在柱高的 1/5～1/3 时，一般应采用墩接的方法。墩接是将柱子糟朽部分截掉，换上新料。常见的做法是做刻半榫墩接，方法是：将接在一起的柱料各刻去直径的 1/2 作为搭接部分，搭接长度一般为柱径的 1～1.5 倍，端头做半榫，以防搭接部分移位，另一种方法是用抄手榫墩接，方法是将柱子截面按十字线锯作四瓣，各剔去对角两瓣，然后对角插在一起。

柱子的墩接高度，如是四面无墙的露明柱，应不超过柱子的 1/5，如果是包砌在山墙或槛墙内的柱子，应不超过柱高的 1/3。接茬部分要用铁箍 2～3 道箍牢，以增强整体性。

（二）抽换柱子及辅柱

当木柱严重糟朽或高位腐朽，或发生折断，不能用墩接方法进行修缮时，可以采取抽换或加辅柱的方法来解决。

所谓“抽换”即通常所说的“偷梁换柱”。是在不拆除与柱有关的构件和构造部分的前提下，用千斤顶或牮杆将梁枋支顶起来，将原有柱子撤下来，换上新柱。

木柱抽换最重要的是安全问题。事先一定要采取稳妥措施，将与柱子相关的梁、枋等构件支顶牢固，构件支起高度要大于檐枋自身高，创造抽出柱子的条件，然后将柱子撤出，换上新柱。

抽换构件，在条件允许的情况下方可进行。并不是所有的构件都能抽换，也不是多数构件都能抽换。只有檐柱、老檐柱等与其他构件穿插较少，构造较简单的构件才能进行抽换。

如遇不能抽换的柱子（如中柱、山柱）发生折断腐朽，而又不能落架大修时可采取加辅柱的方法进行加固，辅柱一般采取抱柱形式，断面方形，可在柱的两个面或三个面加安辅柱，用铁箍将柱子与辅柱箍牢，使之形成整体。

（三）更换椽望、翼角

望板、椽子作为屋面木基层，直接与灰泥接触，年长日久，屋面渗漏会造成椽望特别是檐头部分椽望的糟朽腐烂。古建筑的翼角部分又是椽望中的薄弱部分，更易渗漏腐朽，所以，全部或局部更换椽望是木结构修缮中经常遇到的问题。

更换檐头椽望翼角（又称揭瓦檐头）要拆除檐步架的瓦面，揭去望板，拆掉飞椽和糟朽的檐椽，更换新件。翼角、翘飞部分最易损坏，应根据情况决定拆换数量，如角梁下垂或腐朽严重，也可一起更换（一般情况下仔角梁更易糟朽）。换上的角梁其冲出长度和翘起高度要与旧件一致。添配的翘飞椽也应与旧件一致，以便与旧件一起安装。

檐头部分的连檐、瓦口是最易糟朽的部分，在更换檐头椽望时都需要更换新件。

如果经勘查发现屋面有一半以上望板糟朽严重，而且檐头椽望均已糟朽，就应全部挑顶更换椽望。

（四）打牮拨正

当建筑物出现构架歪闪的情况时，可采取打牮拨正的方法进行维修。

打牮拨正即通过打牮杆支顶的方法，使木构架重新归正。大致的工序是：①先将歪闪严重的建筑支保上戗杆，防止继续歪闪倾圮；②揭去瓦面，铲掉泥背，拆去山墙、槛墙等支顶物，拆掉望板、椽子，露出大木构架；③将木构架榫卯处的涨眼料（木楔）、卡口等去掉，有铁件的，将铁件松开；④在柱子外皮，复上中线、升线（如旧线清晰可辨时，也可用旧线）；⑤向构架歪闪的反方向支顶牮杆，同时吊直拨正使歪闪的构架归正；⑥稳住戗杆并重新掩上卡口，堵塞涨眼，加上铁活，垫上柱根，然后掐砌槛墙、砌山墙、钉椽望、苫背宽瓦。全部工作完成后撤去戗杆。

打牮拨正是在建筑物歪闪严重，但大木构件尚完好，不需换件或只需个别换件的情况下采取的修缮措施。

（五）大木归安、拆安

当大木构架部分构件拔榫、弯曲、腐朽、劈裂或折断比较严重，必须使榫卯归位或更换构件重行安装时，常采用归安和拆安的办法来解决。

所谓归安，是将拔榫的构件重新归位，并进行铁件加固。归安可不拆下构件，只需归回原位，并重新塞好涨眼、卡口。如果需要拆下构件进行整修更换，则称为“拆安”。归安与拆安在一项大修工程中往往是交错进行的，很少有截然分开的情况。1970 年天坛祈年殿构架落地重修，整个工程可称拆安（包括更换构件、拨正、铁活加固等内容），但局部做法（如第一层檐以下构架未动）又称为归安。

拆安是拆开原有构件，使构件落地，经整修添配以后再重新组装。大木拆安，第一步工作是将构件拆下来打上号，对构件进行仔细检查，损坏轻微的进行整修，损坏严重的进行更换。在这项工作中，标写记号是十分关键的，大木整修后重新安装时，原则上必须按原位安装，构件原来在什么位置，还要安装在什么位置，这就必须将位置号标写的十分清楚明确，编号方法可参照大木位置号标写的方法。如原有构件上的大木位置号标写得十分明确清晰，也可利用原有符号。但在一般情况下都要重新标注。

木构件拆卸整修添配以后，即可进行安装。在安装阶段，应按一般大木安装的程序进行，先内后外，先下后上，下架构件装齐后要认真检核尺寸、支顶戗杆、吊直拨正、然后再进行上架大木的安装。

（六）迁建工程中的木构架拆装

当国家基本建设项目同古建筑文物的保存发生矛盾时，常常根据既有利于基本建设，又有利于保护古建筑的方针，发生古建筑搬家迁建的情况，如明代永乐宫的迁建，北京中南海内云绘楼、双环万寿亭、方胜亭的迁建就是实例。遇到这种古建筑群体或单体的迁建工程时，木构架的拆装是一项重要内容。为使木构保证原拆原装，保持现状，在拆除过程中一方面要防止损坏构件，另一方面要特别注意标注好构件位置号，移至新址以后按号入座对位安装。已经朽坏或拆除中损坏的构件，可进行适当添配，但应尽量用原有构件，不要轻易更换，以保持建筑物的文物价值。

（七）复原工程

建筑物残坏添改十分严重或早已倾圮、焚毁，需要重新复原时，要对原有建筑原状进行细致的分析考证，取得充分依据，以恢复到它原来建筑时期的面貌。资料工作充分以后方可进行复原设计，木构架的制作与安装都要按图施工。

第四节 斗拱、装修修缮

一、斗拱修缮

斗拱构件较小，又处于檐下起承重作用，很易损坏。常见的斗拱损坏类型大致有这样几种情况：①由于桁檩额枋弯曲下垂，造成斗拱亦随之下垂变形；②斗拱（特别是角科斗拱）构件被压弯或压断；③坐斗劈裂变形；④升耳残缺或升斗残缺丢失；⑤昂嘴等伸出构件断裂丢失；⑥正心枋、拽枋等弯曲变形；⑦垫拱板、盖斗板等残破丢失。

斗拱构件残破和丢失，大多可采取添配修补的方法进行维修，整攒斗拱损坏严重时可以进行整攒添配。新做斗拱时必须保证与旧有构件尺寸做法一致。

在斗拱修缮中，常常会遇到这样的情况：由于历次修缮时添配构件都按当时的风格制作，造成一栋建筑物斗拱的形状风格不一致的现象。遇到这种情况，在斗拱修缮时，必须进行认真研究，寻求其变化规律，根据“恢复原状”的原则，确定原有斗拱的标准式样、做法及尺度，按此套样板进行加工制作。

斗拱修缮时，对细部处理应特别慎重。例如拱瓣、拱眼、昂嘴、耍头、翘头等细部的处理，有非常明显的时代特征，一些细微的变化都代表着不同时代的不同做法。因此，在恢复时应严格按原有构件的特征进行仿制，不容许不加研究分析，一概按宋式或清式做法来复制。

二、装 修 修 缮

装修是易损部位。装修损坏的情况主要有：大门门板散落，攒边门外框松散，隔扇边抹榫卯松动、开散、断榫，风门、槛窗边框松动、裙板开裂缺损，装修仔屉、边抹、棂条残破缺损等等。

针对不同的损坏情况，装修修缮可采取剔补、添配门板、换隔扇边抹、重新组装边框、裙板或门心板嵌缝、裙板、绦环板配换、仔屉添配棂条、仔屉隔心配换、添配楹子、转轴、栓杆、添配面叶、大门包叶及其他铜铁饰件、添配门钉、花罩雕饰修补等。

装修修配应要求与原有构件、花纹、断面尺寸求得一致，保持原有风格。所用木材也应尽量与原有木材一致。特别是内檐装修的修配，要求更加严格，不能敷衍马虎。

古建筑修缮会遇到各种复杂情况，应在熟悉构造和修缮技术的基础上因地因事制宜，灵活掌握，不可生搬硬套。要在严格遵循国家制定的古建筑文物保护原则的基础上，发挥工程技术人员的聪明才智，以较小的投资和代价保护维修好古建筑文物。

附录

清式建筑木作工程名词汇释

说明

本汇释所收集的词汇，主要来自清工部《工程做法则例》卷一至卷四十一（共计四十一卷）中有关大木、斗拱、装修工程所涉及的专业技术名词，同时还选取了《中国古建筑木作营造技术》一书中的有关名词及术语共计 286 条。本名词汇释对初学者了解古建筑木作构件名称、功用、在建筑中的部位以及构造作法等将有辅助作用。

通则与权衡部分

明间　建筑物居中的开间。

梢间　建筑物两端头的开间。

次间　建筑物明间与梢间之间的开间。如有多次间可分为一次间、二次间、三次间等。

檐面　平面呈矩形的建筑物，长边方向称檐面。

山面　平面呈矩形的建筑物，短边方向称山面。

面阔　又称面宽，建筑物面宽方向相邻两柱间的轴线距离。

通面阔　建筑物两尽端柱间轴线距离。

进深　垂直于建筑物面宽方向的平面尺寸称为进深。

通进深　建筑物侧面（进深方向）两尽端柱间的轴线尺寸。

柱高　木柱从台明上皮至柱头的高度。明清建筑中所指柱高通常指檐柱之高。在带斗拱的清式建筑中，柱高包含斗拱及平板枋在内，檐柱净高还应减掉斗拱及平板枋之高。

柱径　柱子根部的直径（若为方柱则指柱根部的看面尺寸）。

步架　相邻两檩间轴线的水平距离。

举高　相邻两檩轴心的垂直距离。

举架　坡屋顶屋面的相邻两檩，上面一檩比下面一檩抬起的高度。

上出　建筑物檐口自檐柱轴线向外挑出的水平长度。带斗拱的建筑，上出是由斗拱出踩和檐椽飞椽挑出两部分组成的。

下出　台明（台基露出地面部分）由檐柱中线向外延展出的部分称台明出沿，又称下出。

出水　建筑物的上檐出又称出水。

回水　建筑物的上出大于下出，上出与下出之差称为回水。

收分　中国清代建筑柱子直径下大上小，以柱根部分直径为基数，按柱高的 1/100 或一定比例减小柱径，称为收分。

侧脚　柱头位置不动，柱脚按一定尺度向外侧移出，造成柱头略向内倾斜，称为侧脚。清代建筑仅檐柱有侧脚，明代以前建筑里圈柱也有侧脚。柱侧脚有利于建筑物稳定。

斗口　斗拱最下层坐斗（大斗）面宽方向的刻口称为斗口。在清式建筑体系中，斗口是最基本的建筑模数之一，凡带斗拱的建筑，其所有构件、部位均与斗口有倍数关系。

硬山建筑　屋面仅有前后两坡，两侧山墙与屋面相交，并将檩木梁架全部封砌在山墙内的建筑，称为硬山建筑。

悬山建筑　屋面有前后两坡，屋面两端悬挑于山墙或山面梁架之外的建筑，称为悬山式建筑。悬山又称挑山。

庑殿建筑　屋面有四坡并有正脊的建

筑称庑殿建筑，庑殿又称四阿殿、五脊殿，是古建筑屋顶的最高型制。

歇山建筑　由悬山屋顶与庑殿屋顶组合形成的一种屋顶形式。歇山建筑又称九脊殿，型制等级仅次于庑殿建筑。

攒尖建筑　建筑物的若干坡屋面在顶部交汇成一点形成尖顶，称为攒尖建筑。攒尖建筑平面为正多边形，如正三边形、正四边形、正五边形、正六边形、正八边形、圆形等。

复合建筑　由两种或两种以上建筑形式，或由一种建筑形式的不同形态组合而成的建筑称复合建筑。复合建筑造型优美，历史上很多著名楼阁如黄鹤楼、滕王阁、故宫角楼等都是复合建筑。

三滴水　古代称屋檐为滴水，三滴水即三重屋檐。

柱类构件

檐柱　位于建筑物最外围的柱子。

金柱　位于檐柱内侧的柱子，多用于带外廊的建筑。金柱又是除檐柱、中柱和山柱以外的柱子的通称，依位置不同可分别为外金柱与里金柱。

下檐柱　在二层或多层楼房中，最下面一层的檐柱。

通柱　用于二层楼房中贯通上下层的柱子，用一木做成。

假檐柱　假檐柱是专用于转角房的外转角两侧，转间房的外转角两侧开间（即转角进深）大于其余各开间，为解决开间过大而附加的檐柱。假檐柱的高度比一般檐柱要加高垫板一份、檩碗一份外施假梁头。如用代梁头，则其高度与其他各檐柱同。

里金柱　即里围金柱，参见“金柱”条。

山柱　位于建筑物两尽端山墙部位的中柱。

桐柱　柱脚落于梁背之上，用以支顶上层屋檐或平座之柱，又称童柱。

平台海墁下桐柱　用于三滴水楼房，支承平台（平座）部分的桐柱。

擎檐柱　立于建筑物台明（或平座）四角，用以支顶四隅角梁的方柱。

垂莲柱　用于垂花门的垂柱，倒悬于垂花门麻叶抱头梁之下，端头有莲花等雕饰，故名。

雷公柱　（一）用于庑殿建筑屋脊两端太平梁之上，用以支顶脊桁挑出部分的柱子；（二）用于攒尖建筑斗尖部位的悬空柱。

重檐金柱　用于重檐建筑的金柱，采用一木做成，其下半段为金柱，上半段支承上层檐，故称重檐金柱。

重檐角金柱　用于转角部位的重檐金柱。

封廊柱　立于楼阁建筑平座之上，用以支承挑出深远的檐椽端头的方形木柱，与擎檐柱作用相似，柱头间通常有横枋及折柱花板雀替等构件相连，柱间有栏杆，栏杆内为走廊。

馒头榫　柱子上端与梁相结合之榫，位于柱头十字中线位置，榫呈方形，宽高均为柱直径的 1/4～3/10，其榫根部略大，头部略小，呈方形馒头状，多见于小式做法。

管脚榫　柱根与柱顶石相结合之榫，有方形与圆柱形两种，其径寸略同于馒头榫，多见于小式做法。

升线　有侧脚的柱子侧面特有的墨线，该线位于柱子侧面中线的内侧，与中线之距离等于侧脚尺寸，升线垂直于地面（水平面），柱整体向内侧倾斜。

方子口　柱子端头的刻口，呈上大下小，内大外小的形状，是安装枋子用的卯口。

梁类构件

桃尖梁　用于柱头科斗拱之上，承接檐头桁檩之梁，其梁头侧面呈桃形，故名。

顺桃尖梁　用于建筑物山面的桃尖梁，因其放置方向与建筑物面宽一致，故名。

桃尖随梁枋　桃尖梁下面，用以拉结檐柱与金柱的构件。其作用略同于小式建筑的穿插枋。

顺随梁枋　用于顺梁下面的随梁枋。

七架梁　其上承七根檩，长度为六步架

之梁。

五架梁　其上承五根檩，长度为四步架之梁。

三架梁　其上承三根檩，长度为二步架之梁。

六架梁　其上承六根檩，长度为四步架加一顶步之梁。

四架梁　其上承四根檩，长度为二步架加一顶步之梁。

顶梁　其上承二根檩，长度为一顶步架之梁。顶梁又称月梁。

双步梁　长度为二步架，后尾交于中柱或山柱之梁，多用于门庑建筑或一般建筑物的两山。

单步梁　长度为一步架，后尾交于中柱或山柱之梁。多用于门庑建筑或一般建筑物的两山。

三步梁　长度为三步架，后尾交于中柱或山柱之梁，多用于门庑建筑。

七架随梁枋　贴附于七架梁之下，拉结前后金柱之构件。

五架随梁枋　贴附于五架梁之下，拉结前后金柱之构件。

天花梁　用于建筑物进深方向，承接天花之梁。

踩步金　歇山建筑山面的特有构件。其正身似梁，两端似檩，位于距山面正心桁（或檐檩）一步架处，具有梁、檩等多种功能。

承重　用于楼房进深方向，承接楼板楞木之梁。

斜双步梁　用于建筑物转角位置，与山面、檐面各成45°的双步梁。

斜三步梁　用于建筑物转角位置，与山面、檐面各成45°的三步梁。

斜五架梁　用于建筑物转角位置，与山面、檐面各成 45°的五架梁。斜五架梁又称递角梁。

递角随梁枋　贴附于递角梁之下，用于拉结内外角柱之构件。

抱头梁　用于无斗拱建筑廊间，承接檐檩之梁。

斜抱头梁　用于无斗拱建筑廊子转角处,与山面檐面各成45°角的抱头梁。

顺梁　用于建筑物山面，平行于建筑物面宽方向之梁。多用于无斗拱建筑，相当于带斗拱建筑的顺桃尖梁。

趴梁　梁头外端扣搭在檩之上的梁，多用于庑殿建筑的山面，故又称顺趴梁。

下金顺趴梁　承接下金檩的顺趴梁。

上金顺趴梁　承接上金檩的顺趴梁。

斜承重　用于楼房转角处，与山面、檐面各成45°角的承重梁。

麻叶抱头梁　梁头做成麻叶头形状的抱头梁。垂花门的主梁亦称麻叶抱头梁。

抹角梁　用于矩形或方形建筑转角部位，垂直于角梁方向放置的趴梁。

井口趴梁　平面呈井字形的组合梁架，是趴梁的一种形式，多用于多角亭或藻井等部位。

假梁头　外端做成梁头状，置于假檐柱柱头之外。

四角花梁头　置于角柱柱头，沿角平分线放置的梁头，用以承接搭交檩，两端常做成麻叶头状，花梁头又称角云。多用于四角亭、六角亭、八角亭等建筑。圆亭柱头上也常放置花梁头。

角梁　用于建筑物转角部位，沿角平分线方向向斜下方挑出的用以承接翼角部分荷载之梁，角梁一般有上下两根重叠使用，下面一根为老角梁，上面一根为仔角梁。

老角梁　角梁的下面一根称老角梁，主要用于承接翼角椽。

仔角梁　角梁的上面一层为仔角梁，主要用于承接翘飞椽。

由戗　角梁的后续构件，依位置不同又分为下花架由戗、上花架由戗、脊由戗等。

下花架由戗　用于下金步的由戗。

上花架由戗　用于上金步的由戗。

脊由戗　用于脊步的由戗。

里掖角角梁　用于建筑物里转角部位的角梁，其断面高度小于外转角角梁，没有冲出和翘起，主要用于承接两侧檐椽。

里掖角老角梁　里掖角角梁两根中的

下面一根，主要用于承接里角与之相交的檐椽。

里掖角仔角梁　里掖角角梁两根中的上面一根，主要用于承接里角与之相交的飞椽。

帽儿梁　承接天花支条与天花板的构件，其两端搭置于天花梁之上，相当于顶棚中的大龙骨。帽儿梁通常用圆木制作，梁断面呈半圆形。

枋类构件

额枋　用于大式带斗拱建筑檐柱柱头间的横向拉结构件。

大额枋　大式带斗拱建筑，檐柱间用重额枋时，上面一根（与柱头平齐）称大额枋。

小额枋　大式带斗拱建筑檐柱间用重额枋时，位于大额枋和由额垫板下面，断面较小的横枋。

平板枋　大式带斗拱建筑，叠置于檐柱头和额枋之上的扁平木枋。因其上安置斗拱，又称坐斗枋。

檐枋　无斗拱小式建筑檐柱柱头间起拉接作用的横枋。

老檐枋　金柱柱头间起拉接作用的横枋。

下金枋　位于下金位置，用于拉接柱头的横枋。

上金枋　位于上金位置，用于拉接柱头（或瓜柱头）的横枋。

脊枋　位于脊部，用于拉结脊瓜柱头的横枋。

两山下金枋　位于建筑物山面下金部位，用于拉结柱头的横枋，见于四坡顶建筑。

两山上金枋　位于建筑物面上金部位，用于拉结柱头的横枋，见于四坡顶建筑。

七架随梁枋　附在七架梁之下，用于拉结前后金柱之枋。

顺随梁枋　用于顺挑尖梁下面，用来拉结山面檐柱与金柱的枋子，用于歇山、庑殿等建筑。

穿插枋　位于廊内抱头梁之下，用来拉结金柱和檐柱的枋子，用于有廊建筑。

斜穿插枋　位于廊子转角部位，用来拉结角檐柱和角金柱的枋子，见于周围廊转角建筑。

递角随梁枋　用于递角梁之下，用于拉结内外角柱的枋子，见于转角建筑。

间枋　用于楼房面宽方向柱间，承接木楼板的枋子。

承椽枋　用于重檐金柱或通柱间，承接建筑物下层檐檐椽后尾的枋子。

踩步金枋　附于踩步金下面，拉结山面金柱柱头之枋，见于歇山式建筑。

天花枋　用于面宽方向柱间，承接天花的枋子。

合头枋　用于双步梁（或三步梁）下之枋，起拉结中柱与檐柱的作用。

斜合头枋　用于斜双步梁（或斜三步梁）下之枋，起拉结中柱与内外角柱的作用。

合头穿插枋　两端均不出透榫的穿插枋。

麻叶穿插枋　出榫部分做成麻叶头饰的穿插枋，多用于垂花门等装饰性强的建筑。

箍头檐枋　端头做成箍头榫的檐枋，见于多角亭或转角建筑。

燕尾枋　附着于悬山建筑两山挑出的桁条下皮，形状似燕尾的构件，可看作是垫板向外端的延伸，属装饰部件。

挑檐枋　用于挑檐桁下面，其高 2 斗口，厚 1 斗口，是斗拱附属构件。

井口枋　斗拱附属构件，用于斗拱最里侧，与井口天花相接的枋子，高 3 斗口，厚 1 斗口。

正心枋　斗拱附属构件，位于正心桁下面，高 2 斗口，厚 1.25 斗口，有连接开间内各攒斗拱和传导屋面荷载的作用。

里外拽枋　附属于斗拱的木枋中除井口枋、挑檐枋和正心枋之外的其他枋子，有连接开间内各攒斗拱的作用。

机枋　连接斗拱的内外拽枋又称机枋。

后尾压抖枋　衬压斗拱后尾以防外倾

的木枋，多见于城垣类建筑。

围脊枋　用于重檐建筑物下层屋面围脊内侧的木枋，常与围脊板等构件共用，有附着、固定、遮挡围脊的作用。

桁檩类构件

挑檐桁　出踩斗拱挑出部分承托的桁檩。

正心桁　带斗拱建筑中位于檐柱轴线位置的桁檩。

下金桁　与正心桁相邻的桁檩。

上金桁　与脊桁相邻的桁檩。

中金桁　位于上金桁和下金桁之间的桁檩。

脊桁　位于建筑物正脊位置的桁檩。

扶脊木　用于脊檩之上，辅助脊檩承接正脊的构件。

檐檩　位于檐柱轴线位置的檩木，见于无斗拱建筑。

脊檩　位于建筑物正脊位置的檩木。

金檩　位于檐檩和脊檩之间的檩木均称金檩，金檩又因位置不同而分为下金檩、中金檩、上金檩。

金盘　截面呈圆形的构件，与其他构件水平相叠时，为求稳定，在圆构件的上下面做出的平面称为金盘。清式建筑规定金盘宽度为构件直径的3/10。

平水　清式木构建筑中，将桁檩底面的水平位置称为平水，它是计算相邻各檩高差，确定各步举高的基准点。

搭交檩　以90°、120°、135°或其他角度扣搭相交的檩，称为搭交檩，又称交角檩，见于多角亭或转角建筑中。

板类构件

檐垫板　用于檐檩和檐枋之间的木板。见于清式无斗拱建筑。

脊垫板　用于脊檩和脊枋之间的垫板。见于清式无斗拱建筑。

金垫板　檐垫板和脊垫板之外的其他垫板均称金垫板。金垫板依位置不同又分为下金垫板、中金垫板、上金垫板等。

老檐垫板　即下金垫板。

棋枋板　用于间枋与承椽枋之间的木板，见于清式楼房建筑。清式三檩垂花门中柱间门上方之走马板也称棋枋板。

楼板　楼房中的楼面板，沿进深方向铺于楞木之上，厚2～3寸。

博缝板　用于挑山建筑山面或歇山建筑的挑山部分，用以遮挡梢檩、燕尾枋端头以及边椽、望板等部位的木板。

象眼板　用于封堵挑山建筑山面梁架间空隙的木板，具有分隔室内外空间、防寒保温等作用。

滴珠板　用于平座边沿四周，遮挡斗拱、沿边木等部位的木板，具有遮风挡雨、保护斗拱大木等作用。

走马板　古建筑中，将大面积的隔板，统称走马板。走马板常用于门庑建筑大门的上方、重檐建筑棋枋与承椽枋之间的大面积空间。

圆垫板　平面呈弧形的垫板，专用于圆亭或其他圆形建筑。

山花板　用于歇山建筑山面，封堵山花部分的木板，由若干块厚木板立闸拼对使用，故又称立闸山花板。

由额垫板　大式带斗拱建筑檐柱间用重额枋时，位于大小额枋之间的构件。

椽、望板、连檐、瓦口、里口储件

檐椽　位于建筑廊或檐部屋面，向外挑出之椽。是构成出檐的主要构件。

飞椽　叠附于檐椽端头，并向外挑出之椽，又称飞子、飞头，是构成出檐的辅助构件，并有使檐头反宇向阳的作用。

脑椽　建筑物脊檩两侧之椽。

花架椽　位于檐椽和脑椽之间的其他椽子统称花架椽。花架椽依其位置不同又分为上花架椽、下花架檐、中花架椽。

顶椽　建筑物屋脊正中的椽子，见于双脊檩建筑（如四檩、六檩、八檩等），其长按顶步架，椽为弧形。顶椽又称罗锅椽。

后檐封护檐椽　用于后檐为封护檐的建筑，椽头不向外挑出。

里掖角檐椽　用于里掖角部位的檐椽，其上端搭置于下金檩，下端搭置于檐檩，椽头挑出部分交于里掖角角梁。因此处的角梁与两侧椽子排列呈蜈蚣脚状，又称蜈蚣椽。

里掖角花架椽　用于里掖角部位的花架椽。

里掖角脑椽　用于里掖角部位的脑椽。

两山出梢哑巴花架椽、脑椽　用于歇山建筑两山出梢部分的花架椽和脑椽。这部分椽子在室内室外都看不到，故称其为哑巴椽。

顺望板　顺椽子长身方向使用的望板。多见于明代及清早期建筑。该望板每当一块搭置于相邻两椽之上，厚约为椽径的 1/3。

横望板　与椽子成直角方向使用的望板，板较薄，约为椽径的 1/5。多见于清晚期的建筑。横顺望板的使用代表着古建筑不同时代的特征。

大连檐　连接飞檐椽头的横木，断面呈直角梯形。宋式建筑称为小连檐。

小连檐　连接檐椽椽头的横木，断面呈直角梯形，厚约 1.5 倍横望板之厚，宽约椽径一份。与之配套使用的为闸档板和横望板，见于清晚期建筑。

闸档板　封堵飞椽之间空当的闸板，厚同望板，高同飞椽，宽按飞椽净当加入槽。闸档板与小连檐配套使用为清晚期的做法。

里口　又称里口木，是连接檐椽椽头的横木，其断面呈直角梯形，高按顺望板厚一份，加飞椽高一份。与飞椽头相交部分刻口，令飞椽头伸出。里口木多用于清早期及明代建筑，清晚期为小连檐闸档板。

瓦口　钉附于大连檐之上，承托檐头瓦件的木构件。

椽碗　堵挡圆椽之间空当的木板。有分隔室内外的作用，用于檐柱部位安装修的建筑。

椽中板　用于檐椽后尾与花架檐之间的隔板。有封堵椽当、分隔室内外的作用，见于有外廊的建筑。

翼角椽　建筑檐口转角部位呈散射状排列的椽子，是檐椽在转角部分的特殊形态，有向外冲出和向上翘起，如鸟翼展开的形状，翼角是中国古建筑独有特征之一。

翘飞椽　飞椽在檐口转角部分的特殊形态，其排列形式随翼角椽且一一对应，有冲出和翘起，是翼角的重要组成部分。

雀台　檐椽头或飞椽头上皮伸出连檐以外的部分，其长度一般为椽径的 1/5～1/4。

板椽　又称连瓣椽，是将若干根椽子合并在一起的做法，用于圆形攒尖建筑，是花架椽、脑椽在圆形攒尖建筑上的特殊形态。

其他附属构件

替木　起拉接作用的辅助构件，常用于对接的檩子、枋子之下，有防止檩、枋拔榫的作用。

沿边木　沿楼房平座（平台）边缘安装，用来固定滴珠板或挂落板的木枋，见于楼阁建筑。

楞木　承接楼板的木枋，见于楼房。

枕头木　转角建筑中，衬垫翼角椽的三角形垫木。

榻脚木　歇山建筑山面，用以承接草架柱及山花板的木构件。

草架柱子　立于踏脚木之上，用以支顶梢檩的木柱，见于歇山建筑山面。

穿　联系草架柱的水平构件。草架柱与穿构成的纵横木架有辅助固定山花板的作用。

脊桩　安装在扶脊木上，用以固定正脊的木桩。

雀替　用于额枋（檐枋）与檐柱相交处，近似于三角形，表面有雕刻装饰的构件。雀替是替木的一种，具有辅助拉结和装饰双重功能。

机枋条子　衬垫罗锅椽下脚的木条，用于双脊檩建筑，其宽按椽径（或按檩金盘尺寸），厚按 1/3 椽径，长按面宽。

抱鼓石上壶瓶牙子　安装于包鼓石与独立柱之间，外形似壶瓶形状，用以辅助稳固独立柱的构件。见于独立柱垂花门或木质影壁等建筑物或构筑物。

斗拱部分

斗拱总述

斗拱　由斗形、拱形、悬挑承重构件组成的特殊构造部分。是中国传统建筑特有的型制。它位于木结构梁栿和柱子之间，具有传导屋面荷载、加大屋檐挑出长度、缩短梁枋跨度、吸收地震能量等结构作用和装饰作用，是中国古代建筑最具特色的部分之一。

斗口　斗拱最下层构件大斗面宽方向的刻口称为斗口。在已经模数化的中国古建筑中，斗口是带斗拱建筑各部位构件的基本模数，依据这个模数，可以确定出各部位构件的尺寸、比例。清代建筑斗口分为十一个等级。从 1 寸至 6 寸（1 营造寸=3.2 厘米）以半寸为级数增减，如一等材，斗拱斗口为 6 寸（合 19.2 厘米），二等材，斗拱斗口为 5.5 寸（合 17.6 厘米），三等材，斗拱斗口为 5 寸（合 16 厘米）……八等材，斗拱口为 2.5 寸（合 8 厘米）……十一等材，斗拱斗口为一寸（合 3.2 厘米）。

斗拱出踩　斗拱从檐柱中心开始，向内外两侧挑出，每挑出一步，称为一踩。每出一踩，即有一列拱枋相承。因此清式斗拱出踩之数，可直接从斗拱侧面有几列拱枋（含正心部分）得知。

计心造　斗拱构造形式之一。按斗拱出踩数量设置横拱，几踩斗拱即有几列横拱的作法，称为计心造。

偷心造　斗拱构造形式之一，横拱的设置少于斗拱出踩，如斗拱各向内外两侧挑出三拽架称为七踩，应列有七列横拱，但在制作时却省去一列或数列横拱，这种做法称为偷心造。

柱头科斗拱　位于柱头部位的斗拱称为柱头科斗拱。明清时期的柱头科斗拱是主要承重斗拱，其受力构件的截面尺寸比其他斗拱同类构件截面尺寸大。

平身科斗拱　置于两柱之间，均匀放置在额枋、平板枋上面的斗拱。

角科斗拱　置于建筑物转角部分的斗拱。由于转角处的方向性，斗拱构件一端为面宽方向的构件，另一端为进深方向构件，两个方向的构件还要与对角线方向的斜构件相交，构造比较复杂。

单昂三踩斗拱　明清出踩斗拱中挑出最小的斗拱。其进深方向构件，在大斗之上为昂（昂上为要头），从正心向内外各出一踩，共三踩，故称单昂三踩。

重昂五踩斗拱　明清斗拱种类之一，大斗之上进深方向构件为头昂、二昂，从正心向内外各出二踩，共出五踩。

单翘单昂五踩斗拱　明清斗拱种类之一，大斗以上进深构件分别为翘、昂，从正心向内外两侧各出二踩，共出五踩。

单翘重昂七踩斗拱　明清斗拱种类之一，大斗之上进深方向构件依次为头翘、头昂、二昂，从正心向内外各出三踩，共七踩。

重翘重昂里挑金斗拱　明清斗拱种类之一，以正心为界，从外侧看似重翘重昂九踩斗拱，内侧要头以上做挑杆通达金步，属溜金斗拱的一种。

三滴水品字科斗拱　用于三滴水（即三重檐）楼房平座下面的斗拱。进深方向构件不做昂，只做翘，其形状如倒置的品字形。

内里品字科斗拱　用于室内的品字科斗拱，常与平身科斗拱的内侧交圈使用，其头饰与平身科斗拱内侧相同，端头不做昂嘴，形状如倒置的品字形。

隔架科斗拱　置于梁与随梁之间，起承接上下梁架作用的斗拱。主要由荷叶墩、大斗、拱子和雀替等部分构成，具有承接梁架，传导荷载的作用和装饰作用。

一斗三升斗拱　由一只大斗、一个横拱和三个三才升构成的斗拱。属不出踩斗拱，只起传导荷载作用。是斗拱中最简单、最原始的一种。

一斗二升交麻叶斗拱　由一只大斗、一个横拱、两只三才升和一个麻叶云构成的斗拱。与一斗三升斗拱作用相同，但有更强的装饰性。

斗拱分件

大斗　位于斗拱最下层的斗形构件，是斗拱的主要承重构件。

翘　垂直于面宽方向置于大斗刻口内，两端均向上卷杀的弓形构件。明清斗拱中的翘有单翘与重翘之分。宋代称为华拱。

正心瓜拱　位于檐柱轴线位置，与头翘十字相交的构件。正心瓜拱为足材拱，有传导荷载的作用。宋称泥道拱。

昂　垂直于面宽方向放置于大斗口内或翘之上，外端向斜下方伸出的构件。

二昂　两层昂相叠时，上面一层为二昂。

正心万拱　平行叠置于正心瓜拱之上，作用与正心瓜拱相同的构件。

蚂蚱头　垂直于面宽方向叠置于昂之上，外端似蚂蚱头形状的构件，宋代称之为耍头。

撑头木　垂直于面宽方向，叠置于蚂蚱头之上的构件，其外端头不露明作榫交于挑檐枋。

桁碗　承接桁檩之带碗口的构件，垂直于面宽方向，叠置于撑头木之上，中部承正心桁，前端承挑檐桁。

单才瓜拱　位于斗拱出踩部位的横拱之一，其长同正心瓜拱，高 1.4 斗口，为非承重构件。

单才万拱　位于斗拱出踩部位的横拱之一，位于单才瓜拱之上，为非承重构件。

厢拱　位于出踩斗拱内外端的横拱，其长度介于瓜拱与万拱之间，其上分别承托挑檐枋和井口枋。

十八斗　置于翘、昂或耍头等构件之上，与单才瓜拱、厢拱十字相交的斗形构件，因其宽为 1.8 斗口（即 18 分）而得名。

三才升　置于单才拱端头，承托上一层拱或枋的斗形构件。

槽升　置于正心瓜拱、万拱端头，与垫拱板相交的斗形构件，其外侧刻有垫拱板槽，故名槽升。

柱头科大斗　柱头科斗拱最下层的大斗，是斗拱的主要承重构件之一。

桶子十八斗　用于柱头科斗拱的十八斗，其宽度比上层构件宽 0.8 斗口，外形似筒状。

桃尖梁头　叠置于柱头科斗拱之上，端头似桃形之梁。

角科大斗　角科斗拱最下层的大斗。

斜头翘　用于角科斗拱的翘，其安置方向与山面檐面各成 45°角。

搭交正头翘后带正心瓜拱　位于角科斗拱正心位置的构件，其一端为翘，另一端为正心瓜拱。

搭角正二翘后带正心万拱　位于角科斗拱正心位置的构件，其一端为二翘，另一端为正心万拱。

搭交正昂后带正心枋　位于角科斗拱正心位置的构件，其一端为昂，另一端为正心枋。

搭交正蚂蚱头后带正心枋　位于角科斗拱正心位置的构件，其一端为蚂蚱头，另一端为正心枋。

搭交正撑头木后带正心枋　位于角科斗拱正心位置的构件，其一端为撑头木，另一端为正心枋。

搭交闹头翘后带单才瓜拱　位于角科斗拱外拽部位的构件，其一端为翘，另一端为单才瓜拱。

搭交闹二翘后带单才万拱　位于角科斗拱外拽部位的构件，其一端为翘，另一端为单才万拱。

搭交闹昂后带拽枋　位于角科斗拱外拽部位的构件，其一端为昂，另一端为拽枋。（角科斗拱中凡在外拽部位的构件都称为“闹”，除以上数种外，还有搭交闹蚂蚱头后带拽枋等）。

里连头合角单才瓜拱　用于角科斗拱里拽部位的构件，因其与相邻平身科斗拱对应构件连做在一起故称“里连头”。除此之外，还有“里连头合角单才万拱”、“里连头合角厢拱”等。

斜昂　用于角科斗拱的昂，位于与山檐两面各成 45°角的位置，故称斜昂，斜昂有斜头昂、斜二昂等。

由昂　用于角科斗拱的构件，位于斜昂之上，与相邻蚂蚱头处在同等标高位置，是角科斗拱45°方向最上层的昂。

宝瓶　置于由昂外端斗盘之上，承托角梁的瓶形构件。

木装修部分

槛框　古建筑门窗外圈大框的总称，其中水平构件为槛，垂直构件为框。

下槛　贴地面安装之槛。

上槛　贴枋下皮安装之槛。

中槛　位于上、下槛之间的槛。

抱框　紧贴柱子安装之框。

门框　位于两抱框之间，用于安装门扇之框。

腰枋　用于街门一类防卫性大门门框与抱框之间的短框。

余塞板　用于堵塞门框与抱框之间空隙的木板。

连楹　附着于中槛内侧，用以安装门扇的构件，其长按面宽，两端交于两侧的柱子。

门枕　附着于下槛，用于承接大门门轴的石构件或木构件。

门簪　安装在大门中槛或上槛正面，用于锁合中槛和连楹的构件，因其功能类似簪子，故名。

大门上走马板　安装在大门中槛与上槛之间的大面积隔板。

横栓　用以栓固大门的水平构件。

立栓　用以栓固隔扇门的垂直构件。

实榻门　用厚木板制作的大门，多用于皇家建筑。

攒边大门　以门边、抹头为边框，木板为门心组成的大门。

隔扇门　下半部为木板，上半部为棂条，用以分隔室内外空间的门。宋代称格子门。

隔扇边抹　隔扇门外框的总称，其立框为边梃，横框为抹头。

转轴　附着在隔扇边梃里侧，专门用以开启隔扇门的木轴。

榻板　用于槛墙上面的窗台板。

风槛　位于榻板上面的窗下槛，多用于槛窗。

槛窗　古建筑外窗的一种，形状与隔扇门的上半段相同，其下有风槛承接，可水平开启。

支摘窗　古建筑外窗的一种，窗为矩形，每间四扇，上可支起，下可摘下。

直棂窗　古建筑外窗的一种，窗格以竖向直棂为主，是一种比较古老的窗式。

替桩　即上槛。

裙板　隔扇下部大面积的隔板。

绦环板　隔扇中部（或下部、上部）相邻两中抹头（或相邻两下抹头，或两上抹头）之间的小面积隔板。

边梃　隔扇两侧的大边。

抹头　与隔扇边梃构成外框的水平构件。

隔扇心　隔扇上部漏空的部分，由仔边和棂条花格组成。

横陂　位于中槛和上槛之间的横窗，通常不开启。

帘架　贴附于隔扇之外用以挂帘子的框架，常见有用于民居的和用于宫殿坛庙建筑的两种。

帘架招子　固定帘架的铁件，常用于在宫殿坛庙建筑的帘架上。

荷叶墩　用以固定帘架边框下端的木构件，常雕成荷叶形状，多用于民居建筑。

荷花栓斗　用以固定帘架边梃上端的木构件，常雕成荷花形，多用于民居建筑。

单楹　附着于隔扇或槛窗下槛或风槛里侧，用于安插立栓的构件。

连二楹　附着于隔扇或槛窗下槛或风槛里侧，用于安插隔扇轴的构件。

天花　古代室内的顶棚，有井口天花、海墁天花和木顶隔等多种。

井口天花　由井字形方格和木板组成的天花，是天花的最高型制，多用于宫殿建筑。

海墁天花　在平顶上画出井口和天花

板图案的天花，多见于宫殿建筑。

木顶隔　骨架做成豆腐块窗格形式，固定于天花位置，表层糊纸的天花。是一种讲究的天花做法，常用于寝宫类居住建筑。

帽儿梁　井口天花的骨干构件，沿面宽方向搭置于两侧的天花梁上，相当于现代建筑顶棚内的大龙骨。因其不露明，外形多不加修饰，断面呈半圆形，故名。

支条　组成天花井口的木条，分为通支条、连二支条和单支条。

通支条　附着于帽儿梁下面的通长支条，有时与帽儿梁由一木做成。

连二支条　长度为两倍井口的支条，用于通支条之间。

单支条　长度为一井天花的支条，用于连二支条之间。

贴梁　贴附在天花梁或天花枋侧面的支条。

第二版后记

《中国古建筑木作营造技术》出版以来，受到广大读者的热情欢迎、支持和鼓励，数年之中重印四次，台湾还出版了繁体字本，这使我很受鼓舞。

为报答广大读者的厚爱，在第四次重印之后，我即产生了将此书修订再版的念头。一则是在将近十年的使用过程中，陆续发现了一些小毛病需要纠正；二则是本书初版时，内容有所欠缺，需要进行补充；三则是十年之间，祖国的古建筑文物保护及民族建筑事业有了长足的发展，有必要补写一些新内容。因此，经与出版社协商决定再版。

但始料不及的是，由于本人工作的某些变动，近年来格外繁忙，即使节假日也摆脱不了琐事缠身，几乎没有时间坐下来进行修订工作，于是，此书的修订即成了旷日持久的马拉松之战。从2000年至2002年，一直拖延了将近两年时间，致使市场销售断档，许多读者寻书无门。在此特向广大热心读者致以诚挚的歉意。

值得庆幸的是，本书再版得到了尊敬的老前辈老专家罗哲文教授、郑孝燮教授的热情鼓励，二老的题词祝贺，使本书大为增色，加上初版时单老的题词，本书得到了三位最权威的老专家的全力支持，实为荣幸之至。本书再版，还得到了博士生导师、著名建筑专家侯幼彬教授的热情帮助，他撰写的第二版序言对本书做出了高度评价。在此，特向他们表示衷心的感谢！

本书再版还得到了科学出版社有关领导及本书责编姚平录编审的大力支持；得到了本所同仁相炳哲、肖东、唐婧持、梁雅卿、李琳等同志的大力协助，在此一并表示感谢！

马炳坚

2003年3月

第一版后记

经过多年积累和一段时间的工作，《中国古建筑木作营造技术》一书终于脱稿了。在此以前，我曾在有关专业技术刊物上发表过一些专题文章，内容也是关于古建筑技术方面的，这本书则是一部比较系统的木作传统技术著作，由于此类内容的书在内容、结构、体例上无先例可循，只好凭自己的主观想法进行编排。幸好在这以前，这本书曾作为大专教材在学校讲授，并征求过师生们的意见，心中总算有些底数。尽管如此，距离一本合格的技术著作的要求，还是相差很远的，不足之处，恳请专家们给予批评指正。

我能写成这本书，首先要感谢我的恩师王德宸先生，没有恩师的教导，我既难进入“古建之门”，更不可能修成此“正果”。同时，还要感谢我的领导，北京古代建筑工程公司前总工程师庞树义先生，庞总高瞻远瞩，力排众议，在公司主要领导支持下，组建起国内第一个“古建筑技术研究室”，不仅为国家做出了贡献，也给我们提供了工作条件和成功的机会。

当我将正式出书的想法请示古建界几位专家后，立即得到他们的热情支持，单士元、罗哲文、于倬云、臧尔忠、傅连兴、何俊寿诸先生分别从不同角度向出版社举荐。于倬云先生70余岁高龄，在百忙中挤出时间，逐章逐句对书稿进行审阅，就其中提法欠妥之处提出修改意见，并满腔热情地为本书作序，努力扶植青年人的精神令人感动，在此，特向诸位专家、先辈致谢！

本书的出版，得到了科学出版社有关领导、编辑和其他工作人员的大力支持。在整理书稿过程中，还承蒙北京市房地产管理局职工大学古建筑工程专业 85 级学员刘辕、谭宏亮、李世芳、倪原、方长友、王占峰、姜嘉慎、苏英等同志帮助，在此一并致谢！

马炳坚

1989 年 3 月

参 考 书 目

梁思成. 1980. 清式营造则例. 北京：中国建筑工业出版社
刘敦桢. 1982. 牌楼算例 （《刘敦桢文集》(一)）. 北京：中国建筑工业出版社
罗哲文. 1980. 为什么要保护古建筑 （《建筑历史与理论》 第一集）. 南京：江苏人民出版社
祁英涛. 1986. 中国古代建筑的保护与维修. 北京：文物出版社
清工部. 工程做法则例
清华大学建筑系.中国建筑营造图集
中国科学院自然科学史研究所. 1985. 中国古代建筑技术史. 北京：科学出版社